홍원표의 지반공학 강좌 말뚝공학편 5

연직하중말뚝

홍원표의 지반공학 강좌 말뚝공학편 5

연직하중말뚝

인류가 말뚝을 사용한 역사는 대단히 오래되었다. 그러나 우리는 말뚝을 사용한 역사에 비해 말뚝에 대해 모르는 것이 너무 많다. 연직하중말뚝은 특이한 재료특성을 가진 지반과 말뚝의 상호작용에 의해 상부구조물의 하중이 말뚝을 통해 지반에 전달되는 메커니즘으로 말뚝의 하중지지기능을 설명해야 하기 때문에 그리 쉬운 문제가 아니다. 그럼에도 불구하고 본 서적에서는 하나씩 하나씩 역학적 원리를 규명하도록 조심스런 접근을 시도하였다.

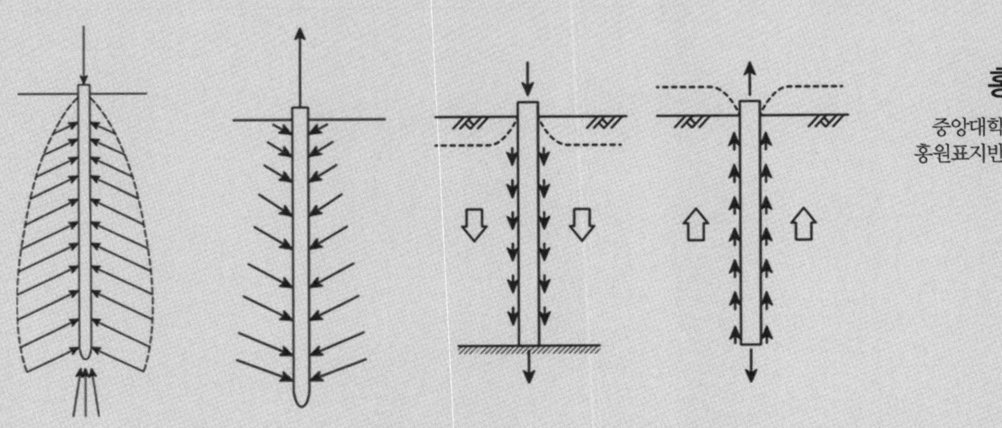

홍원표 저

중앙대학교 명예교수
홍원표지반연구소 소장

씨아이알

‘홍원표의 지반공학 강좌’를 시작하면서

2015년 8월 말 필자는 퇴임 강연으로 퇴임식을 대신하면서 34년간의 대학교수직을 마감하였다. 이후 대학교수 시절의 연구업적과 강의노트를 서적으로 남겨놓는 작업을 시작하였다. 퇴임 당시 주변에서 이제부터는 편안히 시간을 보내면서 즐기라는 권유도 많이 받았고 새로운 직장을 권유받기도 하였다. 여러 가지로 부족한 필자의 여생을 편안하게 보내도록 진심어린 마음으로 해준 조언도 분에 넘치게 고마웠고 새로운 직장을 권하는 사람들도 더 없이 고마웠다. 그분들의 고마운 권유에도 귀를 기울이지 않고 신림동에 마련한 자그마한 사무실에서 막상 집필 작업에 들어가니 황량한 벌판에 외롭게 홀로 내팽겨진 쓸쓸함과 정작 집필을 수행할 수 있을까 하는 두려운 마음이 들었다.

그때 필자는 자신의 선택과 앞으로의 작업에 대하여 많은 생각을 하였다. ‘과연 나에게 허락된 남은 귀중한 시간을 무엇을 하는 데 써야 행복할까?’ 하는 질문을 수없이 되새겨보았다. ‘이제 드디어 나에게 진정한 자유가 허락된 것인가? 자유란 무엇인가?’ 자신에게 반문하였다. 여기서, 필자는 “진정한 자유란 자기가 좋아하는 것을 하는 것이며 행복이란 지금의 일을 좋아하는 것”이라고 한 어느 글에서 해답을 찾을 수 있었다. 그 결과 퇴임 후 계획하였던 집필작업을 차질 없이 진행해오고 있다. 지금 돌이켜 보면 대학교수직을 퇴임한 것은 새로운 출발을 위한 아름다운 마무리에 해당한 것이라고 스스로에게 말할 수 있게 되었다. 지금도 힘들고 어려우면 초심을 돌아보면서 다짐을 새롭게 하고 마지막에 느낄 기쁨을 생각하면서 혼자 즐거워한다. 지금부터의 세상은 평생직장의 시대가 아니고 평생직업의 시대라고 한다. 필자에게 집필은 평생직업이 된 셈이다.

이러한 평생직업을 가질 수 있는 준비작업은 교수 재직 중 만난 수많은 석·박사 제자들과의 연구에서부터 출발하였다고 생각한다. 그들의 성실하고 꾸준한 노력이 없었다면 오늘 이런 집필작업은 꿈도 꾸지 못하였을 것이다. 그 과정에서 때론 크게 격려하기도 하고 나무라기도 하였던 점이 모두 주마등처럼 지나가고 있다. 그러나 그들과의 동고동락하던 시기가 내 인생 최고의 시기였음을 이 지면에서 자신 있게 분명히 말할 수 있고 늦게나마 스승으로서보다는 연구동반자로 고마움을 표하는 바이다.

신이 허락한다는 전제 조건하에서 100세 시대의 내 인생 생애주기를 세 구간으로 나누면 제1구간은 탄생에서 30년까지로 성장과 활동의 시기였고, 제2구간인 30세에서 60세까지는 노후 집필의 준비시기였으며, 제3구간인 60세 이상에서는 평생직업을 갖는 인생 마무리 주기로 정하고 싶다. 이 제3구간의 시기에 필자는 즐기면서 지나온 기록을 정리하고 있다.

프랑스 작가 시몬드 보부아르는 "노년에는 글쓰기가 가장 행복한 일"이라고 하였다. 이 또한 필자가 매일 느끼는 행복과 일치하는 말이다. 또한 김형석 연세대 명예교수도 "인생에서 60세부터 75세까지가 가장 황금시대"라고 언급하였다.

필자 또한 원고를 정리하다 보면 과거 연구가 잘못된 점도 발견할 수 있어 늦게나마 바로 잡을 수 있어 즐겁고 연구가 미흡하여 계속 연구를 더 할 필요가 있는 사항을 종종 발견하기도 한다. 지금이라도 가능하다면 더 계속 진행하고 싶으나 사정이 여의치 않아 아쉬운 감이 들 때도 많다. 어찌하였든 지금까지 이렇게 한발 한발 자신의 생각을 정리할 수 있다는 것은 내 인생 생애주기 중 제3구간을 즐겁고 보람되게 누릴 수 있다는 것이 더없는 영광이다.

우리나라에서 지반공학 분야 연구를 수행하면서 참고할 서적이나 사례가 없어 힘든 경우도 있었지만 그럴 때마다 "길이 없으면 만들며 간다"는 신용호 교보문고 창립자의 말을 생각하면서 묵묵히 연구를 계속하였다. 필자의 집필작업뿐만 아니라 세상의 모든 일을 성공적으로 달성하기 위해서는 불광불급(不狂不及)의 자세가 필요하다고 한다. 미치지(狂) 않으면 미치지(及) 못한다고 하니 필자도 이 집필작업에 여한이 없도록 미쳐보고 싶다. 비록 필자가 이 작업에 미쳐 완성한 서적이 독자들 눈에 차지 못할 지라도 그것은 필자에겐 더없이 소중한 성과일 것이다.

지반공학 분야의 서적을 기획집필하기에 앞서 이 서적의 성격을 우선 정하고자 한다. 우리 현실에서 이론 중심의 책보다는 강의 중심의 책이 기술자에게 필요할 것 같아 이름을 「지반공학 강좌」로 정하였고 일본에서 발간된 여러 시리즈 서적물과 구분하기 위해 필자의 이름을 넣어 「홍원표의 지반공학 강좌」로 정하였다. 강의의 목적은 단순한 정보전달이어서는 안 된다고 생각한다. 강의는 생각을 고취하고 자극해야 한다. 많은 지반공학도들이 본 강좌서적을 활용하여 새로운 아이디어, 연구테마 및 설계·시공 안을 마련하기를 바란다. 앞으로 이 강좌에서는 말뚝공학편, 기초공학편, 토질역학편, 건설사례편 등 여러 분야의 강좌가 계속될 것이다. 주로 필자의 강의노트, 연구논문, 연구프로젝트보고서, 현장자문기록 등을 정리하여 서적으로 구성하였고 지반공학도 및 설계·시공기술자에게 도움이 될 수 있는 상태로 구상하였다. 처음 시도하는 작업이다 보니 조심스러운 마음이 많다. 옛 선현의 말에 "눈길을 걸어갈 때 어지러이 걷지 마라. 오늘 남긴 내 발자국이 뒷사람의 길이 된다."라고 하였기에 조심 조심의 마음으로 눈 내린 벌판에 발자국을 남기는 자세로 진행할 예정이다. 부디 필자가 남긴 발자국이 많은 후학들의 길 찾기에 초석이 되길 바란다.

2015년 9월 '홍원표지반연구소'에서

저자 **홍원표**

#「말뚝공학편」 강좌
서 문

1년 앞을 내다보는 사람은 꽃을 심고, 10년 앞을 내다보는 사람은 나무를 심으며, 100년 앞을 내다보는 사람은 사람을 심는다고 한다. 필자는 1981년부터 제자 키우기를 시작하여 2015년 8월 말 정년퇴임하기까지 34년간 이런 마음의 다짐으로 살아오면서 수많은 제자들과 인연을 맺어왔으며 다양한 주제로 그들과 토론하고 연구하여왔다. 그 결과 필자는 많은 논문발표와 연구업적을 그들 제자들과 공유할 수 있는 영광을 누릴 수 있었다.

이에 정년 후 「홍원표의 지반공학 강좌」라는 이름으로 집필을 시작하면서 이들 연구논문을 재편집하여 저서로 만드는 작업을 노년의 큰 목표로 정한 바 있다. 이 「홍원표의 지반공학 강좌」에서는 말뚝공학편, 기초공학편, 토질역학편, 건설사례편 등 여러 분야의 강좌를 계속할 예정이다. 이들 강좌 중 첫 번째에 해당하는 「말뚝공학편」에서는 말뚝공학에 관련된 사항을 중점적으로 정리하여 편성할 예정이다.

돌이켜 보면 필자는 지반공학 분야에서 유난히 말뚝과 관련된 연구를 많이 하였다. 필자의 박사학위논문에서부터 현장자문과 석·박사 논문지도에 이르기까지 말뚝기초에 관한 사항이 많았다. 특히 수평하중을 받는 말뚝에 관한 사항은 가장 많은 관심 분야였다. 이에 제일 먼저 접근하기가 수월할 것이라 생각하여 「말뚝공학편」의 강좌를 먼저 시작하기로 하였다.

말뚝공학편 지반공학 강좌에서는 계속하여 산사태억지말뚝, 흙막이말뚝, 성토지지말뚝, 연직하중말뚝 등을 집필할 예정이다. 이들 분야는 국내 기술발전이 급진전하고 있는 데 비하여 참고할 서적이 터무니없이 부족하고 논의할 전문가도 부족한 것이 국내 실정이다. 이에 필자의 작은 경험을 강좌라는 명목으로 글로 남겨 참고할 수 있게 하고자 한다.

보통 나이가 들면 실패가 두려워 기회를 창조하기를 꺼리며 도전하지 않으려 한다. 그러나 실패는 조심해야 할 대상이지 두려워할 대상은 아니라고 생각한다. 실패를 두려워하면 성공도 있을 수 없다. 나폴레옹도 오늘 나의 불행은 언젠가 내가 잘못 보낸 시간의 보복이라고 하였다. 지금 이 시간을 헛되이 보내지 말아야 할 것이다. 지금 필자의 머릿속에는 일모도원(日暮途遠), 즉 해는 저무는 데 갈 길은 먼 것 같은 생각이 들어 한눈팔 시간이 없다.

『철도원』의 일본작가 아사다 지로가 집필 시 지키려는 세 가지 사항(① 아름답게 쓰자, ② 쉽게 쓰자, ③ 재미있게 쓰자)은 필자에게도 상당히 감명을 주었다. 필자도 그런 마음으로 「말뚝공학편」 강좌 집필을 착수하였으나 어느 정도 초심이 달성되었는지 현재로서는 자신 있게 말할 수가 없다. 다만 독자들의 평을 기다릴 뿐이다. 부디 독자들의 허심탄회한 의견을 듣고 싶다. 아무리 우수한 지식이라도 어려우면 받아들이기가 쉽지 않기 때문에 가급적 쉽게 설명하려 노력하였으며, 그러기 위해서는 긴 설명문보다 짧은 설명문으로 작성하도록 노력하였다.

또 한 가지 본 서적을 집필하는 데 기본적으로 고려한 특징은 필자의 경험으로 파악한 사항을 되도록 모두 기술하려 하였던 점이다. 모형실험, 현장실험, 현장자문 등으로 파악한 경험을 독자인 연구자 및 기술자 여러분과 공유하고자 빠짐없이 기술하려고 노력하였다.

2017년 1월 '홍원표지반연구소'에서

저자 **홍원표**

『연직하중말뚝』
머리말

인류가 말뚝을 사용한 역사는 대단히 오래되었다. 그러나 우리는 말뚝을 사용한 역사에 비해 말뚝에 대해 모르는 것이 너무 많다. 연직하중말뚝만 하더라도 간략화·단순화시킨 경우에 한하여 규명하려고 노력한 것뿐이었다. 왜냐하면 지반 속에 설치된 말뚝은 특이한 재료특성을 가진 지반과의 상호작용에 의해 상부구조물의 하중이 말뚝을 통해 지반에 전달하는 메커니즘으로 말뚝의 하중지지기능을 설명해야 하기 때문에 그리 쉬운 문제가 아님은 이미 주지의 사실이다. 그럼에도 불구하고 하나씩 하나씩 역학적 원리를 규명하도록 접근하는 시도는 세계 각국에서 여러 학자들에 의해 지금도 끈임 없이 진행되고 있다.

연직하중을 받는 말뚝에 관한 제반 지식은 주로 경험적인 사실에 근거한 경우가 많다. 따라서 현장에서의 경험적인 시공기술이 이론적 설계기술보다 발달한 것이 다른 분야보다 많다. 그러나 시공에 앞서 설계를 하기 위해서는 이론적 접근이 보다 풍부하게 진행되어야 하기 때문에 『연직하중말뚝』을 '홍원표의 지반공학 강좌' 중 「말뚝공학편」의 마지막 서적의 주제로 삼았다. 특히 본 『연직하중말뚝』은 대학 퇴임 전에 대학생 및 대학원생을 대상으로 대학에서 강의하던 내용을 위주로 하고 새로운 사항을 추가하여 정리하였다.

『연직하중말뚝』은 전체가 14장으로 구성되어 있다. 우선 제1장에서 제3장까지는 기초와 말뚝에 관한 일반적 사항을 체계적으로 정리·설명하였다. 즉, 제1장에서는 연직하중말뚝을 개략적으로 설명하였고 제2장에서는 얕은기초와 깊은기초를 구분할 수 있도록 현재 사용 중인 기초형식을 설명하였다. 또한 제3장에서는 현재 사용하고 있는 말뚝을 여러 기지 방법으로 분류하고, 특히 많이 사용되고 있는 말뚝을 중심으로 말뚝을 종류별로 설명하였다.

다음으로 제4장에서 제6장까지는 관입말뚝을 위주로 말뚝지지력에 관한 제반 사항을 설명하였다. 즉, 제4장에서는 단일말뚝의 정적지지력을 사질토지반, 점성토지반, 암반 속에 설치된 말뚝의 지지력산정법으로 자세히 설명하였다. 반면에 제5장에서는 관입말뚝의 동적지지력을 동적지지력공식이나 파동방정식을 적용하여 산정하도록 하였다. 또한 제5장에서는 관입말뚝의 시간경과효과, 즉 set-up 효과에 대하여도 설명하였다. 끝으로 제6장에서는 무리말뚝에 관한 제반사항을 정리하였다.

다음으로 제7장에서 제10장까지는 최근 사용 빈도가 부쩍 늘어난 특수말뚝에 관하여 제반사항이 정리되어 있다. 최근에 다양한 지반환경에 대응하기 위해 개발된 특수말뚝으로는 현장타설말뚝, 매입말뚝, 그라우트파일, 마이크로파일을 취급하였다.

그리고 제11장에서 제13장까지는 말뚝제하시험에 관한 사항을 설명하였다. 최근 복잡한 말뚝의 지지력을 산정하는 것이 어려운 관계로 말뚝에 직접 하중을 가하여 말뚝의 지지능력을 파악하도록 제정된 말뚝재하시험을 설명한다. 말뚝재하시험도 다양하게 개발되어 사용되고 있으므로 이를 체계적으로 분류 설명한다. 즉, 제11장에서는 종래 많이 사용되어온 두부재하방식에 의한 말뚝재하시험을 설명한다. 또한 제11장에서는 두부재하시험방법뿐만 아니라 재하시험결과 분석법도 함께 설명한다. 제12장에서는 말뚝재하시험 시 함께 시행하는 하중전이시험에 대하여 실측 사례를 들어 설명한다. 이 시험으로 말뚝의 주면마찰력과 선단지지력을 분리 측정할 수 있어 종래 파악할 수 없었던 사항을 규명할 수 있게 되었다. 제13장에서는 최근 대구경 현장타설말뚝에 자주 사용하는 양방향재하시험에 대하여 설명한다. 양방향재하시험은 말뚝선단에 유압장치를 설치하고 말뚝을 시공함으로써 두부재하방식과 구분하여 선단재하방식이라 부른다. 이 양방향재하시험에서는 제12장에서 설명한 하중전이시험을 동반하여 수행한다.

마지막으로 제14장에서는 말뚝기초의 금후 연구과제를 분석·설명하였다. 금후의 연구과제로는 세 가지 점을 열거·설명한다. 먼저 무리말뚝의 설계에서 무리말뚝의 지지력과 침하를 어떻게 예측할 것인가를 연구해야 한다. 즉, 종래 단일말뚝 위주의 연구 성과를 어떻게 무리말뚝 설계에 연결시킬 수 있는가를 보다 정밀하게 규명해야 된다. 두 번째 과제는 연약지반 속에 설치된 말뚝에 관련 사항을 연구해야 된다. 종래의 말뚝의 해석이나 설계에서는 지반은 움직이지 않는, 즉 지반변형이 없는 상태하에서 말뚝만 움직일 때의 문제를 취급하였다. 그러나 연약지반의 경우를 살펴보면 말뚝을 설치한 후에도 여러 가지 원인으로 연약지반이 연직방향(침하 혹은 융기) 및 수평방향(측방유동)으로 변형되므로 초기에 가정하였던 지반에 관한 가정이 더 이상 성립하지 않게 된다. 따라서 이런 연약지반의 변형의 경우 말뚝이 받게 될 영향을 규명해야 한다. 마지막으로 최근 건축현장에서 가장 많이 사용되는 PC말뚝 사용상의 개선점을 설명한다.

본 연직하중말뚝을 집필함에 있어 과거 34년간 대학원 석·박사 제자들과의 공동연구가 대단히 큰 도움이 되었음을 이 자리에서 밝히며 모두에게 감사의 마음을 표한다. 특히 관입말뚝연구에서는 남정만 박사, 양기석, 성안제, 이준모, 엄기인, 서희천 군의 도움이 컸으며 현장타설말뚝연구에서는 여규권 박사, 이재호 박사, 신상용, 최정봉, 최용성 군의 도움이, 매입말뚝연구에서는 채수근 박사, 차석규 군의 도움이, 마이크로파일연구에서는 김해동, Neatha Chim(캄보디아 유학생), 이충민, 이준우 군의 도움이, 말뚝재하시험연구에서는 홍성원 박사, 노영수, 김희선, 이광기, 홍진기 군의 도움이 컸다. 또한 제14장의 PC말뚝에 관하여는 최기출 씨의 도움이 컸다.

끝으로 본 서적이 세상의 빛을 볼 수 있게 된 데는 도서출판 씨아이알의 김성배 사장의 도움이 가장 컸다. 이에 고마운 마음을 여기에 표하는 바이다. 그 밖에도 도서출판 씨아이알의 박영지 편집장의 친절하고 성실한 도움은 무엇보다 큰 힘이 되었기에 깊이 감사드리는 바이다.

2018년 8월 '홍원표지반연구소'에서

저자 **홍원표**

차 례

CHAPTER 05 관입말뚝

CHAPTER 06 무리말뚝

CHAPTER 07 현장타설말뚝

CHAPTER 08 매입말뚝

CHAPTER 09 그라우트파일

CHAPTER 10 마이크로파일

CHAPTER 11 말뚝재하시험 – 두부재하시험

CHAPTER

01

서 론

CHAPTER 01 서 론

인류는 말뚝과 말뚝기초를 기원전부터 사용하여오고 있다. 12,000년 전 신석기시대 스위스에서는 나무봉을 얕은 호수바닥 연약지반에 박고 그 위에 집을 지었다.[15] 또한 초기 이태리시대에는 베니스를 유럽 침략자들로부터 방어할 목적과 생활터전이 바다 가까이 있게 하기 위해 포(Po)강의 습지델타지역에 설치된 나무말뚝 위에 생활터전을 건설하였다. 한편 베네수엘라 인디언들은 마라카이보(Maracaibo)호수가 개벌에 나무말뚝으로 지지된 오두막에서 살았다.

그 밖에도 토목기술자들은 여러 토목구조물을 지지하기 위해 말뚝을 수없이 사용하였다. 예를 들면, 영국에서는 로마인들이 다리건설작업과 강변에 정착용으로 수많은 나무말뚝을 사용하였고, 중국 한나라시대(BC200에서 AD200)에도 다리건설에 나무말뚝을 많이 사용하였다.[17] 더욱이 근대에는 말뚝을 보다 다양한 분야에 다양한 목적으로 사용하고 있다.

1.1 말뚝 사용목적 및 시공법

1.1.1 말뚝의 기능

말뚝을 분류하는 방법은 여러 가지가 있을 수 있다. 가장 일반적으로는 말뚝의 지지기능상으로 분류하는 방법이다. 말뚝을 지지기능상으로 분류하면 그림 1.1에서 보는 바와 같이 지지말뚝(혹은 선단지지말뚝), 마찰말뚝, 인발말뚝, 수평하중말뚝으로 분류할 수 있다.

말뚝의 가장 일반적인 기능은 얕은 지층에서 지지할 수 없는 하중을 깊은 곳으로 전달하는 것이다. 예를 들어, 말뚝이 연약한 지층을 관통하여 말뚝선단이 양질의 지지층에 관입되어 있을 때 이런 말뚝을 지지말뚝(bearing pile)이라 한다(그림 1.1(a) 참조).

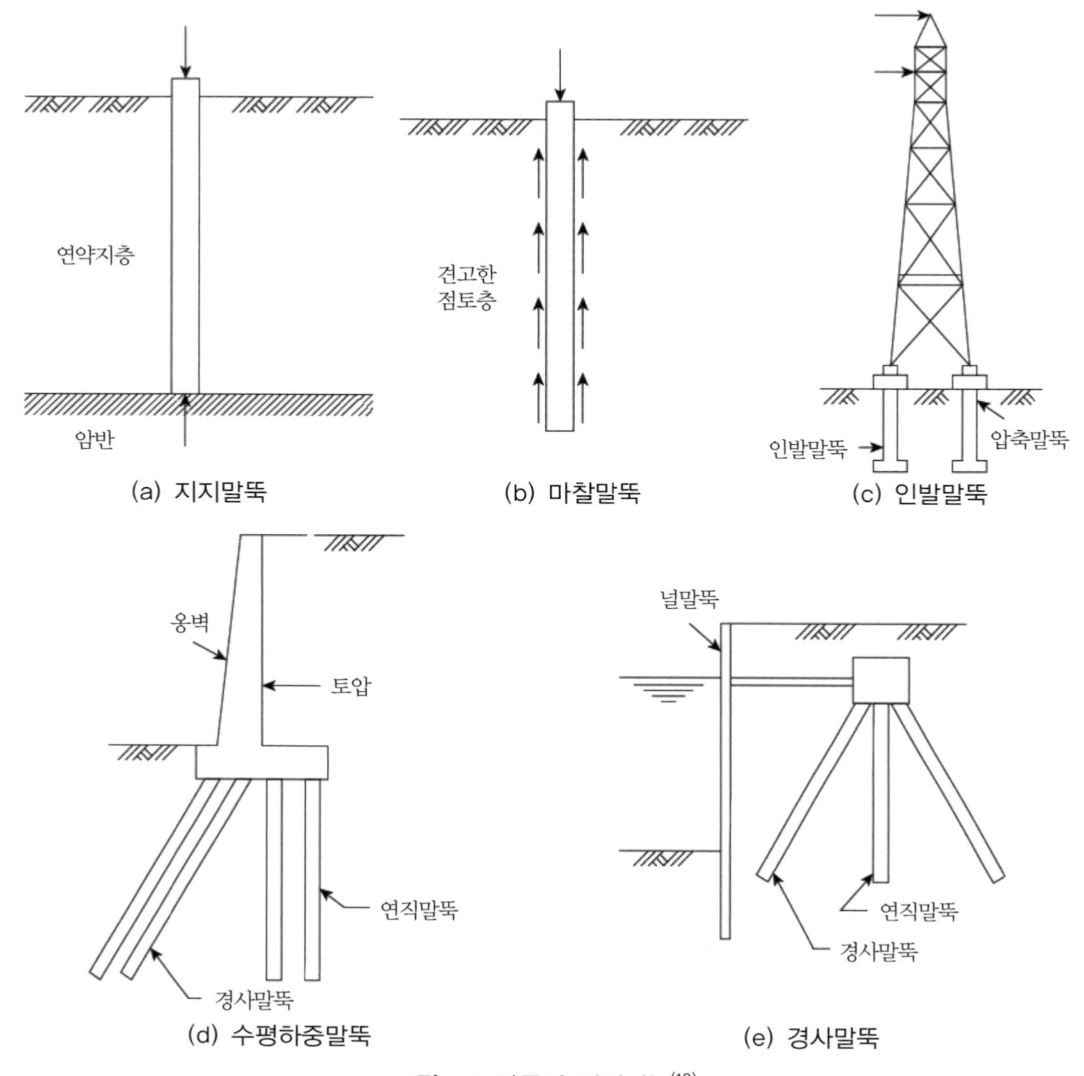

그림 1.1 말뚝의 지지기능[10]

반면에 말뚝주면에 발휘되는 마찰력으로도 상부하중을 지지·전달할 수 있다. 이와 같은 말뚝을 마찰말뚝(friction pile)이라 한다(그림 1.1(b) 참조). 그러나 일반적으로 말뚝의 하중지지력은 선단저항과 주면마찰의 복합으로 구성되어 있다.

단일말뚝에 작용 시킬 수 있는 하중은 말뚝의 정재하시험으로 파악할 수 있다. 이때 허용하중은 파괴하중에 안전율을 적용하여 구한다. 비록 말뚝의 정재하시험은 비용이 비싸기는 하지만 마찰말뚝의 허용하중을 결정할 때 유일하게 신뢰할 수 있는 방법이다.

인발말뚝(tension piloes)은 높은 구조물의 회전모멘트나 인발력에 저항하기 위해서나 또는 지하수위 아래 존재하는 건물이나 매설 지하탱크가 지하수위에 의한 부력에 저항하기 위해 사용된다(그림 1.1(c) 참조).

또한 수평하중말뚝(laterally loaded piles)은 말뚝축과 직각을 이뤄 작용하는 하중에 저항하기 위해 사용된다(그림 1.1(d) 및 (e) 참조). 이 수평하중말뚝에 대하여는 홍원표(2017)가 이미 자세히 정리·설명하였으므로 참고서적을 참조하기로 한다.[1]

마지막으로 말뚝이 연직축과 어느 정도의 각도를 이루도록 설치된 말뚝을 경사말뚝(batter piles)이라 한다(그림 1.1(e) 참조). 그 밖에도 말뚝에는 지진이나 기계진동과 같은 동적하중이 작용하기도 한다.

말뚝을 사용하는 목적은 말뚝에 작용하는 하중의 방향과도 관련이 있다. 즉, 지지말뚝과 마찰말뚝을 사용하는 목적은 연직하방향으로 작용하는 압축하중에 저항할 수 있게 하기 위해서이고 인발말뚝을 사용하는 목적은 연직상방향으로 작용하는 인발하중에 저항할 수 있게 하기 위해서다. 또한 수평하중말뚝(laterally loaded piles)은 말뚝축에 직각방향인 수평방향으로 작용하는 하중에 저항하기 위한 목적으로 사용된다.

한편 말뚝을 구성하는 재료로 분류하면 나무말뚝, 콘크리트말뚝, 강말뚝, 합성말뚝을 열거할 수 있다. 위에서 열거한 바와 같이 말뚝을 사용하기 시작한 초기에는 나무말뚝이 주로 사용되었다. 그러나 말뚝이 지지해야 할 상부하중의 크기가 커지면서 보다 강성이 큰 콘크리트말뚝이나 강말뚝이 사용되어왔다. 최근에는 장대교량이나 초고층빌딩과 같이 상부하중이 초대형으로 커지면서 하나의 재료로 제작된 말뚝보다 두 개 이상의 재료를 합성하여 사용하는 합성말뚝이나 현장타설말뚝이 사용되고 있다. 예를 들면, 강관말뚝 속에 H말뚝을 삽입하고 두 말뚝 사이의 공간에 콘크리트를 채워 넣어 제작하는 합성말뚝이나 대구경 현장타설말뚝의 사용빈도가 나날이 증가하고 있다.

1.1.2 말뚝 설치 시공법

말뚝을 설치 시공방법에 따라서도 분류할 수 있다. 말뚝을 설치하는 시공법이 다양하게 개발되어 건설현장에서 유용하게 적용되고 있다. 현재 사용되고 있는 말뚝의 시공법을 분류하면 다음과 같다.

① 항타관입(기성말뚝)

② 관입(현장타설말뚝)

③ 굴착(현장타설말뚝)

④ 진동

⑤ 회전굴착

⑥ 분사

⑦ 압입

이 분류법에서 알 수 있는 바와 같이 말뚝을 설치하는 데는 크게 두 가지 사항으로 이해할 수 있다. 하나는 어떤 말뚝을 사용하는가이고 다른 하나는 어떻게 말뚝이 설치될 지중공간을 마련하는가이다. 먼저 어떤 말뚝을 사용하는가는 말뚝을 지중 현 위치에서 제작하여 설치하는 현장타설말뚝(cast-in-place pile)의 경우와 미리 제작한 기성말뚝(precast pile)을 현장으로 옮겨와 설치하는 경우를 생각할 수 있다.

다음으로 말뚝을 설치할 지중공간을 마련하는 방법은 결국 말뚝이 설치될 지중공간에 존재하는 토사를 어떻게 제거하는가에 귀결된다. 즉, 말뚝의 체적만큼의 지중토사를 항타, 진동, 압입 등의 방법으로 측면이나 하부로 밀어내서 지중공간을 확보하는 방법과 굴착, 분사, 회전굴착 등의 방법으로 말뚝의 체적만큼의 지중토사를 지상으로 배제하여 지중공간을 확보하는 방법이 있다. 전자를 배토말뚝(displacement pile)이라 하고 후자를 비배토말뚝(nondisplacement pile)이라고 부른다. 전자의 경우 말뚝의 선단은 폐단 상태(closed end)로 관입되어야 한다. 만약 폐쇄되지 않은 상태의 경우는 지중토사의 변위 정도가 크지 않을 것이다. 이 경우의 말뚝을 개단(open end)말뚝이라 한다.

말뚝의 시공법은 하중재하 시의 거동에 큰 영향을 미친다. 결국 이는 지지력에도 영향을 미치게 된다. 또한 말뚝시공법은 주변 구조물의 안전에도 영향을 미친다. 예를 들면, ① 바람직하지 않은 주변지반의 변형을 유발하거나 ② 진동 및/혹은 구조손상을 초래한다. 예를 들어, 말뚝을 항타관입할 경우는 일반적으로 다른 시공법보다 지반교란 정도가 심하다.

1.2 말뚝 관입 시 주변지반의 거동

말뚝을 항타하는 동안 관입에 대한 말뚝의 저항력을 동적저항력이라 한다. 그러나 실제 현장에서는 건물하중으로 인해 말뚝기초가 관입될 때의 관입저항력은 정적저항력에 해당된다. 정적저항력과 동적저항력 모두 선단저항력과 주면마찰력으로 구성되어 있다. 그러나 어떤 지반에서는 동적저항력과 정적저항력의 크기가 유사하지가 않다. 이런 차이에도 불구하고 정적저항력 평가에 동적지지력 공식과 파동방정식에 의한 동적저항력산정이 종종 사용된다. 따라서 하중재하 기간 동안 지반의 반응거동을 주의 깊게 관찰해야 한다.

말뚝항타는 말뚝 주변지반을 교란 재성형시킨다. 그러나 말뚝항타 시 점토지반과 모래지반에서의 교란의 영향은 각각 다르게 나타난다.

1.2.1 점토지반

점토지반에서의 말뚝항타효과는 크게 다음과 같은 네 가지로 구분할 수 있다.[3]

① 말뚝주변 지반 속 흙입자 구조교란 또는 재성형
② 말뚝 주변 지반 내 응력상태 변화
③ 말뚝 주변에 과잉간극수압의 발생과 소산
④ 지반 내 장기 강도회복현상

동적 및 정적재하 시 말뚝반응의 기본적인 차이는 점토지반에는 시간효과가 있다는 점이다. 이것이 동적거동과 정적거동 사이에 가장 큰 차이점이 된다. 이 효과는 역학적으로 다음과 같이 설명할 수 있다.

불투수 포화점토의 깊은 퇴적층 속으로 관입된 말뚝을 생각해보자. 말뚝이 관입될 때 동일량의 점토체적이 말뚝 주변으로 밀려나게 된다. 이때 말뚝 관입 작업은 점토지반 내에 다음과 같은 변화를 초래한다.

① 그림 1.2에서 원래체적 BCDE 및 FGHJ는 측방으로 각각 B′C′D′E′ 및 F′G′H′J′ 체적만큼 밀려날 것이다. 이때 지반교란에 의해 점토지반강도가 상당히 소실된다.
② 말뚝이 불투수포화점토지반 속에 관입되므로 측방으로 밀려난 점토의 체적으로 인하여 지표면은 상당히 융기될 것이다.

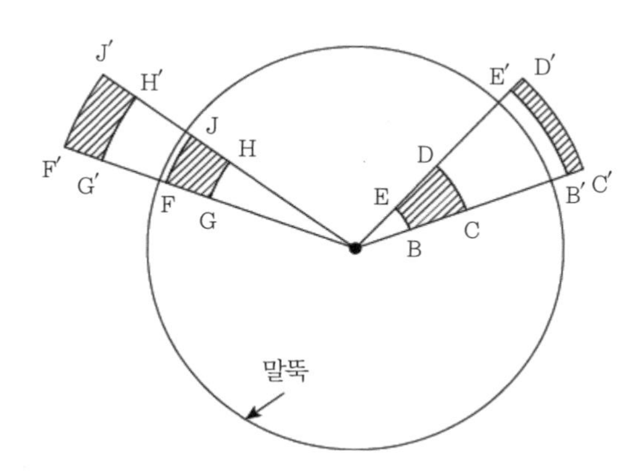

그림 1.2 말뚝 관입 시 지반변형(10)

점토지반에서 말뚝 관입 시 말뚝저항력의 대부분은 실질적으로 선단저항력이다. De Mello (1969)는 말뚝 관입 직후 재성형량은 말뚝과 지반의 경계면에서는 100%이고 말뚝주면에서 직경의 1.5~2.0배 되는 거리에서는 거의 0%가 된다고 하였다.[3] 또한 Orrje & Broms(1967)는 예민점토 속에 관입된 콘크리트말뚝의 경우 비배수전단강도는 9개월 뒤 말뚝 관입 전의 강도를 거의 회복한다고 하였다.[8]

과잉간극수압의 소산 이외에도 말뚝 관입 후 강도회복증가속도는 지반의 식소트로피현상(Thixotropy)에도 영향을 받는다. Soderberg(1962)는 말뚝의 극한지지력(결국 지반의 전단강도)의 증가는 시간 경과에 따른 과잉간극수압의 소산거동과 유사한 거동을 보인다고 하였다(그림 5.19 참조).[14] 그림 5.19의 연직축은 최대하중률(%)로 발휘되는 말뚝지지력의 비를 의미한다. 즉, 말뚝 설치 초기 1시간 내에는 과잉간극수압으로 인하여 10~20% 정도의 말뚝지지력만이 발휘되나 1,000시간 후에는 과잉간극수압이 거의 소멸되어 100%의 말뚝지지력을 얻을 수 있게 된다.

Poulos & Davis(1980)는 여러 학자들의 실험 결과를 취합하여 말뚝항타로 인하여 말뚝주변 점성토지반 속의 과잉간극수압의 분포를 조사하였다(그림 5.3 참조).[9] 이 조사 결과에 의하면 말뚝주면 부근에서는 과잉간극수압이 유효상재하중 이상으로도 발생할 수 있음을 알 수 있다.[4] 특히 몇몇 경우에는 말뚝 근처 지반에서 유효연직응력의 1.5~2.0배에 달할 정도의 매우 높은 과잉간극수압이 발생하였다. 심지어 말뚝선단 근처에서는 과잉간극수압이 유효연직응력의 3~4배에 달하기도 하였다. 그러나 이 과잉간극수압은 말뚝에서의 거리에 비례하여 급격히 작게 발생하고 일반적으로 매우 빠르게 소산된다. 그러나 말뚝반경의 30배보다 먼 곳에서는 과잉간극수압을 거의 무시할 수 있을 정도이다.

1.2.2 모래지반

모래지반이나 사질토지반에서는 말뚝을 항타·관입할 때 통상적으로 측방으로 배제되는 토사로 인해 다져지고 흙입자들은 재배열된다. 이로 인하여 느슨한 모래의 상대밀도가 증가하고 결국 지반의 내부마찰각과 말뚝지지력도 증가하게 된다.

Robinsky & Morrison(1964)은 모형실험으로 모래지반에서 말뚝항타관입의 영향을 관찰한 바 있다.[11] 이 모형실험에서 매우 느슨한 밀도(상대밀도가 17%)에서는 모래입자의 움직이는 영향범위가 말뚝 측면에서는 직경의 3~4배 범위이고 말뚝선단에서는 직경의 2.5~3.5배 깊이 범위에 이른다는 결과를 제시하였다. 더욱이 중간 정도 밀도의 경우에서는 모래입자의 움직이는 영향범위가 말뚝 측면에서는 직경의 4.5~5.5배 범위와 말뚝선단에서는 직경의 3.0~4.5배 깊이 범위로 더 넓은 영향범위에 이른다는 결과를 제시하였다.

일반적으로 모래지반에서 말뚝항타 시 발생하는 진동은 다음과 같은 두 가지 효과를 가지고 있다.

① 모래밀도를 증대시킨다.
② 말뚝 주변의 측방압을 증가시킨다.

Prakash & Sharma(1990)는 모래지반에서는 말뚝항타 전후의 표준관입시험 결과 말뚝중심에서 말뚝직경의 8배 이내 거리까지 상당한 정도의 모래밀도 증대효과가 나타난다고 하였다.[10] 이 밀도증대효과는 모래의 내부마찰각을 증대시킨다. 또한 말뚝의 관입으로 말뚝 주변지반은 측방으로 밀려나게 되므로 말뚝에 작용하는 수평응력도 증가하게 된다.

1.3 말뚝해석법

지중에 근입되어 있는 말뚝은 지반을 보강하며 지지력을 증대시키고 철근으로 콘크리트를 보강하듯이 변형특성도 향상시킨다. 그러나 콘크리트부재의 보강효과에 대한 정확한 해석은 간단한 휨이론을 적용함으로 가능할 수 있지만 불행하게도 말뚝근입 주변지반과 같은 연속체 속에서의 보강효과해석은 매우 어렵다.

지중에 설치된 말뚝의 해석에 적용되는 이론으로는 파괴이론과 탄성론의 두 가지를 대표적으로 열거할 수 있다. 파괴이론은 극한 상태에서 문제를 해석하려는 이론이고 탄성론은 파괴나 항복에 이르기까지의 거동을 해석하는 이론이다.

1.3.1 파괴이론

말뚝기초의 파괴는 말뚝과 지반의 둘 중 어느 하나의 파괴에 의하여 '지반파괴' 또는 '말뚝파괴'로 발생한다.

① 지반파괴(soil failure) : 말뚝의 응력은 허용응력 이내에 있어 안전하나 말뚝에 작용하는 하중이 너무 과대하여 말뚝을 지지하고 있는 지반의 강도가 부족하게 되어 말뚝과 지반 사이에 상대적인 변위(미끄러짐) 또는 침하가 발생하는 경우의 파괴이다.
② 말뚝파괴(pile failure) : 지반의 지지력은 아직 충분한 상태에 있으나 하중에 의하여 말뚝 내부에 발생한 응력(전단응력, 압축응력, 인장응력, 휨응력 등)이 말뚝의 재료강도를 초과할 경우 발생된다.

한편 말뚝의 지지력을 산정하기 위하여 적용되는 이론은 크게 두 가지로 구분된다. 하나는 정역학적인 힘의 평형조건에 의거한 이론이며 또 하나는 동역학적인 에너지의 평형조건에 의거한 이론이다.

① 먼저 정역학적 지지력 산정식의 이론 근거는 다음 식과 같다.

적용하중＝지반과 말뚝 사이의 마찰저항력＋말뚝선단에서의 지지력

② 다음으로 동역학적 지지력 산정 이론근거

말뚝타격에너지＝말뚝 관입 시의 일량＝말뚝 관입량×말뚝지지력

1.3.2 탄성론

말뚝의 거동(연직거동 및 수평거동) 해석에는 주로 탄성론이 많이 적용되고 있다. 그 이유는 말뚝기초가 기능상 탄성 범위 내에서만 거동이 허용되기 때문이다. 최근에는 수치해석법의 발달로 말뚝거동해석 연구가 더욱 활발히 진행되고 있다.

원래 흙과 암은 이상적인 탄성체가 아니고 응력과 변형률 관계도 선형적이 아니다. 따라서

변형률은 응력이 제거되어도 완전히 회복되지 못하고 변형률은 시간에 의존하지 않는다. 그러나 적어도 지중의 변형률은 응력이 증가할 때 함께 증가한다. 더욱이 선형탄성보다 간편한 가정은 없다. 따라서 선형탄성론을 사용하는 것은 편리하고 실용적으로 충분한 정확도를 가진다. 여기서 탄성계수는 실용적인 문제에 적절히 적용할 수 있다. 이들 탄성계수는 유사한 상태의 현장실험 결과로 역산을 하거나 실내시험으로 결정할 수 있다.

1.4 말뚝 설계용 토질특성

사질토지반 및 점성토지반 속에 설치된 말뚝의 정적설계에 필요한 토질특성은 지반의 전단강도, 지반과 말뚝 사이의 부착력, 지반의 탄성특성으로 대별할 수 있다.

1.4.1 전단강도정수

말뚝설계에 적용되는 지반의 강도정수로는 사질토지반에서의 내부마찰각(ϕ')과 점성토지반에서의 비배수전단강도(c_u)의 두 가지를 들 수 있다.

먼저 사질토지반의 내부마찰각은 실내시험으로 구하는 것이 제일 바람직하지만 현장에서의 불교란시료 채취가 불가능하다. 따라서 현장밀도를 실험실에서 재현하기가 용이하지 않아 정확한 현장지반상태에서의 내부마찰각을 구하기는 어렵다. 이에 대한 대안으로 현장에서의 관입시험 결과로 내부마찰각을 추정하는 방법이 적용된다. 즉, 관입시험 결과(예를 들면, 표준관입시험(SPT)의 N값 또는 콘관입시험(CPT)의 q_c값)와 내부마찰각(ϕ')과의 상관관계로부터 내부마찰각을 추정하여 정할 수 있다.

그림 1.3은 콘관입시험 결과로 내부마찰각을 추정할 수 있는 한 가지 방법으로 Meryerhof (1976)가 제시한 콘관입저항치 q_c와 내부마찰각 ϕ'의 상관성을 조사한 그림이다.[5] 이 그림으로 사질토의 내부마찰각을 추정할 수 있다.

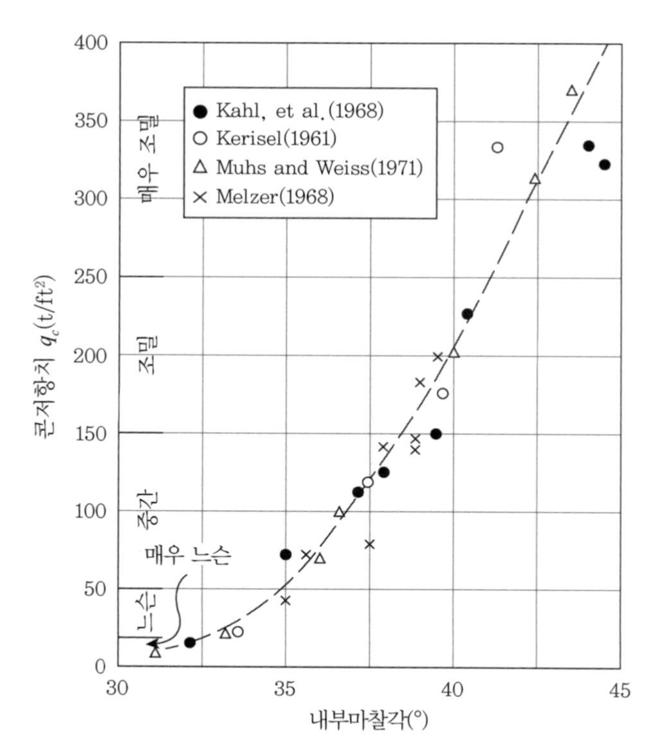

그림 1.3 콘관입저항치 q_c와 내부마찰각 ϕ'의 상관성[5]

한편 NAVFAC, DM 7.1(1982)에서는 그림 1.4를 활용하여 내부마찰각 ϕ'을 구하도록 정하고 있다.[7] 그림 1.4는 토질분류별로 조립토(ML, SM, SP, SW, GP, GW)의 내부마찰각 ϕ', 상대밀도, 건조단위중량 γ_d(혹은 간극비 e나 간극률 n)의 상관관계를 도시한 그림이다. 즉, 모래나 자갈로 분류된 사질토의 건조단위중량 γ_d나 상대밀도 D_r을 알면 그림 1.4로부터 내부마찰각 ϕ'을 구할 수 있다.

NAVFAC, DM 7.1(1982)에서는 만약 상대밀도 D_r을 알 수 없으면 표준관입치 N과 상대밀도 D_r의 상관관계를 정리한 그림 1.5에서 먼저 상대밀도 D_r을 구한 후 그림 1.5를 사용하여 내부마찰각 ϕ'을 구하도록 하였다.

다음으로 점성토지반에서의 비배수전단강도(c_u)는 불교란시료에 대한 실내시험, 연약점성토에 대한 현장베인전단시험, 견고한 지반에 대한 프레셔메터(pressuremeter)시험으로 구할 수 있다.

정규압밀된 자연퇴적층의 비배수전단강도 c_u는 식 (1.1)로 산정할 수 있다.[2,13]

$$c_u = \sigma_v{}'(0.1 + 0.004PI) \tag{1.1}$$

여기서, $\sigma_v{}'$: 유효연직상재압, PI : 소성지수

표 1.1은 점성토의 연경도, 표준관입시험치 N값 및 비배수전단강도 c_u의 대략적 관계를 분류한 표이다. 이 표에 제시된 관계는 대략적인 관계이므로 초기설계에는 적용할 수 있으나 최종 설계 시에는 현장 및 실내시험으로 정해진 비배수전단강도 c_u를 사용해야 한다.

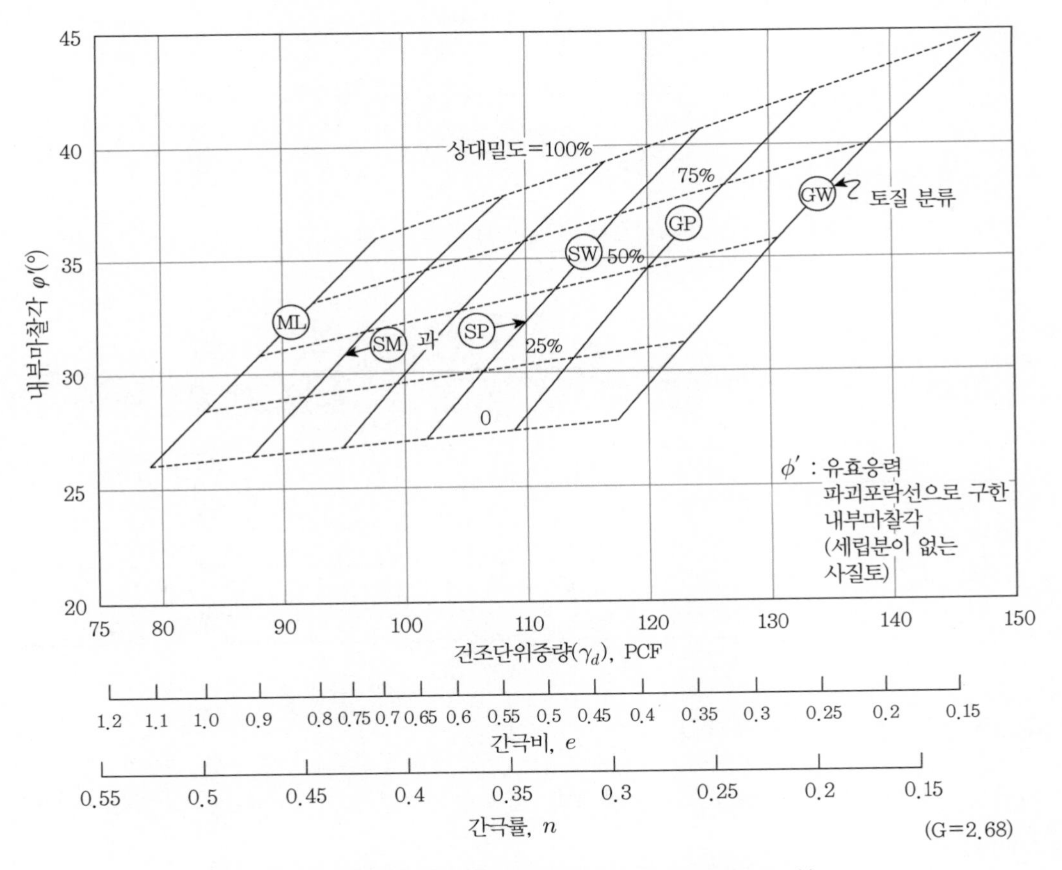

그림 1.4 조립사질토의 내부마찰각과 밀도의 관계[7]

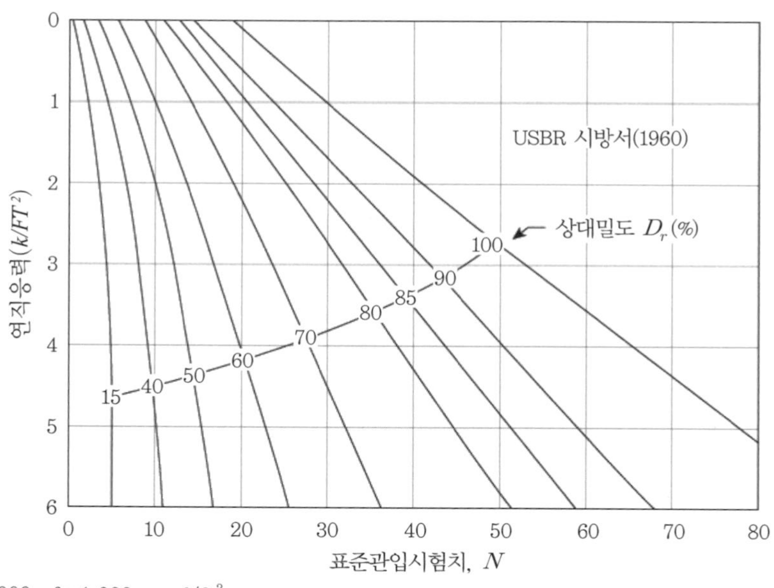

* 주 : 1ksf = 1,000psf = 1,000pound/ft^2

그림 1.5 표준관입시험치 N과 상대밀도 D_r의 상관관계(4,7)

표 1.1 세립토의 연경도(7,16)

연경도	표준관입시험치 N값	비배수전단강도 c_u(kPa)
매우 연약함	<2	<12
연약함	2~4	12~25
중간 정도	4~8	25~50
견고함	8~15	50~100
매우 견고함	15~30	100~200
단단함	>30	>200

1.4.2 지반과 말뚝 사이 부착력

지반과 말뚝 사이의 부착력(c_a)은 복잡하다. 부착력은 다음과 같은 여러 가지 요소에 영향을 받는다.

① 지반의 연경도

② 말뚝시공법

③ 말뚝의 재질

④ 시간

그러나 가장 신뢰할 수 있는 말뚝의 부착력은 현장에서의 말뚝재하시험으로 얻을 수 있다. 부착력에 대한 자세한 설명은 제4.3절의 '점토지반 속 말뚝의 마찰지지력'에 수록되어 있으므로 그곳을 참조하기로 한다.

1.4.3 지반의 탄성특성

말뚝설계에 필요한 가장 일반적인 탄성지반정수는 지반의 탄성계수 E_s이다. 사질토지반에서는 정적탄성계수 E_s는 표준관입시험의 N값이나 정적콘관입시험치 q_c값과 탄성계수 E_s의 상관관계를 활용하여 추정한다. 그러나 이러한 관계는 그다지 많이 사용되지 못한다. 추정된 탄성계수 E_s에 의한 침하량이 실측 침하량과 차이가 크게 발생하기 때문이다. 이는 지반의 탄성계수 E_s가 여러 요소에 영향을 받고 있기 때문이다.

그럼에도 불구하고 몇몇 경험적인 추정법이 여전히 적용되고 있다. 예를 들면, Schmertmann (1970)은 정적콘관입시험치 q_c값으로부터 식 (1.2)와 같이 산정하였다.[12]

$$E_s = C_1 q_c \tag{1.2}$$

여기서, 계수 C_1은 상수이고 흙의 다짐도에 의존한다. Canadian Foundation Engineering Manual(1985)에서는 계수 C_1을 다음과 같이 추천하였다.[6]

실트 및 모래 : $C_1 = 1.5$
다짐모래 : $C_1 = 2.0$
조밀한모래 : $C_1 = 3.0$
모래자갈 : $C_1 = 4.0$

한편 점성토지반에 대해서는 Canadian Foundation Engineering Manual(1985)의 추천대로 다음 식으로 산정한다.[6]

$$E_s = C_2\overline{p_c} \tag{1.3}$$

여기서, $\overline{p_c}$: 선행압밀응력

C_2 : 계수 : 단단한 점토 $C_2=80$

견고한 점토 $C_2=60$

연약한 점토 $C_2=40$

이들 값은 대략적인 값이므로 초기설계에만 적용해야 한다.

참고문헌

1) 홍원표(2017), 수평하중말뚝－수동말뚝과 주동말뚝, 도서출판 씨아이알.
2) Bjerrum, L. and Simons, N.E.(1960), "Comparison of shear strength characteristics of normally consolidated clays", Proc., the American Society of Engineers, Research Conference of Shear Strength of Cohesive Soils, Boulder, pp.711~726.
3) De Mello, V.F.B.(1969), "Foundations of buildings on clay", State of the Art Report, Proc., 7th ICSMFE, Mexico City, Vol.2, pp.49~136.
4) Gibbs, H.J. and Holtz, W.G.(1957), "Research on determining the density of sands by spoon penetration testing", Proc., 4th ICSMFE, Vol.1, London, pp.35~39.
5) Meryerhof, G.G.(1976), "Bearing capacity and settlement of pile foundation", J GED, ASCE, Vol.102, No.GT3, pp.197~228.
6) National Research Council of Canada(1978 and 1985), "Canadian Foundation Engineering Manual", Ontario, Canada.
7) NAVFAC DESIGN MANUALS 7.1 and 7.2(1982), Foundations and Earth Structures, DM－7.1 and 7.2, Department of the Navy, Alenxandria, VA.
8) Orrje, O. and Broms, B.B.(1967), "Effects of pile driving on soil properties", J. SMFD, ASCE, Vol.93, No.SM5, pp.59~73.
9) Poulos, H.G. and Davis, E.H.(1979), Pile Foundations Analysis and Design, John Wiley & Sons, New York. pp.6~17.
10) Prakash, S. and Sharma, H.(1990), Pile Foundations in Engineering Practice, John Wiley & Sons, A Wiley－International Publication, pp.1~34.
11) Robinsky, E.I. and Morrison, C.E.(1964), "Sand displacement and compaction around model friction piles", Can. Geot. J. Vol.1, No.2, p.81.
12) Schertmann, J.H.(1970), "Static cone to compute static settlements over sand", J. SMFD, ASCE, Vol.96, No.SM3, pp.1011~1043.
13) Skempton, A.W.(1948), "Vane tests in the alluvial plain of the river Forth near Grangemouth", Geotechnique, Vol.1, No.2, pp.111~124.
14) Soderberg, L.O.(1962), "Consolidation theory applied to foundation pile time effects", Geotechnique, Vol.XII, No.3, pp.217~225.
15) Sowers, G.F.(1979), Introductory Soil Mechanics and Foundation Engineering, 4th ed. Macmillan Publishing Co., New York.
16) Terzaghi, K. and Peck, R.B.(1967), Soil Mechanics in Engineering practice, 2nd Ed., John Wiley and Sons, New York.

17) Tomlinson, M.J.(1977), Pile Design and Construction Practice, 4th ed., E & FN Spon, Tokyo, pp.1~6.

CHAPTER

02

기초의 형태

CHAPTER

02 기초의 형태

연직하중말뚝

모든 구조물은 지반 위에 구축하기 때문에 기초는 안전해야 된다. 그리스나 로마시대 기술자들은 많은 구조물들이 수세기 동안 무너지지 않고 유지되기 위해서는 견고한 기초가 필요하였음을 분명히 알았다. 예를 들어, 로마시대 송수로는 물을 장거리로 흐르게 하였고 오늘날까지 그 일부가 남아 있다. 로마사람들은 이 수로를 침하하지 않고 오래도록 지지할 수 있게 수미터 높이의 아치 구조물을 축조하기 위해 암반 기초를 사용하였다. 그 외에 여러 로마시대 건축물들이 인위적인 파손이나 지진에 의한 피해를 제외하면 오늘날까지 건재한 것은 이미 잘 알려진 바다. 가장 대표적인 유명한 역사적 기초는 로마 도로 기초일 것이다. 이 도로 축조에는 이미 현대적 기초기술이 적용되었다.

이와 같이 건축물이나 구조물이 견고하게 오랜 기간 지속적으로 보존되기 위해서는 든든하고 안전한 기초를 지반특성에 맞게 축조해야 한다. 이러한 목적으로 과거부터 여러 가지 형태의 기초가 개발 적용되었다.

기초는 크게 얕은기초(shallow foundation)와 깊은기초(deep foundation)의 두 가지로 구분된다. 먼저 얕은기초는 견고한 지층이 지표 부근에 존재할 때 구조물의 하중을 지표 지반에 직접 전달할 수 있게 설치하는 기초형식으로 가장 보편적이고 오래 적용된 기초이다. 후팅기초와 매트기초가 대표적인 얕은기초에 속한다.

그러나 만약 지표부에 견고한 지층이 존재하지 않고 연약한 지층이 존재하고 그 하부 깊은 곳에 견고한 지층이 존재하여 구조물의 하중을 지중 깊이 존재하는 견고한 지층에 전달할 수 있게 말뚝이나 케이슨 등의 여러 가지의 매개체를 연약층을 관통하여 단단한 지층에 도달하도록 삽입하는 기초형식이 적용되었다면 이런 기초는 깊은기초라고 한다. 말뚝기초, 피어기초, 케이슨기초가 대표적인 깊은기초에 속한다.

지반의 전단강도 특성이 양호한 순서로 기초의 적용 순서를 정하면 가장 양호한 지반에서는 주로 후팅기초를 적용하고 이보다 지반의 전단강도가 낮으면 매트기초를 적용한다. 더욱이 기초지반이 매트기초를 적용할 지반보다 연약할 경우는 말뚝기초와 같은 깊은기초를 적용한다.

이런 얕은기초와 깊은기초를 설계 및 시공하기 위한 학문을 기초공학(foundation engineering)이라 한다. 즉, 기초공학이란 구조물과 지반 사이 경계면에서의 문제를 해결하기 위해 토질역학(soil mechanics)과 구조역학(structural engineering)의 원리를 경험에 의거한 공학적 판단을 가지고 적용시키는 학문이다.

2.1 얕은기초

2.1.1 얕은기초의 설계

토목구조물이나 건축물과 같은 구조물의 하중을 지반 또는 암반에 적절히 전달하기 위해 얕은기초(shallow foundation)를 설치한다. 이 형태의 기초는 구조물하중을 지반에 직접 지지시키게 하기 때문에 직접기초(direct foundation)라고도 부른다.

원래 얕은기초는 구조물의 중량이 비교적 가벼운 경우에 적합하여 주택의 기초로 활용되었으나 최근에는 고층건물의 기초로도 많이 사용되고 있는 실정이다. 따라서 현재 건설 분야에서 얕은기초는 가장 보편적인 기초의 형태로 인식되고 있으며 말뚝기초나 피어기초와 같은 깊은기초는 일반적 건축물의 기초보다는 대형토목구조물의 기초에 주로 사용되고 있다. 얕은기초는 양질의 토층이 지표 부근에 존재할 경우 채택되며 가장 경제적이고 안전한 이점을 가진 기초의 형태로 지금까지 많은 실적을 가지고 있다.

설계자는 기초의 위치를 잘 고려해서 설계해야 한다. 얕은기초의 최소깊이는 시방서에 의하여 결정되는 것이 원칙이나 통상적으로는 기초최소폭 이내 깊이로 제한한다. 그러나 때로는 기초깊이를 기초최소폭의 3~4배 이내 깊이로 제한하기도 한다(홍원표, 1999).[4] 이 깊이는 적어도 계절적인 건습의 영향을 받는 토층보다 깊어야 한다. 특히 계절적 기후지역에서는 기초의 최소근입깊이가 동결깊이에 의하여 결정된다. French(1989)는 기초근입깊이의 한계를 1.8m로 제한하기도 하였다.[6]

(1) 설계과정

얕은기초 설계 시에는 안전성, 신뢰성, 기능의 효율성을 고려해야 한다. 특히 기초 설계 시에는 기초가 파괴와 침하에 대하여 안전성을 충분히 확보하도록 하여야 한다.[4] 다시 말하면 기초설계는 상부 구조물의 하중을 지반의 전단파괴나 과잉침하의 발생 없이 기초지반에 전달시키는 설계이다.

즉, 기초의 설계에서는 그림 2.1에서 보는 바와 같이 기초지반의 강도측면과 변형측면의 두 과정으로 검토하여야 한다. 원래는 지반의 강도와 변형이 서로 독립적으로 거동하는 것이 아니고 동시에 발생하는 거동이지만 현재의 설계에서는 분리하여 취급하고 있다. 그러나 만약 이들 거동을 동시에 검토하고자 한다면 유한요소법과 같은 수치해석법을 적용할 수 있다.

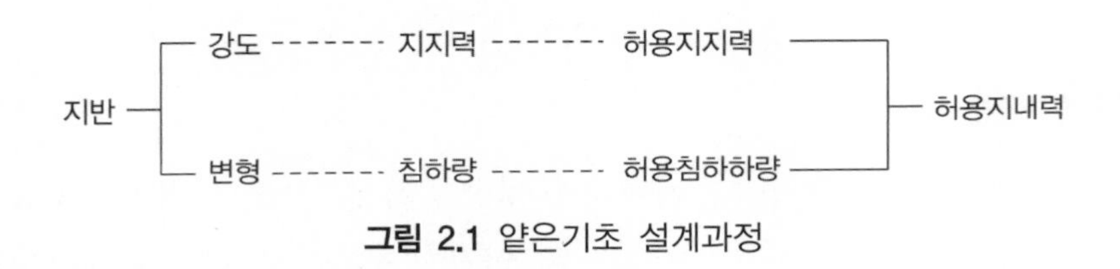

그림 2.1 얕은기초 설계과정

먼저 강도측면에서는 지반의 전단강도특성에 따라 소성파괴 시의 한계상태에서 지지력(이를 극한지지력이라 한다)을 산정하고 적절한 안전율을 고려한 허용지지력을 구한다. 그러나 이 과정에서는 지반의 침하에 대한 정보를 얻을 수 없다.

기초는 전단파괴가 발생하지 않아도 과잉침하가 발생할 수도 있다. 이 과잉침하도 기초의 안전상에서는 바람직하지 못하므로 허용지지력을 적용하는 설계는 충분한 설계가 되지 못한다. 과잉침하는 지반의 변형거동해석과정으로 검토되어야 한다. 구조물의 상부하중을 기초에 적용하였을 경우 예상되는 침하량을 구하여 허용될 수 있는 범위의 허용침하량과 비교하고 허용침하량으로 한정할 수 있는 하중을 규정할 수 있다.

허용침하량에 의해 정해진 하중을 강도측면에서 정한 허용지지력과 비교하여 작은 값을 허용지내력으로 결정한다. 즉, 허용침하량에 의해 정해진 하중이 허용지지력보다 크면 강도측면에서 정한 허용지지력으로 허용지내력으로 정하고 적으면 변형측면에서 허용하중을 허용지내력으로 정하여 설계한다. 이는 전단파괴나 과잉침하 어느 쪽도 발생하지 않게 기초를 설계하는 결과가 된다.

(2) 파괴에 대한 안전

구조물의 하중을 지반에 전달하는 과정에서 발생될 수 있는 기초의 파괴는 두 가지로 생각된다. 하나는 기초구조체의 인장, 압축 및 전단파괴이고 또 하나는 지지지반의 전단파괴이다. 그러나 지반공학 측면에서는 기초구조체가 역학적으로 잘 설계되어 있는 전제조건하에 기초지반의 전단파괴만을 취급한다.

구조물의 상재하중을 기초가 지반이나 암반에 전달할 때 지지력 부족으로 인한 지반의 전단파괴가 발생하지 않도록 충분한 안전성이 확보될 수 있는 얕은기초의 단면설계를 실시해야 한다. 그러기 위해서는 기초지반의 지층구성과 지반 및 암반의 지지특성을 파악하는 것이 매우 중요하다. 기초지반의 전단파괴는 역학적으로 소성론에서는 소성흐름(plastic flow)과 측방변형(유동)에 관련된 안전성 문제이다.

(3) 침하에 대한 안전

기초는 과잉변형을 피하면서 구조물의 하중을 지반에 경제적으로 전달할 수 있도록 설계해야 한다. 기초가 신선한 경암에 안치되지 않는 한 약간의 침하는 발생될 것이다. 따라서 예상침하량을 산정하고 구조물이 감당할 수 있는 허용침하량과 비교해야 한다. 특히 부등침하는 반드시 허용 범위 내에 존재하도록 해야 한다. 이 경우에도 지반특성에 관한 정보가 필요하며 침하량의 시간적 진행예측도 검토해야 한다.

얕은기초의 침하는 기초지반의 탄성변형 및 소성변형의 결과로 나타나는 지반의 변형문제이다. 이 침하는 부등침하 및 최대침하가 모두 허용범위 내에 존재하도록 해야 한다.

통상적으로 얕은기초는 깊은기초보다 저렴하다. 그러나 기초면적이 커질수록 얕은기초의 설계는 복잡하다. 매트기초의 연직방향 이동은 후팅기초보다 클 뿐만 아니라 매트기초의 변형은 지지지반의 변형과 동일하다.

(4) 기초지반의 파괴 형태

기초지반에 전단파괴가 발생되는 전형적인 세 가지 형태를 Vesic(1973)은 그림 2.2와 같이 전면전단파괴(general shear failure), 국부전단파괴(local shear failure) 및 펀칭전단파괴(punching shear failure)의 세 가지로 구분·정리하였다.[12]

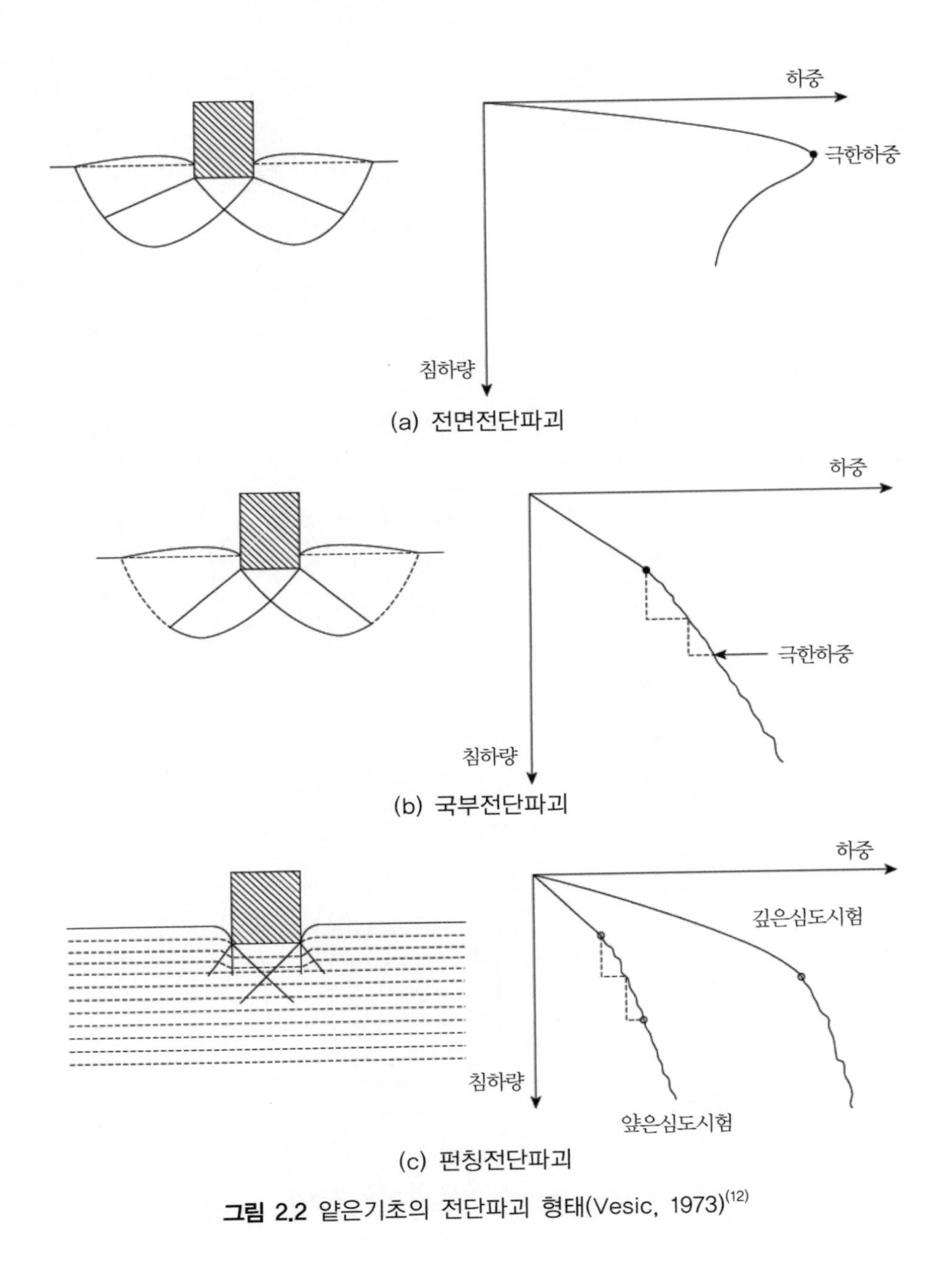

그림 2.2 얕은기초의 전단파괴 형태(Vesic, 1973)[12]

전면전단파괴는 그림 2.2(a)에서 보는 바와 같이 후팅의 모서리에서 지표면까지 파괴면이 분명하게 연속적으로 나타나는 파괴 형태이다. 이러한 파괴는 갑작스럽게 발생되며 피해가 크다. 지표면의 융기가 크고 하중-침하곡선상에서 최대하중이 분명히 나타난다. 이를 극한하중으로 결정한다. 보통 조밀한 사질토지반이나 견고한 과압밀점성토지반에서 발생되기 쉽다.

국부전단파괴는 그림 2.2(b)에서 실선으로 표시된 파괴면과 같이 일차파괴면이 기초 아래 지역에만 부분적으로 발생함이 특색이다. 그런 후 파괴면이 지표면까지 연장되기 위하여 기초의 침하가 크게 발생되면서 극한하중에 도달한다. 이 부분은 그림 중 파선으로 표시되어 있다. 이러한 파괴 형태는 하중-침하관계가 전면파괴와 같이 분명하지가 않고 변곡점이 두 개의 위치에서 발생된다. 이 중 첫 번째 변곡점을 일차파괴하중이라고 하고 두 번째 변곡점을 극한하중으로 정한다. 국부전단파괴의 경우 지표면의 융기량은 약간 발생하며 중간 정도 밀도를 가지는 사질토지반과 정규압밀점성토지반에 많이 발생한다.

펀칭전단파괴는 그림 2.2(c)에서 보는 바와 같이 후팅 아래 지반변형량이 크며 후팅 측변 주변지반의 이동량은 거의 없어 지표면의 융기량이 없다. 따라서 파괴면이 지표면까지 분명히 나타나지 않고 붕괴나 기울어짐도 보이지 않는다. 하중-침하곡선상에 최대하중을 결정하기가 용이하지 않으나 통상적으로 최대하중 이후 곡선기울기가 급해지고 선형인 점이 특징이다. 밀도가 느슨한 사질토지반 및 예민한 점성토지반에서 많이 발생한다.

2.1.2 얕은기초의 종류

얕은기초는 기초의 재료, 크기, 형상, 강성 등에 따라 여러 가지로 구분될 수 있다. 그러나 일반적으로 얕은기초는 그림 2.3과 같이 후팅기초와 전면기초의 두 가지로 분류한다.

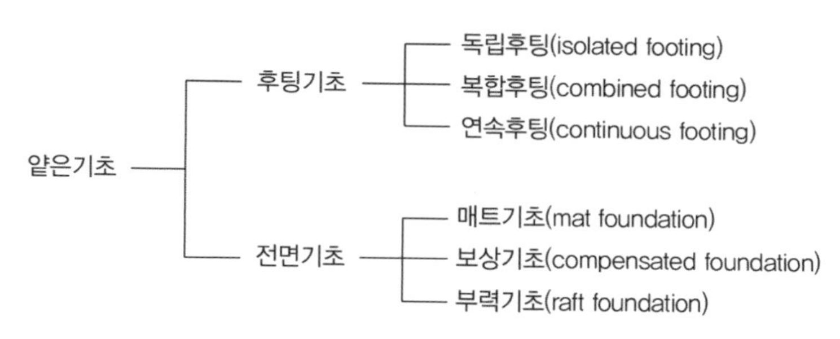

그림 2.3 얕은기초의 종류(홍원표, 1999)[4]

우선 후팅기초는 기초면적이 비교적 작은 강성구조체로 되어 있어 기초구조체의 휨이나 변형이 발생되지 않고 기초가 일체로 움직이는(강체운동을 하는) 강성기초(rigid foundation)인 반면, 전면기초는 기초면적에 비하여 기초의 두께가 얇으므로 기초슬래브의 변형이 발생될 수 있는 탄성기초(elastic foundation)이다. 후팅기초는 허용지지력을 적용할 수 있는 지반에 적합한 기초 형태이고 전면기초는 지반의 지지력이 후팅기초보다 적은 지반에 적용하는 기초 형태이다.

후팅기초의 재료로는 그림 2.4와 같이 돌(벽돌), 무근콘크리트 및 철근콘크리트를 들 수 있다. 돌쌓기 및 무근콘크리트의 후팅기초는 확대각도가 45° 전후로 되게 하는 것이 보통이며 중요한 구조물에는 철근콘크리트 후팅이 채택된다. 이 철근콘크리트 후팅의 모양이나 배근은 주변상황에 따라 결정된다.

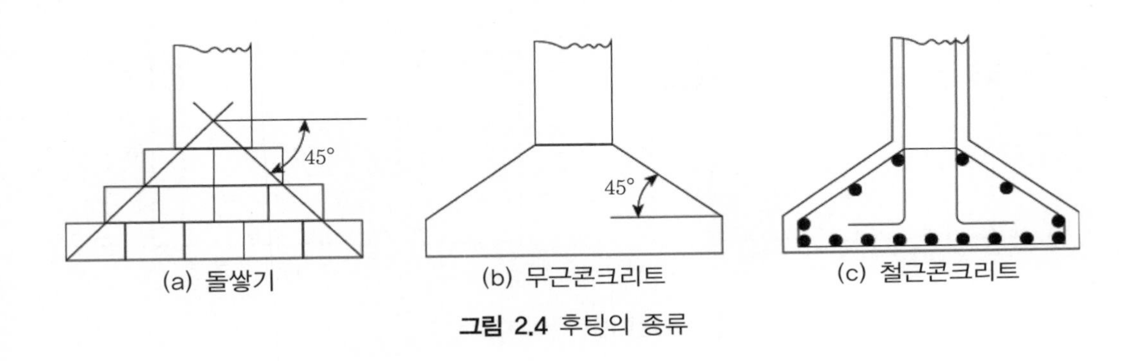

그림 2.4 후팅의 종류

이들 기초는 지반상에 직접 시공되는 경우는 거의 드물며 기초저면이 단단한 경우는 모래자갈을 깔고 그 위에 버림콘크리트를 타설한다. 그러나 기초저면 지반이 비교적 연약한 경우에는 쇄석이나 호박돌을 깔고 충분히 다진 후 기초를 설치한다.

후팅기초의 약점은 각 후팅이 서로 독립되어 있으므로 각각의 후팅 사이에 부등침하가 발생될 우려가 있는 점이다.

구조물의 기둥하중이 너무 무겁거나 지반의 지지력이 충분하지 않은 지반에서 기둥하중을 지지하도록 후팅의 접지면적을 점차 크게 한다. 그러나 접지면적을 크게 하면 후팅이 서로 닿게 된다. 이러한 경우에는 전면기초가 종종 이용된다. 일반적으로 전체 후팅의 접지면적 합계가 건물저부면적의 1/2에서 1/3 이상이 되면 전면기초로 함이 경제적으로 유리하다.

전면기초는 후팅기초에 비하여 단위면적당의 접지압이 작게 되어 지반파괴에 대하여 안전하게 된다. 그러나 심층으로 갈수록 지중응력증가에 의한 후팅기초와 전면기초에 미치는 영향의 차이가 적어진다. 따라서 지표에서 어느 깊이까지의 부분이 양질의 지반으로 구성되어 있으면 꼭 전면기초를 채택할 필요는 없다. 이 깊이는 대략 기둥간격 정도로 보면 좋으나 정확한 깊이는 기초지반의 응력 분포를 계산하여 정할 수 있다. 또한 전면기초는 기초저면지반에 국부적인 불균일성이 있어도 이에 의한 영향을 무시할 수 있는 경우가 많으며 특히 이 기초는 지하수위가 높을 때 유리하다.

(1) 독립후팅(isolated footing)

그림 2.5에서 보는 바와 같이 하나의 기둥에 의하여 전달되는 집중하중을 하나의 후팅으로 지지하는 경우를 독립후팅이라 한다. 후팅기초 형태 중 가장 보편적인 형태이며 구조가 복잡하지 않고 거푸집작업이 용이하여 경제적인 이점이 있다.

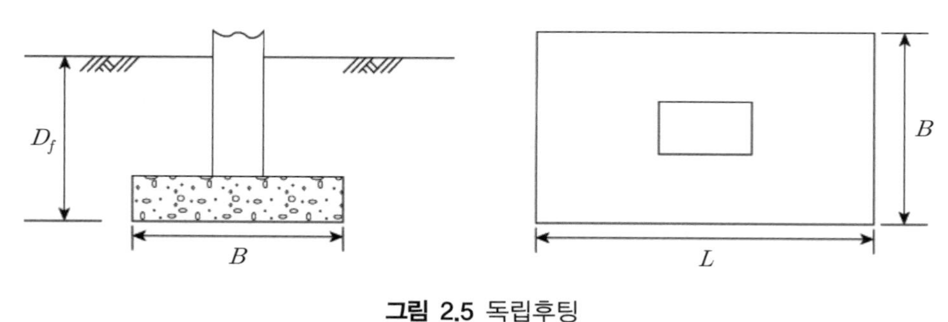

그림 2.5 독립후팅

기둥하중을 후팅 아래 지반이나 암반의 강도나 변형에 맞는 값까지 접지면적을 확대시키는 형태의 기초다. 이와 같이 집중하중을 보다 큰 지지면적으로 분산시키기 위해 기둥 아래 접지면적을 확대시키기 때문에 확대후팅(spread footing) 또는 확대기초라고도 한다. 독립후팅의 기초면적크기 L/B는 통상적으로 5 이하인 경우에 해당한다.

일반적으로 후팅기초는 지표면에서 어느 정도 깊이 하부에 설치한다. 후팅기초를 지표면 아래 일정 깊이 하부에 설치하는 이유는 다음과 같다.

① 지표부 토사의 밀도가 느슨하기 때문에
② 계절적 동결 융해의 영향을 받는 지역에서는 동결심도의 영향을 피하기 위해
③ 팽창성 점토가 존재하는 지역에서는 이 지층의 영향을 피하기 위해
④ 기초 하부토사의 세굴위험이 있는 경우 이 영향을 제거할 목적으로

(2) 복합후팅(combined footing)

두 개 이상의 기둥하중을 하나의 후팅으로 지지하도록 한 후팅의 형태이다. 이렇게 함으로

써 하부지반이나 암반에 작용하는 하중 분포를 균일하게 하여 부등침하의 가능성을 줄여줄 수 있다.

이 후팅은 그림 2.6에서 보는 바와 같이 통상적으로 구형이나 삼각형(기둥하중이 다르거나 대지경계선에 근접한 경우) 또는 strap(넓은 폭의 기둥간격 또는 부지경계선에 근접한 경우) 모양의 경우도 있다. French(1989)는 여러 개의 기둥선에 의하여 전달되는 집중하중의 열을 하나의 후팅으로 지지하는 복합후팅을 grade beam이라 부르고 있다.

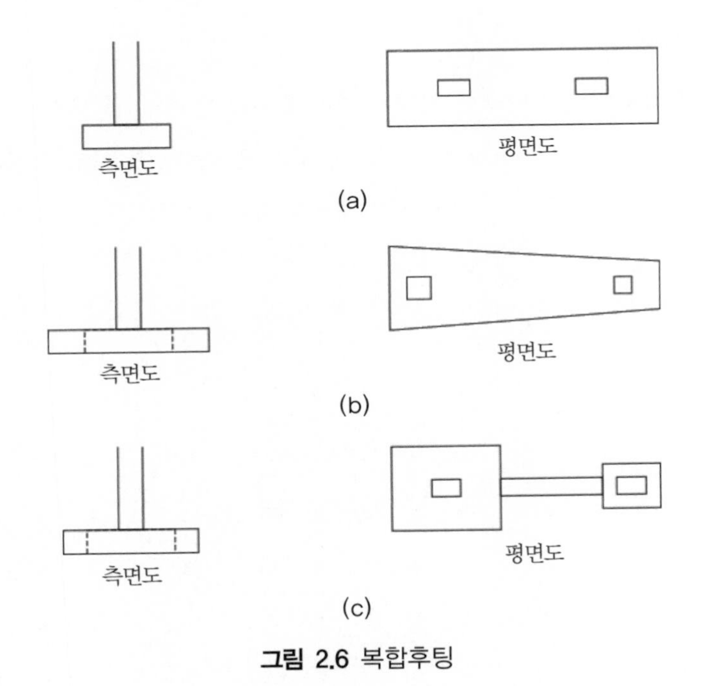

그림 2.6 복합후팅

(3) 연속후팅(continuous footing)

후팅접지면의 L/B가 5 이상인 경우의 후팅기초를 strip footing 또는 wall footing이라고도 한다. 그림 2.7에서 보는 바와 같이 이 형태의 후팅은 여러 개의 기둥하중이 매우 근접하여 있거나 지지벽(bearing wall)의 선하중을 지지할 경우 사용된다.

이 경우 하중강도를 낮출 수 있으며 비교적 균일한 하중을 하부지반이나 암반에 전달할 수 있다. 이 형태의 후팅하중은 단위후팅길이당의 힘으로 표시한다. 장축방향으로는 응력이 발생되지 않는다. 따라서 지지벽은 길이방향으로 발생되는 하중의 어떤 변화도 견딜 수 있도록 설계해야 한다.

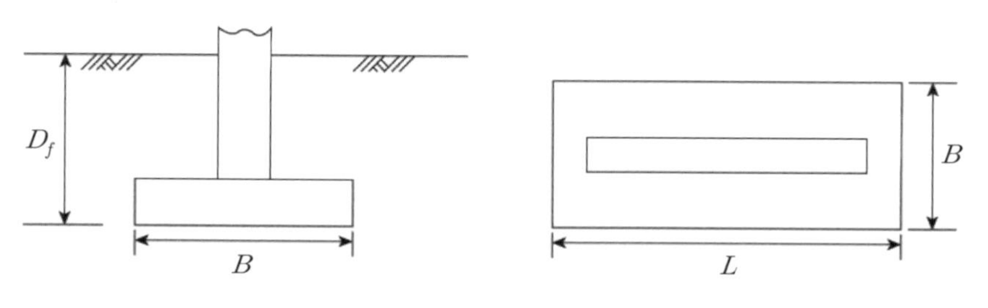

그림 2.7 연속후팅

(4) 매트기초(mat foundation)

매트기초는 후팅기초의 접지면적이 커져서 각각의 기초가 서로 연결되어 일체가 된 것이라 생각할 수 있다. 따라서 mass footing이라고도 알려져 있다. 이 기초에는 기둥이 두 방향으로 후팅에 연결되어 있다. 구조물기둥 중 4개의 기둥만 지지시키거나 또는 전체의 기둥을 다 지지시키는 경우가 있다.

그림 2.8에서 보는 바와 같이 여러 가지 형태의 구조가 있다. 독립후팅 및 복합후팅의 전접

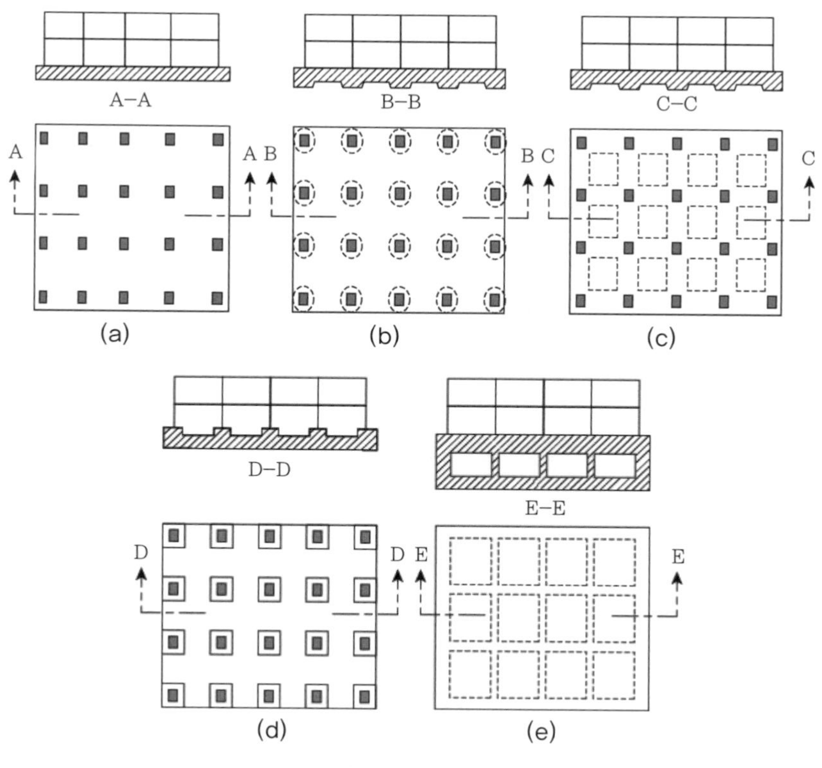

그림 2.8 매트기초

지면적의 합이 구조물 전면적의 반을 넘을 때 또는 지반의 강도가 좋지 않은 지반 상에 구조적 안전을 확보할 경우 부등침하를 피하기 위해 채택된다.

매트기초는 보상기초(compensated foundation) 및 mat 또는 buoyant foundation과 혼돈하여 사용된다. 보상기초는 지반을 굴착하여 통상적 깊이보다 깊은 위치에 건물을 설치하여 구조물하중의 일부 또는 전부를 원래 있던 흙의 자중과 상쇄시키도록 한 기초 형태이다.

반면에 raft 또는 buoyant foundation은 구조체가 방수구조로 영구적으로 존재하는 지하수위 아래 일정 깊이에 설치함으로써 구조물하중의 일부 또는 전부를 부력으로 상쇄시키도록 한 기초이다.

2.2 깊은기초

구조물의 상부하중은 단단한 지층에 전달함이 바람직하다. 이를 위해 구조물의 하부가 지반과 접하는 위치에 얕은기초를 마련함이 일반적인 상식이다. 그런데 만약 지표부에 연약하거나 부적합한 토층이 존재하면 얕은기초를 적용할 수 없으므로 기초구조물을 보다 깊은 곳에 있는 견고한 지층까지 이르게 하는 깊은기초를 적용해야 한다.

대표적인 깊은기초는 그림 2.9에 분류한 바와 같이 말뚝기초와 케이슨기초의 두 가지로 크게 분류할 수 있다. 이 중 말뚝기초가 가장 많이 사용되고 있는데 기성말뚝을 항타로 관입 설치하는 관입말뚝과 현장에서 직접 타설하는 현장타설말뚝이 있다. 현장타설말뚝은 교량과 같은 토목구조물의 기초로 많이 활용되는 피어기초와 크기, 재료, 축조과정이 동일하다. 다만 교량공사와 같은 경우 주로 피어라고 부르고 기타 토목·건축 구조물 기초로 사용할 경우는 현장타설말뚝이라 부르고 있을 뿐이다. 특히 최근에는 시공장비가 동일하며 사용처에 따라 다

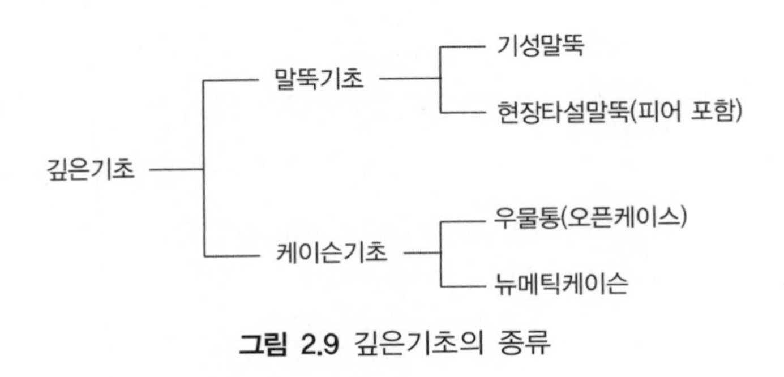

그림 2.9 깊은기초의 종류

르게 불릴 뿐이다. 따라서 여기서는 현장타설말뚝과 피어를 동일한 개념의 말뚝으로 표현한다. 다양한 종류의 말뚝기초에 대하여는 제3장에서 구체적으로 설명한다.

그 밖에도 최근 장대교량의 기초로 많이 활용하는 케이슨기초도 깊은기초로 분류할 수 있다. 케이슨기초는 사용하는 케이슨의 종류에 따라 우물통기초와 뉴메틱케이슨기초의 두 가지로 구분한다. 옛날에는 교량의 기초로 우물통기초가 많이 사용되었다. 이 우물통기초는 최근에 뉴메틱케이슨이 개발되면서 이와 구별하기 위해 오픈케이슨으로 부른다. 이들 둘은 모두 케이슨을 사용하여 기초구조물을 축조하는 기초이다. 다만 오픈케이슨은 케이슨의 위아래에 모두 뚜껑이 없이 사용함으로 굴착작업이 케이슨 내에서 수중작업이 되는 데 비해 뉴메틱케이슨은 하부 굴착부에 공기압을 불어넣을 수 있는 작업실을 마련하고 그곳에서 작업자가 육안으로 관찰하면서 굴착을 진행한다.

그 밖에도 깊은기초는 다음과 같은 여러 경우에도 적용된다.[10]

① 세굴방지 구조물 축조
② 조립토 지반이나 견고한 점성토 지반에서 측방저항으로 축하중을 지지시킬 경우
③ 육상작업용 해양구조물 구축
④ 정박 돌핑 구조물 축조
⑤ 사면안정용 억지말뚝
⑥ 기타 특수목적

2.2.1 말뚝기초

말뚝은 길이에 비해 단면적이 작은 연직 또는 약간 경사진 기초구조부재이다. 말뚝은 지반 속에 설치하여 상부구조물에 작용하는 하중이나 외력을 하부지반에 전달하는 구조재이다. 말뚝길이, 시공방법, 기능은 매우 다양하기 때문에 여러 상황이나 필요에 부응하여 다양하게 활용되고 있다.

말뚝은 상부구조물과 연결되어 있는 말뚝의 윗부분을 '말뚝두부(pile head)'라 하고 아랫부분을 '말뚝선단(pile tip)'이라 한다. 또한 말뚝의 중간 부분은 말뚝본체(pile shaft)라 한다. 말뚝본체는 원형 또는 원추형이며 단면은 원형, 팔각형, 육각형, 사각형, 삼각형 및 H형으로 다양하고 말뚝의 선단은 뾰족하거나 확대되어 있다.

(1) 말뚝의 하중전이 기능

말뚝기초가 상부하중을 지지할 수 있는 기능은 말뚝기초 구조물과 지반 사이의 상호작용에 의한 저항력에 의하여 발휘된다. 이 저항력은 크게 두 부분에서 기대할 수 있다. 하나는 말뚝기초 구조물과 지반 사이의 접촉면에서의 마찰저항력이고 다른 하나는 말뚝기초 저면, 즉 선단부에서의 저항력이다.

말뚝기초의 기본 구성재인 말뚝의 지지력은 말뚝주면에서 지반과 말뚝표면 사이의 마찰저항과 말뚝선단에서의 선단저항력으로 구성되어 있다. 보통은 이들 둘 다 작용하지만 지반특성에 따라 이 중 어느 쪽인가가 지배적으로 크게 발휘된다. 여기서 말뚝두부에 작용하는 연직하중을 지지하는 저항기능에 따라 마찰말뚝(friction pile)과 지지말뚝(bearing pile)으로 구분한다. 예를 들면, 마찰저항력이 주로 발휘되고 선단지지력을 무시할 정도로 작은 경우의 말뚝을 마찰말뚝이라 부른다. 반면에 단단한 암반에 말뚝의 선단이 근입되어 있는 경우는 말뚝의 침하가 거의 없어 말뚝주면에서의 마찰저항은 거의 발휘되지 못하고 말뚝선단에서의 저항력만으로 말뚝하중을 지지하는데 이런 말뚝을 지지말뚝 또는 선단지지말뚝(end bearing pile)이라 부른다. 통상 지지말뚝을 적용하는 지반은 상부지층이 연약한 지반인 경우가 대부분이다. 암반에 근입된 지지말뚝의 경우 연약층에서의 말뚝의 마찰저항력은 거의 기대하기가 어렵다.

그림 2.10은 말뚝의 하중전이 기능을 개략적으로 도시한 그림이다. 우선 그림 2.10(a)는 연직하중이 연직말뚝에 의해 지반에 전달되는 기능을 도시한 그림이다. 말뚝본체의 주면에는 수직응력인 수평토압이 연직응력의 크기에 비례하여 증가하여서 말뚝주면에서는 마찰저항력이 부착력으로 발휘된다. 결국 연직응력과 수평토압 이들 두 요소응력의 합력은 그림 2.10(a)에서 보는 바와 같이 경사지게 작용하게 된다. 한편 말뚝주면에서의 마찰저항력과 달리 말뚝의 선단에서는 연직방향 반력이 발달한다. 이 반력이 선단지지력이 된다.

이와 같이 말뚝의 지지력은 주면마찰력과 선단지지력의 두 요소로 구성되어 있다. 이 두 요소의 비율은 지층의 층상과 말뚝이 지지하는 하중에 따라 다르게 되며 말뚝의 하중전이 기능은 그림 2.10에 개략적으로 도시한 바와 같게 된다.

먼저 말뚝두부에 수평력이나 모멘트가 작용하면 그림 2.10(b)에 도시된 바와 같이 말뚝의 응력 분포는 비대칭이 되고 휨응력이 발생한다. 그림 2.10(c)는 말뚝을 인발할 때의 지지기능을 도시한 그림이다. 말뚝본체에 작용하는 수직응력은 그림 2.10(a)의 경우와 동일하다. 그러나 마찰력과 부착력의 방향은 반대로 작용한다. 한편 그림 2.10(d)는 상부지층이 압밀될 때 말뚝에 부마찰력이 작용하는 기능을 도시한 그림이다.

또한 말뚝은 대구경 현장타설말뚝이나 피어기초를 제외하면 통상적으로 한 개의 말뚝만 설치하기보다는 최소 두 개 이상을 설치하여 무리말뚝으로 사용한다. 무리말뚝의 두부는 말뚝캡이나 매트로 연결되어 있다. 말뚝간격이 직경의 3~4배 이상이면 축하중이 작용할 때 무리말뚝 내의 각 말뚝은 단일말뚝으로 거동한다. 말뚝간격이 이보다 가깝게 설치되어 있으면 말뚝과 지반 사이 및 말뚝들 사이에는 상호작용, 즉 말뚝-지반-말뚝의 상호작용의 영향을 고려해야 한다.

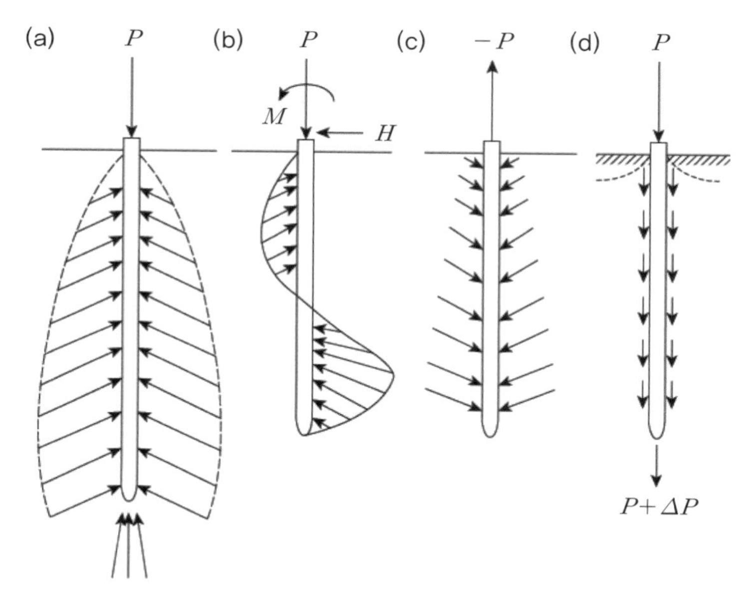

그림 2.10 말뚝 하중 전이 기능 개략도(Kezdi, 1975)[(7)]

(2) 말뚝 적용 사례

오늘날 말뚝의 다양한 기능으로 인하여 말뚝기초의 활용도가 나날이 증가하고 있다. 그림 2.11은 지금까지 말뚝을 사용한 대표적 사례를 도시한 그림이다(Kezdi, 1975).[(7)] 이 외에도 최근에는 말뚝의 시공 및 활용도가 급격히 증가하고 있다.

현재 다음과 같은 기초문제를 해결하기 위해 말뚝을 사용한다.

① 충분한 지지력을 기대할 수 있는 지지층이 아주 깊은 곳에 위치해 있는 경우

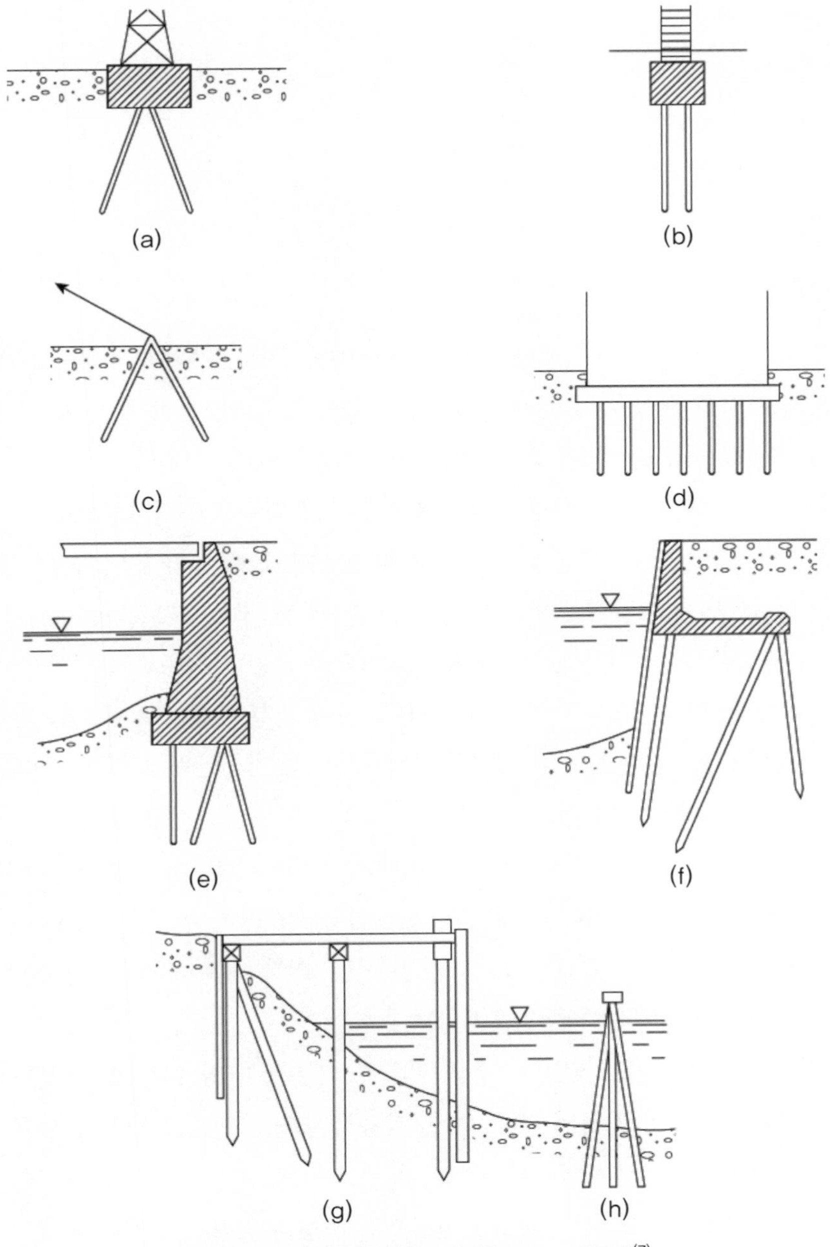

그림 2.11 말뚝의 적용 사례(Kezdi, 1975)[7]

② 구조물 바로 아래 지층 토사의 세굴 우려가 있는 경우

③ 초대형 구조물하중이 기초에 전달되는 경우

④ 거대한 연직하중이나 수평하중이 존재할 경우

⑤ 부등침하에 민감한 구조물

⑥ 해양구조물

⑦ 지하수위가 높은 경우

2.2.2 피어기초

(1) 피어와 현장타설말뚝

피어기초 또는 현장타설말뚝기초는 상부구조물하중을 하부 단단한 지지층에 안전하게 전달시킬 목적으로 지중에 인력 및 기계 굴착으로 지중에 수직공간을 만들어 그 위치에 무근콘크리트 또는 철근콘크리트 지주를 축조하여 만든 지중기둥을 의미한다.

초고층건물과 장대교량의 큰 하중을 지지하기 위하여 대구경 현장타설말뚝기초의 시공이 지속적으로 증가하고 있는 추세이다.(9) 특히 진동과 소음에 대한 규제가 엄격하게 적용되고 있어 말뚝의 항타공법은 민원이 발생할 수 있는 현장에서는 어디에서나 적용하기가 어렵게 되었다. 심지어 매입말뚝공법의 최종경타마저도 허락되지 않는 사회분위기로 인하여 매입말뚝공법의 현장적용도 점차 제한될 것으로 예상된다. 이에 대한 대안으로 대구경 현장타설말뚝의 도입이 부각되었다. 대구경 현장타설말뚝은 중·소구경 기성말뚝에 비하여 말뚝본수는 줄고 말뚝본당 하중분담률이 상대적으로 크다.

피어(piers)를 나타내는 용어는 현장타설말뚝(cast in place piles), 드릴피어(drilled pier), 굴착지주(drilled shaft) 등 여러 가지로 사용되고 있으나 이들은 부르는 호칭이 다를 뿐 시공과정은 유사하다. 피어기초는 무근콘크리트와 철근콘크리트 모두 적용이 가능하며 그림 2.12와 같이 일반적인 여러 형태의 피어기초가 있다.

초창기에는 대부분 인력으로 굴착·시공하였다. 이 경우 굴착공 내부의 측벽붕괴를 방지하기 위해 수평방향 버팀보로 지지된 흙막이벽을 사용하는 경우가 많았으나 최근에는 천공기술의 발달로 천공장비로 기계굴착시공을 실시한다.

일반적으로 피어기초는 직경이 750mm 이상으로 소정의 깊이까지 천공 후 굴착면을 확인하고 콘크리트를 타설하는 현장타설말뚝을 말한다.(3)

피어기초는 기성말뚝보다 적은 수로 사용되는데, 이는 피어기초가 말뚝보다 더 큰 지지력을 발휘할 수 있어서 구조물에 적용되는 피어기초의 수를 상대적으로 줄일 수 있기 때문이다. 피어기초에는 무리말뚝에 사용되는 말뚝캡이 필요 없고 직경이 크기 때문에 연결철근(dowel)

이나 앵커 및 지지판을 직접기둥에 연결시킬 수 있으며 굴착공 바닥을 직접 관찰할 수 있다. 굴착공의 직경이 작을 경우 지표면에서 육안관찰을 한다. 피어기초는 큰 수평하중과 모멘트에 저항할 수 있도록 설계할 수 있고 시공 시 소음 및 진동을 최소화할 수 있다. 그리고 인발저항에 효과적이며 항타시공 시 어려운 자갈층 호박돌층 및 암반층에서는 기성말뚝보다 상대적으로 시공이 유리하다.

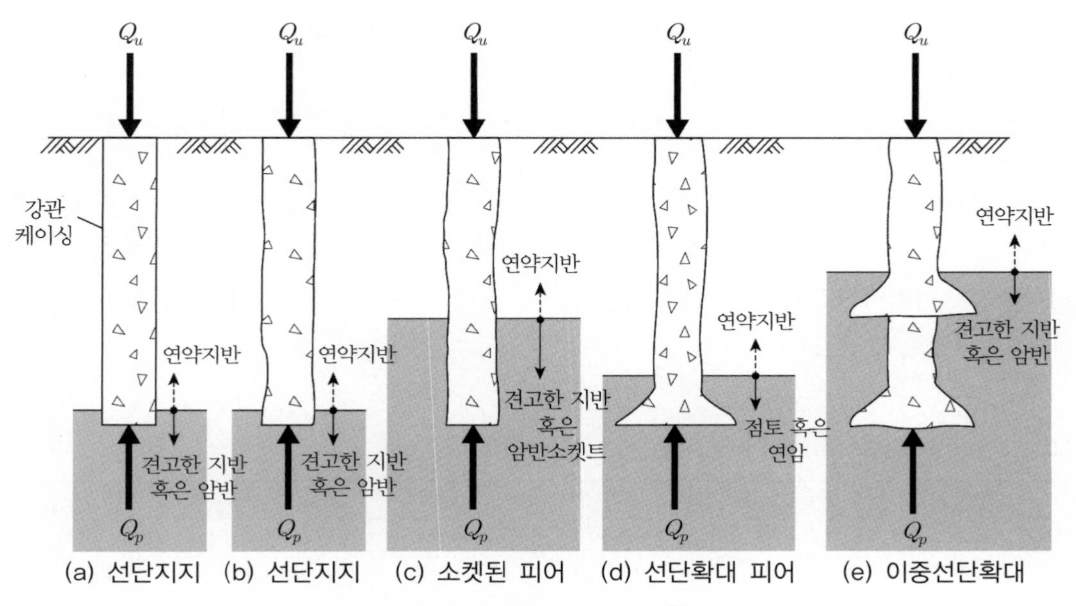

그림 2.12 피어기초의 형태[3]

(2) 시공기술

최근에 사용되는 시공기술은 천공 시 천공공벽의 보호방법에 따라 크게 3가지 방법으로 구별된다. 첫 번째 방법은 건식공법(dry method), 두 번째 방법은 케이싱공법(casing method), 세 번째 방법은 슬러리(slurry method) 공법이 있다.

우리나라에서 시공되고 있는 현장타설말뚝은 베노토공법과 RCD(Riverse Circulation Drilling) 공법을 조합하여 사용하고 있다.

토사 및 풍화암 구간에 시공되는 경우는 해머그래브를 이용한 베노토공법을 사용하고 풍화암의 강도가 클 경우 치즐링을 이용하여 풍화암을 파쇄한 후 해머그래브를 이용하여 파쇄된 암버럭을 처리한다. 연암 이상의 암강도를 갖는 구간에서는 특수비트를 부착한 RCD 공법을 이용하여 천공하는 것이 일반적이며 공벽붕괴를 방지하기 위해 굴착공 전 구간에 올케이싱을 하고 천공하는 예가 많다. 한편 Earth Drill 공법은 대부분 다층지반과 암구간을 천공해야 하는 우리나라에서는 적용성이 떨어져 사용성도 소수에 지나지 않는 실정이다. 또한 국내에서 시공되는 현장타설말뚝은 설계 시 일반적으로 중간지지층이 길이 및 연경도에 상관없이 말뚝 선단을 연약층에 직경의 1배 이상 관입토록 하는 관행적인 설계 때문에 과다설계의 원인이 되기도 한다. 현장타설말뚝은 기성말뚝보다 직경이 크므로 수평저항력이 크고 파압에 의한 수평력을 효율적으로 저항할 수 있으므로 수중공사에 많이 사용되고 있는 실정이다.

(3) 국내 시공 사례

표 2.1은 1990년대 국내 교량공사에 현장타설말뚝을 사용한 대표적 시공 사례를 열거·정리한 표이다. 이 표에서 보는 바와 같이 우리나라에서 시공된 대표적 현장타설말뚝의 직경은 1.0~2.5m 사이이지만 주로 1.5m 직경의 경우가 많다. 시공법으로는 올케이싱공법을 주로 사용하여 연암층에 관입·시공하였다.

표 2.1 현장타설말뚝의 국내 시공 사례[(2)]

건설공사명	직경(m)	시공법	시공위치	말뚝선단지반	기타사항
남항대교(1997)	1.8	항타관입	해상	지길층/풍화암층	속채움 미실시
	1.5	올케이싱공법	육상	연암층	케이싱 회수
광안대로(1994)	2.5	올케이싱공법	해상	연암층	속채움 콘크리트
	2.5	올케이싱공법	해상 (일부 육상)	연암층	케이싱 회수
	1.5				
	1.0				
가양대교(1994)	1.5	올케이싱공법	축도부	연암층	케이싱 회수
방화대교(1993)	1.5	올케이싱공법	축도부	연암층	케이싱 회수
영종대교(1993)	1.5	올케이싱공법	해상	연암층	희생강관 사용
	1.0	올케이싱공법	축도부	연암층	희생강관 사용
서해대교(1992)	2.5	올케이싱공법	해상부	연암층	희생강관 사용
	1.5	올케이싱공법	축도부 해상부	연암층	희생강관 사용
고속철도(1991)	-	올케이싱공법	육상	연암층	케이싱 회수

말뚝을 지지기능으로 구분하여 (선단)지지말뚝, 마찰말뚝, 선단지지와 주면마찰저항 모두의 지지저항에 의한 말뚝의 세 가지로 구분할 수 있다. 이들 말뚝은 어느 것이나 상부하중을

전달할 때 지지력 부족으로 인한 지반의 전단파괴나 과다침하가 발생하지 않아야 한다.

특히 현장타설말뚝의 경우는 지지성능이 불명확하여 말뚝의 안정성 예측이 맞지 않을 때가 종종 발생한다.[8] 현장타설말뚝의 안정성을 예측하기 위한 확실한 방법은 실제 지반에 설치된 말뚝에 직접 하중을 가하여 지지력을 결정하는 말뚝재하시험을 이용하는 방법이다. 그러나 말뚝재하시험 결과로 지지력을 판정하는 경우 분석방법 및 판정기준이 다양하기 때문에 산정된 지지력 사이에 차이가 크므로 편리하고 객관적인 지지력 판정기준의 확립이 요구되고 있다.

더욱이 암반에 근입된 현장타설말뚝의 지지력 산정방법은 그 기준이 명확하게 정립되어 있지 않은 상태이므로 국내 실무에서 제정된 각종 설계기준은 대부분 외국에서 제안된 각종 설계기준이나 연구 결과가 그대로 준용되고 있는 실정이다.[1] 특히 우리나라 지층특성은 일반적으로 다층지반으로 이루어져 있고 기반암층이 지표면으로부터 비교적 얕은 위치에 분포한다. 따라서 말뚝길이가 비교적 짧은 유한장의 말뚝이 많다.

2.2.3 우물통기초

(1) 오픈케이슨

우물통이란 오픈케이슨이라 할 수 있다. 즉, 내부벽체와 외부벽체로 이루어진 우물통은 위와 아래가 모두 열려있는 케이슨이다. 공기압실과 작업실이 따로 마련되어 있지 않다. 따라서 우물통 내의 수위는 지하수위와 같고 모든 굴착은 우물통 내의 수중에서 수행된다.

이와 같이 우물통기초공법은 속과 뚜껑이 없는 우물통 내부 수중에서 지반을 굴착하면서 우물통을 우물통의 자중에 의해 침설시키는 공법이다. 우물통 구체의 속채움은 예전에는 자갈과 벽돌구조가 대부분이었으나 현재에는 콘크리트구조를 주로 사용하고 있다. 이러한 우물통기초공법을 오픈케이슨공법이라 부른다. 우물통의 근입심도가 증가할수록 기초 침설과 속채움 콘크리트에 대한 공사비가 급격하게 증가된다.

우물통기초의 시초는 4,000년에 가까운 매우 오래된 역사를 가진 공법으로 기원전 2,000년 고대 이집트의 Se'n Woster 1세 왕의 피라미드 밑에 왕의 묘실을 파기 위해 원환형의 돌틀을 겹쳐 사용한 것이 우물통의 원형이라 할 수 있다. 당시 돌틀의 외측은 케이슨을 지중에 침설시킬 때의 마찰력을 경감하기 위해 매끄러움 면으로 마무리하였다.

우물통기초는 옛날부터 우물을 파는 데 이용된 방법이었으므로 우물(well)이라고도 하며 우물통에는 타원형과 사각형의 것도 있었으나, 보통 원형을 많이 사용한다.

(2) 국내 시공 실적

최근 국내 장대교량에서 사용된 우물통기초의 시공실적은 표 2.2와 같다. 우물통기초는 대규모하중을 효과적으로 지지할 수 있는 경우 많이 적용된다. 그러나 시공 시 자중으로 침설이 가능한지 여부에 따라 적용되며 보통 연암 이상 지반에 착저시킴으로써 중간에 강도가 큰 풍화암층이 존재할 경우 발파작업을 병용해야 하므로 본체에 균열이 발생되지 않도록 주의하여야 한다. 수중 발파 시 자유면 미확보로 인한 영향을 고려하여 발파설계가 필요하며 직경이 크므로 선단지지층의 강성차에 의한 편심이 발생할 수 있다. 특히 자갈층의 변화가 심할 경우 강도가 다른 연암층과 풍화암층 위에 설치될 수 있다.

표 2.2 장대교량에 적용된 우물통기초 사례[3]

교량명	개통연도(년)	교량연장(m)
삼천포대교	2001	436
영흥대교	2001	460
압해대교	2005	355
나로도연육교	1996	330
운암대교	2002	350
신거제대교	1999	720

2.2.4 뉴메틱케이슨 기초

(1) 뉴메틱케이슨 형식

뉴메틱케이슨의 형식은 그림 2.13에 도시된 바와 같이 네 가지로 정리할 수 있다.[11] 그림 2.13(a)와 (b)는 육상 뉴메틱케이슨이고 그림 2.13(c)와 (d)는 부유식 뉴메틱케이슨이다.

그림 2.13(a)는 특별히 섬식 뉴메틱케이슨이라고 부른다. 이 뉴메틱케이슨은 그림 2.13(c) 및 (d)와 같이 수상에서 시공하는 대신 모래섬을 축조하여 그림 2.13(b)와 같이 육상 시공이 가능하게 하는 공법이다. 즉, 육상공사를 수행함으로써 수중공사의 어려움을 해소할 수 있는 특징이 있다.

부유식 뉴메틱케이슨은 수심이 깊거나 수중바닥에 침식층 또는 연약층이 두껍게 분포한 지역에 주로 적용되는 형식이다. 이 공법에 사용되는 케이슨은 육상 독크나 바지선 위에서 철제 거푸집으로 방수 선박과 같은 형태로 미리 제작하여 케이슨 설치 위치까지 물위에 띠워 이동시켜 사용한다.

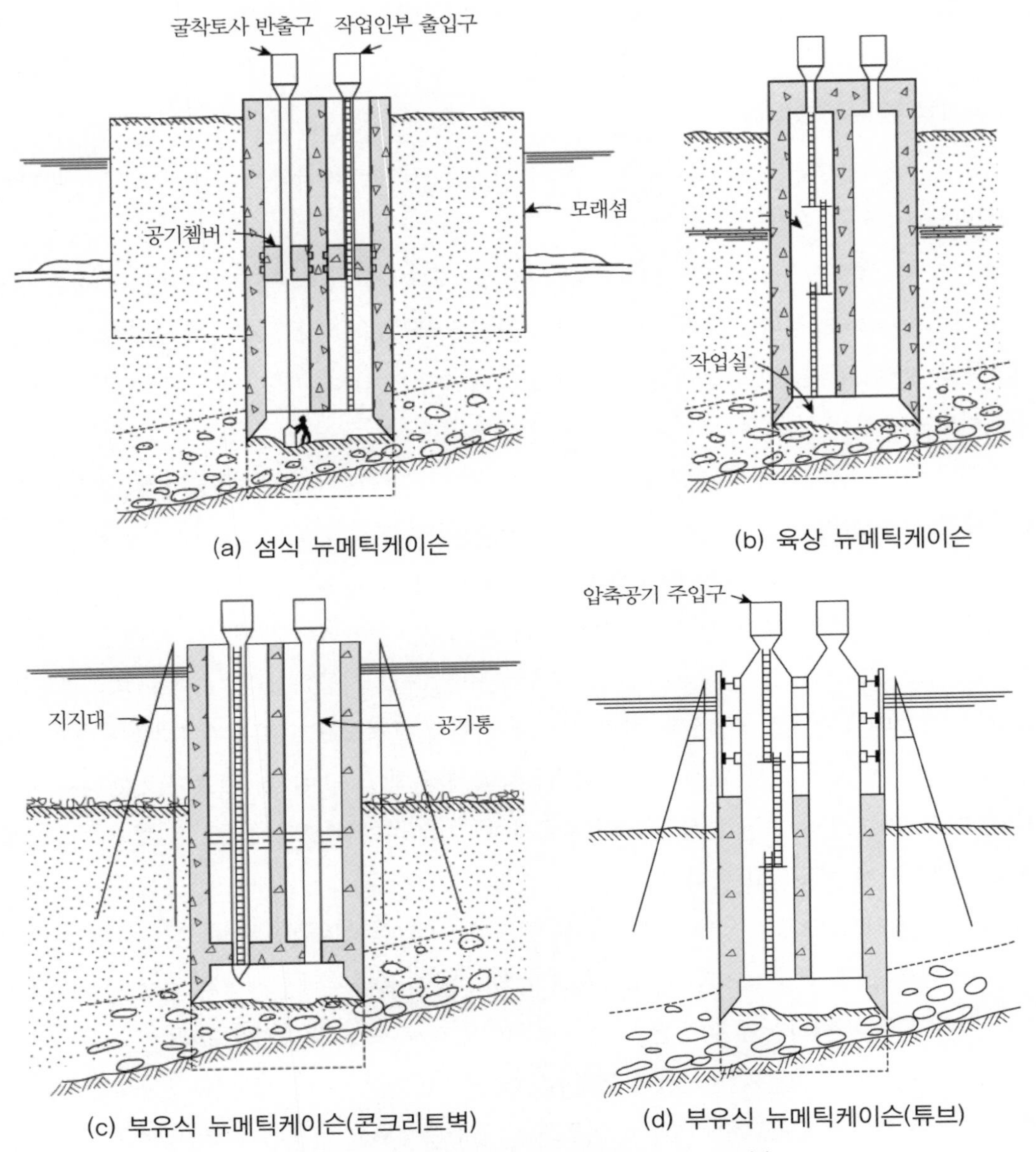

(a) 섬식 뉴메틱케이슨

(b) 육상 뉴메틱케이슨

(c) 부유식 뉴메틱케이슨(콘크리트벽)

(d) 부유식 뉴메틱케이슨(튜브)

그림 2.13 뉴메틱케이슨 형식(Swatek, 1975)[(11)]

즉, 두 개의 철판으로 내부 버팀보를 사용하여 방수 선박을 만든다. 이 부유식 케이슨은 경사진 토지나 건조한 도크 또는 일시적으로 물이 빠진 부지나 바지선 위에서 제작한다. 부유식 케이슨의 콘크리트면적은 전체 단면적의 50% 정도가 되게 한다. 이는 케이슨 침설 시 초기굴착지역에 거대 클램셜 장비가 들어갈 수 있게 하기 위해서다. 특히 원형 준설 우물통은 조성하기 수월하고 벽체 내의 철제 버팀보가 덜 소요된다.

(2) 뉴메틱케이슨의 발달사

아주 특별한 경우를 제외하곤 오픈케이슨공법 기술은 뉴메틱케이슨 공법으로 점차 발달하였다.

최근 장대교량 공사에서 상부의 대형 하중을 지지하기 위해 하부구조로 뉴메틱케이슨기초의 시공이 늘어나고 있다. 뉴메틱케이슨 기초 공법은 해상 및 육상 공사에서 견고한 지지층에 기초를 착지시키거나 근입시키기 위해 압축 공기를 주입한 작업실에서 인력 및 기계 굴착으로 소요심도까지 케이슨을 침설시키는 공법이다.

뉴메틱케이슨 공법은 160여 년 전 프랑스에서 발상되어 적용되었다. 초창기에는 석탄 채굴현장에서 수직갱 건설에 적용되다가 1851년 영국 로체스터의 철도교 기초에 적용되었다.

이후 미국 미시시피강을 횡단하는 센트루이스교(St. Louise Bridge, 1870)의 기초, 뉴욕의 브룩클린교 주탑기초, 영국 북부 스코틀랜드의 포스만을 횡단하는 세계최대의 캔틸래버트러스교인 포스교(Forth Bridge)의 기초에 뉴메틱케이슨으로 시공하였다. 프랑스 파리의 에펠탑 기초도 뉴메틱케이슨 공법으로 시공하는 등 현재는 본격적으로 적용하기 시작하였다. 일본에서는 관동대지진 이후 교량기초의 복구공사에 적용되거나, 에이다이교의 기초로서 미국의 엔지니어의 도움을 받아 건설된 이래 지금까지 7,000여기 이상의 교량기초 및 지중구조물 축조에 활발하게 적용하고 있다.

우리나라에서도 1909년 압록강에 가설된 철도교 기초에 처음 적용된 이후 1978년 강화대교, 1985년 돌산대교 및 1983년 진도연육교 등의 교량기초에 뉴메틱케이슨 공법을 적용하였으나 이들 모두 인력굴착에 의존한 초기의 공법이었고 규모 또한 소규모였다.

최근 영종도에 건설된 인천국제공항과 서울도심을 연결하는 인천국제공항고속도로 구간 중 연육교인 총연장 4,420m의 영종대교가 건설되어 활용하고 있는데,[5] 이 영종대교의 중앙부에 550m 연장의 현수교 주탑 기초공법으로 뉴메틱케이슨 공법을 본격적으로 적용하게 되었다. 이 케이슨 공법은 국내에서 시공된 최초의 무인굴착 뉴메틱케이슨 공법이다.

뉴메탁케이슨 공법은 케이슨 저부를 콘크리트 슬래브로 막아서 작업실을 만들고 이 작업실 내부에 압축공기를 불어넣어 공기압으로 지하수의 유입이나 지반의 보일링, 히빙을 막으면서 인력굴착 및 원격조정 무인굴착으로 지반을 굴착하여 케이슨을 소요 심도까지 침설시키는 공법이다. 이 공법은 지지지반을 직접 육안으로 확인이 가능하고 지하수를 배제한 건조한 상태에서 작업할 수 있으므로 공정준수가 확실하고 정확한 위치 확보가 용이하여 기상의 영향을 받지 않는 우수한 기초공법이다.

표 2.3 장대교량에 적용된 우물통기초 사례(한국도로공사, 1999)[5]

교량명	시공년도(년)	굴착심도(m)	굴착방법	특기사항
강화대교	1978	23	유인굴착	
돌산대교	1985	21	유인굴착	잠함병 발생 (소규모 케이슨)
진도연육교	1983	20	유인굴착	잠함병 발생 (소규모 케이슨)
영종대교	1998	33	무인굴착 (초기인력굴착)	기계굴착 (대규모 케이슨)

참고문헌

1) 백규호·사공명(2003), "암반에 근입된 현장타설말뚝의 지지력 산정기준에 대한 평가", 한국지반공학회지, 제19권, 제4호, pp.95~105.
2) 김원철 외 5인(2000), "말뚝기초", 한국지반공학회, 제16권, 제9호, pp.10~34.
3) 여규권(2004), 장대교량 하부기초 설계인자에 관한 연구, 중앙대학교 대학원 공학박사학위논문.
4) 홍원표(1999), 기초공학특론(I) - 얕은기초, 중앙대학교 출판부.
5) 한국도로공사(1999), "뉴메틱케이슨 시공보고서(영종대교 현수교 주탑기초)", 인천국제공항건설사업소, pp.3~5.
6) French, S.E.(1989), Introduction to Soil Mechanics and Shallow Foundation Design, Prentice-Hall Inc.
7) Kezdi, A.(1975), 19 Pile Foundations, Foundaion Engineering Handbook, ed by Winterkorn, H.F. and Fang, H.-Y., Van Nostrand Reinhold Company. pp.556~600.
8) Mullins, G., Winters, D., and Dapp, S.(2006), "Predicting end bearing capacity of post-grouted drilled shaft in cohesionless soils", Journal of Geotechnical and Geoenvironmental Engineering, Vol.132, No.GT4, pp.478~487
9) Osterberg, J.O.(1968), "Drilled caissons-Design, installation, application", Procs., Lecture Series Foundation Engineering, Illinois Section, ASCE, Department of Civil Engineering, North Western University, Evanston, Illinois.
10) Reese, L.C., Isenhower, W.M. and Wang, S-T.(2006), Analysis and Design of Shallow and Deep Foundations, John Wiley & Sons, INC.
11) Swatek, Jr, E.P.(1975), 21 Pneumatic Caissons, Foundaion Engineering Handbook, ed by Winterkorn, H.F. and Fang, H.-Y., Van Nostrand Reinhold Company. pp.616~625.
12) Vesic, A.S.(1973), "Analysis of ultimate loads of shallow foundations", Jour., SMFED, ASCE, Vol.99, No.SM1, pp.45~73.

CHAPTER

03

말뚝의 종류

CHAPTER 03 연직하중말뚝

03 말뚝의 종류

3.1 말뚝 분류 방법

3.1.1 기존 분류법

영국표준시방서 BS 8004에서는 말뚝 설치 시 주변으로 밀려나는 지반변형량의 분량에 의거하여 말뚝을 다음과 같이 세 가지 그룹으로 분류한다.[13]

① 대규모배토말뚝(large displacement piles)
② 미소배토말뚝(small displacement piles)
③ 치환말뚝(replacement piles)

먼저 대규모배토말뚝은 속찬단면말뚝(solid-section piles)이나 선단이 폐쇄된 중공말뚝(hollow-section piles)을 지중에 항타 또는 압입하면 말뚝의 체적에 해당하는 지반은 주변으로 밀려난다. 이런 말뚝을 일반적으로 배토말뚝(displacement piles)이라 부른다. 이런 공법으로 설치되는 항타말뚝이나 현장타설말뚝은 모두 이 범주에 속한다. 이 배토말뚝의 경우는 다음에 설명하는 배토량이 적은 미소배토말뚝(small displacement piles)과 구별하기 위해서는 대규모배토말뚝(large displacement piles)이라 부른다.

미소배토말뚝은 대규모배토말뚝과 동일한 방법으로 설치하지만 말뚝단면이 작으면 배토량이 많이 발생하지 않는다. 예를 들면, H-단면이나 I-단면, 또는 선단이 열려 있는 개단(open end) 파이프 형상이나 상자형상의 말뚝을 지중에 관입하면 말뚝 중앙 내부로 흙이 들어갈 때 주변으로 배제되는 토사량이 많지 않게 된다. 이러한 말뚝을 대규모배토말뚝과 구별하여 소규모배토말뚝이라 부른다. 그러나 내부로 유입된 토사가 말뚝의 중공부분을 막게 되면 그때부터는 말뚝의 폐쇄효과가 나타나 지반의 배토량이 많아진다.

마지막으로 치환말뚝은 여러 가지 드릴기술로 먼저 천공하여 토사를 제거한 후 콘크리트를 천공홀에 채워 현장타설 콘크리트말뚝을 제작 설치한다. 이때 케이싱을 사용하는 경우도 있고 사용하지 않는 경우도 있다. 케이싱을 사용하는 경우는 콘크리트를 천공홀에 채우면서 동시에 케이싱을 제거한다. 이때 나무말뚝, 콘크리트말뚝, 강말뚝를 천공홀에 함께 넣어 합성말뚝을 만들 수도 있다.

한편 홍원표(1993)는 말뚝을 재료별 및 시공별로 그림 3.1과 같이 분류하였다.[2] 우선 말뚝을 기성말뚝과 현장타설말뚝으로 크게 구분하였고 기성말뚝으로는 나무말뚝, 콘크리트말뚝(RC말뚝, PC말뚝, PHC말뚝), 강말뚝, 합성말뚝(강재와 콘크리트)으로 분류하였다. 그런 후 이들 말뚝의 시공법에 따른 지반의 교란 정도에 따라 배토말뚝과 비배토말뚝으로 분류하였다. 여기서 배토말뚝은 말뚝의 속이 꽉 찬 속찬말뚝이나 선단을 폐쇄시킨 중공말뚝을 지중에 관입시키는 경우에 해당하며 비배토말뚝은 계단 형태의 변단면 강관말뚝이나 H-말뚝을 지중에 관입할 때, 즉 지반변형량이 비교적 적은 미소배토말뚝을 의미한다. 이들 기성말뚝을 시공하는 방법으로 항타, 진동, 압입, 회전공법 등을 들 수 있다.

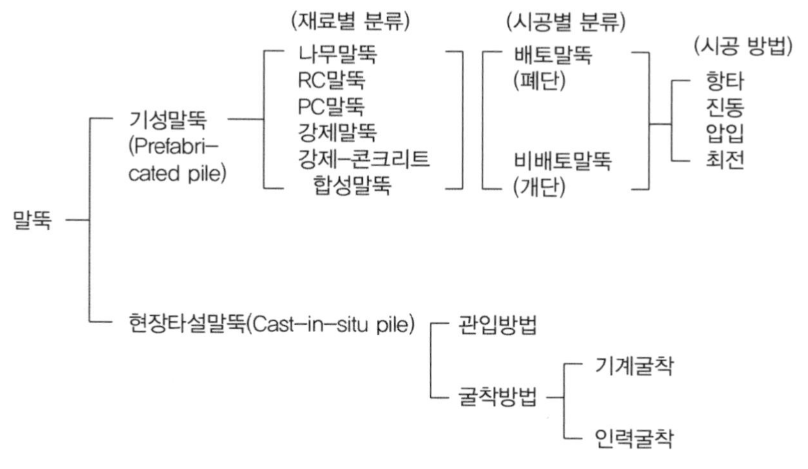

그림 3.1 재료별 및 시공별 말뚝의 분류[2]

현장타설말뚝은 기성말뚝과 달리 말뚝이 설치될 위치에 지중공간을 여러 가지 방법으로 마련하고 말뚝 구성 재료를 넣어 콘크리트말뚝 또는 철근콘크리트말뚝을 제작한 말뚝이다. 따라서 현장말뚝도 시공법에 따라 배토말뚝과 비배토말뚝으로 구분할 수 있다. 즉, 지반 속에 말뚝이 들어갈 공간을 빈 케이싱을 항타하여 마련할 수도 있고 굴착에 의해 마련할 수도 있다. 이렇게 조성된 지중공간에 콘크리트말뚝이나 강관말뚝과 같은 기성말뚝을 넣는 경우를 매입말뚝(augured piles)이라 하고 콘크리트 또는 철근콘크리트를 타설하여 말뚝을 조성한 경우를 현장타설말뚝(cast-in-situ piles 또는 cast-in-place piles)이라 한다. 굴착하는 방법은 초기에는 인력굴착으로 하였으나 최근에는 기계굴착을 많이 한다.

현재 말뚝은 다양한 목적으로 사용되고 있는데 이는 말뚝이 가지고 있는 다양한 지지기능을 활용하여 말뚝에 작용하는 다양한 하중에 저항할 수 있게 할 수 있기 때문이다. 그림 3.2는 말뚝에 작용하는 하중방향에 따라 구분한 말뚝의 종류이다. 먼저 말뚝에 작용하는 하중은 수평하중과 연직하중으로 대별할 수 있다. 원래 말뚝은 연직하중을 지지하기 위해 사용하였으나 최근에는 수평하중을 지지하기 위해서도 많이 사용하고 있다. 예를 들면, 해안·항만구조물 및 해양구조물에 작용하는 하중은 수평하중이 대표적이다.

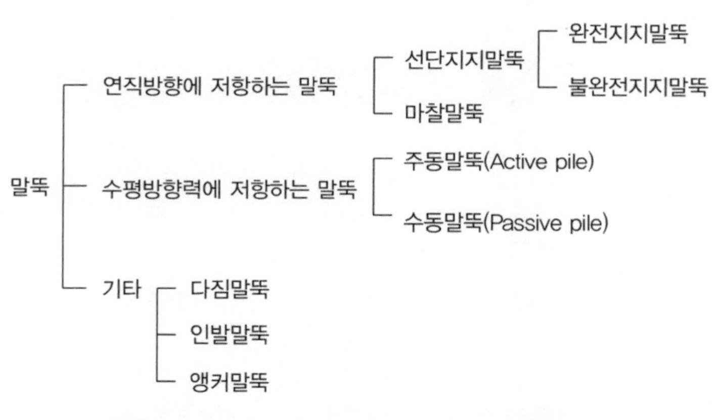

그림 3.2 작용하중 및 지지기능에 따른 말뚝의 종류

연직하중말뚝은 작용하중을 어디에서 주로 지지하고 말뚝하중을 지반에 전이시키는가에 따라 선단지지말뚝(end bearing piles)과 마찰말뚝(friction piles)으로 구분한다. 선단지지말뚝은 선단에서 작용하중을 완전하게 지지할 수 있으면 완전지지말뚝이라 하고 일부 말뚝주면에서의 마찰저항이 발휘되면 불완전지지말뚝이라 한다. 수평하중말뚝은 말뚝과 지반 중 어느 것이 움직이는 주체인가에 따라 주동말뚝(active piles)과 수동말뚝(passive piles)으로 구분한다.[3]

그 밖에도 다짐말뚝(compaction piles), 인발말뚝(uplift piles 또는 tensile piles), 앵커말뚝(anchor piles) 등을 들 수 있는데, 다짐말뚝은 지반의 강도를 증대시키는 효과를 기대할 수 있고[10] 인발말뚝은 말뚝에 작용하는 하중방향이 인발력, 즉 상향으로 작용할 경우 이 인발력에 저항할 수 있으며 앵커말뚝은 벽체 등을 수평방향으로 지지할 목적으로 사용하는 말뚝이다.

또한 말뚝을 크기별로 구분하면 그림 3.3과 같이 심초말뚝, 대구경말뚝, 기성말뚝, 마이크로파일로 구분할 수 있다. 즉, 심초말뚝[15]은 말뚝의 직경이 수 m이고 길이가 수십m인 대형말뚝을 산사태억지말뚝으로 사용한 적이 있으며, 교량기초로 1~2m 정도 직경의 대구경현장타설말뚝[1] 이외에도 직경 250mm 이하의 소구경 마이크로파일[9]을 사용한다.

말뚝
- 심초말뚝(직경: 수 m)
- 대구경말뚝(직경: 1~2m)
- 기성말뚝(직경: 1m 이하)
- 마이크로파일(직경: 250mm 이하)

그림 3.3 말뚝직경 크기에 따른 분류

Prakash & Sharma(1990)도 말뚝 분류 방법을 다음과 같이 다섯 가지로 정리하였다.[12]

① 말뚝의 재료상 분류
② 말뚝 제작 방법에 의한 분류
③ 말뚝 설치 시 지반교란 정도에 의한 분류
④ 시공법에 의한 분류
⑤ 하중전이기능에 의한 분류

그 밖에도 현재까지 제시된 말뚝분류방법은 매우 다양하다.[5,8,11,13,14] 즉, 통일된 말뚝의 분류 방법은 존재하지 않는다.

이상에서 검토한 바와 같이 지금까지 제안 사용되고 있는 말뚝분류방법을 기본으로 정리하여 여기서는 다음의 4개 범주로 구분하여 정리한다.

① 말뚝 재료에 의한 분류
② 말뚝 설치 방법에 의한 분류

③ 지반교란 정도에 의한 분류

④ 하중지지기능에 의한 분류

이들 분류법은 서로 중복되기도 한다. 즉, 한 가지 이상의 분류법을 함께 사용하여 설명한다. 예를 들면, 말뚝을 먼저 재료상으로 분류하고 말뚝 설치 방법, 지반교란 정도, 하중지지기능과 같은 특성으로 추가 분류함이 좋다.

3.1.2 말뚝 재료에 의한 분류

말뚝 재료에 의한 분류법은 나무, 콘크리트 및 강제와 같은 말뚝의 기본재료에 따라 분류하는 가장 기본적인 분류방법이다. 이 분류법에 의하면 나무말뚝, 콘크리트말뚝, 강말뚝을 기본적으로 열거할 수 있고 최근에는 이들 재료를 합성하는 합성말뚝이 있다.

우선 나무말뚝은 인류 역사상 가장 오래전부터 사용해온 말뚝이다. 특히 중국에서는 기원전에 교량기초로 나무말뚝을 사용한 기록이 있을 정도로 사용경험과 기술이 축적된 말뚝이다. 유럽의 많은 국가에서도 아주 오래된 수변건물 기초로 나무말뚝이 사용된 흔적이 많이 남아 있다.

나무말뚝은 나무의 가지와 껍질을 제거하고 원형으로 다듬어서 사용한다. 나무말뚝은 다루기가 용이하고 말뚝길이를 자유롭게 조절할 수 있는 장점이 있으며 오랜 기간 지속적으로 사용할 수 있다. 즉, 사전에 용도길이에 맞춰 절단이 용이하고 관입 후 트리밍도 용이하다.

중량대비 강도비가 높고 가공이 용이한 장점을 가지고 있다. 최근에는 상부구조물이 대형화 및 중량화하여 말뚝 한 본당 하중도 점차 증가하고 있다. 그러나 나무말뚝은 지지할 수 있는 총하중이 작아서 최근에는 점차 사용빈도가 줄고 대신 콘크리트말뚝이나 강말뚝의 사용빈도가 늘어나고 있다.

나무말뚝은 곰팡이, 벌래, 부패 등의 피해가 크다. 나무말뚝의 전 길이가 지하수위 아래에 위치해 있으면 부식의 염려는 없다. 그러나 일부 길이가 지하수위 위에 위치하게 되면 부식방지 조치를 취해야 한다. 따라서 지하수위 위나 해양에서 사용할 때는 방청제를 발라 취약점인 내부식성을 보완하여 사용한다. 또한 나무말뚝은 대개 항타하여 지중에 관입 설치한다.

이와 같이 나무말뚝은 가급적으로 예상 지하수위 아래에서 절단하여 사용함이 바람직하다. 이는 수중에서는 내구성이 크나 수면 부근 및 수면 위에서는 부식에 취약한 결점이 있기 때문이다. 이들의 피해를 방지하기 위해서는 나무말뚝은 건조한 상태이거나 영구히 침수시킨 상태로 사용해야 한다. 아니면 절단부 상부는 콘크리트로 연장하여 사용함이 바람직하다. 만약 지하수위가 얕게 존재하면 말뚝캡을 지하수위 아래 부분에 오게 설치함이 좋다.

콘크리트말뚝은 현재 강말뚝과 더불어 넓은 범위의 말뚝 형태로 적용되고 있다. 먼저 콘크리트말뚝은 기성말뚝의 형태로 제작하여 항타에너지로 관입말뚝의 형태로 설치하거나 천공홀에 삽입하여 매입말뚝의 형태로 사용한다. PC말뚝이나 PHC말뚝과 같이 조밀하게 다져진 양질의 기성콘크리트말뚝은 타격력, 화학물질, 해수, 지하수에 대한 내구성이 크다.

콘크리트말뚝의 또 다른 형태는 현장에서 직접 제작하는 현장타설말뚝을 열거할 수 있다. 현장타설말뚝은 지지할 수 있는 하중의 총량이 크므로 장대교량의 기초와 같이 상부하중이 클 경우 적용되는 경우가 점차 증대하고 있다. 그러나 잘 다져지지 않은 현장타설말뚝은 지중이나 지하수에 위해물질성분이 존재할 때 콘크리트가 분해될 수 있으므로 시공관리를 치밀하게 해야 한다.

강말뚝은 나무말뚝이나 콘크리트말뚝보다 비싸나 취급이 용이하고 큰 타격력에 견딜 수 있고 휨강성이 크고 큰 하중을 지지할 수 있는 장점이 있다. 또한 강말뚝은 매우 길게 연결 관입시킬 수 있으며 지반교란 정도가 적다. 따라서 두꺼운 연약점토층 아래 기반암이 존재할 경우 연약층을 관통하여 하부 단단한 기반암층에 도달하게 시공할 때 유리하다.

한편 강말뚝은 지하수위 상부, 지상부분이나 교란 지반 속에서는 부식에 취약하다. 따라서 해양구조물에서는 방식처리가 반드시 필요하다. 그 밖에도 강말뚝은 길이에 대한 단면 크기가 작은 특징을 가진다. 그러나 이러한 길고 가는 단면은 좌굴에 취약한 단점이 될 수도 있다.

원래는 이들 재료를 각각 독립적으로 사용하였으나 최근에는 한 재료를 다른 재료와 같이 사용하는 합성말뚝(composite piles)이 많이 사용되고 있다. 예를 들면, 나무와 콘크리트를 합성하거나 강재와 콘크리트를 합성하여 제작한다. 이들 합성말뚝은 각기 다른 재료를 서로 합성함으로써 각각의 재료가 가지고 있는 우수한 역학적 특성을 발휘하게 한다.

합성말뚝을 만들 때 말뚝의 합성방법은 이질적인 두 말뚝을 종방향 및 단면상으로 연결 또는 합성하는 두 가지 방법이 있다. 먼저 종방향으로 이질적인 두 말뚝을 연결하는 방법의 예로는 나무말뚝과 콘크리트말뚝을 종방향으로 연결하여 부식에 대응할 수 있게 하는 방법이다. 즉, 지중에 나무말뚝을 설치할 경우 지하수위 아래에서는 부식에 나무말뚝이 잘 견딜 수 있으나 그 위에는 나무말뚝의 부식이 예상될 때 지하수위 아래에서 미리 나무말뚝을 절단하고 그 위에는 콘크리트말뚝을 연결시켜 내부식성을 유지할 수 있게 한다.

또 하나의 합성 방법은 이질적인 두 개 이상의 말뚝을 단면상으로 합성하는 방법이다. 예를 들어, 강관말뚝 속에 콘크리트를 넣고 H-말뚝, RC말뚝, PC말뚝, PHC말뚝 등을 1개 이상 선택 삽입하여 합성말뚝을 만들 수 있다. 이러한 합성말뚝은 각각 다른 말뚝의 특성을 살려 기능을 보완하는 효과를 기대할 수 있다. 예를 들면, 강재와 콘크리트를 합성하여 만든 합성말뚝은 콘크리트말뚝의 취약한 인장강도를 강재로 보강하는 효과를 얻을 수 있어 역학적으로 우수한 말뚝을 제작할 수 있다.

3.1.3 말뚝 제작 방법에 의한 분류

말뚝을 제작하는 방법은 크게 두 가지로 나눠 분류할 수 있다. 하나는 말뚝 제작 장소에 따른 분류이고 다른 하나는 말뚝을 지중에 어떤 시공법으로 설치하는가에 따른 분류이다.

우선 말뚝을 제작하는 장소에 따라 말뚝은 기성말뚝과 현장타설말뚝으로 구분할 수 있다. 기성말뚝은 공장이나 산림에서 제작하는 말뚝이고 현장타설말뚝은 말뚝 설치 위치에서 직접 제작 설치하는 말뚝이다. 나무말뚝, 강말뚝, 콘크리트말뚝은 대표적인 기성말뚝으로 제작 장소와 설치 장소가 달라 기성말뚝을 공장이나 산림에서 제작하고 현장에 운반하여 항타관입 또는 매입 설치한다. 기성말뚝의 대표적인 말뚝인 강말뚝의 단면형상은 강관형상, 박스형상, H-형상의 말뚝으로 공장에서 제작하여 사용하며 나무말뚝은 산림에서 벌채하여 다듬어서 사용한다. 그러나 콘크리트말뚝은 현장타설말뚝이나 기성말뚝의 두 가지 방법으로 제작이 가능하다. 즉, RC말뚝, PC말뚝, PHC말뚝의 기성콘크리트말뚝은 공장에서 미리 제작하여 현장에서 관입 또는 매입으로 설치하고 현장타설말뚝은 현장에서 말뚝 설치 위치를 천공하고 콘크리트 또는 철근콘크리트를 타설하여 제작과 설치를 동시에 실시하는 말뚝이다.

또한 말뚝은 시공법에 따라 관입말뚝(driven piles), 매입말뚝(augered piles), 현장타설말뚝(cast-in-place piles)[혹은 드릴피어(drilled piers)]의 세 가지로 구분할 수 있다. 관입말뚝은 나무말뚝, 강말뚝(H-말뚝 및 강관말뚝), 콘크리트말뚝과 같은 기성말뚝을 현장에 운반하여 항타관입하여 설치하는 말뚝이고 현장타설말뚝은 현장에서 지반을 굴착 또는 천공한 후 콘크리트 또는 철근콘크리트를 천공홀 내에 타설하여 설치하는 말뚝이다. 반면에 매입말뚝은 이 두 가지 시공법을 모두 사용한 말뚝이다. 즉, 매입말뚝은 현장에서 오거로 말뚝 설치 위치에 지중공간을 조성하고 기성말뚝을 천공홀 내에 삽입한 후 말뚝과 천공 직경 사이의 간극에 시멘트밀크나 시멘트몰탈을 주입하여 말뚝주면에서의 마찰력을 증대시킨 말뚝이다. 매입말뚝은 관입말뚝 시공 중 말뚝항타로 인해 발생하는 소음·진동의 공해를 방지할 수 있는 장점이 있다.

3.1.4 지반교란 정도에 의한 분류

말뚝 시공 도중 발생하는 지반의 변형, 즉 배토 정도에 따라 말뚝을 통상적으로 배토말뚝(displacement piles)과 비배토말뚝(non displace ment piles)의 두 가지로 크게 구분한다. 즉, 말뚝을 설치하면 지반이 교란된다. 따라서 지반의 교란 정도에 따라 말뚝을 구분할 수 있다. 여기서 지반교란이란 정확히 말하면 지반변형량이라 할 수 있다. 즉, 말뚝 설치 시 말뚝이 설치될 지중 위치에 있던 지반은 말뚝의 체적만큼 주변으로 밀려나게[이를 배토(displacement)라 표현한다] 되므로 말뚝 주변지반을 그만큼 교란하게 된다. 특히 말뚝을 항타로 설치할 때는 지반의 교란 정도가 더욱 심해진다.

말뚝을 항타(driving), 압입(jacking 혹은 pressing), 진동(vibration)으로 지중에 관입시킬 때 지반은 말뚝의 체적만큼 말뚝 주변으로 많이 배토된다. 이런 말뚝을 배토말뚝이라 한다. 배토말뚝으로 사용되는 말뚝으로는 나무말뚝, RC말뚝, PC말뚝, PHC말뚝, 폐단(closed end) 강관말뚝 및 상자형 강말뚝, 뾰족한 튜브말뚝(tapered steel tube piles) 같은 기성말뚝을 들 수 있다.

그러나 H-말뚝이나 개단(open-ended piles) 강관말뚝 및 상자형 강말뚝(steel box section piles), 스크류말뚝의 경우는 배토량이 발생하긴 하나 그 배토량은 비교적 작다. 그래서 Tomlinson(1977)은 이런 말뚝을 특별히 미소배토말뚝(small displacement piles)이라 불렀다.[13] 미소배토말뚝과 구분하기 위해 종래의 배토말뚝은 대규모 배토말뚝(large displacement piles)이라 구분하였다. 그러나 미소배토말뚝과 대규모배토말뚝을 구분하는 방법은 말뚝 설치 시 지반변형량에 따라 구분하지만 이는 어디까지나 정성적인 구분일 뿐 정량적인 기준은 없다.

비배토말뚝(nondisplacement piles)은 말뚝을 설치하는 동안 지반변형이 원칙적으론 발생하지 않는다. 이들 말뚝을 설치할 때는 지반토사를 먼저 보링으로 제거하고 그 보링홀 내에 기성말뚝이나 현장타설말뚝을 설치한다. 이로서 말뚝 설치로 인한 측방토압의 변화가 적거나 없게 한다. 그러나 비배토말뚝의 주면마찰력은 배토말뚝보다 작게 발휘된다. 말뚝시공은 오거(드릴, 로타리보링) 또는 굴착(퍼커슨 보링)과 같은 방법으로 수행한다. 비배토말뚝의 가장 대표적인 말뚝은 현장타설말뚝을 들 수 있다. BS 8004에서는 이런 말뚝을 치환말뚝(replacement piles)이라 부르기도 한다.[13]

3.1.5 하중지지기능에 의한 분류

말뚝이 받는 하중의 방향과 그 하중을 어떤 방식으로 지반에 전달하는가에 따라 구분하면 그림 3.2의 분류도에 도시한 바와 같다. 우선 말뚝에 작용하는 방향에 따라 연직하중말뚝과 수평하중말뚝으로 대별할 수 있다. 연직하중말뚝의 경우 말뚝하중의 지지기능에 따라 구분하면 선단지지말뚝(end-bearing piles), 마찰말뚝(friction piles), 선단과 마찰 모두 발휘되는 복합지지말뚝(combined end-bearing and friction piles)으로 구분된다. 한편 수평하중말뚝은 주동말뚝과 수동말뚝으로 구분된다.(3)

먼저 연직하중말뚝 중 선단지지말뚝은 말뚝을 연약층이나 느슨한 모래층을 지나 단단한 모래자갈층, 점토쉐일층 및 경암층과 같은 하부 지지층에 말뚝선단이 이르도록 설치한 말뚝이다. 선단지지말뚝은 선단에서의 지지기능이 전체지지력에 해당하면 완전선단지지말뚝이고 일부 마찰력의 지지기능이 있으면 불완전선단지지말뚝이라 한다. 이 불완전지지말뚝을 복합지지말뚝(combined end-bearing and friction piles)이라 한다. 즉, 복합지지말뚝(combined end-bearing and friction piles)은 말뚝주면에서의 마찰저항과 선단에서의 선단지지력의 합으로 말뚝작용 하중을 감당하는 말뚝이다. 즉, 말뚝두부에 작용하는 상부하중이 말뚝주면과 선단 모두에서 지지되는 말뚝이다.

이에 비하여 마찰말뚝은 말뚝에 작용하는 상부하중을 주로 말뚝주면에 접해 있는 여러 토층에서의 마찰력으로 지지하는 말뚝이다. 마찰말뚝은 견고한 점성토지반이나 조밀한 사질토지반에 말뚝이 설치되어 있을 경우 말뚝에 작용하는 연직하중은 말뚝주면에서의 마찰저항에 의해 지반에 전달된다.

수평하중말뚝은 말뚝과 지반 중 어느 것이 움직이는 주체인가에 따라 주동말뚝(active piles)과 수동말뚝(passive piles)으로 구분한다.(3) 즉, 말뚝두부에 수평하중이 먼저 작용하여 말뚝에 수평변위가 발생하고 지반으로부터는 수평지반반력을 받게 되는 경우의 수평하중말뚝을 주동말뚝이라 하는 반면에 지반이 먼저 여러 원인에 의거 수평으로 변형 또는 유동하고 이 유동지반 속에 말뚝이 설치되어 있으면 지반변형으로 인하여 수평하중이 말뚝 본체에 작용하게 되는 경우의 수평하중말뚝을 수동말뚝이라 한다. 홍원표(2017)는 이에 대한 자세한 설명을 하고 있으므로 자세한 사항은 참고문헌(3)을 참조하기로 한다.

그 밖에도 그림 3.2에 분류된 바와 같이 기타말뚝으로 다짐말뚝(compaction piles), 인발말뚝(uplift piles 또는 tensile piles), 앵커말뚝(anchor piles) 등을 들 수 있다. 다짐말뚝은 연약지반 속에 모래기둥 또는 모래다짐말뚝을 설치하여 연약지반의 강도를 증대시키는 효과를 기대할 수 있다.[10] 인발말뚝은 말뚝에 작용하는 방향이 인발력, 즉 상향으로 작용할 경우에 이 인발력에 저항하기 위해 설치하는 말뚝이다. Hong & Chim(2015)은 인발말뚝의 인발저항력을 산정할 수 있는 이론시과 모형실험을 실시하였다.[9] 앵커말뚝은 벽체 등을 수평방향으로 지지할 목적으로 사용하는 말뚝이다. 이 앵터말뚝은 굴착현장이나 사면에 적용하여 붕괴에 저항하도록 하는 데 활용한다.

3.1.6 말뚝의 선정 시 고려 요소

위에 설명한 말뚝의 형태 중 어떤 말뚝을 선택할 것인가는 다음과 같은 세 가지 요소를 고려하여 결정한다.

① 구조물위치
② 지반조건
③ 내구성

첫 번째 요소의 예로 해양구조물의 경우를 대상으로 고려할 수 있다. 수심이 얕으면 속찬(solid) 기성 RC말뚝이나 PC말뚝을 사용할 수 있으나 수심이 깊은 곳에서는 속찬 기성 RC말뚝은 너무 무거워 강관말뚝이나 중공 PC말뚝을 사용함이 좋다. 수상부분의 해양구조물에는 파도나 해류로부터의 외력영향이 적은 H-말뚝을 사용한다. 파력이나 정박 시의 충격력에 저항하기 위해서는 대구경 강관말뚝이 경제적이다. 그러나 얕은 수심에서의 가설작업에서는 나무말뚝도 사용할 수 있다. 해양구조물이나 하천구조물에서는 현장타설말뚝은 바람직하지 않다.

한편 육상구조물에 대하여는 말뚝의 선택은 좀 더 자유롭다. 현장타설말뚝은 대구경이고 선단도 확대할 수 있으며 큰 하중도 지지할 수 있다. 매입말뚝은 지표면 융기, 소음, 진동 공해에 유리하며 관입 타설말뚝은 하중이 소규모 내지 중규모인 육상구조물에는 경제적으로 유리하다.

두 번째 요소인 지반조건에 대하여는 말뚝제조 재료와 설치방법에 영향을 미친다. 먼저 단단한 점성토지반에서는 매입말뚝이 바람직하다. 매입말뚝 설치 위치의 천공 시 벤트나이트슬러리용액을 사용하면 천공홀 지지공을 쓰지 않아도 무방하다. 그러나 매입말뚝은 연약점토지반이나 느슨한 대수 조립지반에서는 사용할 수 없다. 이런 지층에서는 관입말뚝이나 관입 후 콘크리트 및 철근콘크리트 타설말뚝이 적합하다. 이런 관입말뚝도 강자갈과 같은 관통이 어려운 지층에서는 사용할 수 없다. 또한 단단한 점성토지반이나 연암층에서는 선단확대말뚝도 적용할 수 있다.

세 번째 요소인 내구성은 말뚝의 재료 선택 시 고려할 중요한 요소다. 예를 들어, 나무말뚝이 저렴하지만 지하수위 상부에서의 부식에 대하여는 취약하다. 반면에 기성 콘크리트말뚝은 염분이나 염산에 의한 부식의 영향을 받지 않는다. 한편 강말뚝은 보통지반에서는 수명이 길다. 그러나 해수면 위에 노출되거나 교란된 지반에서는 전기충전방식으로 부식처리를 해야 한다.

3.2 콘크리트말뚝

콘크리트말뚝은 설치방법, 장비 및 설치 시 사용 재료 등에 따라 다양하게 분류할 수 있다. 그러나 일반적으로 콘크리트말뚝은 다음과 같이 크게 세 가지로 구분한다.

① 기성 콘크리트말뚝(precast concrete piles)
② 현장타설말뚝(cast-in-place concrete piles)
③ 합성 콘크리트말뚝(composite concrete piles)

3.2.1 RC말뚝

기성콘크리트말뚝은 타설, 양생, 공기건조 과정을 거쳐 제작되며 RC말뚝, PC말뚝으로 세분할 수 있다. 최근에는 PC말뚝의 강도를 한 단계 격상시켜 고강도 PHC말뚝이 주로 사용되고 있다. 이 중 PC말뚝에는 프리텐션 방식과 포스트텐션 방식이 있다. 300t까지의 하중을 지지할 수 있게 제작되고 휨이나 인발에도 견딜 수 있도록 보강되어 있다. 이들 말뚝은 지지말뚝과 마찰말뚝 모두에 적용 가능하다.

RC말뚝은 12~15m 길이로 제작되며 최대허용응력은 28일 콘크리트 강도의 33%에 이른다. 이들 말뚝은 4개 또는 그 이상의 주 철근으로 구성된 내부 철근망을 사용하며 수평보강 목적으로 띠철근이나 나선철근을 사용한다. 항타 시 파손방지 목적으로 선단부에는 보다 촘촘한 간격으로 철근을 보강한다. RC말뚝에는 0.25mm 폭까지의 미세균열은 허용된다.

3.2.2 PC말뚝

PC말뚝은 RC말뚝 속 주 철근 대신 긴장력을 가한 철봉이나 와이어를 사용하여 제작한다. 이들 철근은 나선철근으로 결속되어 있다. PC말뚝은 ① 프리텐션 방식과 ② 포스트텐션 방식으로 세분된다. 프리텐션 방식 PC말뚝은 전체 길이를 모두 통상적으로 40m의 전체 길이를 한번에 제작한다. 그러나 포스트텐션 방식 PC말뚝은 부분별로 따로 제작하여 후에 공장이나 현장에서 소요 길이에 맞춰 조립·연결하고 긴장력을 가한다. 일련의 각 부재는 중공형으로 제작 양생한 후 조립하고 중공부분으로 강선을 통과시켜 긴장력을 가한 후 결속장치로 결속한다. 그런 다음 그라우트재로 채운 후 결속장치를 제거한다. 이렇게 제작한 말뚝을 하나의 구조채로 취급운반하고 현장에 설치할 준비를 한다.

PC말뚝은 높은 지지력의 긴말뚝이 필요한 지반이나 지하수위가 높은 지역에 적합하며 통상적인 폐쇄형 RC말뚝보다 가볍고 길다. PC말뚝은 콘크리트가 지속적으로 압력하에 있으므로 RC말뚝보다 내구성이 우수하다. 또한 PC말뚝은 항타관입 시 표면박리가 발생하지 않으며 압축력이 가해질 경우 머리칼 균열은 폐합된다. 그 밖에도 유독화학물질이 콘크리트 내에 침투하기가 용이하지 않다.

Engeling et al.(1984)이 제시한 시공 사례에서는 1,500개의 PC말뚝을 사용하였다.[6] 이 사례에서 PC말뚝은 길이가 26m에서 49m 사이였고 직경은 1,350mm에서 1,650mm였으며, 극한압축하중과 인장하중은 각각 6,230kN과 2,492kN였다.

3.2.3 현장타설말뚝

현장타설말뚝(cast-in-place concrete piles)은 현장의 지중에 미리 마련된 천공홀 내에 콘크리트를 타설하여 제작한다. 이 홀은 항타, 보링, 제트굴착, 코아 채취 또는 이들 기술의 조합 등의 공법으로 조성한다. 현재 현장타설말뚝은 기성말뚝에 대응하는 말뚝으로 사용되는데 다음과 같은 이점이 있다.

① 현장타설말뚝은 거푸집이나 야적장이 필요 없다. 분리하거나 절단할 필요도 없고 단지 공용하중에 대하여만 설계한다.
② 말뚝길이는 현장 기반암심도에 맞게 조절이 가능하다.

여러 형태의 현장타설말뚝이 개략적으로 그림 3.4에 도시되어 있다. 현장타설말뚝은 케이싱을 사용하는 경우와 사용하지 않는 경우로 크게 구분할 수 있다. 그림 3.4(a)~(c)는 케이싱을 사용한 경우의 현장타설말뚝이고 그림 3.4(d)~(g)는 케이싱을 사용하지 않은 경우의 현장타설말뚝이다.

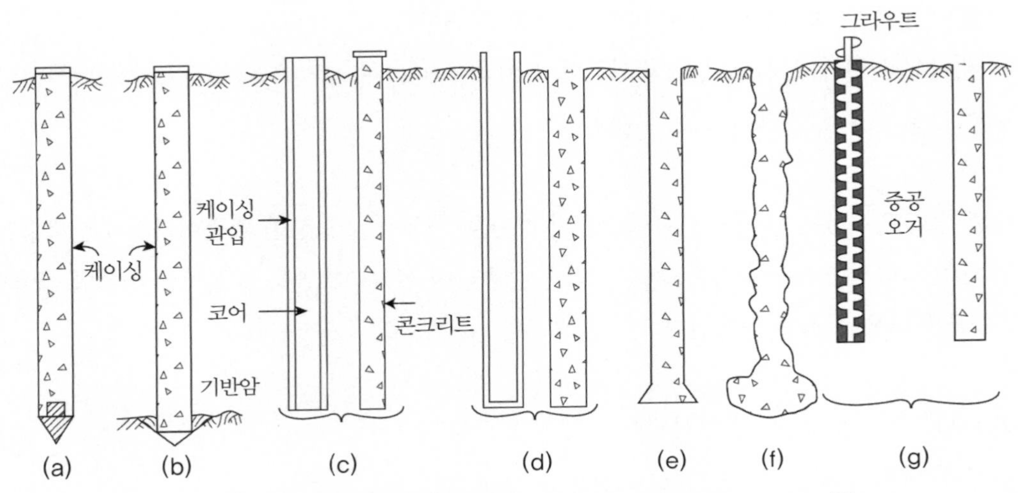

그림 3.4 다양한 현장타설말뚝(Prakash and Sharma, 1990)[12]

(1) 케이싱을 사용한 현장타설말뚝

먼저 그림 3.4(a)는 항타로 케이싱을 지중에 관입하고 케이싱 내부 공간에 콘크리트를 채워 조성한 현장타설말뚝이다. 적절한 명칭을 부여하기가 어려우나 Prakash and Sharma(1990)는 케이싱관입말뚝(cased driven shell piles)이라 부르고 있다.[12] 케이싱으로는 주름관이나 강관 및 플루트 모양의 튜브관을 사용한다. 케이싱 선단은 폐쇄시킨 상태로 항타함으로써 케이싱 내부에 공간이 조성될 수 있게 한다.

시공은 다음 순서로 진행한다.

① 강관 케이싱을 항타·관입한다.
② 케이싱 내부에 콘크리트를 채운다.

그림 3.4(b)는 그림 3.4(a)를 약간 수정하여 조성한 말뚝이다. 즉, 비교적 두꺼운 두께의 개

단강관(open-ended pipe)을 기반암까지 관입시킨 후 케이싱 내부 토사를 제거하고 콘크리트를 채워 넣어 조성한 현장타설말뚝이다. 이 말뚝은 기반암의 높은 지지력이 필요할 때 적용한다.

시공은 다음 순서로 진행한다.

① 두꺼운 두께의 개단케이싱을 기반암에 항타로 근입시킨다.
② 케이싱 내부 토사를 속파기나 제트압으로 제거한다.
③ 케이싱을 기반암에 소켓·근입시킨다.
④ 케이싱 내부에 콘크리트를 채운다.

한편 그림 3.4(c)는 케이싱 내부에 2중의 강관을 사용하여 조성한 말뚝이다. 이 말뚝은 주변 지반이 불안전하거나 수압이 높은 지역을 관통하여 콘크리트말뚝을 설치할 경우에 적용한다. 시공은 다음 순서로 진행한다.

① 폐단 강관 케이싱을 관입시킨다.
② 내부 공간에 또 다른 강관을 넣는다.
③ 내부 강관 속에 콘크리트를 채운다.
④ 외부 강관 케이싱을 뽑는다.

(2) 케이싱을 사용하지 않은 현장타설말뚝

그림 3.4(d)는 케이싱을 사용하지 않고 제작한 대표적 현장타설말뚝이다. 말뚝의 선단을 확대시킬 경우는 콘크리트 타설 시 선단에서 콘크리트가 케이싱 아래로 배출되도록 케이싱을 두드린다. 이 말뚝의 시공은 다음 순서로 진행한다.

① 폐단 강관 케이싱을 관입한다.
② 케이싱 내부 토사를 제거하고 콘크리트를 채운다.
③ 케이싱을 제거한다.

그림 3.4(e)의 드릴피어(drilled pier)는 다음 순서로 시공한다.

① 소요 깊이까지 기계굴착을 실시한다.
② 천공 내 철근콘크리트나 무근콘크리트를 채운다.

선단확대의 경우는 벨타입 기구를 장착한다. 선단확대 다짐말뚝은 그림 3.4(f)와 같다. 우선 강관 케이싱을 지중에 설치한다. 케이싱 바닥에 슬럼프 제로의 콘크리트를 채워 넣고 케이싱 내부를 드롭해머 중량으로 다진다. 소요 심도에 도달하면 케이싱을 잡고 뚜껑을 두드리면 선단이 확대 조성된다. 말뚝선단에 건조한 콘크리트를 더 넣고 타격하면 선단이 더욱 확대된다. 그 후 강관 케이싱을 제거하면서 콘크리트를 더 채우면 말뚝본체가 형성된다.

마지막으로 그림 3.4(g)는 오거그라우트제트말뚝으로 이는 오거를 제거할 때 중공중앙관으로 그라우트액을 주입하여 조성하는 말뚝이다.

3.3 강말뚝

강말뚝은 강도가 크고 비교적 경량이라 다루기 편하면서도 큰 하중을 깊은 심도의 지지층에 전달할 수 있는 장점을 지니고 있다. 말뚝의 길이는 조립과 절단이 용이한 관계로 얼마든지 조절이 가능하다. 따라서 지지층 깊이 변화가 심한 위치에서도 적용할 수 있다, 강말뚝은 하부 단단한 지지지반 위의 연약한 점토, 실트, 느슨한 모래지반이 존재하는 경우 많이 사용된다. 또한 다층지반의 경우에도 사용할 수 있다.

통상적으로 강말뚝은 강관말뚝, H-말뚝, 널말뚝, 상자형 말뚝, 플루트형 말뚝 등 다양한 형태가 사용되고 있다. 이들 형태의 강말뚝 중 강관말뚝과 H-말뚝이 가장 보편적으로 사용된다. 강관말뚝의 내부는 통상 콘크리트를 채워 단면계수와 강성을 높일 수 있다. 강관 단면의 내부 손상의 관찰도 용이하다.

강관말뚝의 선단은 개단형과 폐단형 모두 항타 설치가 가능하다. 개단말뚝은 관입저항이 작고 강자갈이나 기반암과 같은 장애물이 있는 경우에는 드릴로 설치할 수 있다. 원형 단면의 강관말뚝은 두 가지 이점이 있다.

① 강관 내 토사는 용이하게 제거할 수 있다(내부 단면이 각이 져 있지 않기 때문).
② 원형 단면은 심해의 파력이나 풍력에 의한 영향을 최소화할 수 있다.

말뚝기초는 조밀한 모래층 위에 놓이도록 설계함으로써 상부 점토지반의 압밀침하로 인하여 장기적으로는 부마찰력을 받는다. 이 부마찰력을 감소시키기 위해 점토지반을 통과하는 부분의 말뚝표면에는 역청재를 바른다. 나머지 지층부에는 역청재를 바르지 않아 정의 마찰력이 발달하고 하부 견고한 점토층이나 조밀한 모래층에 있는 선단에서는 선단지지력이 발휘되어 상부하중을 지지하게 한다.

강관말뚝은 마찰말뚝, 선단지지말뚝 또는 주면마찰과 선단지지를 모두 받는 복합말뚝으로 사용된다. 심지어는 암반에 근입해 사용하기도 한다. 심해에서 수평하중을 지지하기 위해서는 대구경의 강관말뚝을 사용한다.

한편 H-말뚝은 단단한 지층을 관통하기가 용이하다. 심지어 암반에 근입시킬 수도 있다. 이 말뚝은 관입 시 지반변형량(혹은 배토량)이 적어 주변지반의 교란 정도가 적다. 이 말뚝은 연약한 지층을 관통하여 단단한 지층에 이르기까지 통상 항타로 관입시킨다. 이때 말뚝의 선단을 보강하여 사용하기도 한다.

강말뚝의 또 다른 형태로 가벼운 하중을 지지하는 데 스크류말뚝을 사용한다. 이 말뚝은 말뚝선단에 나선의 스크류를 부착하여 회전력으로 지반을 굴착한다. 이 말뚝의 장점은 말뚝을 설치하고 콘크리트를 양생한 후 구조물이나 장비를 기초 위에 즉시 놓을 수 있다는 점이다. 이 말뚝은 모든 종류의 지층에 적용될 수 있으며 타워기초에 많이 적용되었다. 단 이 말뚝기초는 상부하중이 비교적 가벼운 경우에 적용한다.

3.4 합성말뚝

합성말뚝은 서로 다른 재료 특성을 가지는 말뚝을 함께 제작하여 사용하는 말뚝을 의미한다. 여기서 두 말뚝을 합성하는 방법은 두 가지가 있다. 하나는 단면상으로 합성하는 방법이고 다른 하나는 말뚝을 연직으로 연결하여서 사용하는 합성방법이다.

먼저 단면상 합성말뚝(composite piles)은 서로 다른 재료의 말뚝을 단면상으로 합성하여 같이 사용하는 말뚝으로 구성재료 각각의 장점을 모두 사용할 수 있도록 제작한 말뚝이다. 예를 들면, 콘크리트와 나무를 한 단면상에 구성되도록 사용한 말뚝이나 콘크리트와 강재를 한 단면상에 구성되도록 함께 사용한 말뚝이다. 또한 강관말뚝 속에 콘크리트를 채워 함께 사용하는 경우도 이 합성말뚝에 해당한다.

앞으로는 이러한 합성말뚝의 개발이 더욱 발전할 것으로 예측된다. 다만 재료에 따라서는 서로 결합 사용하는 것이 어려울 수도 있다. 예를 들면, 나무와 콘크리트는 부착 특성상 두 재료를 한 단면에 합성하기가 어렵다. 반면에 콘크리트와 강재는 아주 잘 부착하여 콘크리트의 단점인 낮은 인장강도를 강재로 보강하여 우수한 합성말뚝을 제작할 수가 있다. 일본과 한국에서는 강관말뚝 속에 H-말뚝과 콘크리트를 채워 강성도 보강하고 인장력에도 저항할 수 있는 합성말뚝을 만들어 산사태억지말뚝으로 사용한 사례도 있다.[4,7]

말뚝을 합성시키는 두 번째 방법은 특성이 서로 다른 두 말뚝을 연직으로 이어서 사용하는 경우를 들 수 있다. 원래 나무말뚝은 곰팡이, 벌레, 부패 등의 피해가 크다. 나무말뚝의 전 길이가 지하수위 아래에 위치해 있으면 부식의 염려가 없다. 그러나 일부 길이가 지하수위 위에 위치하게 되면 부식방지 조치를 취해야 한다. 따라서 나무말뚝은 가급적으로 예상 지하수위 아래에서 절단하여 사용함이 바람직하다. 이는 수중에서는 내구성이 크나 수면 부근 및 수면 위에서는 부식에 취약한 결점이 있기 때문이다. 이러한 피해를 방지하기 위해서는 나무말뚝은 건조한 상태이거나 영구히 침수시킨 상태로 사용해야 한다. 아니면 절단부 상부를 RC말뚝이나 PC말뚝으로 연장하여 사용함이 바람직하다. 또 다른 예로는 기성콘크리트말뚝을 암반에 항타·근입시키고자 할 경우 말뚝선단에 강말뚝을 이어서 사용하면 용이하게 암반에 근입시킬 수 있다.

이와 같은 합성말뚝은 합성말뚝의 제작법에 따라서도 고찰할 수 있다. 즉, 말뚝분류법에서 설명한 여러 범주의 설치법 중 한 가지 이상을 함께 적용하여 제작 설치할 수 있다. 예를 들면, 위에서 설명한 두 가지 합성말뚝을 시공법에 초점을 두고 고찰해본다. 즉, 배토방식의 합성말뚝을 콘크리트 속에 나무말뚝을 삽입하여 단면상의 합성말뚝을 만들거나 기성콘크리트말뚝 하부에 H-말뚝이나 강관말뚝을 연결하여 암반에 항타하여 연직방향의 합성말뚝을 만든다. 또한 한 가지 이상의 말뚝을 합성한 합성말뚝은 천공홀 바닥에 강말뚝이나 기성콘크리트말뚝을 관입시켜 조성할 수 있다.

3.5 특수말뚝

그림 3.4(g)는 오거그라우트제트말뚝으로 이는 오거를 제거할 때 중공 중앙관으로 압력 그라우트액 또는 콘크리트 반죽을 주입하여 조성하는 말뚝이다. 기능상으로나 제작과정이 이와

유사한 모든 말뚝을 특수말뚝이라 할 수 있다. 예를 들면, 오거그라우트(혹은 콘크리트)주입말뚝(auger grout or concrete injected piles), 드릴튜브말뚝(drilled-in tubular piles), 프리펙트말뚝(preplaced aggregate piles) 등 새롭게 개발되어 이름조차 생소한 특수말뚝이 점차 늘어나고 있다. 다만 이들 말뚝은 말뚝 제작 과정이 용이하고 지지기능을 새롭게 부각시키는 효과가 있어 앞으로도 각광받을 것이 예상된다. 이들 세 형태의 말뚝은 비배토방식의 말뚝이다.

3.5.1 오거그라우트주입말뚝

그림 3.4(g)에서 보는 바와 같이 먼저 연속날개의 중공스팀오거로 소요심도까지 천공한 후 오거를 300mm 정도 들어 올리고 중공 중앙축으로 압력 그라우트액이나 콘크리트 반죽을 주입한다. 그라우트 주입압은 오거를 들어 올릴 때마다 정수압과 측방토압에 따라 조절한다. 철근망을 굳지 않은 그라우트재나 콘크리트 속에 삽입하여 인발이나 측방토압에 저항할 수 있도록 보강한다. 말뚝의 두부에 그라우트를 주입하고 오가를 제거하기 전에 말뚝머리 부근에 가설거푸집을 설치한다. 이 가설거푸집은 지표면이 말뚝절단면보다 최소 300mm 이상이 될 때까지는 필요하지 않다. 이 말뚝은 지반이나 물의 조건이 케이싱지지가 없으면 천공홀이 붕괴하는 경우 적용한다. 이 말뚝은 콘크리트 또는 그라우트재의 주입압으로 인해 마찰력이 크게 발달한다. 드릴작업 시 지반조건이 변하면 드릴 도중 말뚝길이를 조절할 수 있다.

3.5.2 드릴튜브말뚝

이 말뚝 선단에 절삭단이 있는 철재케이싱(튜브말뚝)을 회전시켜 설치하는 시공법이다. 지반의 세굴은 드릴수를 회전시켜 실시한다. 굴착된 홀에 트레미를 통하여 모래-시멘트 몰탈을 펌프로 주입하여 채운다. 측방토압이나 인발력에 대하여 보강할 목적으로 철근을 삽입한다. 그라우트주입 중에 철제 케이싱을 제거한다. 이 말뚝은 강자갈 지층에도 사용된다.

3.5.3 프리펙트말뚝

이 말뚝은 먼저 소요심도까지 천공한다. 홀 안에 그라우트관을 삽입하고 조골재를 채운다. 조골재를 채운 후 미리 삽입한 그라우트관을 통하여 그라우트를 주입하여 현장타설말뚝을 만들고 바닥에 삽입·설치한 그라우트관을 서서히 뽑는다.

참고문헌

1) 여규권(2004), "장대교량 하부기초 설계인자에 관한 연구", 중앙대학교대학원 공학박사논문.
2) 홍원표(1993). 건설공학, 중앙대학교 건설대학원 도시관리 전문교육과정 교재, 제2호, pp.62~67.
3) 홍원표(2017), 수평하중말뚝 - 수동말뚝과 주동말뚝, 도서출판 씨아이알.
4) 홍원표 외 3인(2003), "대절토사면에 보강된 억지말뚝의 활동억지효과에 관한 연구", 사면안정 학술발표회 논문집, 한국지반공학회, pp.65~81.
5) Chellis, R.D.(1962), Pile Foundations, Ch7 in Foundations Engineering, ed. by G.A. Leonards, New York: McGraw-Hill.
6) Engeling, P.D., Hyden, R.F., and Hawkins, R.A.(1984), "Raymond Concrete Cylinder Piles in the Arabian Gulf", Proc., International Conference on Case Histories in Geotechnical Engineering, St. Louis, MO, ed. by S. Prakash, Vol.1, pp.249~257.
7) Fukuoka, M.(1977), "The effects of horizontal loads on piles due to landslides", Proc., 14th ICSMFE, Specialty Session 10, Tokyo, pp.27~42.
8) Fuller, F.M.(1983), Engineering of Pile Installation, MaGraw-Hill Book Co., Ch 2,3 & 6.
9) Hong, W.P. and Chim, N.(2015), "Prediction of uplift capacity of a mocro embedded in soil", KSCE Journal Civil Engineering, Vol.19, No.1, pp.116~126.
10) Hong, W.P. Song. Y.S, Kim, K.(2003) "Stability of rubble mounds on soft grounds improved by deep soil mixing method", Proceeding of the 2nd Korea/Japan Joint Seminar on Geotechnical Engineering, Oct. 3, 2003, Chung-Ang Univ. Seoul, Korea, pp.40~47.
11) NAVFAC DESIGN MANUALS 7.2(1982), Foundations and Earth Structures, DM-7.2, Department of the Navy, Alenxandria, VA.
12) Prakash, S. and Sharma, H.D.(1990), Pile Foundation in Engineering Practice, John Wiley & Sons, Inc.
13) Tomlinson, M.J.(1977), Pile Design and Construction Practice, 4th ed., E & FN Spon, Tokyo, pp.7~50.
14) Vesic, A.S.(1977), Design of Pile Foundation, Transportation Research Record, NRC, Washington, DC., pp.3~7.
15) 地すべり學會實行委員會事務局(1993), "長野縣北部各地における地すべり地および對策等の概要", 地すべり, Vol.30, No.1. pp.45~56.

CHAPTER

04

단일말뚝의 지지력

CHAPTER

04 단일말뚝의 지지력

연직하중말뚝

연직하중을 받는 말뚝의 지지력을 결정하는 방법으로는 다음의 세 가지 방법이 주로 적용되고 있다.

① 지지력 공식(정적지지력 공식 또는 동적지지력 공식)을 적용하여 산정한다.
② 표준시방서 등에 정해져서 권장되는 경험치에 의거 결정한다.
③ 말뚝재하시험 결과로 판단한다.[(11)]

먼저 말뚝의 연직지지력을 산정하는 공식으로는 정적지지력 공식과 동적지지력 공식의 두 가지가 있다. 정적지지력 공식은 말뚝에 작용하는 연직하중과 말뚝과 지반 사이의 저항력 사이의 정적 평형조건에 의해 구해진 산정식이며 동적지지력은 말뚝 항타 시 말뚝에 가해지는 동적에너지와 말뚝이 관입되면서 발휘된 일량 사이의 평형조건에 의해 구해진 산정식이다.

그러나 일반적으로 압축하중을 받는 말뚝의 저항력을 정적 접근법으로 산정하는 것이 더 신뢰성이 있다고 평가되고 있다. 말뚝과 지반 사이의 저항력은 마찰저항력과 선단지지력의 두 성분으로 구성되어 있다. 우선 말뚝주면에 작용하는 마찰저항력은 정지토압계수, 유효상재압, 배수전단저항각 사이의 관계로 결정된다. 여기서 토압계수는 말뚝시공법에 따라 달라지므로 특별히 현장조건에 맞게 결정해야 한다. 한편 선단지지력은 말뚝선단 주변지반의 불교란 전단저항력에 의거한 고전적 토질역학에 의거하여 산정된다.

한편 동적지지력 공식은 관입말뚝의 지지력을 산정할 때 적용할 수 있는데 말뚝을 지중에 관입시킬 때 투입한 에너지가 말뚝의 관입 시 실시된 일량으로 소모되었다는 원리에 의거하여 산정된 지지력 공식이다. 이 방법에는 말뚝에 가한 에너지의 취급방법에 따라 구분된다. 즉,

말뚝머리에 가해진 타격에너지가 말뚝머리에 가하여진 순간 말뚝선단에도 동시에 전달된다는 가정으로 산정하는 경험적방법과 파동원리에 의해 말뚝머리에서 말뚝선단에까지 말뚝 본체를 통해 타격에너지가 전달된다고 생각하는 방법이 있다.

두 번째로 국가나 지역의 설계 시공 표준으로 정해진 경험치를 적용하는 방법이다. 이 경험치는 축적된 시공경험이나 시험 결과로 파악된 결과에 의거하여 결정 추천된 값이다. 그러나 이들 경험치는 지지력 공식에 의거하여 산정된 결과와 차이가 많이 난다. 특히 정적지지력 공식이나 경험치에 의해 결정된 지지력은 침하량과는 무관하게 지지력이 결정된다는 단점을 지니고 있다.

말뚝이 작용하중에 의해 침하된다는 것은 당연한 현상이다. 말뚝의 침하량에 따라 저항력이 발생하기 때문에 말뚝의 지지력을 결정함에는 당연히 하중과 침하량의 관계를 파악해야 한다고 생각할 수 있다. 이에 말뚝재하시험 결과를 지지력 판단의 근거로 삼게 되는 것이다. 그러나 현재 실시되고 있는 말뚝재하시험법은 엄밀히 말하면 말뚝이 실제 구조물의 기초로서 적용된 상태와 반드시 일치하지는 않는다는 문제점이 지적되고 있다. 그럼에도 불구하고 현 단계에서는 말뚝재하시험 결과로 지지력을 판단하는 방법이 보다 우수한 지지력 판단법이라고 여겨진다.

제4장에서는 말뚝의 정적지지력 산정법에 대하여 설명하고 말뚝의 동적지지력 산정법에 대하여는 제5장에서 설명한다. 또한 제11장에서 제13장까지는 말뚝재하시험에 대하여 자세히 정리 설명한다. 제4장 말뚝의 정적지지력에서는 정적지지력의 일반적 개념을 먼저 설명한 후 점성토지반, 사질토지반, 암반지반에서의 정적지지력 산정공식을 순차적으로 설명한다.

4.1 정적지지력 공식

4.1.1 기본 개념

축하중을 받는 단일말뚝의 지지력은 그림 4.1에 도시한 바와 같이 선단지지력성분과 주면마찰력성분으로 나누어 식 (4.1)과 같이 산정한다.[2]

$$P_u = P_{su} + P_{pu} - W_p \tag{4.1}$$

여기서, P_u : 단일말뚝의 극한지지력

P_{su} : 극한마찰저항력

P_{pu} : 극한선단저항력

W_p : 말뚝자중

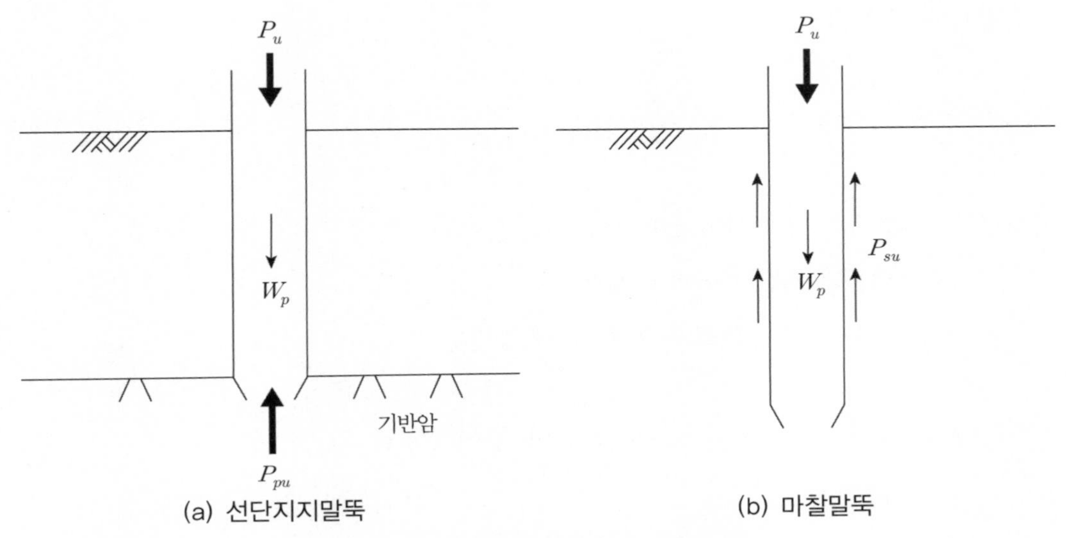

그림 4.1 지지기능에 따른 말뚝의 종류[1]

말뚝자중 W_p는 보통의 경우 P_u에 비해 상대적으로 작으므로 생략하여 식 (4.2)와 같이 산정한다. 그러나 해양구조물과 같이 해저면에서의 말뚝길이가 상당히 긴 경우는 생략하지 않고 고려한다.

$$P_u = P_{su} + P_{pu} \tag{4.2}$$

마찰저항력 P_{su}는 지반과 접하고 있는 말뚝의 표면적에서 발휘되는 말뚝과 지반 사이의 전단강도 τ_a에 의해 식 (4.3)과 같이 산정한다.[13]

$$P_{su} = \int_0^L p\tau_a dz \tag{4.3}$$

여기서, τ_a : 말뚝표면의 전단강도

p : 말뚝주면장

L : 말뚝길이

말뚝과 지반 사이의 말뚝표면적에서 발휘되는 전단강도 τ_a는 Coulomb의 파괴기준에 의해 식 (4.4)와 같이 표현된다.

$$\tau_a = c_a + \sigma_n \tan\phi_a \tag{4.4}$$

여기서, c_a : 말뚝과 지반 사이의 부착력

ϕ_a : 말뚝과 지반 사이의 마찰각

σ_n : 말뚝 본체 측면에 작용하는 수직응력

수직응력 σ_n은 연직응력 σ_v로부터 식 (4.5)와 같이 구한다.

$$\sigma_n = K_s \sigma_v \tag{4.5}$$

여기서, K_s는 수평토압계수이다.

식 (4.5)를 식 (4.4)에 대입하면 식 (4.6)이 구해진다.

$$\tau_a = c_a + \sigma_v K_s \tan\phi_a \tag{4.6}$$

식 (4.6)을 식 (4.3)에 대입하면 단일말뚝의 표면마찰력 P_{su}는 식 (4.7)과 같이 구해진다.

$$P_{su} = \int_0^L p(c_a + \sigma_v K_s \tan\phi_a)dz \tag{4.7}$$

한편 말뚝의 선단저항력 P_{pu}는 직접기초의 지지력이론을 적용하여 식 (4.8)과 같이 구한다.

$$P_{pu} = A_p(cN_c + \gamma LN_q + 1/2\gamma BN_\gamma) \tag{4.8}$$

여기서, A_p : 말뚝선단 단면적

c : 지반의 점착력

γ : 지반의 단위체적중량

B : 말뚝의 직경 또는 폭

$N_cN_qN_\gamma$: 지반의 내부마찰각과 상대압축성 및 말뚝형상에 관련된 지지력계수

식 (4.7)과 식 (4.8)을 식 (4.1) 또는 식 (4.2)에 대입하면 식 (4.9)가 구해진다.

$$\begin{aligned} P_u &= P_{su} + P_{pu} - W_p \\ &= \int_0^L p(c_a + \sigma_v K_s \tan\phi_a)dz + A_p(cN_c + \gamma LN_q + 1/2\gamma BN_\gamma) - W_p \end{aligned} \tag{4.9a}$$

$$P_u = \int_0^L p(c_a + \sigma_v K_s \tan\phi_a)dz + A_p(cN_c + \gamma LN_q + 1/2\gamma BN_\gamma) \tag{4.9b}$$

4.1.2 고찰

식 (4.9)는 단일말뚝의 극한지지력을 산정할 수 있는 일반적 개념의 산정식이다. 이 산정식을 실무에 적용할 경우 고려해야 할 사항을 고찰해보면 다음과 같다.

우선 말뚝과 지반의 단순화와 말뚝과 지반 사이의 단위면적당 평균전단저항력 τ_a에 대하여 고찰해본다. 그림 4.2(a)는 직경이 $2R$ 또는 폭이 B인 균일단면의 단일말뚝에 작용하는 하중 및 저항력의 자유물체도이다.

우선 마찰저항력 P_{su}를 산정하는 데 말뚝과 지반 사이의 단위면적당 평균전단저항력 τ_a를 적용하면 말뚝과 지반의 접촉면적 $A_s(=pL)$에 평균전단저항력 τ_a를 곱하여 $P_{su} = pL\tau_a$로 구해진다.

여기서 p는 말뚝주면장이고 L은 말뚝길이이다. 만약 말뚝이 반경 R인 원형 말뚝이면 마찰저항력은 $P_{su} = 2\pi RL\tau_a$로 계산될 수 있다. 하지만 단위면적당 전단저항력 τ_a가 말뚝길이 전체에 걸쳐 일정하지 않고 변하기 때문에 평균단위저항력의 정밀도를 전적으로 확신하기는 어렵다. 따라서 말뚝주면에서의 마찰로 발생된 총저항력은 각 지층의 단위저항력의 합으로써

식 (4.10)과 같이 표현하는 것이 합리적일 것이다.

즉, 다층지반 속에 말뚝단면이 변하는 경우는 식 (4.10)과 같다.

$$P_{su} = \Sigma(\Delta L)p\tau_a \tag{4.10}$$

여기서, ΔL는 말뚝길이의 증분이며 τ_a는 각 자층의 평균전단저항력에 해당한다. 만약 균일한 지반에 일정 단면의 말뚝이 설치되어 있으면 마찰저항력 P_{su}는 식 (4.10) 대신 식 (4.11)로 구할 수 있다.

$$P_{su} = pL\tau_a \tag{4.11}$$

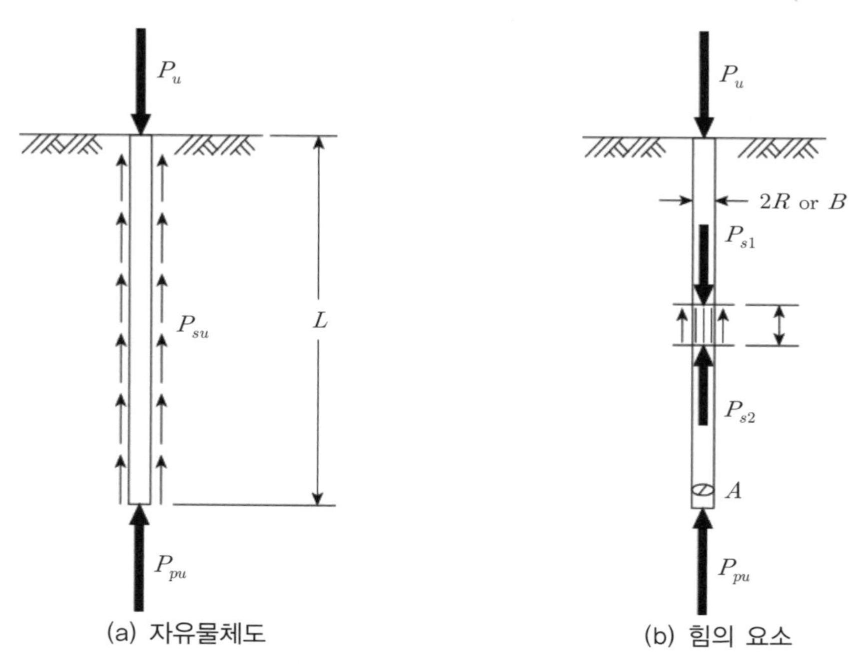

그림 4.2 단일말뚝의 극한지지력을 결정하기 위한 힘의 요소[6]

한편 선단지지력 P_{pu}의 크기는 얕은기초의 지지력 공식을 적용하여 구할 수 있다. 형상과 깊이에 대한 보정계수는 지반의 종류, 말뚝의 종류와 길이, 설치방법 및 기타 다른 요소들과 관련된 보정항으로 대체될 수 있다. 하지만 일반적으로 선단지지력 P_{pu}는 식 (4.8)과 같이 산정한다.

식 (4.10)을 식 (4.2)에 대입하면 식 (4.12)와 같이 말뚝의 극한지지력 P_u을 구할 수 있다. 즉, 다층지반 속에 말뚝단면이 변하는 말뚝의 극한지지력은 다음과 같다.

$$P_u = A_p(c'N_c + \gamma LN_q + 1/2\gamma BN_\gamma) + \Sigma \Delta L p_i \tau_a \tag{4.12}$$

여기서, p_i : 각 지층에서 지반과 접한 말뚝의 주면장

c' : 지반의 유효점착력

R : 원형 말뚝의 반경

지반이 균질한 지반강도(τ_a는 일정)를 가지고 말뚝이 일정한 단면($p=$일정), 즉 반경 R인 원형 말뚝인 경우의 극한지지력은 식 (4.13)과 같다.

$$P_u = \pi R^2(c'N_c + \gamma LN_q + 1/2\gamma RN_\gamma) + 2\pi R\tau_a \tag{4.13}$$

단일말뚝의 극한지지력을 산정할 때는 지반의 배수상태와 장단기 지지력을 구분할 필요가 있다. 만약 비배수 또는 단기 극한지지력을 산정할 경우에는 지반정수 c, ϕ, c_a, γ는 비배수 상태의 값을 적용해야 하며 수직응력 σ_n는 전응력 값을 적용해야 한다. 반면에 모래지반 속 단일말뚝의 장기 극한지지력을 산정할 경우에는 지반정수는 배수상태의 값을 적용하고 수직응력 σ_n는 유효응력 값을 적용해야 한다.

통상적으로 단일말뚝의 극한지지력을 산정할 때 적용되는 연직응력은 상재압으로 산정한다. 이 방법은 점토지반에서는 말뚝에 근접한 위치에서도 적합하지만 모래지반에서는 말뚝에 근접한 위치에서는 연직응력이 상재압보다 다소 작게 나타난다.

마지막으로 H말뚝의 극한지지력을 산정할 때는 다음과 같이 두 가지의 파괴모드를 고려할 수 있다.

① H말뚝의 전체 표면적에 걸쳐 발달한 말뚝과 지반 사이의 한계상태 전단강도를 적용한다.

② 플랜지 외측 두 개 면의 표면적에는 말뚝과 지반 사이의 한계상태 전단강도를 적용하고

플랜지로 둘러싸인 나머지 두 개 면의 H말뚝 내부 사각형 부분 지반에는 지반의 전단강도를 적용한다. H말뚝의 극한지지력을 산정하는 데는 위의 두 가지 경우 중 적은 값으로 정한다.

4.2 사질토지반 속 말뚝의 지지력

4.2.1 이론식

말뚝이 사질토지반에 관입될 때 지반의 밀도는 증가한다. 그 이유로는 말뚝이 타설될 때 말뚝의 체적과 동일한 체적의 지반이 주변으로 밀려나는 배토현상과 타입진동으로 사질토의 밀도가 증가하는 현상 때문이다. 일반적으로 말뚝 지름의 2배 이내에서는 밀도가 크게 증가하고 8배 범위까지도 밀도가 증가한다.

사질토지반에 설치된 단일말뚝의 극한지지력은 주면마찰력과 선단지지력의 합으로 이루어진다. 그러나 말뚝 타입 시의 지반밀도증가 현상으로 식 (4.12)를 다소 수정해야 한다. 즉, 점착력이 없는 경우 $c=0$이므로 식 (4.12)의 첫 번째 항은 없어지고 세 번째 항은 제2항과 비교할 때 상대적으로 작기 때문에 말뚝의 극한지지력은 식 (4.14)와 같이 정리된다.

$$P_u = A_p \gamma L N_q + \sum \Delta L p_i \tau_a \tag{4.14}$$

식 (4.14)는 선단지지력과 주면마찰력 모두 말뚝길이가 증가할수록 증가한다는 것을 의미한다. 하지만 지금까지의 경험과 여러 현장조사에 의하면 선단지지력은 한계치에 도달하면 더 이상 말뚝길이에 따라 무한하게 증가하지는 않는다. 이와 같이 말뚝선단부 근처에서의 파쇄, 압축 그리고 전면파괴뿐만 아니라 다른 요인에 의해 말뚝의 극한지지력은 한계치에 도달하게 된다. σ_v'을 말뚝선단부에서의 유효상재압으로 하면 선단부 저항력은 다음과 같이 표현될 수 있다.

$$P_{pu} = A_p \sigma_v' N_q \le A_p \sigma_c \tag{4.15}$$

여기서, σ_c는 그림 4.3에서 보는 바와 같이 깊이 D가 한계깊이 D_c와 같거나 클 때(즉, $D \le D_c$) 선단지지력에 대한 압력의 한계값을 의미한다. σ_c에 대한 특정값을 알기는 어렵지만 느슨한 모래에 대해서는 25kN/m^2, 조밀한 모래에 대해서는 100kN/m^{2}인 값을 상한치로 채택하는 것이 합리적이다. 이러한 의견 불일치는 말뚝과 지반 사이에서 발달하는 단위전단저항력 τ_a 때문이다. 일반적으로 τ_a에 대한 값은 식 (4.16)과 같이 계산될 수 있다.

$$\tau_a = K_s \sigma_v{}' \tan\delta \tag{4.16}$$

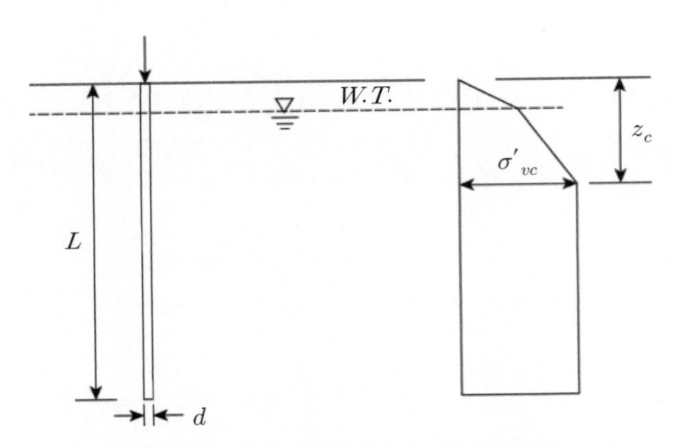

그림 4.3 사질토 지반 속 말뚝 주변의 연직응력 분포[18]

그리고 마찰저항력 P_{su}는 식 (4.17)과 같이 된다.

$$P_{su} = \sum(\Delta L) p_i K_s \sigma_v{}' \tan\delta \tag{4.17}$$

여기서, K_s : 말뚝에 작용하는 평균토압계수

$\sigma_v{}'$: 말뚝에 작용하는 평균유효상재압

δ : 주면마찰각

$\tan\delta$: 지반과 말뚝표면 사이의 마찰계수

식 (4.15)와 식 (4.17)로부터 점착력이 없는 사질토지반에서 말뚝의 극한지지력은 식 (4.18)과 같이 구할 수 있다.

$$P_u = A_p \sigma_v' N_q + \Sigma \Delta L p_i K_s \sigma_v' \tan\delta \tag{4.18}$$

여기서, N_q는 지반의 마찰각 ϕ, 지반의 압축성, 말뚝시공방법, 말뚝의 종류 및 형상에 영향을 받는다. 토압계수 K_s는 말뚝재하시험 결과로 보다 정확하게 구할 수 있다. 이 토압계수는 일반적으로 정지토압계수와 수동토압계수 사이의 범위에 있다. 낮은 범위의 값은 느슨한 사질토지반 속의 매입말뚝에 적용하며 높은 범위의 값은 상대적으로 조밀한 지반에 타입된 말뚝이나 압력주입말뚝에 적용된다. 일반적으로 타입말뚝에 대한 토압계수 K_s는 1과 2 사이의 값이 합리적이다. 표 4.1은 타입말뚝에 대한 대표적 토압계수 K_s의 참고치이다.

표 4.1 타입말뚝의 토압계수의 대표치

말뚝 종류	토압계수 K_s의 범위
콘크리트말뚝	1.5±10%
강관말뚝	1.1±10%
H-말뚝	1.6±10%

Berezantzev et al(1961)은 지지력계수 N_q를 마찰각 ϕ와 연계하여 그림 4.4와 같이 제시하였다.[3] 이 그림을 적용할 경우 마찰각 ϕ는 말뚝 설치 전 지반의 내부마찰각 ϕ_1'으로부터

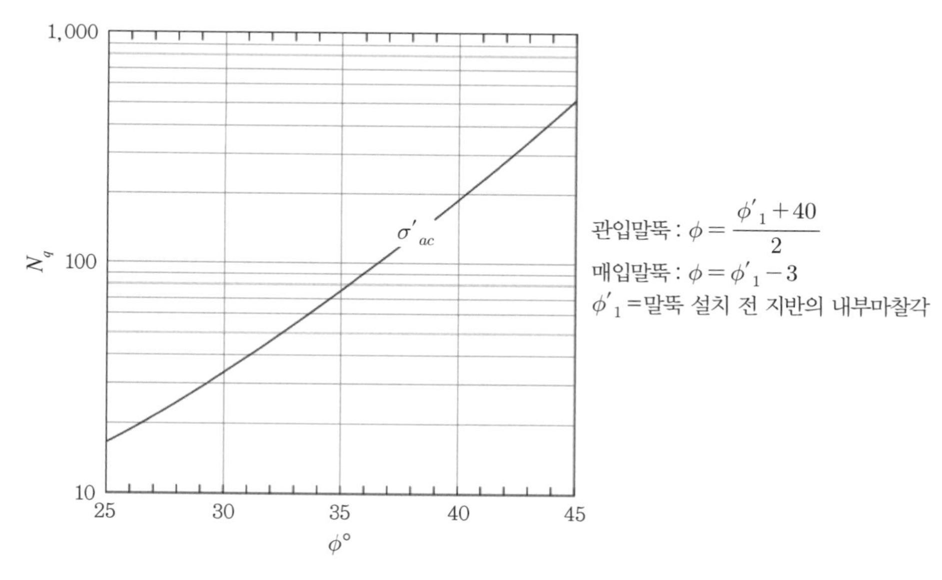

그림 4.4 지지력계수 N_q(Berezantzev et al., 1961)[3]

관입말뚝의 경우는 $(\phi_1' + 40)/2$로 매입말뚝의 경우는 $(\phi_1' - 3)$으로 수정·적용하도록 하였다. Vesic(1967)은 그림 4.4의 지지력계수 N_q값이 다른 연구자들에 의한 이론해석치와 큰 차이를 보이지만 현장시험 결과와는 잘 일치한다고 하였다.[24]

4.2.2 경험식

마찰저항력 P_{su}와 선단지지력 P_{pu}의 두 성분으로 구성된 말뚝지지력 P_u를 산정할 때 말뚝 측면의 표면적 A_s과 말뚝선단면적 A_p을 고려하면 식 (4.2)는 식 (4.19)와 같이 표현할 수 있다.

$$P_u = P_{su} + P_{pu} = A_s \tau_a + A_p q_p \tag{4.19}$$

여기서, τ_a : 말뚝 측면의 단위표면적당 평균전단저항력
q_p : 말뚝 선단에서의 단위면적당 지지력
A_s : 마찰이 발달하는 지반 속 말뚝의 표면적
A_p : 말뚝선단의 단면적

평균전단저항력 τ_a와 단위지지력 q_p는 통상적으로 토질역학 및 기초공학에 근거하여 이론적 또는 실내시험으로 결정된다. 그러나 이따금 이들 값은 경험적으로 정하여 추천되기도 한다. 즉, 말뚝의 극한지지력을 예측하는 데 있어서 주어진 지역과 지지력 특성에 대해 주로 개인적 경험을 바탕으로 하며 현장에서 적당한 시험을 실시하여 말뚝지지력을 경험적으로 예측한다. 예를 들면, 사질토지반 속에 타입된 말뚝의 지지력을 산정하기 위해 표준관입시험의 N값과 지지력 사이의 경험적인 상관관계를 이용할 수 있다. Meyerhof & Murdock(1953)는 모래가 퇴적된 곳에서 적용할 수 있는 지지력 산정공식을 평균전단저항력 τ_a와 단위지지력 q_p을 경험적으로 결정하여 식 (4.20)과 같이 제안하였다.[14]

$$\tau_a = 0.2N \le 10(\mathrm{t/m^2}) \tag{4.20a}$$

$$q_p = 3N\frac{L}{2R} \le 30N(\mathrm{t/m^2}) \tag{4.20b}$$

여기서, R은 원형 말뚝의 반경이다.

그러나 이들 식은 자갈이나 호박돌을 포함한 지반에서는 적용할 수 없다. 왜냐하면 이런 지반에서는 표준관입시험의 N값이 대단히 높게 측정될 수 있으므로 지반의 실제 특성을 대표하지 못하기 때문이다.

사질토지반에 설치된 매입말뚝의 단위지지력과 평균주면마찰력은 타입말뚝보다 적다. 이에 대한 자세한 사항은 제8장의 설명을 참조하기로 한다.

Kishida(1967)는 표준관입시험의 N값으로부터 지반의 내부마찰각 ϕ'_1을 식 (4.21)과 같이 추정하여 활용하기도 하였다.[12]

$$\phi'_1 = \sqrt{20N} + 15 \tag{4.21}$$

Meyerhof(1956)는 내부마찰각 ϕ'_1을 상대밀도 D_r과 연계하여 식 (4.22)와 같이 추정하여 적용하였다.[15] 그 밖에도 de Mello(1971)도 동일하게 상대밀도 D_r로부터 내부마찰각 ϕ'_1을 추정하였다.[8]

$$\phi'_1 = 28 + 15D_r \tag{4.22}$$

사질토층과 점성토층이 교호해 있는 지층에서 간단한 현장시험을 통해 얻을 수 있는 시험치를 이용하여 지지력을 산출하는 방법을 많이 사용하고 있다. 이들 공식 중 대표적인 것으로 식 (4.23)의 Meyerhof 공식[16]과 식 (4.24)의 일본건축학회공식[26]을 들 수 있다.

$$P_u = 40N_pA_p + \frac{N_s}{5}A_{sl} + \frac{N_c}{2}A_{cl} \tag{4.23}$$

$$P_u = 30N_p\eta A_p + \frac{N_s}{5}A_{sl} + \frac{q_u}{2}A_{cl} \tag{4.24}$$

여기서, A_p : 말뚝선단의 단면적

N_p : 말뚝선단부의 N값

N_s : 말뚝선단까지의 모래층의 평균 N값

N_c : 말뚝선단까지의 점토층의 평균 N값

A_{sl} : 말뚝선단까지의 모래층에 접한 말뚝의 표면적

A_{cl} : 말뚝선단까지의 점토층에 접한 말뚝의 표면적

q_u : 말뚝선단까지의 점토층의 평균일축압축강도

η : 강관말뚝의 폐쇄효과에 대한 효율 : $2 \le L_s/d \le 5$이면 $\eta = 0.16 L_s/d$

$5 \le L_s/d$이면 $\eta = 0.8$

L_s : 말뚝의 지지층 관입깊이

d : 말뚝직경

4.3 점성토지반 속 말뚝의 마찰지지력

4.3.1 비배수전단강도에 의한 마찰지지력

(1) α법

일반적으로 점성토지반 속의 말뚝은 지반이 고도로 과압밀된 경우가 아니면 비배수지지력을 한계지지력으로 택한다. 만약 포화점토에서 비배수내부마찰각 ϕ_u가 영이면 말뚝주면마찰각 ϕ_a도 영으로 정할 수 있다. 여기서 $\phi_u = 0$이면 지지력계수 $N_q = 1$이고 $N_\gamma = 0$이 된다. 따라서 식 (4.9a)는 다음과 같이 된다.

$$P_u = \int_0^L p c_a dz + A_p (c_u N_c + \sigma_{vp}) - W_p \qquad (4.25)$$

여기서, c_u : 말뚝선단 깊이에서의 비배수점착력

c_a : 말뚝-지반 사이의 비배수부착력

대부분의 경우 $A_p \sigma_{vp} \simeq W_p$이므로 식 (4.25)는 다음과 같이 간략화할 수 있다.

$$P_u = \int_0^L p c_a dz + A_p c_u N_c \tag{4.26}$$

말뚝과 지반 사이의 비배수 부착력 c_a는 말뚝의 종류, 지반의 종류, 말뚝 설치 방법 등 여러 요소에 영향을 받는다. 이 부착력 c_a는 말뚝재하시험으로 결정되어야 한다. 그러나 항상 말뚝재하시험을 실시할 수는 없다. 이런 경우 과거의 축적된 기록으로 판단하여 결정한다. 주로 부착력 c_a는 지반의 비배수점착력 c_u와 연계하여 결정하였다. 이 경우 부착력 c_a는 점토의 비배수점착력 c_u와 식 (4.27)과 같은 형태로 결정한다.

$$c_a = \alpha c_u \tag{4.27}$$

여기서, α는 부착계수이며 이 방법을 일명 'α법'이라 부른다. 통상적으로 연약점성토지반에 말뚝을 관입하면 그림 4.5에 도시한 바와 같이 상부층의 토사가 말뚝 관입과 함께 하부층으로 빨려들어 간다.

이때 말뚝의 부착력은 상부층이 어떤 토사층인가에 따라 달라진다.

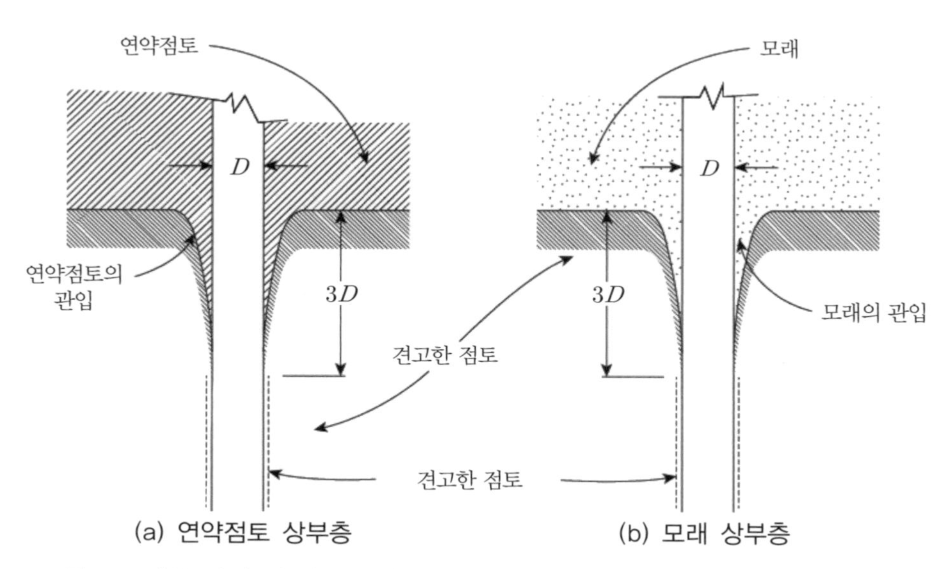

그림 4.5 말뚝 관입 시 상부 토사가 하부 연약점성토지반으로 빨려 들어는 현상

Tomlinson(1977)은 견고한 점토층에 항타관입된 말뚝을 지반의 층상에 따라 세 가지 경우로 나누어 말뚝의 관입길이와 직경의 비를 고려하면서 지반의 비배수전단강도로부터 마찰저항력을 산정하는 방법을 식 (4.27)과 같이 제안하였다.[22] 여기서 부착계수 α는 표 4.2에 정리되어 있는 바와 같이 말뚝의 관입비(PR)와 견고한 점토층 상부 또는 하부에 어떤 지층이 있는 가에 따라 다르게 결정한다.

표 4.2에서 말뚝의 관입비(PR)는 말뚝이 설치된 견고한 점토층 속에서의 말뚝관입길이와 말뚝직경의 비이다. 이 추천값은 H말뚝에는 적합하지 않으며 Case I과 II의 경우는 상재압에 의한 부착력은 별도로 산정해야 한다.

표 4.2 견고한 점토층에 관입된 말뚝의 설계 α값(Tomlinson, 1977)[22]

Case	지층 상태		말뚝관입비(PR)	설계 $\alpha(=c_a/c_u)$값
I	견고한 점토층 위에 모래 또는 모래질토	모래 혹은 모래자갈 / L 견고한 점토 / B	PR<20	1.25
			PR>20	그림 4.6 활용
II	견고한 점토층 위에 연약점토 또는 실트	연약점토 / L 견고한 점토 / B	8<PR<20	0.4
			PR>20	그림 4.6 활용
III	전체가 다 견고한 점토층	L 견고한 점토 / B	8<PR<20	0.4
			PR>20	그림 4.6 활용

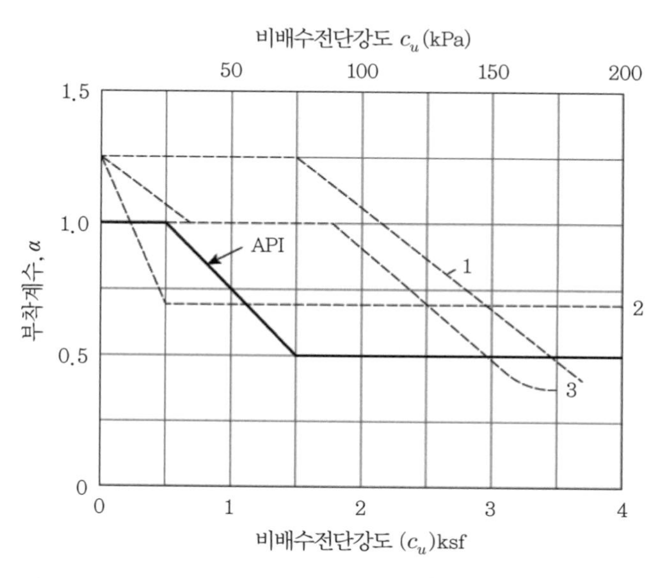

그림 4.6 관입비가 PR>20인 경우의 설계 α값(Bowls, 1988)[4]

한편 Skempton(1951)은 식 (4.26)의 지지력계수 N_c를 그림 4.7과 같이 제시하였다.[19] 이

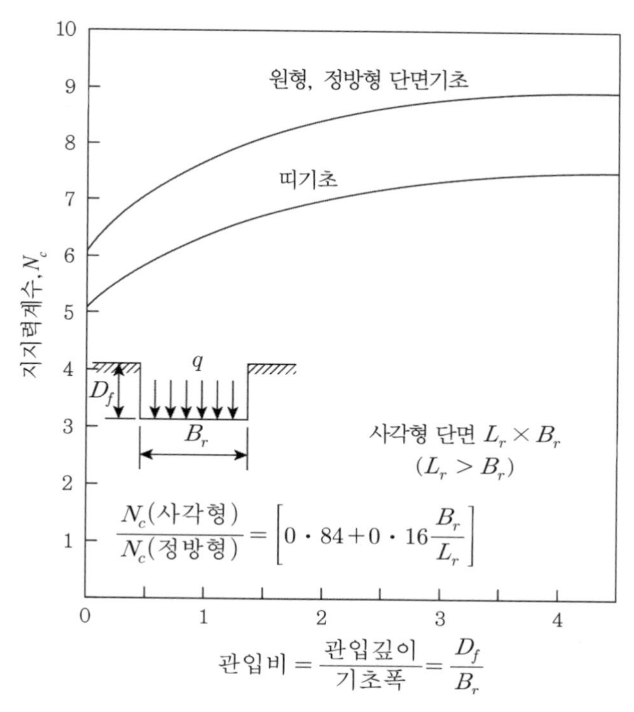

그림 4.7 점토지반의 지지력계수 N_c[19]

그림에 의하면 지지력계수 N_c는 원형 및 정방형 단면 기초에 대하여 6.14부터 증가하여 PR> 4일 때 최대 9를 적용하도록 하였다. $N_c=9$는 실제 설계에 많이 적용되는 값이다.

(2) 현장측정치와 비교

홍원표 외 2인(1989)[1]은 Flaate & Selnes(1977)의 연구[9]에서 제시된 44개의 현장측정데이터와 Skempton(1959)의 연구[20]에서 사용된 자료중 상재하중이 있는 과입밀점토지반에 대한 23개의 현장측정데이터를 정규압밀점토와 과압밀점토로 구분하여 정리·분석한 결과 그림 4.8(a) 및 그림 4.8(b)와 같은 비배수전단강도 c_u와 비배수부착력 c_a의 관계를 알 수 있었다.

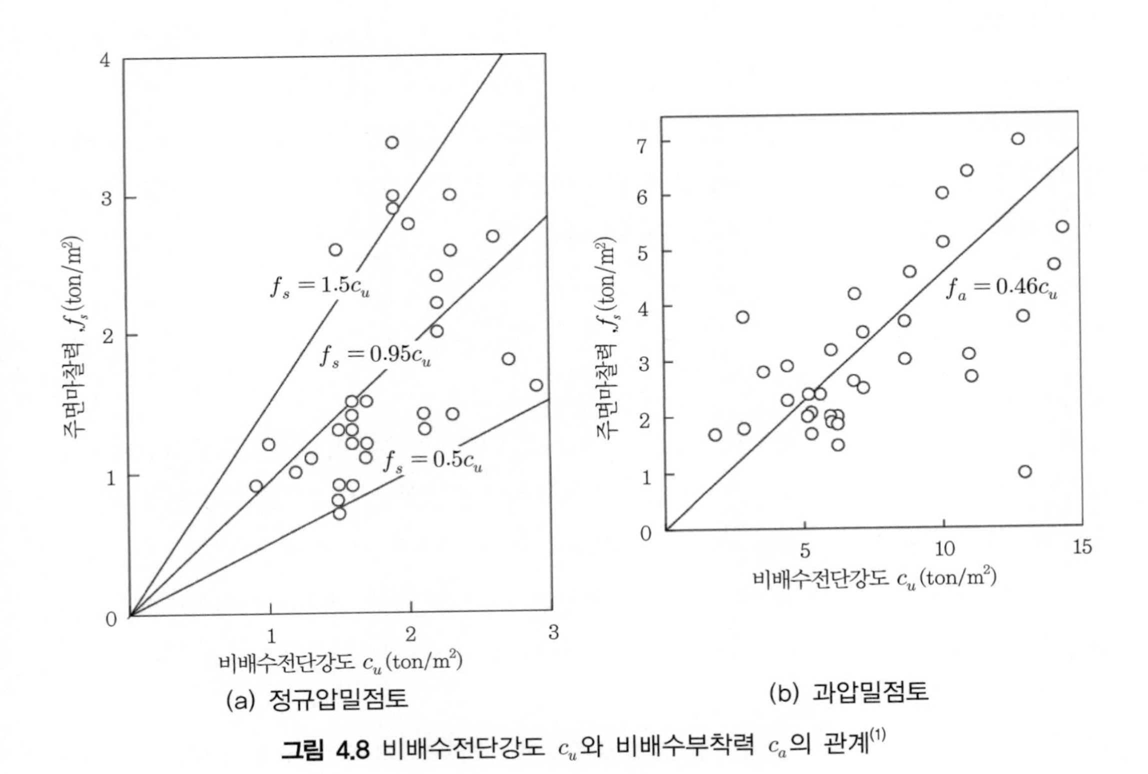

(a) 정규압밀점토 (b) 과압밀점토

그림 4.8 비배수전단강도 c_u와 비배수부착력 c_a의 관계[1]

우선 그림 4.8(a)는 정규압밀지반에 관입된 33개의 말뚝에 대해 말뚝의 비배수부착력 c_a는 점토의 비배수전단강도 c_u의 0.38~1.79배 사이의 관계를 보였다. 따라서 정규압밀점토에서 부착계수 α는 0.38~1.79로 나타났다. 이들 관계의 평균치는 식 (4.28)과 같이 0.95로 나타났다.

$$c_a = 0.95c_u \tag{4.28}$$

이들 연약 정규압밀점토지반의 비배수전단강도는 0.9~2.9t/m^{2}이었으므로 이들 연약점토지반에 관입된 말뚝의 마찰저항력은 점토의 비배수전단강도의 약 95%가 작용하고 있음을 의미한다. 이는 Tomlinson(1971)의 견고한 점토지반지반에서의 비배수전단강도(4.89t/m^2 이상)와 부착계수 α 사이의 관계와는 달리 연약한 정규압밀점토지반에서의 관계를 보여주고 있다.[22]

그러나 비배수전단강도에 의해 결정되는 부착계수α를 사용해서 구한 말뚝의 마찰저항은 상대오차가 약 25%의 범위를 보인다고 밝혀진 것처럼 그림 4.8(a)의 비배수전단강도와 주면마찰력(마찰저항 실측치)의 관계는 분산도가 크다. 그림 4.8(a)으로 표시된 직선은 Flaate & Selnes(1977)가 보여준 부착계수α의 범위 0.5~1.5를 제시한 직선이다.[9]

한편 동일한 방법으로 과압밀점토에 대하여 비배수전단강도와 주면마찰력 사이의 관계를 분석한 결과는 그림 4.8(b)와 같다. 분석 결과 이들의 평균적 상관관계는 그림 4.8(b)에 실선으로 표시된 바와 같으며 식 (4.29)로 표현된다.

$$c_a = 0.46c_u \tag{4.29}$$

식 (4.29)의 비배수전단강도가 약 4.5~14.3t/m^{2}인 비교적 견고한 과압밀점토지반에 관입된 말뚝의 마찰저항을 나타내고 있다. 견고한 점토지반에 말뚝을 관입시킬 경우 발생하는 말뚝주변지반의 균열 등으로 마찰저항이 작아지는 경향이 있음을 의미한다.

본 분석에 활용한 자료는 상재하중이 없는 과압밀점토지반이므로 식 (4.29)의 부착계수 α = 0.46은 Tomlinson(1977)이 제시한 표 4.2의 case III의 α = 0.4와 유사한 값이라고 할 수 있다.[22]

비배수전단강도를 이용하여 말뚝의 마찰저항력을 산정하는 것은 그 오차가 대단히 심하며 특히 실측마찰저항력보다 과다하게 산정됨을 알 수 있다.

4.3.2 유효연직응력에 의한 마찰지지력

(1) β법

Vesic(1969)[23]과 Chandler(1968)[7]는 고도로 과압밀된 점토에서는 배수지지력이 더 한계값이 된다고 하였고 이런 경우 유효응력해석이 바람직하다고 하였다. 배수부착력 c_a'이 영이면 지지력계수 N_c와 N_γ는 무시할 수 있으므로 배수지지력은 식 (4.9a)를 간략화하여 식 (4.30)과 같이 된다.

$$P_u = \int_0^L p\sigma_v' K_s \tan\phi_a' dz + A_p \sigma_{vp}' N_q - W_p \tag{4.30}$$

여기서, σ_v' : 깊이 z에서의 유효연직응력

σ_{vp}' : 말뚝선단에서의 유효연직응력

ϕ_a' : 말뚝과 지반 사이의 배수마찰각

여기서 Burland(1973)는 복합변수 $\beta(=K_s \tan\phi_a')$의 적절한 값에 대하여 논의하였다.[5] 정규압밀점토에서의 한계값을 β의 하한치로 식 (4.31)과 같이 정하였다. 이를 일명 'β법'이라 부른다.

$$\beta = (1-\sin\phi')\tan\phi' \tag{4.31}$$

여기서, ϕ' : 점토의 유효내부마찰각

ϕ'값이 20°에서 30° 사이이면 식 (4.31)의 β는 0.24에서 0.29가 된다. 이 값은 연약지반에 설치된 말뚝의 부마찰력 측정으로 추론된 $\beta = K_s \tan\phi_a'$과 일치한다. Meyerhof(1976)도 비슷한 값을 제시한 바 있다.[16] 그러나 β는 말뚝길이가 길수록 감소한다. 심지어 말뚝길이가 60m 이상이면 β가 0.15로 감소한다.

(2) 현장측정치와 비교

홍원표 외 2인(1989)[1]은 Flaate & Selnes(1977)의 연구[9]에서 제시된 44개의 현장측정 데이터와 Skempton(1959)의 연구[20]에서 사용된 23개의 현장측정 데이터를 대상으로 정규압밀점토와 과압밀점토로 구분하여 정리·분석한 결과 그림 4.9(a) 및 그림 4.9(b)와 같은 말뚝의 마찰저항과 지반의 평균유효연직응력의 관계를 알 수 있었다.

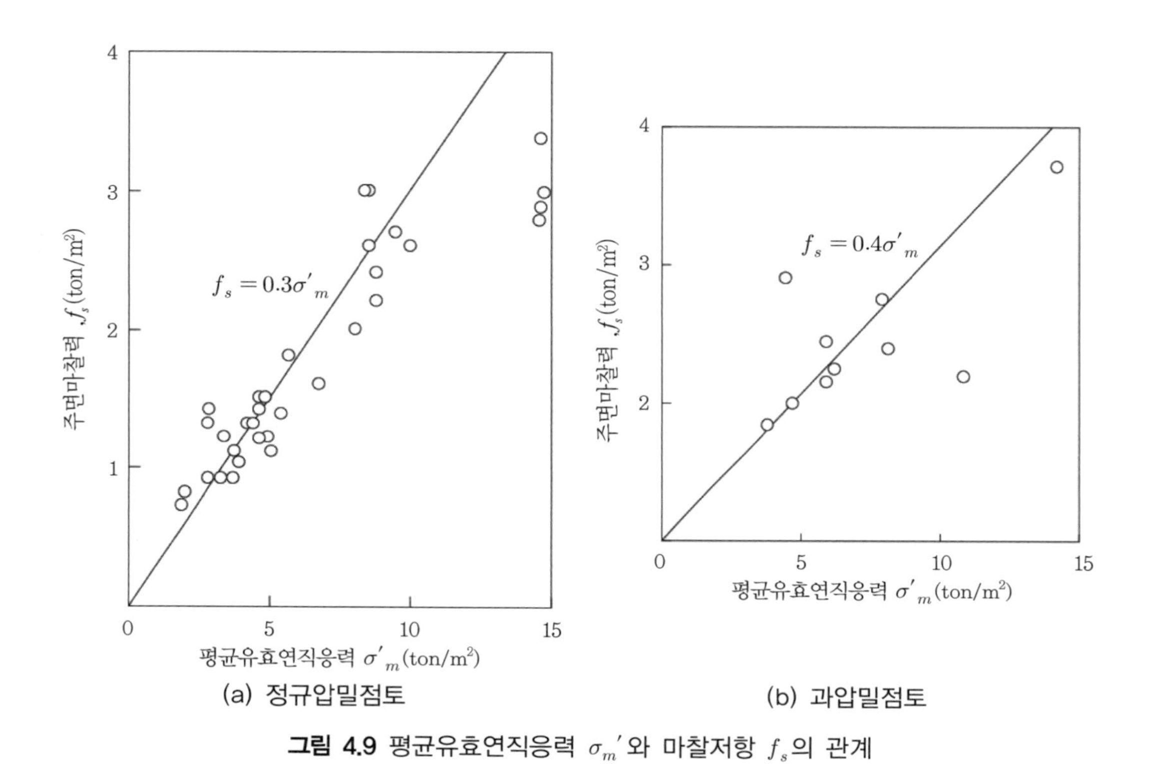

그림 4.9 평균유효연직응력 σ_m'와 마찰저항 f_s의 관계

그림 4.9(a)의 정규압밀점토지반에서 말뚝의 마찰저항과 지반의 평균유효연직응력의 관계는 식 (4.32)와 같다.

$$f_s = 0.3\sigma_m' \tag{4.32}$$

식 (4.31)에서 설명한 β는 평균유효응력과 말뚝의 마찰저항의 관계로서 Burland(1973)[5]는 $\beta=0.32$로 그 대푯값을 제시하였는데 식 (4.32)의 $\beta=0.3$은 Burland(1973)의 대푯값과 일치하고 있음을 알 수 있다.

그러나 과압밀점토지반에서는 그림 4.9(b)에서 보는 바와 같이 평균유효연직응력과 마찰저항의 상관관계는 식 (4.33)과 같이 되어 Burland(1973)의 대푯값과는 다소 차이가 있다.

$$f_s = 0.4\sigma_m' \tag{4.33}$$

식 (4.33)이 적용되는 과압밀점토지반에 대하여는 식 (4.32)나 Burland(1973) 식이 적용되는 정규압밀점토지반과 비교할 때 말뚝의 길이와 지반의 단위중량이 같을지라도 말뚝의 마찰저항은 약 35~45% 정도 더 크게 산정되어야 함을 알 수 있다. 또한 이것은 β 범위가 보통 0.25~0.4의 범위를 갖는다고[4] 한 것과 비교한다면 그 범위가 상한치와 일치하고 있음을 알 수 있다.

이와 같이 유효연직응력을 이용하여 마찰저항을 산정할 경우 점토의 압밀이력에 따라 그 값이 다소 크게 산정되거나 또는 작게 산정되는 경우가 있음을 알았지만 비배수전단강도를 이용하여 산정되는 마찰저항보다는 상당히 실측마찰저항에 가까워져 있음을 알 수 있다. 그러나 점토의 과압밀이력을 고려하지 않고 유효응력만으로 말뚝의 마찰저항을 고려할 때는 여전히 실측마찰저항력과 큰 오차가 있으며 특히 말뚝의 길이가 긴 경우 유효연직응력만을 고려하여 말뚝의 마찰저항력을 산정하는 것은 합리적인 방법이 아님을 알 수 있다.

(3) Flaate & Selnes(1977)법

Flaate & Selnes(1977)는 말뚝의 주면마찰력은 말뚝 근처 점토의 배수강도에 의해 지배된다고 생각하여 다음 식과 같이 제안하였다.[9]

$$f_s = 0.4L\sqrt{OCR\sigma_m'} \tag{4.34}$$

여기서, σ_m' : 지표면과 말뚝선단 사이의 평균 유효연직응력

OCR : 과압밀비

4.3.3 비배수전단강도와 유효연직응력에 의한 마찰지지력

점토지반에 설치된 말뚝의 마찰저항에 영향을 미치는 많은 요소 중에서 지반의 비배수전단강도만을 이용하여 말뚝의 마찰저항을 산정하거나 말뚝길이 또는 점토층의 두께 등에 영향을 받는 유효연직응력만으로 말뚝의 마찰저항을 산정하는 것은 앞에서 거론한 것처럼 실측마찰저항력과 큰 오차가 있다. 그러므로 말뚝의 마찰저항력은 비배수전단강도나 유효연직응력 중 어느 하나만이 관계되는 것이 아니라 이들 모두에 관계되어 있다고 생각하는 것이 보다 현실적인 방법이며 마찰저항력에 관한 오차의 폭을 더욱 작게 할 것이다.[25]

(1) λ법

Vijayvergiya & Focht(1972)는 강관말뚝을 대상으로 극한마찰력 P_{su}를 식 (4.35)와 같이 제시하였다.[25]

$$P_{su} = \lambda(\sigma_m{}' + 2c_m)A_s \tag{4.35}$$

여기서, $\sigma_m{}'$: 지표면과 말뚝선단 사이의 평균 유효연직응력

c_m : 말뚝 전체 길이의 평균 비배수전단강도

A_s : 말뚝 측면의 표면적

λ : 무차원계수

평균비배수전단강도는 식 (4.36)과 같이 표현된다.

$$\frac{\bar{c}_a}{c_m} = \lambda\left(\frac{\sigma_m{}'}{c_m} + 2\right) \tag{4.36}$$

여기서, λ는 말뚝근입비의 함수이고 그림 4.10과 같다. 식 (4.35)는 하중이 큰 해양구조물의 강관말뚝 설계에 광범위하게 적용되었다. 이 무차원계수 λ를 활용하는 방법을 일명 'λ법'이라 부른다.

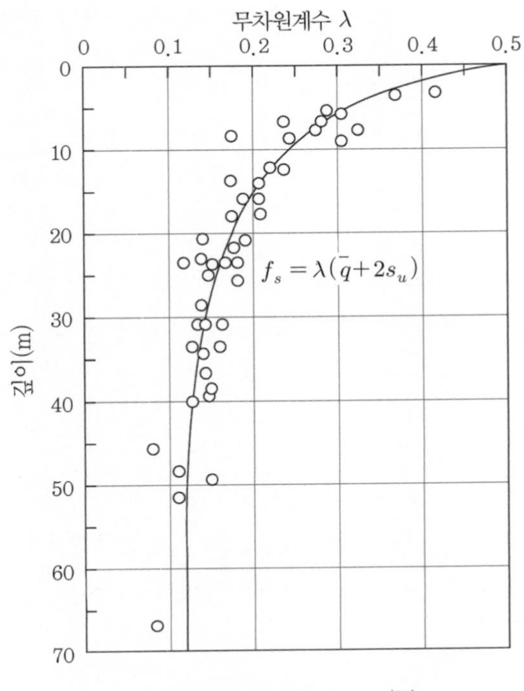

그림 4.10 무차원계수 λ[25]

(2) 홍원표(1989)법

홍원표 외 2인(1989)[1]은 정규압밀점토와 과압밀점토를 불문하고 말뚝의 마찰저항을 점토지반의 비배수전단강도 c_u와 유효연직응력 $\sigma_v{}'$을 함께 고려한 산정식을 식 (4.37)과 같이 제시하였다.

$$f_s = 0.5\sqrt{c_u \sigma_v{}'} \tag{4.37}$$

말뚝이 설치된 점토지반의 비배수전단강도와 유효연직응력을 함께 고려한 마찰저항 산정식을 압밀이력에 따라 구분하여 식 (4.38)의 형태로 정리해보기로 한다.

$$f_s = a\sqrt{\alpha c_u \beta \sigma_v{}'} \tag{4.38}$$

여기서, α와 β는 각각 정규압밀점토지반에서 비배수전단강도와 유효연직응력에 대한 계수로서 식 (4.28)과 식 (4.32)에서 이미 $\alpha=0.95$, $\beta=0.3$을 구했다. 따라서 이들 값을 식 (4.38)에 대입하면 식 (4.39)가 구해진다.

$$f_s = a\sqrt{0.95c_u 0.3\sigma_v{}'} \tag{4.39}$$

여기서, 앞에서 이용한 실측자료에 대하여 선형회귀분석을 실시하면 a는 0.98이 된다.[19] 따라서 이 값을 식 (4.39)에 대입하여 정리하면 식 (4.40)이 된다.

$$f_s = 0.52\sqrt{c_u \sigma_v{}'} \tag{4.40}$$

한편 과압밀점토지반에 대해서는 비배수전단강도와 유효연직응력에 대한 계수로서 식 (4.29)과 식 (4.33)에서 이미 $\alpha=0.46$, $\beta=0.43$을 구했다. 따라서 이들 값을 식 (4.38)에 대입하면 식 (4.41)이 구해진다.

$$f_s = a\sqrt{0.42c_u 0.43\sigma_v{}'} \tag{4.41}$$

여기서, 앞에서 이용한 실측자료에 대하여 과압밀점토를 대상으로 분석하고 선형회귀분석을 실시하면 a는 1.04가 된다.[1] 따라서 이 값을 식 (4.41)에 대입하여 정리하면 식 (4.42)가 된다.

$$f_s = 0.46\sqrt{c_u \sigma_v{}'} \tag{4.42}$$

정규압밀점토지반 및 과압밀점토지반에 대한 식 (4.40)과 식 (4.42)를 비교하면 계수가 0.52 및 0.46으로 그다지 큰 차이가 없으므로 식 (4.37)과 같이 정리할 수 있다. 이는 곧 비배수전단강도와 유효연직응력을 함께 고려함으로써 정규압밀점토지반 및 과압밀점토지반의 압밀이력을 고려할 수 있게 된다.

(3) 현장측정치와 비교

홍원표 외 2인(1989)[1]은 Flaate & Selnes(1977)의 연구[9]에서 제시된 44개의 현장측정데이터와 Skempton(1959)의 연구[20]에서 사용된 23개의 현장측정데이터를 대상으로 정규압밀점토와 과압밀점토로 구분하여 식 (4.37)의 예측치와 실측치를 비교·분석한 결과 그림 4.11(a)및 그림 4.11(b)와 같은 말뚝의 마찰저항력과 지반의 평균유효연직응력의 관계를 알 수 있었다.

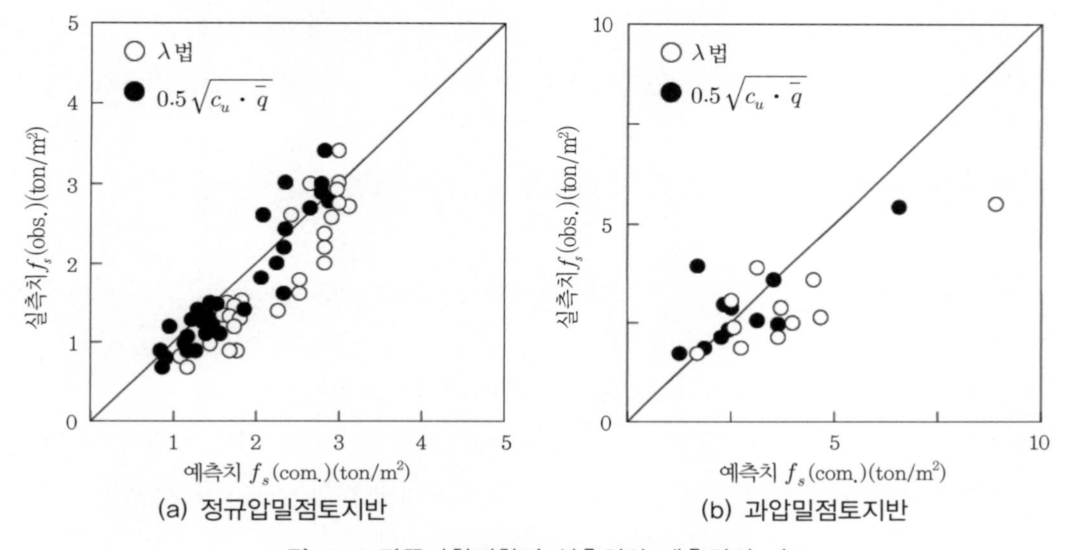

그림 4.11 말뚝마찰저항의 실측치와 예측치의 비교

우선 그림 4.11(a)는 정규압밀점토에서의 말뚝의 마찰저항력의 실측치와 예측치를 서로 비교한 그림이다. 예측치로는 λ법에 의한 예측치도 함께 도시하였다. 이들 관계에서 일 수 있듯이 식 (4.37)에 의한 마찰저항력 예측치는 λ법에 의한 예측치보다 실측치에 더 근접한 일치를 보이고 있다.

한편 과압밀점토지반의 경우에 대한 실측치와 예측치를 비교한 결과는 그림 4.11(b)와 같다. 이 그림에서 보는 바와 같이 식 (4.37)에 의한 마찰저항력 예측치는 λ법에 의한 예측치보다 실측치에 더 근접한 일치를 보이고 있다.

이상의 검토 결과 식 (4.37)은 정규압밀점토지반뿐만 아니라 과압밀점토지반에도 적용할 수 있다.

4.4 암반 속 말뚝의 지지력

4.4.1 선단지지력

Poulos & Davis(1980)는 암반 속 말뚝의 선단지지력을 산정하는 방법을 다음의 세 가지로 정리하였다.[18]

① 극한선단지지력 P_{pu}를 산정하는 지지력이론에 의한 방법
② 허용선단지지력 P_{pa}를 결정할 수 있는 경험치를 활용하는 방법
③ 극한선단지지력 P_{pu}나 허용선단지지력 P_{pa}를 추정할 수 있는 현장시험을 활용하는 방법

우선 선단지지력 이론을 Pell(1977)은 다음과 같이 세 범주로 구분하였다.[17]

① 암파괴를 소성으로 가정하고 토질역학 해석법이나 암의 곡면 파괴포락선을 고려한 수정 이론
② 취성강도나 취성계수를 적용하여 후팅 아래 파괴영역을 이상화한 이론
③ 소요파손 이하 값의 재하영역 아래에서 한계최대응력에 근거한 이론. 이 방법에서는 취성재료 내에 어느 한 점에서 일단 최대강도를 초과하면 전체 붕괴가 발생한다.

암석의 허용접지압은 건물표준시방서에 제시되어 있다. 이들 경험제안값은 암의 특성이나 일축압축강도와 연계하여 규정되는 경우가 많다.

한편 암반에 대한 현장시험이 많이 실시되고 있다. 암이 단단하고 하중이 크면 평판재하시험이 활용된다. 또한 허용선단지지력을 추정하기 위해 메나드 프레셔메터(pressure meter)를 사용하기도 한다.

4.4.2 암반근입부 부착력

말뚝이 암반에 근입되어 있거나 소켓트 상태로 되어 있으면 암반 근입부 말뚝에는 부착력이 발달한다. 대개 암반 근입부의 부착력은 암석의 일축압축강도 q_{um}나 콘크리트의 압축강도 f_c'와 연관지어 제시되고 있다. 현장타설말뚝의 근입부에서의 부착력에 대하여는 제7장에서

상세히 설명한다.

Thorne(1977)은 부착력이 일축압축강도의 10%까지도 발휘됨을 보여주었다.[21] 말뚝 근입부의 부착력은 콘크리트압축강도의 5~20% 사이로 제시되고 있다. 그러나 다양하게 제시되는 대폭값에 비해 아직 정해진 제안값이 없어 이들 값을 적용할 때는 신중을 기해야 한다. 예를 들면, Freeman et al.(1972)은 허용부착력을 700~1,000kPa까지도 추천하였다.[10] 그러나 현재로선 설계추천 값으로 $0.05f_c'$ 나 $0.05q_{um}$ 을 적용할 수 있다.

참고문헌

1) 홍원표 · 이준모 · 성안제(1989), "점성토 지반 속 말뚝의 마찰저항력", 중앙대학교 기술과학연구소 논문집, 제19집, pp.43~55.
2) 홍원표(2010), 기초공학, 강의노트.
3) Berezantzev, V.G., Khristoforov, V. and Golobkov, V.(1961), "Load bearing capacity and deformation of piled foundation", Proc., 5th ICSMFE, Vol.2, pp.11~15.
4) Bowles, J.E.(1988), Foundation Analysis and Design. McGraw-Hill International Ed. pp.714~784.
5) Burland, J.B.(1973), "Shaft friction of piles in clay-A simple fundamental approach", Ground Eng. Vol.6, No.3, pp.30~42.
6) Cernica, J.H.(2004), Geotechnical Engineering Foundation Design, 홍원표 역, 구미서관, pp.443~524.
7) Chandler,R.J.(1968), "The shaft friction of piles in cohesive soils in terms of effective stress", Civil Eng. and Pub. Wks. Rev. Jan. pp.48~51.
8) de Mello, V.F.B.(1971), "The standard penetration test", Proc., 4th Pan-Amer. Conf. SMFE, Puerto Rico, Vol.1, pp.1~86.
9) Flaate, K. and Selnes, P.(1977), "Side friction of piles in clay", Proc., 9th ICSMFE, Vol.1, pp.517~522.
10) Freeman, C.F. et al.(1972), "Design of deep socketed caisson into shale rock", Can. Geot. jnl, Vol.9, No.1, pp.105~114.
11) Hong, W.P.(1990), "Evaluation of pile load test records", Proc., 10th Southeast Asian Geot. Conf. Taipei, April 16-20, 1990.
12) Kishida, H.(1967), "Ultimate bearing capacity of piles driven into loose sand", Soils and Foundations, Vol.7, No.3, pp.20~29.
13) Kraft, L.M., Foch, J.A. and Amerasinghe, S.F.(1981), "Friction capacity of piles driven", J. GED, ASCE, Vol.107, No.GT2, pp.1521~1541.
14) Meyerhof, G.C. and Murdock(1953), "An investigation of the bearing capacity of some bored and driven piles in London clay", Geotechnique, Vol.3, No.7.
15) Meyerhof, G.C.(1956), "Penetration tests and bearing capacity of cohesionless soils", ASCE, SMFD, Vol.82, No.SM1.
16) Meyerhof, G.G.(1976), "Bearing capacity and settlement of pile foundation", J. GED, ASCE, Vol.102, No.GT3, pp.195~228.
17) Pells, P.J.N.(1977), "Theretical and model studies related to the bearing capacity of

rock", Paper presented to Sydney Group of Aust. Geomechs. Soc., Inst. Engrs. Aust.
18) Poulos, H.G. and Davis, E.H.(1980), Pile Foundations Analysis and Design, John Wiley & Sons, New York. pp.6~17.
19) Skempton, A.W.(1951), "The bearing capacity of clats", Building Res. Congress. London ICE, div.1:180.
20) Skempton, A.W.(1959), "Cast in-site bored piles in Londen clay", Geotechnique, Vol.9, pp.153~173.
21) Thorne, C.P.(1977), "The allowable loadings of foundations on shale and sandstone in the Sydney Region, Part 3. Field Test Results", Paper presented to Sydney Group of Aust. Geomechs, Soc., Inst. Engrs. Aust.
22) Tomlinson, M.J.(1977), Pile Design and Construction Practice, 4th ed., E & FN Spon, Tokyo.
23) Vesic, A.S.(1969), "Experiments with instrumented pile groups in sand", ASTM, STP, Vol.444, pp.177~222.
24) Vesic, A.S.(1967), "A study of bearing capacity of deep foundations", Final Rep., Proj. B-189, School of Civil Engineering , Geogia Inst. Tech., Atlanta, GA.
25) Vijayvergiya, V.N. and Focht, J.A. Jr.(1972), "A new way to predict the capacity of piles in clay", Proc. 4th Annual Offshore Tech. Conf. Houston, Vol.2, pp.865~874.
26) 日本建築學會(1974), 建築基礎構造設計規準·同解說.

CHAPTER

05

관입말뚝

CHAPTER

05 관입말뚝

연직하중말뚝

말뚝의 종류와 시공법에 따라 말뚝 주변의 지반은 여러 가지 형태로 교란되며 이 교란은 결국 말뚝의 주면마찰력과 선단지지력에 영향을 미치게 된다. 이 영향은 말뚝의 지지력을 개량하기도 하고 감소시키기도 한다. 따라서 말뚝을 어떤 방법으로 설치하는가는 하중지지력을 산정하는 데 가장 중요한 요소가 된다.

말뚝은 다음과 같은 두 가지 목적으로 사용하였다: ① 기초의 하중지지력 증대 ② 기초의 침하량 감소.

이 목적은 연약지반을 관통하여 보다 깊은 곳에 있는 단단한 지층에 하중을 전이시키거나 말뚝 주변의 마찰력으로 하중을 분담시켜 달성할 수 있다. 또는 이 두 가지 기능의 복합작용으로 목적을 달성할 수도 있다.

말뚝시공법은 말뚝과 주변 지층 사이의 하중전이 기능에 영향을 미치는 중요한 요소 중에 하나이다. 현재 말뚝시공법은 기본적으로 항타(driving), 천공(boring), 분사/진동(jetting/vibrating)의 세 가지 방법으로 나눌 수 있다.

관입말뚝은 소요지지력을 구할 수 있는 지층까지 여러 형태의 항타장비로 관입된 개단(open-ended) 또는 폐단(closed ended) 강관말뚝, 강 H말뚝, 나무말뚝 또는 기성콘크리트말뚝을 지칭한다. 제5장에서는 이 관입말뚝의 하중지지력에 대하여 설명한다.

말뚝기초는 동적공식이나 정적공식에 의거 설계되어왔다. 일반적으로 정적공식이 보다 신뢰성이 있다고 여겨졌다. 제4장에서 설명한 바와 같이 정적지지력 산정공식에서 말뚝지지력은 말뚝선단에서의 한계상태 평형이론과 말뚝주면에서의 하중전이(주면저항력)개념에 의한 정적 지반저항력에 의거 산정된다.

일반적으로 축하중을 받는 말뚝의 강성은 말뚝두부에 작용하는 하중-침하 곡선으로 표현된다. 말뚝의 해석법은 크게 탄성해석법과 스프링모델에 의한 해석법이 활용되고 있다. 먼저 탄성해석법에서는 Mindlin의 탄성해에 의거 실시되었다.[24] 이 해석에 의한 해로 D'Appolonia and Romualdi(1963),[11] Poulos and Davis(1968),[27] Poulos and Davis(1980)[28]의 연구 결과를 들 수 있다. 이 탄성해석법은 무리말뚝의 거동해석에도 적용 가능함을 제시하였다.[27-29] 그러나 이 해석법의 취약점이 지반의 특성을 나타내는 탄성계수 E_s와 포와슨비 ν를 현장조건에 부합되게 가정하는 데 있다고 하였다.

두 번째 해석법은 지반을 일련의 비선형 스프링모델로 표현하는 방법이다. 이 방법은 처음 Seed and Reese(1957)에 의해 적용되었다.[34] 그 후 Coyle and Reese(1966),[9] Coyle and Sulaiman(1967),[10] Kraft et al.(1981)[22]에 의해 수행되었다. 이들 해석법에서는 일련의 스프링모델이 탄성론에서와 같이 연속성이 없는 것이 단점이다.

관입말뚝의 지지력을 예측하는 데 가장 오래되거나 많이 사용된 방법은 관입공식 또는 동적공식을 사용하는 방법이다. 이들 모든 방법은 말뚝 관입 시 말뚝의 극한지지력을 말뚝 관입량(해머로 1회 타격 시 관입된 연직침하량)과 연계되어 고안 되었다. 이 공식에서는 말뚝 관입 시 저항력은 정적하중이 가하여 질 때의 말뚝지지력과 동일하다고 가정하였다. 이는 최종항타 시를 이상화시킨 사항이다.

현재 수많은 동적지지력 공식이 제안되어 있는 상태이다. Smith(1960)는 현재 Engineering News Record에 450개 정도의 동적지지력 공식이 제안되어 있다고 하였다.[36]

동적지지력 공식을 사용하는 주목적은 다음과 같이 두 가지라고 할 수 있다. ① 말뚝의 항타기록으로 안전한 하중을 산정하기 위하거나 ② 필요한 작업하중에 대한 안전한 항타장비를 결정하기 위해서다. 안전한 작업하중은 공식에 의한 극한하중에 적절한 안전율을 고려하여 결정한다. 그러나 안전율은 공식과 항타장비에 따라 상당히 큰 폭의 차이를 보인다. 또한 동적지지력 공식에는 지반의 특성이 고려되어 있지 않으므로 안전율은 현장마다 다를 수 있다.

최근에는 동적 방법을 개선시키기 위해 파동방정식을 도입하고 있다. 파동방정식에서는 말뚝두부에 항타에너지가 가하여 지면 파동이론에 따라 순차적으로 말뚝선단으로 전달되는 원리에 의한 해석이므로 일반적 동적지지력 공식에서의 원리와 다르기 때문이다. 일반 동적공식에서는 항타에너지가 말뚝두부에 가하여 지는 동시에 말뚝 전체에 전달된다는 가정하여 유도된 공식들이다. 따라서 파동방정식을 적용하는 주된 목적은 극한하중과 침하량 사이의 보다 정확한 관계를 얻기 위해서다. 이 해석 결과는 항타작업 시 말뚝의 응력을 예측할 수 있으므로 말뚝의 구조설계에도 활용할 수 있다.

말뚝을 지중에 관입시킬 때 사용하는 장비는 오랜 세월 발전하여왔다. 다양한 추로 구성된 초창기 말뚝타입장비는 사람의 힘이나 간단한 형태의 해머에 의해서 작동되었고 중세시대의 타입장치는 기계의 장점을 활용하여 개선된 형태로 발전하게 되었다. 그리고 동력엔진의 발명으로 기계식 해머가 말뚝타입장치에 활용되게 되었다. 일반적으로 다음과 같이 몇 가지 종류의 기본적인 해머로 구분할 수 있다.

① 단동식 해머 : 증기나 압축공기로 추를 들어 올려 말뚝머리에 자유낙하 시킨다.
② 복동식 해머 : 증기나 압축공기로 추를 들어 올릴 뿐만 아니라 아래로 밀어 떨어뜨릴 때도 증기나 압축공기로 추의 낙하속도를 가속시켜 낙하에너지를 증대시킨다.
③ 디젤해머 : 해머가 디젤엔진에 의해 작동된다. 추를 들어 올려서 디젤유를 넣고 자유낙하시키면 낙하에너지 때문에 디젤이 폭파한다. 이때 폭파에너지로 말뚝은 아래로 관입되고 추는 다시 들어 올리는 작업을 반복하게 된다.

5.1 동적지지력 공식

5.1.1 기본 개념

동적지지력 공식은 말뚝의 동적저항력을 정적저항력과 연계시키려는 경험적 및 이론적 시도 결과 얻어진 결과물이다. 이에 대한 이론적 배경은 항타 시의 Newton 법칙에 항타 시의 에너지 손실 및 응력 전파 시의 사항을 가정 및 보정하여 산출하였다. 항타 시 말뚝의 저항력과 이동량(침하량) 사이의 거동은 그림 5.1과 같다. 이 거동곡선에서는 말뚝과 쿠션 재료는 완전 탄성이고 지반의 에너지손실은 무시한 경우이다.

동적지지력이란 말뚝 관입 시의 지반으로부터 받는 저항으로부터 말뚝의 지지력을 산정하는 접근방법이다. 이 방법으로는 현재 수많은 경험식이 제안되어 있는 상태이다. 이들 동적지지력 공식의 기본개념은 해머의 동적에너지가 말뚝두부에 가해지는 순간 말뚝과 지반 전체에 순간적으로 동시에 전달된다는 것이다.

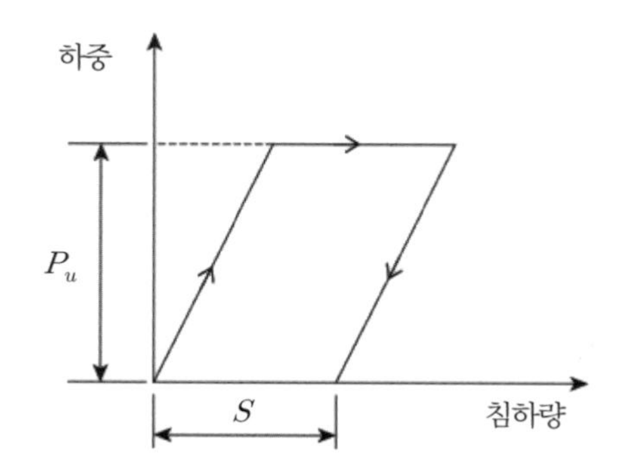

그림 5.1 말뚝의 하중-침하량 거동곡선

해머에 의해 전달되는 에너지 E는 말뚝에 가해진 힘 P_u, 관입량 S 그리고 에너지 손실량 ΔE로 식 (5.1)과 같이 표현할 수 있다.

$$E = P_u S + \Delta E \tag{5.1}$$

여기서, 에너지손실량 ΔE는 $P_u C$로 나타낼 수 있으므로 식 (5.1)은 식 (5.2)와 같이 된다.

$$E = P_u S + P_u C = P_u (S + C) \tag{5.2}$$

식 (5.2)를 말뚝에 가해진 힘 P_u로 정리하면 식 (5.3)과 같이 되며 이 힘 P_u가 말뚝이 항타 관입 시 지반으로부터 받는 저항력, 즉 지지력에 해당하므로 동적지지력 공식이라 할 수 있다.

$$P_u = \frac{E}{(S + C)} \tag{5.3}$$

여기서, S는 말뚝의 최종항타 시의 말뚝 관입량, 즉 침하량에 해당하며 C는 경험치로 단동식 스팀해머와 드롭해머에서는 각각 0.1인치와 1.0인치를 적용한다.

5.1.2 해머효율과 반발계수

식 (5.3)의 에너지 E는 해머의 무게를 W 낙하고를 H라 하면 $E = WH$로 구할 수 있다. 그러나 해머마다 가지는 효율이 다르므로 이 효율을 보정해주어야 비로소 말뚝에 전달되는 에너지를 구할 수 있다. 이 효율은 두 가지가 있는데 하나는 해머 자체의 효율(efficience factor for hammer) e_f이고 다른 하나는 타격효율(efficience factor for impact) e_{iv}이다. 우선 해머효율을 고려하면 해머가 말뚝에 도달하였을 때의 에너지는 식 (5.4)와 같다.

$$E_1 = e_f WH = \frac{Wv^2}{2g} \tag{5.4}$$

다음으로 타격효율 e_{iv}는 식 (5.5)와 같다.

$$e_{iv} = \frac{(W/2g)u^2 + (W_p/2g)u_p^2}{(W/2g)v^2 + (W_p/2g)v_p^2} = \frac{E_2}{E_1} \tag{5.5}$$

여기서, W : 해머의 무게

W_p : 말뚝의 무게

g : 중력가속도

v : 타격 전 해머속도

u : 타격 후 해머속도

E_1 : 말뚝 도달 에너지

E_2 : 타격 후 남은 에너지

해머와 말뚝 사이의 타격법칙에 의해 식 (5.6)의 관계가 성립한다.

$$\frac{W}{g}(v-u) = \frac{W_p}{g}(v_p - u_p) \tag{5.6}$$

여기서, v_p : 타격 전 말뚝속도

u_p : 타격 후 말뚝속도

다음으로 해머의 반발계수 n은 식 (5.7)과 같다.

$$n = \frac{u_p - u}{v - v_p} \tag{5.7}$$

$v_p = 0$이라 가정하고 u, u_p, v를 제거하면 식 (5.5)의 e_{iv}는 식 (5.8)과 같이 된다.

$$e_{iv} = \frac{W + n^2 W_p}{W + W_p} \tag{5.8}$$

타격 후 남은 에너지 E_2는 식 (5.9)와 같다.

$$E_2 = e_f e_{iv} WH = e_f WH \left(\frac{W + n^2 W_p}{W + W_p} \right) \tag{5.9}$$

지반의 탄성변형량 ΔS_{es}을 무시하면 타격 중 발생한 일량은 근사적으로 식 (5.10)과 같다.

$$E_2 \simeq P_u (S + \Delta S_{pp} + 1/2 \Delta S_{ep}) \tag{5.10}$$

여기서, ΔS_{pp} : 말뚝의 소성변형량

ΔS_{ep} : 말뚝의 탄성변형량

말뚝의 탄성변형률 ΔS_{ep}을 Hooke의 법칙으로 산정하면 식 (5.11)과 같이 된다.

$$\Delta S_{ep} = C_1 \frac{P_u L}{A E_p} \tag{5.11}$$

여기서, C_1은 말뚝두부에서의 실제변위와 Hooke의 법칙에 의한 변형률의 비이다.
식 (5.9), 식 (5.10), 식 (5.11)로부터 말뚝의 동적지지력 P_u를 식 (5.12)와 같이 구할 수 있다.

$$P_u = \frac{e_f WH}{S + (C_1 P_u L)/(2AE_p) + \Delta S_{pp}} \left(\frac{W + n^2 W_p}{W + W_p} \right) \quad (5.12)$$

Hiley도 식 (5.12)와 유사하게 식 (5.13)을 제시하였다.[27]

$$P_u = \frac{e_f WH}{S + 1/2(C_1 + C_2 + C_3)} \left(\frac{W + n^2 W_p}{W + W_p} \right) \quad (5.13)$$

Chellis(1961)는 말뚝, 큐숀, 지반의 탄성변형에 관련된 C_1, C_2, C_3의 추천치를 정리·제시하였다.[6] 해머효율 e_f는 드롭해머와 복동식 해머의 경우 주로 0.85를 적용하며 단동식 해머의 경우 0.8을 적용한다. Chellis(1961)는 해머효율 e_f에 대하여 보다 자세하게 정리하였다.[8]

한편 반발계수 n은 나무말뚝의 경우 0.25, 강말뚝에 나무쿠션의 경우 0.32, 강말뚝에 강반침대의 경우 0.5를 적용한다. Whitaker(1976)는 여러 종류의 말뚝과 두부쿠션상태를 대상으로 드롭해머, 단동식 해머, 디젤해머 및 복동식 해머 사용 시의 반발계수 n을 자세하게 정리하였다.[40]

5.1.3 동적지지력 공식의 신뢰성

앞 절에서 설명한 바와 같이 동적지지력 공식은 해머의 종류, 쿠션의 종류, 말뚝과 지반의 재료 및 역학적 특성에 따라 영향을 많이 받으므로 수많은 경험식이 제안 적용되고 있다. 대표적으로 많이 적용되고 있는 공식을 정리하면 표 5.1과 같다.[2,6]

동적지지력 공식은 표 5.1에서 보는 바와 같이 다양한 형태로 제시되어 있지만 설계지지력을 구하기 위해서는 안전율을 적용하여야 하는데, 추천안전율이 3에서 6까지 몹시 크다는 특징이 있다. 이는 동적지지력 공식의 신뢰성이 그다지 높지 않음을 의미한다.

이전의 많은 연구에서 이들 동적지지력의 신뢰성을 조사하기 위해 항타기록을 활용하여 이들 동적지지력 공식으로 산정한 동적지지력을 말뚝재하시험 결과와 비교한 바 있으나 말뚝의 종류, 사용 해머 및 쿠션재 항타장비에 따라 다양한 안전율을 보였다. 특히 말뚝의 설계하중에 따라 안전율이 다름이 밝혀졌다. 따라서 이러한 불확실성을 보완하기 위해 이들 동적지지력 공식을 적용할 때는 높은 안전율을 적용할 수밖에 없게 되었다.

더욱이 말뚝재하시험방법은 국가와 단체 마다 각각 독특한 규정을 정하여 실시하고 있다.

이들 규정은 말뚝에 하중을 가하는 방법에 따라 기능상으로 구분해보면 하중지속법, 등속도 관입법 및 하중평형법의 세 가지로 크게 분류할 수 있다. 그러나 말뚝재하시험 결과에서 항복하중이나 극한하중을 판정하기가 용이하지 못한 경우가 많다. 말뚝재하시험에 관해서는 홍원표 등에 의하여 이미 자세히 정리된 바 있으며 항복하중을 판정할 수 있는 방법도 이미 발표한 바 있다.(2-5)

표 5.1 주요 동적지지력 공식(6,8,26,28)

공식 명칭	동적지지력 공식	추천안전율
ENR(Eng. News Record)	$P_u = \dfrac{WH}{S+C^{(주1)}}$	6
수정 ENR	$P_u = \dfrac{1.25 e_f E}{S+0.1}\left(\dfrac{W+n^2 W_p}{W+W_p}\right)$	6
Hiley	$P_u = \dfrac{e_f WH}{S+1/2(C_1+C_2+C_3)}\left(\dfrac{W+n^2 W_p}{W+W_p}\right)$	3
캐나다 건축시방서	$P_u = \dfrac{e_f E}{S+C_1 C_2}\left(\dfrac{W+n^2(0.5 W_p)}{W+W_p}\right)$	3
Eytelwein(Dutch)	$P_u = \dfrac{e_f E}{S+0.1(W_p/W)}$	6
Navy-McKay	$P_u = \dfrac{e_f E}{S+(1+0.3 W_p/W)}$	6
Gates	$P_u = 4.0\sqrt{e_f WH \log_{10}(25/S)}$	3

(주1) : 드롭해머 : $C=1.0$, 스팀해머 : $C=0.1$, 큰 하중재하 시 : $C=0.1 W_p/W$

일반적으로 동적지지력 공식의 문제점으로 다음의 세 가지를 열거할 수 있다.

① 동적지지력 공식에서는 항타에너지가 말뚝두부에 가해지는 동시에 말뚝 전체에 전달된다는 가정
② 말뚝 항타 시 한 번의 항타당 관입량이 정확한 것인가.
③ 동적지지력 공식은 하나의 자료 또는 각 현장의 상황에만 적용될 수 있다.

먼저 첫 번째 문제점은 말뚝머리에 항타에너지가 가해지면 이 에너지파는 말뚝의 재질에 따라 각기 다른 속도로 순차적으로 말뚝본채를 따라 말뚝 선단에 도달하게 됨이 맞는 원리일

것이다. 말뚝선단에 도달한 에너지는 지반의 저항을 받으면서 관입이란 일로 소모되는 것이다. 따라서 엄밀하게 말하면 동적지지력 공식에서 적용되는 가정은 사실과 차이가 있다. 이 점을 보완하기 위해 적용되는 원리가 파동방정식이다.

두 번째 문제점은 지반에 따라 매번 동일한 관입량이 발생할 것인가 하는 문제점이다. 동적지지력 공식은 최종 항타 시의 관입량으로 지지력을 산정하는 방식으로 알려져 있다. 확실히 양질의 지반일수록 말뚝의 항타관입이 어렵다. 예를 들면, 딱딱한 지반에 말뚝을 관입정착시킨 경우가 큰 지지력을 얻을 수 있다는 것은 극히 상식적이라 생각한다. 그러나 말뚝의 최종항타 시 관입량이 정확한 것인가는 경험적으로 그리 간단히 말할 수 없다.

세 번째 문제점으로 동적지지력 공식이 한 현장에서의 경험으로 다른 현장에도 언제나 적용할 수 있는 방법일까 하는 문제이다. 말뚝의 경우도 일반 토질역학의 다른 분야에서와 같이 한정된 자료로 판단할 수는 없다는 철칙이 발견되고 있다. 어쩌면 동적지지력 공식은 하나의 자료 또는 당 현장에 한하여만 적용할 가치가 있는 것은 아닌가 생각할 정도이다.

이상에서 고찰한 문제점들을 극복하기 위해서는 좀 더 많은 경험을 축적하여 보다 보편·타당한 동적지지력 공식을 도출해낼 수밖에 없을 것이다.

5.2 말뚝 관입의 영향

5.2.1 사질토지반

사질토지반에 말뚝을 항타관입하면 지반의 배토와 진동으로 자반이 다져져서 밀도가 증대한다. 이 과정에서 모래입자가 재배열되고 일부 입자파쇄도 발생한다. 그 결과 느슨한 밀도지반에서는 밀도가 증가하여 말뚝지지력이 증대된다. 따라서 사질토지반에서는 관입공법이 매입방법보다 유리한 점이 있다.

이와 같이 사질토지반에서는 말뚝항타에 의해 지반의 밀도, 마찰각, 관입저항 사이에 관련성이 있다. Meyerhof(1959)는 사질토지반에 항타 시 밀도가 증가하는 범위와 마찰각의 증가량을 산정할 수 있는 한 방법을 제시하였다.[25] 이 방법에 의하면 말뚝선단에서의 다짐량이 말뚝주면에서의 다짐량보다 크다고 하였다.

Robinsky & Morrison(1964)는 모형실험으로 말뚝 항타 시 말뚝주변 지반의 변위량과 다짐정도를 조사하였다.[32] 상대밀도 D_r이 17%인 매우 느슨한 모래지반에서 지반변위는 말뚝측면에서 말뚝직경의 3~4배 범위와 말뚝선단에서 말뚝직경의 2.5~3.5배 범위에 걸쳐 발생한다고 하였다. 그러나 중간 정도의 지반(상대밀도 D_r이 35% 정도)에서는 이 영향 범위가 말뚝측면에서 말뚝직경의 4.5~5.5배 범위와 말뚝선단에서 말뚝직경의 3.0~4.5배 범위에 걸쳐 발생하였다. 말뚝선단에서의 지반변위와 다짐이 먼저 발생하고 그 후 말뚝측면에서의 변위가 발생하였다. 이러한 거동은 말뚝에 바로 인접한 지역에서의 밀도를 감소시킨다.

Kishida(1967)는 느슨한 모래지반에서 말뚝선단 부근의 증가된 마찰각을 그림 5.2와 식 (5.14)와 같이 구하였다.[21] 마찰각이 변하는 범위를 현장실험과 모형실험으로 말뚝주변 $7d$라고 하였다. 즉, 말뚝중심축에서 말뚝직경의 3.5배 영역의 마찰각이 증대된다고 하였다. 여기서 $\phi_1{}'$는 영향을 받기 이전의 마찰각이므로 말뚝중심에서 말뚝직경의 3.5배 이상의 영역의 마찰각이며 최대마찰각 $\phi_2{}'$은 말뚝중심축에서 식 (5.14)와 같이 된다. 식 (5.14)에서 $\phi_1{}'$이 40°이면 $\phi_2{}'$도 40°가 되어 증대효과가 없다. 즉, 이 경우는 말뚝항타로 인한 마찰각 증대효과가 없는 상대밀도의 사질토지반임을 의미한다.

$$\phi_2{}' = \frac{\phi_1{}' + 40°}{2} \tag{5.14}$$

느슨한 사질토지반에 무리말뚝을 항타 설치하면 말뚝주변이나 말뚝 사이의 지반은 매우 크게 다져진다. 말뚝간격이 충분히 좁으면(말뚝 직경의 6배 이하) 무리말뚝의 지지력은 개개 말뚝의 지지력의 합보다 커진다. 즉, 무리말뚝효율이 1을 넘게 된다. 반면에 조밀한 사질토 지반의 경우는 항타로 인하여 지반의 밀도가 오히려 느슨해져서 무리말뚝효율이 1 이하가 된다.

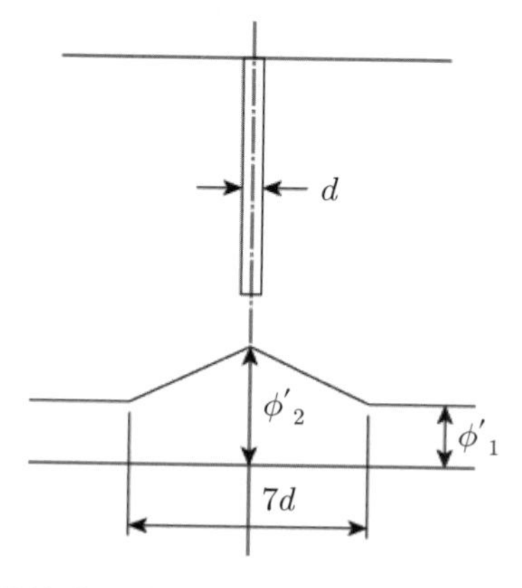

그림 5.2 말뚝선단 느슨한 모래지반의 마찰각의 증대효과[21]

5.2.2 점성토지반

포화점성토지반에 말뚝을 관입하기 위해 항타하면 말뚝 주변지반에 과잉간극수압이 발달하고 강도가 급격히 감소한다. 그러나 시간이 지남에 따라 이 과잉간극수압이 소멸되면서 잃었던 강도가 다시 회복된다. de Mello(1969)는 점성토지반에 말뚝을 항타할 경우 말뚝주변지반에 미치는 효과를 다음과 같이 네 가지 범주로 정리하였다.[13]

① 말뚝 주변지반의 재성형 또는 입자구조 재배열
② 말뚝 주변지반의 응력 변화
③ 말뚝 주변지반의 과잉간극수압의 소멸
④ 지반의 장기강도 회복

지반의 강도회복을 확인하기 위해 말뚝을 항타관입시킨 후 상당기간이 지나 말뚝재하시험을 재차 실시한 결과로 파악하면 점성토지반에 말뚝을 관입하면 점성토의 비배수강도가 초기에 상당히 감소한다. 그러나 말뚝재하시험을 실시하기까지의 기간 동안 상당한 강도회복을 확인할 수 있다. 이는 일반적으로 말뚝에 항타를 가하면 지반 속에 함수비가 변하지 않는 상태에서 재성형 교란거동으로 인하여 비배수강도가 감소하게 되기 때문이다. 그러나 계속하여 점성토지반의 강도는 통상 두 가지 원인으로 인하여 회복한다.

① 식소트로픽(thixotropic) 효과 : 재성형 교란으로 파괴된 입자구조결합력의 식소트로픽 효과에 의한 비배수강도회복 현상
② 과잉간극수압소멸 압밀효과 : 말뚝주변지반에 말뚝 항타 시 발생된 과잉간극수압이 시간이 지남에 따라 소멸되는 것이 압밀현상과 동일하다. 일반 압밀이론에서 과잉간극수압의 소멸은 유효응력의 증가와 강도 증가를 동반한다.

Poulos & Davis(1980)는 여러 학자들의 실험 결과를 취합하여 말뚝항타로 인하여 말뚝주변 점성토지반 속의 과잉간극수압의 분포를 그림 5.3과 같이 도시하였다.[28] 이 그림에서 과잉간극수압 Δu는 말뚝항타 전의 지반 속 연직응력 σ_{vo}'으로 무차원화시킨 $\Delta u/\sigma_{vo}'$값으로 도시하였으며 횡축은 말뚝 중심축으로부터의 거리 x를 말뚝의 반경 r의 비 x/r로 표시하였다.

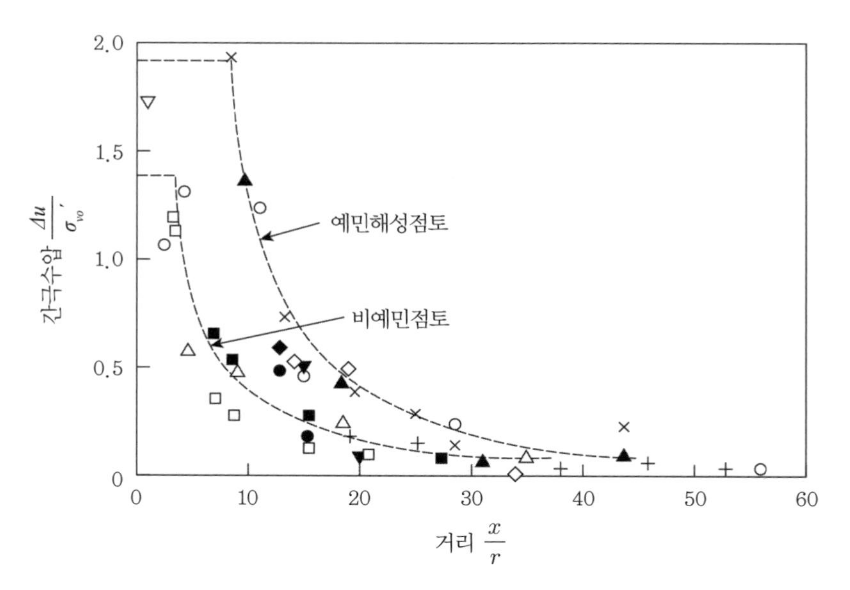

그림 5.3 말뚝 주변 점성토지반 속 과잉간극수압[28]

그림 5.3으로부터 말뚝 항타로 인하여 점성토지반에 발생하는 과잉간극수압의 특성은 다음과 같이 네 가지로 정리할 수 있다.

① 예민한 점성토지반일수록 과잉간극수압이 크게 발생한다.
② 말뚝 바로 인접한 지반에서는 과잉간극수압이 유효연직응력의 1.5에서 2.0배까지 발생한다.
③ 말뚝 중심축에서 말뚝반경의 4배(정규압밀점토) 또는 8배(예민점토) 떨어진 위치부터는 이후 과잉간극수압의 발생량이 급격하게 감소한다.
④ 말뚝 중심축에서 말뚝반경의 30배 이상이 되는 거리에서는 과잉간극수압의 발생을 거의 무시해도 무방하다.

한편 말뚝을 점성토지반에 항타관입시키면 주변지반은 융기되는 현상이 발생하며 뒤이어 점성토의 압밀이 발생한다. 이 거동은 주변 구조물에 큰 영향을 미치며 먼저 관입된 말뚝에도 영향을 미친다. 이런 상황에서 종종 먼저 관입된 말뚝을 재항타하기도 한다.

5.3 파동방정식

동역학적지지력 공식은 관입말뚝의 지지력을 산정하기 위해 사용된 가장 오래된 방법이며 또한 많이 사용되는 방법이기도 하여 그 종류만도 무려 450여 가지에 이른다. 이들에 대한 유도와 사용변수에 대하여는 Whitaker,[40] Chellis[8]에 의하여 정리된 바도 있으며 제5.1절에서 자세히 설명하였다.

말뚝의 동역학적 공식을 사용한 초기목적은 항타기록을 이용하여 말뚝의 안전 하중을 결정하거나 소요설계하중에 대한 항타장비의 타당성을 결정함에 있었다. 설계하중은 통상 동역학적지지력 공식에 의한 극한지지력에 적당한 안전율을 적용하여 결정한다. 그러나 이 안전율은 사용공식 및 말뚝의 종류에 따라 차이가 나는 경우가 많다. 또한 이들 공식은 관입에너지가 말뚝길이에 걸쳐 일시에 전달된다는 가정하에 유도된 것이다. 이에 반하여 실제 말뚝의 타격시에 발생하는 관입응력은 말뚝의 길이를 따라 응력파로 전달된다.

즉, 말뚝에 타격력이 가해졌을 경우의 응력의 파동현상을 무시하고 동적 현상을 정적 현상으로 단순화시켜 공식을 유도하였다. 따라서 동적지지력 공식은 말뚝의 지지력을 부정확하게 산정하게 되는 결과를 종종 유발하였다.

이러한 상황에서 St. Venat는 탄성막대기 속의 파의 1차원적 전파를 나타내는 미분방정식과 그 해를 제시하여 파동이론을 말뚝해석에 처음으로 적용하였다(Desai & Christian, 1977).[14] 그 후 이론적 수정이 계속되다가 컴퓨터의 보급과 더불어 1960년대에 이르러 Smith에 의하여 파동방정식이 전산으로 처리될 수 있게 되었다.[27] Smith는 1960년대 파동이론을 도입하여 응력파의 전파에 따른 관입응력 및 지지력 산정을 시도함으로써 종래의 동역학적지지력 공식에서 다루지 못한 점을 본격적으로 취급하게 되었다.[36] 그 후 파동방정식의 컴퓨터 프로그램은 여러 사람에 의해서 계속 개발·연구되었다.[15,18,23] 최근에는 해양구조물용 말뚝의 해석에도 많이 활용되고 있다. 최근 Goble, et. al(1980)은 파동이론 사용상에서의 문제점에 대하여 상세히 정리한 바 있다.[16]

5.3.1 기본미분방정식

양단이 자유인 균일단면봉의 한 단에 충격이 가해진 경우 봉 내부의 한 위치에서 축방향 변위 D와 시간 t 사이의 관계는 파동방정식으로 다음과 같이 표시할 수 있다.

$$\frac{\partial^2 D}{\partial t^2} = \left(\frac{E}{\rho}\right)\left(\frac{\partial^2 D}{\partial z^2}\right) \tag{5.15}$$

여기서, E : 봉의 탄성계수

ρ : 봉의 밀도

D : 봉의 축방향 변위

t : 시간

지반 속 말뚝의 경우는 말뚝 관입 시 주변지반으로부터 저항력 R을 받기 때문에 식 (5.15)는 식 (5.16)과 같이 수정된다.

$$\frac{\partial^2 D}{\partial t^2} = \left(\frac{E}{\rho}\right)\left(\frac{\partial^2 D}{\partial z^2}\right) \pm R\left(\frac{g}{W}\right) \tag{5.16}$$

여기서, g : 중력가속도

W : 말뚝의 중량

5.3.2 유한차분법

식 (5.16)의 미분방정식을 적당한 초기조건 및 경계조건에 대하여 해석하면 해를 얻을 수 있다. 그러나 실제는 여러 가지 복잡성으로 인하여 해를 구하기가 용이하지 않다. 여기에 유한차분법을 도입함으로써 수치해를 용이하게 구할 수 있다.

그림 5.4는 말뚝의 실제 상태를 모형으로 이상화 시킨 그림이다. 즉, 그림 5.4(a)는 실제 말뚝과 타격장비를 도시한 그림이고 그림 5.4(b)는 말뚝과 타격장비를 이상화시켜 요소가 서로 스프링으로 연결되어 있는 모델로 근사시킨 그림이다. 그림 5.4와 같이 모형화시킴으로써 식 (5.16)의 미분방정식을 각 요소에 대하여 식 (5.17)~식 (5.21)의 5개의 대수방정식으로 변환시킬 수 있다.

$$D(m,t) = D(m,t-1) + \Delta t\, V(m,t-1) \tag{5.17}$$

$$C(m,t) = D(m,t) - D(m+1,t) \tag{5.18}$$

$$F(m,t)= C(m,t)K(m) \tag{5.19}$$

$$R(m,t)= [D(m,t)- D'(m,t)]K'(m)[1+J(m)V(m,t-1)] \tag{5.20}$$

$$V(m,t)= V(m,t-1)+ [F(m-1,t)+ W(m)- F(m,t)- R(m,t)]\frac{g\,\Delta t}{W(m)} \tag{5.21}$$

여기서, m : 요소번호

t : 시간

Δt : 시간 간격

$C(m,t)$: 시간 t에서 내부스프링 m의 압축량

$D(m,t)$: 시간 t에서 요소 m의 변위

$D'(m,t)$: 시간 t에서 외부스프링 m의 소성변위

$F(m,t)$: 시간 t에서 내부스프링 m의 힘

g : 중력가속도

$J(m)$: 요소 m의 흙의 댐핑상수(damping constant)

$K(m)$: 내부스프링 m의 스프링계수

$K'(m)$: 외부스프링 m의 스프링계수

$R(m,t)$: 시간 t에서 요소 m의 외부스프링에 의한 힘

$V(m,t)$: 시간 t에서 요소 m의 속도

$W(m)$: 요소 m의 자중

식 (5.19)는 내부 댐핑이 무시된 탄성말뚝요소에 대해 적용한다. 내부 댐핑이 고려된 캡블록 및 큐숀블록과 같은 요소에 대해서는 식 (5.22)와 같은 방정식이 식 (5.19) 대신 사용된다.

$$F(m,t)= \frac{K(m)}{[e(m)]^2}C(m,t)- \left\{\frac{1}{[e(m)]^2}-1\right\}K(m)C(m,t)_{\max} \tag{5.22}$$

여기서, $e(m)$: 내부스프링 m의 반발계수

$C(m,t)_{\max}$: $C(m,t)$의 일시적인 최댓값

식 (5.17)에서 식 (5.22)은 각각 요소에 대해 속도를 아는 해머 $W(1)$이 처음으로 스프링에

도달한 이후부터 시작되어 일정 시간 간격으로 어느 단계까지 반복계산을 계속시킴으로써 방정식을 풀 수 있다. 이 방정식의 해는 선단에서 지반의 소성변위(plastic displacement) 또는 영구변형량(permanent set) $D'(m,t)$가 최대로 될 때까지 계속된다.

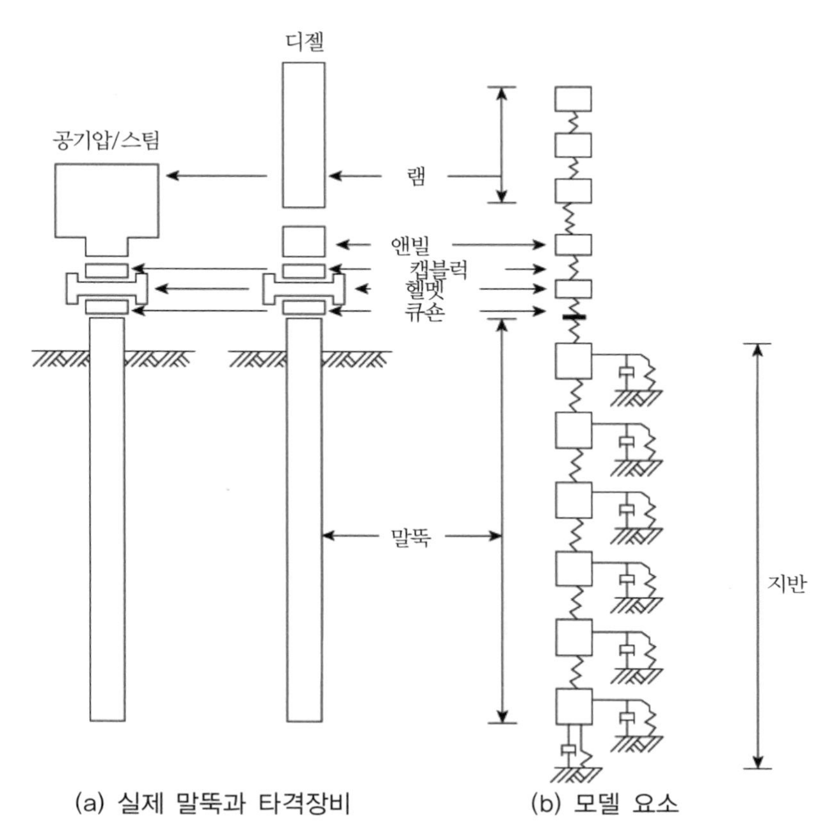

그림 5.4 이상화시킨 말뚝 요소

5.3.3 관입응력

강관말뚝과 PC말뚝의 관입 시 발생하는 관입응력을 파동이론을 이용하여 살펴본 사례는 다음과 같다.[4] 사용된 강관말뚝은 직경이 558mm이고 두께가 12.7mm이며 PC말뚝은 직경이 400mm이다. 해머는 KOBE 22에서 KOBE 35까지의 디젤해머가 사용되었다. 해머의 낙하고는 1.8m에서 3.0m 사이이며 캡블록과 큐숀블록은 합판을 사용하였다. 이 경우 캡블록의 스프링계수는 30,000kN/cm으로 하였으며 큐숀블록의 스프링계수는 KOBE 22 및 KOBE 25 해머 사용의 경우 3,294kN/cm로 하였고 KOBE 35 사용의 경우는 4,636.8kN/cm로 하였다.[5]

(1) 강관말뚝

그림 5.5는 검토 대상 강관말뚝의 요소분활도이다.[4] 이 분활도에서 보는 바와 같이 램(ram)을 요소 1로 두었으며 캡을 요소 2로 정하였다. 그리고 말뚝의 전장 44m를 요소길이를 3.1m가 되게 요소 3에서 요소 16까지의 요소로 분할하였다.

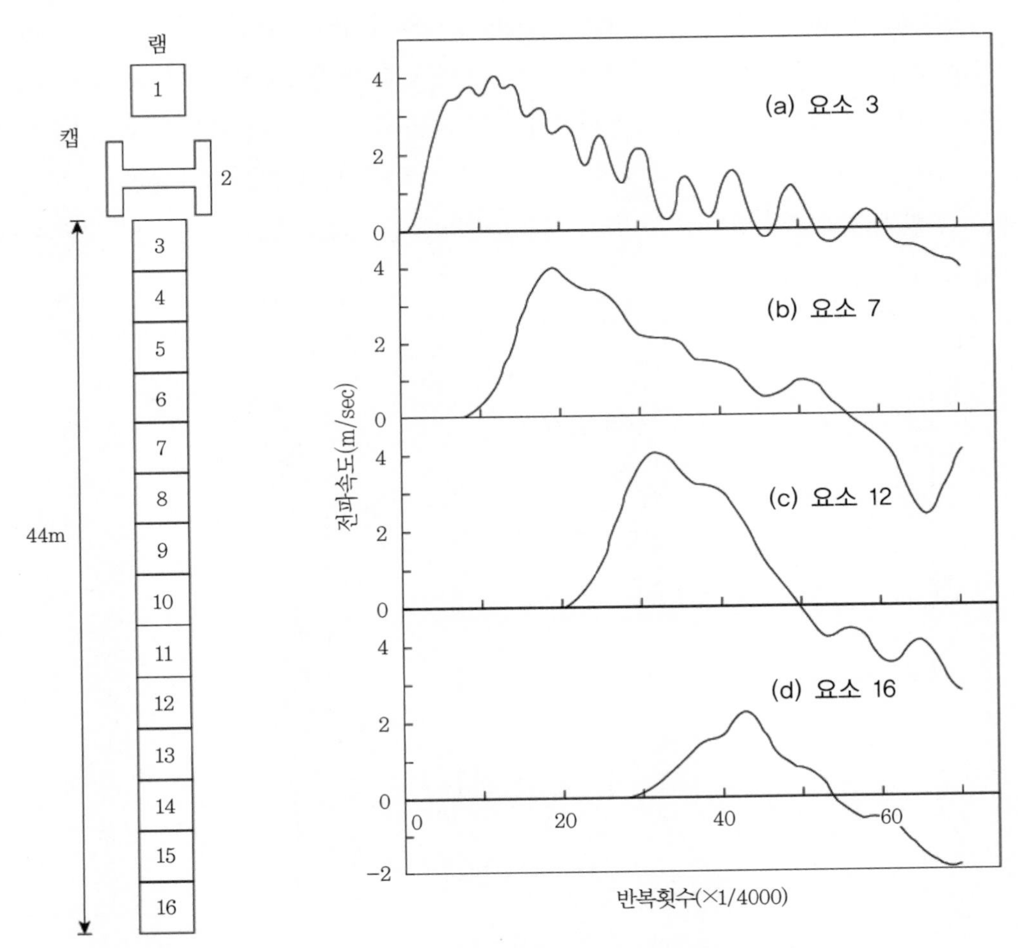

그림 5.5 강관말뚝의 요소도

그림 5.6 강관말뚝의 응력전파속도

그림 5.6은 말뚝의 타격과 동시에 발생하는 타격력의 전파속도를 시간적 변화에 따라 요소 3, 7, 12, 16에 대해 도시한 그림이다. 이 그림으로부터 말뚝에 타격력이 작용하여 응력전파속도가 선단부로 내려갈수록 지연발생하고 있음을 볼 수 있으며 선단부의 경우는 반복횟수 29(=29/4,000초)회 정도에서부터 전파속도가 발생함을 볼 수 있다. 또한 이러한 응력파의

속도가 반복계산의 끝에서는 최종적으로 부의 값으로 됨을 알 수 있다.

그림 5.7은 그림 5.6에서와 같이 요소 3, 7, 12, 16 내에 발생하는 관입응력의 상태를 시간의 경과에 따라 도시한 것으로 말뚝선단에서는 타격 후 반복횟수 30부근에서부터 응력이 발생하기 시작하였다. 각 요소에서의 응력의 발생 시기 및 응력상태는 그림 5.6의 응력 전달속도와 비슷한 경향을 보인다.

그림 5.8은 각 요소에서 발생한 최대관입응력을 말뚝길이에 따라 도시한 그림이다. 이 그림에 의하면 흙 요소에서의 최대관입응력은 각 요소에서 거의 비슷하게 발생하고 있다. 다만 말뚝선단부에서 관입응력이 조금 크게 나타나고 있다. 또한 최대관입응력은 말뚝선단부근의 요소 15에서 발생하고 있다. 그런데 이러한 현상, 즉 말뚝의 선단부에서 최대관입응력이 발생한 것은 이 말뚝의 선단이 암반에 관입되어 있어 말뚝에 전달되는 하중의 95%를 선단부에서 받는다고 가정하였기 때문이다.

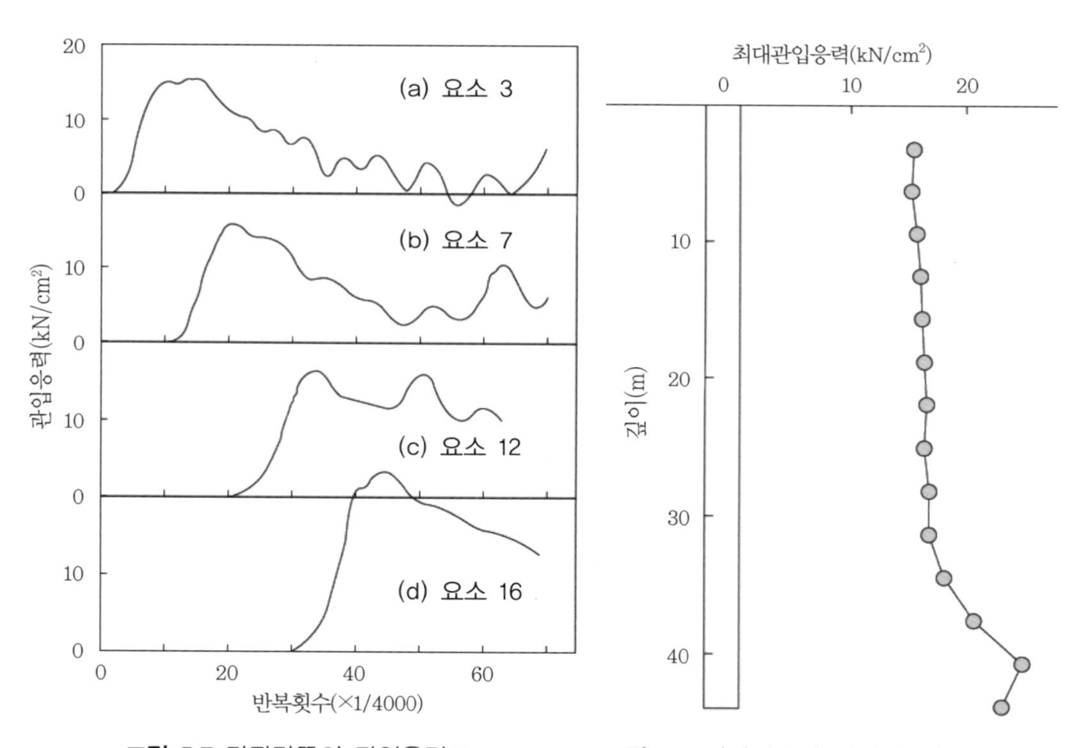

그림 5.7 강관말뚝의 관입응력도

그림 5.8 강관말뚝의 최대관입응력 분포도

(2) PC말뚝

그림 5.9는 길이 11m의 PC말뚝을 요소길이가 2.75m씩 4개로 분할하여 요소 3에서 5까지로 정하였다. 램을 요소 1로 캡을 요소 2로 정하였다.

그림 5.10은 각 요소 내에 발생하는 응력파 전파속도를 도시한 그림으로 위로부터 요소 3, 4, 5, 6에 대해 정리한 것으로 선단부로 내려갈수록 속도가 지연되어 발생하고 선단부에서 속도 발생은 반복횟수 7, 즉 해머가 말뚝을 타격한 때로부터 0.00231(=7/4,000)초 후에 서서히 발생하고 있다.

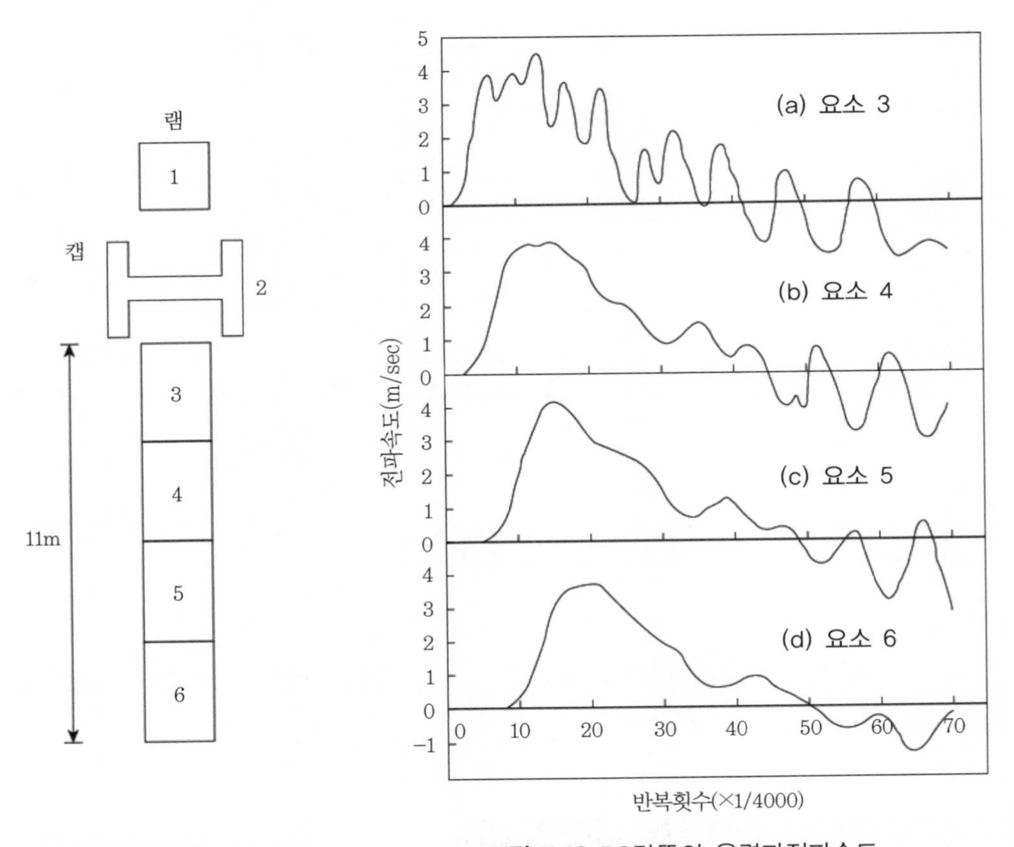

그림 5.9 PC말뚝의 요소도

그림 5.10 PC말뚝의 응력파전파속도

그림 5.11은 각 요소에 발생하는 관입응력을 도시한 것으로 반복횟수 55를 지나서부터는 인장응력이 발생하기도 한다.

그림 5.12는 각 요소의 최대압축응력과 최대인장응력을 함께 도시한 그림으로 RC말뚝이나

PC말뚝은 인장응력에 의해 말뚝의 파괴가 많이 일어나며 발생 시 꼭 검토해야 할 부분이다. 이 그림으로부터 최대압축응력은 요소 4에서 발생하고 있으며 최대인장응력은 요소 5에서 발생하고 있다. 그림 5.11과 그림 5.12로부터 PC말뚝은 강말뚝에 비하여 비교적 큰 인장응력이 말뚝 관입 시 말뚝 내부에 발생되고 있음을 알 수 있다.

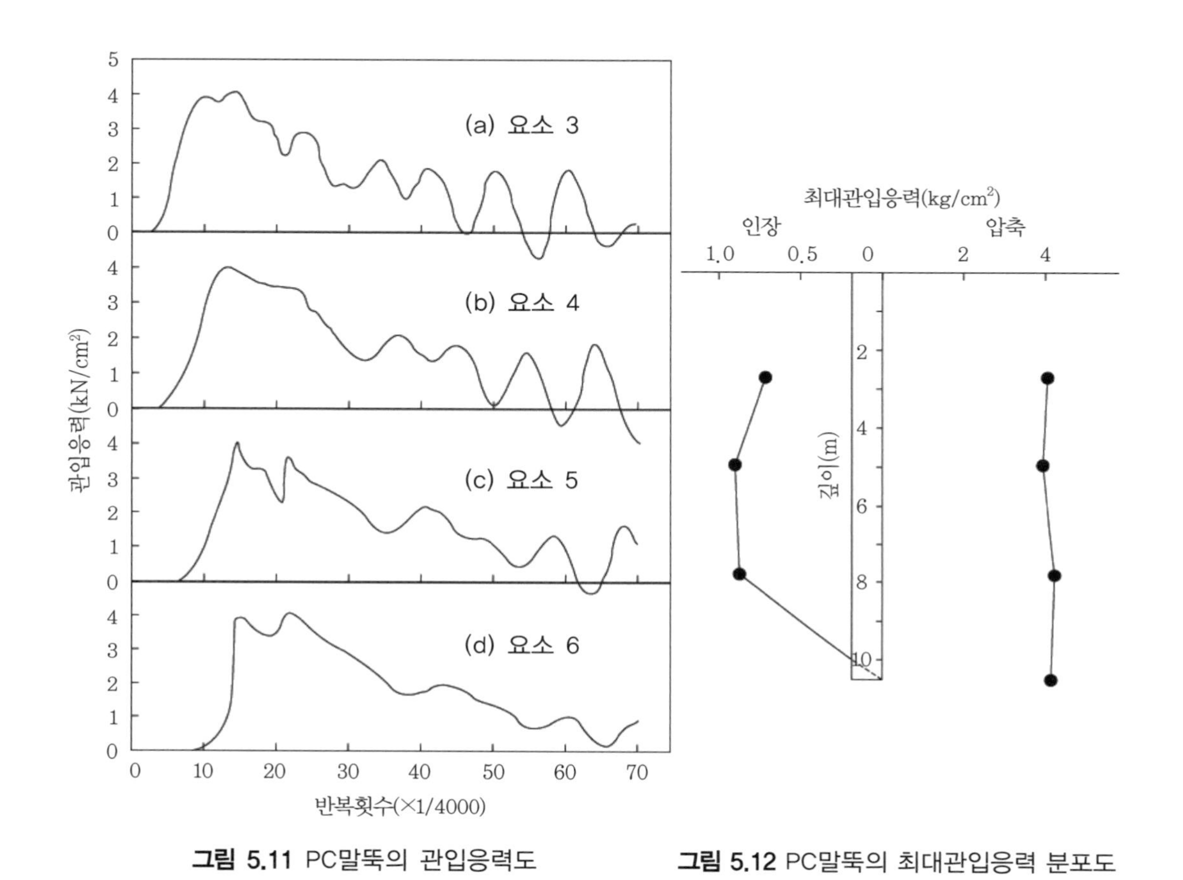

그림 5.11 PC말뚝의 관입응력도

그림 5.12 PC말뚝의 최대관입응력 분포도

5.4 정적지지력과 동적지지력의 비교

동역학적지지력 공식의 신뢰성 내지는 사용범위에 대하여 검토하기 위해서는 관입말뚝에 직접하중을 가하여 지지력을 조사하는 말뚝재하시험을 실시해볼 필요가 있을 것이다. 이에 홍원표 외 2인(1989)는 우리나라 토목건축현장 32개소에서 실시한 말뚝재하시험 결과와 항타

기록을 비교하여 동력학적지지력 공식의 신뢰성을 검토한 바 있다.(3,4)

5.4.1 파동이론과의 비교

파동이론을 이용하는 경우 말뚝의 극한지지력은 말뚝의 최종타격 시의 관입량에 의하여 결정된다. 우선 일련의 극한지지력을 임의로 가정하여 이에 대응하는 말뚝의 관입량을 파동이론에 의하여 산정하고 극한지지력과 말뚝의 관입량(침하량) 사이의 관계를 작성한 후 현장에서 말뚝항타 시 측정된 최종관입량에 대응하는 지지력을 극한지지력으로 결정한다. 다시 말하면 그림 5.13과 같이 가로축에 관입량의 역수인 set값, 즉 단위길이당의 말뚝타격수를 잡고 세로축에는 가정된 극한지지력을 잡아 극한지지력과 set값의 곡선을 먼저 작성하고 항타기록에 의한 말뚝의 최종관입량의 역수값의 타격수에 해당하는 지지력 값을 극한지지력으로 하였다. 파동방정식 계산 시 quake값은 제1현장에서는 0.2cm, 제2, 3, 4현장에서는 0.15~0.3cm로 하였고 댐핑계수는 선단에서 0.1~0.4sec/cm, 측벽부에서는 모래인 경우는 0.2~0.3sec/cm, 점토일 경우는 0.4~1.0sec/cm를 취하였다. 말뚝에 작용하는 전지반저항에 대한 선단저항의

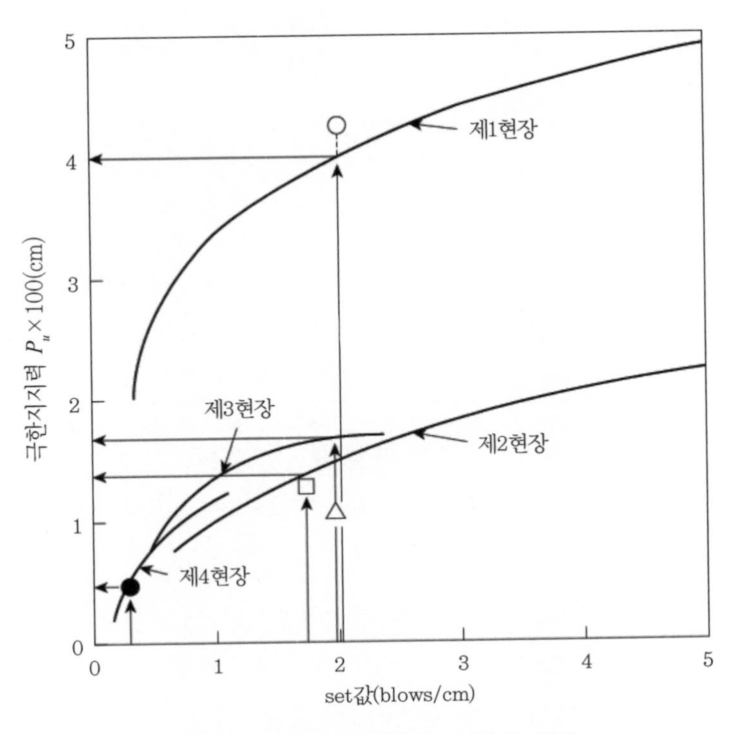

그림 5.13 극한지지력과 set값의 관계

비 P_p/P_u는 90~95%로 하였다. 그림 5.13에는 항타기록에 의한 최종관입량 및 말뚝의 재하시험 결과 얻어진 극한지지력도 표시하였다.

그림 5.13에서 보는 바와 같이 제1현장의 말뚝인 강말뚝에 대해서는 파동방정식해석 결과가 말뚝재하시험 결과보다 약간 작게 산정되고 있으며 제2현장의 PC말뚝에 대해서는 파동방정식해석 결과가 말뚝재하시험 결과보다 약간 크게 산정되고 있다. 또한 제3현장의 PC말뚝에 관한 파동방정식 산정값은 말뚝재하시험 결과의 약 1.5배 정도 크게 산정되었고 재4현장의 PC말뚝에 관해서는 좋은 일치를 보이고 있다.

그림 5.14는 항타기록을 이용하여 파동이론으로 해석한 극한지지력을 말뚝재하시험으로 얻은 극한지지력과 비교한 결과이다. 이 그림에 의하면 파동이론 및 재하시험에 의한 극한지지력은 서로 좋은 일치를 보이고 있다.

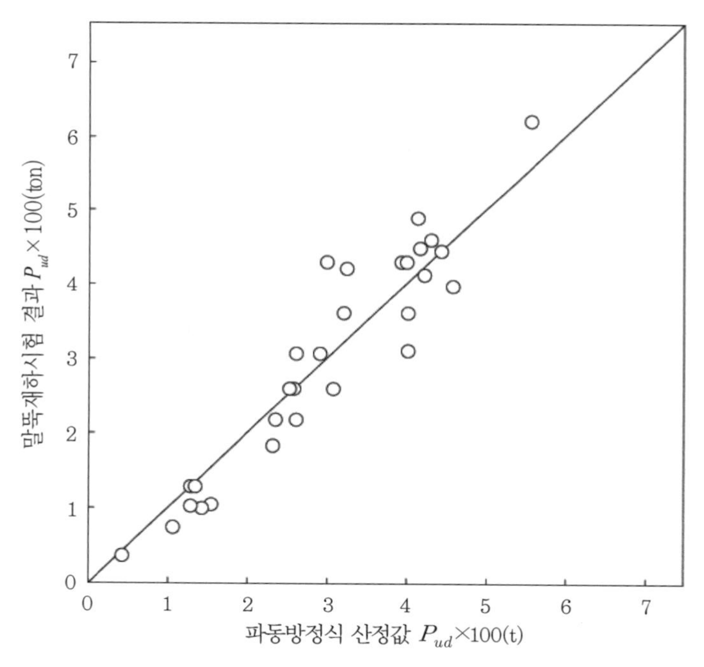

그림 5.14 극한지지력 P_u의 말뚝재하시험 결과와 파동방정식 산정값의 비교

한편 그림 5.15는 제1현장의 강관말뚝과 제2현장의 PC말뚝에 대한 파동이론에 의한 극한지지력과 말뚝재하시험 결과에 의하여 구한 항복하중 사이의 상관성을 조사한 결과이다. 그림 중 항복하중은 말뚝재하시험 결과의 항복하중의 판정법(5)에 의하여 구한 값이다. 이 그림에

의하면 파동이론에 의한 극한지지력 P_{ud}와 항복하중 P_y는 회귀분석 결과 식 (5.23)과 같은 관계로 표시할 수 있다.

$$P_{ud} = 1.5P_y \tag{5.23}$$

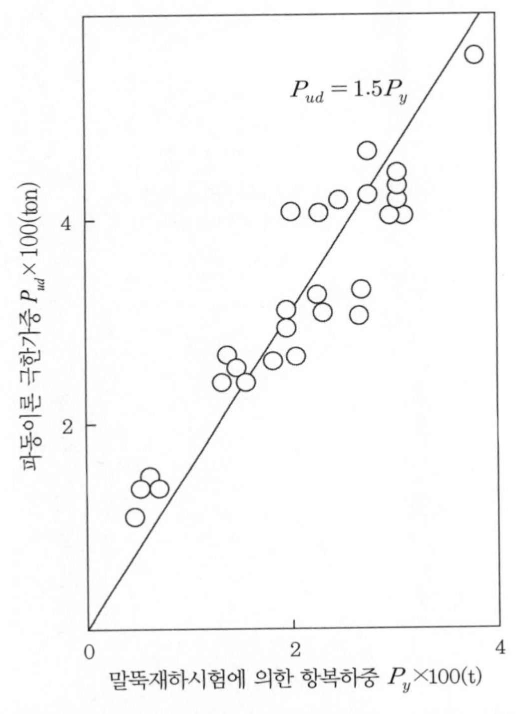

그림 5.15 말뚝재하시험에 의한 항복하중과 파동이론에 의한 극한하중 사이의 관계

5.4.2 동적지지력 공식과의 비교

몇몇 대표적인 동적지지력 공식으로 산정한 지지력과 말뚝재하시험 결과를 비교하면 그림 5.16과 같다. 지지력 산정에 적용된 동적지지력 공식은 Weisbach 공식, Hiley 공식, Janbu 공식, Danish 공식, Gate 공식 및 일본건축학회기준의 6가지이다.

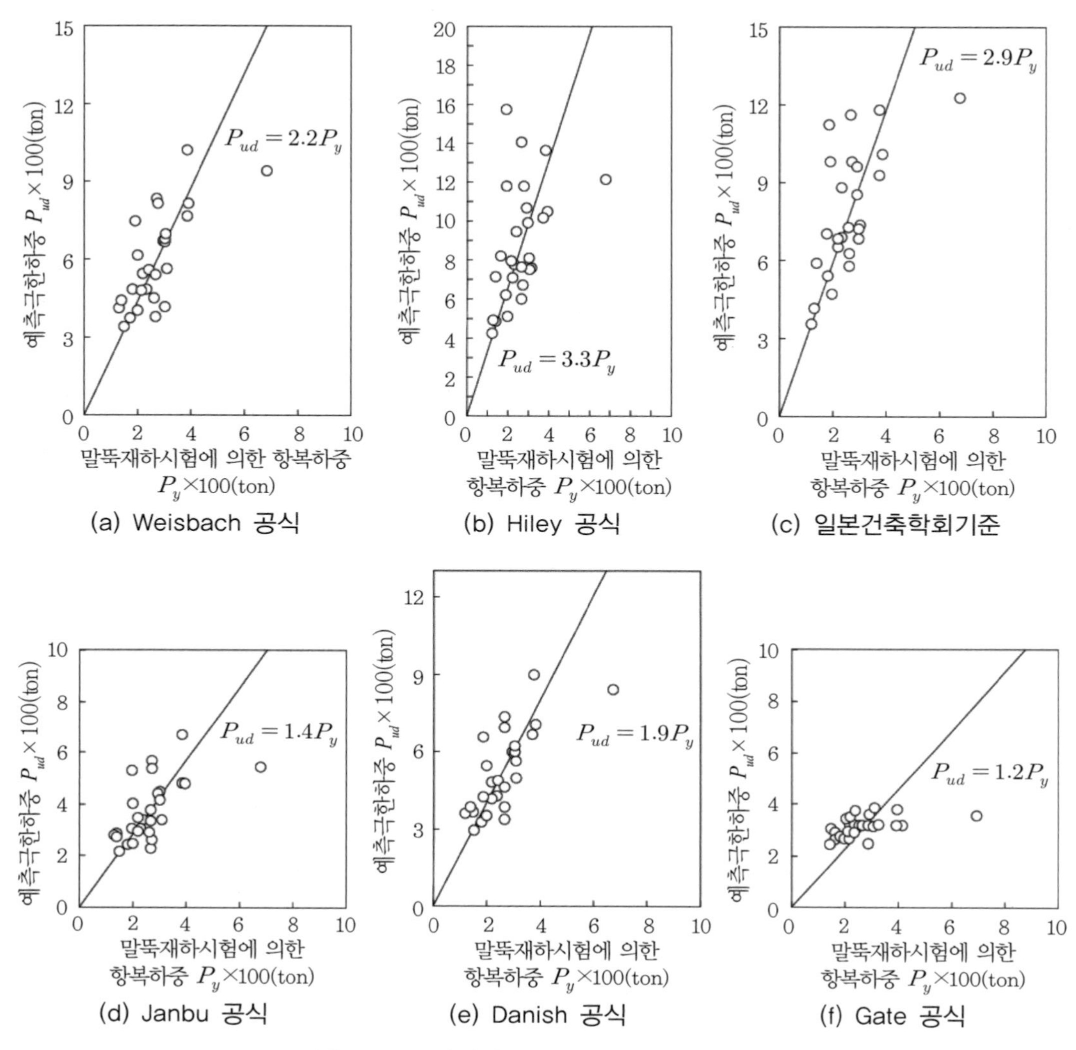

그림 5.16 동적지지력과 정적항복하중의 비교

이 그림에서 보는 바와 같이 동역학적지지력 공식에 의한 지지력 P_{ud}와 말뚝재하시험으로 결정된 항복하중 P_y와의 관계는 분산도가 약간 크게 나타나고 있다. Weisbach 공식과 Danish 공식이 제일 양호하며 그 다음으로 일본건축학회기준과 Janbu 공식이 좋고 Hiley 공식과 Gate 공식이 제일 좋지 않다. 이들 각각의 상관식을 구하면 식 (5.24)~식 (5.29)와 같다.

$$\text{Weisbach 공식} : P_{ud} = 2.2P_y \tag{5.24}$$

Hiley 공식 : $P_{ud} = 3.3P_y$ (5.25)

일본건축학회기준 : $P_{ud} = 2.9P_y$ (5.26)

Janbu 공식 : $P_{ud} = 1.4P_y$ (5.27)

Danish 공식 : $P_{ud} = 1.9P_y$ (5.28)

Gate 공식 : $P_{ud} = 1.2P_y$ (5.29)

5.4.3 안전율

항복하중 P_y는 허용하중 P_a와 식 (5.30)의 관계가 있음이 이미 알려져 있다.[5]

$$P_a = 1.5\frac{P_y}{F_s} \tag{5.30}$$

식 (5.24)~식 (5.29)를 일반적인 형태로 표시하면 식 (5.31)과 같이 나타낼 수 있다.

$$P_{ud} = bP_y \tag{5.31}$$

여기서, b는 동적지지력과 항복하중 사이의 관계를 나타내는 계수이다. 식 (5.31)에 식 (5.30)을 대입하여 허용하중P_a를 구하면 식 (5.32)와 같이 된다.

$$P_a = P_{ud}/(2bF_s/3) \tag{5.32}$$

여기서, F_s는 말뚝재하시험에서 구한 극한하중으로부터 허용하중을 구한 경우의 안전율이므로 결국 분모는 파동이론 또는 동역학적 공식에 의한 동적지지력으로부터 허용지지력을 산출할 경우의 안전율 $(F_s)_{dyn}$에 해당하므로 식 (5.33)과 같이 나타낼 수 있다.

$$(F_s)_{dyn} = \frac{2}{3}bF_s \tag{5.33}$$

말뚝재하시험의 극한하중에 대한 단기안전율 F_s를 2로 하면 $(F_s)_{dyn}$는 $4b/3$가 되며 파동이론의 경우인 $b=1.5$로 대입하면 $(F_s)_{dyn}$는 2가 된다. 따라서 파동이론을 사용하여 극한지지력을 산출하였을 경우 안전율 2로 단기허용지지력을 산정할 수 있다. 장기안전율 F_s가 3인 경우는 $(F_s)_{dyn}$이 $2b$가 되며 $(F_s)_{dyn}$은 3으로 된다. 그 밖의 동역학적지지력 공식의 경우에 대한 $(F_s)_{dyn}$는 표 5.2에 정리된 바와 같다.

표 5.2 안전율 $(F_s)_{dyn}$

동적지지력 공식	통상안전율	산정안전율 $(F_s)_{dyn}$	
		단기안전율	장기안전율
파동방정식	2.0	2.0	3.0
Weisbach 공식	2.5	3.0	4.4
Hiley 공식	3.0	4.4	6.6
일본건축학회기준	3.0	4.0	5.4
Janbu 공식	3.0	1.8	2.8
Danish 공식	3.0	2.6	3.8
Gate 공식	3.0	1.6	2.4

표 5.2에 의하면 동역학적지지력 공식에 대한 단기안전율은 Weisbach 공식, Hiley 공식 및 일본건축학회기준은 현재 안전율보다 산정안전율이 크게 나타나며 Janbu 공식, Danish 공식, Gate 공식은 작게 나타나고 있다. 그러나 Weisbach 공식과 Danish 공식의 경우는 산정안전율이 현재 사용안전율에 비교적 비슷하게 나타났다.

Housel(1966)에 의하면 극한지지력이 작은 경우는 안전율이 적고 극한지지력이 큰 경우는 안전율도 크다고 하였다.[20] 예를 들면, Hiley 공식의 경우 0~91t의 극한지지력의 경우에는 안전율이 1.1~4.2이며 81~181t에서는 3.0~6.5이고 181~318t에서는 안전율이 4.0~9.6으로 나타나고 있다. 따라서 Hiley 공식의 안전율은 극한지지력의 크기에 따라 안전율이 1.1~9.6의 범위에 있다 하였으므로 현재 사용하는 3보다는 훨씬 클 수도 있음을 시사하였다. 그리고 Gate 공식은 극한지지력이 200~400t 사이로 나타나고 있는데, 이것은 Gate 공식이 큰 지지력을 가지는 말뚝에서보다는 작은 지지력(100t 미만)을 가지는 말뚝에 적합하도록 구성되어 있기 때문이라 생각된다.[25]

한편 장기안전율에 대해서는 표 5.2에 정리된 바와 같으며 Janbu 공식, Danish 공식,

Gate 공식의 경우 현재 사용되는 안전율은 장기안전율에 적합하다고 할 수 있다. 그러나 Weisbach 공식, Hiley 공식, 일본건축학회기준의 경우는 장기안전율을 현재 사용안전율보다 훨씬 증가시켜주어야 할 것이다.

5.5 타입말뚝지지력의 시간 경과 효과

점성토지반에 말뚝을 항타하면 지반에는 과잉간극수압이 발생하게 되어 말뚝의 관입이 어려워진다. 그러나 시간이 경과함에 따라 이 과잉간극수압은 소산되며 과잉간극수압의 소산에 의해 말뚝을 다시 관입할 수 있게 되는데 이러한 현상은 말뚝의 항타관입 과정 중에 종종 관찰된다. 이러한 과정을 잘 나타내는 현상으로 말뚝항타현장에서 말뚝 주변에 지반 속의 간극수가 유출되어 말뚝 주변 지표면 지반이 물에 젖어 있는 것을 육안으로 쉽게 확인할 수 있다. 이러한 과잉간극수압이 시간이 지남에 따라 소산되고 지반 내의 유효응력과 전단강도가 증가되며 종국적으로는 말뚝지지력에 영향을 준다.

한편 사질토지반에서는 높은 투수계수로 인해 과잉간극수압이 발생된다 하더라도 즉시 소산되기 때문에 말뚝의 지지력이 변화하지 않는다는 것이 정설이었다. 그러나 초기항타 시의 최종관입량이 일정 시간이 경과한 후에는 현저히 감소되는 현상으로 사질토지반에서도 시간 경과 효과가 있다는 것을 실무에서 확인할 수 있다. 다만 항타분석기에 의한 동재하시험이 개발되기 전에는 이를 정량적으로 파악하기 곤란하여 실무에 반영하는 것이 어려웠다. 그러나 최근에는 항타분석기의 활용으로 체계적인 분석이 가능해졌다.

말뚝의 지지력을 산정하기 위해서는 말뚝과 지반 간의 상호작용에 대한 고려가 중요하며, 이를 위해서는 말뚝의 시공과정에 따른 지반의 변화를 반영하는 것이 필수적이다. 특히 지반조건은 말뚝이 타입된 이후부터 시간 경과에 따라 변화하게 되며 이에 따라 말뚝의 지지력도 시간 의존적인 함수가 되고 있는데 이를 말뚝지지력의 시간 경과 효과(time effect)라고 부른다.

이러한 시간 경과 효과는 그림 5.17에서 보는 바와 같이 말뚝지지력의 증가 또는 감소의 두 가지로 나타난다. 여기서 항타 후 시간 경과에 따라 말뚝의 지지력이 증가하는 현상을 set-up(또는 freeze) 효과라 하고 반대로 시간 경과에 따라 말뚝의 지지력이 감소하는 현상을 relaxation 효과라 한다.[37] 일반적으로 항타 후 시간 경과에 따른 지지력의 변화는 지지력이 증가하는 현상, 즉 set-up 효과가 우세하게 나타난다.

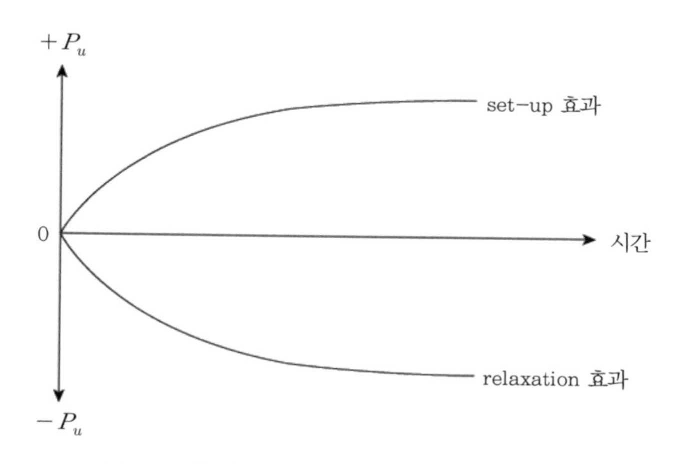

그림 5.17 항타 후 말뚝지지력의 시간 경과 효과

5.5.1 점성토지반에서의 시간 경과 효과

점성토지반에 말뚝을 타입하면 그림 5.18과 같은 지반변형이 발생한다.(30) 즉, 말뚝이 지반에 관입되면 말뚝선단부에서는 구형압력구근(spherical pressure bulb)이 형성되며 말뚝주면부에서는 원통형 공동확장(cylindrical cavity expansion)과 유사한 지반거동이 발달한다. 이때 말뚝주면부와 인접한 구간(그림 5.18에서 빗금 친 부분)에서는 심한 지반교란이 발생하며, 흙구조는 재형성(remoulding)상태에 도달한다. 이와 동시에 말뚝 관입 및 타입으로 인한 지반진동 영향으로 간극수계에도 심한 변화가 유발되어 상당히 큰 과잉간극수압(excess porewater pressure)이 발생한다.

항타로 인한 과잉간극수압은 점성토지반의 연경도, 과압밀비 등에 따라 다르게 발생한다. Randolph et al.(1979)은 항타로 인하여 발생하는 과잉간극수압을 아래와 같은 경험식으로 표시하였다.(30)

$$\Delta u = 4c_{uo} - \Delta p' \tag{5.34}$$

여기서, Δu : 항타로 인한 과잉간극수압

c_{uo} : 지반의 원위치 전단저항

$\Delta p'$: 전단으로 인한 지반의 평균주응력 변화

정규압밀점성토지반에서의 $\Delta p'$는 $-1\sim-1.5c_{uo}$ 정도이며 과압밀비가 2~3보다 큰 과압밀점토지반에서는 $\Delta p'$이 양의 값을 갖는다.

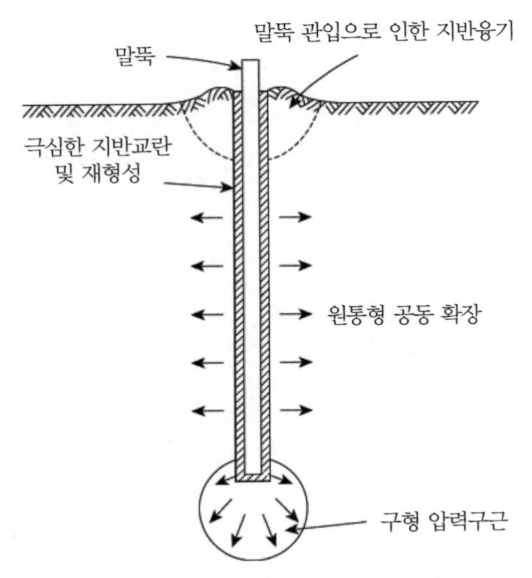

그림 5.18 점성토지반에서의 지반변형(Randolph & Wroth, 1982)[31]

말뚝 항타 시 발생된 과잉간극수압은 시간이 경과함에 따라 감소하게 된다. 시간 경과에 따른 과잉간극수압의 감소 및 완전소멸은 점성토의 투수계수에 따라 다르다. 실측된 결과에 의하면 상당한 시간이 경과하여도 과잉간극수압이 소멸되지 않는 것으로 나타나고 있다.

그림 5.19는 경과시간에 따른 과잉간극수압의 소멸 정도를 도시한 그림이다.[37] 대부분의 경우 발생된 과잉간극수압은 1,000시간(42일) 정도가 지나면 소멸되나 10,000시간(417일) 경과 후에도 상당한 과잉간극수압이 남아 있는 사례도 있다.

점성토지반에서의 시간 경과에 따른 set-up 효과의 원인으로는 다음 네 가지를 들 수 있다.

① 과잉간극수압의 소멸

② 함수비 감소

③ 2차 압밀효과

④ 식소트로피(thixotropy) 또는 aging 효과

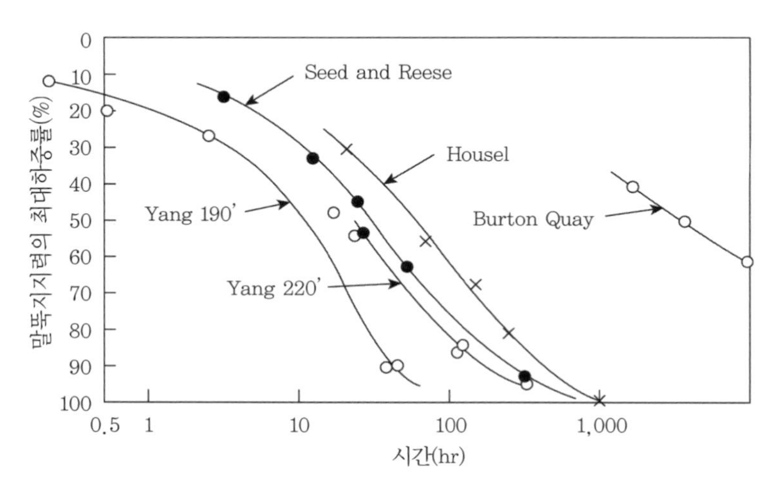

그림 5.19 시간 경과에 따른 과잉간극수압 소멸(Soderberg, 1962)[37]

set-up 효과의 첫 번째 원인으로는 과잉간극수압의 소멸을 들 수 있다. 즉, 항타 시 지반 속에 발생한 과잉간극수압의 소멸에 의한 1차 압밀을 들 수 있다. 항타 시 발생한 과잉간극수압은 지반 내 유효응력을 감소시킨다. 그러나 시간이 경과하면 과잉간극수압의 감소에 따라 지반 내의 유효응력이 다시 증가·회복하게 된다. 이 현상은 Terzaghi 1차 압밀이론과 같으며 이 압밀현상으로 인하여 지반의 강도가 증가되기 때문이다. 말뚝지지력은 이론적으로 지반의 유효상재압의 함수인바 시간 경과에 따른 지반 내의 유효응력 증가는 결국 말뚝지지력의 증가를 가져오게 된다.

set-up 효과의 두 번째 원인으로는 지반 속의 함수비 감소에 따른 지반의 전단강도 증가를 들 수 있다. 즉, 항타로 인하여 발생된 과잉간극수압은 시간 경과에 따라 소멸된다. 이 과잉간극수압의 소멸은 지반 내의 함수비를 감소시킨다. 결국 함수비감소로 인하여 지반의 전단강도가 증가한다. Randolph & Wroth(1982)는 함수비감소로 인하여 40~60% 정도의 전단강도 증가가 나타난다고 하였다.[31] 이러한 지반의 전단강도증가는 결국 말뚝의 주면마찰력과 선단지지력을 증가시키게 된다.

set-up 효과의 세 번째 원인으로는 점성토지반의 2차 압밀을 들 수 있다. 점성토지반에서는 과잉간극수압이 완전히 소멸된 후에도(이는 1차 압밀이 완료됨을 의미한다) 2차 압밀이 발생하게 된다. 2차 압밀은 점성토지반의 흙구조의 변화에 의해 나타나는 압밀현상이다. Walker, et al.(1973)은 2차 압밀로 인하여 지반의 전단강도증가 및 말뚝의 지지력이 증가한다고 하였다.[39]

set-up 效果의 네 번째 원인으로는 재성형지반의 식소트로피(thixotropy) 效과 또는 aging 效과를 들 수 있다. 점성토지반에서는 말뚝 설치로 인한 지반교란 및 재성형 과정에서 시간이 경과함에 따라 점성토지반 속에서는 식소트로피 效과 또는 aging 效과에 의하여 지반의 전단 강도가 증가한다. Schmertmann(1991)은 aging 效과에 의하여 지반의 전단강도가 증가하고 말뚝의 지지력도 증가함을 보여주었다.[33]

5.5.2 사질토지반에서의 시간 경과 효과

Al Awkati(1975)는 사질토지반에 말뚝을 관입하였을 때의 지반변형 형상을 그림 5.20과 같이 설명 제시하였다.[7] 즉, 사질토지반에 말뚝을 관입하면 다짐효과로 인하여 흙입자의 재배치(rearrangment), 상대밀도변화, 입자파쇄 등이 발생한다. 따라서 느슨한 사질토지반에서는 말뚝 주위에 원지반 상태보다 상대밀도가 높은 지반조건이 형성된다. 반대로 조밀한 사질토지반에서는 말뚝 관입으로 다이러턴시(dilatancy) 현상에 의한 체적팽창이 일어나서 원지반 상태보다 낮은 상대밀도를 갖는 지반조건이 형성된다.

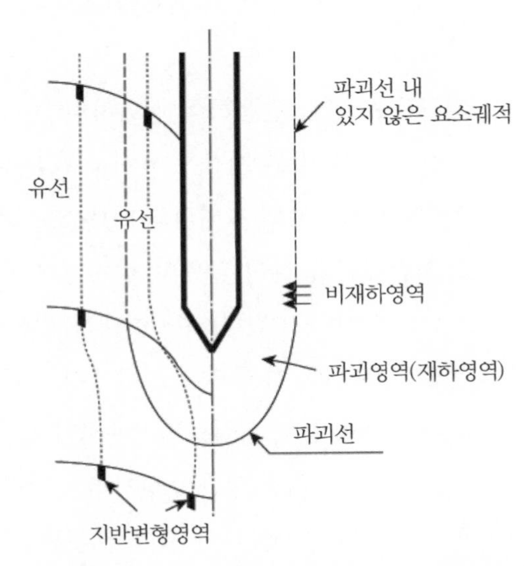

그림 5.20 사질토지반에서의 말뚝 관입으로 인한 지반변형(Al Awkati, 1975)[7]

그림 5.21은 Robinsky & Morrison(1964)이 납구슬(lead shot)을 매설한 인공지반에서 말뚝을 관입시키며 발생하는 지반변형을 X-ray로 관측한 결과이다.[32] 그림에서 보는 바와 같

이 말뚝선단부 아래쪽에는 상당히 큰 압축변형이 나타나고 있으며 말뚝선단보다 위쪽의 지반에서는 인장변형이 나타나고 있다.

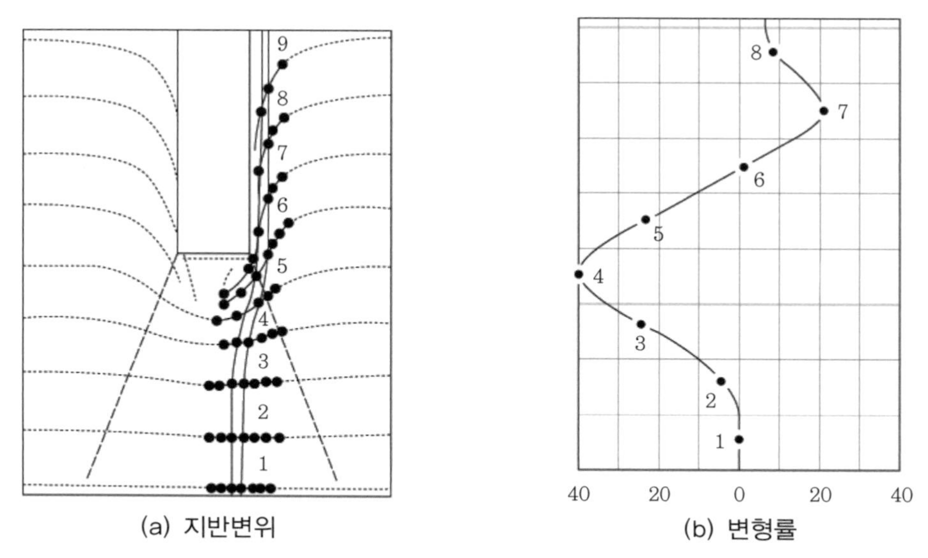

그림 5.21 사질토지반에서 말뚝 관입으로 인한 지반변형(Robinsky & Morison, 1964)[32]

이와 같은 지반변형에서는 간극수압 또한 반응하여 변화하지만 사질토지반은 투수계수가 상당히 크기 때문에 과잉간극수압 소멸에 많은 시간을 요하지 않는다. 따라서 사질토지반에 말뚝의 관입으로 일어나는 지반변형은 흙입자의 재배치와 상대밀도 변화로만 요약할 수 있다.

이와 같은 지반변화는 점성토지반에서와 같이 말뚝이 설치된 시간 경과에 따라 추가적인 지반변화를 유발시키지는 않는 것으로 알려져 왔다. 즉, 이제까지는 사질토지반에 설치된 말뚝의 지지력은 시간 경과에 영향을 받지 않으며 따라서 실무에서 이를 고려하지 않는 것이 정설로 받아들여지고 있었다. 그러나 근래에 들어 사질토지반에서의 ageing 효과에 대한 연구결과 시간 경과가 사질토지반의 전단강도에 미치는 영향이 상당히 큰 것으로 보고되고 있다.[33,35]

Daramala(1980)는 그림 5.22에서 보는 바와 같이 포화사질토의 삼축압축시험 결과로 시간 경과에 따라 지반계수값이 2배까지 증가되었음을 보여주었다.[12] Schmertmann(1991)은 10m 두께의 실트질 사질토층에서 동다짐 시공 후 실시한 정적관입시험 결과로서 시간 경과에 따라 콘관입저항값이 크게 증가하고 있음을 그림 5.23으로 보여주고 있다.[33]

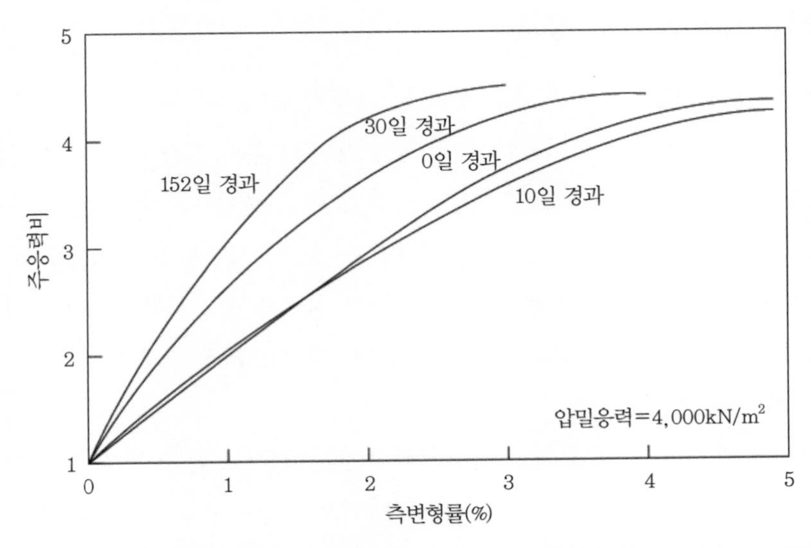

그림 5.22 사질토에서의 시간 경과에 따른 지반계수의 변화(Daramala, 1980)[12]

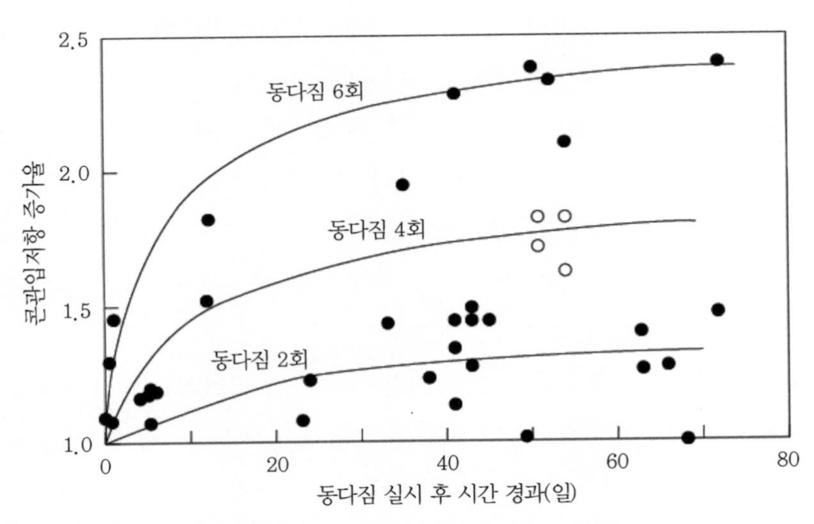

그림 5.23 실트질사질토에서 동다짐 시행 후 시간 경과에 따른 콘관입저항변화(Schmertmann, 1991)[33]

콘관입저항값은 시공 후 60일까지 상당히 큰 폭으로 증가하고 있으며 여기에 나타내고 있는 것처럼 동다짐 횟수가 많아질수록 그 만큼 시간 경과의 효과도 커지고 있다. 이와 같이 사질토지반에서의 aging 효과에 대한 연구 결과들은 사질토지반에 설치된 말뚝의 지지력이 시간 경과에 따라 상당한 변화가 있을 수 있음을 시사해준다.

5.5.3 시험시공 사례 및 시험 결과

서희천(2003)은 기초말뚝의 시간 경과에 따른 지지력 증가효과를 조사하기 위해 두 개의 현장에서 총 18본의 말뚝을 시험 시공한 후 동재하시험과 3회의 정재하시험을 수행하였다.[1] 시험방법은 항타분석기(pile driving analyzer, PDA)를 이용한 동재하시험(dynamic load test : ASTM D 4945)과 정재하시험(static load test : KS F 2445 또는 ASTM D 1143)으로 동일 말뚝에 대해 정재하시험과 동재하시험을 동시에 실시하여 동재하시험의 신뢰도를 확인하였다. 정재하시험방법은 제11장 말뚝재하시험-두부재하시험에 자세히 설명되어 있으므로 제11장을 참조하기로 한다.

말뚝지지력의 시간 경과 효과를 분석하기 위해서는 항타 시 시험과 항타 이후 시간 경과에 따른 시험을 실시하여야 한다. 항타 시 시험은 일반적으로 항타관입성 분석을 수반하므로 항타분석기 등에 의한 동적특성이 필요하게 된다.

말뚝지지력의 시간 경과 효과에 대한 연구는 동적측정기의 활용이 시작된 1980년대 초에 시작되어 1980년대 후반에 활발하게 이루어졌다. 결국 말뚝지지력의 시간 경과 효과에 대한 연구는 항타분석기의 발전에 따라 본격적으로 이루어졌다.

항타분석기를 이용한 동재하시험의 기본이론은 Smith(1960)의 수치해석 모델을 적용하고 있다. Smith가 말뚝의 파공이론분석을 위한 기본을 제시한 후 Hirsh, et al.(1976),[19] Goble & Rausche(1986)[17] 등에 의해 각각 타입말뚝의 항타시공성 분석을 위한 WEAP 프로그램이 개발되었으며 현재는 각종 해머 종류와 해머효율 등에 대한 자료가 첨부되어 효율적으로 현장 상황을 모사하는 것이 가능하다.

본 시험 사례에 적용한 시험말뚝은 제1현장에는 ϕ505-12 강관말뚝을 사용하였으며 제2현장에는 ϕ406-12 강관말뚝을 사용하였다. 해머는 유압해머를 사용하였다. 시공 직후(End of Initial Drive, EOID)로 동재하시험을 실시하였고 일정 시간 경과 후(restrike) ASTM D 4945에 따라 항타분석기를 이용한 동재하시험을 재차 시행하였다. 여기서 EOID 시험은 말뚝 항타 종료 직후에 시행하는 시험으로 항타시공 관입성과 말뚝의 지지력을 측정하여 말뚝의 시공관리 목적에 사용하며 재항타(restrike)시험은 말뚝시공 후 일정 시간 경과 후 실시하는 시험으로 지반의 set-up 효과의 확인과 함께 말뚝의 허용지지력 산정을 목적으로 시행하는 시험이다.

첫 번째 시험말뚝 항타 종료 직후 EOID 시험 결과 주면마찰력은 118.7t, 선단지지력은 109.6t으로 전제지지력 228.3t으로 분석되었다. 이 현장에서의 허용지지력은 ASCE 규정의 안전율 규정을 도입하면 91.3t이 되어 설계지지력 110t을 만족하지 못하고 있다. 그러나 재항타(restrike) 시험 결과 마찰지지력이 증가하여 전체지지력은 287.1t, 허용지지력은 114.8t이 되어 설계지지력 110t을 만족하였다. 나머지 시험말뚝의 시험 결과도 이와 유사하여 EOID 시험 때는 설계지지력을 만족하지 못하였으나 일정 시간 경과 후에는 모두 설계지지력을 만족하였다.[1]

그림 5.24는 동재하시험 결과와 정재하시험 결과를 비교한 예이다. 그림 속에는 시험말뚝 항타 시 실시한 EOID 시험 결과와 말뚝 항타 7일 후 재항타 시의 동재하시험 결과를 말뚝 항타 8일 후 실시한 정재하시험 결과와 함께 비교·도시하였다.

그림 5.24에서 볼 수 있는 바와 같이 말뚝 항타 7일 후 재항타 시의 동재하시험 결과는 시험말뚝 항타 설치 시 실시한 EOID 시험 결과보다 동일 침하량에 대한 하중, 즉 지지력이 증가하였음을 보여주고 있다. 말뚝 항타 8일 후 실시한 정재하시험의 하중-침하량 곡선은 말뚝 항타 7일 후 재항타 시의 동재하시험의 하중-침하량 곡선과 유사하여 두 시험의 상관성이 양호한 것으로 판단된다.

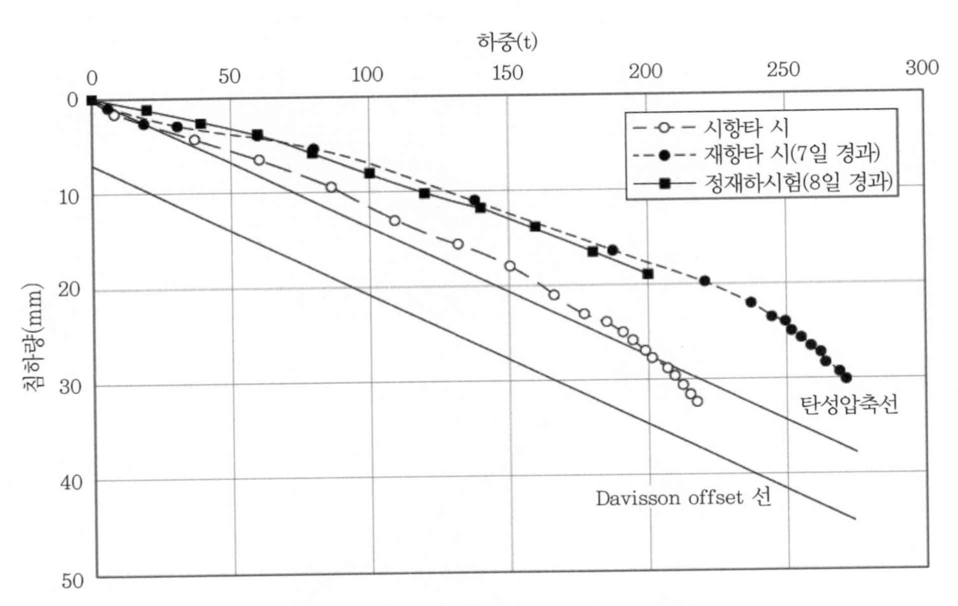

그림 5.24 동재하시험 결과와 정재하시험 결과의 비교

또한 Davisson 분석법(제11.3.3절 참조)의 offset 선으로 추정한 탄성침하량-하중 곡선과 EOID 시험 결과는 잘 일치하고 있어 말뚝 설치 시의 침하량은 대부분이 탄성침하량이었음을

확인할 수 있다.

5.5.4 말뚝의 지지력 분석

항타 후 말뚝 주변 지반강도가 평형상태로 회복하는 현상은 지반의 특성에 크게 의존하는데 대부분의 현장에서는 항타 후 지지력이 증가하는 set-up 효과가 나타난다. 말뚝지지력의 set-up 효과를 말뚝 설계와 시공에 반영하기 위해서는 현장에서 실제 적용된 말뚝에 대한 시험자료의 분석을 통해 이 경험을 말뚝 재료, 시공조건 및 지반조건별로 상세히 분석할 필요가 있다.

(1) 주면마찰력

그림 5.25는 관입깊이별로 단위주면마찰력을 도시한 그림이다. 말뚝 항타 시의 EOID와 항타 후 10일 경과 시 재항타시험 결과를 함께 도시하여 시간 경과에 따른 주면마찰력의 변화를 조사한 결과이다. 이 그림에 의하면 말뚝 항타 직후보다 10일 경과 시에는 단위주면마찰력이 상당히 증가하였음을 알 수 있다. 따라서 본 현장에서는 시간 경과에 따라 말뚝의 주면마찰력

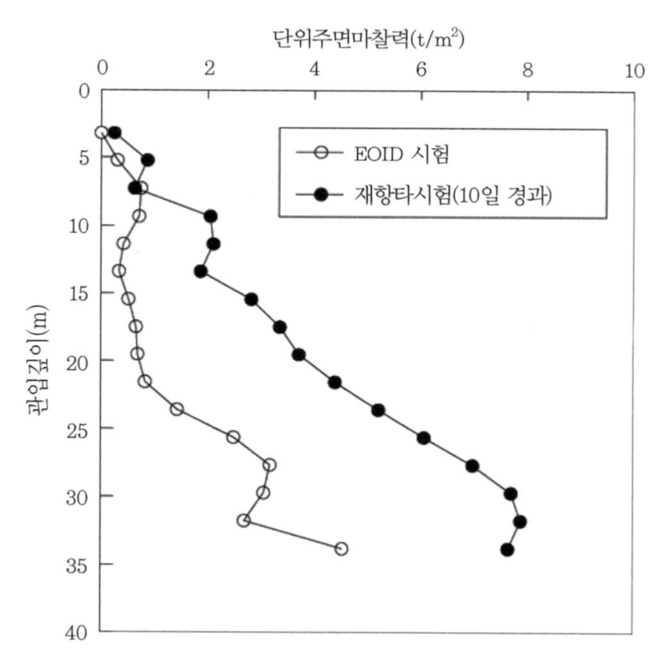

그림 5.25 시간 경과에 따른 단위주면마찰력의 변화

에 set-up 효과가 분명히 발생하였음을 알 수 있다. 다만 재항타 시 말뚝의 선단지지력과 주면마찰력이 항타 시에 비해 크게 증가한 주면마찰력으로 인해 타격력이 선단부까지 전달되지 못할 수 있으므로 말뚝 선단부근에서는 주면마찰력이 과소평가될 수 있다.

그림 5.26은 사질토지반과 점성토지반에서 실시한 동재하시험 결과로 시간 경과에 따른 말뚝의 최종관입량(set값)의 변화를 도시한 그림이다. 항타 시의 EOID와 일정 시간 경과 후 동일하거나 약간 큰 항타에너지로 재항타시험을 실시한 결과 시간 경과에 따른 정규화된 최종관입량(set값)은 시간에 반비례하여 감소하는 경향을 보이고 있다. 이는 항타 후 시간 경과에 따라 지반의 강도가 증가하였음을 의미한다.

또한 그림 5.26에서는 최종관입량의 감소속도는 점성토보다 사질토에서 더 크게 발생하였음을 알 수 있다. 따라서 시간 경과에 따른 말뚝지지력의 set-up 효과는 점성토지반보다 사질토지반에서 더 짧게 빠르게 종료됨을 알 수 있다.

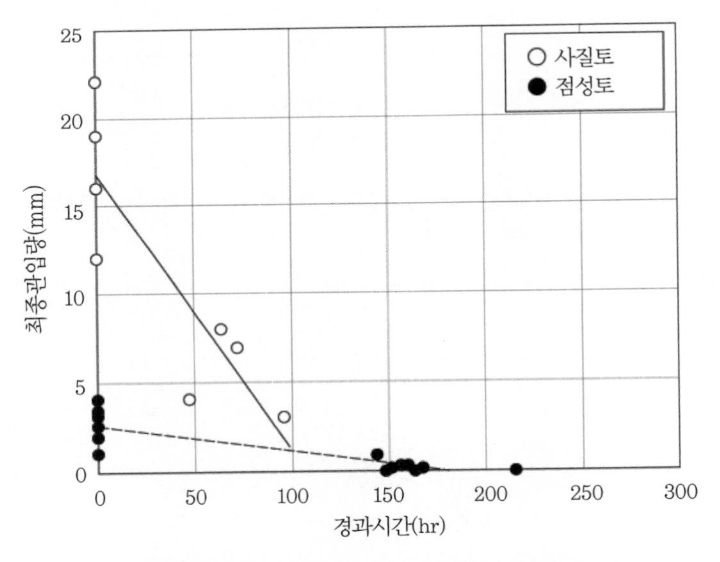

그림 5.26 시간 경과에 따른 최종관입량의 변화

한편 그림 5.27(a)는 재항타 시의 주면마찰력을 초기항타 시(EOID)의 주면마찰력과 비교함으로써 시간 경과에 따른 주면마찰력비를 조사한 그림이다. 전반적으로 주면마찰력은 항타 시에 비해 재항타 시에는 사질토지반과 점성토지반에서 각각 평균 2.02배와 1.30배 정도 증가하였다. 말뚝의 지지력이 충분히 발달하지 못한 점을 감안하면 이 값은 약간 보수적인 값이

라 간주할 수 있다. 이 결과로 판단해볼 때 말뚝지지력의 set-up 효과는 대부분 주면마찰력의 증가에 의해 발생한다고 볼 수 있다.

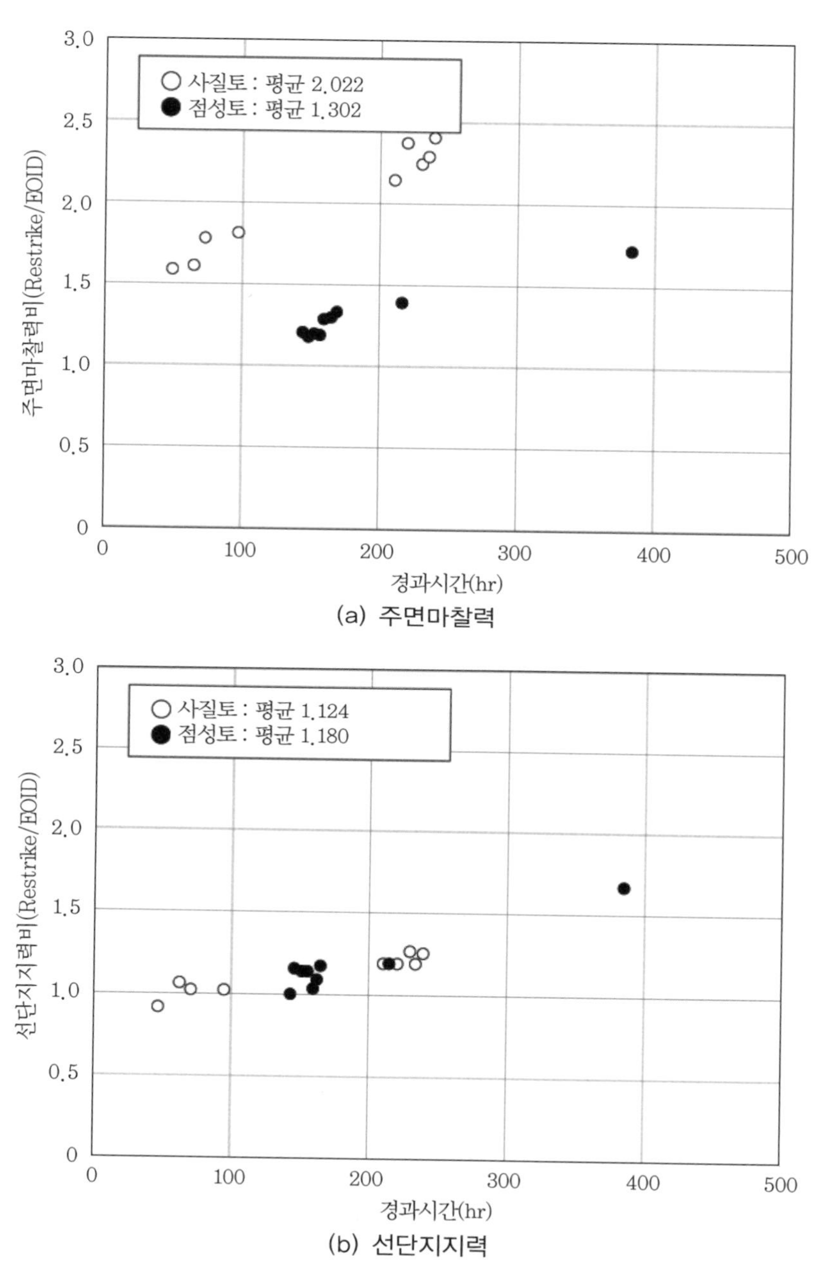

그림 5.27 시간 경과에 따른 지지력의 변화

(2) 선단지지력

앞에서 설명하였듯이 재항타 시는 말뚝지지력의 set-up 효과 때문에 항타에너지가 부족할 경우가 있다. 이 경우 항타에너지가 말뚝선단까지 전달되지 못하여 말뚝선단부근의 주면마찰력이나 선단지지력은 과소평가될 수 있다.

따라서 시험말뚝 중 타격에너지가 충분하여 재항타 시에 선단지지력이 증가된 사례만을 선정하여 선단지지력비[=항타 시(EOID)에 대한 재항타 시의 선단지지력의 비]를 비교하면 그림 5.27(b)와 같다. 이 그림에 의하면 선단지지력비는 사질토지반과 점성토지반에 대하여 각각 평균 1.12배와 1.18배로 나타났다. 따라서 선단지지력에도 미소하나마 set-up 효과가 있음을 알 수 있다.

한편 그림 5.27(a)와 (b)의 주면마찰력과 선단지지력을 합한 전체지지력에 대하여 set-up 효과를 산정하면 전체지지력 증가비(set-up factor)가 사질토지반과 점성토지반에 각각 평균 1.59배와 1.26배로 분석된다. 두 지반에 대한 지지력증가비가 크게 차이가 나는 것은 지반의 종류와 말뚝시공관리 조건의 차이에 그 원인이 있다. 또한 기존의 연구에서는 점성토지반의 지지력증가비가 사질토지반의 지지력증가비에 비해 상대적으로 큰 것으로 제시되었다.[38] 그러나 우리나라에서 수행한 시험에서는 점성토지반보다는 사질토지반의 지지력 증가비가 큰 것으로 분석되었다. 이는 이들 지반에 사용된 말뚝의 규격이 다르며 해머 규격과 에너지 효율 및 설계 시 적용한 말뚝 재료 하중대비 설계지지력비도 서로 상이하기 때문이라 생각된다.

5.5.5 지지력증가비

말뚝지지력의 set-up 효과를 좀 더 자세히 설명하기 위해 지반종류, 사용말뚝, 경과시간을 다양하게 변화시켜 수행한 말뚝의 전체지지력에 대한 시험자료를 함께 정리하면 그림 5.28과 같다.

이 그림의 종축에는 재항타 시의 전체지지력을 항타 초기의 전체지지력으로 정규화시켜 말뚝의 전체지지력비를 설정하였고 횡축에는 경과시간으로 설정하였다. 이 그림에서 알 수 있는 바와 같이 사질토지반이나 점성토지반 모두에서 말뚝의 전체지지력은 시간이 경과함에 따라 비선형적으로 지지력이 증가하고 있음을 볼 수 있다. 또한 사질토지반에서의 전체지지력비는 점성토지반에서의 지지력비보다 크게 발생하였다. 이는 사질토지반에서가 점성토지반에서 보다 지지력 증가율이 큼을 의미한다. 이들 전체지지력의 비선형적 증가거동은 대수함수로 표시하면 식 (5.35)와 같다.

$$P_{ur}/P_{ui} = 0.31\ln t + 0.11 \quad \text{(사질토지반)} \tag{5.35a}$$

$$P_{ur}/P_{ui} = 0.19\ln t + 0.32 \quad \text{(점성토지반)} \tag{5.35b}$$

여기서, P_{ui} : 항타 시 말뚝의 전체지지력(EOID)

P_{ur} : 재항타(restrike) 시 말뚝의 전체지지력

t : 항타 후 재항타 시까지의 경과시간

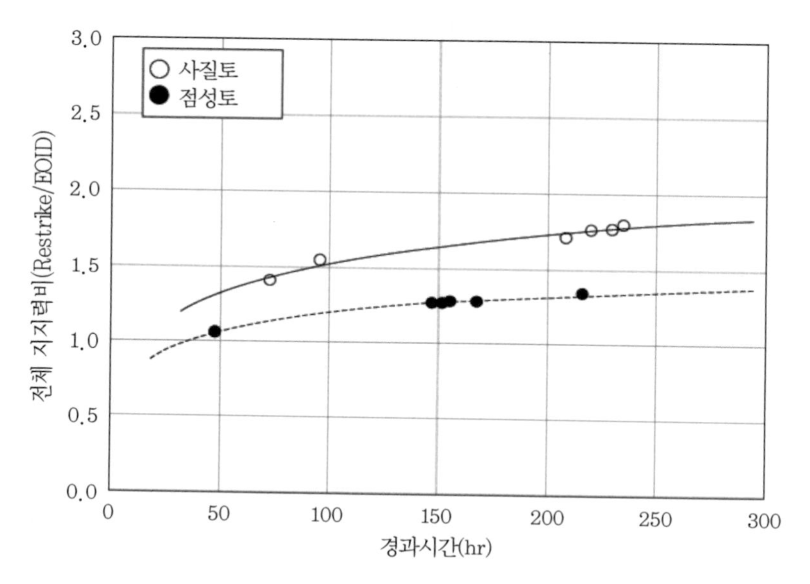

그림 5.28 항타 후 시간 경과에 따른 전체지지력 증가비

그림 5.29는 말뚝의 주면마찰력에 대한 set-up 효과를 도시한 그림이다. 이 그림의 종축에는 재항타 시의 주면마찰력을 항타 초기의 주면마찰력으로 정규화시켜 말뚝의 주면마찰력비를 설정하였고 횡축에는 경과시간으로 설정하였다. 이 그림도 그림 5.28의 전체지지력에 대한 거동 결과와 동일한 거동을 보이고 있다. 따라서 말뚝지지력의 set-up 효과는 대부분이 주면마찰력에서 발휘된다고 할 수 있을 것이다. 그러나 항타에너지의 제한에 의해 선단지지력까지 항타에너지가 전달되지 못하는 경우도 있을 수 있으므로 쉽게 결론을 내릴 수는 없다.

그림 5.29에서 알 수 있는 바와 같이 사질토지반이나 점성토지반 모두에서 말뚝의 주면마

찰력은 시간이 경과함에 따라 비선형적으로 증가하고 있음을 볼 수 있다. 또한 사질토지반에서의 주면마찰력비는 점성토지반에서의 주면마찰력비보다 크게 발생하였다. 이는 사질토지반에서가 점성토지반에서보다 주면마찰력 증가율이 큼을 의미한다. 이들 주면마찰력의 비선형적 증가거동은 대수함수로 표시하면 식 (5.36)과 같다. 주면마찰력의 비선형적 증가거동을 대수함수로 수식화할 수 있다는 것은 항타 후 짧은 시간 동안에 주면마찰력의 증가속도가 매우 크지만 시간 t가 경과할수록 그 증가속도는 점차 감소함을 의미한다.

$$P_{ur}/P_{ui} = 0.4\ln t + 0.1 \quad \text{(사질토지반)} \tag{5.36a}$$

$$P_{ur}/P_{ui} = 0.21\ln t + 0.22 \quad \text{(점성토지반)} \tag{5.36b}$$

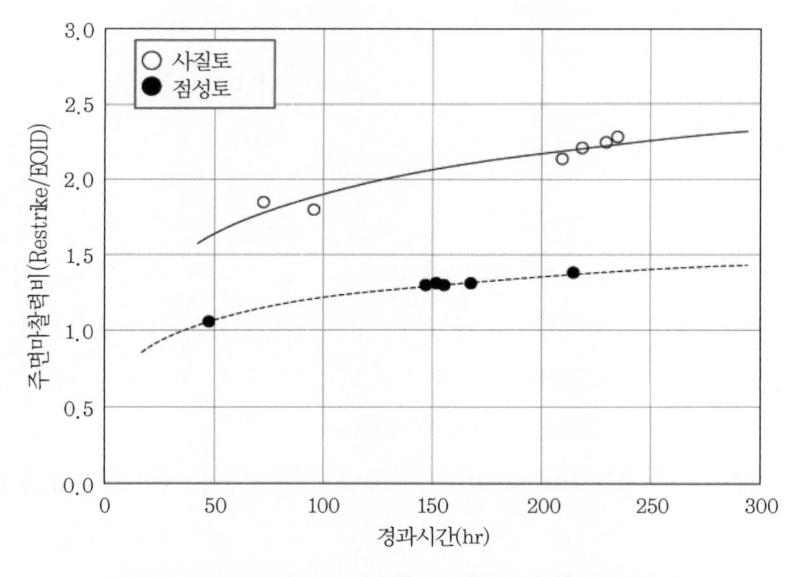

그림 5.29 항타 후 시간 경과에 따른 주면마찰력 증가비

한편 그림 5.30은 말뚝의 선단지지력에 대한 set-up 효과를 도시한 그림이다. 이 그림의 종축에는 재항타 시의 선단지지력을 항타 초기의 선단지지력으로 정규화시켜 말뚝의 선단지지력비를 설정하였고 횡축에는 경과시간으로 설정하였다. 선단지지력비에는 set-up 효과가 약간 존재하기는 하나 주면마찰력이나 전체지지력과 같이 큰 효과는 없는 것으로 판단된다. 또한 선단지지력비는 사질토지반이나 점성토지반이 크게 차이가 있지 않음을 볼 수 있다.

그러나 이는 말뚝의 주면마찰력이 시간 경과에 따라 증가하면 말뚝선단에 전달될 하중이 감소하므로 제대로 된 선단지지력의 시간 증대효과를 판단할 수가 없게 되기 때문에 섣부른 결론을 내리기가 어렵다.

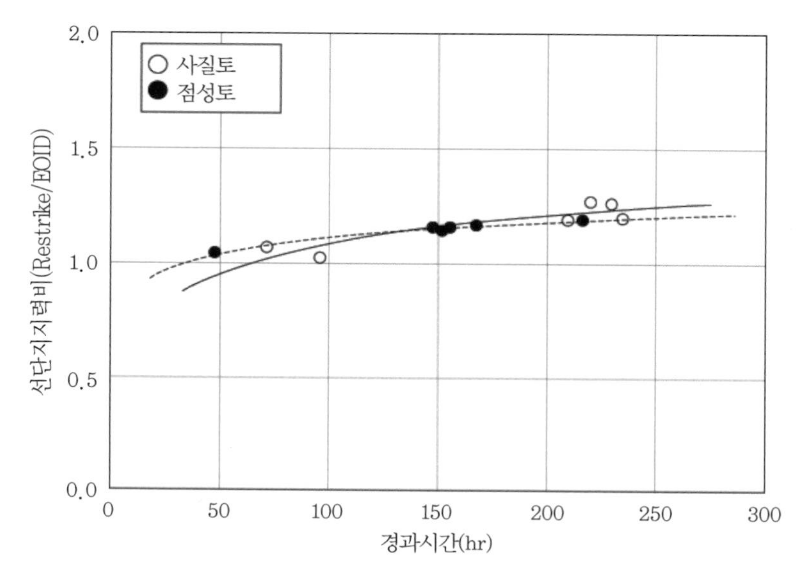

그림 5.30 항타 후 시간 경과에 따른 선단지지력 증가비

말뚝을 항타한 후 시간 경과에 따른 지지력의 변화를 예측하는 것은 경제적인 설계는 물론이고 합리적인 시공관리 기준을 결정하는 데 도움이 된다. 또한 말뚝재하시험의 적절한 시점을 결정할 수 있기 때문에 말뚝시공관리에 유용하다.

시간 경과에 따른 지지력은 단순히 과잉간극수압의 소멸에만 의존하지 않고 말뚝의 종류 및 크기, 지반의 성상 등에 따라 변화하는 경향이 있는 것으로 파악되고 있으므로 현장별 실측을 하지 않고는 사실상 예측이 불가능하다고 판단된다.

따라서 각 현장에서 시험시공과 말뚝재하시험을 시행하고 시간 경과에 따른 지지력 측정치를 회귀분석하여 지지력증가비를 구해 활용하는 것이 바람직하다.

참고문헌

1) 서희천(2003), 시간경과효과에 의한 타입말뚝의 연직지지력 증대 사례 연구, 중앙대학교 건설대학원 공학석사학위논문.
2) 홍원표(1988), "선단지지말뚝의 연직지지력에 관한 연구", 광양공업단지조성에 관한 토목공학 심포지움, 1988.5.7., pp.159~179.
3) 홍원표·이준모·성안제(1989), "점성토 지반 속 말뚝의 마찰저항력", 중앙대학교 기술과학연구소 논문집, 제19집, pp.43~55.
4) 홍원표·엄기인·남정만(1989), "관입말뚝에 대한 항타기록과 연직재하시험결과의 비교", 중앙대학교 자연과학 논문집, 제32집, pp.319~329.
5) 홍원표 외 4인(1989), "관입말뚝에 대한 연직재하시험 시 항복하중의 판정법", 대한토질공학회지, 제5권, 제 1호, pp.7~18.
6) 홍원표(2010), 기초공학, 강의노트.
7) Al Awkati, A.(1975), On problems of soil bearing capacity at depth, PhD Thesis, Duke University.
8) Chellis, R.D.(1962), Pile Foundation. Ch.7. Foundation Engineering, Ed. by G.A. Leonards, New York, McGraw-Hill, pp.633~768.
9) Coyle, H.M. and Reese, L.C.(1966), "Load transfer for axially loaded piles in clay", J. SMFD, ASCE, Vol.92, No.SM2, pp.1~26.
10) Coyle, H.M. and Sulaiman, I.H.(1967), "Skin friction for steel piles in sand", J.SMFD, ASCE, Vol.93, No.SM6, pp.261~278.
11) D'Appolonia, E. and Romualdi, J.P.(1963), "Load transfer in end-bearing steel H-piles", J. SMFD, ASCE, Vol.89, No.SM2, pp.1~25.
12) Daramola, O.(1980), "Effect of consolidation age on stiffness of sand", Geotechnique, Vol.30, No.2, p.214.
13) de Mello, V.F.B.(1969), "Foundation of buildings on clay", State of the Art Report, Proc., 7th ICSMFE, Mexico City, pp.49~136.
14) Desai, C.S. and Christian, J.T.(1977), Numerical Method in Geotechnical Engineering, Ch.8, McGraw-Hill, New York, pp.272~296.
15) Goble, G.G. and Rausche, F.(1976), "Wave equation analysis of pile driving WEAP program", prepared for the U.S. Department of Transportation, Federal Highway Administration, Implementation Division, Office of Research and Development, July, 1976.
16) Gobble, G.G., Rausche, F. and Likius, G.E. Jr.(1980), "The analysis of pile driving-

A-state-of-the-art", Proc., 10th Int. Seminar on the Application of Stress-Wave Theory on Piles, Stockholm, 4-5 June, 1980, pp.131~161.

17) Goble, G. and Rausche, F.(1986), WEAP 86 Program Documentation.

18) Heerema, E.P. and De Jong, A.(1979), "An advanced wave equation computer program which simulates dynamic pile plugging through a coupled mass spring system", Numerical Method in Offshore Piling, ICE, pp.37~42.

19) Hirsh, T., Carr, L. and Lowery, J.R.(1976), Pile Driving Analysis Wave Equation Manual, TTI program.

20) Housel, W.S.(1966), "Pile load capacity : estimates and test results", J. SMFD, ASCE, Vol.92, No.SM4, pp.1~30.

21) Kishida, H.(1967), "Ultimate bearing capacity of piles driven into loose sand", Sol and Fndns, Vol.7. No.3, pp.20~29.

22) Kraft, L.M., Foch, J.A. and Amerasinghe, S.F.(1981), "Friction capacity of piles driven", J. GED, ASCE, Vol.107, No.GT2, pp.1521~1541.

23) Lowery, L.L. Jr.(1976), "Wave equation utilization manual", draft user's guide for TIDYWAVE, Texas A & M University.

24) Mindlin, R.D.(1936), "Force at a point in the interior of a semi-infinite solid", J. Amer. Inst. phys.

25) Meyerhof, G.G.(1959), "Compaction of sands and bearing capacity of piles", J. SMFD, ASCE, Vol.85, No.SM6, pp.1~29.

26) Olson, R.E. and Flaate, K.S.(1967), "Pile driving formular for friction piles in sand", J. SMFD, ASCE, 1967, Nov., pp.279~295.

27) Poulos, H.G. and Davis, E.H.(1968), "The settlement behavior of single axially-loaded imcompressible piles and piers", Geot., Vol.18, pp.351~371.

28) Poulos, H.G. and Davis, E.H.(1980), Pile Foundations Analysis and Design, John Wiley & Sons, New York. pp.18~51.

29) Poulos, H.G.(1968), "Analysis of the settlement of pile groups", Geot., Vol.18. pp.449~471.

30) Randolph, M.F., Carter, J.P. and Wroth, C.P.(1979), "Driven piles in clay-the effects of installation and subsequent consolidation", Geotechnique, Vo.29, No.4, pp.361~393.

31) Randolph, M.F. and Wroth, C.P.(1982), "Recent developments in understanding the axial capacity of piles in clay", Ground Engineering, Vol.15, No.7, pp.17~32.

32) Robinsky, E.I. and Morrison, C.E.(1964), "Sand displacement and compaction around model friction piles", Can. Geot. Jnl., Vol.1, No.2, p.81.

33) Schmertmann, J.H.(1991), "The mechanical ageing of soils", The 25th Karl Terzaghi Lecture, Jour. Geotechnical Engineering, ASCE, Vol.117, No.GT9, pp.1288~1330.
34) Seed, H.B. and Reese, L.C.(1957), "The action of soft clay along friction piles", Trans, ASCE, Vol.122, pp.731~754.
35) Skempton, A.W.(1986), "Standard penetration test procedures and the effects in sands of overburden pressure, relative density, particle size, ageing and overconsolidation", Geotechnique, Vol.36, No.3, pp.425~447.
36) Smith, E.A.L.(1960), "Pile driving analysis by the wave equation", J.SMFD, ASCE, Vol.86, No.SM4, pp.35~61.
37) Soderberg, L.(1962), "Consolidation theoty applied to foudation pile time effects", Geotechnique, Vo.12, No.3, pp.217~225.
38) US Department of Transportation(1996), Design and Construction of Driven Pile Foundation, FHWA Workshop Manual.
39) Walker, L.K., Darvall, P. and Le, P.(1973), "Downdrag on coated and uncoated piles, Proc., 8th ICSMFE, Vol.2.1, pp.257~262.
40) Whitaker, T.(1976), The Design of Piled Foundation, pp.26~47.

CHAPTER

06

무리말뚝

연직하중말뚝

CHAPTER 06 무리말뚝

6.1 무리말뚝거동

6.1.1 무리말뚝의 형태

무리말뚝의 거동은 무리말뚝의 형태에 따라 두 가지로 구분한다. 무리말뚝은 말뚝 위의 캡이 어떤 형태로 설치되어 있는가에 따라 무리말뚝의 지지기능이 다르다.[5]

① 자립형 무리말뚝(Free-standing groups) : 말뚝캡이 지표면에 접해 있지 않은 형태의 무리말뚝. 말뚝캡이 온전히 말뚝으로만 지지되어 있는 형태의 무리말뚝을 지칭한다.

② 후팅형 무리말뚝(Piled foundations) : 말뚝캡이 지표면과 접해 있는 형태. 이 경우는 무

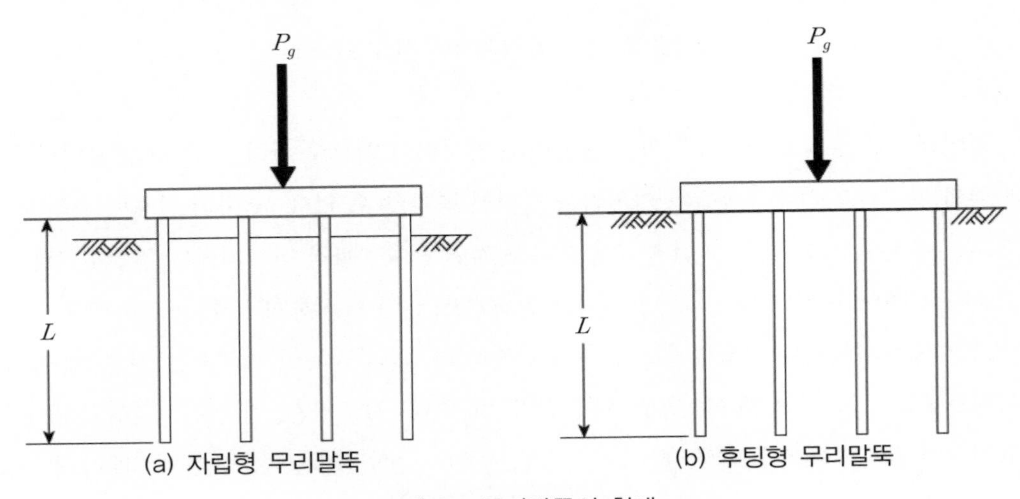

그림 6.1 무리말뚝의 형태

리말뚝에 가해지는 하중을 말뚝뿐만 아니라 지반의 지지력으로도 지지하는 형태의 무리말뚝이다.

6.1.2 무리말뚝의 지지력

단일말뚝에서는 그림 6.2(a)에서와 같이 지반 속에 압력구근을 형성한다. 그러나 말뚝의 간격에 따라 압력구근이 겹친다. 겹치는 부분에서 응력은 단일말뚝보다 확실히 클 것이다. 이것은 무리말뚝응력이 그림 6.2(b)에서 보는 바와 같이 단일말뚝의 영향이 겹치기 때문이다.

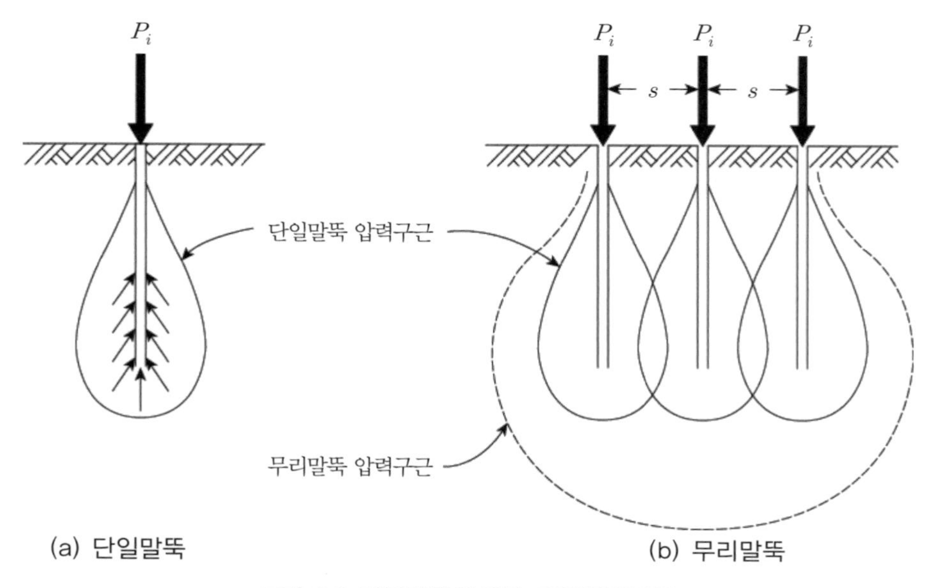

그림 6.2 마찰말뚝에서의 지중압력구근

일반적으로 무리말뚝의 지지력은 단일말뚝 지지력의 합보다 작다. 그러므로 단일말뚝재하시험의 지지력으로 무리말뚝의 지지력을 정확히 평가할 수 없다. 말뚝의 간격이 커짐에 따라 겹치는 부분이 작아지고 그 간격이 충분히 커지면 중복효과가 작아지거나 완전히 사라진다. 그러나 간격이 커지면 더 크고 더 두꺼운 콘크리트 캡이 필요하게 되어 비경제적일 수 있다.

모든 시방서에서는 말뚝의 최소간격을 규정하고 있다. 말뚝이 설치되는 지층(예, 점성토, 사질토)이나 말뚝의 종류(예, 형상, 시공방법), 침하량, 강도기준, 기술자의 경험과 판단 등을 고려하여 말뚝의 간격을 정한다. 통상적으로 말뚝의 중심간격은 말뚝지름의 2배가 최소 규정이지만 보통 말뚝지름의 3에서 3.5배가 사용된다.

무리말뚝이 설치된 곳의 지중응력을 산정하기 어려운 이유는 다음과 같다.

① 말뚝길이 방향으로 마찰력 분포가 확실치 않다. 이것은 압력구근의 중복으로 인한 (겹침 현상에 의한) 응력의 중복 때문이다.
② 압밀, 지하수위의 변동과 기타 시간에 관련된 다른 변화를 쉽게 평가할 수 없다.
③ 지반과 말뚝캡 사이의 상호작용을 정확하게 평가하기 어렵다.

이런 응력에 대하여 여러 사람들[예: Mindlin(1936),(4) Poulos and Davis(1980)](5)에 의해서 제안되었다. 그중 가장 많이 사용되는 경험적인 방법은 무리말뚝의 길이와 폭이 같은 등치의 단일말뚝으로 다루는 방법이다. 지지력은 그림 6.3과 같이 말뚝의 선단지지력과 후팅의 길이방향의 마찰력으로 이루어져 있다. 깊은기초에 대한 일반적인 지지력 공식으로 무리말뚝지지력에 대한 근사치를 구할 수 있다.

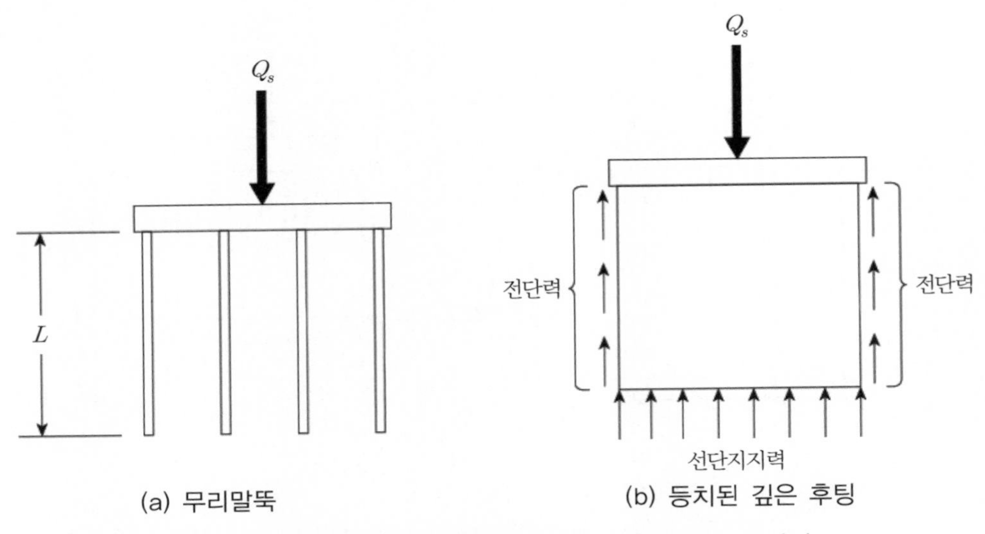

그림 6.3 동일한 후팅으로 무리말뚝의 지지력을 계산하는 방법

6.1.3 무리말뚝의 침하

무리말뚝의 침하는 다음 네 가지 원인으로 발생된다.

① 말뚝의 축변형

② 말뚝과 지반 사이의 상대변위

③ 말뚝 사이 지반의 압축변형

④ 말뚝선단 하부 지층의 압축변형

①번과 ②번에 의한 침하는 상대적으로 작으므로 무시할 수 있다. ③번에 의한 침하는 상대적으로 정확히 측정하기가 어렵다. 그러므로 보통 무시한다. 그러나 ④번에 의한 침하량은 무리말뚝을 그림 6.4에서 보는 바와 같이 하나의 등치후팅으로 간주함으로써 산정할 수 있다. 이 경우 정사각형, 직사각형, 원형 모양 기초에 대한 응력을 계산할 수 있다. 만약 선단지지말뚝의 경우 그림 6.4(a)와 같이 등치후팅의 바닥을 말뚝의 선단부로 간주하여 응력등압선의 압력구근이 말뚝의 선단하부에 발생한다. 말뚝이 마찰말뚝의 경우는 그림 6.4(b)와 같이 말뚝길이의 약 2/3 지점에 등치후팅이 있다고 가정하여 그 위치에서 응력이 발생한다고 가정한다. 그러나 침하량은 두 경우 모두 말뚝선단부 하부의 압축지층에 대해서만 산정한다.

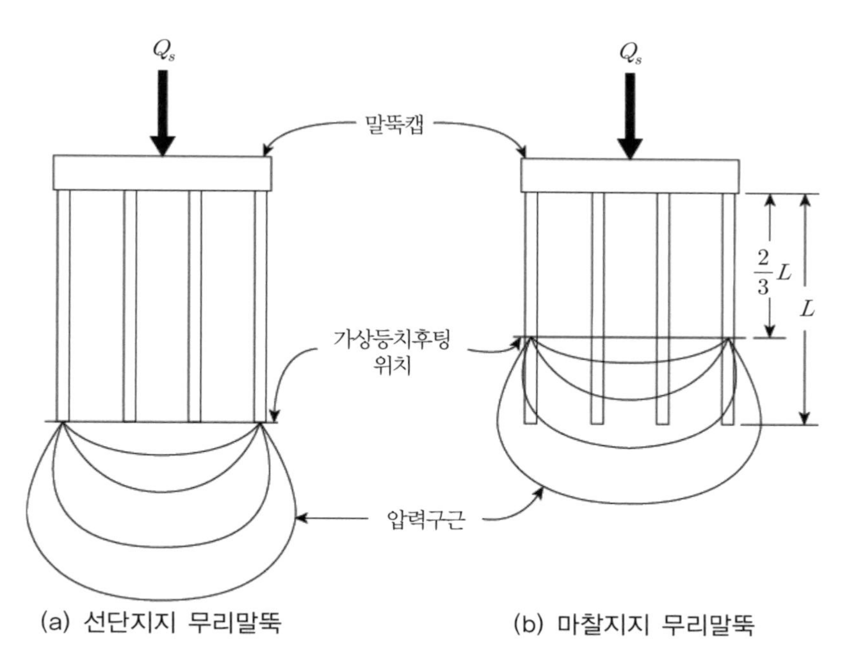

그림 6.4 무리말뚝 하부 지중응력 결정방법[(2)]

6.1.4 무리말뚝의 효율

통상 무리말뚝의 지지력은 개개의 단일말뚝의 지지력의 합과 비교하여 식 (6.1)과 같이 무리효율 η를 정한다.

$$\eta = \frac{\text{무리말뚝의 극한지지력}}{\text{개개의 단일말뚝의 극한지지력의 합}} \tag{6.1}$$

무리말뚝의 거동은 다음과 같이 단일말뚝과 다르다.

① 일반적으로 무리말뚝의 지지력은 개개의 단일말뚝의 지지력 합보다 작다.
② 무리말뚝의 침하량은 같은 크기의 하중이 작용하는 단일말뚝보다 크다.
③ 무리말뚝의 효율은 단일말뚝효율보다 작다.

그러나 위와 같은 단점에도 불구하고 무리말뚝이 단일말뚝보다 더 많이 사용된다. 그 이유는 단일말뚝은 전도(overturning)에 대하여 약하므로 이러한 약점을 무리말뚝으로 보강할 수 있기 때문이다. 마찬가지로 여러 방향의 하중에 대해서도 안전하게 지지가 가능하다. 예를 들면, 수평방향으로 변위가 발생하는 것도 무리말뚝 안의 경사말뚝에 의해 쉽게 방지된다.

일반적으로 두 개의 말뚝(종종 3개 이상의 말뚝)으로 기둥을 지지하는 말뚝들은 콘크리트 캡으로 연결되어 일체가 되게 하며 벽을 지지하기 위해서는 단일말뚝이 일렬로 배열된 줄말뚝이 일반적으로 사용된다.

무리말뚝의 효율 η는 식 (6.1)에서와 같이 단일말뚝의 지지력의 합에 대한 무리말뚝의 지지력의 비로 나타내며 이를 수식으로 표시하면 다음과 같다.

$$\eta = \frac{P_g}{nP_i} \times 100\% \tag{6.2}$$

여기서, η : 무리말뚝의 효율
P_g : 무리말뚝의 지지력
P_i : 단일말뚝의 지지력

n : 말뚝수

그림 6.5와 같이 n개의 말뚝을 a행 b열로 배치하고 말뚝간격이 s인 무리말뚝을 예로 들어 본다. 만일 무리말뚝을 그림 6.4와 같이 등치후팅으로 가정한다면 n개의 말뚝을 가진 무리말뚝의 지지력은 식 (6.3)과 같이 계산할 수 있다. 이 경우 무리말뚝효율 η는 식 (6.3)의 무리말뚝지지력과 식 (6.4)의 단일말뚝지지력을 식 (6.2)에 대입하여 식 (6.5)와 같이 구한다.

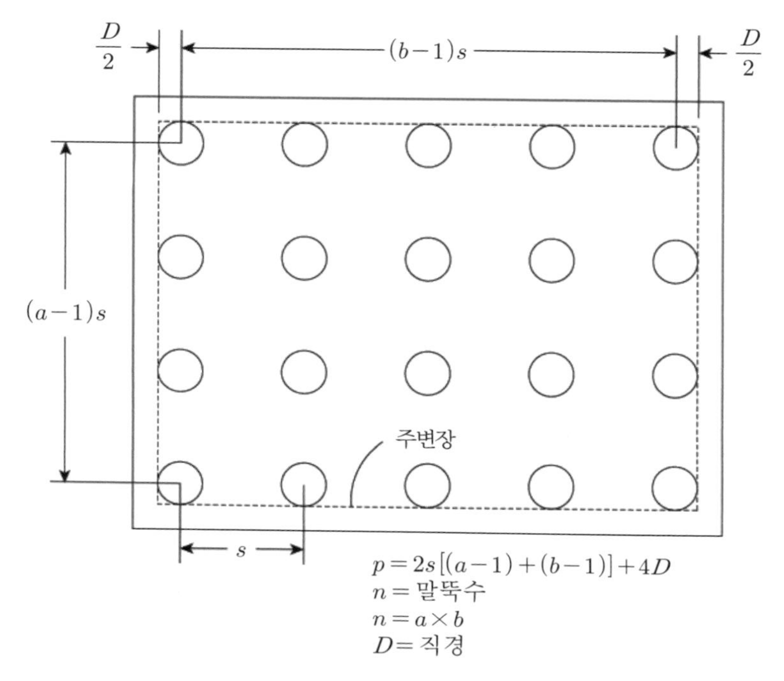

그림 6.5 동일한 간격의 원형 말뚝의 무리말뚝 예

$$P_g = [2s(a+b-2)+4d]\,L\tau_a \tag{6.3}$$

$$P_i = (\pi d)L\tau_a \tag{6.4}$$

$$\eta = \frac{P_g}{nP_i} = \frac{[2s(a+b-2)+4d]\,L\tau_a}{n(\pi d)L\tau_a} = \frac{2s(a+b-2)+4d}{\pi abd} \tag{6.5}$$

여기서, s : 말뚝간격

a : 무리말뚝 행수

b : 무리말뚝 열수

d : 말뚝직경

L : 말뚝길이

τ_a : 말뚝과 지반 사이의 마찰각

식 (6.5)에 의하면 말뚝간격이 증가하면 무리말뚝효율도 증가하는 것으로 보인다. 그러나 앞에서 언급하였듯이 실제로는 여러 상황 때문에(후팅의 크기, 공사비 등) 말뚝간격을 말뚝직경의 약 3배로 제한하고 있다.

6.2 점성토지반 속 무리말뚝

자립형 무리말뚝이 점성토지반 속에 마찰말뚝으로 설치되어 있을 경우 말뚝간격이 비교적 넓으면 무리말뚝효율은 1이지만 간격이 좁아질수록 효율은 감소한다. 반면에 선단지지말뚝으로 설치되어 있으면 무리말뚝효율은 모든 말뚝간격에서 항상 1로 간주한다. 비록 조밀한 자갈층에서의 선단지지말뚝을 좁은 간격으로 설치하면 이론상으로는 무리말뚝효율이 1이상이 될 수 있지만 일반적으로 지지력에는 무리말뚝효과가 없다. 만약 말뚝이 선단과 마찰 모두의 지지를 받는 경우 무리말뚝효과는 마찰저항성분에서만 고려하도록 추천하고 있다.[3]

몇몇 효율 산정법을 열거하면 다음과 같다.

① Converse-Labarre 식

$$\eta = 1 - \xi\left[\frac{(a-1)b+(b-1)a}{ab}\right]/90 \tag{6.6}$$

여기서, $\xi = \tan^{-1}(d/s)$이다.

② 경험적 방법

무리말뚝 속 각각의 단일말뚝의 지지력을 인접한 말뚝이 존재할 때마다 일정 비율로 감소시키는 방법이다. 즉, 말뚝간격의 크기를 고려하지 않는다. 이 방법은 이론적인 근거도 없이 단지 경험적으로 적용하였다. 이 방법의 예로 우선 Feld 방법을 들 수 있다. Feld는 무리말뚝 속 각 단일말뚝의 지지력을 인접말뚝당 1/16씩 감소시키기를 추천하였다. 그 밖에도 출처는 불명확하지만 무리말뚝 속 각 말뚝의 지지력을 인접말뚝당 $I(=\frac{1}{8}d/s)$배씩 감소시키는 방법도 적용하였다.

③ Terzaghi and Peck(1948)는 무리말뚝의 지지력을 다음 두 값 중 적은 값으로 사용하도록 하였다.[7]

ⓐ 무리 속의 각개 말뚝의 극한지지력의 합, ⓑ 말뚝무리를 하나의 직사각형($B_r \times L_r$)의 덩어리로 간주하여 블록파괴에 대한 지지력 P_B를 블록의 주면마찰저항과 선단지지력을 고려하여 식 (6.7)과 같이 산정한다.

$$P_B = B_r L_r c N_c + 2(B_r + L_r) L \bar{c} \tag{6.7}$$

여기서, B_r : 블록단면의 폭

L_r : 블록단면의 길이

c : 무리말뚝저면지반의 비배수 점착력

L : 무리말뚝의 길이

N_c : 깊이 L에서의 지지력계수

$\bar{c}$: 말뚝길이 L에 작용하는 평균부착력

그러나 이들 방법에 의한 무리말뚝효율은 서로 차이가 심하고 어느 방법이 적용 가능한지에 대한 검증도 많지 않은 실정이다. 그중에서 Whitaker(1957)는 자립형 무리말뚝의 모형실험으로 위에 열거한 두 가지 형태의 파괴모드를 확인하였다.[10] 이 모형실험에서 파괴모드가 블록파괴에서 개개 말뚝의 파괴모드로 변하는 한계말뚝간격이 존재함을 발견하였다. 말뚝의 간격이 이 한계간격보다 좁아지면 말뚝의 주면을 연결한 연직 파괴면이 형성되기 시작하였고 말뚝으로 둘러싸인 점토가 말뚝과 함께 침하하였다. 반면에 말뚝간격이 넓으면 말뚝은 점토지반 속에 각각 관입되었다. 이 한계간격은 말뚝 수가 증가할수록 증가하였다.

이 모형실험에서 위에 열거한 두 개의 파괴모드가 존재함을 확인하였지만 두 파괴모드 사이의 말뚝의 지지력을 평가하기는 쉽지 않았다. 이 무리말뚝의 지지력을 산정하기 위한 경험식으로 식 (6.8)을 제안하였다.

$$\frac{1}{P_g^2}=\frac{1}{n^2P_i^2}+\frac{1}{P_B^2} \tag{6.8}$$

여기서, P_g : 무리말뚝의 극한지지력

P_i : 단일말뚝의 극한지지력

P_B : 블록의 극한지지력

n : 말뚝수

식 (6.8)을 무리말뚝효율 η에 대입하여 다시 정리하면 식 (6.9)와 같다.

$$\frac{1}{\eta^2}=1+\frac{n^2P_i^2}{P_B^2} \tag{6.9}$$

그림 6.6은 식 (6.8)을 적용하여 산출한 그림이다. 이 그림에서 말뚝수가 증가할수록 블록파괴와 단일말뚝파괴 사이의 전이영역이 증가함을 알 수 있다. 이 그림으로부터 무리말뚝을 설계할 때 무리말뚝의 파괴가 발생될 수 있는 이상의 말뚝수를 사용하는 것은 무의미함을 알 수 있다. 즉, 그림 6.6의 예에서 보면 말뚝수를 80본 이상으로 사용하는 것은 지지력증대에 별 도움이 되지 않음을 보여주고 있다.

이후 여러 모형실험 결과 파악된 바에 의하면 높은 무리말뚝효율은 다음과 같은 경우 발휘될 수 있다.

① L/d가 작은 말뚝

② 간격이 넓은 경우

③ 말뚝 본수가 적은 무리말뚝

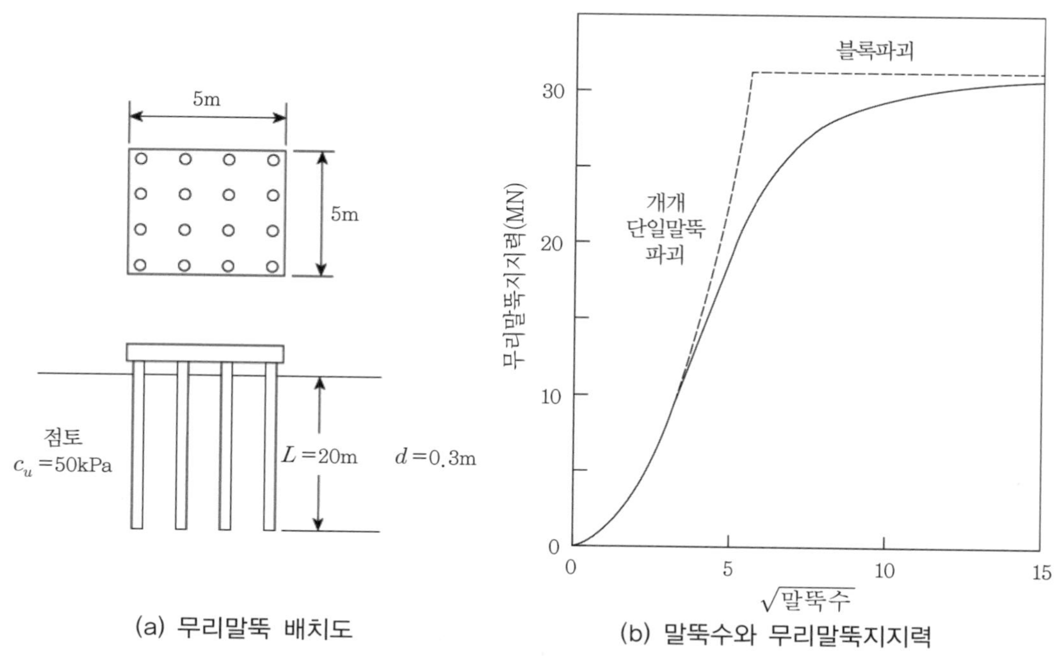

(a) 무리말뚝 배치도

(b) 말뚝수와 무리말뚝지지력

그림 6.6 말뚝수와 무리말뚝의 지지력과의 관계 예(Poulos and Davis,1980)[5]

일반적으로 무리말뚝설계에 적용되는 말뚝간격 $2.5d \sim 4d$의 경우 무리말뚝효율은 0.7~0.85가 된다. 이 말뚝간격보다 넓은 경우, 긴말뚝의 무리말뚝 이외에는 무리말뚝효율 η가 그다지 크게 증가하지 않는다.

무리말뚝 내 모든 말뚝은 동일한 하중을 받는 것으로 가정된다. 그러나 만약 무리말뚝이 강체의 캡으로 지지되어 있는 경우 무리말뚝 내의 하중 분포는 균일하지 않다. 무리 내부의 말뚝보다는 외곽의 말뚝에 더 큰 하중이 작용한다. Whitaker(1957)의 3×3 무리말뚝의 모형실험 결과에 의하면 말뚝간격이 $2d \sim 4d$인 경우 코너말뚝에 가장 큰 하중(평균하중보다 13~25% 큰 하중)이 작용하고 중앙말뚝이 가장 작은 하중(평균하중보다 18%~35% 적은 하중)이 작용하였음을 보여주었다.[10] 그러나 말뚝간격이 $8d$인 모형실험에서는 무리말뚝효과가 없이 거의 균일한 하중이 전체 말뚝에 고르게 작용하였다. 또한 말뚝의 수가 많은 무리말뚝일수록 하중 분포는 불균일해지는 경향이 있다.

후팅형 무리말뚝(예: 지표면 위나 지중에 캡콘크리트를 친 무리말뚝)의 지지력은 다음의 두 경우 중 작은 값으로 한다.

① 말뚝을 포함한 블록의 극한지지력[식 (6.7)의 P_B]과 말뚝블록 면적보다 큰 블록외측부의 말뚝캡의 극한지지력의 합

② 말뚝과 캡의 극한지지력의 합. 각 말뚝의 직경이 d이고 길이가 L인 n개의 말뚝인 무리말뚝이 사각형 캡($B_c \times L_c$)으로 지지되어 있다고 취급한다.

$$P_g = n\left(\overline{c_a} A_s + A_p c_p N_c\right) + N_{cc} c_c \left(B_c L_c - n\pi d^2/4\right) \tag{6.10}$$

여기서, $\overline{c_a}$: 말뚝 측면의 평균부착력

c_p : 말뚝선단에서의 비배수점착력

c_c : 말뚝캡 아래 비배수점착력

N_c : 말뚝의 지지력계수

N_{cc} : 사각형 캡 $B_c \times L_c (L_c > B_c) \simeq 5.14(1 + 0.2B_c/L_c)$[6]

첫 번째 값은 말뚝간격이 좁은 경우에 적용하고 두 번째 값은 말뚝간격이 넓어 각 말뚝의 지지기능이 기대될 때 적용한다.

6.3 사질토지반 속 무리말뚝

사질토지반에 대한 연구는 점성토지반에 대한 연구만큼 많지는 않다. 그러나 사질토지반에서의 무리말뚝효과는 (때로는 1 이상이 되기도 한다) 잘 정립되어 있다. Vesic(1969)은 말뚝간격이 좁은 경우에는 무리말뚝효율이 1 이상이 되며 이러한 증가는 말뚝선단보다는 말뚝 측면에서 더 두드러지게 나타난다고 하였다.[9]

이와 같이 말뚝이 너무 넓게 설치되어 있지 않고 지반이 매우 조밀하지 않는 한 사질토지반에서의 무리말뚝효율은 1 이상이 된다. 말뚝간격이 말뚝직경의 2~3배로 설치되어 있는 경우 최대 무리말뚝효율은 1.3에서 2 사이가 된다.

말뚝캡도 무리말뚝의 하중지지력을 크게 증대시키는 데 기여한다. 특히 4개의 말뚝으로 구성된 무리말뚝에서는 이런 경향이 더 크게 나타난다. 그러나 말뚝캡의 지지력을 발휘시키는

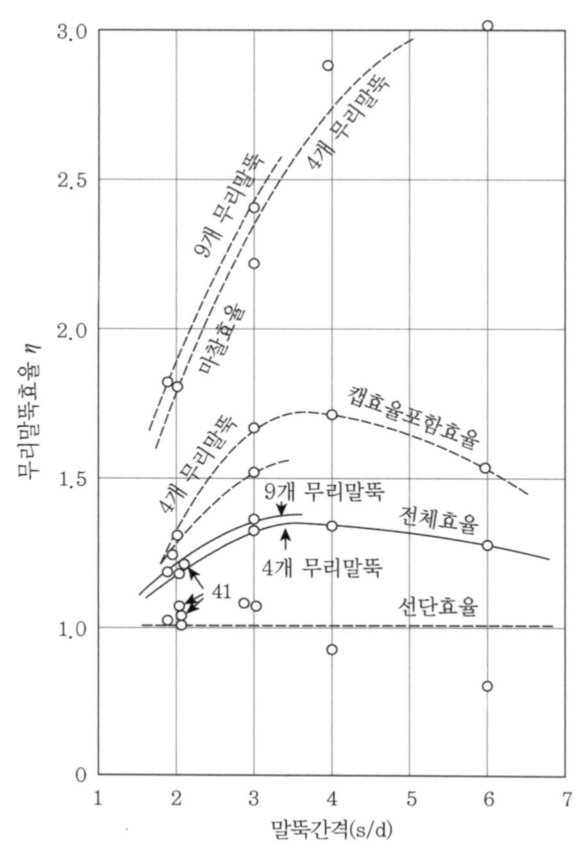

그림 6.7 사질토지반 속 무리말뚝효율(Vesic, 1969)[9]

데 필요한 변위는 말뚝의 지지력을 발휘시키는 데 필요한 변위보다 상당히 크다.

6.4 무리말뚝에 미치는 시공법의 영향

말뚝은 설치 시공법에 따라 주변지반 및 무리말뚝 내 선행 설치된 말뚝에 영향을 미치게 된다. 말뚝의 시공법으로는 크게 항타관입공법과 매입공법으로 대별할 수 있다. 특히 항타관입공법의 경우는 말뚝 관입 시 주변에 미치는 영향이 크므로 각별히 유의해야 한다.

말뚝이 점토지반에 관입되면 지반 내 토사는 융기하거나 측방으로 팽창한다. 이때 팽창이 동량의 체적은 말뚝이 점유하고 있는 체적과 거의 동일하다. 이때 간극수압도 지중에 높게 발생한다. 그러나 이 간극수압은 며칠 또는 몇 주 후에는 소멸되고 간극수압에 의해 발생된 융기는 침하한다. 연약지반에서는 융기토사의 침하가 부마찰력을 야기한다. 이 부마찰력은 비교적 짧은 기간에 발생하기 때문에 통상 작용하중에 포함하지는 않는다. 그러나 연약지반 내 말뚝의 마찰력에 아무런 조처가 마련되어 있지 않으므로 이 부마찰력의 효과가 발휘된다.

융기 재성형 토사의 재압밀은 무리말뚝에 상당한 침하를 초래하고 주변 구조물에 미치는 영향도 큼으로 무리말뚝의 선단을 연약지반 내에 오도록 설치하는 것은 현명한 방법은 못된다. 즉, 그림 6.8에 도시된 바와 같이 상부구조물의 하중으로 인하여 지중에 전달되는 지중응력을 비교해보면 어떤 기초든지 그 기초의 바닥면 부근에서 발생하는 지중응력은 동일하게 발생한다. 따라서 기초에 작용하는 하중이 동일할 경우 시공 중 지반의 교란 정도가 적은 얕은 raft기초의 침하가 제일 적게 발생하고 긴 말뚝기초의 침하가 제일 크게 발생한다. 따라서 연약지반에서는 무리말뚝의 선단을 단단한 지층에 도달하도록 설치해야 한다.

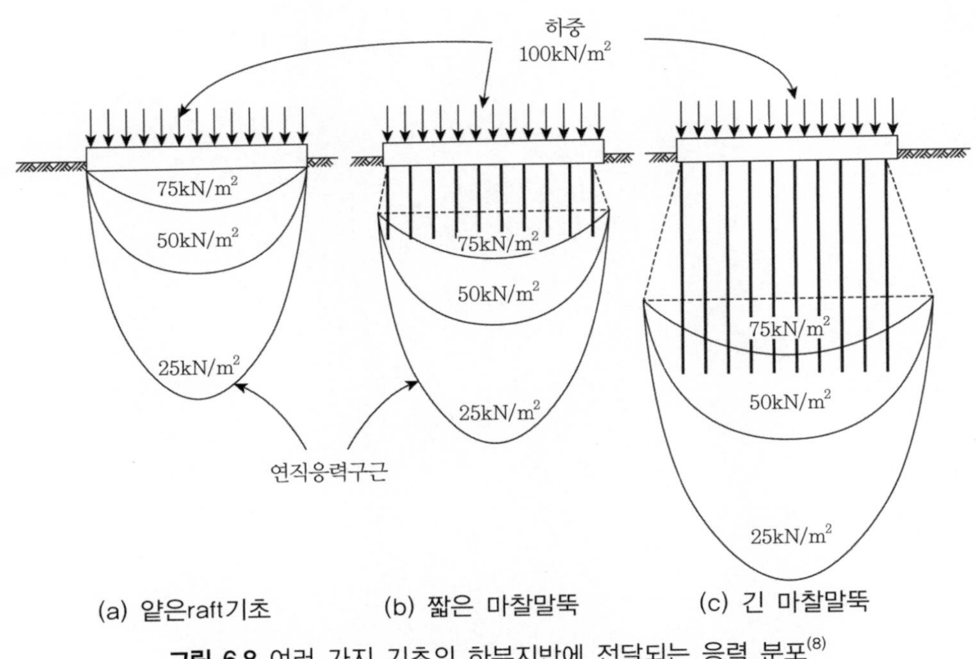

그림 6.8 여러 가지 기초의 하부지반에 전달되는 응력 분포[8]

한편 점토지반의 측방이동과 높은 간극수압은 무리말뚝에 인접한 주변구조물과 매설관을 손상시킬 수 있다. 김재홍(2011)은 연약지반 상에 성토하중으로 인하여 발생한 측방유동이 주변 매설관에 어느 정도의 영향을 미치는가에 대한 현장실험을 실시한 바 있다.[1]

융기현상이나 높은 간극수압의 발생은 매입말뚝이나 현장타설말뚝을 무리말뚝으로 설치하는 경우에는 발생하지 않는다. 그러나 이들 공법을 적용할 경우는 천공 시 지반의 팽창이나 이완으로 인하여 말뚝지역의 일반적인 침하함몰이 발생될 수 있다. 연약 예민점토에서는 상당량의 지반손실을 동반한 파이핑현상으로 말뚝천공바닥이 융기될 수 있다. 이런 현상은 천공 시 공내에 물이나 벤트나이트슬러리용액을 채워 넣어 방지할 수 있다. 또는 케이싱을 사용하여 콘크리트를 채운 후 제거하기도 한다.

융기에 의한 해로운 영향은 사질토지반에 무리말뚝을 관입할 때는 발생하지 않는다. 이 경우 느슨한 밀도 지반에서는 밀도가 조밀해지므로 지표면이나 무리말뚝 지역에 침하된 지반을 보충해주기도 한다. 주변 구조물이 지반함몰 지역에 위치해 있으면 손상을 입을 수도 있다. 느슨한 모래지반에 말뚝을 설치할 때 첫 번째 말뚝은 용이하게 관입되나 그 이후의 말뚝은 지반의 다짐효과로 잘 관입되지 않는다.

끝으로 사질토지반에서는 매입말뚝이나 현장타설말뚝 시공 시 천공 홀의 함몰이 문제가 되므로 주의해야 한다.

참고문헌

1) 김재홍(2011), 측방유동 영향을 받는 해안매립 연약지반 속 지하매설관에 관한 연구, 중앙대학교대학원, 공학박사학위논문.
2) Cernica, J.H.(2004), Geotechnical Engineering Foundation Design, 홍원표 역, 구미서관, pp.443~524.
3) Chellis, R.D.(1962), Pile Foundations, Ch7 in Foundations Engineering, ed. by G.A. Leonards, New York: McGraw-Hill.
4) Mindlin, R.D.(1936), "Force at a point in the interior of a semi-infinite solid", J. Amer. Inst. phys.
5) Poulos, H.G. and Davis, E.H.(1980), Pile Foundations Analysis and Design, John Wiley & Sons, New York. pp.18~51.
6) Skempton, A.W.(1951), "The bearing capacity of clays", Build. Res. Congress, London, Inst. Civ. Engrs., div.1: 180.
7) Terzaghi, K., and Peck, R.B.(1967), Soil Mechanics in Engineering Practice 3rd Ed.,NewYork, John Wiley & Sons, p.592.
8) Tomlinson, M.J.(1977), Pile Design and Construction Practice, 4th ed., E & FN Spon, Tokyo.
9) Vesic, A.S.)1969), "Experiments with instrumented pile groups in sand", ASTM, STP, 444, pp.177~222.
10) Whitaker, T.(1957), "Experiments with model piles in groups", Geotech., Vol.7, pp.147~167.

CHAPTER

07

현장타설말뚝

CHAPTER 07

연직하중말뚝

현장타설말뚝

7.1 서 론

7.1.1 현장타설말뚝의 발전

최근 초고층건물과 장대교량의 큰 하중을 지지하기 위하여 중·소구경 기성말뚝의 사용은 점차 감소되고 대구경 현장타설말뚝의 사용이 지속적으로 증가하고 있는 추세이다.[6,9] 특히 진동과 소음에 대한 규제가 엄격하게 적용되고 있어 기성말뚝의 항타공법은 민원이 발생할 수 있는 현장에서는 어디에서나 적용하기가 어렵게 되었다. 심지어 매입말뚝공법의 최종경타마저도 허락되지 않는 사회분위기로 인하여 매입말뚝공법의 현장적용도 점차 제한될 것으로 예상된다. 이에 대한 대안으로 대구경 현장타설말뚝의 도입이 부각되었다. 대구경 현장타설말뚝은 중·소구경 기성말뚝에 비하여 말뚝본수는 줄고 말뚝본당 하중분담능력은 상대적으로 크다.

현장타설말뚝(cast in place piles)을 나타내는 용어도 피어(piers), 드릴피어(drilled pier), 굴착지주(drilled shaft), 케이슨(caisson), 드릴케이슨(drilled caisson) 등 여러 가지로 사용되고 있으나 이들 말뚝은 부르는 호칭이 다를 뿐 제작 개념은 모두 유사하다.

현장타설말뚝은 상부구조물하중을 하부 단단한 지지층에 안전하게 전달시킬 목적으로 인력 및 기계 굴착으로 지중에 수직공간을 만들고 이 수직공간에 무근콘크리트 또는 철근콘크리트를 타설·축조하여 만든 지중기둥을 의미한다. 초창기에는 인력으로 굴착·시공하였는데, 이 경우 굴착공 내부의 측벽붕괴를 방지하기 위해 수평방향 버팀보로 지지된 흙막이벽을 사용하는 경우가 많았으나 최근에는 천공기술이 발달하여 천공장비로 기계굴착시공을 실시한다.

축하중을 받는 현장타설말뚝의 해석법 연구는 현장타설말뚝을 본격적으로 사용하게 된 1960

년대부터 시작되었다. 오늘날 사용되고 있는 설계법은 시공법의 발달과 함께 발전해왔다.[4,12] 특히 O'Neill and Reese(1999)는 현장타설말뚝의 축하중 지지력 산정법을 제시하였다.[43]

제1장에서 말뚝을 지지기능에 따라 (선단)지지말뚝, 마찰말뚝, 복합지지말뚝의 세 가지로 구분하였다. 여기서 복합지지말뚝은 선단지지와 주면마찰저항 둘 다의 지지저항을 받는 말뚝을 의미한다. 그러면 현장타설말뚝은 이들 중 어떤 지지기능의 말뚝일까? 불행하게도 이에 대한 명확한 해답이 없이 현재 현장타설말뚝은 대부분 암반에 근입시켜 선단지지말뚝(암반근입말뚝)으로 활용하는 경우가 많다.[22]

현장타설말뚝은 상부하중을 지지층에 전달할 때 지지력 부족으로 인한 지반의 전단파괴나 과다침하가 발생하지 않도록 해야 한다. 현장타설말뚝의 경우는 지지성능이 불명확하여 말뚝의 안정성 예측이 맞지 않을 때가 종종 발생한다. 현장타설말뚝의 안정성을 예측하기 위한 확실한 방법은 실제 지반에 설치된 말뚝에 직접 하중을 가하여 지지력을 결정하는 말뚝재하시험을 이용하는 방법이다. 그러나 말뚝재하시험 결과로 지지력을 판정하는 경우 분석방법 및 판정기준이 다양하기 때문에 산정된 지지력 사이에 차이가 크다. 심지어는 기존의 분석방법 및 판정기준을 현장타설말뚝의 말뚝재하시험 결과에는 적용할 수 없는 경우도 존재한다. 따라서 편리하고 객관적이며 신뢰할 수 있는 지지력 판정기준의 확립이 필요하다.[15]

더욱이 암반에 근입된 현장타설말뚝의 지지력 산정방법은 그 기준이 명확하게 정립되어 있지 않은 상태이므로 국내실무에서 제정된 각종 설계기준은 대부분 외국에서 제안된 각종 설계기준이나 연구 결과가 그대로 준용되고 있는 실정이다.[5]

외국기준에 제시된 현장타설말뚝 선단지지력 산정법으로는 기반암의 일축압축강도, 변형계수, RQD 등을 이용한 경험식을 활용하는 방법이 있다.[36,44,60] 예를 들어, Ladanyi and Roi(1971)의 제안식(38)은 기반암의 일축압축강도와 절리면의 틈새 및 간격을 모두 고려하도록 제안되었으며 Rowe and Armitage(1987a)[48]와 Zhang and Einstein(1998)[60] 등은 기반암의 일축압축강도만을 이용하여 말뚝의 선단지지력을 산정하는 경험식을 제안하였다.

한편 Peck, Hansen and Thorburn(1974)[44]의 주장에 의하면 기반암에 대한 극한지지력은 의미가 없으며 말뚝침하량이 상부에 유해한 영향을 미치지 않도록 해야 한다는 개념에서 말뚝침하량에 영향을 미치는 RQD 기준으로 허용지지력을 제안하였다.

이들 연구 결과에도 불구하고 동일조건의 암반근입 현장타설말뚝에 대해서 여러 설계기준과 제안식을 적용하여 산정된 말뚝의 지지력은 서로 다른 결과를 보이는 것이 현실이다.[8,60] 특히 우리나라에서는 말뚝을 설계할 때 말뚝의 주면마찰력을 고려하지 않고 무조건 연암에 지지시켜 지지말뚝으로 설계하는 경우가 많다. 그러나 실제 말뚝의 주면마찰력이 상당히 발휘되므로 주면마찰력에 대한 보다 정확한 평가를 통하여 마찰말뚝의 활성화에 대한 적극적인 노력이 필요하다.(7)

이러한 연구의 일환으로 하중전이 측정이 수반된 현장타설말뚝의 정재하시험을 실시하고 있다. 하중전이측정이 수반된 말뚝재하시험에서는 시험말뚝에 축하중 계측용 센서를 설치하여 외주면 마찰저항력과 선단저지력을 각각 분리하여 측정하고 있다.(10) 말뚝의 하중전이시험에 관하여는 제12장에서 자세히 설명되어 있으므로 그곳을 참조하기로 한다.

유럽이나 미국에서는 1960년대부터 1970년대 사이에 말뚝의 선단과 주면에서 전이된 하중과 말뚝의 침하거동에 대한 광범위한 연구가 수행되었고,(57) 보다 향상된 설계법과 시공법들이 개발되었다.(1) 특히 1970년대부터 1980년대까지는 암반에 근입된 말뚝의 설계기법과 관련된 연구가 상당한 관심을 끌게 되었으며, 이들 연구 결과에 의하여 암반에 근입된 현장타설말뚝의 거동에 관한 이해를 높일 수 있었다.(30,32,37,45,47,49) 그러나 아직도 현장타설말뚝과 지반 사이의 상호작용에 관한 연구 및 설계는 상당부분이 경험에 의존하고 있는 것이 현재의 상황이다.

일반적으로 우리나라에서 시공되는 현장타설말뚝은 연암층에 말뚝직경의 한 배 이상을 근입시키고 있다. 그리고 현장타설말뚝은 대부분의 경우 하중재하 시 침하량이 미소하여 항복하중과 극한하중을 명백하게 규명하기가 어렵다. 하중-침하량 관계곡선에서 항복하중과 극한하중의 판정기준으로 도해법을 이용하는 경우 각 기준에 대한 차이가 상당히 크게 나타난다. 따라서 현장타설말뚝의 지지특성을 보다 정확히 평가할 수 있는 기준의 정립이 필요한 실정이다.

또한 우리나라 지층특성은 일반적으로 다층지반으로 이루어져 있고 기반암층이 지표면으로부터 비교적 얕은 위치에 분포한다. 따라서 말뚝길이가 비교적 짧은 유한장의 말뚝이 많다.

7.1.2 국내 시공 사례

현장타설말뚝(cast-in-situ piles)기초는 1970년대부터 국내에서도 장대교량이나 초고층 건물의 기초로 많이 활용되어오고 있다. 현장타설말뚝은 지지구조물의 종류나 하중지지기능에 따라 여러 형태로 분류된다. D'Appolonia et al.(1975)은 그림 7.1에 도시된 바와 같이 현장타설말뚝을 지지기능에 따라 마찰말뚝, (선단)지지말뚝, 암반근입말뚝의 세 가지로 구분하였다.(22)

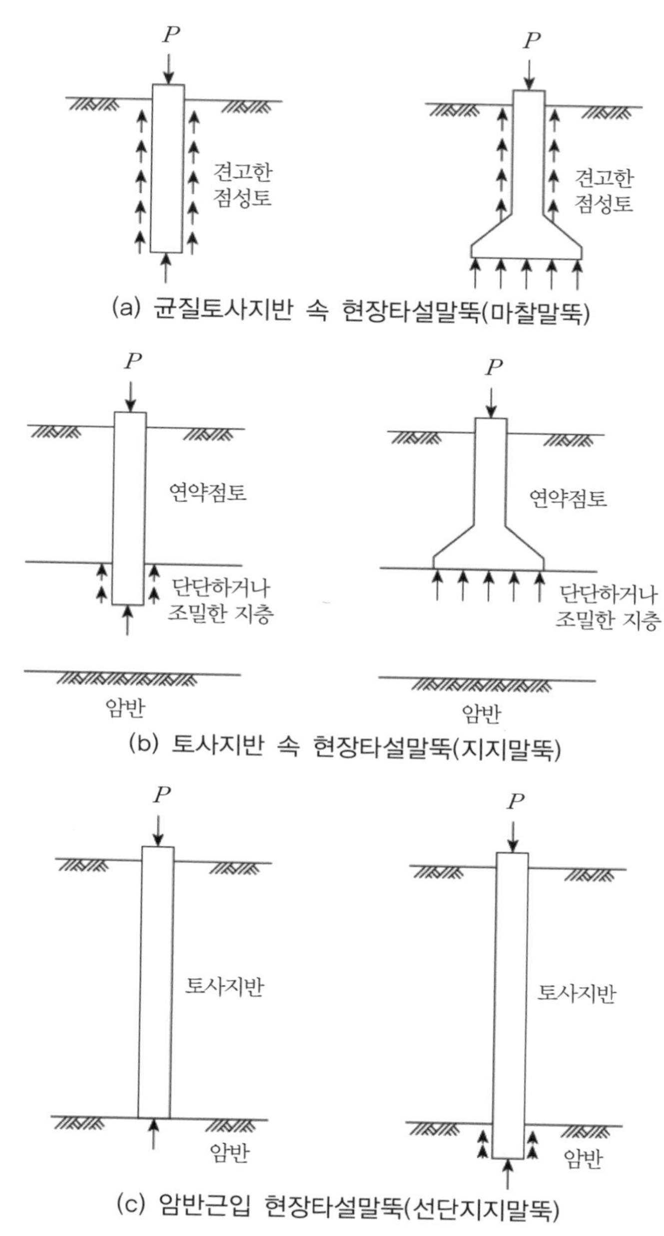

그림 7.1 현장타설말뚝의 종류[22]

우선 균질토사지반에 설치된 현장타설말뚝의 지지력은 말뚝주면에서의 마찰저항력과 선단지지력에 의해 결정된다. 이런 형태의 현장타설말뚝은 마찰말뚝과 유사하며 대개 중간 정도 이하의 지지력을 갖는다. 토사지반에 설치된 이런 현장타설말뚝은 가끔 선단지지력을 증가시키기 위해 선단을 종모양으로 확대 설치하기도 한다. 선단확대의 경우 선단에서의 접지응력을 감소시키며 선단지지력을 증대시킬 수 있다. 가끔 선단을 소켓트 형태로 암반에 근입시키면 선단지지력성분과 근입부의 주면마찰력 성분을 함께 증대시킬 수 있다.

일반적으로 현장타설말뚝은 연약지반을 관통하여 단단한 토사지반이나 암반지반에 지지시킨다. 이때 연약지반을 관통한 부분의 말뚝주면 마찰성분은 무시하고 말뚝을 두부에 작용하는 하중과 선단에서의 저항력으로 지지되는 압축부재로 설계한다.

일반적으로 현장타설말뚝은 직경이 750mm 이상으로 소정의 깊이까지 천공한 후 굴착공 바닥을 확인하고 지중에 마련된 수직공간에 콘크리트 또는 철근콘크리트를 타설하여 조성한 말뚝을 일컫는다. 현장타설말뚝기초는 기성말뚝기초보다 적은 수의 말뚝을 사용하는데 이는 현장타설말뚝이 기성말뚝보다 더 큰 지지력을 발휘할 수 있어서 구조물에 사용되는 현장타설말뚝의 수를 상대적으로 줄일 수 있기 때문이다. 현장타설말뚝에는 무리말뚝에 사용되는 말뚝캡이 필요 없고 직경이 크기 때문에 연결철근(dowel)이나 앵커 및 지지판을 직접기둥에 연결시킬 수 있으며 굴착공 바닥을 직접 관찰할 수 있다.

현장타설말뚝기초는 두부에 작용하는 큰 수평하중과 모멘트에도 저항할 수 있도록 설계할 수 있고 시공 시 소음 및 진동을 최소화할 수 있다. 그리고 인발저항에도 효과적이며 항타 시공이 어려운 자갈층, 호박돌층, 암반층에서는 기성말뚝보다 상대적으로 시공이 유리하다.

최근에 사용되는 시공기술은 천공 시 천공공벽 보호방법에 따라 건식공법(dry method), 케이싱공법(casing method), 슬러리공법(slurry method)의 3가지로 크게 구분된다.

국내에서 시공되고 있는 현장타설말뚝은 베노토공법과 RCD(Reverse Circulation Drilling) 공법을 조합하여 사용하고 있다. 즉, 토사 및 풍화암 구간에서 시공하는 경우 해머그래브를 이용한 베노토공법을 사용하고 풍화암의 강도가 큰 경우에는 치즐링(chiselling)을 하여 풍화암을 파쇄한 후 해머그래브를 이용하여 파쇄된 암버럭을 처리한다. 그리고 연암 이상의 암강도를 가지는 구간에서는 특수비트를 부착한 RCD 공법을 이용하여 천공하는 것이 일반적이며 공벽붕괴를 방지하기 위해 굴착공 전 구간에 올케이싱을 하고 천공하는 예가 많다. 어스드릴(earth drill)공법은 다층지반과 암구간을 천공해야 하는 경우가 대부분인 우리나라에서는 적용성이 떨어진다.

또한 국내에서 시공되는 현장타설말뚝은 설계 시 일반적으로 중간지지층의 길이 및 연경도에 상관없이 말뚝선단을 연암층에 직경의 1배 이상 관입토록 하는 관행적인 설계 때문에 과다설계의 원인이 되기도 한다.

현장타설말뚝은 기성말뚝보다 직경이 크므로 수평저항력이 크고 파압에 의한 수평력을 효과적으로 저항 할 수 있으므로 수중공사에 많이 사용되고 있는 실정이다.

표 7.1은 1990년대 국내 교량공사에 현장타설말뚝을 사용한 대표적 시공 사례를 정리한 표이다. 이 표에서 보는 바와 같이 우리나라에서 시공된 대표적 현장타설말뚝의 직경은 1.0~2.5m 사이이나 주로 1.5m 직경의 경우가 많이 사용되었다. 시공법으로는 올케이싱공법을 주로 사용하여 연암층에 관입 시공하였다.

표 7.1 현장타설말뚝의 국내 시공 사례[2]

건설공사명	직경(m)	시공법	시공위치	말뚝선단지반	기타 사항
남항대교(1997)	1.8	항타관입	해상	지갈층/풍화암층	속채움 미실시
	1.5	올케이싱공법	육상	연암층	케이싱 회수
광안대로(1994)	2.5	올케이싱공법	해상	연암층	속채움 콘크리트
	2.5	올케이싱공법	해상 (일부 육상)	연암층	케이싱 회수
	1.5				
	1.0				
가양대교(1994)	1.5	올케이싱공법	축도부	연암층	케이싱 회수
방화대교(1993)	1.5	올케이싱공법	축도부	연암층	케이싱 회수
영종대교(1993)	1.5	올케이싱공법	해상	연암층	희생강관 사용
	1.0	올케이싱공법	축도부	연암층	희생강관 사용
서해대교(1992)	2.5	올케이싱공법	해상부	연암층	희생강관 사용
	1.5	올케이싱공법	축도부 해상부	연암층	희생강관 사용
고속철도(1991)	–	올케이싱공법	육상	연암층	케이싱 회수

현장에서는 주로 무리말뚝 형태로 시공되기 때문에 단일말뚝보다 무리말뚝의 거동특성과 안정성이 중요하다. 그러나 무리말뚝효과에 대한 연구는 현장말뚝재하시험의 한계로 인해 수치해석법을 이용하여 단일말뚝과의 거동 차이를 연구하여 비교함으로써 파악하고 있다.

그리고 선단부의 구속조건이 설계 시와 다르게 고정조건에서 힌지조건으로 변하므로 지지특성에 대한 사전평가가 어려운 실정이다. 특히 현장타설말뚝의 침하특성은 선단부 불연속면의 특성 및 작용하중에 따라 다르므로 정량적인 평가가 더욱 어렵다고 볼 수 있다. 만약 현장타설말뚝의 지지거동특성을 정량적으로 평가할 수 없다면 시공된 말뚝의 안정성이 문제가 될 수 있고 그로 인하여 상부구조물에 심각한 피해를 줄 수 있다. 지금까지 현장타설말뚝에 대한 연구는 주로 말뚝재하시험 결과에 대하여 수행되거나 말뚝선단에서 채취한 암석시료의 일축압축강도에 의하여 지지력을 추정하는 방법으로 수행되어왔다.[3,60]

그러나 암반에 근입된 현장타설말뚝의 침하거동분석은 미진한 상태이다. 최근 홍원표 연구팀은 표 7.2에 정리된 암반에 근입된 35개의 현장타설말뚝에 대하여 1995년 이후 실시된 말뚝재하시험 측정자료를 근거로 현장타설말뚝의 지지력특성에 관한 연구를 수행한 바 있다.[6,13,14]

표 7.2에서 보는 바와 같이 이들 말뚝재하시험의 하중재하방식은 어스앵커의 반력을 이용하는 방법, 주변말뚝의 인발저항력을 이용하는 방법 그리고 사하중(콘크리트 블록)을 직접 재하 하는 방법 순으로 많이 수행되었음을 알 수 있다. 시험하중이 클 경우는 어스앵커 반력 또는 콘크리트 블록을 이용한 재하 방법을 많이 사용하였고 시험하중이 작은 경우는 주변말뚝의 인발저항력을 이용하는 방법을 사용하고 있다.

말뚝재하시험에 적용된 시험하중의 크기는 획일적으로 설계하중의 두 배를 취하고 있으며 말뚝두부에 하중을 가하는 방법은 반복하중재하방법을 주로 사용하고 있다. 그러나 종종 현장타설말뚝의 허용지지력은 최대시험하중에서도 항복하중이 발생되지 않아 최대시험하중을 항복하중으로 보고 안전율 2를 적용하여 허용지지력을 산정하고 있다.

현장타설말뚝의 직경은 1.2m와 1.5m가 주로 많이 사용되고 있으며 말뚝의 시공길이는 11.1m에서 36.6m까지 다양하다. 그리고 현장타설말뚝의 선단부는 연암층에 1m 또는 말뚝직경 이상의 깊이로 관입한다. 또한 현장타설말뚝의 길이는 지지층의 분포심도와 직접적인 상관관계가 있는 것으로 조사되었다. 즉, 현장타설말뚝의 설계길이는 시추조사 결과를 기준으로 연암층 분포심도까지의 깊이에 말뚝직경의 (1~2)배 이상의 관입길이를 더한 길이와 일치하고 있다.

어스앵커의 인발저항력을 이용한 말뚝재하시험의 경우는 시험말뚝으로부터 최소 $5d$(말뚝직경의 5배) 또는 2m 이상 이격시켜 어스앵커를 설치해야 한다. 한편 주변말뚝의 반력을 이용한 말뚝재하시험의 경우는 시험하중 재하 시 인발 가능성에 대한 검토와 규격화된 배치가 요구된다. 그리고 재하대 지지면이 연약할 경우는 지반을 개량하여 재하대의 안정성이 확보된 상태에서 시험을 실시해야 한다. 실하중(철근 또는 콘크리트 블록)을 이용하여 재하시험을 수행할 때 주의사항은 재하대와 무게중심을 일치시켜 편심이 발생되지 않게 하여야 한다.

한편 표 7.3은 이들 말뚝재하시험을 수행한 현장 중 지반자료가 있는 27개 현장의 지층구성을 정리한 결과이다. 표 7.3에서 보는 바와 같이 대부분의 현장은 지표면으로부터 토사층, 풍화암층, 연암층의 순으로 지층이 구성되어 있다. 대부분의 현장타설말뚝은 풍화암과 연암에 근입되어 있고 이들 기반암은 화성암, 변성암, 퇴적암으로 고루 구성되어 있다. 우선 화성암으로는 화강암이 주로 구성되어 있으며 변성암으로는 편마암이 주로 구성되어 있다. 또한 퇴적암으로는 사암, 세일, 이암, 역암 등이 존재하고 있다.

표 7.2 현장타설말뚝 재하시험 사례[14]

시험 말뚝 번호	말뚝길이 (m)	직경 (m)	지지층 (심도, m)	설계하중 (ton)	시험하중 (ton)	재하방식	허용지지력 (ton)	전체 침하량 (mm)	잔류 침하량 (mm)
1	29.5	1.5	연암(1.5)	400	1,100	Con'c 블록	498(F_S=1.5)	7.61	1.82
2	27.3	1.5	연암(1.05)	400	1,200	Con'c 블록	494(F_S=1.5)	4.95	0.16
3	24.0	1.0	연암(7.2)	453	1,400	어스앵커	508(F_S=2.0)	7.563	2.037
4	24.5	1.0	연암(6.5)	453	1,400	어스앵커	544(F_S=2.0)	6.857	1.34
5	19.7	1.8	연암(2.7)	919	1,860	어스앵커	930(F_S=2.0)	12.98	2.36
6	32.7	1.2	연암(1.0)	394	800	주변말뚝	400(F_S=2.0)	5.43	0.51
7	16.7	1.5	연암(1.5)	930	1,880	어스앵커	940(F_S=2.0)	17.88	5.39
8	23.4	1.5	연암(2.0)	630	1,400	어스앵커	700(F_S=2.0)	10.18	2.0
9	11.1	1.2	풍화암(5.0)	486	1,000	어스앵커	500(F_S=2.0)	6.50	1.53
10	14.8	1.5	연암(3.3)	710	1,500	어스앵커	750(F_S=2.0)	8.57	0.79
11	20.0	1.5	연암(2.5)	900	1,800	어스앵커	900(F_S=2.0)	12.2	2.75
12	21.5	1.5	연암(1.5)	710.5	1,500	어스앵커	750(F_S=2.0)	8.29	2.86
13	31.8	1.5	연암(4.2)	803	1,600	Con'c 블록	800(F_S=2.0)	6.82	1.52
14	15.8	1.5	풍화암(2.5)	356	800	어스앵커	400(F_S=2.0)	6.51	1.89
15	21.0	1.5	연암(7.2)	500	1,759	어스앵커	879(F_S=2.0)	9.393	1.0
16	19.3	1.5	연암(2.9)	670.5	1,350	어스앵커	750(F_S=2.0)	7.10	1.41
17	15.5	1.5	풍화암(12.5)	594.8	1,208	어스앵커	604(F_S=2.0)	3.15	0.247
18	28.4	1.5	연암(1.5)	520	1,200	어스앵커	600(F_S=2.0)	6.37	1.52
19	25.58	1.5	풍화암(14.6)	750	1,500	어스앵커	750(F_S=2.0)	7.10	1.41
20	25.60	1.5	풍화암(13.8)	750	1,500	어스앵커	750(F_S=2.0)	10.57	4.8
21	26.80	1.5	풍화암(2.6)	482	1,200	어스앵커	600(F_S=2.0)	8.762	1.65
22	32.99	1.5	연암(1.5)	489	1,000	어스앵커	500(F_S=2.0)	9.04	2.17
23	8.9	1.5	연암(1.7)	572	1,300	어스앵커	650(F_S=2.0)	7.87	3.27
24	33.0	1.5	연암(1.5)	499	1,000	어스앵커	500(F_S=2.0)	5.98	2.19
25	33.5	1.0	풍화암(7.0)	241	720	주변말뚝	360(F_S=2.0)	5.43	0.5
26	34.5	1.5	풍화토(14.8)	336	800	어스앵커	350(F_S=2.0)	10.85	6.0
27	20.0	1.5	연암(1.5)	652	1,400	Con'c 블록	700(F_S=2.0)	10.05	2.13
28	25.9	1.5	연암(1.02)	760	1,560	Con'c 블록	780(F_S=2.0)	9.36	1.93
29	27.9	1.2	연암(1.1)	300	600	주변말뚝	300(F_S=2.0)	3.58	0.76
30	22.5	1.2	연암(1.5)	300	600	주변말뚝	300(F_S=2.0)	4.45	1.18
31	24.4	1.2	연암(1.5)	300	600	주변말뚝	300(F_S=2.0)	3.23	0.24
32	36.6	1.2	연암(1.5)	300	600	주변말뚝	300(F_S=2.0)	3.31	0.15
33	18.3	1.5	연암(1.6)	421	900	주변말뚝	450(F_S=2.0)	4.00	0.89
34	12.2	1.5	연암(2.5)	421	900	주변말뚝	450(F_S=2.0)	2.50	0.24
35	30.6	1.5	풍화암(2.6)	564	1,200	어스앵커	600(F_S=2.0)	8.762	1.65

표 7.3 말뚝재하시험을 실시한 현장의 지층구성[14]

시험말뚝 번호	토층 층두께(m)(N값)			풍화토	풍화암	연암	비고
1	실트질 모래층 5.6(5~15/30)	모래질 자갈층 21.2(49/30~50/10)		–	1.2(50/4)	1.5 TCR 0~38% RQD 0~21%	흑운모 편마암
2	모래질 자갈층 11.3 (32/30~50/15)	실트질 모래층 2.0(24/30)	모래질 자갈층 9.0 (50/16~50/13)	–	4.05 (50/13~50/15)	1.05 TCR 0~38% RQD 0~21%	화강암
3	점토층 4.8(6/30~8/30)	자갈적선층 10.2(50/16)		–	1.8(50/7)	7.2 TCR 17~91% RQD 20~47%	사암 세일
4	점토층 4.0(7/30~8/30)	자갈적선층 11.7(50/15)		–	1.5(50/7)	6.5 TCR 17~91% RQD 20~47%	사암 세일
5	모래층 7.0 (5/30~15/30)	모래자갈층 2.0(27/30)	자갈층 7.0 (50/17~50/9)	–	1.0(50/9)	2.7 TCR 31% RQD 0%	편마암
6	모래층 12.20(5/30~44/30)	자갈층 15.50(44/30~50/2)		–	3.0 (50/10~50/4)	1.0	사암
7	모래질 실트 3.5(3/30~4/30)	실트질 모래 9.7(4/30~9/30)		—	2.0(6/50)	1.5 TCR 10% RQD 0%	편마암
8	실트질 모래층 7.9 (4/30~7/30)	모래층 4.5(39/30)	모래자갈층 1.5(44/30)	–	7.5 (50/15~50/3)	2 TCR 31% RQD 0%	화강암
9	실트질 모래층 2.5(10/30)	모래층 5.6(7/30)	모래자갈층 1.3(25/30)	–	1.4(50/5)	0.3 TCR 41% RQD 10%	화강암
10	실트질 모래층 3.6(6/30~12/30)	자갈 섞인 모래층 0.7(50/5)		–	7.2 (50/8~50/3)	3.3 TCR 100% RQD 0%	화강암
11	모래층 6.5 (5/30~10/30)	자갈층 3.5(25/30)	모래층 5.3 (5/30~50/9)	–	1.2(50/3)	2.5 TCR 25% RQD 0%	화강암질 편마암
12	실트질 모래층 10.9(9/30~34/30)			–	9.1(50/10)	1.5 TCR 0% RQD 0%	세일 및 역암
13	실트질 모래층 8.17(16/30~23/30)			4.5 (50/20~50/170)	15.0 (50/13~50/30)	TCR 50% RQD 2.5%	흑운모 편마암
14				13.3(19/30)	2.5 (50/10~50/5)	–	–
15	점토질 모래층 10.0(1/30~22/30)	점토층(자갈 함유) 3.9(44/30~50/20)		–	–	7.2 TCR 0~80% RQD 0~40%	이암, 사암
16	모래층 9.8(6/30~15/30)	모래 섞인 자갈층 4.7(23/30~37/30)		–	1.9(50/4)	2.9 TCR 20% RQD 0%	편마음
17	실트 및 자갈 섞인 모래층 3.0(18/30~50/30)			–	12.5 (50/14~50/4)	–	–

표 7.3 말뚝재하시험을 실시한 현장의 지층구성(계속)[14]

<table>
<tr><th rowspan="2">시험말뚝 번호</th><th colspan="3">토층</th><th rowspan="2">풍화토</th><th rowspan="2">풍화암</th><th rowspan="2">연암</th><th rowspan="2">비고</th></tr>
<tr><th colspan="3">층두께(m)(N값)</th></tr>
<tr><td rowspan="2">18</td><td colspan="2">실트 섞인 모래층</td><td>모래 섞인 자갈층</td><td rowspan="2">1.8</td><td rowspan="2">5.75(50/5)</td><td rowspan="2">1.5
TCR 30~60%
RQD 0~23%</td><td rowspan="2">편마암</td></tr>
<tr><td colspan="2">11.7(4/30~13/30)</td><td>7.7(50/12~50/3)</td></tr>
<tr><td rowspan="2">19</td><td colspan="2">모래 섞인 자갈층</td><td>자갈 섞인 전석층</td><td rowspan="2">2.8(50/30)</td><td rowspan="2">14.6
(50/12~50/4)</td><td rowspan="2">-</td><td rowspan="2">화강암</td></tr>
<tr><td colspan="2">5.1</td><td>3.1</td></tr>
<tr><td rowspan="2">20</td><td colspan="2">모래 섞인 자갈층</td><td>자갈 섞인 전석층</td><td rowspan="2">4
(50/23~50/11)</td><td rowspan="2">13.8
(50/10~50/3)</td><td rowspan="2">-</td><td rowspan="2">화강암</td></tr>
<tr><td colspan="2">6.2</td><td>1.6</td></tr>
<tr><td rowspan="2">21</td><td>매립층</td><td>모래층</td><td>자갈층</td><td rowspan="2">4
(50/19~50/15)</td><td rowspan="2">2.6(50/4)</td><td rowspan="2">-</td><td rowspan="2">-</td></tr>
<tr><td>3.3
(19/30~20/30)</td><td>6.2
(19/30~22/30)</td><td>10.8
(46/30~50/4)</td></tr>
<tr><td rowspan="2">22</td><td colspan="2">모래 섞인 실트층</td><td>자갈층</td><td rowspan="2">2.8
(50/26~50/20)</td><td rowspan="2">7
(50/10~50/2)</td><td rowspan="2">1.5
TCR 0%
RQD 0%</td><td rowspan="2">-</td></tr>
<tr><td colspan="2">16.2(2/30~13/30)</td><td>1.0(26/30)</td></tr>
<tr><td>23</td><td colspan="3">-</td><td>3.4
(38/30~50/18)</td><td>3.8
(50/10~50/3)</td><td>1.7
TCR 0%
RQD 0%</td><td>편마암</td></tr>
<tr><td rowspan="2">24</td><td colspan="2">실트 섞인 모래층</td><td>자갈층</td><td rowspan="2">2.8
(50/23~50/18)</td><td rowspan="2">11.0
(50/10~50/2)</td><td rowspan="2">1.5
TCR 30%
RQD 0%</td><td rowspan="2">편마암</td></tr>
<tr><td colspan="2">17.0(3/30~38/30)</td><td>0.7(38/30)</td></tr>
<tr><td rowspan="2">25</td><td colspan="2">모래층</td><td>자갈층</td><td rowspan="2">-</td><td rowspan="2">-</td><td rowspan="2">7.0
TCR 10%
RQD 0%</td><td rowspan="2">편마암</td></tr>
<tr><td colspan="2">4.8(3/30~10/30)</td><td>21.7(10/30~50/2)</td></tr>
<tr><td rowspan="2">26</td><td colspan="2">실트질 점토층</td><td>자갈층</td><td rowspan="2">14.8</td><td rowspan="2">-</td><td rowspan="2">-</td><td rowspan="2">-</td></tr>
<tr><td colspan="2">17.8</td><td>1.9</td></tr>
<tr><td rowspan="2">27</td><td>자갈층</td><td>모래층</td><td>자갈층</td><td rowspan="2">-</td><td rowspan="2">0.4</td><td rowspan="2">1.5
TCR 31%
RQD 0%</td><td rowspan="2">편마암</td></tr>
<tr><td>4.3(43/30)</td><td>6.8
(14/30~22/30)</td><td>6.6
(50/13~50/9)</td></tr>
</table>

7.1.3 장대교량기초말뚝(RCD말뚝)의 시공 사례

(1) RCD말뚝 및 지반 개요

대상현장은 서울의 한강을 횡단하는 가양대교 건설현장으로서 교각부와 교대부에 각각 시공된 RCD(Reverse Circulation Drilling)말뚝에 대하여 말뚝재하시험을 수행하였다.[6] 이들 말뚝재하시험에 관한 자료는 표 7.2의 시험말뚝 1과 시험말뚝 2에 해당하며 올케이싱공법으로 시공하였다. 이들 시험말뚝은 말뚝재하시험 후 교량의 본 말뚝으로 사용되는 관계로 말뚝과 주변지반의 파괴가 발생되지 않는 범위 내에서 최대하중을 결정하였다. 시험말뚝 1과 시험말뚝 2의 말뚝길이는 각각 29.48m와 27.34m, 풍화암 근입깊이는 각각 1.2m와 4.05m, 연암 근입깊이는 각각 1.5m와 1.05m이다. 그러나 말뚝직경은 1.5m로 두 말뚝 모두 동일하다.

말뚝재하시험 소요 일수는 3일이며 시험말뚝 1의 경우는 반복재하방법(cyclic loading test)을 적용하였고 시험말뚝 2의 경우는 표준재하방법(standard loading test)에 의해 재하시험을 수행하였다.[17] 재하하중은 콘크리트블록을 이용한 실하중재하방법으로 수행하였다(사진 7.1 참조).

사진 7.1 현장실험 사례 1 현장 실하중재하전경

시험말뚝 1과 시험말뚝 2의 최대시험하중은 각각 1,100t과 1,200t으로 하였다. 대중량의 하중이 재하되므로 재하대 설치 전에 편심 및 지지지반에 대한 안전성 검토를 실시하여 재하대의 소요재원을 결정하였다.

또한 그림 7.2와 같이 하중재하 시 편심을 최대한 억제하기 위해 유압잭을 4개소에 설치하였고 측정오차를 최소화하기 위해 4개의 하중계를 대칭적으로 배치하였다. 그리고 침하량 측정장치인 다이얼게이지는 총 4개소로 서로 대칭방향으로 설치하여 측정하였다.

시험지역이 한강 하류지역에 위치하므로 비교적 완만한 지형을 형성하고 있으며 지질특성은 매립토와 제4기 충적토 및 경기편마암 복합체에 속하는 변성암류인 호상 흑운모편마암(Biotite banded Gneiss)이 존재하고 있다. 말뚝이 설치된 지반의 토질주상도는 그림 7.3과 같다.

이 지역 토층은 상부로부터 매립토층, 충적토층, 풍화암층 및 연암층의 순으로 분포하고 있다. 한강의 북측과 남측은 모래층과 모래자갈층이 약 20m 두께로 중간밀도 또는 대단히 조밀한 밀도로 분포하고 하부로 내려갈수록 자갈이 많아진다.

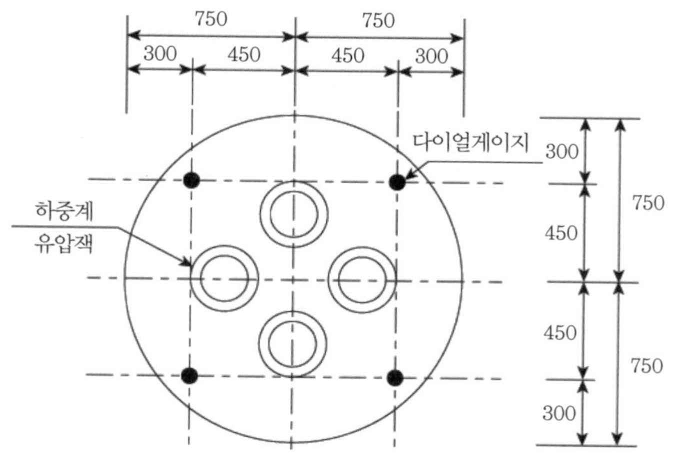

그림 7.2 계측기 설치도

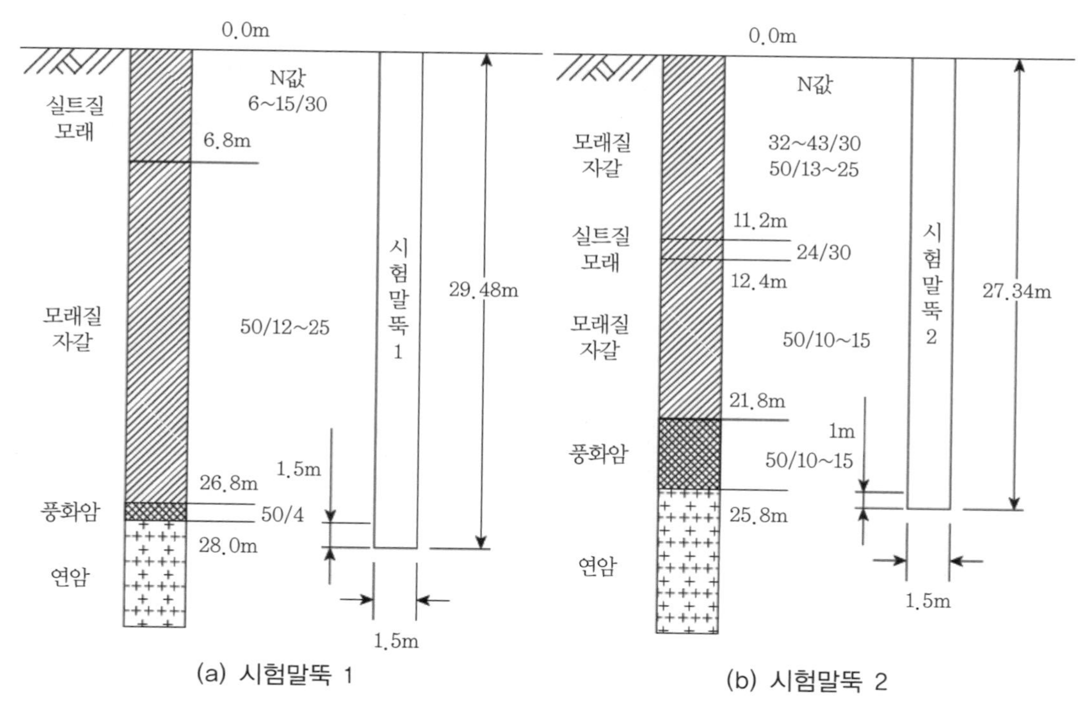

그림 7.3 시험말뚝 위치에서의 토질주상도

풍화대의 상부는 심하게 풍화된 상태로 손으로 쉽게 부서지며 균열 및 절리가 발달하여 거의 토사에 가까운 상태이나 하부로 갈수록 조밀해진다. 그리고 풍화대 하부는 약간 풍화된 상태의 연암이 분포하고 있으며 부분적으로 암편상 또는 단주상의 코아가 회수되었다. 풍화암의 TRC는 0~38%이고 RQD는 0~21% 정도로 나타났다.

(2) 말뚝재하시험 하중재하방법

시험말뚝 1의 반복재하방법에서는 시험하중을 50, 100, 200, 300, 400, 500, 600, 700, 800, 900, 1,000, 1,100t의 12단계로 나누어 재하한다.

각 하중단계에서 말뚝머리의 침하량이 시간당 0.25mm 이하가 될 때까지(단 최대 2시간을 넘지 않도록) 재하하중을 유지한다.

설계하중의 200%인 최종재하단계에서는 침하량이 시간당 0.25mm 이하일 경우 12시간, 그렇지 않을 경우 24시간 동안 하중을 유지한다.

제하(unloading)단계에서는 총 시험하중을 설계하중의 25%씩 각 단계별로 1시간씩 간격을 두어 제하한다. 만약 시험 도중 말뚝의 파괴가 발생할 경우 총침하량이 말뚝머리의 직경 또는 대각선 길이의 15%에 도달할 때까지 제하를 계속한다.

이러한 말뚝재하시험방법에 의하여 실시한 시험말뚝 1의 말뚝재하시험 결과를 하중-시간-침하량 곡선으로 나타내면 그림 7.4(a)와 같다.

이 그림에 의하면 최대시험하중인 1,100t 재하 시 전체 침하량이 7.6mm 발생하였으며 하중을 완전히 제거한 후 탄성침하량은 5.8mm이고 잔류침하량은 1.8mm로 나타났다.

한편 시험말뚝 2의 표준재하방법은 총 시험하중을 50, 100, 200, 300, 400, 500, 600, 700, 800, 900, 1,000, 1,100, 1,200t의 13단계로 나누어 재하한다.

재하하중단계가 설계하중의 50%, 100%, 150%에 도달할 때 재하하중을 1시간 동안 유지시킨 후 표준재하방법의 재하 시와 같은 단계를 거쳐 단계별로 20분 간격을 두면서 제하한다.

하중을 완전히 제하한 후 설계하중의 50%씩 단계적으로 다시 재하하고 표준재하방법에 따라 다음 단계로 재하한다. 재하하중이 총 시험하중에 도달하게 되면 12시간 또는 24시간 동안 하중을 유지시킨 후 제하하되 그 절차는 표준제하방법과 같이 한다.

그림 7.4(b)는 시험말뚝 2에 대한 하중-시간-침하량 곡선을 나타내고 있다. 이 그림에 의하면 최대시험하중 1,200t 재하 시 전체침하량이 5.0mm 발생하였으며 하중을 완전히 제거한 후 탄성침하량은 4.8mm이고 잔류침하량은 0.2mm로 나타났다.

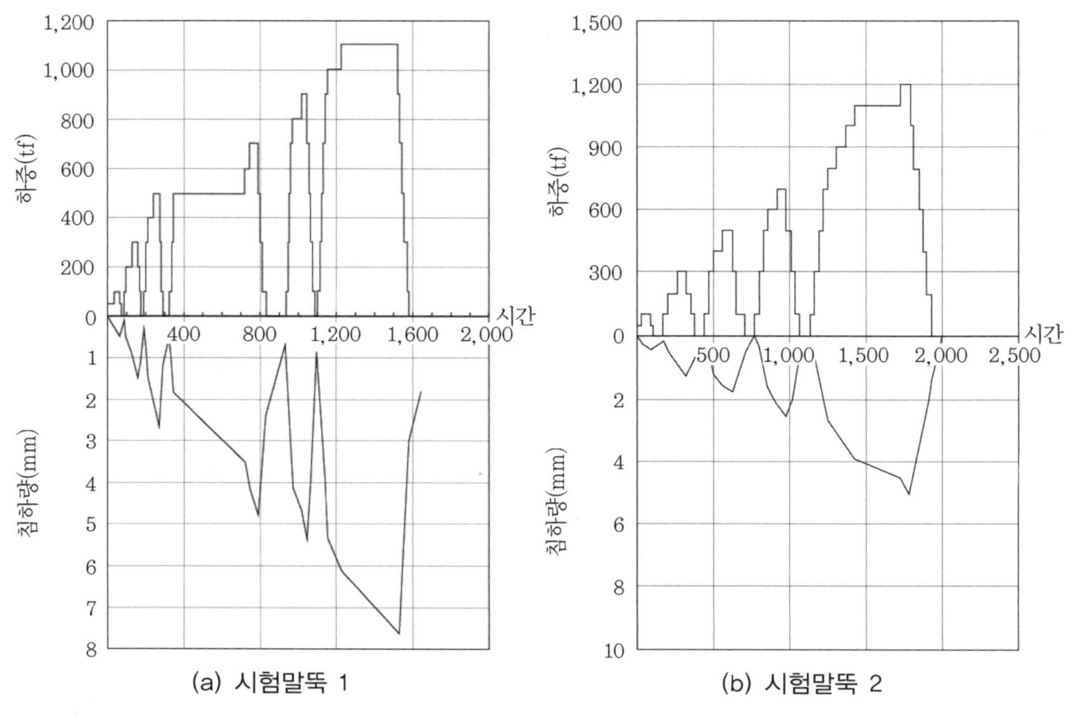

(a) 시험말뚝 1　　　　　　　　　　(b) 시험말뚝 2

그림 7.4 말뚝재하시험의 하중-시간-침하량 곡선(RCD말뚝)

7.1.4 건물기초말뚝의 시공 사례

(1) PRD말뚝 및 지반 개요

현장타설말뚝을 시공한 또 다른 현장은 그림 7.5에 도시한 바와 같이 울산광역시 중구에 위치한 대형쇼핑센터 신축공사현장이다.[(6)] 이 대형쇼핑센터의 기초로 PRD(Percussion Rotary Drilling)말뚝이 설치되어 있었다. 그림 7.5에 도시된 2개소에 설치된 PRD말뚝을 선정하여 말뚝재하시험(정재하시험)을 실시하여 지지력을 평가하였다.

이들 현장타설말뚝의 재원은 표 7.2에 정리된 시험말뚝 3과 시험말뚝 4에 해당하며 올케이싱공법으로 시공되었다. 시험말뚝 3과 시험말뚝 4의 길이는 각각 24.0m와 24.5m이며 직경은 모두 1.0m이다.

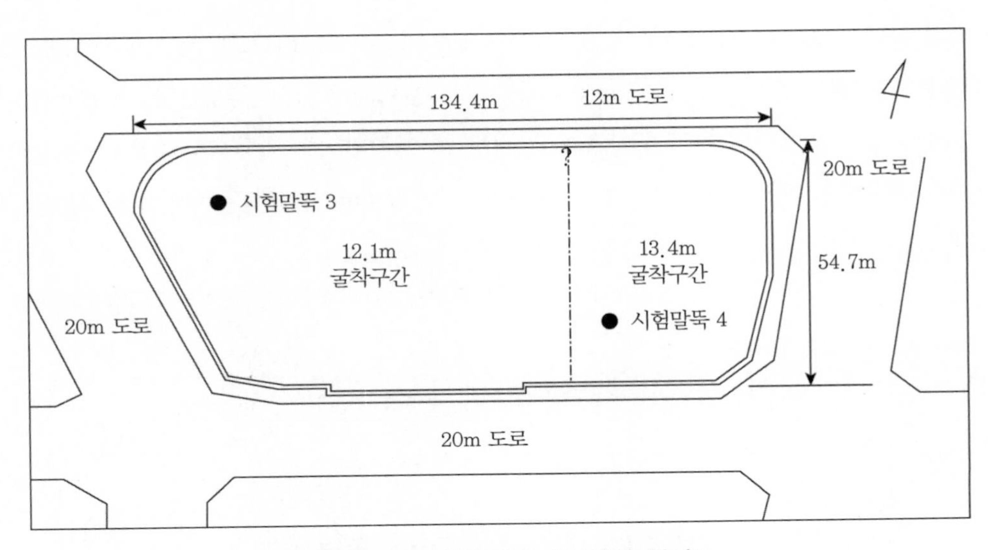

그림 7.5 PRD말뚝현장 재하시험 위치도

PRD말뚝은 케이싱과 에어해머가 정·역회전을 하면서 천공하므로 케이싱으로 천공 상부로부터의 공벽붕괴를 방지하고 에어해머에 의하여 굴진하므로 자갈 및 전석층에 적용이 가능하다. 천공 시 진동 및 소음이 매우 적어 도심지 공사에 유리하며, 장비 자체에 수직계가 부착되어 있어 품질관리가 용이하므로 타 공법에 비하여 말뚝의 수직도가 우수하다. 말뚝재하시험은 사진 7.2에서 보는 바와 같이 어스앵커반력법으로 실시하였다.

사진 7.2 PRD말뚝 재하시험 전경(어스앵커반력법)

말뚝이 설치된 지반의 시추주상도는 그림 7.6과 같다. 이 현장위치의 지층은 지표면으로부터 매립층, 점토층, 자갈·전석층, 풍화암층의 순으로 분포되어 있다. 매립층은 지표면으로부터 GL−3.0m~GL−4.5m의 깊이까지 분포하고, 매립층 아래의 점토층은 GL−6.3m~GL−10.1m 깊이까지 존재하며, 자갈·전석층은 GL−14.7m~GL−19.5m 깊이까지 분포하는 것으로 조사되었다.

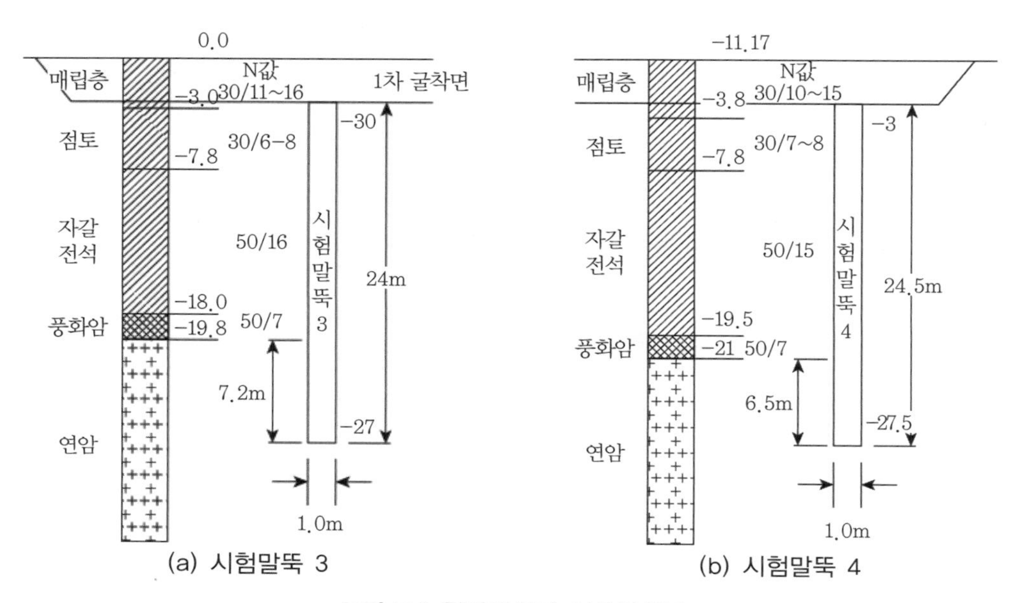

그림 7.6 현장위치의 시추주상도

현재 지표면을 형성하고 있는 매립층은 실트 및 자갈 섞인 모래층으로 구성되어 있으며 국부적으로 전석코어가 나타나고 있다. 표준관입시험에 의한 N값은 11~16이고 중간 정도의 조밀한 상대밀도를 나타낸다.

점토층의 경우 N값은 6~8로 중간 정도의 연경도를 가지고 있다. 그리고 자갈 전석층의 경우 N값은 50/16 이상으로 매우 조밀한 상대밀도를 가지고 있으며 전석의 입경은 3~64mm 정도이다.

풍화암층은 하부로 굴진할수록 매우 견고하고 점진적으로 기반암으로 변해가는 상태이다. 암색은 회갈색 내지 적색이며 층의 두께는 0.5~2.2m로 분포하고 있으며 N값은 50/7 이상으로 매우 조밀한 상대밀도를 가지고 있다. 본 기반암은 경상남·북도 일원에 넓게 분포하고 있는 신라층군으로 절리 및 균열이 발달한 퇴적암이다. 시추조사 시 부분적으로 암편상 또는 단주상의 코어가 회수되었다. TCR은 17~91%이고 RQD는 20~47% 정도로 나타났다.

(2) 말뚝재하시험 하중재하방법

말뚝재하시험 시 말뚝의 침하량을 측정하기 위해 그림 7.7과 같이 LVDT 3개소 및 다이얼 게이지 1개소를 서로 대칭으로 설치하였으며 하중계(550t 용량) 4개를 이용하여 단계별 재하 하중을 측정하였다.

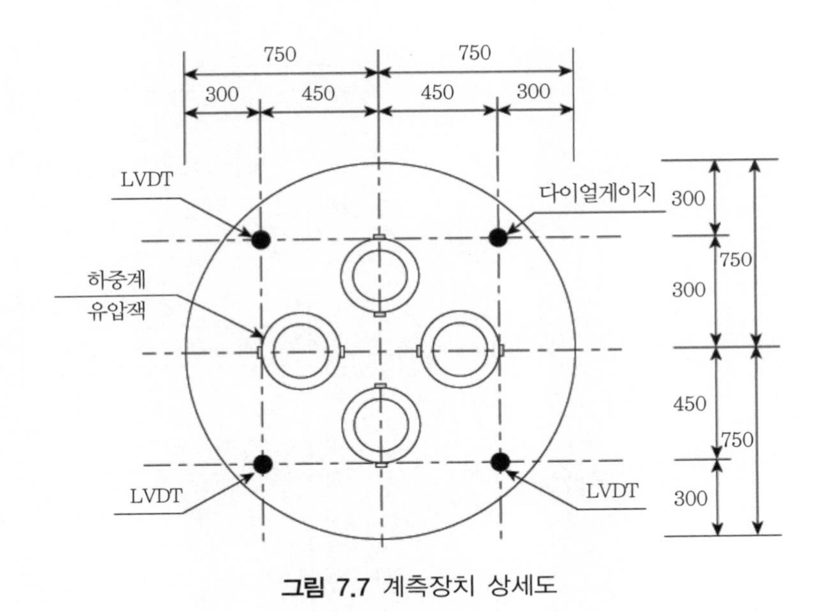

그림 7.7 계측장치 상세도

시험말뚝 3의 경우에는 반복재하방법(cyclic loading test)을 적용하였고 시험말뚝 4에는 표준재하방법(standard loading procedure)를 적용하였다. 최대시험하중은 설계하중의 200% 재하를 원칙으로 하며 1,400t까지 재하하였다.[17]

먼저 시험말뚝 3의 반복재하방법은 그림 7.8(a)에 도시한 바와 같이 우선 1,000t의 하중을 8단계로 나누어 재하한 다음 12시간 동안 하중을 유지한 후 이 하중을 4단계로 제하하여 제 1cycle로 하였다. 제2cycle은 3단계로 나누어 0t에서 1,400t까지 재하한 후 모든 하중을 한 번에 제하하였다.

다음으로 시험말뚝 4의 표준재하방법은 그림 7.8(b)에 도시한 바와 같이 1,400t의 하중을 8단계로 나누어 재하한 다음 12시간 동안 하중을 유지한 후 이 하중을 4단계로 제하하는 단일

cycle로 시험을 실시하였다.

그림 7.8(a)는 시험말뚝 3에 대한 하중-시간-침하량 관계곡선을 나타내고 있다. 이 시험 결과 최대시험하중 1,400t 재하 시 전체침하량은 7.5mm이고 하중을 완전히 제거한 후 잔류침하량은 2.0mm이며 탄성침하량은 5.5mm로 나타났다.

한편 그림 7.8(b)는 시험말뚝 4에 대한 하중-시간-침하량 관계곡선을 나타내고 있다. 이 시험 결과 최대시험하중 1,400t 재하 시 전체침하량은 6.8mm이고 하중을 완전히 제거한 후 잔류침하량은 1.3mm이며 탄성침하량은 5.5mm로 측정되었다.

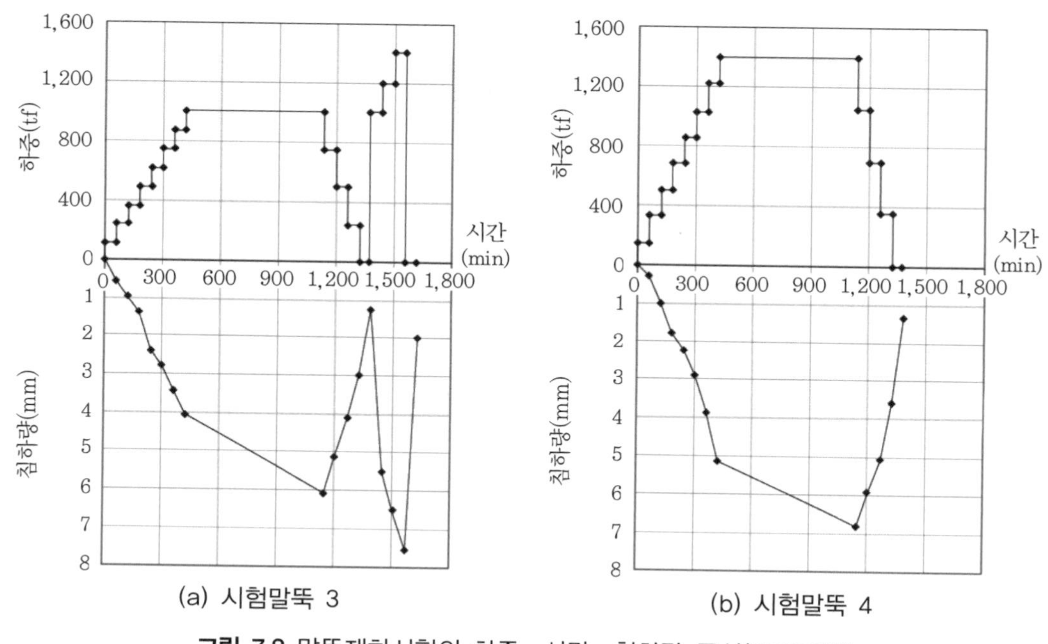

그림 7.8 말뚝재하시험의 하중-시간-침하량 곡선(PRD말뚝)

7.2 암반근입 현장타설말뚝의 침하량과 지지력 특성

도시의 팽창과 함께 초고층건물 및 각종 도시 인프라(예를 들면, 마천루, 원자력발전소, 화학공장, 장대교량, 국제허브공항, 대형 산업항구 등)의 구축이 빈번히 진행되고 있다.[31]

이러한 각종 인프라 구조물을 축조하기 위해서는 이들 상부구조물로부터 오는 막대한 하중을 지반에 안전하게 전달하기 위한 견고한 하부구조를 필요로 한다. 현장타설말뚝은 이러한 현장에서의 요구에 대한 가장 훌륭한 답을 줄 수 있을 정도로 막대한 하중을 지지층에 안전하게 전달할 수 있는 최적의 하부구조물이다.

일반적으로 현장타설말뚝을 설치한 후에는 말뚝의 거동을 조사·검토하고 안전을 도모하기 위해 말뚝재하시험이 실시된다. 현재 말뚝재하시험으로 파악된 전체침하량 및 잔류침하량으로 토사지반에 설치된 현장타설말뚝의 극한지지력을 평가하는 여러 가지 기준이 제안되어 있다. 그러나 불행히도 이들 기준은 암반에 근입된 현장타설말뚝의 기준으로 적용하기에는 적합하지 않다. 따라서 새로운 기준이 필요하다.

제7.2절에서는 암반에 근입된 현장타설말뚝 20개의 계측자료검토를 통하여 암반에 근입된 현장타설말뚝의 침하특성과 여러 가지 극한하중 평가법을 비교·검토하여 새로운 평가기준을 마련한다. 특히 전체침하량을 탄성침하량과 잔류침하량으로 구분하여 각각의 침하특성을 설명한다.

7.2.1 기존 지지력 평가법

현장타설말뚝의 지지력이 불충분하면 심각한 손상과 더불어 과도한 침하가 발생한다. 이는 종국에는 하부구조물이나 부대시설의 파손을 초래한다. 따라서 지난 40년 동안 현장타설말뚝의 하중전이 발생기구에 대한 연구가 끊임없이 진행되어왔다.[38,54]

몇 가지 예를 열거해보면 다음과 같다. 우선 Rosenberg & Journeaux(1976)는 암석의 일축압축강도와 현장타설말뚝의 주면마찰력과의 관계를 처음으로 보고하였으며,[47] Williams & Pells(1981)는 사암, 이암, 혈암의 퇴적암에 근입된 말뚝의 근입부 측면마찰력에 의한 설계법을 제안하였다.[58] McVay et al.(1992)은 석회암에 근입된 현장타설말뚝의 경우 마찰력이 설계의 지배적 요소라고 밝히고 설계지침을 마련하였다.[40]

더욱이 Rowe & Armitage(1987b)은 현장타설말뚝의 지지력산정법과 설계법을 제안하였고,[49] Zhang & Einstein(1998)은 암반에 근입된 현장타설말뚝의 선단지지력과 암석의 일축압축 강도 사이의 해석적 관계를 제안하였다.[60] Zhang(2010)도 암반에 근입된 현장타설말뚝의 선단지지력을 암의 RQD로부터 경험적으로 예측하는 방법을 제안하였다.[59]

이런 노력에도 불구하고 아직 현장타설말뚝의 말뚝재하시험에서 측정된 하중-침하관계에 의거하여 암반에 근입된 현장타설말뚝의 극한지지력을 평가할 수 있는 유용한 방법은 아직 존재하지 않는다.

(1) 전체침하량에 의한 극한하중

극한상태란 하중의 추가 없이 침하가 무한으로 발생하게 되는 상태를 의미하지만 암반에 근입된 현장타설말뚝의 말뚝재하시험에서는 이런 극한상태하의 이상적인 극한지지력을 정의하기는 불가능하다.

따라서 통상적으로는 전체침하량이나 잔류침하량이 임의의 기준 이하일 때의 작용하중으로 극한하중을 정의한다. 이는 구조물의 허용침하량을 작게 설계함을 의미하며 말뚝기초의 침하량이 이 허용침하량 내에 발생하도록 규정하는 의미가 된다. 그러나 실제 침하량은 이 허용침하량을 초과하므로 허용지지력은 적절한 안전율을 적용하여 결정한다.

몇몇 참고문헌[29,50]에 의하면 극한하중에 해당하는 전체(혹은 극한)침하량 기준은 표 7.4에 정리되어 있는 바와 같이 여러 연구자나 기관에 따라 차이가 크다. 예를 들면, 인도표준 IS 2911(2010)[34]에서는 극한하중을 전체침하량이 12mm일 때로 정하며 독일, 프랑스, 벨기에 표준 및 Muns(1959)는 전체침하량기준을 20mm로 정한다. 그러나 Terzaghi & Peck(1967)[51] 및 Touma & Reese(1974)[53]는 극한하중을 말뚝재하시험에서 전체침하량이 25.4mm일 때의 작용하중으로 규정하였고 이 규정은 호주, 네덜란드 및 뉴욕 시방서에서도 적용하고 있다.

한편 침하량기준을 말뚝직경과 연계하여 규정하기도 한다. 예를 들면, Roscoe(1957)[46] 및 Tomlinson & Woodward(2014)[52]는 말뚝재하시험에서 극한하중을 전체침하량이 말뚝직경의 10%에 해당하는 침하량이 발생하였을 때 작용하는 하중으로 정하였으며, 이 기준은 영국표준 BS 8004(1986)[18] 및 일본표준 JSF 1811(1993)[35]에서도 적용하고 있다.

전체침하량은 말뚝의 형태에 따라 다르게 발생하므로 De Beer(1964)[26]는 관입말뚝이나 현장타설말뚝의 파괴하중을 각각 말뚝두부에서의 침하량이 말뚝직경의 10%와 30%일 때의 하중으로 제안하였다. 그 후 Van Impe(1988)[55]는 말뚝직경의 5% 침하량일 때의 하중으로 제안하였다.

그 밖에도 단위하중당 침하증분량(mm/t)으로 극한하중을 정하기도 한다. 예를 들면, 캘리포니아주와 시카고시의 시방서 및 오하이오주의 시방서에서는 극한하중을 정하는 기준으로 단위하중당 침하증분량을 각각 0.254mm/t과 0.762mm/t으로 정하였고 Raymond 국제기준에서는 1.27mm/t로 정하였다.

표 7.4 말뚝재하시험에서 지지력 평가 침하기준

구분		제안자	기준
전체침하량	전체침하량	IS 2911(2010)[34]	12mm
		Germany; France; Belgium; Muns(1959)	20mm
		Austria; Holland; New York City; Terzaghi & Peck(1967)[51] Touma & Reese(1974)[53]	25.4mm
		Woodward et al.(1972)	12.7~25.4mm
	말뚝직경(d)과의 관계	Roscoe(1957)[46]; De Beer(1964)[26]; BS 8004(1986)[18]; JSF 1811(1993)[35]; Tomlinson & Woodward(2014)[52]	0.1d
		De Beer(1964)[26]	0.3d
		Van Impe(1988)[55]	0.05d
	침하량증분/단위하중	California; Chicago	0.254mm/t
		Ohio	0.762mm/t
		Raymond International	1.27mm/t
잔류침하량	잔류침하량	IS 2911(2010)[34]	6mm
		AASHTO(1983)[16]; New York City; Louisiana; US Army Corps of Engineers; Mansur & Kaufman(1983)[39]	6.4mm
		Magnel(1948)	8mm
		Boston Building Code, Woodward(1972)	12.7mm
		Canada(2006)[19]	25mm
		Christiani & Nielson of Denmark	38.1mm
	말뚝직경(d)과의 관계	DIN 4026(1975)[27]	0.025d
		DS 415(1998)[28]	0.1d
	침하량증분/단위하중	New York City; Uniform Building Code(1982)[33]	0.254mm/t
		Raymond International	0.0762mm/t

d : 말뚝직경

(2) 잔류침하량에 의한 지지력 평가

일반적으로 긴말뚝에 작용하중이 큰 경우 말뚝의 탄성변형은 지표면에서의 변형보다 매우 크다. 이런 경우 탄성변형을 포함한 전체침하량으로 극한하중을 결정하면 극한하중을 과다 산정할 우려가 있어 표 7.4에 정리한 바와 같이 몇 몇 연구자나 기관에서는 잔류침하량(혹은

소성침하량)을 지지력 판정기준으로 적용하기를 제안하고 있다. 더욱이 전체침하량과 탄성침하량의 차이인 잔류침하량은 지반의 특성에 따라 결정되므로 극한하중을 결정하는 데 효과적으로 활용될 수 있다.

예를 들면, AASHTO(1983),[16] 뉴욕시, 루이지애나주, 미공병단 및 Mansur & Kaufman(1958)[39]은 극한하중을 판단할 잔류침하량기준으로 6.4mm(0.25inch)를 적용한다. 반면 IS 2911(2010)[34]과 Magnel(1948)은 각각 6mm와 8mm를 제안한다.

한편 Boston & Woodward(1972)는 지지력을 평가할 수 있는 기준잔류침하량으로 12.7mm을 적용하고 캐나다 시방서[19]와 덴마크의 Christiani & Nielson은 각각 25mm와 38.1mm를 적용한다.

한편 독일의 DIN 4026(1975)[27]에서는 극한하중을 말뚝두부에서의 잔류침하량이 말뚝직경의 2.5%가 될 때로 규정하고 있고 덴마크의 DS 415(1998)[28]에서는 파괴하중을 잔류침하량이 말뚝직경의 10%가 될 때로 규정하고 있다.

그 밖에도 Raymond 국제표준으로는 단위하중당 잔류침하증분량(mm/t)이 0.0762mm/t이 될 때로 규정하고 있다. 뉴욕시나 표준건물시방서(1982)[54]에서는 극한하중을 단위하중당 잔류침하증분량이 0.254mm/t이 될 때로 규정하고 있는데 이는 너무 큰 하중을 산정할 우려가 있다.

7.2.2 말뚝재하시험자료

표 7.2의 35개 현장타설말뚝에 대한 말뚝재하시험 결과 자료 중 지반, 특히 근입암에 대한 자료가 존재하는 20개의 자료를 재정라하면 표 7.5와 같다. 즉, 표 7.5는 1997년에서 2004년 사이의 8년간 우리나라의 전국 각지에서 시공한 20개의 암반근입 현장타설말뚝을 대상으로 실시한 말뚝재하시험 결과이다.[6] 이들 말뚝재하시험은 주로 현장타설말뚝의 최대재하하중이 허용하중 이내가 되도록 재하하면서 현장타설말뚝의 안전성을 조사평가하기 위해 수행되었다.

말뚝의 근입장은 1.9m에서 19.2m 사이였고 최대 최소 재하하중은 각각 720t과 1,860t였다. 하중재하방식은 콘크리트블록을 사용한 실하중재하방식, 어스앵커방식, 반력말뚝방식의 세 가지 방식이 골고루 적용되었다. 어스앵커방식과 실하중재하방식은 대규모 하중을 재하할 때 적용하였고 반력말뚝방식은 소규모 하중을 재하할 때 적용하였다.

표 7.5 암종류별 암반근입 현장타설말뚝의 말뚝재하시험 결과

말뚝 번호	암종류	말뚝 직경 d(m)	말뚝 길이 L_p(m)	암반 근입장 L_s(m)	작용 하중 P(t)	전체 침하량 S_t(mm)	잔류 침하량 S_r(mm)	하중 재하 방법
P1	화강암	1.5	27.4	5.1	1,200	4.95	0.16	CB
P2	화강암	1.2	11.1	5.0	1,000	6.50	1.53	EA
P3	화강암	1.5	25.6	14.6	1,500	7.10	1.41	EA
P4	화강암	1.5	14.8	10.5	1,500	8.57	0.79	EA
P5	화강암	1.5	23.4	9.5	1,400	10.18	2.00	EA
P6	편마암	1.0	33.5	7.0	720	5.43	0.50	RP
P7	편마암	1.5	32.37	12.5	1,000	5.98	2.19	EA
P8	편마암	1.5	28.45	7.25	1,200	6.37	1.52	EA
P9	흑운모편마암	1.5	31.87	19.2	1,600	6.82	1.52	CB
P10	편마암	1.5	19.3	4.8	1,350	7.10	1.41	EA
P11	흑운모편마암	1.5	29.5	2.7	1,100	7.61	1.82	CB
P12	편마암	1.5	8.9	5.5	1,300	7.87	3.27	EA
P13	편마암	1.5	19.6	1.9	1,400	10.05	2.13	CB
P14	화강암질편마암	1.5	19.0	3.7	1,800	12.20	2.75	EA
P15	편마암	1.8	19.7	3.7	1,860	12.98	2.36	EA
P16	사암	1.2	32.7	4.0	800	5.43	0.51	RP
P17	사암 및 혈암	1.0	24.5	8.0	1,400	6.857	1.34	EA
P18	사암 및 혈암	1.0	24.0	9.0	1,400	7.563	2.037	EA
P19	혈암 및 역암	1.5	21.5	10.6	1,500	8.29	2.86	EA
P20	이암 및 사암	1.5	21.0	7.2	1,759	9.393	1.00	EA

CB : 실하중재하방식(콘크리트 블록), EA : 어스앵커 방식, RP : 반력말뚝방식

이들 현장타설말뚝은 화성암(화강암), 변성암(편마암) 및 퇴적암(사암, 이암, 혈암 또는 역암)의 세 종류의 암반에 근입·설치되었다. 또한 말뚝의 직경은 1.0, 1.2, 1.5, 1.8m였고 말뚝길이는 8.9m에서 33.5m까지 다양하였다. 일반적으로 이들 현장타설말뚝은 1m 또는 말뚝직경의 한 배 이상의 길이를 암반에 근입시켜 설치하였다.

현장타설말뚝의 길이는 지지층의 깊이에 따라 결정된다. 다시 말해 현장타설말뚝의 설계길이는 시추조사 시 파악된 지지층까지의 깊이에 말뚝직경의 한두 배 정도의 길이를 더하여 정하였다.

7.2.3 전체침하량 특성

암반에 근입된 현장타설말뚝의 전체침하량은 일반적으로 설계하중의 두 배에 해당하는 하중을 재하하였을 때의 침하량으로 정의된다. 그림 7.9(a)~(d)는 각각 암반근입 현장타설말뚝에 영향을 미치는 주요 요인인 말뚝직경, 암반근입장, 말뚝재하하중, 근입부 말뚝주면의 전단응력의 영향을 도시한 그림이다.

우선 표 7.5에 정리·수록한 말뚝재하시험을 실시한 20개의 현장타설말뚝을 대상으로 말뚝의 직경과 전체침하량과의 관계를 도시하면 그림 7.9(a)와 같다. 직경 1.5m 크기의 말뚝이 주로 사용되었으나 전체적으로는 1.0m에서 1.8m 사이 직경의 말뚝이 사용되었다.

그림 7.9(a)에서 보는 바와 같이 직경이 큰 현장타설말뚝이 더 큰 하중을 지지하였음을 알 수 있다. 그러나 이런 말뚝의 경우 전체침하량도 더 크게 발생하였다. 즉, 표 7.5에서 보는 바와 같이 말뚝번호 P15의 현장타설말뚝의 전체침하량은 12.98mm로 최댓값을 보이는데 이는 직경 1.8m인 현장타설말뚝의 경우에 발생하였다. 반면에 말뚝번호 P1의 현장타설말뚝은 전체침하량이 4.95mm로 최솟값을 보이는데 이는 직경 1.0m인 현장타설말뚝의 경우에 발생하였다.

다음으로 그림 7.9(b)는 말뚝의 암반근입장과 전체침하량과의 관계를 도시한 그림이다. 그림 7.9(b)로부터 전반적으로 암반에 근입된 길이가 길수록 현장타설말뚝의 전체침하량은 적게 발생하는 경향을 볼 수 있다. 이는 말뚝의 근입길이가 길면 근입부에서의 말뚝주면 전체저항력이 증가하기 때문으로 생각된다.

가장 긴 암반근입장은 변성암 지역에 타설한 19.2m의 P9말뚝이었다. 화성암, 변성암 및 퇴적암에 근입된 말뚝의 평균 전체침하량은 각각 7.5mm, 8.2mm, 7.5mm로 거의 비슷하게 측정되었다. 이런 결과는 말뚝의 전체침하량은 암반의 종류에 무관하게 발생하였음을 보여주고 있다. 즉, 현장타설말뚝의 전체침하량은 기반암의 종류에 무관하게 단지 암반근입장에 의존하여 발생되고 있음을 알 수 있다. 암반의 종류에 무관하게 말뚝이 암반에 얼마만큼 근입되어 있는가를 나타내는 암반근입장이 길수록 지지저항기능이 커져서 침하가 작게 발생한다고 할 수 있다.

현장타설말뚝의 전체침하량을 크게 발생하게 하는 또 다른 중요한 요인으로 말뚝재하하중을 생각할 수 있다. 그림 7.9(c)는 현장타설말뚝의 전체침하량과 최대재하하중과의 관계를 도시한 그림이다. 이 그림에서 보는 바와 같이 말뚝의 전체침하량은 각 시험말뚝의 최대재하하중이 클수록 선형적으로 크게 발생하였다. 그림 7.9(c) 속 상·하부 추세선을 검토해보면 단위

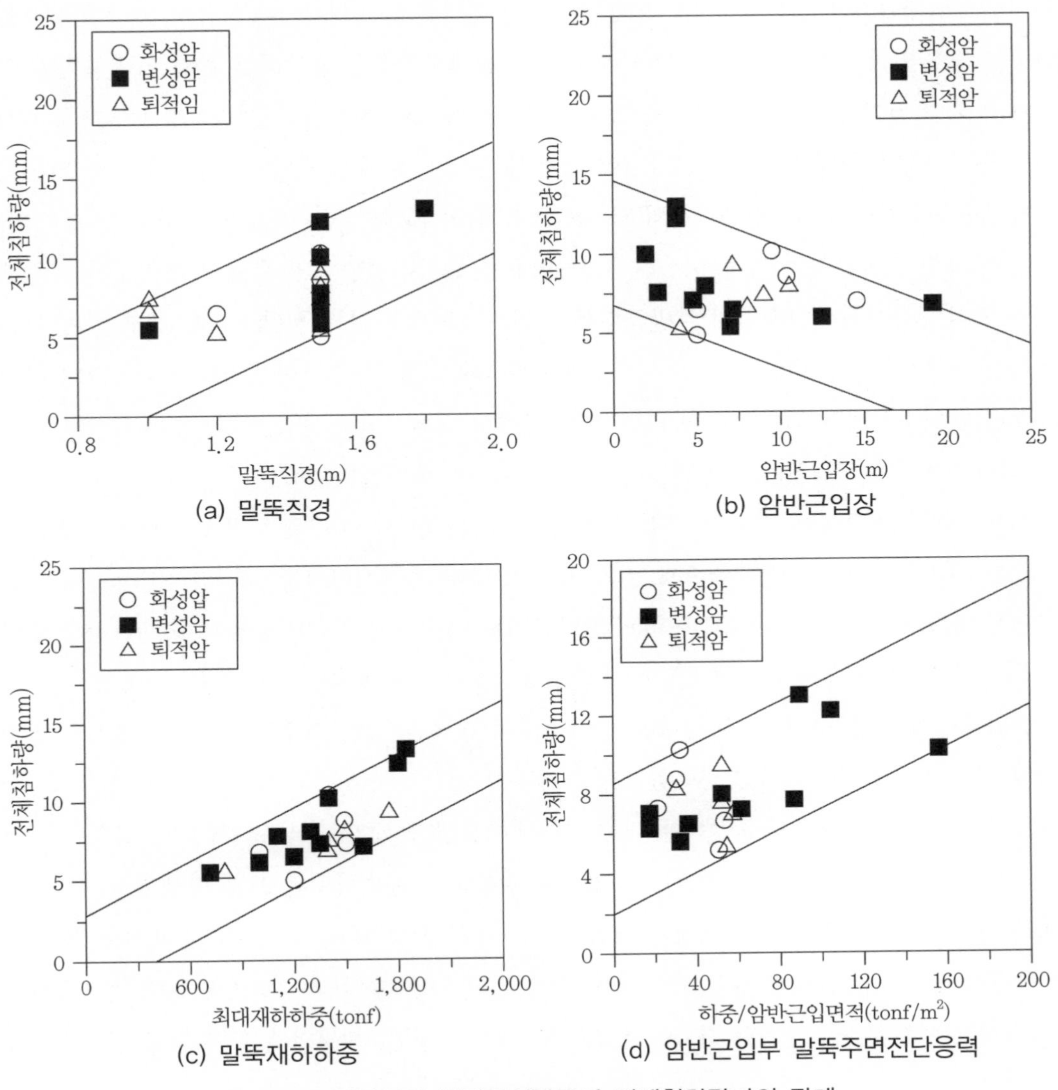

(a) 말뚝직경

(b) 암반근입장

(c) 말뚝재하하중

(d) 암반근입부 말뚝주면전단응력

그림 7.9 암반근입 현장타설말뚝의 전체침하량과의 관계

재하시험하중에 대한 전체침하량 증가율의 상·하부 추세선은 각각 0.006mm/t과 0.004mm/t로 나타났다. 일반적으로 말뚝재하시험에 재하된 하중은 설계하중의 두 배 내지 세 배에 해당하는 하중으로 재하하기 때문에 이들 시험 결과로부터 도출된 경험치는 극한하중을 평가하는 데 활용될 수 있다. 왜냐하면 표 7.5에 정리된 대부분의 말뚝재하시험에서 최대재하하중이 가하여진 상태에서도 항복상태는 발생되지 않았기 때문이다. 대부분의 말뚝재하시험이 지지층의 항복상태에 도달하기 전에 종료되었기 때문에 그림 7.9(c)의 상관도는 항복상태 이전의 재

하하중－전체침하량의 상관관계특성을 나타내고 있음을 의미한다. 매우 큰 하중이 현장타설말뚝에 재하되었지만 암반근입 현장타설말뚝의 전체침하량은 통상적인 관입 기성말뚝의 경우에 비하여 훨씬 작게 발생하였음을 알 수 있다. 이와 같이 전체침하량이 작게 발생한 주요원인은 현장타설말뚝이 기반암에 근입되어 있기 때문이다. 따라서 관입기성말뚝에 대한 기존의 평가기준은 암반근입 현장타설말뚝의 지지력 평가에는 적용하기가 적합하지 않다고 할 수 있다.

한편 그림 7.9(d)의 수평축에는 말뚝재하하중을 현장타설말뚝의 측면이 근입암반과 접해 있는 면적, 즉 현장타설말뚝의 암반근입부 측면표면적으로 나눈 전단응력을 나타냈다. 이는 말뚝에 작용하는 재하하중이 암반 근입부에서 말뚝주면을 통해 암반에 전이된다는 가정하에 산정된 단위주면적당 전단응력을 의미한다. 따라서 그림 7.9(d)는 현장타설말뚝의 암반근입부 전단응력과 전체침하량과의 관계를 도시한 그림에 해당한다.

실제 현장타설말뚝에 하중을 가하면 재하초기에는 현장타설말뚝의 주면에서 마찰력으로 하중을 지지하다가 선단지지력으로 옮겨간다. 따라서 초기재하하중은 현장타설말뚝의 근입부에서 마찰저항으로 지지된다. 여기서 암반 근입부에서의 말뚝주면적에 대한 재하하중의 비는 암반근입부의 말뚝표면적에 발달하는 전단응력으로 정의할 수 있다. 그림 7.9(d)로부터 암반근입부에서의 말뚝주면에 발달하는 전단응력이 크게 발생한 경우는 현장타설말뚝의 전체침하량도 선형적으로 크게 발생하였음을 보여주고 있다.

이상의 암반근입 현장타설말뚝에 대한 말뚝재하실험 결과의 고찰로부터 다음 사항을 파악할 수 있다. ① 암반근입장이 짧은 경우일수록 말뚝의 전체침하량은 크게 발생한다. ② 말뚝재하하중이 큰 경우일수록 말뚝의 전체침하량도 크게 발생한다. ③ 말뚝직경과 말뚝의 전체침하량은 선형적인 관계가 있다. ④ 암반근입부 말뚝주면전단응력이 크면 말뚝의 전체침하량도 크게 발생한다. ⑤ 말뚝의 전체침하량은 화성암, 변성암, 퇴적암과 같은 암종에 무관하게 발생한다.

결국 암반근입장, 말뚝재하하중, 말뚝직경 및 암반근입부 말뚝주면 전단응력은 전체침하량에 영향을 크게 미치는 주요 요인이 된다.

7.2.4 잔류침하량 특성

그림 7.10은 현장타설말뚝의 잔류침하량 특성에 영향을 미칠 것으로 예상되는 여러 요인, 즉 암반근입장, 최대재하하중, 말뚝직경, 근입부 말뚝주면 전단응력의 영향을 조사한 결과이다.

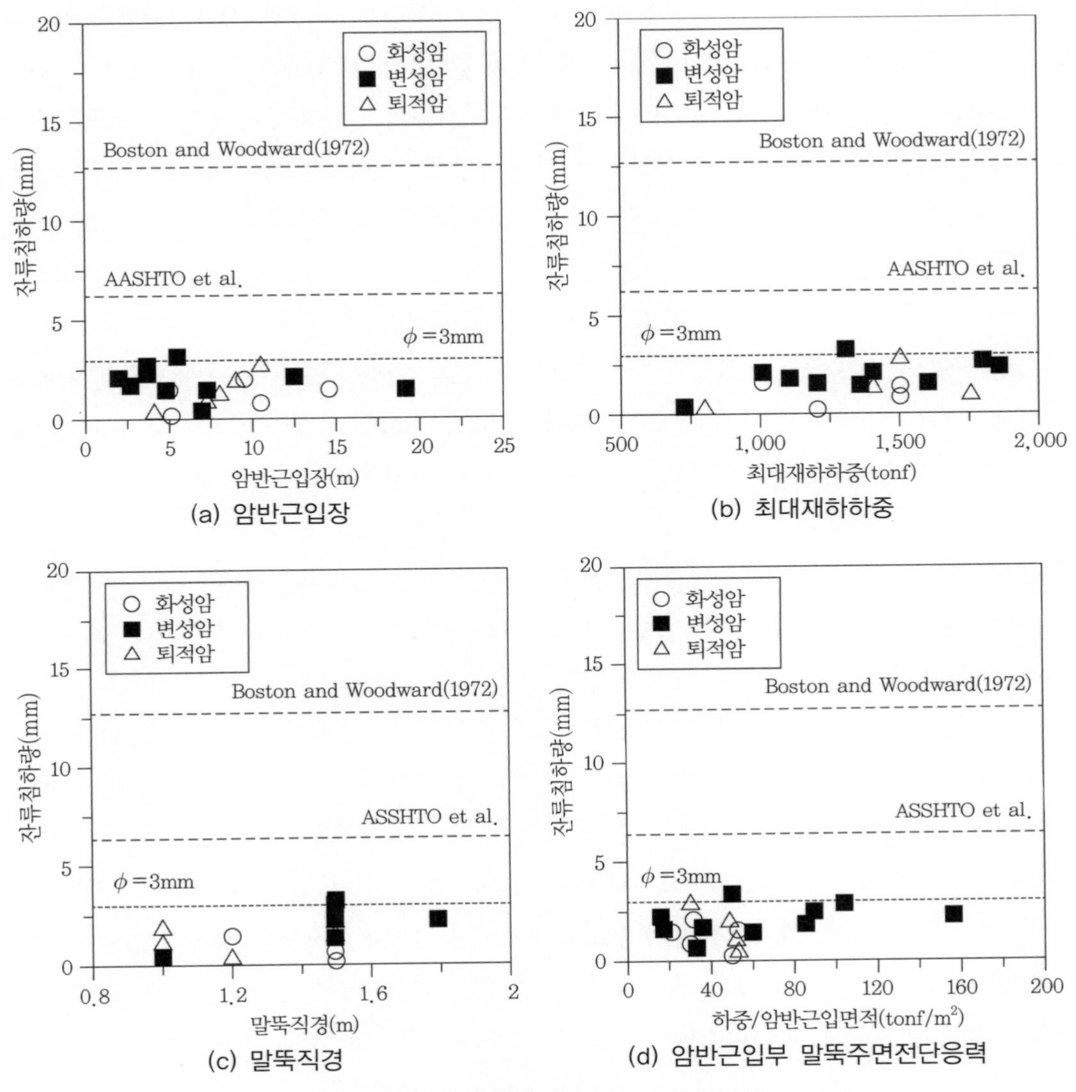

(a) 암반근입장

(b) 최대재하하중

(c) 말뚝직경

(d) 암반근입부 말뚝주면전단응력

그림 7.10 암반근입 현장타설말뚝의 잔류침하량과의 관계

우선 그림 7.10(a)는 표 7.5에 수록된 20개의 현장타설말뚝의 잔류침하량과 암반근입장과의 관계를 정리한 결과인데 대부분의 말뚝재하시험에서 현장타설말뚝의 잔류침하량은 3mm 이내로 발생하였다. 다만 P12말뚝의 잔류침하량만은 3.27mm로 3mm를 약간 초과하여 측정되었다. 특히 기반암이 변성암인 경우 최대 최소 암반근입장은 각각 19.2m와 1.9m로 차이가 커도 말뚝의 잔류침하량은 항상 3mm 이내로 발생하였다. 따라서 암종은 말뚝의 잔류침하량에 영향을 미치지 않는 것으로 생각된다.

다음으로 그림 7.10(b)는 암반근입 현장타설말뚝의 최대재하하중과 잔류침하량과의 관계를 도시한 그림이다. 그림 7.10(b)에서도 현장타설말뚝의 최대 최소 잔류침하량은 각각 3.27mm와 0.16mm로 발생하였다. 그러나 이 그림에서 재하하중의 크기에 상관 없이 암반근입 현장타설말뚝의 잔류침하량은 전반적으로 3mm 이내로 발생하였다. 따라서 암반근입 현장타설말뚝의 잔류침하량이 3mm 이내로 발생하였을 때의 재하하중이 말뚝의 최대하중에 해당함을 알 수 있다.

한편 그림 7.10(c) 및 (d)는 각각 표 7.5에 수록된 20개의 현장타설말뚝의 말뚝재하시험에서 말뚝직경 및 암반근입부 말뚝주면전단응력의 크기와 현장타설말뚝의 잔류침하량과의 관계를 도시한 그림이다. 이들 그림에서도 그림 7.10(a) 및 그림 7.10(b)에서와 동일하게 암반근입 현장타설말뚝의 잔류침하량은 항상 3mm 이내로 발생하였음을 보여주고 있다.

이 최대잔류침하량 3mm는 표 7.4에서 보는 바와 같이 기존의 잔류침하량기준 중 제일 작은 AASHTO(1983)[16]의 잔류침하량기준 6.4mm의 47%에 해당한다. 따라서 표 7.4에 제시된 기존의 여러 잔류침하량기준으로 암반근입 현장타설말뚝의 극한하중을 평가하는 것은 현실적으로 부적합함을 알 수 있다.

또한 기반암이 화성암, 변성암, 퇴적암인 경우의 현장타설말뚝의 잔류침하량의 평균치는 각각 1.2, 1.6, 1.5mm로 발생하였다. 따라서 암반근입 현장타설말뚝의 잔류침하량은 기반암의 암종류에는 의존하지 않는다고 할 수 있다.

잔류침하량에 대한 이상의 검토로부터 다음 사항을 알 수 있다. ① 잔류침하량은 기반암의 암종류, 즉 화성암, 변성암, 퇴적암의 종류에 의존하지 않는다. ② 잔류침하량은 암반근입장, 재하하중, 말뚝직경, 암반근입부 말뚝주면전단응력의 크기에 영향을 받지 않는다. ③ 잔류침하량은 표 7.4에 정리 제시된 극한하중 평가용 기존의 잔류침하량기준보다 훨씬 작게 발생하였다.

7.2.5 탄성침하량 특성

현재 극한하중을 평가하는 기준은 전체침하량이나 잔류침하량에 의거하도록 마련되어 있으나 전체침하량과 잔류침하량의 차로 정의되는 탄성침하량도 암반근입 현장타설말뚝의 특성을 조사하는 데 활용될 수 있을 것이다.

그림 7.11(a)는 현장타설말뚝의 탄성침하량과 암반근입부 말뚝주면 전단응력과의 관계를 도시한 그림이다. 이 그림으로부터 알 수 있는 바와 같이 암반근입부에서의 현장타설말뚝주

면에 발달하는 마찰력 또는 전단응력이 큰 경우에는 현장타설말뚝의 탄성침하량도 크게 발생하였다. 현장타설말뚝의 탄성침하량에 대한 이와 같은 거동경향은 그림 7.9(d)에서 검토한 현장타설말뚝의 전체침하량의 거동경향과 유사하다. 즉, 현장타설말뚝의 탄성침하량은 암반근입부에서의 말뚝주면에 발달하는 전단응력과 선형적인 관계를 보이고 있다.

한편 그림 7.11(b)는 현장타설멀뚝의 탄성침하량과 암반근입장을 모두 말뚝직경으로 무차원화 또는 정규화시켜 도시한 관계도이다. 즉, 수평축의 정규화된 암반근입장이란 암반근입장을 말뚝직경으로 나눈 값이며 연직축의 무차원화한 탄성침하량은 탄성침하량을 말뚝직경으로 나눈 비율이다. 여기서 암반근입장을 고찰 대상으로 하는 이유는 현장타설말뚝의 주면마찰은 주로 현장타설말뚝의 암반근입부에서 발달하기 때문이다. 그림 7.11(b)를 보면 말뚝재하시험에서 암반근입 현장타설말뚝의 탄성침하량은 다음의 두 가지 특성을 보이고 있다.

① 암반근입장을 말뚝직경으로 정규화시키면 무차원탄성침하량(=탄성침하량/말뚝직경)은 항상 일정한 범위 내에 발생한다.
② 암반근입 현장타설말뚝의 탄성침하량은 말뚝직경의 0.3%에서 0.7% 사이 크기로 발생한다.

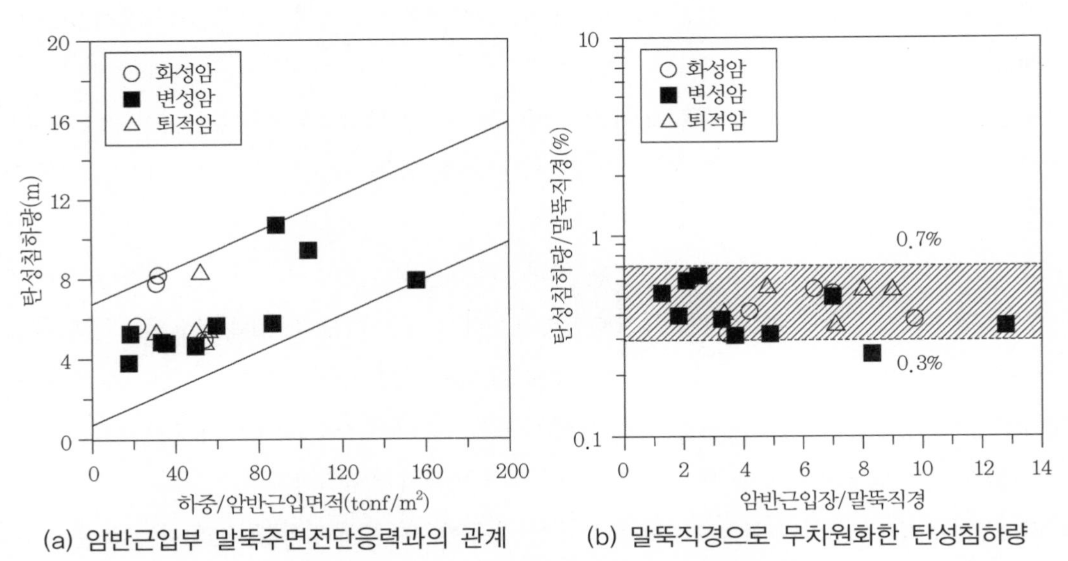

(a) 암반근입부 말뚝주면전단응력과의 관계 (b) 말뚝직경으로 무차원화한 탄성침하량

그림 7.11 암반근입 현장타설말뚝의 탄성침하량의 특성

7.2.6 기준침하량

현재 암반에 근입된 현장타설말뚝에 대한 말뚝재하시험으로 지지력을 평가하기 위해 적용 가능한 침하량기준은 존재하지 않는 실정이다. 일반적으로 말뚝의 지지력을 평가하기 위한 전체침하량과 잔류침하량에 대한 각종 기준은 표 7.4에 정리되어 있는 바와 같다. 그러나 이들 침하량기준은 토사지반에 설치된 관입말뚝이나 현장타설말뚝의 극한하중을 평가하기 위하여 마련되어 있기 때문에 암반에 근입된 현장타설말뚝에 적용하기에는 기준침하량이 너무 높게 제시되어 있다. 따라서 암반에 근입된 현장타설말뚝에 대한 말뚝재하시험으로 지지력을 평가하기 위해 적용할 수 있는 새로운 침하량기준이 마련될 필요가 있다.

(1) 전체침하량기준

현장타설말뚝의 지지력을 평가하기 위한 전체침하량의 한계치를 조사하기 위해 전체침하량의 최대치를 정규화된 암반근입장과의 상관관계로 도시하면 그림 7.12와 같다. 여기서 수평축으로 정한 정규화된 암반근입장이란 현장타설말뚝의 암반근입장을 말뚝직경으로 나눠 정규화시킨 값으로 이는 좌굴이나 휨 문제에 활용하는 세 장비의 개념과 유사한 값이다. 그림 7.12에 사용된 전체침하량은 표 7.5에 열거한 각 말뚝재하시험에서 최대하중이 가해졌을 때 발생한 최대 침하량이다.

우선 연직축을 전체침하량으로 도시한 그림 7.12(a)에서 보면 전체침하량은 4.9mm와 12.98mm 사이에 분포하고 있다. 이때 수평축에 도시한 말뚝직경에 대해 정규화시킨 암반근입장은 1.24에서 12.8 사이에 분포하고 있다.

표 7.5의 모든 말뚝재하시험에서 측정된 최대침하량은 표 7.4에 수록된 기준침하량 중에서 IS 2911(2010) 기준[34]을 제외한 모든 기준침하량보다 작게 나타났다. 말뚝재하시험치의 최대침하량은 인도의 기준12mm[34]와 Woodward et al.(1972)의 기준의 하한값 12.7mm[31]에 근접하지만 표 7.4에 수록된 대부분의 기준에서의 전체침하량은 시험 결과보다 훨씬 크다. 따라서 이들 기준을 암반에 근입된 현장타설말뚝에 대한 말뚝재하시험 결과에 적용하기에 부적합하다. 결국 암반에 근입된 현장타설말뚝에 대한 말뚝재하시험에 적용할 수 있는 새로운 기준이 확립되어야 한다.

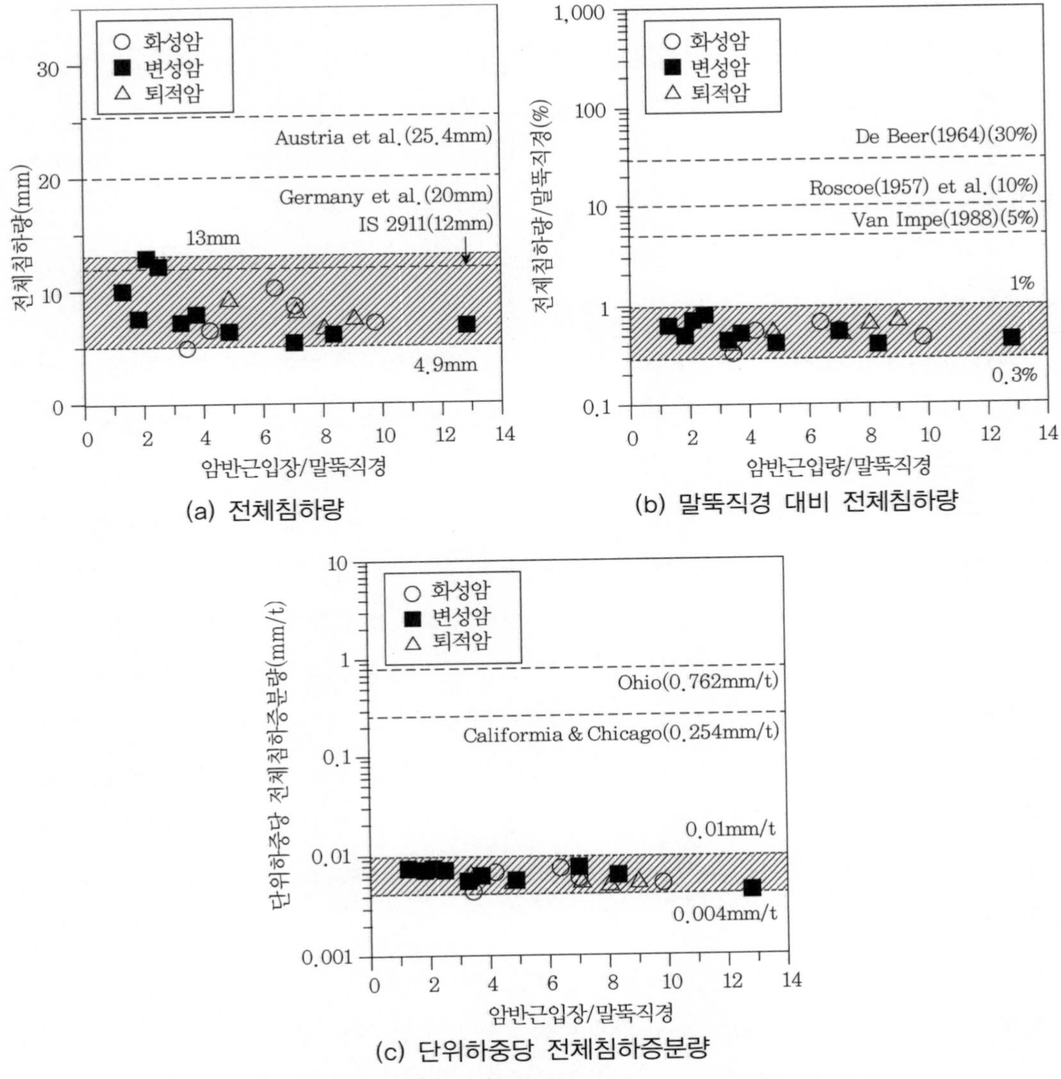

그림 7.12 전체침하량의 말뚝시험 결과와 각종 기준의 비교

모든 말뚝재하시험 결과 전체침하량의 최대치는 그림 7.12(a)에서 보는 바와 같이 13mm 이내로 측정되었기 때문에 전체침하량으로 13mm를 모든 암석의 기반암에 근입된 현장타설 말뚝의 전체침하량기준으로 적용할 수 있을 것이다. 13mm는 기존의 New York City 기준이나 Terzaghi & Peck(1967)[51] 기준, Touma & Reese(1974)[53] 기준인 1 inch(=25.4mm)의 약 반값에 해당한다.

또한 암종류에 따른 침하량의 특성을 그림 7.12(a)에서 살펴보면, 변성암의 경우는 암반근입율이 커질수록 현장타설말뚝의 전체침하량은 지수함수적으로 감소하다가 수렴하는 경향을 보이고 있다. 그러나 화성암과 퇴적암에서는 뚜렷한 경향이 보이지 않는다. 따라서 전체 암종류에 따른 침하량의 경향을 도출하기가 어렵다고 판단된다.

한편 그림 7.12(b)에서는 전체침하량을 말뚝직경으로 나눠 무차원화시킨 값을 연직축으로 설정하고 수평축은 그림 7.12(a)와 동일하게 정규화된 암반근입장으로 정하였다. 그림 7.12(b)에서 보면 전체 말뚝재하시험 결과에서 전체침하량의 최대치는 말뚝직경의 0.3%에서 1.0% 사이에 분포하도록 발생하였음을 알 수 있다.

그러나 De Beer (1964)[26]는 현장타설말뚝의 파괴하중을 말뚝침하량이 말뚝직경의 30%가 될 때로 정하였다. 그러나 말뚝직경의 30%로 규정한 De Beer(1964)의 기준은 암반근입 현장타설말뚝의 지지력 판정에 적용하기에는 너무 과다하다. 그 밖의 다른 기준에서는 전체침하량을 말뚝직경의 10%로 규정하고 있다. 심지어 Van Impe(1988)[55]는 5%로 낮게 규정하고 있으나 여전히 시험치보다 높은 기준임을 알 수 있다.

표 7.5의 암반근입 현장타설말뚝의 말뚝재하시험 결과 측정된 전체침하량은 말뚝직경의 0.3%에서 1.0% 사이에 분포하는 것으로 나타났으므로 기존의 기준과는 차이가 너무 많이 난다. 따라서 이들 기존의 기준을 암반근입 현장타설말뚝의 지지력 평가에 적용하는 것은 불합리하다. 그러므로 암반근입 현장타설말뚝의 지지력 평가를 말뚝직경대비 침하량으로 평가할 경우도 새로운 기준을 확립함이 바람직하다. 결론적으로 그림 7.12(b)로부터 암반근입 현장타설말뚝의 지지력을 판정하기 위한 전체침하량기준은 말뚝직경의 1.0%로 한정 짓는 것이 합당할 것으로 생각된다.

마지막으로 그림 7.12(c)는 단위하중당 침하증분량(mm/t)을 정리한 그림이다. 이 그림의 수평축은 그림 7.12(a) 및 (b)에서와 같이 말뚝직경으로 정규화시킨 암반근입장으로 정하였다. 이 그림에 의하면 단위하중당 전체침하증분량은 0.004와 0.01mm/t 사이에 분포한다. 이 실험 결과는 기존의 기준인 미국의 캘리포니아주와 시카고시 기준(0.254mm/t), 오하이오주 기준(0.762mm/t) 및 Raymond 국제기준(1.27mm/t)보다 훨씬 작은 값에 해당한다. 따라서 표 7.5의 말뚝재하시험치의 결과로부터 0.01mm/t를 암반근입 현장타설말뚝의 말뚝재하시험 결과로 지지력을 평가할 수 있는 새로운 전체침하증분량의 기준으로 정함이 합리적일 것이다.

이상에서 검토한 암반근입 현장타설말뚝의 말뚝재하시험 시 지지력을 평가할 수 있는 전체침하량과 전체침하증분량의 새로운 기준을 정리하면 표 7.6과 같다.

표 7.6 암반근입 현장타설말뚝에 대한 지지력평가 침하량기준

구분		제안기준
전체침하량	전체침하량	13mm
	말뚝직경(d) 대비 전체침하량	$0.01d$
	전체침하증분량(전체침하량/단위하중)	0.01mm/t
잔류침하량	잔류침하량	3mm
	말뚝직경(d) 대비 잔류침하량	$0.003d$
	잔류침하증분량(잔류침하량/단위하중)	0.003mm/t

d : 말뚝직경

(2) 잔류침하량기준

그림 7.13은 표 7.5에 제시된 20개의 암반근입 현장타설말뚝 말뚝재하시험에서 측정된 잔류침하량을 표 7.4에 열거한 기존의 여러 잔류침하량 기준과 함께 도시한 그림이다. 우선 그림 7.13(a)에서는 모든 잔류침하량 자료를 말뚝직경으로 정규화시킨 암반근입장과의 관계로 정리하였는데, P1말뚝의 경우를 제외한 모든 말뚝재하시험의 잔류침하량이 0.5mm에서 3mm 사이에 분포하고 있음을 볼 수 있다. P1말뚝의 말뚝재하시험에서는 잔류침하량이 0.16mm로 측정되어 다른 모든 말뚝재하시험에서의 잔류침하량에 비해 극히 작게 측정되었기 때문에 분석에서 배제시켰다.

그러나 표 7.4에서 보는 바와 같이 AASHTO(1983),[16] 뉴욕시, 루이지아나주, 미육군공병단, Mansur & Kaufman(1958)[39]은 극한하중을 정하는 잔류침하량의 기준으로 6.4mm (0.25inch)를 적용할 것을 제안하였다. 그 밖에도 Boston & Woodward(1972)는 12.7mm를 추천하였다. 더욱이 캐나다기 준에서는 25mm로 극단적으로 큰 잔류침하량기준을 정하고 있다.

또한 그림 7.13(a)에서 보는 바와 같이 암반근입 현장타설말뚝의 잔류침하량은 근입암석의 종류에는 영향을 받지 않고 말뚝직경으로 정규화시킨 암반근입장에 대하여는 항상 일정한 범위의 값으로 발생하였음을 알 수 있다.

말뚝재하시험 결과 최대잔류침하량이 3mm 이내로 발생하였다는 사실은 여러 기준들과 비교해볼 때 극히 작은 침하량이므로 잔류침하량에 대해서도 새로운 잔류침하량의 기준이 필요함을 알 수 있다. 결국 암반근입 현장타설말뚝의 극한하중을 말뚝재하시험에서 잔류침하량으로 판정할 때 적합한 잔류침하량기준은 3mm로 정함이 합리적일 것이다. 이 잔류침하량기준 3mm는 기존의 IS 2911(2010)[34] 기준(6mm)과 AASHTO(1983)[16] 기준(6.4mm)의 반에 해당하는 값이다.

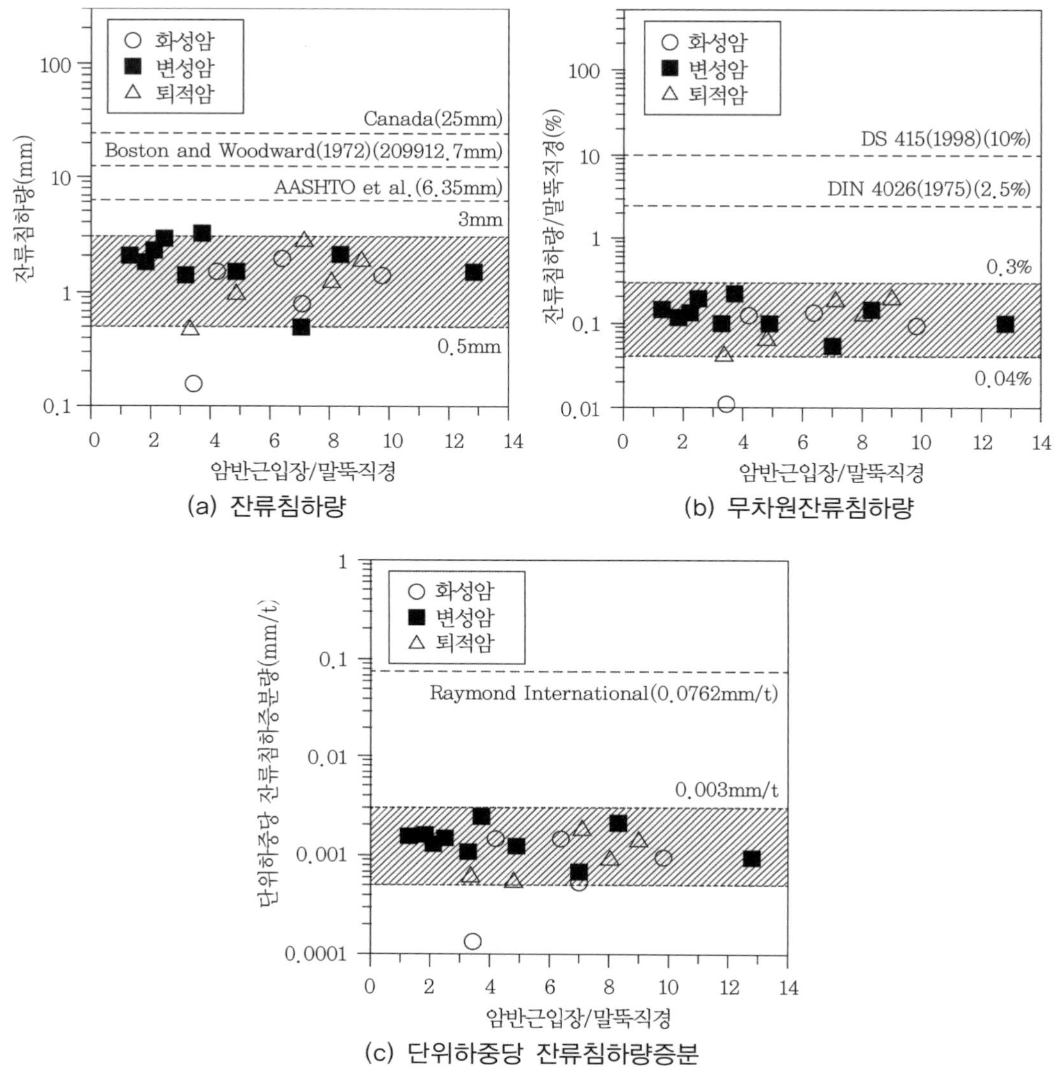

그림 7.13 잔류침하량의 현장시험 결과와 각종 기준과의 비교

한편 그림 7.13(b)는 잔류침하량을 말뚝직경과 연계하여 표시한 그림이다. P1말뚝을 제외한 모든 시험 결과 잔류침하량은 말뚝직경의 0.04%에서 0.3% 사이에 분포함을 알 수 있다. 그러나 이들 시험 결과의 잔류침하량은 표 7.4에 열거한 기존의 DIN 4026(1975) 기준[27]이나 DS 415(1998) 기준[28]보다는 상당히 낮음을 보이고 있다. 즉, DIN 4026(1975) 기준에서는 극한하중을 잔류침하량이 말뚝직경의 2.5%에 도달하였을 때로 정하였고 DS 415(1998) 기준에서는 파괴하중을 잔류침하량이 말뚝직경의 10%에 도달하였을 때로 정하였다. 그러나 이들 기

준은 그림 7.13(b)에서 보는 바와 같이 암반근입 현장타설말뚝에 적용하면 상당히 과다산정할 우려가 있다. 따라서 암반근입 현장타설말뚝의 새로운 기준은 그림 7.13(b)의 결과에 의거하여 잔류침하량이 말뚝직경의 0.3%에 도달하였을 때로 정하는 것이 바람직하다.

마지막으로 그림 7.13(c)는 단위하중당 잔류침하증분량(mm/t)으로 잔류침하량을 분석한 그림이다. 이 그림 속에 표 7.4에서 설명한 기존의 기준을 함께 도시하여 기존 기준의 적용성을 검토하였다. 먼저 시험 결과 단위하중당 잔류침하증분량은 말뚝직경으로 정규화한 암반근입비에 대하여 항상 최대 0.003mm/t 이내로 발생하였다. 이 측정 결과는 Raymond 국제기준의 0.0762mm/t, 뉴욕시 및 Uniform Building Code(1982)의 0.254mm/t보다 훨씬 작은 침하량이다. 따라서 암반근입 현장타설말뚝의 단위하중당 잔류침하증분량으로 말뚝지지력을 평가할 경우는 0.003mm/t을 기준으로 판단함이 바람직하다. 이상에서 검토한 암반근입 현장타설말뚝의 지지력을 평가할 수 있는 잔류침하량과 잔류침하증분량의 새로운 기준을 정리하면 표 7.6과 같다.

다만 표 7.6에 제시된 새로운 침하량기준에 의해 판단된 지지력이 어떤 지지력인가 정의되어야 한다. 이점에 대하여는 제13.3.2절의 선단재하시험에서 고찰된 바에 의하면 전체침하량기준은 말뚝의 항복지지력 판정에 적합하고 잔류침하량기준은 허용지지력 판정에 적합하다고 할 수 있다.

7.2.7 암반근입장설계

그림 7.14는 암잔근입장으로 무차원화시킨 전체침하량과 말뚝직경으로 정규화시킨 암반근입장으로 표시한 암반근입장 대비 전체침하량을 도시한 그림이다. 즉, 표 7.5의 20개의 암반근입 현장타설말뚝에 대한 말뚝재하시험에서 측정한 말뚝의 전체침하량을 암반근입장으로 나눈 값을 이 그림의 연직축으로 하고 말뚝직경으로 나눠 정규화시킨 말뚝의 암반근입장을 그림의 수평축으로 정하였다.

그림 7.14는 암반근입장이 길어지면 말뚝의 침하량은 지수함수적으로 감소하는 경향을 보여주고 있다. 이는 결국 근입장이 어느 한도 이상 길어지면 무차원침하량이 일정 값에 수렴하게 될 것임을 의미한다.

더욱이 이러한 경향은 기반암의 종류, 즉 화성암, 변성암, 퇴적암에 상관없이 발생되고 있다. 따라서 그림 7.14로부터 다음 사항을 파악할 수 있다.

① 말뚝의 암반근입장은 마냥 길게 할 필요는 없다. 이는 말뚝의 침하량을 감소시키는 암반근입장의 효과에는 한계가 있음을 의미한다.
② 그림 7.14로부터 구한 경험식 식 (7.1)은 말뚝의 암반근입장을 정하는 데 활용할 수 있다.

$$y = 0.6x^{-1.1} \tag{7.1}$$

여기서, x : 말뚝의 정규화된 암반근입장(=암반근입장/말뚝직경)
y : 말뚝의 무차원 전체침하량(=전체침하량/말뚝직경)(%)

그림 7.14를 설계차트로 활용하여 말뚝의 암반근입장을 다음 순서로 정할 수 있다.

① 말뚝직경으로 정규화시킨 말뚝의 암반근입장을 1에서 13까지로 정한다.
② 허용(전체)침하량을 13mm 이하로 정한다.
③ 말뚝직경을 가정하고 말뚝의 허용침하량을 식 (7.1)에 대입하여 말뚝의 암반근입장을 구한다.

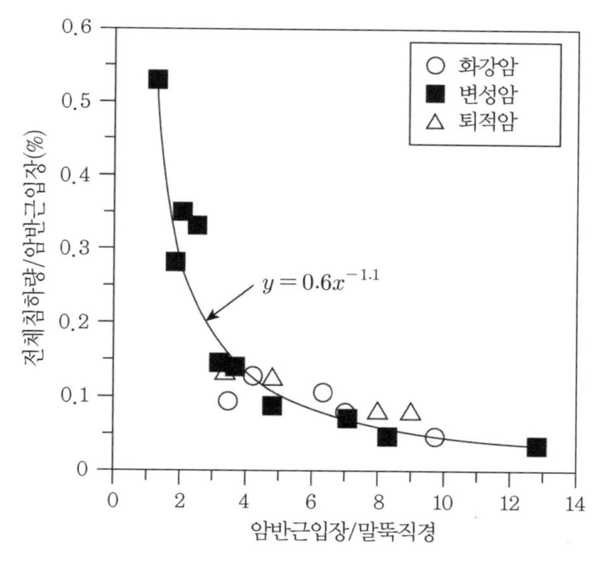

그림 7.14 전체침하량에 의한 암반근입장 설계 도표

말뚝의 최소암반근입장은 말뚝직경 d의 3.5배로 정하는 것이 가장 경제적일 것이다. 왜냐하면 그림 7.14의 종축, 즉 전체침하량이 암반근입장의 0.15%인 위치부근에서 곡선의 최대곡률이 존재하므로 이에 대응하는 암반근입장은 수평축에서 $3.5d$가 된다. 이렇게 구한 0.15%와 $3.5d$가 가장 경제적인 설계이긴 하지만 이 위치보다 위쪽 또는 아래쪽에서의 설계곡선을 선택할 수도 있다. 예를 들면, 암반근입장 대비 천체침하량 비를 0.2%로 크게 허용할 수 있으면 암반근입장은 $3.5d$ 이하로 짧게 더 경제적인 설계를 할 수 있다. 반대로 암반근입장 대비 천체침하량 비를 0.1%로 작게 엄격하게 허용할 수밖에 없다면 암반근입장은 $3.5d$ 이상으로 길게 보수적인 설계를 해야 한다.

7.3 현장타설말뚝의 인발저항력

7.3.1 서 론

전신탑, 정박시설, 높은 굴뚝, 부두 등에 사용되는 기초말뚝은 압축하중뿐만 아니라 인발하중도 받게 된다. 따라서 밀뚝기초 위에 축조된 상부구조물의 안정성을 보다 정확히 평가하기 위해서는 말뚝기초의 압축 및 인발저항력 모두를 지지할 수 있어야 할 것이다.

말뚝이 압축하중을 받을 때 말뚝의 지지력은 선단지지력과 주면마찰력을 모두 고려하게 되지만 인발하중이 발생될 때는 일반적으로 선단지지력은 발생되지 않게 된다. 인발력의 크기가 압축력에 비해 비슷하거나 약간 작은 경우라도 기초의 크기와 형태를 결정하는 요인은 오히려 인발력이 된다. 더구나 최근 인발력을 받는 해안구조물이 많이 건설되는 추세임을 볼 때 말뚝의 인발저항에 관한 해석법은 지하수위가 높은 곳에 설치되는 기초말뚝의 설계에도 유익하게 적용될 수 있다.

모래지반에서 인발하중을 받는 말뚝의 인발력을 산정하는 데 지금까지는 말뚝과 흙 사이의 주면마찰력의 극한값을 극한인발력으로 보는 한계마찰방법이 가정되어 이루어져왔다.

Coyel & Sulaiman(1967)은 모래지반에서 현장실험 결과 말뚝에 적용되는 흙의 전단강도에 대한 주면마찰력의 비는 한계값인 약 0.5에 달한다고 하였다.[21] Meyerhof & Adams(1968)는 상방향 하중을 받는 기초에서 흙의 저항은 파괴면내의 흙의 무게와 파괴면상에 적용되는 전단응력의 합이라고 보고하였으며[42] 파괴면의 모양과 크기는 기초의 상대깊이와 흙의 상대밀도에 의존한다고 하였다. Meyerhof(1973)는 이어서 계속된 기초의 상방향지지력에 관한 연구에서 토압계수 K 대신 인발계수 K_u를 도입하였다.[41] 이 값은 흙의 전단저항각이 증가됨에 따라 증가되며, 전단저항각이 일정한 경우 관입비 $\lambda(L/d)$의 증가에 따라 증가되어 최대치에 달한 후 일정치에 수렴한다고 하였다. Das & Seeley(1975)는 목재말뚝으로 모래지반에 대한 모형실험을 하였는데, 주면마찰력은 깊이에 따라 증가하다가 한계깊이에 도달하면 일정치를 유지하는 것은 연직방향의 흙의 무게가 지반아치영향을 받기 때문이라고 하였다.[25]

한편 Vesic(1970)은 말뚝의 선단 및 주면저항이 한정된 깊이까지 선형적으로 증가하고 말뚝 직경의 약 20배가 되는 깊이를 넘어 일정치에 달하면 이 값은 오직 모래의 상대밀도에 의존한다고 주장하였다.[56] 그리고 말뚝의 인장과 압축 시의 말뚝의 주면마찰력의 크기는 같은 것처럼 보이나 소규모 모형말뚝실험에서는 그렇지 않은 것으로 미루어 보아 치수효과가 인장력을 받는 말뚝의 거동에 큰 영향을 주는 것 같다고 보고하였다. 모형실험 결과로부터 Das & Seeley(1975)는 극한상태 하중이 작용될 때 지반과 말뚝 사이의 단위주면마찰력은 한계관입비까지 증가한 후 일정치에 달하며 한계관입비는 상대밀도와 함께 증가된다고 발표하였다.[25]

Chattopadhyay & Pise(1986)는 한계관입비는 모래의 단위중량뿐만 아니라 말뚝표면 특성에도 의존된다고 보고한 바 있다.[20]

말뚝의 인발하중은 말뚝의 치수, 설치간격, 지반강도정수에 영향을 많이 받는다. 인발하중은 인발변위와 함께 증가하다가 순간적으로 미끄러짐 변위가 최초 발생할 때의 하중치를 극한 인발저항력으로 정의할 수 있다. 이 현상을 수차례 반복한 후 완전한 인발파괴에 이르게 된다.

최근에 최용성(2010)은 사질토에 근입 시공된 벨(bell)타입 인발 현장타설말뚝에 대하여 연직인발재하시험을 실시한 결과를 토대로 정리 분석한 바 있다.[11]

일반적으로 말뚝의 인발저항력을 구하는 방법으로는 인발저항력 산정공식에 의한 방법과 말뚝인발시험에 의한 방법으로 구분되며 이들 산정법에 대한 기존이론을 정리하면 다음과 같다.

7.3.2 인발저항력 산정법

(1) Meyerhoh(1973)의 한계마찰이론

Meyerhof(1973)의 한계마찰이론에 의하면 지반 내에서 단일말뚝의 인발저항력은 그림 7.15에서 보는 바와 같이 말뚝표면과 지반 사이의 마찰력에 의존하게 되며 말뚝에 대한 인발저항력은 식 (7.2)와 같이 표현된다.[41]

$$P_u = (c_a + p_0{}' K_u \tan\delta) A_s \tag{7.2}$$

여기서, A_s : 말뚝의 표면적(cm^2)

c_a : 지반과 말뚝 사이의 부착력(kg/cm^2)

K_u : 인발계수(그림 7.16 참조)

P_u : 인발저항력(kg)

$p_0{}'$: 평균유효연직토압(kg/cm^2)

δ : 지반과 말뚝 사이의 마찰각(°)

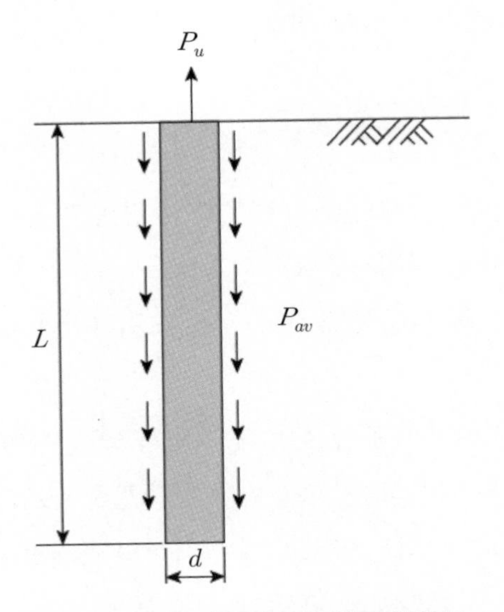

그림 7.15 단일말뚝의 인발저항력도

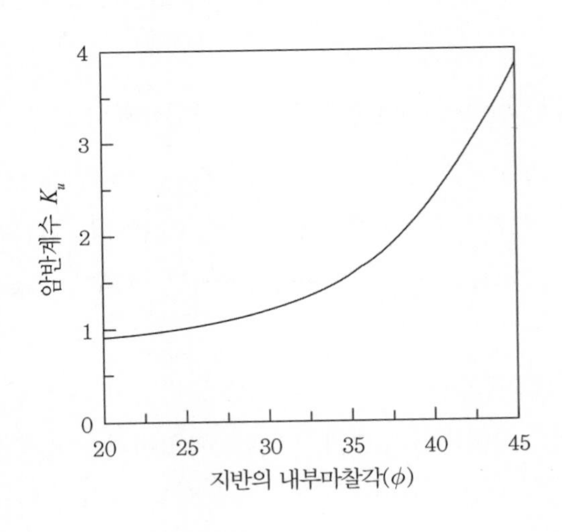

그림 7.16 인발계수 K_u

모래지반의 경우 $c_a = 0$이므로 식 (7.2)는 식 (7.3)과 같이 된다.

$$P_u = f_{av} \pi d L = \left(\frac{1}{2} \gamma L \tan\delta \right) \pi d L \tag{7.3}$$

여기서, f_{av} : 단위마찰력(kg/cm^2)

d : 말뚝의 직경(cm)

L : 말뚝의 길이(cm)

γ : 모래지반의 단위중량(g/cm^3)

단, 여기서 f_{av}는 평균값이며 말뚝의 인발계수 K_u는 그림 7.16에서 보는 바와 같이 지반의 내부마찰각 ϕ가 증가할수록 증가한다. 또한 평균단위마찰력 f_{av}는 말뚝의 매설깊이 L의 증가에 따라 선형적으로 증가한다. 그러나 상기 실험식은 지반과 말뚝 사이의 마찰각 δ와 인발계수 K_u를 산정하는 데 문제가 있다.

이를 해결하기 위해 Coly & Sulaiman(1967)[21]는 직접전단시험을 통하여 모래의 상대밀도와 내부마찰각의 관계를 고찰하였다. 한편 Meyerhof(1973)[41]는 그림 7.16와 같이 원형 말뚝에 대한 $K_u-\phi$의 관계도를 활용하여 문제를 해결하도록 제시하였다.

(2) Chattopadhyay & Pise(1986)이론식

Chattopadhyay & Pise(1986)는 말뚝주위 지반 내의 파괴면을 그림 7.17과 같이 가정하고 그 파괴면에서 극한평형상태를 고려하여 인발저항력을 산정하였다.[20]

Chattopadhyay & Pise(1986)는 이론식 산정을 위해 다음과 같은 가정을 도입하였다.

① 파괴면의 수평방향 확산은 관입비 $\lambda(L/d)$, 지반의 내부마찰각 ϕ, 지반과 말뚝 사이의 마찰각 δ에 따라 변한다. 관입비 λ가 일정할 경우 파괴면의 수평방향 확산은 $\delta=\phi$일 때 최대가 되며 δ가 감소할수록 감소한다. $\delta=0$이면 파괴는 말뚝과 지반 사이의 경계면, 즉 말뚝표면에서 일어난다.

② $\delta\geq 0$이면 파괴면은 말뚝 선단부로부터 주변지반으로 점점 확장된다(Meyerhof & Adams, 1968).[42]

③ 지표면에서의 파괴면경사각은 $\delta>0$인 경우$(45°+\phi/2)$이며 $\delta=0$인 경우 90°가 된다.

상기의 가정으로부터 말뚝 선단에서 임의의 거리 z만큼 떨어진 지점에서의 파괴면 경사각을 산정하면 식 (7.4)와 같다.

$$\theta_z=\frac{dz}{dx}=\tan\left(45°-\frac{\phi}{2}\right)\frac{L}{z}\exp\beta\left(1-\frac{z}{L}\right) \tag{7.4}$$

여기서, $\beta = \lambda(50-\phi)/2\delta$이며 β는 ϕ값이 50°를 넘지 않는다고 가정한다.

식 (7.4)를 적분하면 식 (7.5)가 구해진다. 식 (7.5)에 경계조건을 대입하여 적분상수 C를 구한다. 즉, 식 (7.5)에 경계조건으로 말뚝선단($z=0$)에서 $\theta_T=90°$, 지표면($z=L$)에서 $\theta_E=(45°-\phi/2)$을 대입하여 적분상수 C를 구하면 식 (7.6)과 같다.

$$x = \frac{L\exp\left[-\beta\left(1-\frac{z}{L}\right)\right]}{\beta\left(45° - \frac{\phi}{2}\right)}\left(\frac{z}{L}-\frac{1}{\beta}\right)+C \tag{7.5}$$

$$C = \frac{d}{2} + \frac{L}{\beta^2\tan\left(45-\frac{\phi}{2}\right)}\exp(-\beta) \tag{7.6}$$

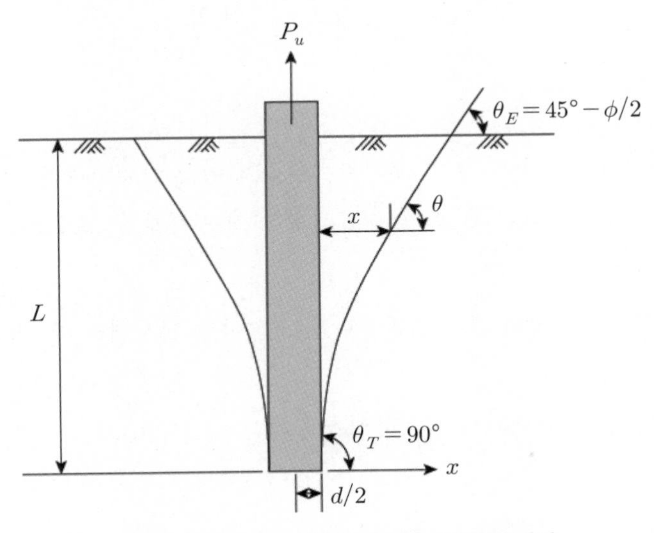

그림 7.17 인발말뚝의 지반 속 파괴면[20]

식 (7.6)을 식 (7.5)에 대입하면 식 (7.7)이 구해진다. 따라서 임의의 깊이에 대한 말뚝중심에서 파괴면까지의 거리 x는 다음과 같이 나타낼 수 있다.

$$x = \frac{d}{2} + \frac{L\exp(-\beta)}{\beta^2\tan\left(45-\frac{\phi}{2}\right)} + \frac{L\exp\left[-\beta\left(1-\frac{z}{L}\right)\right]}{\beta\left(45°-\frac{\phi}{2}\right)}\left(\frac{z}{L}-\frac{1}{\beta}\right) \tag{7.7}$$

한편 지표면에서($z=L$) 말뚝중심으로부터 파괴면까지의 거리 X_G는 식 (7.7)로부터 식 (7.8)과 같이 나타낼 수 있다.

$$\frac{X_G}{d}=\frac{1}{2}+\frac{\lambda\exp(-\beta)}{\beta^2\tan\left(45-\frac{\phi}{2}\right)}+\frac{\lambda}{\beta\tan\left(45-\frac{\phi}{2}\right)}\left(1-\frac{1}{\beta}\right) \tag{7.8}$$

이 식 (7.8)에 $\beta=\lambda(50-\phi)/2\delta$를 대입하면 식 (7.9)가 구해진다.

$$\frac{X_G}{d}=\left[\frac{1}{2}+\frac{2\delta}{(50-\phi)\tan\left(45-\frac{\phi}{2}\right)}\right] + \frac{1}{\lambda}\left(\frac{2\delta}{50-\phi}\right)^2\frac{1}{\tan\left(45-\frac{\phi}{2}\right)}\left\{\exp\left[\frac{-\lambda(50-\phi)}{2\delta}\right]-1\right\} \tag{7.9}$$

말뚝의 극한인발저항력은 말뚝 주위 파괴면상의 지반의 전단저항력과 이 파괴면으로 둘러싸인 말뚝과 토체 무게의 합으로 구해진다. 따라서 위에서 유도한 파괴면을 적용하여 말뚝의 인발저항력을 산정한다.

먼저 그림 7.18에서 보는 바와 같이 말뚝선단에서 높이 z 위치에서 파괴면의 두께 Δz 사이 면적을 선대칭으로 고려한다.

ΔL 길이의 파괴면상에 작용하는 전단저항력 ΔT는 식 (7.10)과 같다.

$$\Delta T=\Delta R\tan\theta \tag{7.10}$$

여기서, ΔR은 쐐기면에 수직으로 작용하는 힘으로 전단면에서 힘의 요소로 나타내면 식 (7.11)과 같다.

$$\Delta R=\Delta Q\cos\theta+K\Delta Q\sin\theta \tag{7.11}$$

식 (7.11)에서 ΔQ는 식 (7.12)와 같이 산정하고 K는 쐐기 안에 발생되는 측방토압계수로서 $K=(1-\sin\phi)(\tan\delta/\tan\phi)$이 되고 $\delta=\phi$가 될 때 $K=K_0=(1-\sin\phi)$의 정지토압계수가 된다.

$$\Delta Q=\gamma(L-z-\Delta z/2)\Delta L \tag{7.12}$$

따라서 ΔR과 ΔT는 각각 식 (7.13) 및 식 (7.14)와 같이 된다.

$$\begin{aligned}\Delta R&=\gamma(L-z-\Delta z/2)(\cos\theta+K\sin\theta)\Delta L \\ &=\gamma(L-z-\Delta z/2)(\cos\theta+K\sin\theta)\frac{\Delta z}{\sin\theta}\end{aligned} \tag{7.13}$$

$$\Delta T=\gamma(L-z-\Delta z/2)(\cos\theta+K\sin\theta)\frac{\Delta z\tan\phi}{\sin\theta} \tag{7.14}$$

그림 7.18(a)의 쐐기요소에 작용하는 힘의 평형조건으로부터 식 (7.15)가 구해진다.

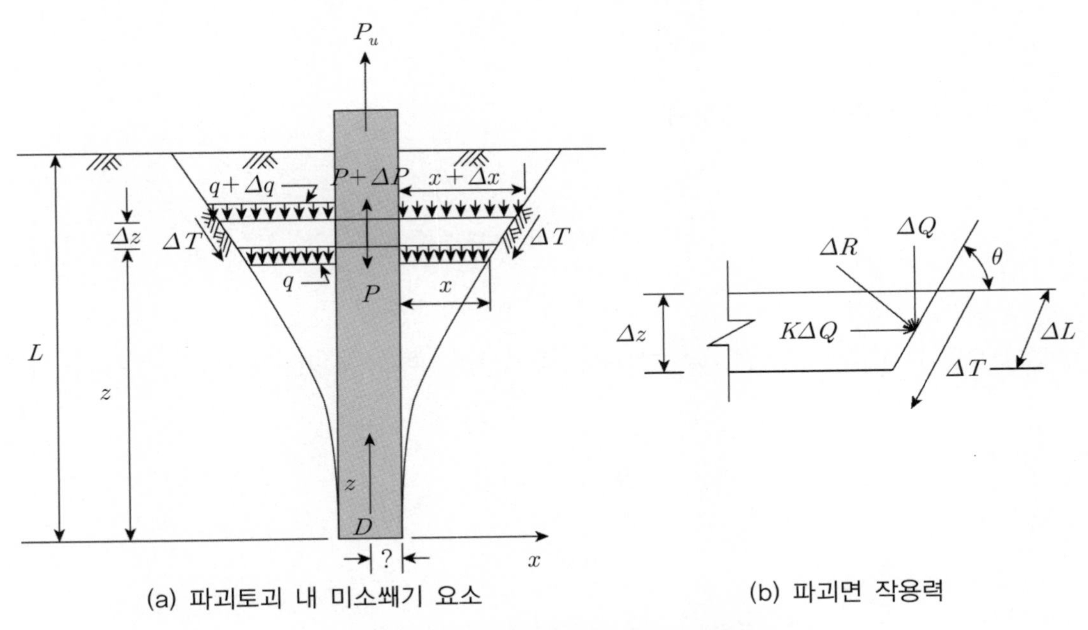

(a) 파괴토괴 내 미소쐐기 요소 (b) 파괴면 작용력

그림 7.18 자유물체 도형의 원통형쐐기요소

$$(P+\Delta P)-P+q\pi x^2-(q+\Delta q)\pi(x+\Delta x)^2-\Delta W-2\pi\left(x+\frac{\Delta x}{2}\right)\Delta T\sin\theta=0$$

(7.15)

식 (7.15)에 식 (7.14)의 ΔT를 대입하고 극한값을 취하기 위해 식 (7.15)를 미분하면 식 (7.16)이 구해진다. 단, $q=\gamma(L-z)$를 대입한다.

$$\frac{\Delta P}{\Delta z}=\gamma\pi dL\left\{\frac{2x}{d}\left(1-\frac{z}{L}\right)[\cot\theta+(\cos\theta+K\sin\theta\tan\phi)\tan\phi]\right\} \tag{7.16}$$

식 (7.16)에서 극한값을 구하고 다시 정리하여 전체인발저항력 $P_{u(gross)}$를 구하면 식 (7.17)과 같이 된다.

$$P_{u(gross)}=\gamma\pi dL\int_0^L\left\{\frac{2x}{d}\left(1-\frac{z}{L}\right)[\cot\theta+(\cos\theta+K\sin\theta)\tan\theta]\right\}dz=A\gamma\pi dL^2$$

(7.17)

단, A는 식 (7.18)와 같이 정한다.

$$A=\frac{1}{L}\int_0^L\left\{\frac{2x}{d}\left(1-\frac{z}{L}\right)[\cot\theta+(\cos\theta+K\sin\theta)\tan\phi]\right\}dz \tag{7.18}$$

순인발저항력 P_u는 식 (7.17)에서 말뚝부피에 해당하는 흙의 무게를 빼면 식 (7.19)와 같다.

$$P_u=A\gamma\pi dL^2-\frac{\pi d^2}{4}\gamma L=\gamma\pi dL^2\left(A-\frac{1}{4\lambda}\right)=A_1\gamma\pi dL^2 \tag{7.19}$$

여기서, $A_1=A-\dfrac{1}{4\lambda}$이다.

한편 순인발저항력은 단위표면마찰력 f와 관입면적 πdL로 식 (7.20)과 같이 구할 수도 있다.

$$P_u = f\pi dL \tag{7.20}$$

따라서 단위표면마찰력 f는 식 (7.19)와 식 (7.20)을 동일하게 하여 식 (7.21)과 같이 구한다.

$$f = A_1\gamma L = A_1\gamma\lambda d \tag{7.21}$$

(3) Das(1983)실험

Das(1983, 1998)[23,24]의 실험 결과에 의하면 단위마찰력 f는 말뚝의 관입비 $\lambda(L/d)$가 증가할수록 선형적으로 증가하다가 어느 한계값 이상에서는 일정한 값에 수렴한다. 단위마찰력 f가 일정한 값에 도달하는 관입비를 한계관입비 λ_{cr}이라고 하며 상대밀도 D_r에 따라 식 (7.22)와 같이 정하였다.

$$\lambda_{cr} = 0.156D_r + 3.85 : (D_r < 70\%) \tag{7.22a}$$

$$\lambda_{cr} = 14.5 : (D_r \geq 70\%) \tag{7.22b}$$

그러므로 인발저항력 P_u는 λ의 함수로 식 (7.23)과 같이 구한다.

$$P_u = \int_0^L p(K_u \tan\delta\gamma z)dz = \frac{1}{2}p\gamma L^2 K_u \tan\delta : (\lambda < \lambda_{cr}) \tag{7.23a}$$

$$P_u = \int_0^{L_{cr}} p(K_u \tan\delta\gamma z)dz + \int_{L_{cr}}^{L} pfdz : (\lambda \geq \lambda_{cr}) \tag{7.23b}$$

$$= \frac{1}{2}p\gamma L_{cr}^2 K_u \tan\delta + pL_{cr}K_u \tan\delta(L - L_{cr})$$

여기서, p : 말뚝의 주면장

K_u : 인발계수(그림 7.16 활용)

δ : 말뚝과 지반 사이의 마찰각

Das(1983)의 실험식[23]은 기본적으로 Meyerhof(1973)의 이론식[41]과 같으며 인발저항력

P_u는 $\lambda < \lambda_{cr}$ 인 경우 Meyerhof(1973)의 이론치와 같아지며 $\lambda \geq \lambda_{cr}$ 인 경우 Meyerhof(1973)의 이론치보다 다소 작게 산정된다.

7.3.3 벨타입 현장타설말뚝의 인발시험

(1) 현장개요

최용성(2010)[(11)]은 UAE의 아부다비(Abu Dhabi)시 Ring road 현장에 설치한 벨타입 현장타설말뚝을 시험말뚝으로 정하여 실시한 인발재하시험의 결과를 분석 고찰한 바 있다. 이 시험말뚝은 인발저항력을 증대시키기 위해 말뚝의 선단을 종모양으로 확대·시공한 현장타설말뚝였다. 말뚝의 수직부 직경이 ϕ800mm이고 선단확대부의 직경이 ϕ1,200mm인 종모양 말뚝이다.

이 지역은 사진 7.3에서 보는 바와 같이 지하차도와 인접하여 해안가가 존재하므로 해수에 의한 양압력에 저항할 수 있도록 지하차도 아래에 인발말뚝을 시공할 예정이다. 본 현장타설말뚝의 거동특성을 관찰하고자 시험말뚝을 시공 설치하여 말뚝이 설계조건을 만족하는지 여부를 판단하기 위한 연직인발시험을 실시하였다. 총 10개의 시험말뚝에 대한 인발재하시험을 실시하였으나 이 중 그림 7.19에 도시된 5개의 시험말뚝의 결과에 대하여 분석을 실시하였다.

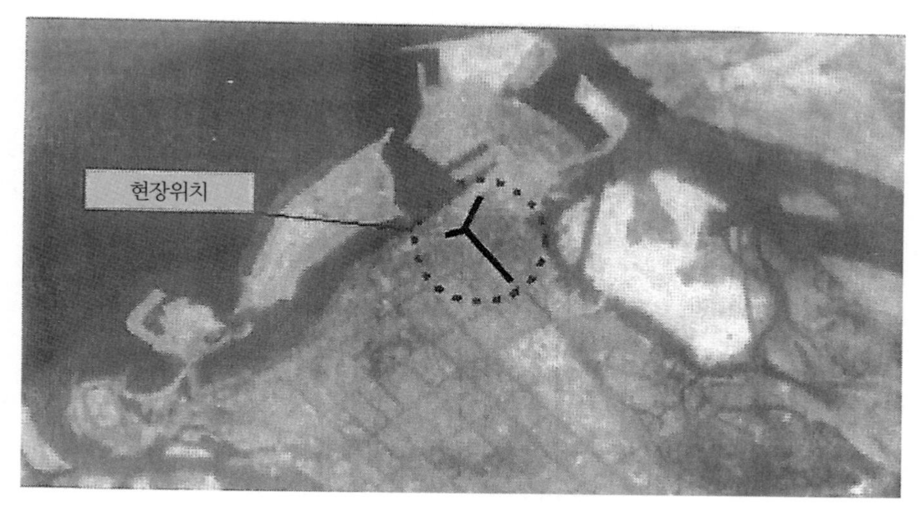

사진 7.3 현장위치 사진

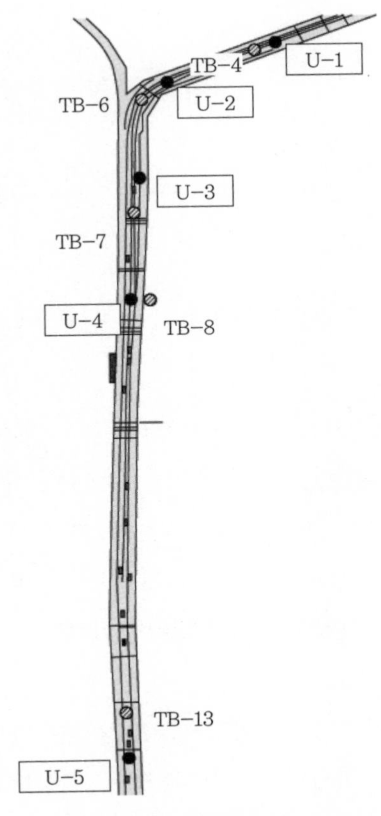

그림 7.19 시험말뚝 위치도

(2) 시험말뚝 및 지반조건

표 7.7은 시험말뚝의 재원 및 인발시험하중을 정리한 표이며 변위측정기 및 스트레인게이지 설치위치를 U-1말뚝을 대표적으로 그림 7.20에 도시하였다.

표 7.7 시험말뚝의 재원 및 시험하중

말뚝번호	말뚝직경 (mm)	관입길이(m)	허용지지력 (kN)	설계하중 (kN)	최대시험하중 (kN)
U-1	수직부위 800 저면확대부위 1200	8.0	1600	1,733	3,200
U-2		6.5		2,006	3,200
U-3		6.5		2,006	3,200
U-4		6.5		2,006	3,600
U-5		6.5		2,006	3,200

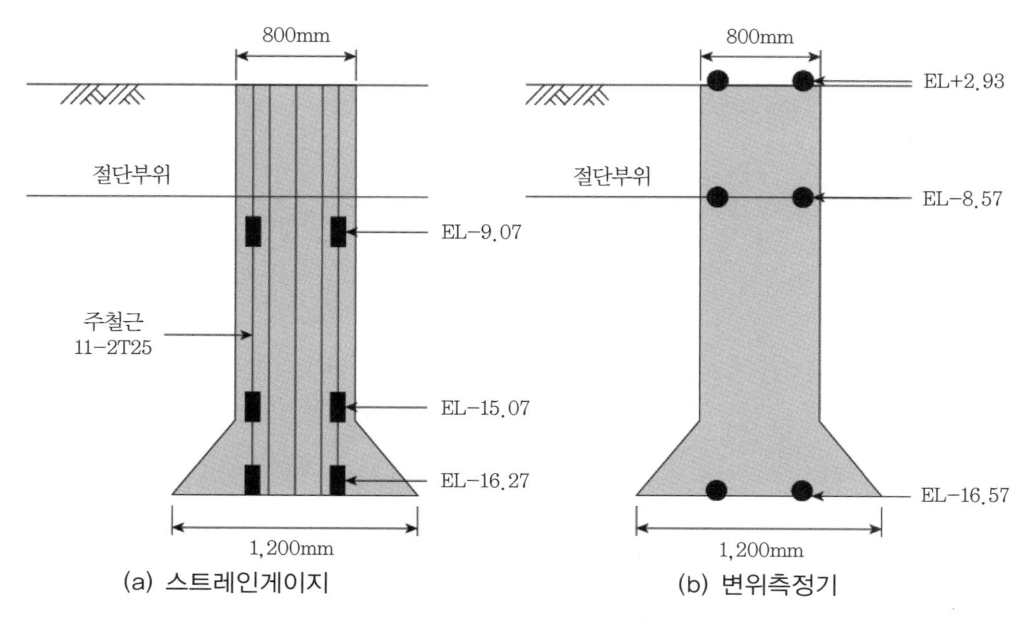

그림 7.20 U-1 말뚝의 계측기

그림 7.20에서 보는 바와 같이 5개의 시험말뚝들은 상부에 일정 단면의 수직부위가 있고 하부는 삼각형 모양으로 확대 시공하였다. 시험말뚝 모두 수직부위의 말뚝직경은 800mm이며 선단 종모양 확대부위의 직경은 1,200mm이다. 수직부위에는 나중에 상부구조물 공사 시 절단할 위치(cut-off level)를 표시하였다. 말뚝의 관입길이는 U-1말뚝의 경우 8.0m로 가장 길고 나머지 말뚝들의 관입길이는 6.5m로 하였다.

말뚝의 허용지지력은 1,600kN으로 하였으며 설계하중은 U-1말뚝의 경우 1,733kN으로 나머지말뚝들은 2,006kN으로 설계하였다. 한편 말뚝재하시험에서 적용한 최대시험하중은 U-4말뚝의 경우는 3,200kN으로 정하였고 나머지말뚝들은 3,600kN으로 정하였다.

U-1시험말뚝에 인접한 위치에서 조사한 대표적인 지층주상도와 표준관입시험 결과는 그림 7.21과 같다. 지층은 전반적으로 상부에 모래층 그 이하로 사암층의 순으로 비교적 간단한 지층구조를 보인다. 모래층은 실트 내지 석회암이 주 구성성분으로 형성된 지층이며 사암층의 구성성분을 분석하면 중간 정도 풍화된 사암으로 분류된다.

U-1시험말뚝 위치 지층은 그림 7.21(b)에서 보는 바와 같이 5m 깊이까지는 모래층으로 N값은 15~30 정도이고 이하 깊이에서는 N값이 50 이상인 단단한 사암층이 존재한다.

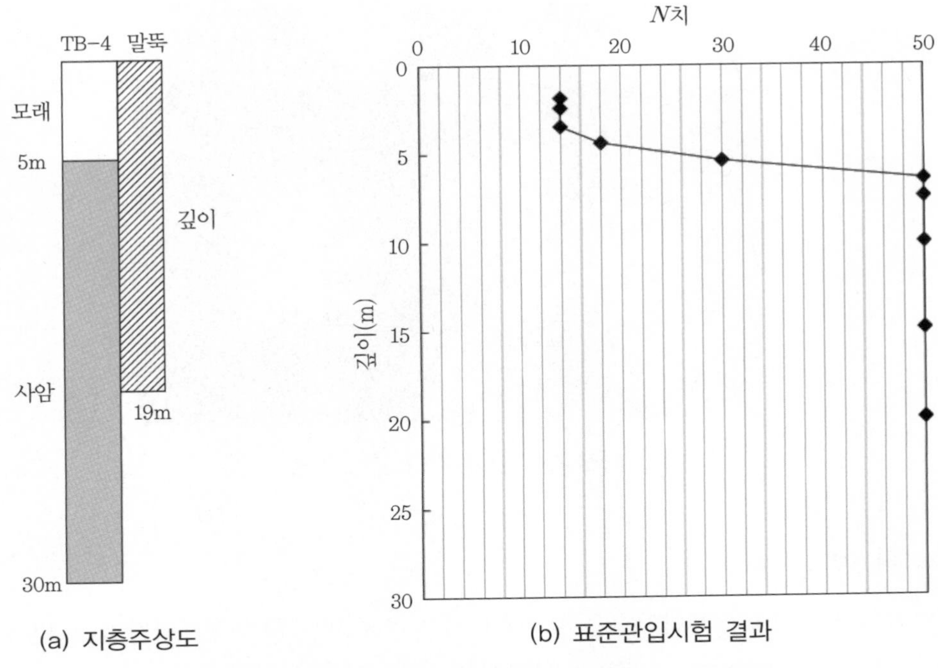

(a) 지층주상도

(b) 표준관입시험 결과

그림 7.21 U-1말뚝 인근의 지층구조와 표준관입시험 결과

(3) 인발시험방법

① 반력말뚝 설치

시험말뚝에 인발하중을 재하하기 위해 4개의 반력말뚝을 설치하였다. 반력말뚝은 하중을 받을 때 시험말뚝에 영향을 최소화하기 위해 시험말뚝에서 4.8m 떨어진 위치에 설치하였다. 반력말뚝의 직경은 ϕ800mm이며 시험말뚝과 동일한 방법으로 시공하였다.

② 재하시험장치 준비

4개의 반력말뚝에 빔의 지지를 위해서 콘크리트 블록을 놓았다. 첫 번째 빔은 두 번째 빔의 중앙에 수직으로 설치하였으며 하중이 작용하는 동안에 과도한 변형을 예방하기 위하여 스티프너를 용접하였다. 말뚝에 인장력을 전달하기 위해 500t 실린더를 지지기둥의 중앙에 넣었으며 말뚝으로의 하중전달을 위해 철판을 잭 실린더 위에 설치하였다. 이 철판은 인장철근과 연결되어 있다.

사진 7.4 인발말뚝의 설치 전경

③ 재하방법

일반적인 말뚝의 연직재하시험은 ASTM D 1143-83(1994)의 표준재하방법 및 반복재하방법[17] 중 하나를 선택하여 시험한다. 본 시험에서는 수정된 방법을 사용하였으며 U-1시험말뚝 하중재하 및 제하 계획을 대표적으로 도시하면 그림 7.22와 같다.

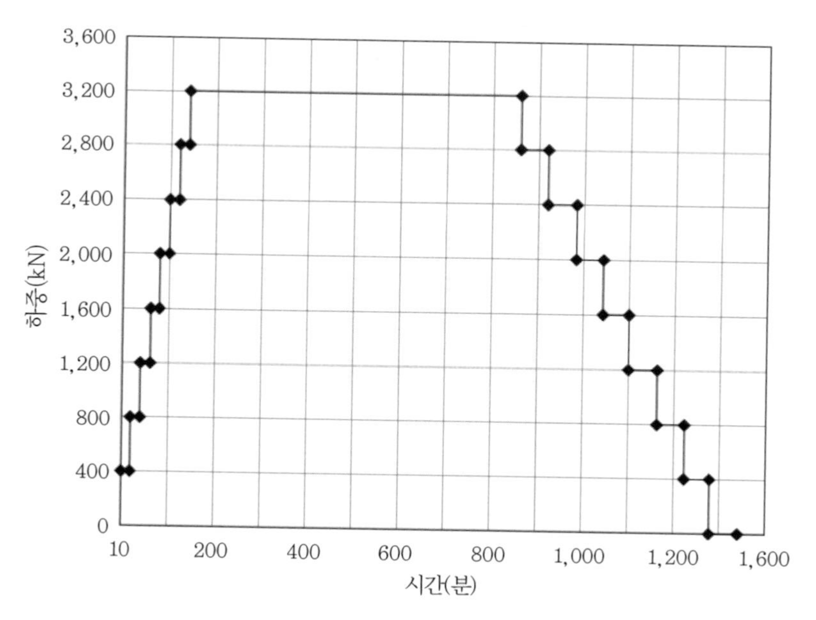

그림 7.22 U-1시험말뚝의 하중-시간 관계도

즉, 시험하중을 설계지지력의 25%, 50%, 75%, 100%, 125%, 150%, 175% 및 200%의 8단계로 나누어 재하하였다. 설계하중의 200%, 즉 최대시험하중 재하단계에서 침하량이 0.01inch (0.25mm)/hr 이하일 경우 12시간 지속재하 유지시킨다. 제하작업은 설계하중의 25%씩 단계별로 1시간씩의 간격을 두어 실시하였다.

(4) 계측계획

① 하중계 및 압력계

말뚝에 적용될 하중을 측정하기 위해 500t 규모의 하중계를 그림 7.23에 도시된 바와 같이 실린더와 상판 사이에 삽입·설치하였다. 사진 7.5는 하중계를 설치한 사진이다. 또한 압력계

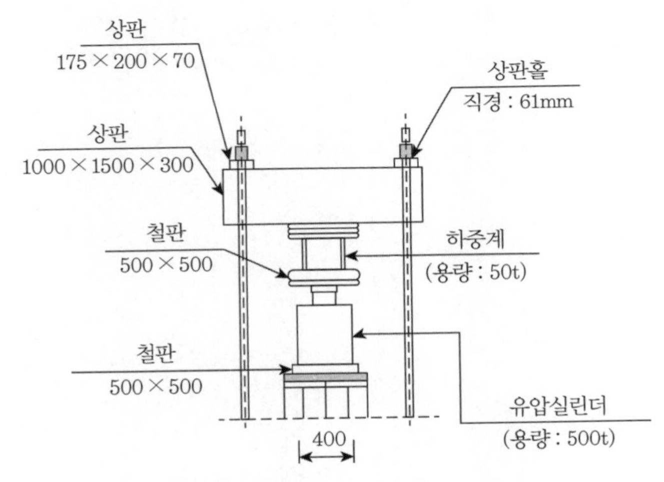

그림 7.23 하중계 설치도

사진 7.5 하중계 설치 사진

를 하중계로 측정한 하중을 검증하기 위해 설치하였다.

② Tell-Tale Rods 및 변위계

시험말뚝에 연직 인발하중 재하 시 절단위치(cut-off)와 말뚝선단에서의 말뚝변위량을 측정하기 위해 두 개의 Tell-Tale 봉을 설치하였다. 또한 시험말뚝이 인발하중을 받아 변형을 일으킬 때 Tell-Tale 봉으로 전달되는 미소변위를 측정하기 위해 말뚝두부에 총 6개의 변위계(displacement tranducer)를 설치하였다. Tell-Tale 봉과 변위계 설치개략도는 그림 7.24와 같다. 사진 7.6과 사진 7.7은 각각 Tell-Tale 봉과 변위계를 설치한 상태의 사진이다.

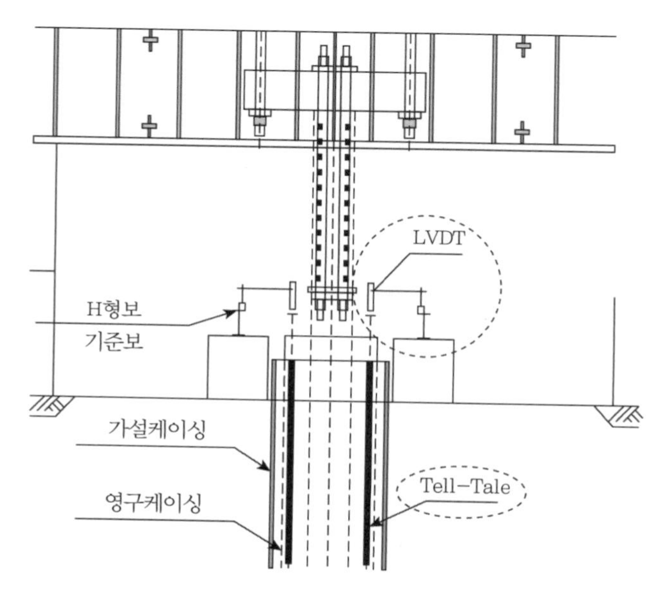

그림 7.24 Tell-Tale 및 변위계 설치도

사진 7.6 Tell-Tale 봉

사진 7.7 변위계

일반적으로 재하시험 및 인발시험 또는 동재하시험에 사용하는 변위계(TML CDP 계열)는 작동원리 및 설치방법이 간단하고 정확한 변위 측정이 가능한 장점을 가지고 있다. 5mm, 10mm, 25mm, 50mm 및 100mm 측정범위 제품의 제원은 표 7.8과 같다.

표 7.8 TML CDP계열 변위계

제품명	TML CDP Series
제조회사	TML Tokyo Sokki Kenkyujo Co.
작동온도	−10°∼+60°
측정범위	5mm, 10mm, 25mm, 50mm, 100mm
전압	10V

③ 스트레인게이지와 기준보(reference beam)

사진 7.8에서 보는 바와 같이 3개소에 설치되는 스트레인게이지(1개소에 2개씩 설치)는 말뚝이 연직인발하중을 받을 때 응력의 분포를 측정하기 위해 말뚝에 설치하였다. 또한 측정기구들의 기준레벨을 제공하기 위해 기준보를 사진 7.9와 같이 설치하였다.

사진 7.8 스트레인게이지

사진 7.9 기준보

말뚝부재에 발생하는 응력을 측정하기 위해 진동현식 스트레인게이지를 설치하였다. 설치된 스트레인게이지는 4200시리즈로 길이는 153mm이고 일반적으로 기초, 말뚝, 교량, 댐의 계측을 위해 사용된다. 그 외에 대규모의 계측을 위한 4210시리즈 및 실내실험의 계측에 사용되는 4202시리즈 변형률계가 있다.

콘크리트 매설형 스트레인게이지는 콘크리트 타설 전에 매설하여 콘크리트 내부에 작용하는 유효응력을 측정하는데 그 원리는 양 끝단에 고정된 강선이 공명하면 이를 전자기적 코일을 사용하여 측정하며 현의 밀도, 길이, 외부환경 등을 계산한 게이지 상수값을 통해 변형률로 환산된다.

스테인리스로 만든 강철을 이용하여 부식에 강하며 완벽한 방수가 가능하지만 급격히 변하는 동역학적 변형률 측정에는 사용할 수 없다.

(5) 인발시험 결과

그림 7.25는 그림 7.20에 도시된 U-1말뚝의 인발시험 결과를 대표적으로 도시한 그림이다. 그림 7.25에 도시된 말뚝의 인발력과 인발변위는 그림 7.20에 도시된 말뚝의 세 계측 부위(말뚝두부, 절단(cut-off) 예정 위치, 말뚝선단)에서의 측정값의 평균치를 도시하였다. 이 시험 결과에 의하면 각 인발하중단계에서 말뚝두부에 가까울수록 말뚝변위가 크게 발생하였을 뿐만 아니라 변위증가속도도 급하게 발생하였다. 즉, 말뚝선단에서의 인발력-변위 곡선의 기울기에 비하여 말뚝두부에서의 인발력-변위 곡선의 기울기가 급한 경향을 보이고 있다.

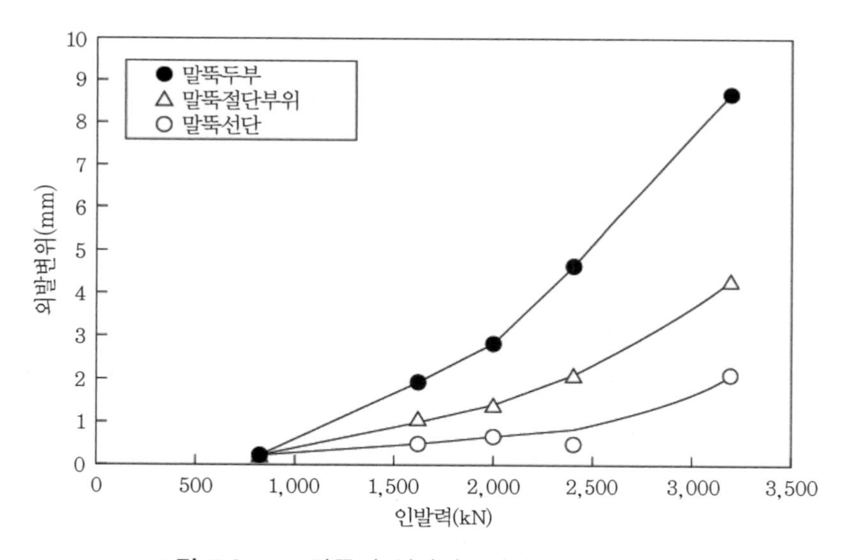

그림 7.25 U-1말뚝의 인발력-변위 관계도(평균치)

한편 인발하중이 설계하중의 100% 및 200%인 1,600kN 및 3,200kN인 경우 말뚝선단에서의 말뚝변위는 그림 7.25 및 표 7.9에서 보는 바와 같이 각각 0.44mm와 1.99mm로 발생하였고 하중을 다 제거한 후의 잔류변위량은 1.45mm로 나타났다. 다른 시험말뚝의 시험 결과도 표 7.9에서 보는 바와 같다. 설계하중의 200%인 인발력을 가하였을 때의 5개의 시험말뚝 모두 말뚝변위는 1~3mm로 나타났고 잔류변위량은 0.3~2mm로 측정되었다.

표 7.9 말뚝선단에서의 말뚝변위(mm)

인발하중	800kN	1,600kN	2,000kN	2,400kN	3,200kN	3,600kN	0kN
U-1시험말뚝	0.17	0.44	0.55	0.43	1.99	-	1.45
U-2시험말뚝	0.14	0.16	0.34	0.15	2.62	-	1.18
U-3시험말뚝	0.26	0.03	0.32	0.67	1.07	-	0.85
U-4시험말뚝	0.35	0.86	-	0.86	1.06	1.83	0.36
U-5시험말뚝	0.60	0.74	-	1.29	2.83	-	1.98

7.3.4 분석 및 고찰

(1) 하중분담률

그림 7.26(a)는 U-1말뚝 내의 각 부위에서 스트레인게이지로 측정된 변형률 ϵ_{avg}을 식 (7.24)에 대입하여 산정한 인발력 T를 말뚝두부에 가한 인발하중과 비교하여 도시한 그림이다.

$$T = \epsilon_{avg}(A_s E_s + A_c E_c) \tag{7.24}$$

여기서, ϵ_{avg} : 평균변형률

A_s : 철근단면적

E_s : 철근의 탄성계수(200kN/mm^2)

A_c : 콘크리트단면적

E_c : 콘크리트의 탄성계수(34kN/mm^2)

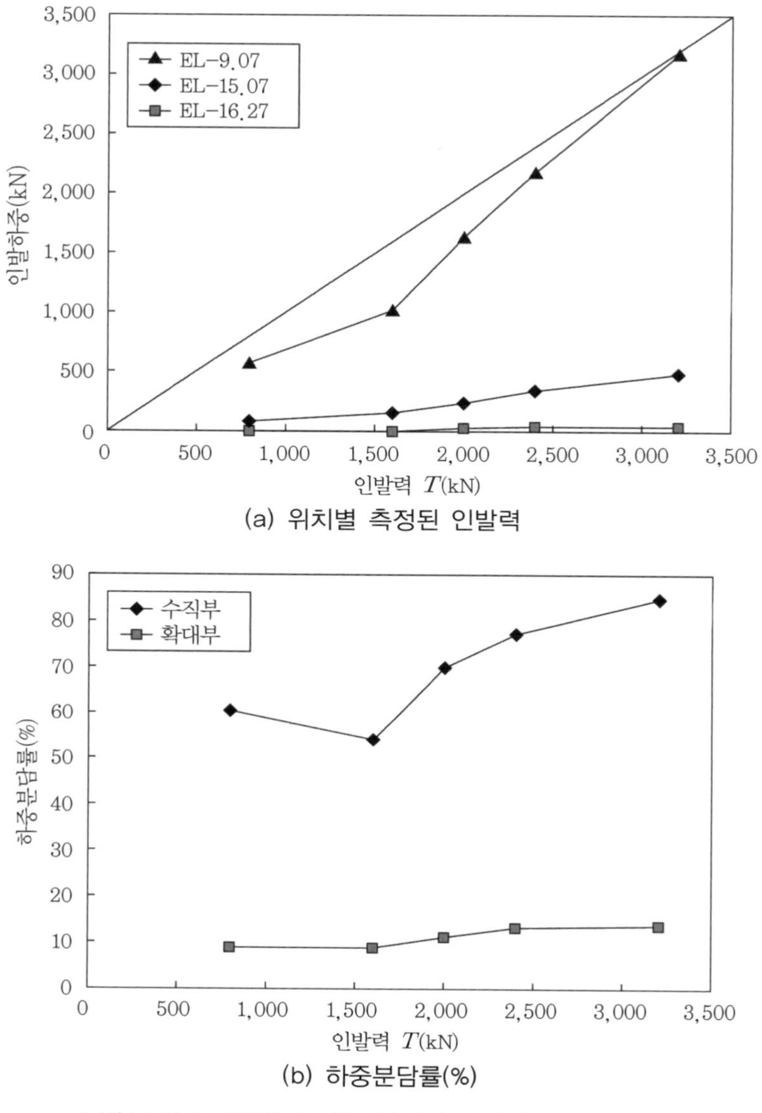

(a) 위치별 측정된 인발력

(b) 하중분담률(%)

그림 7.26 U-1말뚝의 말뚝 위치별 인발력과 하중분담률

이 그림에서 보는 바와 같이 말뚝 내 임의의 단면에서 측정된 인발력은 말뚝두부에 가까울수록 크게 발생하였고 말뚝선단에서는 미미한 정도의 인발력만 측정되었음을 알 수 있다. 그림 7.26(a) 속에 도시한 대각선은 말뚝내부에서 스트레인게이지로 측정된 변형률로 산정한 인발력이 말뚝두부에 가해진 인발하중과 동일함을 나타내는 선이다. 그림 7.26(a)에서 보는 바와 같이 EL-9.07 단면에서의 인발력은 두부인발하중과 거의 같은 값을 보이고 있다. 바꾸

어 말하면 말뚝두부에서 먼 단면일수록, 예를 들면 EL-15.07이나 EL-16.27에서는 변형률로 산정한 인발력은 말뚝두부에 가한 인발하중보다 훨씬 작아진다. 이는 말뚝두부에서 먼 단면에서는 말뚝의 인발력이 말뚝 측면에서의 마찰력에 의해 지반에 이미 전이되었기 때문에 두부에서 멀어질수록 말뚝에 남아 있는 인발력이 점차 줄어들었기 때문이다. 따라서 말뚝선단에서는 작은 인발력만이 남아 작용하게 된다.

이렇게 측정된 인발력이 전체하중 대비 어느 정도 비율인가를 나타낸 하중분담률은 그림 7.26(b)와 같다. 즉, 그림 7.26(b)는 U-1말뚝 내의 각 부위에서 측정한 인발력의 전체작용하중대비 비율(이를 하중분담률이라 한다)을 도시한 그림이다. 이 그림에서 보는 바와 같이 말뚝 수직부에서의 분담률이 선단확대부에서의 분담률보다 크다. 그리고 말뚝두부에 작용하는 전체하중은 대부분(54~84%이고 최대 84%)이 말뚝의 수직부에서 분담되고 있으며 종모양 선단확대구간에서는 전체하중의 9~14%만 분담하고 있다. 따라서 대부분의 인발력은 말뚝의 수직부에 작용함을 알 수 있다.

U-1시험말뚝에서 U-5시험말뚝까지의 다섯 개의 시험말뚝에서 매 단계하중이 가해졌을 때 말뚝 수직부의 하중분담률을 정리하면 표 7.10과 같다. 이 시험 결과에 의하면 말뚝의 수직부에서는 두부에 작용하는 전체 인발하중의 50~90%의 인발력이 말뚝의 수직부에서 발생됨을 알 수 있다.

표 7.10 시험말뚝 수직부의 하중분담률(%)

작용하중	800kN	1,600kN	2,000kN	2,400kN	3,200kN	3,600kN
U-1시험말뚝	61	54	70	77	84	-
U-2시험말뚝	90	89	87	86	84	-
U-3시험말뚝	77	80	78	81	81	-
U-4시험말뚝	86	91	-	67	66	81
U-5시험말뚝	76	81	-	76	79	-

(2) 주면마찰력

그림 7.27은 다섯 개의 시험말뚝의 수직부, 선단확대부, 선단부 위치에서의 주면마찰력을 모두 함께 정리한 결과이다. 우선 이들 그림에서는 말뚝의 세 부위에서 모두 인발재하하중이 증가할수록 주면마찰력의 크기도 선형적으로 증가하는 거동을 보인다. 그러나 선단부보다 수직부에서 주면마찰력의 크기와 증가율 모두 크게 나타났다.

그림 7.27의 주면마찰력 결과를 보면 지표면에 가까울수록 주면마찰력이 큰 것으로 나타났으며 단위주면마찰력도 지표면부근이 말뚝선단부분보다 더 큰 것을 알 수 있다. 이는 인발말뚝은 하중 파괴면을 따라 발생하는 모래지반 속의 지반아칭현상으로 지표면에 가까울수록 흙의 부피가 커짐에 따라 하중 분포 및 주면마찰력도 증가하기 때문이다. 따라서 대부분의 하중을 수직부분에서 먼저 분담하여 인발력을 지반에 전이하고 최소의 인발하중만이 종모양 선단확대부로 옮겨지게 된다.

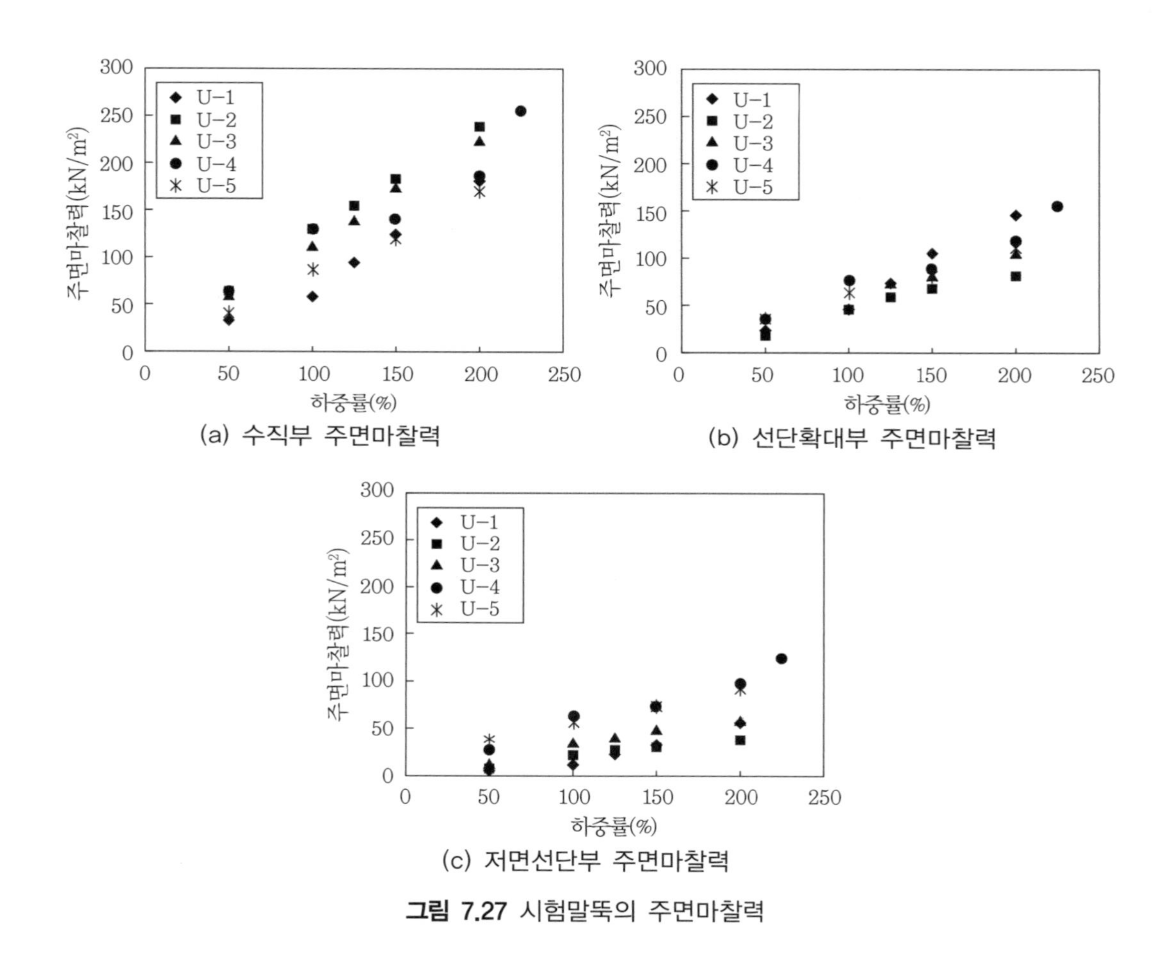

(a) 수직부 주면마찰력

(b) 선단확대부 주면마찰력

(c) 저면선단부 주면마찰력

그림 7.27 시험말뚝의 주면마찰력

선단확대말뚝의 수직부분에서 인발하중의 대부분을 분담하는 원인을 분석해보면 종모양 선단확대부의 영향으로 파괴선의 범위가 넓어지므로 상부측 일체 거동 흙 부피가 수직단면말뚝과 비교해볼 때 훨씬 많으므로 분담하중 및 주면마찰력이 증가하게 된다. 따라서 벨타입 인발말뚝은 수직단면말뚝보다 수직인발력에 대해 효과적으로 저항할 수 있는 말뚝임은 분명하다.

(3) 항복인발력

말뚝의 인발시험은 압축재하시험의 보완용 시험으로 말뚝의 주면마찰력 크기를 규명하기 위해서는 특히 효과적인 시험이이다. 더욱이 최근에는 말뚝의 마찰력 정보가 특히 필요한 말뚝의 부마찰력의 예상을 위해서도 인발시험이 활용될 뿐만 아니라 말뚝기초 설계 시 풍화중 또는 인발하중에 저항하는 인발저항력 산정을 위해서 필수적인 말뚝재하시험이다.

말뚝의 인발시험은 말뚝기초의 두 가지 지지력 성분 선단지지력과 주면마찰력 중 주면마찰력을 결정할 정보를 얻을 수 있는 시험이다. 그러므로 선단지지력의 불확실성이 존재하는 시험 결과에 있어서도 비교적 명확한 주면마찰력 정보를 얻을 수 있다.

말뚝인발시험의 결과 분석법은 재하하중(인발력)-인발량 관계, 인발량-시간 관계 등 말뚝의 압축재하시험 결과 분석법과 유사하다. 특히 재하하중(인발력)-인발량 관계는 주면마찰력 특성과 연관시켜 고려해볼 때 효과적인 분석법으로 활용할 수 있다.

일반적으로 인발량과 재하하중과의 관계를 분석하기 위해 인발하중 T와 말뚝의 인발량 S를 양면대수지상에 표시하면 각 계측점은 두 개의 직선으로 표시할 수 있다. 여기서 이 두 직선이 교차하는 점에 해당하는 하중을 항복하중 또는 항복인발지지력이라 한다.

다시 말하면 항복인발지지력은 말뚝의 인발로 인하여 말뚝주면 혹는 말뚝 부근 지중에 발생하는 전단응력이 말뚝의 전 길이에 걸쳐 항복하게 될 때의 인발하중이라 정의하고 log P-log S도면상에 정리된 곡선의 명확한 변곡점에서의 하중을 항복인발지지력으로 정의하고 있다.

그러나 벨타입 말뚝에서는 명확한 항복인발지지력이 나타나지 않는 경우가 있으며 log P-log S곡선에서의 변곡점과 말뚝의 주면 또는 선단확대부의 인발저항력 특성과의 관련성은 현재까지 명확하게 규명된 바는 없는 실정이다. 하지만 대체적으로 log P-log S곡선을 참고하여 변곡점에서의 하중(하중이 점차 증가하는 과정에서 인발지지력이 초기의 상태로부터 변화하는 점에 대응하는 하중)을 항복인발지지력으로 보면 무방하다.

이를 근거로 표 7.7에 열거한 다섯 개의 시험말뚝의 인발시험을 실시하여 절단면(cut-off level) 위치에서 항복인발력을 산정 비교하여 정리하면 표 7.11과 같다.[11] 이 표에서 보는 바와 같이 최대시험하중은 3,200~3,600kN였음에도 항복인발지지력은 대체적으로 1,600~2,400kN으로 나타났다. 항복변위량은 지지층의 근입깊이가 8m인 U-1시험말뚝에서 2.5mm

로 가장 크게 발생하였으며 근입깊이가 6.5m인 나머지 말뚝에서는 0.6~2.5mm의 항복변위량을 나타냈다. 또한 항복인발하중 이후에도 변위 값이 급격하게 선형적으로 증가하는 경향을 보이는 것으로 나타났다.

표 7.11 시험말뚝의 절단면(cut-off level)위치에서의 항복인발력[11]

시험말뚝번호	지지층 근입깊이(m)	최대시험하중 (kN)	최대변위량 (mm)	항복하중 (kN)	항복변위량 (mm)
U-1	8.0	3200	4.37	2000	2.5
U-2	6.5	3200	3.88	2400	0.9
U-3	6.5	3200	4.33	1600	0.6
U-4	6.5	3600	3.97	2100	2.0
U-5	6.5	3200	5.63	1600	1.5

표 7.11에 인발력을 받는 시험말뚝의 항복하중과 항복변위량의 관계를 도시하면 그림 7.28과 같다. 이 그림에서 모든 시험말뚝의 최대변위량은 4~6mm 정도 발생하였으나 항복변위량은 항복하중의 크기나 지지층의 근입깊이에 관계없이 3mm 이내인 것을 알 수 있다.

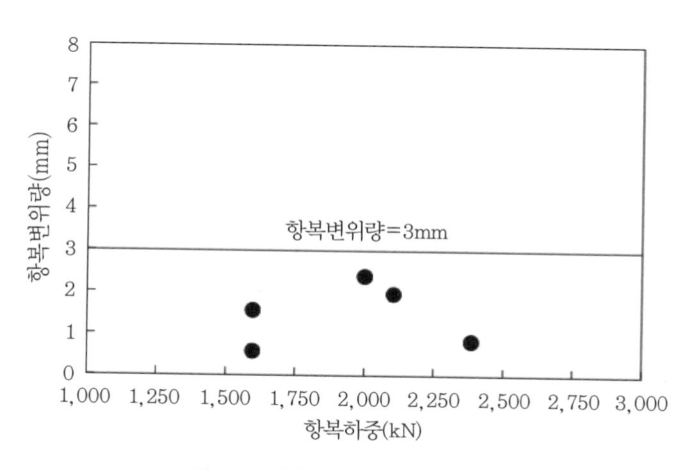

그림 7.28 항복하중과 항복변위량

참고문헌

1) 김원철 외 2인(2002), "현장타설말뚝설계 및 시공", 한국지반공학회 제14회 계속교육-깊은기초.
2) 김원철 외 5인(2000), "말뚝기초", 한국지반공학회, 제16권, 제9호, pp.10~34.
3) 김정환(1997), 편마암에 근입된 현장타설말뚝의 지지거동 분석, 서울대학교 대학원, 공학박사 학위논문.
4) 대한토목학회(1996), 도로교 표준시방서, pp.610~679.
5) 백규호·사공명(2003), "암반에 근입된 현장타설말뚝의 지지력 산정기준에 대한 평가", 한국지반공학회지, 제19권, 제4호, pp.95~105.
6) 여규권(2004), 장대교량 하부기초 설계인자에 관한 연구, 중앙대학교대학원 공학박사논문.
7) 정경환·조성민(1998), "말뚝재하시험 및 해석방법", 1998 말뚝기초위원회세미나, 현장기술자를 위한 말뚝기초 세미나, 한국지반공학회, pp.75~128.
8) 조천환·이명환(2002), "타입말뚝의 동적거동분석", 2002 기초기술위원회 워크숍.
9) 최용규(2000), "대구경 말뚝정재하시험 및 하중전이 측정사례", (사)한국지반공학회, 2000년 말뚝기초 학술발표회 논문집, pp.109~141.
10) 최용규·정창규(2002), "대구경말뚝의 정재하시험 및 축하중전이 측정시험", 2002 기초기술위원회 워크숍.
11) 최용성(2010), 사질토에 근입된 벨타입 인발말뚝의 거동특성에 관한 연구, 중앙대학교 건설대학원, 공학석사학위논문.
12) 한국지반공학회(1997), "지반공학시리즈4 깊은기초", 구미서관, pp.125~130.
13) 홍원표·여규권·이재호(2005), "대구경 현장타설말뚝의 주면 마찰력 평가, 한국지반공학회논문집, 제21권, 제1호, pp.93~103.
14) 홍원표·여규권·남정만·이재호(2005), "암반에 근입된 대구경 현장타설말뚝의 침하특성", 한국지반공학회논문집, 제21권, 제5호, 특별논문집 제2호, pp.111~122.
15) 홍원표 외 4인(1989), "관입말뚝에 대한 연직재하시험 시 항복하중의 판정법", 대한토질공학회지, 제5권, 제1호, pp.7~18.
16) American Association of State Highway and Transportation(AASHTO)(1983), "Standard Specifications for Highway Bridges".
17) ASTM D1143-81(1986), "Method of testing piles under static axial compressive loads. In Annual book of ASTM standards, 04.08, Soil and rock, building stones. Philadelphia, PA, pp.239~254.
18) BS 8004(1986), "Code of practice for Foundations-(Formerly CP 2004)", British Standards Institute, London, UK.
19) Canadian Geotechnical Society(2006), "Canadian foundation engineering manual

(4thEd.)", Canadian Geotechnical Society, Toronto, Ontario, Canada.

20) Chattopadhyay, B.C. and Pise, P.J.(1986), "Uplift capacity of piles in sand", Jour., GED, ASCE, Vol.112, No.GT9, pp.888~904.

21) Coyel, H.M. and Sulaiman, I.H.(1967), "Skin friction for steel piles in sand", Jour., SMFD, ASCE, Vol.93, No.SM6, pp.261~278.

22) D'Appolonia, E., D'Appolonia, D.J. and Ellison, R.D.(1975), Ch.20 Drilled piers, Foundation Engineering Handbook, ed. by Winterkorn, H.F. and Fang, H.-Y., pp.601~615.

23) Das, B.M.(1983), "A procedure for estimation of uplift capacity of rough piles", Soils and Foundations, Vol.23, No.3, pp.122~126.

24) Das, B.M.(1998), Principles of Foundation Engineering, 4th Edition, Brooks/Cole Publishing Company, pp.578~581.

25) Das, B.M. and Seeley, G.R.(1975), "Uplift capacity of buried model piles in sand", Jour., GED, ASCE, Vol.101, No.GT10, pp.1091~1094.

26) De Beer, E.E.(1964), "Some considerations concerning the point bearing capacity of bored piles", Proc., Symp. Bearing Capacity of Piles, Roorkee, India.

27) DIN 4026(1975), "Driven piles, manufacture, dimensioning and permissible loading", German code, Berlin : Beuth Verlag.

28) DS 415(1998), "Norm for fundering", Code of Practice for Foundation Engineering. Dansk Standard(in Danish).

29) EM 1110-2-2906(1991), "Design of pile foundation", Department of the Army, US Army Corps of Engineers, Washington, DC, USA.

30) Freeman, C.F., Klajnerman, D. and Prasad, G.D.(1972), "Design of deep socketed caisson into shale rock", Canadian Geotechnical Journal, Vol.9, No.1, pp.105~114.

31) Hong W. P. and Yea G. G. (2002), ""A study on prediction of bearing capacity of cast-in-place pile." Proc., the 6th International Symposium, Environmental Geotechnology and Global Sustainable Development, Seoul, Korea, pp.601~606.

32) Horvath, R.G. and Kenny, T.C.(1979). "Shaft resistance of rock-socketed drilled piers", Symp., on Deep Foundations, ASCE.

33) International Conference of Building Officials (1982), "Uniform Building Code", Whittier, CA, USA.

34) IS 2911(2010), "Design and construction of pile foundations-code of practice part 1 concrete piles", Indian Standards, India.

35) JSF 1811(1993), "Standards for vertical load test of piles", Japanese Society of Soil

Mechanics on Foundation, Tokyo, Japan.

36) Kulhawy, F.H. and Goodman, G.E.(1980), "Design of foundation on discontinuous rock", Proc., IC on Strucrural Foundations on Rock, Sydney, pp.209~222.

37) Ladany, B.(1977), Discussion, Canadian Geotechnical Journal, Vol.14, No.1, pp.153~155.

38) Ladany, B. and Roi, A.(1971), "Some aspects of baring capacity of rock mass", Proc., the 7th Canadian Symposium on Rock Mechanics, Edmonton.

39) Mansur, C.I., and Kaufman, R.I.(1958), "Pile tests, low-steel structure, Old River, Louisiana", Transactions, ASCE, 123, pp.715~743.

40) McVay, M., Townsed, F., and Willams, R.(1992), "Design of socketed drilled shafts in limestone", Journal of Geotechnical Engineering Division, Vol.118, No.GT10, pp.1626~1637.

41) Meyerhof, G.G.(1973), "Uplift resistance of inclined anchors and piles", Proc., 8th ICSMFE, Vol.2, pp.167~172.

42) Meyerhof, G.G. and Adams, J.I.(1968), "The ultimate uplift capacity of foundation", Canadian Geotechnical Journal, Vol.5, No.4, pp.225~244.

43) O'Neill, M.W. and Reese, L.C.(1999), "Drilled Shafts : Construction Procedures and Design Methods", Report No. FHWA-IF-99-025, prepared for the U.S. Department of Transportation, Federal Highway Administration, Office of Implementation, McLean, V.A. in cooperation with ADSC: The International Association of Foundation Drilling.

44) Peck, R.B., Hansen, W.E. and Thorburn, T.H.(1974), Foundation Engineering, 2nd Edition, John Wiley & Sons Inc., pp.361~363.

45) Radhakrishman, R. and Leung, C.E.(1985), "Load transfer behavior of rock-soketed piles", Journal of Geotechnical Engineering Divison, ASCE, Vol.115, No.GT6.

46) Roscoe, K.H.(1957), "A comparison of tied and free pier foundation", Proc., 4th ICSMFE, London, UK.

47) Rosenberg, P., and Journeaux, N.L.(1976), "Friction and end bearing tests on bedrock for high capacity socket design", Canadian Geotechnical Journal, Vol.13, No.3, pp.324~333.

48) Rowe, R.K. and Armitage, H.H.(1987a), "Theoretical solutions for axial deformation of drilled shafts in rock", Canadian Geotechnical Journal, Vol.24, No.1, pp.114~125.

49) Rowe, R.K., and Armitage, H.H.(1987b), "A design method for drilled piers in soft rock", Canadian Geotechnical Journal, Vol.24, No.1, pp.126~142.

50) Seo, D.D., and Yoon, H.H.(2004), "Comparison of determination methods for allowable

load based on load tests using driven pile", Daelim Technology Research & Development Institute, pp.59~71(In Korean).

51) Terzaghi, K., and Peck, R.B.(1967), Soil Mechanics in Engineering Practice 3rd Ed., New York, John Wiley & Sons, p.592.

52) Tomlinson, M. and Woodward, J.(2014), Pile Design and Construction Practice, 6th Ed.,, CRC Press, London and NewYork, p.608.

53) Touma, F.T. and Reese, L.C.(1974), "Behavior of bored piles in sand", Journal of Geotechnical Engineering Division, ASCE, Vol.100, No.GT7, pp.749~761.

54) U.S. FHWA(1996), "Design and construction of driven pile foundations", Vol.I, pp.9~7.

55) Van Impe, W.F.(1988), "Considerations on the auger pile design", In Van Impe(ed.), Proceedings of the 1st International Seminar on Deep Foundationson Board and Auger Piles(BAPI, Ghent), pp.193~218.

56) Vesic, A.S.(1970), "Tests on Instrumented Piles, Ogeechee River Site", Journal of SMFD, ASCE, Vol.96, No.SM2, pp.561~584.

57) Whitaker, T. and Cooke, R.W.(1961), "A new approach to pile testing", Proc, 5th ICSMFE, Vol.2.

58) Williams, A.F., and Pells, P.J.N.(1981), "Side resistance rock socketed in sandstone, mudstone, and shale", Canadian Geotechnical Journal, Vol.18, No.4, pp.502~513.

59) Zhang, L.(2010), "Prediction of end-bearing capacity of rock-socketed shafts considering rock quality designation (RQD), Canadian Geotechnical Journal, Vol.47, No.10, pp.1071~1084.

60) Zhang, L. and Einstein, H.H.(1998), "End bearing capacity of drilled shafts in rock", Journal of Geotechnical and Geoenvironmental Engeneering, ASCE, Vol.124, No.7, pp.574~584.

CHAPTER

08

매입말뚝

CHAPTER 08

연직하중말뚝

매입말뚝

8.1 서 론

제3장에서 기초지반의 지지력이 충분하지 못하거나 압축성이 커서 파괴나 과도한 침하가 예상되는 경우에 적용하는 깊은기초에는 말뚝기초와 케이슨기초의 두 종류가 있음을 이미 설명하였다. 이 중 말뚝기초에 사용하는 말뚝으로는 기성말뚝과 현장타설말뚝이 있으며, 기성말뚝은 말뚝시공법에 따라 타입말뚝과 매입말뚝으로 구분된다.

타입말뚝 시공법은 타입하는 타격식과 진동식으로 대별되며, 소음을 줄이기 위한 방법으로 선굴착 병용 타격식이 이용되기도 한다. 타격식은 시공품질관리가 용이하고 공사비가 저렴하여 지지력에 대한 신뢰도가 높은 장점이 있지만, 해머의 낙하에너지를 이용하여 말뚝을 지반에 관입시키는 방식이기 때문에 상대적으로 큰 소음과 지반진동이 발생하게 된다. 국내에서는 지반진동이나 소음이 사회적으로 문제가 되지 않은 1990년대 초까지만 하더라도 대부분 기성말뚝을 타입공법으로 시공하였다.

그러나 환경 및 공해에 점점 민감해지기 시작하면서 지반진동과 소음에 대한 민원이 급증하게 되었다. 이에 따라 1994년 국내에서 처음으로 건설공사에 대한 소음 및 진동규제법이 공포되었다. 따라서 도심지는 물론이고 교외의 한적한 주택가나 가축사육장과 양어장 근처에서도 타입말뚝공법으로 말뚝을 시공하는 것이 거의 불가능하게 되었다. 이에 대한 대책으로 기성말뚝을 시공하는 현장에서는 비교적 저소음·저진동 공법인 매입말뚝공법을 주로 채택하고 있는 실정이다. 이에 제8장에서는 매입말뚝에 관련된 사항을 정리·설명한다.

국내에는 1980년대 후반에 SIP(Soil-cement Injected Precast pile) 공법이 매입말뚝공법으로 처음 도입된[7] 이후에 SDA(Separated Doughnut Auger) 매입말뚝공법이 새롭게 개발

되어 현재 여러 현장에서 적용하고 있다.[9,10]

매입말뚝의 시공법과 지지력 산정방법은 타입말뚝과 달리 지지력을 좌우하는 요소가 다양하여 아직 표준화되지 못하고 있는 실정이다. 도로교설계기준해설(대한토목학회, 2001),[6] 구조물기초설계기준해설(한국지반공학회, 2003),[13] 건축기초구조설계기준(대한건축학회, 2005)[3] 및 한국도로공사(2006)[11,12]에서는 선굴착공법 또는 중굴공법으로 시공하는 말뚝의 지지력 산정식을 제안한 바 있지만 주로 외국 문헌과 외국 기준식에 준해서 제안되어 있는 실정이다.

그러나 이들 산정식은 주로 SIP공법으로 시공된 말뚝을 대상으로 하였으며, 시멘트밀크의 물시멘트 배합비에 따라 달라지는 지지력 특성을 고려하지 않았다. 따라서 SIP공법과 다른 매입말뚝시공법을 적용하거나, 시멘트밀크의 물시멘트 배합비가 달라질 경우 산정식과 지지력이 달라질 수 있다.

채수근(2002, 2007)은 SDA매입말뚝의 선단지지력과 마찰지지력이 지반종류에 따라 다르게 적용되어야 함을 시험말뚝에 대한 재하시험 결과에 의거 제안한 바 있다.[9,10] 특히 시멘트밀크의 물시멘트 배합비가 매입말뚝의 지지력에 영향을 미치는 매우 중요한 요소임을 강조하였다. 따라서 제8장에서는 시멘트밀크의 물시멘트 배합비를 지반종류별로 다르게 적용해야 매입말뚝의 지지력을 증대시킬 수 있음을 자세히 설명할 것이다.

또한 매입말뚝의 시공법을 표준화하여 매입말뚝의 지지력 저하 방지는 물론이고 무리한 경타시공으로 말뚝이 파손되는 것을 방지할 필요가 있으므로 제8장에서는 SDA매입말뚝의 표준시공법도 함께 설명한다.

8.2 매입말뚝 시공법

매입말뚝 시공법은 그림 8.1에 정리된 바와 같이 중굴공법(내부굴착공법), 선굴착(preboring)공법 및 회전압입공법으로 구분된다. 먼저 중굴공법은 천공장비를 사용하여 선단지지층까지 지반을 굴착하면서 말뚝을 회전관입하고 타격, 시멘트밀크 교반 또는 콘크리트 타설로 말뚝을 최종 설치하는 공법이다.

다음으로 선굴착공법은 천공장비를 사용하여 지반을 선단지지층까지 미리 굴착한 후 말뚝을 삽입하고 압입 또는 경타 방법으로 말뚝을 최종 설치하는 공법이다. 말뚝을 삽입하기 전후에 시멘트밀크를 말뚝의 선단부와 주변부에 주입함으로써 말뚝의 지지력을 더욱 증대시키는 공법이다.

마지막으로 회전압입공법은 말뚝에 나선형 날개(rib)를 말뚝 선단부 또는 전체적으로 설치하고 회전관입시켜 시공하는 공법이다.

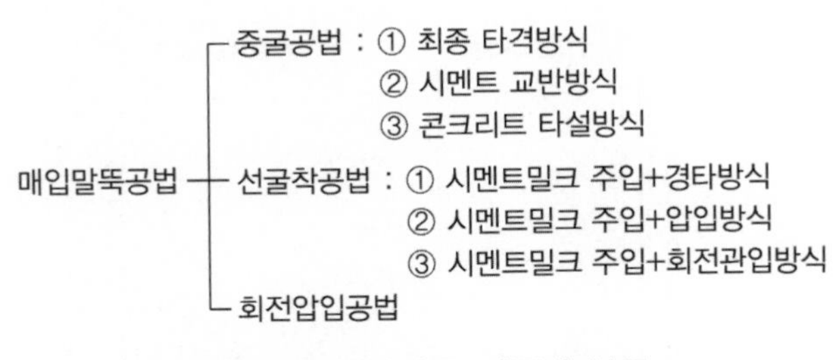

그림 8.1 매입말뚝 시공법 분류

8.2.1 중굴공법

중굴공법의 시공순서는 그림 8.2와 같다. 우선 선단에 링빗드를 부착한 말뚝 내부에 오거스크류 또는 T4W해머 등의 굴착장비를 넣고 말뚝 내부 선단부의 지반을 굴착하면서 말뚝을 회전관입한다. 말뚝을 관입 완료 후 오거스크류 또는 T4W 해머 등의 굴착장비를 빼고 말뚝을 최종경타한다. 그리고 말뚝 선단부에 콘크리트를 타설하거나 시멘트밀크를 주입·교반한다. 이 공법은 말뚝 내부를 굴착하므로 내부굴착공법이라고도 한다.

이 공법은 다음과 같은 특징이 있다.

① 저소음·저진동으로 말뚝시공이 가능하며, 모든 지반에서의 굴착이 가능하다.
② 말뚝을 케이싱처럼 사용하기 때문에 공벽이 붕괴되지 않는다.
③ 지하수위가 높은 지반에서도 지하수에 의한 영향을 받지 않는다.
④ 일반적인 타격식에 비해 주면마찰저항이 작을 뿐만 아니라 타격력이 말뚝선단에 쉽게 전달되므로 항타에너지가 클 경우 말뚝본체에 손상이 발생될 수 있다.
⑤ 시멘트밀크 주입이나 콘크리트 타설방식은 저소음·저진동으로 시공이 가능하다. 말뚝본체의 손상은 작지만 설계지지력 확보를 위한 시공관리는 타격식에 비해 용이하지 않다.

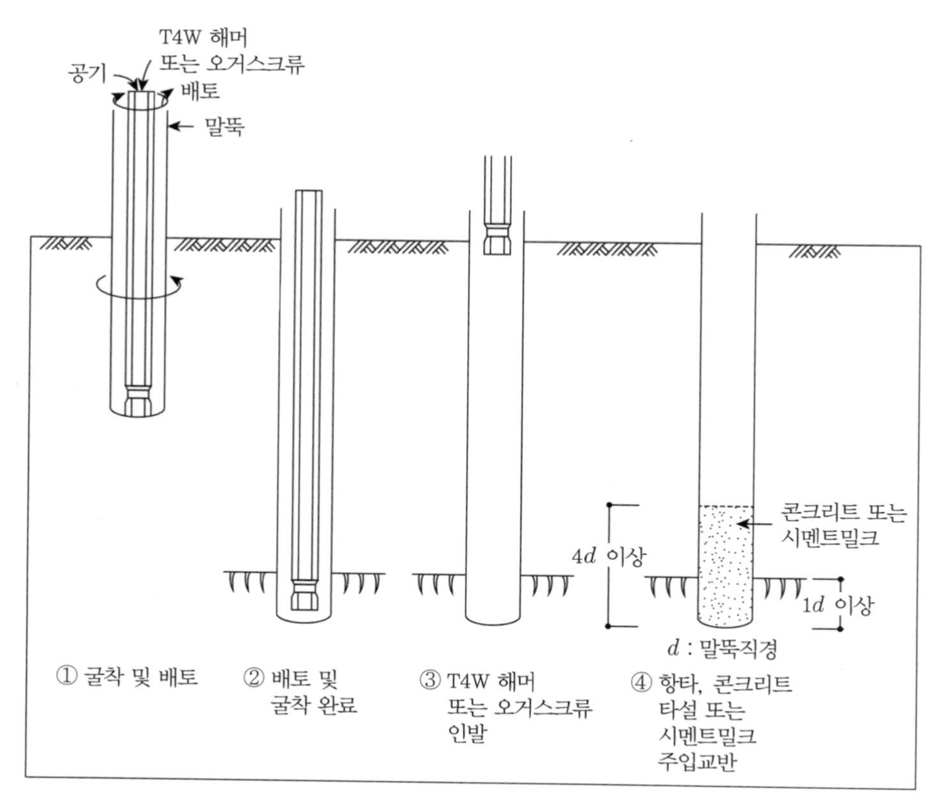

그림 8.2 중굴공법 시공 개요도

8.2.2 선굴착공법

선굴착공법은 말뚝을 압입, 회전관입, 낙하, 최종경타(輕打) 또는 항타하여 시공하는 방식으로 굴착토사 배출 여부에 따라 배토(排土)방식과 비배토(非排土)방식으로 구분된다. 선굴착공법은 시멘트밀크 주입 여부 및 최종 말뚝시공방식에 따라 분류할 수 있으며, 국내에서 주로 이용되고 있는 대표적인 선굴착공법에는 SIP공법,[7] SAIP공법[1] 및 SDA공법[9,10] 등이 있다. 사진 8.1은 대표적인 중굴공법과 선굴착공법의 사진이다.

(1) SIP(Soil-cement Injected Precast pile)공법[7]

SIP공법은 사진 8.1(b)에서 보는 바와 같이 말뚝직경보다 50~100mm 정도 큰 직경을 갖는 연속날개를 부착한 오거스크류로 지반을 선굴착(preboring)한 후 말뚝을 삽입하는 시공법이다.

(a) 중굴공법

(b) SIP공법

(c) SAIP공법

(d) SDA공법

사진 8.1 매입말뚝공법 시공사진

SIP공법의 시공순서는 그림 8.3과 같다. 우선 오거스크류로 지반을 굴착한다. 굴착 완료 후 말뚝과 공벽 사이에 시멘트밀크를 주입·충진하고 선단지지력을 확보하기 위해 말뚝을 해머로 최종경타 시공한다. 이 공법은 다음과 같은 특징이 있다.

① 지반진동이나 소음은 감소시킬 수 있으나 경타 시 발생되는 소음과 진동은 불가피하다.
② 선굴착의 영향으로 인한 굴착공벽 주변지반의 교란과 원지반의 지중응력이완, 슬라임(slime) 처리 불량, 시멘트밀크의 부적절한 물시멘트배합비 사용, 슬라임과의 교반 불충분, 지지층 확인의 어려움은 말뚝지지력 측면에서 불리한 조건이 될 수 있다.
③ 지하수위가 높은 충적층(모래·자갈)과 풍화대, 연약한 점성토는 물론이고 느슨한 매립층에서 공벽 붕괴가 발생할 경우는 이 공법을 적용하기가 곤란하다.

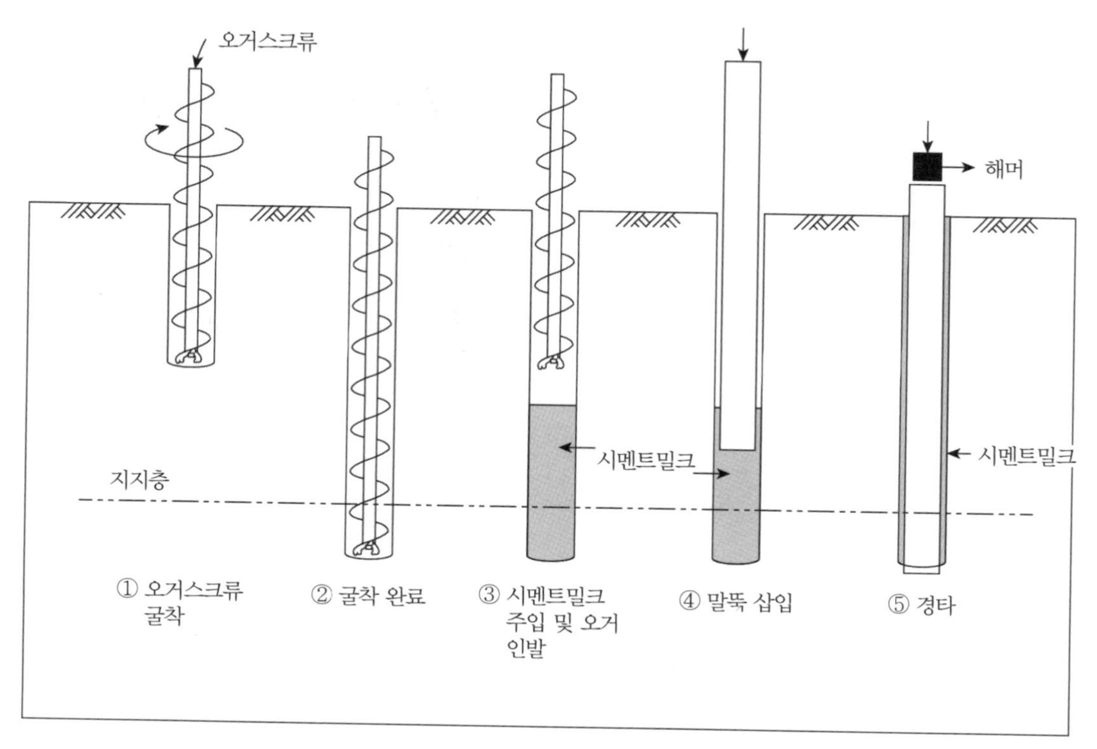

그림 8.3 SIP공법 시공 개요도

(2) SAIP(Special Auger & soil-cement Injected Precast pile)공법[1]

말뚝직경보다 50mm 이상 큰 직경을 갖는 연속날개를 부착한 오거스크류(special auger)로 지반을 굴착하는 공법이다. 오거 외부에는 나선형 날개(spiral rib)를, 하부에는 개폐식(開閉式) 슈(shoe)를 장착하거나 사장용(死藏用) 슈(shoe)를 설치하여 굴착한 후 오거스크류(special auger) 내부에 말뚝을 삽입하는 공법이다.

즉, SIP공법에서는 오거스크류 굴착 후 오거스크류를 인발제거하고 그 위치에 말뚝을 삽입하는 데 비하여 SAIP공법에서는 오거스크류 굴착 후 오거스크류 내부에 말뚝을 삽입하는 차이가 있다고 할 수 있다. SAIP공법에서 사용하는 오거스크류는 케이싱에 연속날개를 단 특수 오거스크류, 즉 케이싱스크류를 사용하게 되고 이 케이싱스크류 내부에 말뚝을 삽입한 후 이 케이싱스크류를 인발제거하게 된다.

SAIP공법의 시공순서는 그림 8.4와 같다. 우선 케이싱스크류로 지반을 천공한다. 굴착토사는 배토(排土)방식으로 배출한다. 배토 및 굴착 완료 후 선단부에 시멘트밀크를 주입한다. 말뚝을 삽입하고 케이싱을 인발한 후 시멘트밀크를 추가로 주입한다. 최종적으로 선단지지력

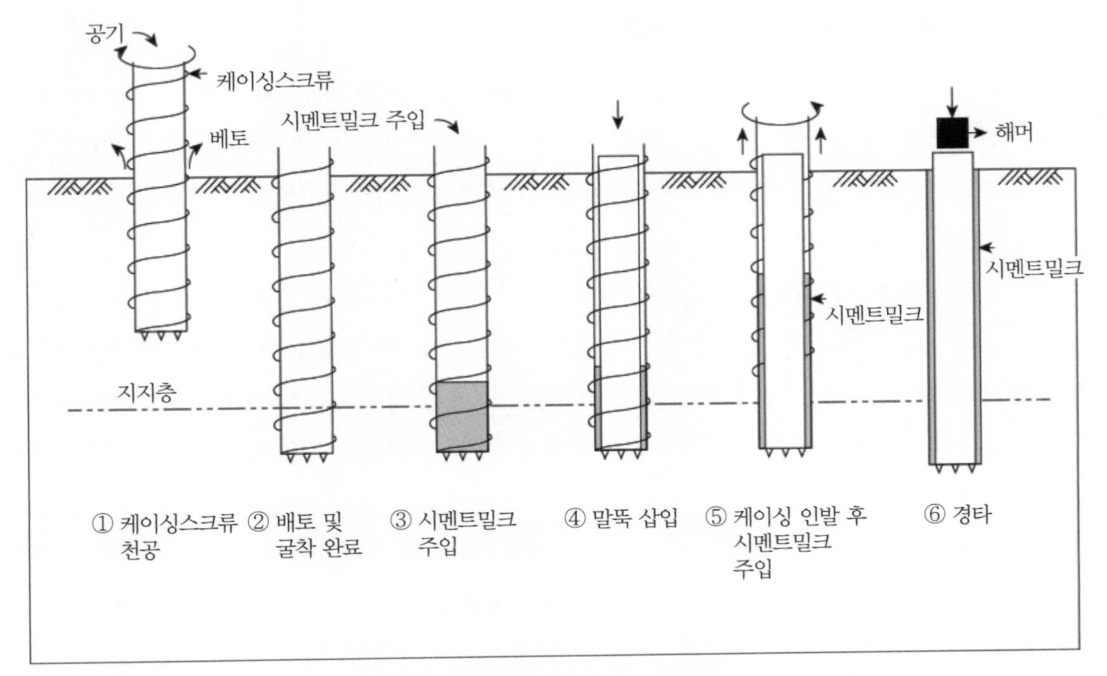

그림 8.4 SAIP공법 시공 개요도

을 확보하기 위해 말뚝을 해머로 최종경타 시공한다.

SAIP공법은 SIP공법의 문제점인 굴착배토 시 지반응력의 이완과 굴착공벽 붕괴에 따른 지반지지력 저감 문제점을 다소 개선한 공법으로 다음과 같은 특징이 있다.

① 소음과 지반진동을 줄일 수 있다.
② 수직도가 양호하도록 정밀시공이 가능하고 슬라임이 적게 발생된다.
③ 나선형 날개가 클수록 굴착효율은 높지만 오거스크류 주변지반은 교란된다.
④ 오거스크류 선단에 고정시킨 개폐식 슈(shoe) 사용 시 오거스크류 인발할 때 쌓이는 슬라임(slime)은 지지력 감소요인이 될 수 있다.
⑤ 말뚝을 낙하시켜 삽입하면 건전도 저하가 우려되므로 최종경타방식이 유리하다.

(3) SDA(Separated Doughnut Auger)공법[9,10]

SDA공법은 상호 역(逆) 회전하는 오거스크류(auger screw)와 케이싱스크류(casing screw)로 동시에 지반을 천공하고 말뚝을 삽입한 후 압입, 회전관입 또는 경타(輕打) 방식으로 최종 설치·시공하는 공법이다. 따라서 SIP공법과 SAIP공법의 장점을 모두 절충한 공법이라 할 수 있다.

말뚝 직경보다 50mm 정도 큰 직경을 갖는 케이싱스크류(외측)와 연속날개를 가진 오거스크류(내측)에 의해 2중으로 천공함에 따라 굴착효율을 높일 수 있을 뿐만 아니라 양호한 연직도(鉛直度)로 말뚝을 시공할 수 있다. 또한 케이싱스크류를 사용하기 때문에 지하수위가 높은 모래·자갈 퇴적층이나 연약한 점성토 지반에서도 공벽을 유지할 수 있으며 아울러 말뚝주변 지반의 교란을 방지할 수 있다.

굴착된 토사는 오거스크류와 압축공기로 배토(排土)함으로써 토사나 암편을 육안으로 관찰할 수 있으므로 각 지층의 확인은 물론이고 말뚝 지지층을 용이하게 결정할 수 있는 장점이 있다. 그리고 말뚝 삽입 전후에 말뚝의 선단부와 주변부에 두 번으로 나누어 시멘트밀크를 충분히 주입함으로써 말뚝 선단과 주변지반의 지중응력이 이완되는 것을 방지할 수 있기 때문에 높은 선단지지력과 마찰저항력을 확보할 수 있다.

채수근(2007)은 SDA매입말뚝공법에 대한 특징과 시공순서를 자세히 기술한 바 있다.[10] SDA매입말뚝공법의 표준시공방법은 그림 8.5에 도시된 바와 같이 ① 압입·회전방식(그림 8.5(a)참조)과 ② 경타방식(그림 8.5(b) 참조)의 두 가지가 있다. 이들 그림에서 알 수 있는 바와 같이 세 번째 단계까지, 즉 케이싱스크류와 오거스크류로 동시에 천공하여 배토 및 굴착이 완료된 후 1차 시멘트밀크를 주입하고 오거스크류를 인발제거하기까지는 두 방식이 동일하다. 이후 두 방식의 차이는 말뚝 삽입 후 압입·회전관입시킬 것인가 경타를 실시할 것인가에 따라 차이가 발생한다. 먼저 경타를 적용하지 않을 경우는 그림 8.5(a)에 도시한 바와 같이 말뚝 삽입 후 말뚝을 압입·회전관입을 시킨다. 반면에 경타를 적용할 경우는 그림 8.5(b)에 도시한 바와 같이 회전관입을 적용하지 않고 압입만 적용한다. 그러나 말뚝을 압입한 상태에서 2차 시멘트밀크를 주입하면서 케이싱스크류를 인발제거하는 과정은 두 방식 모두 동일하다.

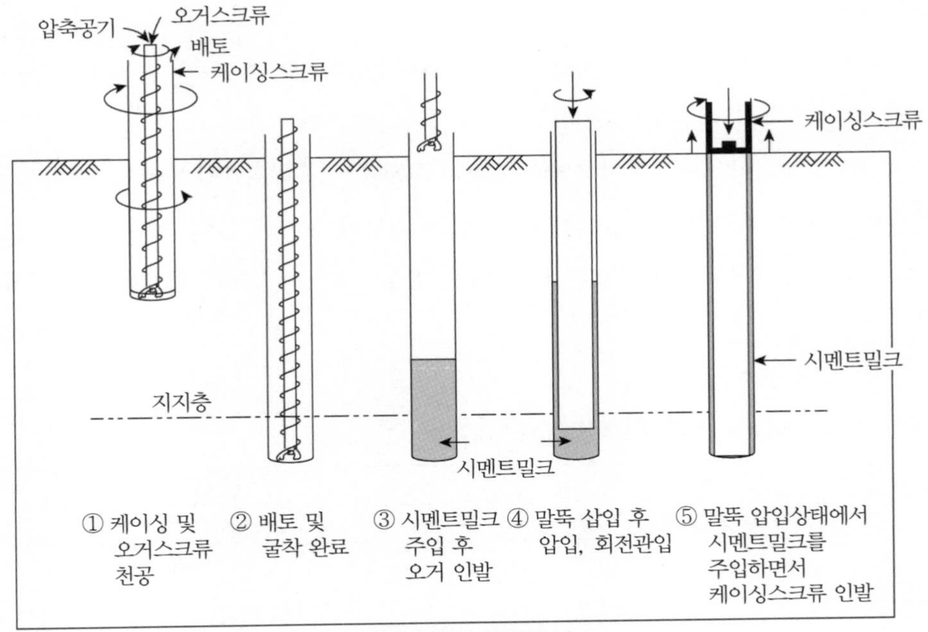

(a) 압입·회전방식

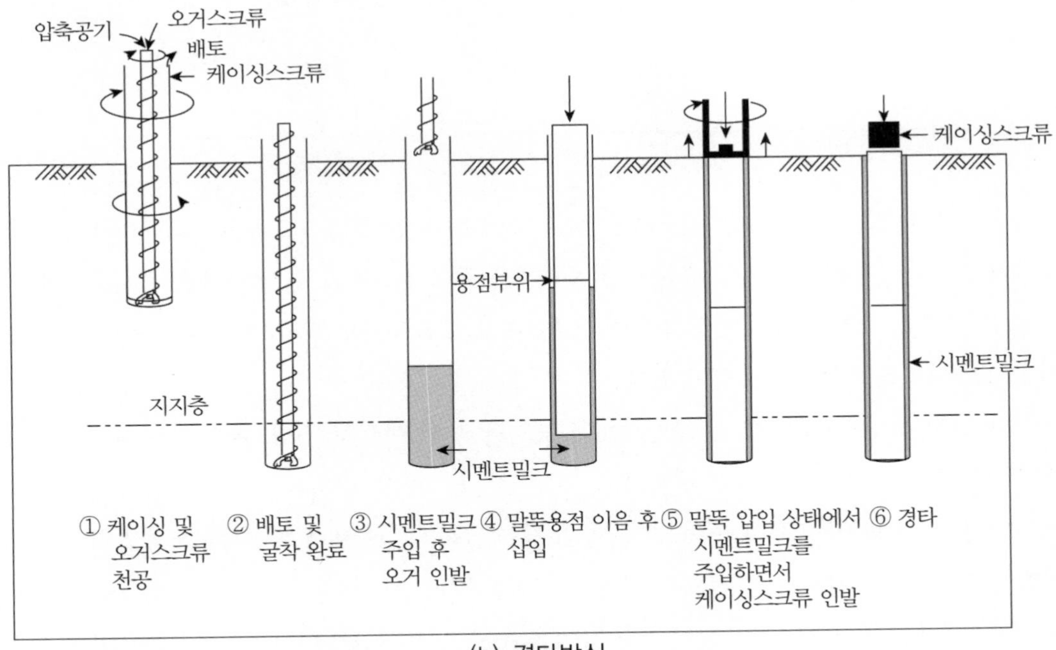

(b) 경타방식

그림 8.5 SDA공법 시공 개요도

(4) 일본의 공법

일본에서 사용하는 매입말뚝시공법은 표 8.1에서 보는 바와 같이 선굴착최종타격공법, 선굴착최종경타공법, 선굴착근고(根固)공법 및 선굴착확대근고공법의 4가지가 있다.[25]

이 중 첫 번째 매입말뚝시공법인 선굴착최종타격공법은 지지층까지 빗트나 오가로 천공한 후에 선단부에 캡을 부착한 말뚝을 삽입하고 말뚝 내부에 해머를 삽입하여 말뚝의 선단캡을 타격함으로써 말뚝이 지지층에 설치되도록 하는 공법이다. 대표적인 공법은 KSD공법을 들 수 있다.

표 8.1 일본에서 사용하는 선굴착공법(COPITA, 2006)[25]

시공법	공법명
선굴착 최종타격공법	KSD공법
선굴착 최종경타공법	니딩공법 ALT공법
선굴착 근고공법	BFK공법 FP-BESTEX공법 (주로 마디가 있는 말뚝을 사용함)
선굴착 확대근고공법	RODEX공법, BRB공법 ST-RODEX공법 ATRAS공법 BESTEX공법

다음으로 선굴착최종경타공법은 교반날개와 드럼을 붙인 롯드 선단부로부터 시멘트밀크를 분출하면서 천공하여 토사와 교반하고 천공벽체를 밀어 천공홀을 형성한 다음에 선단부에 칼날 같은 강판을 붙인 말뚝을 회전압입시켜 설치하고 드롭해머로 경타시공하는 공법이며 대표적으로는 니딩공법과 ALT공법이 있다.

이와 달리 선굴착근고공법은 교반날개와 드럼을 붙인 롯드로 천공 후에 롯드를 인발하기 전과 인발하면서 시멘트밀크를 주입하고 나서 말뚝을 회전압입방식으로 천공심도까지 설치하는 방법으로 BFK공법과 FP-BESTEX공법 등이 있다. 이와 같은 선굴착근고공법의 대부분 공법은 말뚝의 마찰지지력을 향상시키기 위해 마디를 갖는 말뚝을 주로 사용하는 것이 특징이다.

선굴착확대근고공법은 일본에서 가장 많이 적용하고 있는 공법이다. 이 공법은 교반날개를 붙인 롯드 선단부로부터 시멘트밀크를 분출하면서 롯드를 정회전과 역회전 또는 상하방향으로도 반복하여 지반을 쏘일시멘트화하면서 천공한 후에 말뚝의 지지층에는 부배합의 시멘트밀크를 주입하여 교반한 후에 말뚝을 회전압입방식으로 설치하는 공법이다. 이 공법에서는 말뚝선단부를 천공홀 바닥으로부터 말뚝직경의 2배 이상 또는 1.0m 이상을 띄워 설치하되 말뚝 선단부만 천공을 확대하는 방법과 천공직경을 전체적으로 크게 하는 공법이 있다. RODEX 공법, BRB공법 및 ATRAS공법 등이 이 공법의 대표적 공법이다. 이들 공법은 다년간 시행한 시험시공과 말뚝재하시험 결과로 지지력 특성이 규명되었으며 시공관리체계가 잘 확립되어 있다.

또한 표 8.1의 모든 시공법은 시멘트밀크를 주입하는 방식이다. 이들 공법은 현재 국내에서 적용하고 있는 대표적인 매입말뚝과 시멘트밀크 배합비와 주입방식에서 크게 다르다. 국내에서는 말뚝 주변과 선단부에 동일한 배합비의 시멘트밀크 배합비를 사용하고 있지만 일본에서는 대부분 말뚝 선단부에는 부배합(W/C=60~70%), 주면부에는 선단부와 동일한 배합비 또는 선단부보다 빈배합의 시멘트밀크를 주입하고 있다(일본 콘크리트말뚝 건설기술협회, 1994).

천공방식도 국내에서는 배토방식을 채택하고 있지만 일본의 공법은 비배토방식, 즉 교반날개를 사용하여 시멘트밀크와 토사를 교반시킨다. 최종설치방법에서도 국내에서는 주로 경타 방식으로 말뚝을 설치하고 말뚝의 선단부도 천공심도까지 설치하지 않고 일정 깊이만큼 띄어서 설치하고 있다.

8.2.3 회전압입공법

말뚝주면에 나선형 날개(spiral rib)를 부착한 말뚝을 지반 내에 회전압입시켜 시공하는 공법이다. 회전압입공법은 기성말뚝 항타 시 가장 문제가 되는 소음과 지반진동을 최소화하여 민원발생을 막을 수 있을 뿐만 아니라 기존 매입공법의 문제점인 굴착공벽 붕괴에 따른 지반 지지력 저감 문제점을 해결할 수 있다.

말뚝주면에 나선형 날개(spiral rib)를 부착한 말뚝은 말뚝 주변지반을 교란시킬 수 있지만 말뚝회전에 의해 말뚝 주변 흙을 압착시켜 주면마찰력을 증대시킬 수 있으며, 날개 면적에 따라 선단지지면적이 증가되어 선단지지력 향상 효과도 있다.

국내에서는 협성기초(2000)[17]에서 연구한 바 있으나 실용화되지 못한 상황이다. 반면에 일본에서는 AsahiKASEI(2003)[23]에서 개발한 EAZET공법이 있다.

8.3 매입말뚝으로 사용되는 말뚝

국내에서 매입말뚝으로 사용하고 있는 기성말뚝을 재질에 따라 분류하면 콘크리트말뚝과 강말뚝으로 대별된다.

8.3.1 콘크리트말뚝(concrete pile)

국내에서 사용하는 콘크리트말뚝은 모두 고강도콘크리트말뚝(PHC말뚝, KS F 4306)[15]이고 주로 그림 8.6과 같이 중공(中空) 원통형 형태를 사용하고 있으며 선단부는 폐쇄형이다.

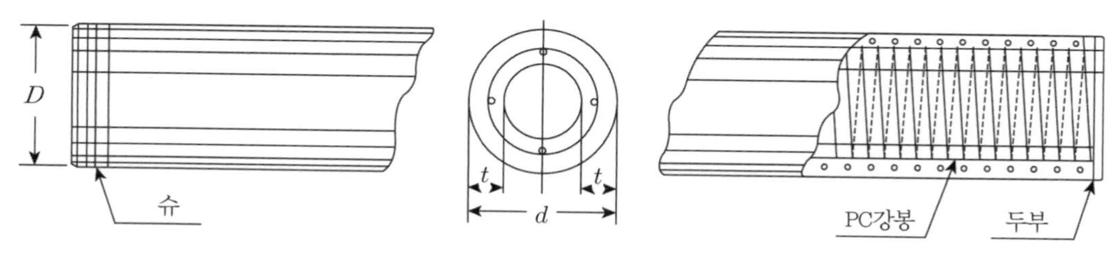

그림 8.6 국내에서 사용하는 PHC말뚝

고강도콘크리트말뚝(PHC pile)의 재료 및 단면성능은 KS F 4306(한국표준협회, 2003)[15]에 규정되어 있다. 고강도콘크리트말뚝은 주로 pretension 방식으로 원심력을 이용하여 제조하고 있으며 KS F 4306에 규정된 고강도콘크리트말뚝의 치수 및 단면성능은 표 8.2에 제시되어 있다. 고강도콘크리트말뚝(PHC pile)은 유효프리스트레스 크기에 따라 A, B 및 C종으로 구분하고 있으나 주로 A종을 사용하고 있다.

고강도콘크리트말뚝(PHC말뚝)은 다음과 같은 특성이 있다.

① 고강도(설계준강도 : 800kg/cm^2)이기 때문에 허용압축응력이 크고 순 단면적은 강관말뚝의 5배 정도 크다.
② 내(耐)부식성이 크며, 압축강도가 커서 사질토지반과 점성토지반에 모두 타입이 가능하다.
③ 다양한 단면, 길이 및 경사말뚝 시공도 가능하다.
④ 운반, 적재 및 용접 시 충격에 따른 파손과 휨균열 발생에 주의해야 한다.
⑤ 인장응력이 발생되는 지반조건에서는 B종 또는 C종을 사용할 수 있다.

⑥ 말뚝 길이는 5~30m, 직경은 ϕ400~600mm 정도이다.

국내에서 사용하는 PHC말뚝은 1992년도에 일본에서 말뚝제조설비를 도입하여 제작하고 있지만 일본에서 이미 PHC말뚝을 1970년대부터 사용하였다. 현재 일본에서 사용되는 콘크리트 말뚝을 구조와 형상별로 분류하면, 프리텐션방식 원심력 고강도 콘크리트말뚝(JIS A 5373), JIS강화 PHC말뚝(JIS A 5373), 프리스트레스 철근콘크리트말뚝(PRC말뚝, JIS A 5373), 외곽강관콘크리트말뚝(SC말뚝, JIS A 5372) 등으로 매우 다양하다(コンクリート バイル 建設技術協會, 2003).[24]

표 8.2 PHC말뚝의 치수 및 단면성능

직경 d (mm)	두께 t_c (mm)	길이 L (m)	종류	단면적 A_c (cm^2)	환산단면적 A_e (cm^2)	단면 2차 모멘트(cm^4)		환단단면계수 Z_e(cm^3)	유효프리스트레스 σ_{ce} (kg/cm^2)	설계휨모멘트(t·m, N=0)		허용내력 (t)	단위질량 (t/m)
						콘크리트 단면 I_c	환산단면 I_e			균열 M_{cr}	파괴 M_u		
			A		561		61,623	3,521	41.09	4.18	6.67	90	
350	60	5~15	B	547	574	59,930	63,352	3,620	83.50	5.76	11.65	92	0.142
			C		582		64,043	3,659	98.62	6.35	13.70	91	
			A		704		102,382	5,119	41.90	6.07	9.95	112	
400	65	5~15	B	684	723	99,580	105,009	5,250	83.50	8.20	17.72	115	0.178
			C		731		106,837	5,341	98.62	9.50	19.97	113	
			A		858		160,595	7,137	41.90	8.61	12.68	137	
450	70	5~15	B	836	881	156,000	165,313	7,347	83.50	11.94	22.92	141	0.217
			C		891		167,488	7,443	98.62	13.33	28.20	138	
			A		1,085		247,671	9,906	41.90	11.49	17.60	173	
500	80	5~15	B	1,056	1,114	241,200	254,265	10,170	83.50	15.69	31.69	178	0.274
			C		1,127		259,624	10,384	98.62	18.75	38.11	175	
			A		1,480		496,161	16,538	41.90	19.04	28.92	236	
600	90	5~15	B	1,442	1,519	483,400	509,140	16,971	83.50	25.92	50.13	242	0.375
			C		1,536		519,686	17,322	98.62	30.98	64.30	238	
			A		1,936		895,951	25,598	41.90	29.66	43.97	309	
700	100	5~15	B	1,885	1,987	871,350	923,244	26,378	83.50	41.61	83.08	317	0.490
			C		2,015		940,542	26,872	98.62	48.42	103.7	312	
			A		2,447		1,495,856	37,396	41.90	43.17	63.47	391	
800	110	5~15	B	2,384	2,510	145×10^4	1,541,864	38,546	83.50	60.49	120.1	402	0.620
			C		2,544		1,571,024	39,725	98.62	70.78	149.9	395	

주1) KSF 4306 '프리텐션방식 원심력 고강도 콘크리트 말뚝'
주2) 대림콘크리트공업주식회사 'PHC 말뚝 자료' 참조

일본 고강도콘크리트말뚝의 설계기준강도는 최소 1,020kg/cm^2 정도가 되며, 현재 1,230kg/cm^2 압축강도를 갖는 고강도콘크리트말뚝도 생산하고 있다. 또한 형상도 동일단면의 중공(中空)형의 원형은 물론이고 선단지지력 보강용의 선단확대 PHC말뚝(ST말뚝, JIS A 5372)과 마찰지지력이 증가되도록 말뚝 전 길이에 걸쳐 일정 간격으로 마디를 갖는 마찰말뚝(JIS A 5373)을 사용하고 있다(コンクリート パイル 建設技術協會, 2003).[24]

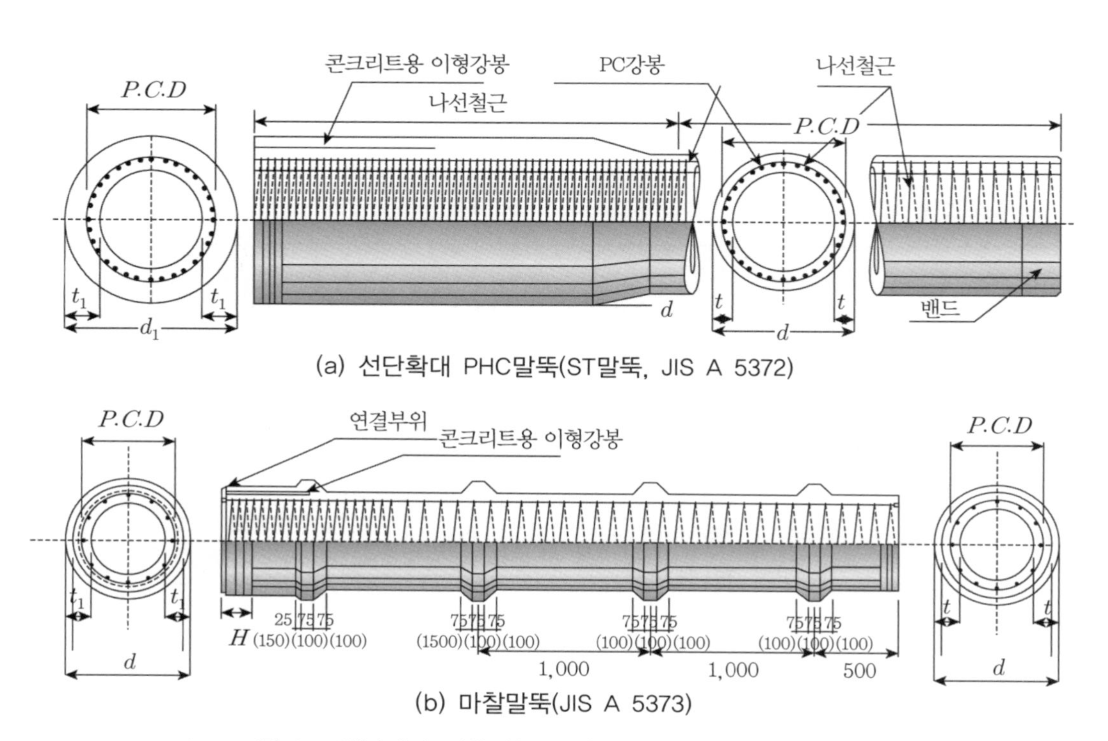

그림 8.7 일본에서 사용하는 고강도콘크리트말뚝(PHC말뚝)

8.3.2 강말뚝(steel pile)

강말뚝에는 강관말뚝(KS F 4602),[14] H형강말뚝(KS F 4603)[16] 및 강널말뚝(KS F 4604) 등이 있으며, 대부분 강관말뚝을 사용하지만. 최근에는 H형강말뚝도 사용하기 시작하는 추세이다.

(1) 강관말뚝

강관말뚝의 재료 및 단면성능은 KS F 4602(한국표준협회, 2002)[14]에 규정되어 있다. 강관말뚝의 규격은 두 종류(SKK400, SKK490)이며, 강판을 전기저항용접 또는 ARC용접(spiral 이음매 포함)하여 제작하고 있다. KS F 4602에 규정된 강관말뚝의 치수 및 단면성능은 표 8.3에 제시하였다.

표 8.3 강관말뚝의 치수 및 단면성능

외경 (mm)	두께 (mm)	단면적 (cm^2)	단위 질량 (kg/m)	허용 내력(부식치 공제)			선단 면적 (cm^2)	단면 2차 모멘트 I(cm^4)	단면 계수 z(cm^3)	단면 2차 반경 r(cm)	바깥 표면적 (m^2/m)
				단면적 (cm^2)	SKK400 (t)	SKK490 (t)					
165.2	7	34.79	27.3	22.2	31.1	37.7	214	109×10	132	5.6	0.52
216.3	8	52.35	41.1	35.7	50.0	60.7	367	284×10	263	7.4	0.68
355.6	10	108.6	85.2	81.1	113.5	137.9	993	162×10^2	911	12.2	1.12
406.4	9	112.4	88.2	80.8	113.1	137.4	1300	222×10^2	109×10	14.0	1.28
	10	124.5	97.8	93.0	130.2	158.1		245×10^2	121×10	14.0	
	12	148.7	117.0	117.3	164.2	199.4		289×10^2	142×10	14.0	
457.2	9	126.7	99.5	91.2	127.7	155.0	1640	318×10^2	139×10	15.8	1.43
	10	140.5	110.3	105.0	147.0	178.5		351×10^2	154×10	15.8	
	12	167.8	132.0	132.4	185.4	225.1		416×10^2	182×10	15.7	
508.0	9	141.1	111.0	101.5	142.1	172.6	2030	439×10^2	173×10	17.6	1.60
	10	156.4	123.0	116.9	163.7	198.7		485×10^2	191×10	17.6	
	12	187.0	147.0	147.6	206.6	250.9		575×10^2	226×10	17.5	
557.2	9.	155.4	122.0	112.0	156.8	190.4	2450	588×10^2	210×10	19.5	1.76
	10	172.4	135.0	129.0	180.6	219.3		649×10^2	232×10	19.4	
	12	206.1	162.0	162.7	227.8	276.6		771×10^2	276×10	19.3	
609.6	10	188.4	148.0	140.9	197.3	239.5	2920	847×10^2	278×10	21.2	1.92
	12	225.3	177.0	177.9	249.1	302.4		101×10^3	330×10	21.1	
	14	262.0	206.0	214.6	300.4	364.8		116×10^3	381×10	21.1	
711.2	9	198.5	155.8	143.1	200.3	243.3	3973	122×10^3	344×10	24.8	2.23
	12	263.6	206.9	208.2	291.5	353.9		161×10^3	453×10	24.7	
	14	306.6	240.7	251.3	351.8	427.2		186×10^3	524×10	24.7	
914.4	12	340.2	267.0	268.9	376.5	457.1	6567	346×10^3	758×10	31.9	2.87
	14	396.0	310.8	324.8	454.7	552.2		401×10^3	878×10	31.8	
	19	534.5	420.0	463.4	648.8	787.8		536×10^3	1170×10	31.7	

주1) KSF 4602 '강관말뚝'
주2) 현대강관주식회사 '강관말뚝' 참조

강관말뚝은 다음과 같은 특성이 있다.

① 허용압축응력 및 인장응력이 크고, 인장과 휨에 대한 저항력이 크다.
② 취급과 운반, 절단과 이음이 용이하여 말뚝길이에 제한을 덜 받는다.

③ 다양한 단면, 길이 및 경사말뚝 시공이 가능하다.

④ 재료비가 고가이기 때문에 공사비 증가 요인이 되며, 부식에 대한 대책이 필요하다.

⑤ 말뚝 길이는 10~70m, 직경은 ϕ406.9~914.4mm 정도가 된다.

(2) H말뚝

H형강말뚝의 치수 및 단면성능은 표 8.4와 같다(KS F 4603 : 한국표준협회, 2006).[16]

표 8.4 H말뚝의 치수 및 단면성능

단면치수(mm)					단면적 A(cm²)	단위질량 W(kg/m)	참고				
호칭치수	$H\times B$	t_1	t_2	r			단면 2차 모멘트 I(cm⁴)		단면 계수 Z(cm³)		표면적 (m²/m)
							I_x	I_y	Z_x	Z_y	
200×200	200×204	12	12	13	71.53	56.2	4980	1700	498	167	1.17
250×250	244×252	11	11	16	82.06	64.4	8790	2940	720	233	1.45
	250×255	14	14	16	104.7	82.2	11500	3880	919	604	1.46
300×200	294×200	8	12	18	72.38	56.8	11300	1600	771	160	1.34
	298×201	9	14	18	83.36	65.4	13300	1900	893	189	1.35
300×300	294×302	12	12	18	107.7	84.5	16900	5520	1150	365	1.74
	298×299	9	14	18	110.8	87.0	18800	6240	1270	417	1.74
	300×300	10	15	18	119.8	94.0	20400	6750	1360	450	1.75
	300×305	15	15	18	134.8	106	21500	7100	1440	466	1.76
	304×301	11	17	18	134.8	106	23400	7730	1540	514	1.76
	310×305	15	20	18	165.3	130	28200	9460	1810	620	1.78
	310×310	20	20	18	180.8	142	29400	9940	1890	642	1.79
350×350	338×351	13	13	20	135.3	106	28200	9380	1670	534	2.02
	344×348	10	16	20	146.0	115	33300	11200	1940	646	2.03
	344×354	16	16	20	166.6	131	35300	11800	2050	669	2.04
	350×350	12	19	20	173.9	137	40300	13600	2300	776	2.04
	350×357	19	19	20	191.4	156	42800	14400	2450	809	2.06
400×400	388×402	15	15	22	178.5	140	49000	16300	2520	809	2.32
	394×398	11	18	22	186.8	147	56100	18900	2850	951	2.32
	394×405	18	18	22	214.4	168	59700	20000	3030	985	2.33
	400×400	13	21	22	218.7	172	66600	22400	3330	1120	2.34
	400×408	21	21	22	250.7	197	70900	23800	3540	1170	2.35
	406×403	16	24	22	254.9	200	78000	26200	3840	1300	2.35
500×500	492×465	15	20	26	259.6	204	118000	33500	4800	1440	2.77
	502×465	15	25	26	306.1	240	147000	41900	5850	1800	2.79
	502×470	20	25	26	331.2	260	152000	43300	6060	1840	2.80

주1) KSF 4603 'H형강말뚝'
항복점(SHP400, 400W : 245(235)N/mm² 이상, SHP490W : 325(315)N/mm² 이상

주2) t_1 : 웨브 두께, t_2 : 플랜지 두께

H형강말뚝의 재질은 세 종류(SHP400, SHP400W, SHP490)가 있다.

H형강말뚝은 다음과 같은 특성이 있다(대한주택공사, 1998).[5]

① 허용압축응력 및 인장응력이 크고, 인장과 휨에 대한 저항력이 크다.

② 항타 시에는 지반의 변형을 줄일 수 있기 때문에 조밀한 모래질 지반이나 견고한 점토질 지반에도 타입이 용이하다.

8.4 매입말뚝의 지지력

매입말뚝의 시공법에 대한 표준시방서와 설계지지력을 산정하는 기준식, 즉 매뉴얼이 없어 말뚝의 지지력을 올바르게 산정하지 못하고 있다. 매입말뚝의 지지력을 타입말뚝보다 작은 지지력을 채택하는 것도 이 때문이다. 즉, 설계 및 시공기준이 미흡하여 설계효율을 낮게 적용하기 때문이다.

선굴착공법은 일본과 한국에서만 주로 사용되는 시공법이며, 국내에서 사용하고 있는 대부분의 매입말뚝시공법은 일본에서 도입된 경우가 많다. 그러나 천공방식, 시멘트밀크 배합비와 주입방식, 최종 말뚝 설치 방법에서 일본의 공법과 차이가 있다. 따라서 지지력 산정식도 차이가 있다.

8.4.1 선단지지력[18]

(1) 선단지지력 국내 설계기준

표 8.5에서 보는 바와 같이 구조물기초설계기준 해설[13]에 의하면, 선굴착공법으로 시공된 매입말뚝의 단위선단지지력(t/m^2)은 지반의 종류에 관계없이 타입말뚝의 단위선단지지력을 1/3~1/2로 감소시켜 식 (8.1)을 적용하도록 정하였다.

$$q_p = mN' = 10 \sim 15N'(\leq 750\mathrm{t/m^2}) \tag{8.1}$$

여기서, N'는 말뚝선단부의 N값이다.

표 8.5 선굴착공법 및 매입공법으로 시공된 말뚝의 선단지지력 산정 설계기준

설계기준	선단지지력(t)	안전율
구조물기초 설계기준 해설 (선굴착공법)	$P_p = mN'A_p(t)$ $mN' \le 30 \times 50 = 1{,}500\mathrm{t/m^2}$ (타입말뚝) $mN' \le (10 \sim 15) \times 50 = (500 \sim 750)\mathrm{t/m^2}$ (선굴착공법)	3
건축기초구조 설계기준 (매입공법)	$P_p = q_pA_p(t)$ $q_p = 20N'(\le 1{,}200\mathrm{t/m^2})$ (사질토) $q_p = 6c_u(\mathrm{t/m^2})$ (점성토)	3

P_p : 극한선단지지력(t)
N' : 말뚝선단부의 N값
A_p : 말뚝선단면적($\mathrm{m^2}$)
q_p : 단위선단지지력($\mathrm{t/m^2}$)
c_u : 점성토의 비배수전단강도($\mathrm{t/m^2}$)
m : 선단지지력계수

한편 건축기초구조설계기준[3]에서는 표 8.5에서 보는 바와 같이 사질토에 시공되는 매입말뚝의 단위선단지지력을 식 (8.2a)로 산정하도록 하였으며, 점성토지반에서는 식 (8.2b)로 산정하도록 하였다.

$$q_p = 20\,N'(\le 1{,}200\,t/m^2) : \text{사질토} \tag{8.2a}$$

$$q_p = 6\,c_u(\mathrm{t/m^2}) : \text{점성토} \tag{8.2b}$$

여기서, c_u는 점성토의 비배수전단강도이다. 이들 식 (8.1)~식 (8.2)에 대한 안전율은 모두 3을 적용하고 있다.

식 (8.2a) 및 식 (8.2b)의 단위선단지지력 q_p로 선단지지력 P_p를 구하면 식 (8.3)과 같이 된다.

$$P_p = q_pA_p(t) \tag{8.3}$$

여기서, A_p는 말뚝선단면적($\mathrm{m^2}$)이다.

그러나 이와 같은 매입말뚝의 선단지지력 산정식에는 시멘트밀크 배합비와 지반종류에 따라 달라질 수 있는 지지력 특성이 고려되어 있지 않다. 따라서 시멘트밀크 배합비를 임의로 사용하고, 지반종류에 상관없이 동일한 시멘트밀크 배합비로 시공하는 국내 실정을 감안해볼 때 매입말뚝의 지지력은 현장마다 크게 달라질 수 있다.

(2) 선단지지력 일본설계기준

일본에서 사용되는 매입말뚝의 지지력 산정식에 적용하는 선단지지력계수를 정리하면 표 8.6과 같으며 대부분 표준관입시험 결과인 N값을 이용하고 있다.[25] 표 8.6에서 보는 바와 같이 공법에 따라 상이한 선단지지력계수를 적용하고 있다. 이미 표 8.1에서 설명한 바와 같이 일본에서 사용하는 매입말뚝시공법은 선굴착최종타격공법, 선굴착최종경타공법, 선굴착근고(根固)공법 및 선굴착확대근고공법의 4가지로 대별할 수 있다.

표 8.6 일본의 매입말뚝 선단지지력 설계기준(COPITA, 2006)[25]

시공법	선단지지력계수 α	안전율	비고(공법명)
선굴착 최종타격공법	$\alpha=300$	3	KSD공법
선굴착 최종경타공법	$(L \leq 100D)$: $\alpha=250$ $(100d < L \leq 110d)$: $\alpha=250-50\left(\frac{L/d-100}{10}\right)$		니딩공법 ALT공법
선굴착 근고공법	모래지반, 자갈지반 : $\alpha=175$ 점성토지반 : $\alpha=166$		BFK공법 FP-BESTEX공법 (주로 마디가 있는 말뚝을 사용함)
선굴착 확대근고공법	$(L \leq 90d)$: $\alpha=250$ $(90d < L \leq 110d)$: $\alpha=250-2.5(L/d-90)$		RODEX공법, BRB공법 ST-RODEX공법 ATRAS공법 BESTEX공법

L : 말뚝길이(m)
d : 말뚝직경(m)
N' : 말뚝선단부의 N값
A_p : 말뚝선단면적(m^2)

이 중 첫 번째 매입말뚝시공법인 선굴착최종타격공법에서는 주로 말뚝주변에 시멘트밀크를 주입하지 않지만 제안식 (8.4)는 시멘트밀크를 주입하는 KSD공법 적용 시의 선단지지력 산정식이다.

$$P_p = \alpha N' A_p (\text{kN}) \tag{8.4}$$

여기서, α는 지지력계수로 300을 적용한다. 식 (8.4)의 선단지지력 산정식은 단위가 kN으로 되어 있어 선단지지력계수 α는 식 (8.1) 및 식 (8.2)의 t 또는 t/m^2로 되어 있는 선단지지력계수 m의 10배 이상에 해당한다. 이 차이는 결국 단위환산의 문제일 뿐이다.

다음으로 선굴착최종경타공법의 경우는 지지력계수 α를 말뚝의 길이에 따라 식 (8.5a) 및 식 (8.5b)로 결정하고 식 (8.4)로 선단지지력을 산정한다.

$$\alpha = 250 : (L \leq 100d) \tag{8.5a}$$

$$\alpha = 250 - 50\left(\frac{L/d - 100}{10}\right) : (100d < L \leq 110d) \tag{8.5b}$$

여기서, L과 d는 각각 말뚝의 길이와 직경이다.

한편 선굴착근고공법의 경우는 모래·자갈지반과 점성토지반에 대하여 지지력계수α를 각각 175와 166을 적용한다.

마지막으로 선굴착확대근고공법의 경우는 선굴착경타공법과 유사하게 말뚝의 길이에 따라 지지력계수 α를 식 (8.6a) 및 식 (8.6b)로 결정하고 식 (8.4)로 선단지지력을 산정한다.

$$\alpha = 250 : (L \leq 90d) \tag{8.6a}$$

$$\alpha = 250 - 2.5(L/d - 90) : (90d < L \leq 110d) \tag{8.6b}$$

표 8.6에 제시된 안전율3은 상시하중 작용 시의 안전율이다. 안전율은 지지말뚝의 경우 상시하중 작용 시는 3, 단기하중 작용 시는 2를 적용한다.

표 8.1 및 표 8.6의 모든 시공법은 말뚝 선단부에는 부배합(W/C=60~70%)의 시멘트밀크를 주입하고, 주면부에는 선단부와 동일한 배합비 또는 선단부보다 빈배합의 시멘트밀크를 주입하고 있다.[24] 그러나 국내에서는 말뚝 주변과 선단부에 동일한 배합비의 시멘트밀크 배합비를 사용하고 있으므로 일본에서 사용하는 지지력 산정식과는 차이가 클 것이다.

또한 이들 공법에서는 교반날개를 사용하여 시멘트밀크와 토사를 교반시키는 비배토방식의 천공방식을 적용하고 있는 데 비하여 국내에서는 배토방식과 경타방식으로 최종설치하므로 일본에서 사용하는 지지력 산정식을 그대로 국내에 적용해서는 안 된다.

(3) SDA매입말뚝 선단지지력 설계기준

홍원표·채수근(2007a)[18]은 SDA공법으로 시공한 전국 33개 현장에서 실시한 시험시공 자료에 대한 고찰로부터 단위선단지지력 q_p를 산정할 수 있는 경험식을 지반의 종류에 따라 식

(8.7)과 같이 제안하였다.

$$q_p = 15N'(\leq 600\text{t/m}^2) : \text{점성토지반} \tag{8.7a}$$

$$q_p = 20N'(\leq 1{,}000\text{t/m}^2) : \text{풍화토지반} \tag{8.7b}$$

$$q_p = 25N'(\leq 1{,}250\text{t/m}^2) : \text{사질토지반, 풍화암반} \tag{8.7c}$$

$$q_p \leq 1{,}500\text{t/m}^2 : \text{연암반} \tag{8.7d}$$

즉, 점성토지반에서의 단위선단지지력 q_p는 선단부지반의 표준관입시험치 N'의 15배가 되며 풍화토지반에서는 $20N'$로 사질토지반과 풍회암반에서는 $25N'$가 되는 것으로 제안하였다. 이는 매입말뚝을 사질토지반과 풍화암반에 선단지지시켜 시공하면 경제적인 말뚝공사가 될 수 있음을 알 수 있다. 표 8.7은 이들 산정식을 정리해놓은 결과이다. 이들 결과를 도시화하면 그림 8.8과 같다.

표 8.7 지반종류별 SDA매입말뚝의 단위선단지지력 q_p(t/m^2)

지반	단위선단지지력 q_p(t/m^2)	최대단위선단지지력(t/m^2)
점성토지반	$15N'$	600
풍화토지반	$20N'$	1,000
사질토지반·풍화암반	$25N'$	1,250
연암반	–	1,500

한편 단위선단지지력의 한계치로는 점성토지반의 경우는 600t/m^{2}이고 풍화토지반에서는 1,000t/m^{2}으로 정하며 사질토지반과 풍화암반에서는 1,250t/m^{2}으로 제한하고 연암반에서는 1,500t/m^{2}으로 제한하였다.

그림 8.8은 식 (8.7)을 기존의 설계기준과 비교한 결과이다. 즉, 국내에서 사용된 기존의 설계기준에서는 단위선단지지력은 지반의 구분 없이 선단부지반의 표준관입시험치 N'의 15배 또는 20배로 산정하도록 되어 있으나 식 (8.7)에서는 지반의 종류에 따라 선단부지반의 표준관입시험치 N'의 15배와 25배 사이로 구분하여 적용하도록 하였다.

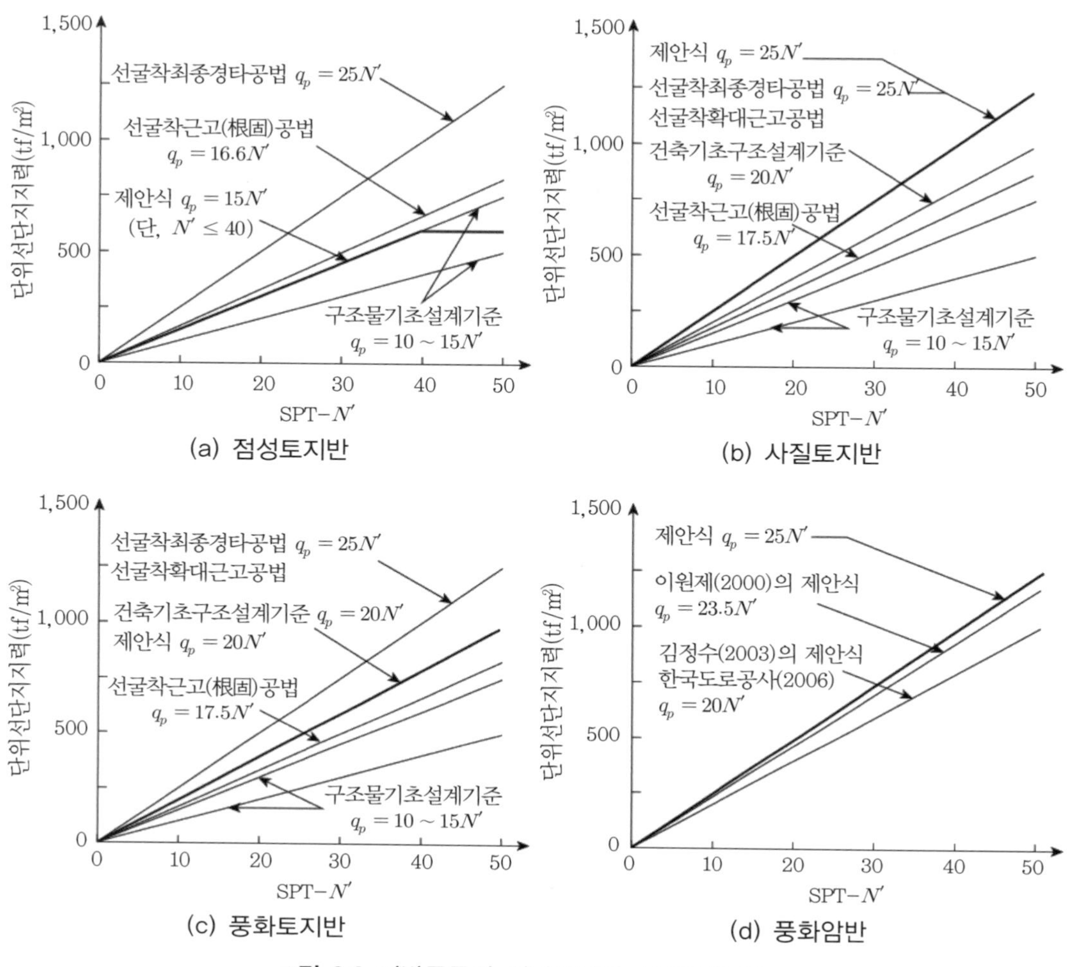

그림 8.8 지반종류별 선단지지력 설계기준 비교

단위선단지지력의 한계치도 국내에서 사용된 기존의 설계기준에서는 지반종류별로 구분없이 단순하게 750t/m^2(구조물기초설계기준해설) 또는 1,200t/m^2(건축기초구조설계기준)으로 사용되고 있으나 이를 지반의 종류별로 구분하여 점성토지반에서는 600t/m^{2}으로, 풍화토지반에서는 1,000t/m^{2}으로, 사질토지반와 풍화암반에서는 1,250t/m^{2}으로, 연암반에서는 1,500t/m^{2}으로 구분하여 제한하였다.

홍원표·채수근(2007a)[18]이 제안한 식 (8.7)을 기존의 산정식들과 도시하여 비교하면 다음과 같다. 먼저 점성토지반에서는 그림 8.8(a)에서 보는 바와 같이 제안식인 식 (8.7a)가 기존의 구조물기초설계기준식[13]의 상한식과 동일하지만 일본의 설계기준식들보다는 작거나 유사하다. 그러나 사질토지반에서는 그림 8.8(b)에서 보는 바와 같이 제안식인 식 (8.7c)가 국내 기존 산정식들보다는 크며 일본의 선굴착최종경타공법과 선굴착확대근고공법과는 동일하다. 또한 풍화토지반에서는 그림 8.8(c)에서 보는 바와 같이 제안식인 식 (8.7b)가 기존의 구조물 기초설계기준식[13]보다는 크지만 건축구조설계기준[3]과는 동일하다. 한편 풍화암반에서는 그림 8.8(d)에서 보는 바와 같이 제안식인 식 (8.7c)가 이원제(2000),[8] 김정수(2003)[2] 및 한국도로공사(2006)[12]가 제안한 식들보다 크다. 끝으로 연암반에서는 기존 제안 식이 없어 비교할 수가 없다.

따라서 홍원표·채수근(2007a)[18]은 점성토지반에 대하여만은 선단지지력을 대략 기존식보다 작게 산정하지만 점성토지반을 제외한 기타지반에서는 대략 기존식들보다 크게 산정할 것을 제안하고 있다.

8.4.2 마찰지지력[19]

(1) 마찰지지력 국내 설계기준

먼저 구조물기초설계기준 해설(한국지반공학회, 2003)[13]에 의하면, 표 8.8에서 보는 바와 같이 선굴착공법으로 시공된 매입말뚝의 단위주면마찰력 $f_s\,(\mathrm{t/m^2})$는 지반의 종류에 관계없이 타입말뚝의 단위주면마찰력을 1/2로 감소시켜 식 (8.6)을 적용하도록 정하였다.

$$f_s = nN_s(\mathrm{t/m^2}) \tag{8.8}$$

여기서, N_s : 말뚝주면부의 평균 N 값

n : 마찰지지력계수(타입말뚝의 경우 0.2, 매입말뚝의 경우 0.1)

한편 건축기초구조설계기준(대한건축학회, 2005)[3]에서는 표 8.8에서 보는 바와 같이 사질토지반에 시공되는 매입말뚝의 단위마찰지지력을 시멘트밀크가 충진된 경우 타입말뚝보다 증가시켜 식 (8.9a)로 산정하도록 하였으며, 점성토지반에서는 식 (8.9b)로 산정하도록 하였다.

$$f_s = 0.25N_s(\le 12.5\mathrm{t/m^2}) : \text{사질토} \tag{8.9a}$$

$$f_s = 0.8\overline{c_u}(\le 10\mathrm{t/m^2}) : \text{점성토} \tag{8.9b}$$

여기서, $\overline{c_u}$는 점성토의 평균비배수전단강도이다. 이들 식 (8.8)~식 (8.9)에 대한 안전율은 모두 3을 적용하고 있다.

표 8.8 선굴착공법 및 매입공법으로 시공된 말뚝의 마찰지지력 산정 설계기준

설계기준	마찰지지력(t)	안전율
구조물기초 설계기준 해설	$P_s = nN_sA_s(\mathrm{t})$ $nN_s \le 0.2 \times 50 = 10\mathrm{t/m^2}$ (타입말뚝) $nN_s \le 0.1 \times 50 = 5\mathrm{t/m^2}$ (매입말뚝)	3
건축기초구조 설계기준 (매입공법)	$P_s = \Sigma f_sA_s(\mathrm{t})$ $f_s = 0.25N_s(\le 12.5\mathrm{t/m^2})$ (사질토) $f_s = 0.8\overline{c_u}(\le 10\mathrm{t/m^2})$ (점성토)	3

P_s : 극한마찰지지력(t)
$\overline{N_s}$: 말뚝주면부의 평균 N값
A_s : 말뚝의 주면적($\mathrm{m^2}$)
f_s : 단위주면마찰력($\mathrm{t/m^2}$)
$\overline{c_u}$: 점성토의 평균배수전단강도($\mathrm{t/m^2}$)
n : 마찰지지력계수

식 (8.8) 및 식 (8.9)의 단위마찰지지력 $f_s(\mathrm{t/m^2})$로 마찰지지력 $P_s(\mathrm{t})$를 구하면 식 (8.10)과 같이 된다.

$$P_s = f_sA_s(\mathrm{t}) \tag{8.10}$$

여기서, A_s는 말뚝의 주면적($\mathrm{m^2}$)이다.

그러나 이와 같은 매입말뚝의 마찰지지력 산정식에는 시멘트밀크 배합비와 지반종류에 따라 달라질 수 있는 지지력 특성이 고려되어 있지 않다. 따라서 시멘트밀크 배합비를 임의로 사용하고, 지반종류와 상관없이 동일한 시멘트밀크 배합비로 시공하는 국내 실정을 감안해볼 때 매입말뚝의 지지력은 현장마다 크게 달라질 수 있다.

(2) 마찰지지력 일본 설계기준

일본에서 사용되는 매입말뚝의 지지력 산정식은 표준관입시험치인 N값과 연계하여 이용하고 있으며 표 8.9에서 보는 바와 같이 공법에 따라 상이한 기준식을 적용하고 있다(COPITA, 일본 콘크리트말뚝건설기술협회, 2006).[25] 이미 표 8.1에서 설명한 바와 같이 일본에서 사용하는 매입말뚝시공법은 선굴착최종타격공법, 선굴착최종경타공법, 선굴착근고(根固)공법 및

선굴착확대근고공법의 4가지로 대별할 수 있다.

이 중 첫 번째 매입말뚝시공법인 선굴착최종타격공법에서는 주로 말뚝주변에 시멘트밀크를 주입하지 않지만 제안식 (8.11)은 시멘트밀크를 주입하는 KSD공법 적용 시의 마찰지지력 P_s의 산정식이다.

$$P_s = (\beta \overline{N_s} L_s + \chi \overline{q_u} L_c)\psi (\text{kN}) \tag{8.11}$$

여기서, β : 사질토지반에서 말뚝주면마찰력계수이고 2을 적용

χ : 점성토지반에서 말뚝주면마찰력계수이고 0.5를 적용

L_s : 사질토층에 관입된 말뚝길이(m)

L_c : 점성토층에 관입된 말뚝길이(m)

$\overline{q_u}$: 점성토의 평균1축압축강도(kN/m^2)

$\overline{N_s}$: 사질토층의 평균N 값

ψ : 말뚝주면장(m)

식 (8.11)은 사질토층에서 말뚝주면부 평균 N값 $\overline{N_s} \le 25$이고 점성토층의 평균1축압축강도 $\overline{q_u} \le 100$kN/m^{2}인 범위에 적용한다.

다음으로 선굴착최종경타공법의 경우는 식 (8.12)로 마찰지지력을 산정한다.

$$P_s = (9L_c + 24L_s)\psi (\text{kN}) \tag{8.12}$$

한편 선굴착근고공법의 경우는 $\beta \overline{N_s}$와 $\chi \overline{q_u}$를 식 (8.13)과 같이 산정하여 식 (8.11)에 대입하여 한다.

$$\beta \overline{N_s} = 4.8\overline{N_s} + 35 \le 179\text{kN/m}^2 \tag{8.13a}$$

$$\chi \overline{q_u} = 0.4\overline{q_u} + 15 \le 95\text{kN/m}^2 \tag{8.13b}$$

마지막으로 선굴착확대근고공법의 경우는 식 (8.11) 속의 β, χ, $\beta\overline{N_s}$, $\chi\overline{q_u}$를 식 (8.14)와 같이 정하고 마찰지지력 Q_s를 식 (8.11)로 산정한다.

$$\beta = 2 \tag{8.14a}$$

$$\chi = 0.5 \tag{8.14b}$$

$$\beta\overline{N_s} = 15 \tag{8.14c}$$

$$\chi\overline{q_u} = 15 \tag{8.14d}$$

표 8.9 일본의 매입말뚝 마칠지지력 설계기준(COPITA, 2006)[25]

시공법	마찰지지력 산정식	안전율	비고(공법명)
선굴착 최종타격공법	$P_s = (\beta\overline{N_s}L_s + \chi\overline{q_u}L_c)\psi$(kN) $\overline{N_s} \le 25$, $\overline{q_u} \le 100$kN/m^2, $\beta = 2$, $\chi = 0.5$	3	KSD공법
선굴착 최종경타공법	$P_s = (9L_c + 24L_s)\psi$(kN)		니딩공법 ALT공법
선굴착 근고공법	$P_s = (\beta\overline{N_s}L_s + \chi\overline{q_u}L_c)\psi$(kN) $\beta\overline{N_s} = 4.8\overline{N_s} + 35 \le 179$kN/m^2 $\chi\overline{q_u} = 0.4\overline{q_u} + 15 \le 95$kN/m^2		BFK공법 FP-BESTEX공법 (주로 마디가 있는 말뚝을 사용함)
선굴착 확대근고공법	$P_s = (\beta\overline{N_s}L_s + \chi\overline{q_u}L_c)\psi$(kN) $\beta = 2$, $\gamma = 0.5$, $\beta\overline{N_s} = 15$, $\chi\overline{q_u} = 15$		RODEX공법, BRB공법 ST-RODEX공법 ATRAS공법 BESTEX공법

P_s : 마찰지지력(kN)
L_s : 사질토층에 관입된 말뚝길이(m)
L_c : 점성토층에 관입된 말뚝길이(m)
β : 사질토층에서 말뚝주면마찰력계수
$\overline{N_s}$: 사질토층 말뚝주면부의 평균 N값
ψ : 말뚝주면장(m)
$\overline{q_u}$: 점성토층 평균1축압축강도(kN/m^2)
χ : 점성토층에서 말뚝주면마찰력계수

표 8.9에 제시된 안전율3은 상시하중 작용 시의 안전율이다. 안전율은 지지말뚝의 경우 상시하중 작용 시는 3, 단기하중 작용 시는 2를 적용한다.

표 8.1 및 표 8.9의 모든 시공법은 말뚝 선단부에는 부배합(W/C=60~70%)의 시멘트밀크를 주입하고, 주면부에는 선단부와 동일한 배합비 또는 선단부보다 빈배합의 시멘트밀크를 주입하고 있다(일본 콘크리트말뚝 건설기술협회, 1994). 그러나 국내에서는 말뚝 주변과 선단부에 동일한 배합비의 시멘트밀크 배합비를 사용하고 있으므로 일본에서 사용하는 지지력 산정식과는 차이가 클 것이다.

또한 이들 공법에서는 교반날개를 사용하여 시멘트밀크와 토사를 교반시키는 비배토방식의 천공방식을 적용하고 있는 데 비하여 국내에서는 배토방식과 경타방식으로 최종설치하므로 일본에서 사용하는 지지력 산정식을 그대로 국내에 적용해서는 안 된다.

(3) SDA매입말뚝 마찰지지력 설계기준[19]

홍원표·채수근(2007b)은 SDA공법으로 시공한 전국 14개 현장에서 실시한 시험시공 자료에 대한 고찰로부터 단위마찰지지력 f_s를 산정할 수 있는 경험식을 지반의 종류에 따라 식 (8.15)와 같이 제안하였다.[19] 이들 식은 물시멘트비가 68%인 배합비의 시멘트밀크를 사용한 경우의 단위마찰지지력 산정식이다.

$$f_s = 0.2\overline{N}(\leq 5.0\mathrm{t/m^2}) : \text{점성토지반} \tag{8.15a}$$

$$f_s = 0.2\overline{N}(\leq 10.0\mathrm{t/m^2}) : \text{사질토지반, 풍화토지반} \tag{8.15b}$$

$$f_s = 0.25\overline{N}(\leq 12.5\mathrm{t/m^2}) : \text{풍화암반} \tag{8.15c}$$

즉, 점성토지반에서의 단위마찰지지력 f_s는 주면부지반의 평균표준관입시험치 $\overline{N}$의 0.2배가 되며 사질토지반과 풍화토지반에서도 $0.2\overline{N}$로 풍화암반에서는 $0.25\overline{N}$가 되는 것으로 제안하였다. 따라서 모든 토사층에서는 단위주면마찰력이 $0.2\overline{N}$가 되는 것으로 정하였다. 그러나 풍화암반에서의 단위마찰력은 $0.25\overline{N}$으로 정하여 토사층보다는 다소 증가된다. 결국 풍화암반에서도 토사층과 동일한 지지력 산정식 $f_s = 0.2\overline{N}$을 사용하는 것은 비경제적인 매입말뚝 설계가 될 수 있음을 알 수 있다.

이와 같이 국내에서 사용된 기존 설계기준의 단위주면마찰력 산정식은 지반의 구분 없이 평균표준관입시험치 $\overline{N}$의 0.1배 또는 0.2배로 제안 사용되고 있으나 이를 지반의 종류에 따라 평균표준관입시험치 $\overline{N}$의 0.2배에서 0.25배로 상향시켜 구분하여 적용함이 바람직하다.

한편 단위마찰지지력의 한계치로는 점성토지반의 경우는 $5.0\mathrm{t/m^2}$으로 정하고 사질토지반과 풍화토지반에서는 $10.0\mathrm{t/m^2}$으로 정하며 풍화암반에서는 $12.5\mathrm{t/m^2}$으로 제한한다. 표 8.10은 이들 산정식을 함께 정리한 표이다.

표 8.10 지반종류별 SDA매입말뚝의 단위마찰지지력 f_s(t/m²)

지반	단위마찰지지력 f_s(t/m²)	최대단위마찰지지력 (t/m²)	물시멘트비(%)
점성토지반	$0.2\overline{N}$	5.0	68
사질토지반·풍화토지반	$0.2\overline{N}$	10.0	
풍화암반	$0.25\overline{N}$	12.5	

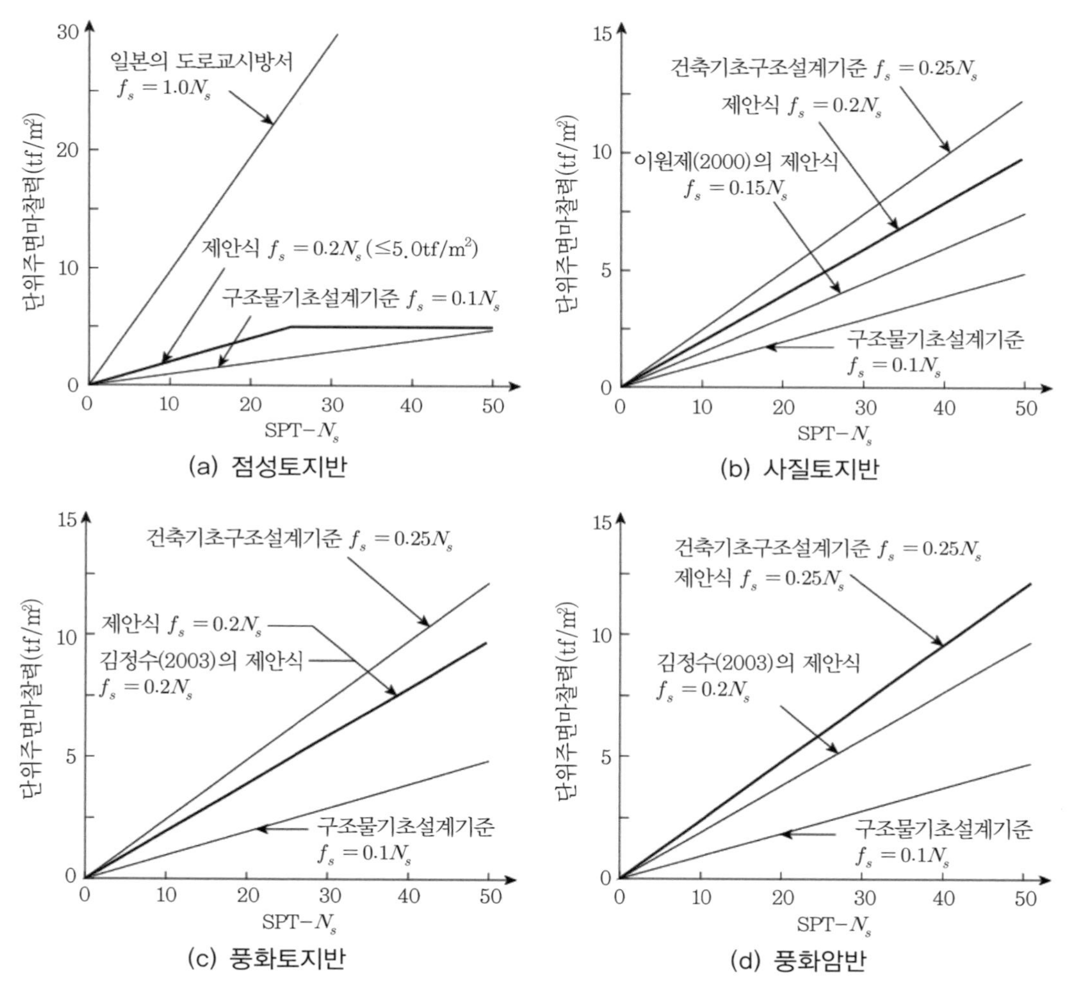

그림 8.9 지반종류별 마찰지지력 설계기준 비교

일반적으로 매입말뚝을 최대 연암반면까지 시공하는 경우는 있지만 연암반에 충분한 깊이로 근입 시공하는 경우는 매우 드물다. 이 경우 연암반의 단위주면마찰력을 풍화암과 동일하

게 적용하는 것이 안전측이 된다. 이들 제안식을 각 지반종류별로 기존 산정식들과 비교해보면 그림 8.9와 같다. 그림 8.9에서 보는 바와 같이 모든 지반에서 제안식은 국내 구조물기초설계기준식[13]보다 단위주면마찰력이 크게 산정되는 것으로 나타났다. 지반별로 자세히 분석하면 다음과 같다. 우선 점성토지반에서는 그림 8.9(a)에서 보는 바와 같이 일본의 도로교시방서 기준식보다는 상당히 작게 산정된다. 한편 사질토지반과 풍화토지반에서는 그림 8.9(b)와 (c)에서 보는 바와 같이 제안식이 건축기초구조설계기준식보다는 작게 산정된다. 그리고 풍화암반에서는 그림 8.9(d)에서 보는 바와 같이 단위주면마찰력 산정제안식은 건축기초구조설계기준[3]과 동일한 반면에 김정수(2003)[2]의 제안식보다는 크게 산정된다.

8.4.3 시멘트밀크 배합비의 영향

채수근·홍원표(2007a, b),[18,19] Hong & Chai(2003, 2005)[21,22]는 매입말뚝의 선단지지력과 마찰지지력이 지반종류에 따라 다르게 적용되어야 함을 시험말뚝에 대한 재하시험 결과에 의거 제안한 바 있다.[20] 시멘트밀크 배합비 역시 매입말뚝의 지지력에 영향을 미치는 매우 중요한 요소로써 지반종류별로 다르게 적용해야 매입말뚝의 지지력을 증대시킬 수 있다.

홍원표·채수근(2008)은 현장에서 주로 적용하는 세 가지 시멘트밀크 배합비로 전국의 36개 현장에서 SDA매입말뚝 시공법으로 설치된 379본의 시험말뚝에 동재하시험과 정재하시험을 실시하여 세 가지 시멘트밀크 배합비에 대한 매입말뚝의 선단지지력과 마찰지지력을 지지지반의 종류별로 검토하여 합리적인 지지력 산정식을 제안하였다.[20] 더 나아가 지반종류별로 적합한 시멘트밀크 배합비를 제안하였다.

(1) 시멘트밀크 배합비

일본으로부터 SIP공법이 1987년 도입되면서 물시멘트비(W/C)가 83%인 시멘트밀크가 주로 사용되었다(대한주택공사, 1997).[4] 물시멘트비가 83%인 시멘트밀크는 1.0m^{3}를 만드는데 시멘트 880kg과 물 730kg이 필요하다. 왜냐하면 시멘트의 비중이 3.15이므로 이를 체적으로 환산하면 880÷3.15=280L가 되며 물 730L와 더하면 1,010L, 즉 약 1m^{3}의 체적이 되기 때문이다.

그러나 이와 같은 빈배합비를 갖는 시멘트밀크는 너무 묽어서 투수성이 큰 사질토지반에서는 여러 번 주입하더라도 말뚝 주변지반으로 빠져나가 충진이 되지 않으며, 지하수가 많은 경우에는 희석으로 인하여 더욱 빈배합이 되어 지지력이 작아지게 된다. 이에 따라 투수성이 큰 지반이나 지하수가 많은 현장에서는 부배합으로 변경하여 사용하고 있다(Hong & Chai 2003, 2005).[21,22]

현장기술자나 기능공이 기억하기 쉬운 배합비는 68%의 물시멘트비로 많은 현장에서 유용하게 적용된다.[18,19] 68%인 물시멘트비의 시멘트밀크에는 시멘트 1,000kg 대 물 680kg이 소요된다. 이와 같은 배합비는 풍화토나 풍화암반에서는 매우 효과적인 배합비로 사용될 수 있다.

그러나 투수성이 큰 사질토지반에서는 말뚝주면부를 충진시키는 데 많은 양의 시멘트밀크와 시간이 소요된다. 따라서 많은 현장에서는 시멘트밀크 주입에 실패하는 대신 경타방식 위주로 시공하고 있어 지지력 저하는 물론이고 말뚝이 손상되는 사례가 많다. 더욱이 말뚝의 수평지지력이 매우 중요한 설계요소인 고속철도현장에서는 더욱 부배합의 시멘트밀크를 충진하는 것이 요구되었다.[19]

이러한 현장에서는 50%인 물시멘트비의 시멘트밀크 사용을 시도해보았지만 주입호스가 파열되어 주입이 곤란하게 됨에 따라 59%의 물시멘트비를 사용한다. 59%인 물시멘트비의 시멘트밀크에는 시멘트 1,100kg 대 물 650kg이 소요된다. 지하수가 많거나 투수성이 큰 사질토지반과 연약한 점성토지반에서는 59%인 배합비의 시멘트밀크를 적용하는 것이 설계효율을 높일 수 있다는 것이 많은 현장에서 확인되었다.

한편 국내 현장에선 말뚝의 선단부와 주변부에 동일한 배합비의 시멘트밀크를 적용하고 있다. 배합비를 다르게 하면 품질관리가 용이하지 않을 뿐만 아니라 말뚝시공속도가 현저히 떨어질 수 있기 때문이다.

일본에서도 과거와 달리 최근에는 말뚝의 선단부와 주변부에 동일한 배합비를 사용하는 추세이다(일본 콘크리트말뚝 건설기술협회, 1994).[24]

따라서 홍원표·채수근(2007a, b)[18,19]은 선단부와 주변부에 동일한 배합비의 시멘트밀크를 주입하여 시공한 말뚝의 자료를 이용하여 지지력 특성을 분석하였다. 이때 주로 적용한 시멘트밀크의 배합비는 표 8.11과 같다.

표 8.11 시멘트밀크 표준배합비(m^3)

배합비(W/C, %)	시멘트(kg)	물(L)
59	1,100	650
68	1,000	680
83	880	730

※ 말뚝주면부 및 선단부에 동일한 배합비를 적용

(2) 선단지지력에 미치는 영향

시멘트밀크 배합비가 선단지지력에 미치는 영향을 분석하기 위해 그림 8.10과 같이 말뚝선단지반이 풍화토층과 풍화암반인 현장지반에서 시멘트밀크 배합비를 변화시켜 선단지지력을 측정한 자료를 정리하였다.

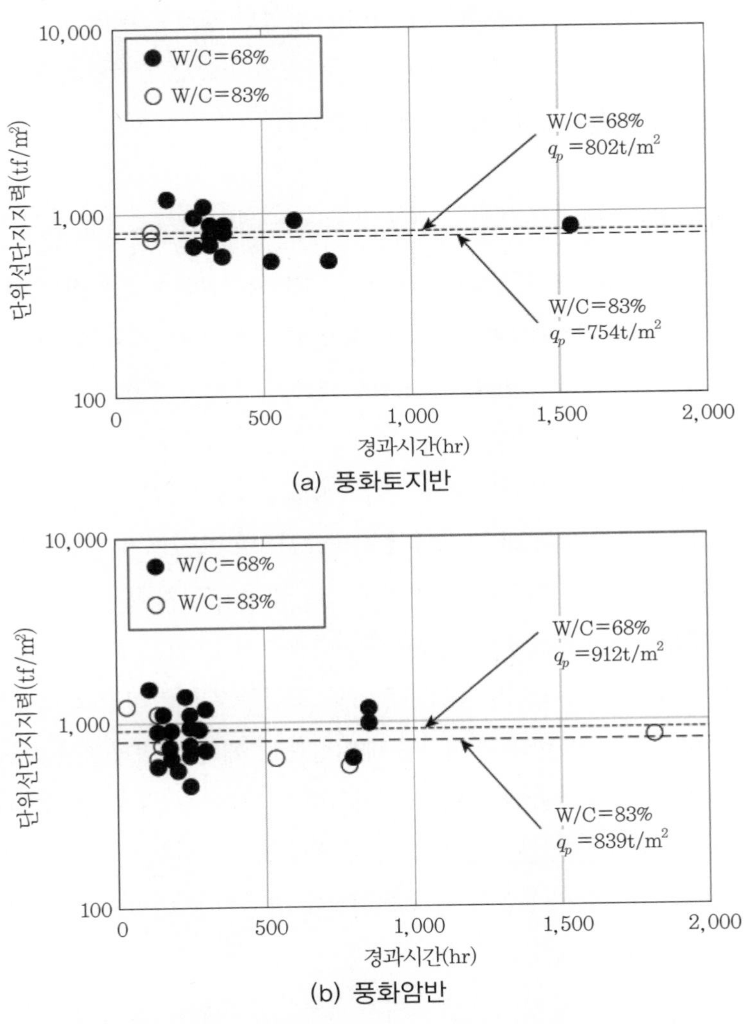

그림 8.10 선단지지력에 미치는 시멘트밀크 배합비의 영향

시험 결과 풍화토지반에서 시멘트밀크의 배합비가 68%와 83%인 경우 평균단위선단지지력은 각각 802t/m^{2}와 754t/m^{2}로서 7% 미만 정도의 차이밖에 보이지 않았으며, 풍화암반에서는

평균단위선단지지력이 912t/m²와 839t/m²로서 각각 9% 미만 정도의 차이만을 보였다.

따라서 시멘트밀크 배합비가 매입말뚝의 선단지지력에 미치는 영향은 작은 것으로 확인되었다. 이것은 말뚝을 최종 설치하는 방법으로 경타방식을 채택할 경우 말뚝 선단부가 천공바닥의 원 지반 내에 관입되기 때문인 것으로 판단된다.

다만 압입방식으로 시공하면 말뚝의 선단부가 원지반에 설치되지 않을 수 있다. 그러나 부배합의 시멘트밀크를 사용하여 슬라임과 충분히 교반하면 경타할 때와 유사한 설계지지력을 얻을 수 있다는 것이 확인된 바 있다.[22] 따라서 경타방법이 아닌 압입방법으로 말뚝을 시공할 때는 부배합의 시멘트밀크를 사용하는 것이 타당하다.

(3) 마찰지지력에 미치는 영향

풍화토지반 속 매입말뚝의 단위주면마찰력 f_s는 그림 8.11에서 보는 바와 같이 초기동재하시험(EOID) 때는 말뚝 선단부에서만 약간 측정되었지만 일정 시간이 경과한 (대략 5~7일 경과) 후에 실시한 재항타동재하시험(Restrike)에 의하면 말뚝의 주변부에서 주면마찰력이 크게 증가하였다.

예를 들면, 배합비가 59%인 부배합의 물시멘트비로 조성한 시멘트밀크를 사용한 매입말뚝의 경우는 그림 8.11(a)에서 보는 바와 같이 초기동재하시험(EOID)에서는 말뚝선단에서의 선단지지력을 제외한 말뚝주면부에서는 마찰력이 거의 측정되지 않았으나 7일 경과 후에 실시한 재항타동재하시험에서는 말뚝주면부 단위주면마찰력이 12~14t/m²로 크게 증가하였다.

그러나 배합비가 83%인 빈배합의 물시멘트비로 조성한 시멘트밀크를 사용한 매입말뚝의 경우는 그림 8.11(c)에서 보는 바와 같다. 이 매입말뚝에 대한 초기동재하시험(EOID)에서는 배합비가 59%인 매입말뚝의 경우와 유사하게 마찰력이 거의 측정되지 않았으나 6일 경과 후에 실시한 재항타동재하시험에서는 6m 깊이 전후에서 말뚝주면부 단위주면마찰력이 10t/m²로 증가하였다. 단위주면주면마찰력이 설치 초기보다 증가하긴 하였으나 배합비가 59%인 매입말뚝보다 크게는 증가하지 않았다.

한편 배합비가 83%인 빈배합의 물시멘트비와 59%인 부배합의 물시멘트비의 중간 정도인 68%인 중간 정도 배합비의 물시멘트비로 조성한 시멘트밀크를 사용한 매입말뚝의 경우는 그림 8.11(b)에서 보는 바와 같이 5일 경과 후에 말뚝주면부 마찰력의 증가 정도가 배합비가 83%와 59%를 사용한 매입말뚝의 중간 정도 단위주면마찰력증가로 나타났다.

이와 같이 그림 8.11(a)~(c)에서 보는바와 같이 동일한 풍화토지반조건이라도 시멘트밀크 배합비에 따라 단위주면마찰력이 달라진다. 특히 빈배합비보다는 부배합비의 시멘트밀크를 사용할수록 단위주면마찰력이 증가된 것을 볼 때 시멘트밀크의 배합비는 매입말뚝의 지지력을 확보하는 데 매우 중요한 요소임을 알 수 있다.

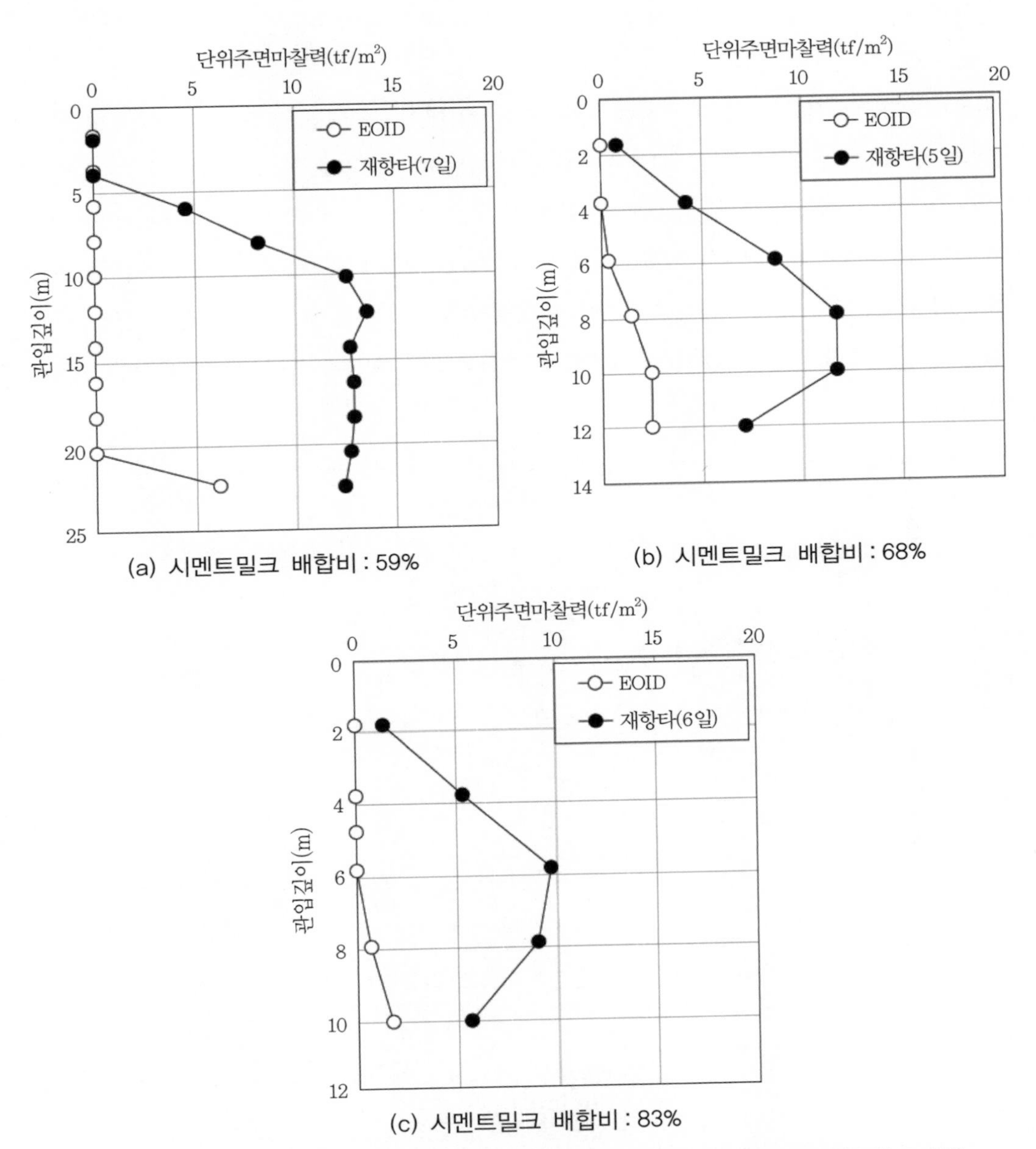

그림 8.11 시간 경과에 따른 말뚝 관입깊이별 단위주면마찰력 f_s의 변화(풍화토지반)

(4) 선단지지력과 마찰지지력의 분담률

말뚝의 단위선단지지력 q_p는 초기동재하시험(EOID)으로 구한 말뚝의 선단지지력을 말뚝의 선단지지면적 A_p로 나누어 구할 수 있다. 또한 말뚝의 단위마찰지지력 f_s도 재항타동재하시험으로 구한 각 지층에 대한 말뚝의 마찰지지력을 각 지층에 해당하는 말뚝의 주면적으로 나누어 구할 수 있다.

재항타동재하시험 자료를 이용하여 선단지지력과 마찰지지력을 구하면 그림 8.12에서 보는 바와 같이 선단지지력과 단위마찰지지력에 미치는 시간효과도 함께 관찰할 수 있다. 시공초기에는 선단지지력이 마찰지지력보다 훨씬 큰 값으로 측정되지만 시간이 경과하면서 마찰지지력이 점점 증가하였다. 이것은 시멘트밀크가 양생되면서 말뚝주면에서 마찰저항력이 증가하였기 때문이다. 따라서 시공초기에는 전체지지력에 대한 선단지지력의 분담률이 크지만 시간이 경과하면서 선단지지력의 분담률은 감소하고 마찰지지력의 분담률은 증가하였다.

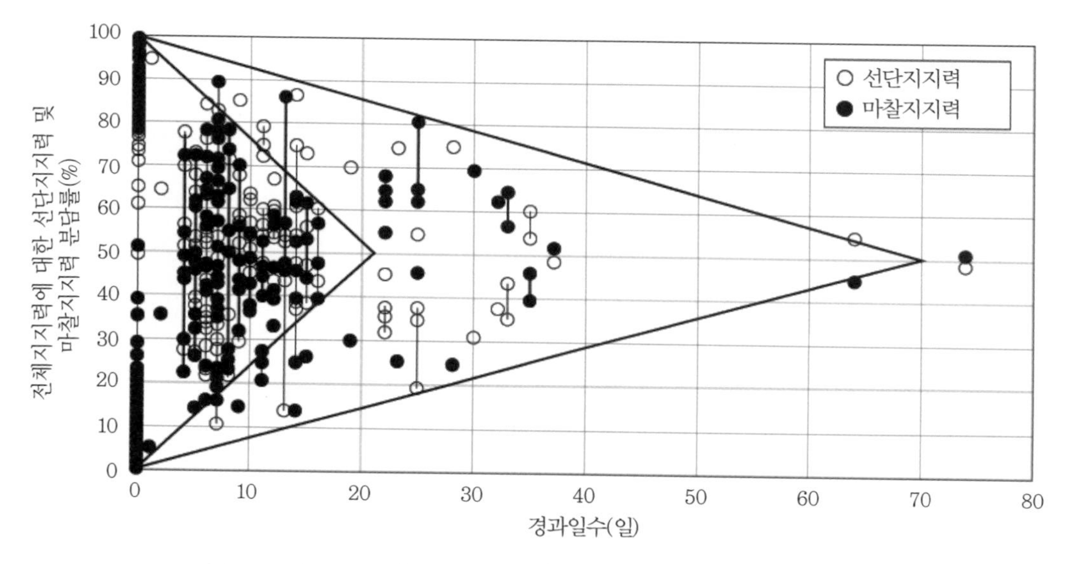

그림 8.12 시간 경과에 따른 선단지지력과 마찰지지력의 분담률 변화

그림 8.12에 의하면 대부분의 매입말뚝은 시멘트밀크 양생기간이 3주(21일) 정도 경과될 때 전체지지력에 대한 선단지지력과 주면마찰력의 분담률이 각각 50%씩으로 수렴되는 경향을 보이고 있다. 이 범주에 속하지 못한 그 밖의 매입말뚝의 경우도 10주(70일) 이내면 선단지지력과 주면마찰력의 분담률이 50%씩에 수렴함을 확인할 수 있다. 결국 종국적으로 풍화토지

반에 설치된 매입말뚝의 선단지지력과 마찰지지력의 분담률은 50%가 됨을 알 수 있다.

그림 8.12 속에 도시한 두 종류의 실선은 전체지지력에 대한 선단지지력의 분담률 감소의 상한선 및 마찰지지력의 분담률 증가의 하한선을 의미한다. 즉, 전체지지력에 대한 선단지지력과 마찰지지력의 분담률을 나타내는 연직축에서 분담률 50%을 기준으로 상부에 도시된 두 하향실선은 선단지지력의 분담률 감소의 상한선을 의미하며 분담률 50%을 기준으로 하부에 도시된 두 상향실선은 마찰지지력의 분담률 증가의 하한선을 의미한다.

따라서 전체지지력에 대한 선단지지력과 마찰지지력의 분담률은 그림 8.12에 도시한 두 개의 삼각형 내부에 존재하게 된다. 이 중 작은 삼각형은 단기(3주)수렴 삼각형이고 큰 삼각형은 장기(7주)수렴 삼각형이라 부를 수 있다. 시간효과에 따른 전체지지력에 대한 선단지지력과 마찰지지력의 분담률 변화는 이들 두 삼각형 내부에 존재하게 된다.

(5) 합리적인 시멘트밀크 배합비

홍원표·채수근(2008)은 단위주면마찰력의 제한치를 지반 종류별로 시멘트밀크 배합비와 연계하여 그림 8.13으로 제시하였다.[20] 그림 8.13에서 보는 바와 같이 모든 종류의 지반에서 빈배합보다는 부배합의 시멘트밀크를 사용할수록 마찰지지력은 크게 증가하는 것으로 나타났다. 또한 동일한 물시멘트 배합비에서 점성토지반, 사질토지반(모래·자갈층, 풍화토층) 및 암반 순으로 단위마찰지지력이 크게 발휘되고 있음을 알 수 있다.

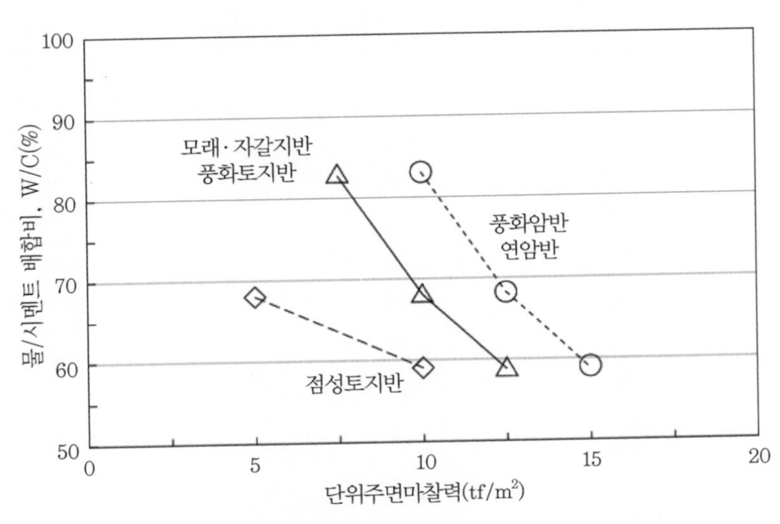

그림 8.13 단위주면마찰력에 따른 합리적인 시멘트밀크 배합비

점성토지반에서 10t/m^2 정도의 단위주면마찰력을 얻으려면 물시멘트비(W/C)가 68%보다는 59%인 부배합의 시멘트밀크를 사용하는 것이 효율적이다. 또한 사질토지반(모래·자갈지반, 풍화토지반)에서는 물시멘트 배합비(W/C)가 68%인 시멘트밀크를 사용하더라도 10t/m^{2}의 단위주면마찰력을 얻을 수 있다. 그러나 투수성이 큰 모래·자갈지반에서는 68% 시멘트밀크가 주변지반으로 유실되는 경우가 발생될 수 있으므로 충진이 잘되도록 하기 위해서는 물시멘트비(W/C)가 59%인 시멘트밀크를 사용하는 것이 바람직하다.

한편 풍화암반이나 연암반층에서는 현재 국내에서 주로 83%의 물시멘트 배합비(W/C)가 사용되고 있다. 그러나 암반층에서는 상부에 분포하는 지반의 종류에 따라 선택되는 물시멘트 배합비(W/C)를 같이 사용하게 될 수 있다. 그림 8.13에 의하면 풍화암반이나 연암반층에서는 83%의 물시멘트 배합비로 사용하여도 10t/m^{2}의 단위주면마찰력이 발휘되고 있음을 알 수 있다. 그러나 이 경우도 83%보다 부배합인 68%의 배합비를 사용해야 합리적인 말뚝 설계와 시공이 가능한 경우가 많았다.

참고문헌

1) 가우건설(1994), "기초파일공사 공법 소개서".
2) 김정수(2003), 화강풍화대 지반에 매입된 SIP말뚝의 지지력 평가에 관한 연구, 박사학위논문, 한양대학교, pp.161~165.
3) 대한건축학회(2005), "건축기초구조설계기준", pp.172~184.
4) 대한주택공사(1997), 표준시방서(건축) 30535 말뚝선굴착공법, pp.1~9.
5) 대한주택공사(1998), "고강도H형강 말뚝의 지지력특성 연구", pp.24~28.
6) 대한토목학회(2001), "도로교 설계기준 해설", pp.207~313.
7) 두성건설(1987), "SIP기초공법", pp.1~68.
8) 이원제(2000), 광섬유센서를 이용한 매입말뚝의 하중전이 측정 및 지지력 특성 연구, 박사학위논문, 고려대학교, pp.114~121.
9) 채수근(2002), SDA매입말뚝의 연직지지력 산정, 중앙대학교대학원, 공학석사학위논문.
10) 채수근(2007), 시멘트밀크 배합비에 따른 다양한 지반 내 SDA매입말뚝의 연직지지력, 중앙대학교대학원, 공학박사학위논문.
11) 한국도로공사(2006a), "한국도로공사의 SIP공법 소개", 2006 현장기술자를 위한 기초기술 워크숍, 한국지반공학회, pp.103~124.
12) 한국도로공사(2006b), "SIP공법의 시공 및 설계 지침(안)", 교통기술원, pp.1~26.
13) 한국지반공학회(2003), "구조물 기초설계기준해설", pp.286~292.
14) 한국표준협회(2002), "강관말뚝", KS F 4602, pp.1~16.
15) 한국표준협회(2003), "프리텐션방식 원심력 고강도 콘크리트말뚝", KSF 4306, pp.1~53.
16) 한국표준협회(2006), "H형강말뚝", KS F 4603, pp.1~5.
17) 협성기초(2000), "나선형날개를 갖는 강관말뚝 회전압입 신공법".
18) 홍원표·채수근(2007a), "지지지반의 종류별 SDA매입말뚝의 선단지지력 산정", 한국지반공학회논문집, 제23권, 제5호, pp.111~129.
19) 홍원표·채수근(2007b), "지반종류별 SDA매입말뚝의 마찰지지력 산정", 대한토목학회논문집, 제27권, 제4C호, pp.279~292.
20) 홍원표·채수근(2008), "시멘트밀크 배합비에 따른 다양한 지반 내 SDA매입말뚝의 연직지지력", 한국지반공학회논문집, 제24권, 제5호, pp.37~54.
21) Hong, W.-P. and Chai, S.-G.(2003), "Skin Friction Capacity of Separated Doughnut Auger(SDA) Pile", The Proceeding of the 13th International Offshore and Polar Engineering Conference(ISOPE-2003), Honolulu, Hawaii, U.S.A, pp.740~745.
22) Hong, W.-P. and Chai, S.-G.(2005), "Bearing Capacity Characteristics of Separated Doughnut Auger(SDA) Pile in Clay and Silty Soil", The Proceeding of the 15th

International Offshore and Polar Engineering Conference(ISOPE-2005), Seoul, Korea, pp.548~554.
23) AsahiKASEI(2003), "EAZET工法" - 新認定取得 - , pp.1~12.
24) (社)コンクリート バイル 建設技術協會(2003), "既製 コンクリート杭 - 基礎構造設計 manual" - , 土木編, pp.1~4.
25) COPITA(2006), (社)コンクリート バイル 建設技術協會, Concrete Pile Installation Technology Association, 2006.4., No.39, pp.21~76.

CHAPTER

09

그라우트파일

CHAPTER

연직하중말뚝

09 그라우트파일

지중에 주입고결체를 기둥모양으로 조성하여 각종 구조물의 하부구조요소로 활용하는 말뚝을 그라우트파일(grout pile)이라 부른다. 현재 지중에 조성된 기둥모양의 주입고결체 그라우트파일을 활용하는 방법으로는 두 가지가 있다.

첫 번째 방법으로는 연약지반 속에 시멘트페이스트를 고압분사주입공법으로 지중에 주입하여 시멘트밀크계 지중고결체 기둥을 조성하여 연약지반을 개량한 후 그 위에 성토나 항만 배후 뒤채움 등을 실시하여 연약지반 상에 가해지는 상부 성토하중을 지지할 수 있게 하는 방법이다.[1] 이는 구조물기초의 개념보다는 연약지반을 개량하는 목적이 위주이고 설계에서도 연약지반의 '치환율' 개념으로 취급되고 있다.

또 한 가지 방법으로는 기존구조물의 보강기초로 사용할 목적으로 지중에 시멘트몰탈계의 주입고결체 그라우트파일을 조성하는 경우이다.[1]

이 경우는 주입고결체 그라우트파일이 무근콘크리트 정도의 강도를 가지므로 구조물의 기초말뚝으로 충분히 활용할 수 있다.

제9장에서는 이 두 경우의 개념에 의한 주입고결체 그라우트파일을 모두 기초말뚝으로 취급하여 설명하기로 한다. 이들 중 시멘트밀크계 지중고결체 그라우트파일에 대해서는 고압분사주입공법인 SIG공법(3중관분사주입공법)[1,3]에 의한 주입고결체 그라우트파일을 위주로 설명하고 시멘트몰탈계의 주입고결체 그라우트파일에 대하여는 컴팩션그라우팅공법[5,14]에 의한 주입고결체 그라우트파일에 대하여 설명한다.

9.1 서 론

9.1.1 주입공법의 개요

현재 연약지반의 개량 및 구조물 기초지반의 보강을 위하여 여러 가지 지반개량공법이 건설현장에서 적용되고 있다.[2] 이 가운데 약액주입공법은 약액을 지반 중에 주입 또는 혼합하여 지반을 고결 또는 경화시킴으로써 지반강도증대효과나 차수효과를 높일 수 있다.

그러나 이 공법은 저압주입공법인 관계로 적용대상지반의 범위가 넓지 못하여 시공 시 종종 난관에 직면하는 결점을 가지고 있다. 그 밖에도 이 공법은 지반개량의 불확실성, 주입효과 판정법 부재, 주입재의 내구성 및 환경공해 등 아직 해결하지 못한 문제점을 많이 내포하고 있다.

이러한 문제점을 해결하기 위해 1970년대부터 수력채탄에 쓰이고 있던 고압분사굴착기술을 도입한 고압분사주입공법으로 CCP공법, JSP공법, SIG공법 등이 개발되었다. 이 공법은 종래의 약액주입공법과 달리 균등침투가 불가능한 세립토층, 자갈층 등 다양한 지층에 대해서도 교반혼합방법 등으로 지중에 시멘트밀크 주입고결체 그라우트파일을 조성한다.

이들 고압분사주입공법을 적용할 경우 고압의 분사주입압에 의해 원지반이 연약화될 우려가 있다. 이에 대한 대책으로 저유동성 몰탈을 컴팩션그라우팅공법[5]이 개발되었다. 컴팩션그라우팅공법은 시멘트몰탈을 주입재로 사용하여 주입하는 공법으로서 지반의 밀도를 정적으로 증대시키는 효과가 있으며 저공해, 저소음, 내구성 확보뿐만 아니라 높은 주입고결체의 강도 때문에 기초말뚝으로 사용할 수 있다.

고압분사주입공법에 의한 주입고결체는 지중에 시멘트계 고결체가 조성되므로 기초말뚝보다는 차수성에 목적을 둔 흙막이벽체용으로 주로 많이 사용하고 있다. 그러나 컴팩션그라우팅공법은 최근 구조물기초의 보강, 초연약지반의 개량, 항만계류시설의 내진 및 액상화 보강, 폐광 함몰지역의 공동충진 등의 목적으로 사용이 보편화되고 있는 추세이다. 특히 컴팩션그라우팅공법은 기존구조물이 설치되어 있는 상태에서도 구조물기초 보강용으로 적용할 수 있는 공법이다.

9.1.2 약액주입공법

약액주입공법은 지반개량 공법 중의 하나로 고결재를 지중에 주입시키는 압력주입공법이며, 이것은 최근에 행해지고 있는 교반혼합공법 및 고압분사공법과 구별된다. 즉, 약액주입공법은 지반의 투수성을 감소시키거나 지반의 강도를 증대시킬 목적으로 세립관을 통하여 소정 깊이에 약액을 주입하는 공법이다.

이와 같이 약액을 지중에 주입하여 지반을 고결 또는 경화시킴으로써 최근 각종 토목공사에서 지반강도의 증대나 차수효과를 상당히 높이고 있다. 특히 지하철공사, 지하차도공사, 도심지굴착공사 등의 토목공사에서 종종 직면하게 되는 교통장애, 협소한 도로, 주택지의 밀집, 각종 지하매설물 등의 악조건을 용이하게 극복하고 안전한 시공을 실시하고자 할 때 많이 사용되고 있다.

약액주입공법의 특징으로는 설비가 간단하고 소규모여서 협소한 공간에서도 시공이 가능한 점과 소음, 진동, 교통에 대한 문제가 적은 점을 들 수 있다. 더욱이 신속하게 시공할 수 있다는 장점도 가지고 있다. 또한 주입관은 상하 좌우 어느 방향으로도 압입이 가능하며 지중에 매설물이 있어도 큰 영향을 받지 않고 주입구로부터 상당히 넓은 범위를 개량할 수 있다.

그러나 복잡하고 불규칙한 지반을 대상으로 약액주입공법을 적용할 경우 대상지반의 불균일성, 약액의 종류, 겔화 시간, 주입압력, 주입방식 등의 여러 가지 요인에 크게 영향을 받으므로 지반개량효과를 정확히 확인하기가 어렵다. 특히 약액주입공법에는 개량 후의 지반고결강도의 신뢰성 문제, 지하수의 수질오염 문제, 정확한 주입효과의 판정방법 부재 문제 등 아직까지 해결하지 못한 많은 문제점이 내포되어 있어 고도의 시공기술과 철저한 시공관리가 요구된다. 또한 현재 사용되고 있는 약액은 내구성에 문제가 있어 영구적으로 사용되는 예는 거의 없다. 따라서 내구성이 있는 약액의 개발이 필요하다.

9.1.3 고압분사주입공법

고압분사주입공법은 경화재를 고압·고속으로 일정한 방향으로 분사시킴으로써 이 분사체가 가진 운동에너지에 의해 지반을 절삭·파괴하는 동시에 경화재로 원지반을 치환시키거나 교반·혼합시키는 공법이다. 분출압력이 대기압의 보통 300~800배 정도인 초고압력의 유체로 구성된 제트분류의 에너지로 지반을 절삭 파괴시켜 생긴 공간에 주입재를 충진시키는 공법이다.

본 공법의 특징 중의 하나는 에너지 변환 효율이다. 고압분류체의 밀도, 유량, 노즐의 직경, 압력의 크기, 노즐의 이동속도 등을 변환시킴으로써 용이하게 지반의 파쇄조건을 변화시킬 수 있다. 분사노출의 운동형식에 의해서 지중에 기둥 모양의 고결체 형성을 기본으로 하여 연직방향, 수평방향 어느 쪽으로도 고결체를 지중에 조성할 수 있다.

본 공법은 광산 분야에서 초고압분류수에 의한 암반굴착기술을 응용한 것으로 본 공법이 개발된 직접적인 계기는 약액주입공법의 문제점을 보완하고자 하는 데 있었다. 일반적으로 약액주입공법에서는 지층의 복잡성, 균질성 및 이방성 때문에 균질한 침투주입을 기대할 수 없으며 개량지반 전체에 대한 균일한 개량효과를 얻을 수 없었다. 특히 비공학적 요소가 많이 존재하고 이론과 실제 사이의 모순을 피할 수 없는 면이 존재하였다. 그러나 고압분사주입공법은 이러한 약액주입공법의 결점을 어느 정도 해결하고 있다.

고압분사주입공법의 장점은 지중에 인위적으로 만든 간극에 경화재를 충진시키기 때문에 인접건물이나 지하매설물에 미치는 영향을 상당히 감소시킬 수 있다는 점과 사용하는 재료가 무공해 시멘트계 재료이므로 지하수오염물질에 해당되지 않는다는 점이다. 또한 경화재의 밀도도 높기 때문에 지중에 다소의 유속이 있어도 유실되지 않으므로 지반조건이나 시공목적에 따라 균일한 개량체를 조성할 수 있으며 개량체의 직경을 어느 정도 조절할 수 있다.

본 공법에 의한 개량체를 말뚝으로 사용하고자 할 때는 무근콘크리트의 현장타설말뚝으로 간주할 수 있다. 본 공법은 연약지반 지지력 보강, 히빙 방지, 사면붕괴 방지, 가설구조물 보호 및 언더피닝 등에 적용 가능하다. 그 밖에도 현장에서 주입고결체 말뚝을 지중에 조성하여 흙막이벽 등의 목적으로도 사용할 수 있다. 특히 흙막이벽의 경우에는 차수효과를 얻을 수 있기 때문에 굴착흙막이벽면의 안정처리에 적합하다.

9.1.4 몰탈주입공법

몰탈주입공법은 저 유동성의 몰탈형 주입재를 지중에 압입하여 원통형기둥의 고결체를 조성하는 공법이다. 통상적으로 컴팩션그라우팅공법으로 통용되고 있다. 컴팩션그라우팅공법은 기존의 주입방식인 약액의 침투고결방식 및 시멘트계의 맥상고결방식과 다르게 그라우트와 같은 된 반죽의 몰탈을 지중에 주입하는 공법이다.

원래 컴팩션그라우팅에서는 슬럼프치가 50mm 이하인 저 유동성 몰탈로 조성된 소일시멘트가 기본재료이다. 이 소일시멘트는 소성 확보를 위한 세립토(실트질 크기)와 내부마찰력 증대를 위한 조립토(모래질 크기)로 구성되며, 주변지반의 간극 속으로 침투되는 것이 아니라 고결체의 형태로 지중에 방사형의 수평압력을 가하여 흙을 압밀시킴으로써 주변지반 속의 토립자 사이 간극을 감소시켜 지반이 조밀화되도록 개량하는 방식이다.

즉, 이 공법에서 주입재는 높은 내부마찰각을 발휘할 수 있으며 그라우트가 흙 사이의 간극

속으로 침투하는 것이 아니고 균질지반 속에서 측면으로 확장되어 토사를 배토시키는 공법이다. 이와 같이 이 공법으로 주변지반 흙 속의 물과 공기를 배출시켜 지반밀도를 증대시키며 흙입자들이 주입된 그라우트에 의해 재배열된다. 그라우트 주입은 주입압이 상재압이나 구속압을 초과하여 융기가 발생하기 전까지 지속할 수 있다.

일반 그라우팅공법의 주재료가 시멘트페이스트(시멘트와 물의 혼합체)인 반면 본 공법의 주재료는 시멘트몰탈(시멘트, 석분 또는 마사, 물의 혼합체)이므로 일종의 무근콘크리트로서 30~200kg/cm^2 이상의 압축강도를 가지고 있어 콘크리트말뚝과 동일한 기능의 구조물기초말뚝으로 사용할 수 있다.

또한 천공 시 고압분류수(water jetting)를 사용하지 않고 로터리 퍼커션 장비 또는 공기압드릴(air track drill)로 천공하므로 원지반을 연약화시키지 않는다. 즉, 사용하는 몰탈이 고함수비가 아니므로 타 공법에 비해 주입재로 인한 원지반을 연약화시키지 않는 공법이다. 현재 이 원리에 의한 몰탈주입공법 중 대표적인 공법으로는 CGS(Compaction Grouting System) 공법을 들 수 있다.

최근 본 공법은 저압의 주입으로 주변지반을 압축·팽창시키는 원리를 이용하여 사질계 지반의 내진 및 액상화 보강목적으로 항만계류시설물인 물양장, 안벽구조물, 호안구조물에 적용되고 있고, 또한 사석층·자갈층에서의 차수목적인 간극충진보강과 기울어진 피해건물의 기초층을 소요량만큼 자유자재로 들어 올려 기초를 보강하는 기법인 언더피닝에도 사용할 수 있다.

진동, 소음이 적고 협소한 장소에서도 현상유지상태로 시공이 가능하다. 시멘트계주입재는 공해문제가 거의 없으며 슬라임 처리 비용이 없어 경제적·환경적으로 유리하다.

개량대상 토질에 대한 적용성 측면에서 살펴보면 액상화 가능성을 가진 느슨한 모래지반에서의 활용에도 사용되어질 수 있으며 해성점토 지반에서 컴팩션그라우팅공법을 시공할 시에는 원지반 흙과는 관계없이 시멘트몰탈만으로 구체를 형성하는 공법의 특징으로 인하여 해수 또는 원지반의 염분 등의 영향을 거의 받지 않으므로, 시멘트밀크를 주입하는 JSP공법, SIG 공법 등의 고압분사공법에 비해 해성점토 지반에 함유된 유기물 또는 염류에 의한 강도열화, 침식 등의 영향을 거의 받지 않는 등 유리한 조건을 가지고 있다. 컴팩션그라우팅공법의 주재료인 보통 포틀랜트시멘트도 염분에 의한 강도열화가 없지만 일반적으로 쓰이는 보통 포틀랜드시멘트 대신 고로슬래그시멘트를 쓰는 경우도 있다.

컴팩션그라우팅공법은 정량주입과 정압주입으로 구별된다. 정량주입은 주로 연약지반의 개량, 항만의 기초지반 보강, 교대 및 제체의 측방유동 차단에 사용되며 정압주입은 주로 부등침하 보강 및 복원, 경사구조물 복원, 공동 보강에 사용된다.

컴팩션그라우팅의 적용 분야는 원래 기존구조물의 복구작업으로 한정되어 있었다. 그러나 오늘날의 컴팩션그라우팅 적용 분야는 다음과 같이 세 가지로 크게 분류할 수 있다.[5]

① 지반개량 : 후팅기초 바닥면에서부터 기반암이나 단단한 지층 사이의 전체 지반을 개량하여 이 지반이 구조물과 함께 일체로 거동하도록 한다. 이러한 적용법은 기존구조물을 복구할 때 적용할 수 있다.

② 구조물 요소부재 : 컴팩션그라우팅공법에 의해 지중에 조성된 몰탈주입고결체 그라우트 말뚝은 하중을 지지할 수 있는 구조물 요소부재로 취급할 수 있다. 이 말뚝의 기능은 지반을 조밀화시키는 효과와 말뚝주면에서 지반과의 사이에 상호작용효과가 함께 발휘된다. 앞에서 설명한 바와 같이 이 공법은 매우 조심해서 적용해야 한다. 왜냐하면 이 공법은 양질의 품질관리를 필요로 하며 말뚝직경의 균일성을 유지하기 위해 균일한 토질특성을 필요로 하기 때문이다.[6]

③ 공동충진 : 폐광, 카르스트 석회암동굴 등과 같은 넓은 지중 공동을 채우기 위해 낮은 유동성의 그라우트를 펌프로 주입·충진한다. 공동충진은 위에서 설명한 컴팩션그라우팅의 정의에 반드시 일치하지는 않는다. 그러나 공동충진에 컴팩션그라우팅공법을 적용하는 것은 컴팩션그라우팅기술에 다용성을 부여하는 셈이다.

9.2 고압분사주입 그라우트파일

9.2.1 SIG공법 개요 및 특징

(1) SIG공법 개요

고압분사주입공법은 지반개량, 지수벽, 흙막이벽, 기초보조강말뚝의 목적으로 많이 사용되고 있으며 이중에서 지반고결(지반개량) 목적이 60% 이상을 차지하고 있다. 현재 고압분사주입공법은 대심도굴착공사에 있어서 사질토지반에 대해서는 지수목적으로, 연약한 점성토지반에 있어서는 지반강화를 목적으로 주로 사용하고 있다. 특히 최근에는 고압분사주입공법은 약액주입공법으로 시공이 곤란한 지층에 대해서는 확실한 지반개량이 가능하다고 인정되어 많이 사용되고 있다.[3]

이와 같은 굴착공사의 보조공법으로 고압분사주입공법은 확실한 고강도가 얻어지는 점에서 많은 성과를 올리고 있다. 고압분사주입공법은 분사 메커니즘, 사용기계, 분사압력, 시공방법에 따라 다음과 같은 세 가지 공법으로 분류되고 있다.[1]

① 단관을 사용해서 경화재를 분사시켜 지반을 절삭하고 롯드를 회전·상승시킴으로써 개량체를 조성하는 공법(예 : CCP공법)
② 2중관을 사용해서 경화재와 공기를 분사시켜 지반을 절삭하고 롯드를 회전 상승시킴으로써 개량체를 조성하는 공법(예 : JSP공법)
③ 3중관을 사용해서 물과 공기를 분사시켜 지반을 절삭하고 롯드를 회전·상승시키면서 하단부터 경화재를 충진시킴으로써 개량체를 조성하는 공법(예 : SIG공법)

SIG공법은 물을 초고속으로 일정 방향으로 분사시킴으로써 유체의 분사류를 형성시켜 그 분사체가 가지고 있는 운동에너지에 의해 지반을 파괴·절삭하는 공법이다. 이러한 특징이 약액주입공법이나 기존의 고압분사주입공법(CCP공법, JSP공법)과 근본적으로 다른 차이점이다. 다시 말해서, SIG공법은 토출압력이 대기압의 300배에서 800배 정도의 초고압력의 유체로 구성된 제트분류의 에너지로 지반을 절삭 파괴시켜 형성된 공간에 경화재를 충진시키는 공법이다.

이 공법이 개발된 직접적인 계기는 약액주입공법 및 기존의 고압분사주입공법의 단점을 보완하기 위한 것이었다. 즉, 지층의 복잡성, 이방성으로 인해 약액주입공법으로는 균질한 침투범위를 얻을 수 없거나, 주입재의 지중거동 및 개량 후 지반의 공학적 성질에 대한 불확정 요소 등에 의해 소정의 개량효과를 얻을 수 없는 경우가 발생한다. 또한 기존의 고압분사주입공법은 사력층 및 풍화암 이하의 암층에서 시공이 곤란한 경우가 있어 기초보강말뚝으로써 충분한 지지효과를 발휘할 수 없거나, 지중에 생성된 개량체의 직경이 비교적 작아 시공능률이 떨어지는 경우가 많다. 그러나 SIG공법은 평균 500kg/cm^{2}의 고압분류수를 분사시켜 지반을 세굴·절삭하므로 복잡한 지층이나 지층의 불균일성에 좌우되지 않고 거의 모든 지반을 대상으로 적용할 수 있다. 또한 지중에 형성된 개량체의 직경은 150~200cm 정도로 타 공법의 개량체보다 크며 지지효과 및 시공능률면에서도 뛰어나다.

SIG공법은 CCP공법이나 JSP공법과 같이 경화재와 원지반의 토립자를 교반혼합시켜 원주상의 개량체를 형성하는 것이 아니라 고압분류구에 의해 절삭된 원지반의 토립자나 물을 지표면으로 배출시킴으로써 생긴 공동 내에 고화재를 충진시키는 치환공법이다. 따라서 원지반과는 전혀 다른 성질의 고강도를 지닌 지수성이 높은 원주상의 고결체가 지중에 형성된다. 대부분의 토립자는 지표면으로 배출되지만 사력이나 큰 토립자는 고결체 내에 일부 혼입되므로 모래층에서는 모르터형 개량체가 되고, 점성토에서는 소일시멘트형 개량체로 되는 경우도 있다.

(2) SIG공법 특징

고압분사주입공법의 기본원리는 그 현상이 대단히 복잡하기 때문에 이론적인 해명이 아직 완전하게 규명되어 있지는 않지만, 높은 압력의 압력수를 노즐을 통해서 얻은 초고압 분류체의 운동에너지로 지반을 세굴하고, 세굴공간에 경화재를 충진하여 원주상의 고결체를 지중에 조성하는 것이다. 고압분사주입에 의한 SIG공법의 원리는 그림 9.1과 같다.

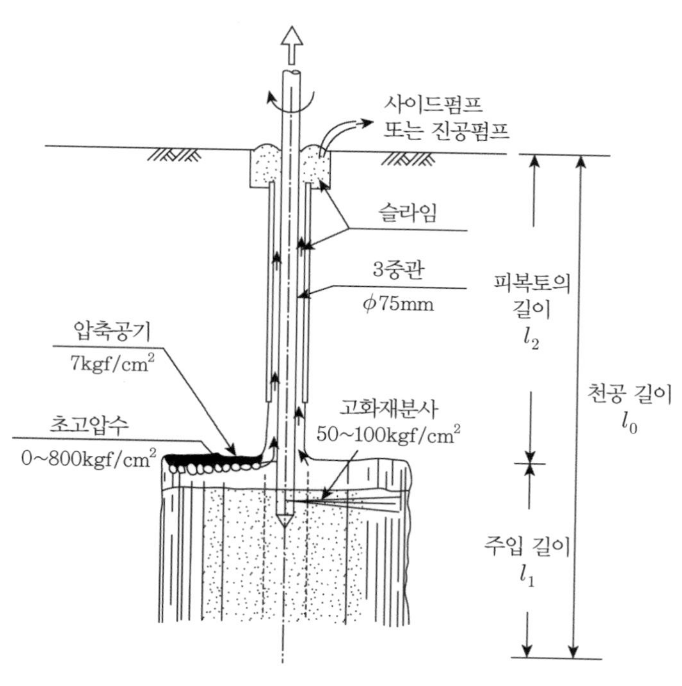

그림 9.1 SIG공법의 원리

SIG공법은 도시터널공사의 일례로 쉴드공사, 흙막이 굴착공사, 구조물의 기초공사의 보조공법으로 널리 사용되고 있지만 최근에는 인공지반조성공법에도 채용되고 있다. 그림 9.2는 본 공법 적용 분야의 분류도이다.

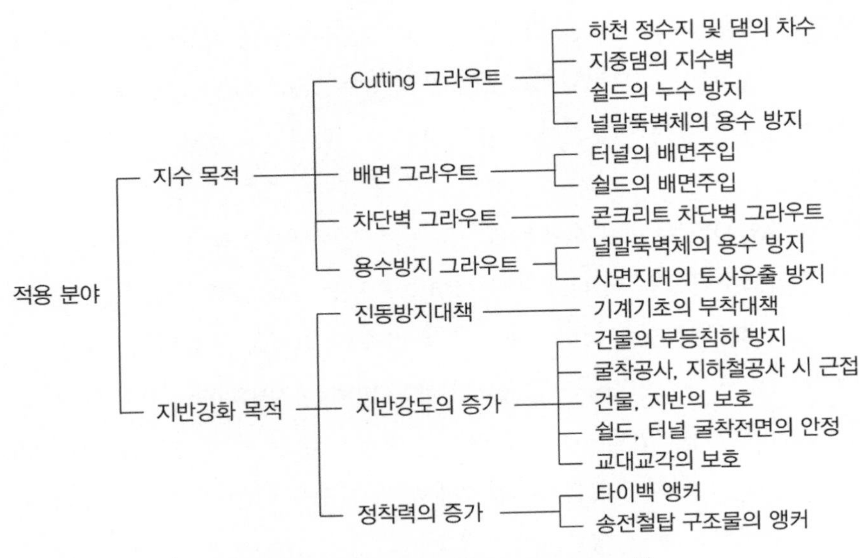

그림 9.2 SIG공법의 적용 분야 분류도[2]

이러한 적용 분야의 분류도에 입각하여 지금까지 수많은 적용사례가 있다. 이들 사례를 종류별로 분류정리하면 다음과 같다.

① 건물에 근접한 굴착
② 굴착 흙막이벽 및 차수효과 증대
③ 건물의 기초 및 말뚝기초
④ 옹벽기초 및 사면보호
⑤ 터널보강 및 차수
⑥ 댐 및 제방의 기초 처리 및 차수

SIG공법은 그림 9.1에서와 같이 공기와 물의 힘으로 지반을 세굴·절삭하여, 그것을 지표면에 배출함에 따라 지중에 인위적인 공동을 만들고 그 공동에 고화재를 충진하는 치환공법이다. 따라서 지반 내에는 수두(head) 이외의 압력이 없으므로 지금까지의 약액주입공법 또는 기존의 고압분사에 의한 강제교반혼합공법의 가장 큰 문제점의 하나인 수압파쇄현상(hydraulic fracturing) 또는 지반융기현상이 없는 공법이다. 즉, 주변구조물이나 매설물을 융기시키거나 파손시키지 않는 공법이다. 이와 같이 지반 내에 수두 이외의 압력이 남아 있지 않은 것이 본 공법의 특징이다. 이 공법의 특징을 정리하면 다음과 같다.

① 약액주입공법과 기계·교반공법 등 많은 지반개량공법은 주입재를 지반 속에 압입하거나 경화재와 지반의 교반효율 및 굴삭효율을 높이기 위해 각종수단을 이용하는 관계로 지반융기가 발생한다. 그러나 SIG공법은 공기부양(air-lift) 작용에 의해 절삭토를 지상으로 배출시키는 원리를 취하고 있어 표준시공관리법을 적용하면 지반융기는 발생하지 않는다.

② 사용하는 주입재가 무공해 시멘트계 재료이므로 지하수오염 공해물질에 해당되지 않는다. 더욱 약액주입공법 및 CCP공법, JSP공법과는 다른 치환공법이고, 또한 경화재의 밀도도 높기 때문에 지중 지하수에 다소의 유속이 있어도 유실되지 않는다.

③ 지반변형이 발생하여 인접구조물에 악영향을 미치는 지반개량공법이 많다. 그러나 SIG공법은 흙막이벽이나 인접구조물에 영향을 미치지 않는다. 왜냐하면 SIG공법에서는 통상, 평균 500kg/cm^{2}의 고압분류수를 이용해서 지반을 세굴·굴착하고 있지만 이 에너지는 지반을 절삭하는 동안 대부분이 소모되어 지중에 남지 않기 때문이다. 또한 구조물에 근접한 시공상태에서도 이 압력에 의해 구조물이 절삭되는 경우는 없다. 경화재가 경화되는 사이 이수압(泥水壓)이 구조물에 작용한다.

④ 컴프레샤 이외에 거의 모두 전동기를 사용하고 있으므로 큰 소음이나 진동은 없으며 최근에는 방음형의 컴프레샤를 사용하고 있기 때문에 도심지공사에서도 거의 문제가 되지 않는다. 그러나 시멘트 사일로를 사용하고 있어 분진은 약간 발생하지만 입하 시에 주의하면 해결할 수 있으며 악취는 발생하지 않는다.

⑤ 개량체의 직경을 어느 정도 조절할 수 있다. SIG공법의 경우 완성된 개량체의 표준직경은 2.0m로 하고 있으나 지반조건이나 시공목적에 따라 1.0~2.5m로 조절하여 개량체를 조성할 수 있는 장점이 있다. 특히 개량체의 직경에 가장 큰 영향을 주는 것은 지반조건이다.

9.2.2 개량효과 및 설계

(1) 개량효과[1]

① 확실한 지반개량체를 얻을 수 있다. 즉, 회전하는 노즐축을 통하여 분사된 초고압수나 초고압경화재에 의해 지반을 확실히 분사파괴시킬 수 있으므로, 개량목적과 지반의 토질조건에 맞는 균질한 개량체를 조성할 수 있다.

② 토질에 관계없이 적용할 수 있다. 일반적으로 지반개량이 어려운 유기질토와 자갈이 혼합된 토사에도 적용가능하다.

③ 인접구조물의 형상에 따라 부착개량이 가능하며, 조성개량체 상호의 밀착성이 우수한 특징을 지니고 있다.

④ 작은 공경(4~15cm)에서 큰 공경(1.5~2.0m)의 지반개량이 가능하기 때문에 시공범위 내에 매설관 등이 있어도 그것을 포함하는 형태로서 지반을 개량할 수 있다. 또한 사용하고 있는 초고압 분류체의 압력 정도에서는 콘크리트나 철근 등이 손상을 받지 않는다.

⑤ 목적에 따라서 경화재를 선정하고, 목적에 적합하고 균질한 개량고결체 강도를 얻을 수 있다. 개량목적에 따라 고강도 개량체에서부터 저강도 개량체까지 폭넓은 강도 조절을 할 수 있다. 모래자갈층에서 고결체의 일축압축강도는 평균 300kg/cm^{2}이며, 실트질세사층에서는 평균 200kg/cm^{2}을 얻을 수 있다.

⑥ 사용하는 경화재는 가격이 저렴한 무공해 시멘트계 경화재이므로 장기적으로도 안정된 개량고결체를 얻을 수 있다.

개량효과를 확인하기 위한 조사항목은 형상, 강도 및 지수성의 3가지 항목이 있으며 다음과 같은 방법으로 실시하고 있다.

① 형상의 확인 : 현장에서 조성된 고결체 주변부의 코아를 채취하여 코아형상을 육안으로 확인한다.

② 강도 특성의 파악 : 현장조건에 의하지만, 수평 및 연직 코아보링을 실시하여 시료를 채취하고 일축압축시험, 삼축압축시험을 실시한다. 또한 필요에 따라서 압열시험과 인장시험을 실시한다.

③ 지수성 확인 : 현장 투수시험에 의하고 있다. 즉, SIG개량체에 보링을 실시하고 주수법,

양수법, 수압시험 등에 의해 지수성을 확인한다.

(2) 지반조건과 유효경

SIG공법 설계 시 다음과 같은 점에 유의할 필요가 있다.

① 초고압 분류수가 미치는 범위는 개량된다고 볼 수 있지만, 개량목적에 따라서 그 범위를 구하고 지반조건에 의해서 개량 사양을 결정한다.

② 개량체 주변의 파형개량부분과 지반 사이에는 분명한 경계가 나타나며 침투주입이나 맥상주입 형태로 주입되지 않는다.

③ 개량강도는 경화재의 배급에 의해 조정이 가능하다.

④ 개량범위 내에 서로 다른 토질이 나타나는 경우에는 가장 개량강도가 적게 되는 토층, 또는 생성경이 작게 되는 토층에서 검토한다.

공사의 목적, 경제성 등을 고려하고 공법의 특성을 충분히 고려하여 최대한 현지조건에 적합한 시공법을 선택한다. 또한 SIG공의 시공조건 및 품질을 만족하지 않는 경우에는 신속하게 변경조건을 제시할 필요가 있다. 기둥형 SIG공의 설계에 적용되는 표준수치는 표 9.1과 같다.

표 9.1 기둥형 SIG공의 설계에 적용되는 표준수치[1]

N값				$0<N$ ≤ 30	$30<N$ ≤ 50	$50<N$ ≤ 100	$100<N$ ≤ 150	$150<N$ ≤ 175	$175<N$ ≤ 200	$200<N$
천공	천공속도(분/m)			2.91	3.04	3.34	3.50	3.65	3.95	4.27
인발	주입속도	분당	m/분	0.24	0.23	0.21	0.20	0.19	0.18	0.16
		m당	분/m	4.16	4.34	4.77	5.00	5.22	5.64	6.10
고화재 토출 및 사용량		토출량	m^3/분	0.76	0.72	0.53	0.40	0.295	0.20	0.128
		사용량	m^3/분	3.14	3.14	2.54	2.00	1.54	1.13	0.78
개량체 직경			m	2.0	2.0	1.8	1.6	1.4	1.2	1.0

SIG공법에 의한 개량체의 유효경은 대상지반(사질토, 검성토)의 토질조건(N값, 투수계수, 입도, 점착력 등) 및 시공조건 (시공심도, 시공목적, 설계강도, 지하수위 등)에 따라 다르다. 설계에 적용되고 있는 지반조건과 유효경과의 관계는 표 9.2와 같다.

표 9.2에 제시된 사질토층과 점성토층 이외에 사력층에 대해서는 $N<50$의 경우 사질토 유

효경의 10%를 감소시킨 값을 적용한다. 그리고 $N>50$이거나 시공심도 $z>40$m인 경우는 충분히 검토하여 표 9.2를 참고하여 결정할 필요가 있다. 그러나 사력층에 대해서는 원칙적으로 시험시공을 하는 것이 바람직하다. 그리고 점착력이 5t/m² 정도 이상이 되면, 개량체의 직경이 확보되지 않는 경우가 있으므로 주의할 필요가 있다.

표 9.2 지반조건과 유효경(m)

N치							
N치	사질토	$0<N\le30$	$30<N\le50$	$50<N\le100$	$10<N\le150$	$150<N\le175$	$175<N\le200$
	점성토	–	$N\le3$	$3<N\le5$	$5<N\le7$	–	$7<N\le9$
유효경 (m)	$0<z\le30$	2.0	2.0	1.8	1.6	1.4	1.2
	$30<z\le40$	1.8	1.8	1.6	1.4	1.2	1.0

* z(m)는 깊이

(3) 개량체의 설계기준강도

SIG개량체의 제반 설계기준강도는 표 9.3과 같다. 설계에 있어서 설계기준강도는 사용하는 경화재에 따라 다르며, 대상지반 및 소요품질에 의해 결정된 경화재의 제수치를 적용한다.

표 9.3 고결체의 설계기준강도

제반강도특성		일축압축강도(q_u) (kg/cm²)	점착력(c) (kg/cm²)	휨인장강도(σ_b) (kg/cm²)	탄성계수(E_{50}) (kg/cm²)	지반반력계수(k_h) (kg/cm²)	투수계수(k) (cm/sec)
사질토	통상형	200	20	1/3c	200,000	500	1×10^{-7}
	저강도형	160	16	2/3c	190,000	400	1×10^{-7}
점성토	통상형	150	15	2/3c	180,000	300	1×10^{-7}

c = 일축압축강도의 1/6~1/10
k_h = 풍화암인 경우 300~600kg/cm²
연암인 경유 450~800kg/cm²

9.2.3 SIG공법 시공법

SIG공법의 시공순서를 도시하면 그림 9.3과 같고 자세히 설명하면 다음과 같다.[18]

① 소정의 위치에 분사장비를 설치하고 롯드를 회전시킴과 동시에 롯드선단으로부터 세굴

압력수를 분사하면서 천공작업을 실시한다.

② 계획심도까지 천공이 완료되면 롯드선단에 있는 노즐을 폐쇄한다.

③ 롯드 상단 측면에 있는 노즐로 외주부에서는 압축공기를, 중앙부에서는 초고압수를 분시켜 지반을 세굴·절삭·파괴시킨다.

④ 롯드 하단 측면에 있는 노즐을 통해 시멘트고화재를 분사시켜 지중에 형성된 인위적인 공동을 충진시킨다.

⑤ 지중에 형성된 공동이 시멘트고화재로 충진되면 일정 속도로 롯드를 인발·상승시키면서 원주상의 개량체를 그림 9.3과 같이 조성한다.

⑥ 지반개량이 완료되면 3중관 롯드를 회수하여 세척한다.

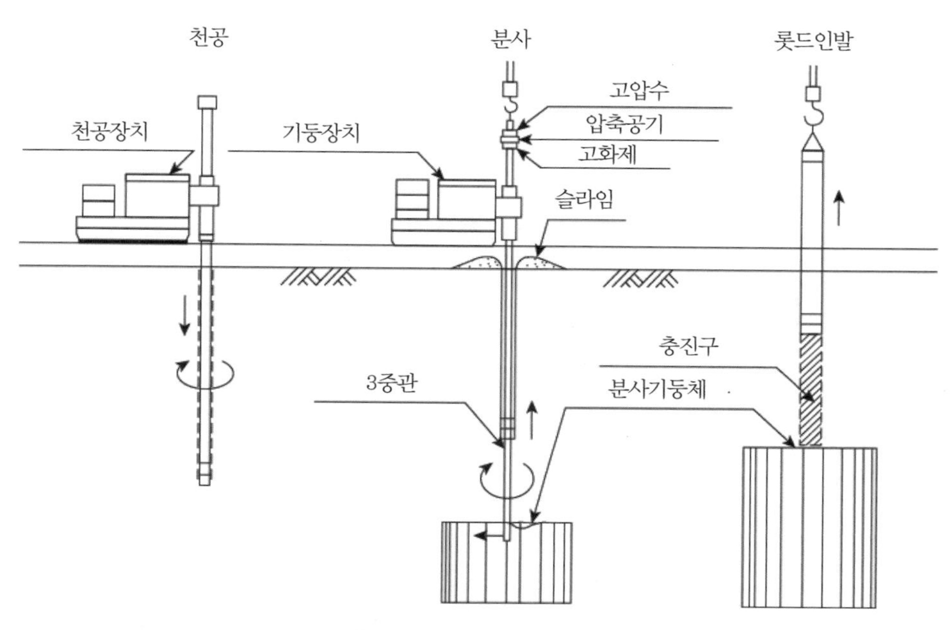

그림 9.3 SIG공법 시공순서도

시공목적에 따라 SIG공법의 시공 형태는 기둥형, 패널형, 날개형의 3가지 형태로 구분된다. 그라우트파일로 사용하는 경우는 기둥형에 해당한다. 기둥형은 사용할 수 있는 범위가 매우 큰 공법이다. 특히 큰 토압과 수압을 받는 경우에 효과적이다. 예를 들면 건물을 지지하는 말뚝용이나, 쉴드터널 발진부 및 도달부의 흙막이손실의 보강용으로 사용 시 개량효과가 다른 공법에 비해 월등하다고 알려져 있다. 사진 9.1은 기둥형 개량체의 고결형상이다.

사진 9.1 기둥형 개량체의 고결형상

패널형은 지수막으로서 차수효과를 기대할 때 적용되는 공법으로서 특히 이 지수막이 직접 토압과 수압에 대항할 수 있다. 이것만으로 자립할 필요가 없을 때는 특히 효과적이며 경제적이라고 알려져 있다.

한편 날개형은 흙막이판, 흙막이말뚝 등의 작은 빈틈을 메우기 위해 적용되는 공법으로서 두세 방향으로 분사하는 초고압 분류수가 날개를 넓힌 모양이 되므로 윙제트(wing jet)라고 부른다. 이 공법은 PIP공법이나 BH공법, 기타 흙막이벽의 작은 연결부 등에서의 지수목적으로 널리 사용한다.

9.2.4 개량체 구성성분을 평가하는 방법

일반적으로 초고압(300~500kg/cm^2)을 사용하는 고압분사주입공법의 분사체는 약 230~330m/sec 속도로 지반에 주입된다. 고속유체는 지반을 세굴·파쇄시킨 후 물-시멘트 주입재와 원지반의 토립자를 혼합시키는 데 이용된다. 현재 사용되고 있는 고압분사주입공법은 단일분사방식(그라우트), 2중관분사주입방식(공기+그라우트) 및 3중관주입방식(공기+물+그라우트) 등 세 가지 방식이 있다.

고압분사주입공법을 사용하여 형성된 흙-시멘트 개량체와 그 구성성분을 평가하는 방법으로는 질량균형접근법(Mass Balance Approach)이 있다. 질량균형공식(Mass Balance

Formulation)에는 적어도 12가지 변수가 포함되어 있다.

이 질량균형접근법에는 다음과 같은 가정을 포함하고 있다.

① 지중에 형성된 개량체는 균질이다.
② 현장에서 형성된 개량체는 일정한 단면의 원주형 개량체이다.
③ 자중압밀되는 동안 개량체에서의 물의 배수는 이론적으로 설명되지 않는다.
④ 지표면에서 채취된 절삭물(cuttings)은 주입지점에서 생긴 절삭물을 나타낸다.

위의 가정 ①은 엄밀하게 말하면 타당성이 없다. 일반적으로 개량체의 일축압축강도는 개량체의 중심으로부터 주면부 사이에 약 30%까지 변할 수 있기 때문이다. 그리고 흙의 수압파쇄(hydraulic fracturing)가 지표면에서 심하게 발생하면 개량체는 형성되지 않는다. 흙의 수압파쇄는 지표면에서 절삭물의 흐름이 중단될 때 발생한다. 따라서 지표면에서 절삭물의 흐름을 연속적으로 이루어지도록 해야 한다.

자갈층을 통과하는 주입재의 침투는 제안된 이론으로는 설명 할 수 없다. 자갈층에서 고압분사주입을 실시할 때 개량체로부터 물의 배수(압밀, 배출된 물)가 대부분 발생한다.

배수의 영향은 경화된 개량체에서 채취된 코아와 측정된 개량체의 밀도에 의해 파악할 수 있으며 이것은 입력자료로서 필요한 변수이다. 만일 시멘트의 수화작용 동안 개량체에 가스기포가 거의 발생하지 않는다면 점성토층에서의 배수는 발생하지 않으며, 경화 전후의 개량체의 밀도는 매우 비슷하다. 따라서 습윤상태의 개량체 샘플은 개량체의 밀도를 평가하는 데 사용할 수 있다.

또한 핵밀도 시험은 습윤상태의 개량체의 전체길이를 따라 실시할 수 있다. 만일 흐름경로가 짧다면 지표면에서 채취된 부유물은 주입지점에서 발생된 부유물을 나타낸다고 할 수 있다.

(1) 질량균형법

개량체의 크기와 구성성분을 정확히 산정하기 위한 방법으로 질량보존법칙을 이용한 질량균형법(Mass Balance Approach)을 적용할 수 있다. 우선 개량체 내의 시멘트, 물 및 흙의 중량 W^c_{cement}, W^c_{water}, W^c_{soil} 는 식 (9.1)과 같이 표현할 수 있다.

개량체 내의 시멘트 W^c_{cement} =주입된 시멘트−분출된 시멘트

$$= W_c^{\in jected} - W_c^{ejected} \tag{9.1a}$$

개량체 내의 물 W^c_{water} =물(원지반의 물 +주입된 물)−배출된 물

$$= W_w^{in-situ} + W_w^{\in jected} - W_w^{ejected} \tag{9.1b}$$

개량체 내의 흙 W^c_{soil} =원지반의 흙 - 배출된 흙

$$= W_s^{in-situ} - W_s^{ejected} \tag{9.1c}$$

개량체의 전체단위중량 γ^c_t는 전체 중량 W^c_t와 체적 V^c_t로부터 식 (9.2)와 같이 표현된다.

$$\gamma^c_t = \frac{W^c_t}{V^c_t} \tag{9.2}$$

위의 가정 ②에 의해 원형개량체말뚝의 체적 V^c_t는 식 (9.3)을 이용하여 산정할 수 있다.

$$V^c_t = \left(\frac{\pi}{4}\right) D^2 \Delta z \tag{9.3}$$

여기서, Δz : 개량체의 원주 미소요소길이

D : 개량체말뚝의 지름

시멘트, 물, 흙, 공기로 구성된 개량체의 전체중량 W^c_t는 식 (9.4)와 같다.

$$W^c_t = W^c_{cement} + W^c_{water} + W^c_{soil} + W^c_{air} \tag{9.4}$$

여기서, W^c_{air} 는 개량체 내의 공기의 무게로 무시해도 좋다.

한편 개량체의 지름 D은 식 (9.3)을 식 (9.2)에 대입하여 식 (9.5)와 같이 계산할 수 있다. 만일 경화된 개량체의 단위중량 γ^c_t를 실측하거나 계산할 수 있다면 식 (9.5)로부터 개량체의

직경을 산정할 수 있다.

$$D = \sqrt{\frac{W_t^c}{\frac{\pi}{4}\Delta z \gamma_t^c}} \tag{9.5}$$

미소요소길이 Δz의 개량체의 전체단위중량 W_t^c는 개량체의 구성성분의 중량을 식 (9.4)에 대입하면 산정할 수 있다. 그러나 개량체내 전체중량 W_t^c를 산정하기 위해서는 식 (9.1)에 포함되어 있는 주입량과 분출량에 대한 5개의 구성성분의 중량을 다음과 같이 산정해야 한다.

(2) 주입량과 분출량

우선 주입량을 산출하기 위해서는 세 가지 중량, 즉 주입된 흙, 시멘트, 물의 중량을 다음과 같이 구한다.

① 우선 현장 흙의 중량 $W_s^{in-situ}$는 식 (9.6)과 같이 구한다. 현장 흙은 고압분사주입과정에서 영향을 받는다.

$$W_s^{in-situ} = \left(\frac{\pi D^2}{4}\right)\Delta z\left(\gamma_t^{in-situ}\right)\left(\frac{1}{1+w}\right) \tag{9.6}$$

여기서, w : 현장함수비

$\gamma_t^{in-situ}$: 개량체의 현장단위중량

② 다음으로 현장에 존재하고 있는 물의 중량 $W_w^{in-situ}$는 흙의 중량 $W_s^{in-situ}$와 현장함수비 w로부터 식 (9.7)과 같이 구한다.

$$W_w^{in-situ} = w\, W_s^{in-situ} \tag{9.7}$$

③ 단위길이당 주입된 시멘트의 중량 $W_c^{injected}$는 식 (9.8)과 같이 구한다.

$$(W_c^{injected})_u = \left[\frac{G_c \gamma_w}{1 + G_c \left(\frac{W}{C} \right)_{grout}} \right] \left(\frac{Q^{injected\ grout}}{L} \right) \tag{9.8}$$

여기서, G_c : 주입된 시멘트의 비중(약 3)

γ_w : 물의 단위중량

$(W/C)_{grout}$: 주입재의 물-시멘트 비

$Q^{injected\ grout}$: 주입재의 흐름률

L : Δz 영역을 통과하는 롯드의 상승률

④ 미소요소길이(Δz)당 주입된 시멘트의 전체중량 $W_c^{injected}$는 식 (9.8)에 Δz를 곱하여 식 (9.9)와 같이 산정한다.

$$W_c^{injected} = (W_c^{injected})_u \Delta z \tag{9.9}$$

⑤ 주입된 물의 양 $W_w^{injected}$는 식 (9.9)의 주입된 시멘트의 전체중량 $W_c^{injected}$에 주입재의 물-시멘트 비$(W/C)_{grout}$를 곱하여 식 (9.10)과 같이 산정한다.

$$W_w^{injected} = W_c^{injected}(W/C)_{grout} \tag{9.10}$$

식 (9.6)~식 (9.10)으로부터 각종 중량을 지반조사와 주입을 위해 선정된 분사 파라메타로부터 쉽게 구할 수 있다. 따라서 식 (9.1a), 식 (9.1b), 식 (9.1c)를 산정하기 위해서는 남아 있는 중량, 즉 분출된 시멘트, 물 및 흙의 양을 알아야 한다.

고압분사 주입 시 시추공으로부터 분출된 흙과 물의 비$(S/W)^e$는 식 (9.11)에 의해 산정할 수 있다.

$$\frac{W_s^{ejected}}{W_w^{ejected}} = \left(\frac{S}{W}\right)^e = \frac{\gamma_t^o\left[\frac{1}{\gamma_w} + \frac{1}{\gamma_w G_c}\left(\frac{C}{W}\right)^e\right] - \left[1 + \left(\frac{C}{W}\right)^e\right]}{\left(1 - \frac{\gamma_t^o}{\gamma_w G_s}\right)} \tag{9.11}$$

여기서, γ_t^o : 유출물의 밀도

G_s : 흙의 비중

G_c : 시멘트의 비중

그리고 $(C/W)^e$는 주입된 절삭물(cutting)의 물-시멘트 비이며, 이것은 중화열 시험에 의해 계산할 수 있다. 지중에서 배출된 흙, 시멘트, 물의 중량($W_s^{ejected}$, $W_c^{ejected}$, $W_w^{ejected}$)은 다음 식을 사용하여 산정될 수 있다.

$$W_s^{ejected} = \frac{\gamma_t^o \gamma_w}{\left[1 + \frac{(C/W)^e}{(S/W)^e} + \frac{1}{(S/W)^e}\right]} \frac{Q^{ejected}\Delta z}{L} \tag{9.12}$$

$$W_c^{ejected} = \frac{\gamma_t^o \gamma_w}{\left[1 + \frac{(S/W)^e}{(C/W)^e} + \frac{1}{(C/W)^e}\right]} \frac{Q^{ejected}\Delta z}{L} \tag{9.13}$$

$$W_w^{ejected} = \frac{\gamma_t^o \gamma_w}{\left[1 + (C/W)^e + (S/W)^e\right]} \frac{Q^{ejected}\Delta z}{L} \tag{9.14}$$

여기서, $Q^{ejected}$: 분출된 절삭물(cuttings)의 흐름률

$(Q^{ejected}/L)\Delta z$: 분출된 절삭물(cuttings)의 체적

$\Delta z/L$: 지반을 굴삭하는 데 소요되는 시간(Δt)

(3) 개량체의 중량과 직경

현장에서 형성된 개량체의 중량 W_t^c는 식 (9.4)로 산정할 수 있다. 그러나 이 식을 적용하기 위해서는 개량체의 구성성분인 흙, 시멘트 및 물의 중량을 산정할 수 있는 식 (9.1a), 식

(9.1b), 식 (9.1c)에 식 (9.12)~식 (9.14)로 산정되는 흙, 시멘트 및 물의 분출량 $W_s^{ejected}$, $W_c^{ejected}$, $W_w^{ejected}$값을 대입해야 한다.

종국적으로 개량체 내의 흙, 물, 시멘트의 무게 W_{soil}^c, W_{water}^c, W_{cement}^c는 각각 식 (9.15), 식 (9.16) 및 식 (9.17)과 같이 된다. 여기서 개량체 직경 D는 식 (9.5)에서와 같이 개량체 중량 W_t^c의 함수이다. 식 (9.15)에서 D만 미지수이고, 다른 모든 매개변수는 현장에서 측정할 수 있다.

$$W_{soil}^c = \frac{\pi D^2}{4}\Delta z\frac{\gamma^{in-situ}}{1+w} - \frac{\gamma_t^o\gamma_w}{\left[1+\frac{(C/W)^e}{(S/W)^e}+\frac{1}{(S/W)^e}\right]}\frac{Q^{ejected}\Delta z}{L} \tag{9.15}$$

$$W_{cement}^c = \frac{G_c\gamma_w}{\left[1+G_c(W/C)^{grout}\right]}\frac{Q^{\in jected\,grout}\Delta z}{L} - \frac{\gamma_t^o\gamma_w}{\left[1+\frac{(S/W)^e}{(C/W)^e}+\frac{1}{(C/W)^e}\right]}\frac{Q^{ejected}\Delta z}{L} \tag{9.16}$$

$$W_{water}^c = \frac{w\pi D^2}{4}\Delta z\frac{\gamma_t^{in-situ}}{1+w} + (W/C)^{grout}\frac{G_c\gamma_w}{\left[1+G_c(W/C)^{grout}\right]}\frac{Q^{\in jected\,grout}\Delta z}{L} - \frac{\gamma_t^o\gamma_w}{\left[1+(C/W)^e+(S/W)^e\right]}\frac{Q^{ejected}\Delta z}{L} \tag{9.17}$$

Rodio(1983)는 습윤상태의 모래자갈층 현장인 Varallo Pombo 시험현장에서 형성된 개량체의 직경과 구성성분의 중량을 산정하는 데 위에서 설명한 질량균형식을 사용하였다.[10] 이 시험에 적용된 고압분사주입방식으로는 단관분사방식이 적용되었고 지중에 형성된 총 19개의 개량체의 직경에 대하여 실험치와 계산치를 비교하여 그림 9.4와 같은 결과를 제시하였다.[10]

그림 9.4에 나타난 바와 같이 개량체의 예측된 직경과 실측 직경의 크기는 비슷한 결과를 보이고 있다. 대부분 계산된 개량체 직경은 실측값보다 크게(8개 가운데 6개) 나타났다.

또한 Rodio(1983)는 개량체의 일축압축강도와 절삭물(cuttings)의 물-시멘트 비와의 경험식을 식 (9.18)과 같이 정하여 사용하면서 개량체의 강도는 물-시멘트 비에 크게 의존한다고 하였다.[10]

$$(C/W)^{ejected} = 0.135\, q_u^{1/2} \tag{9.18}$$

여기서, q_u : 개량체의 일축압축강도(kg/cm^2)

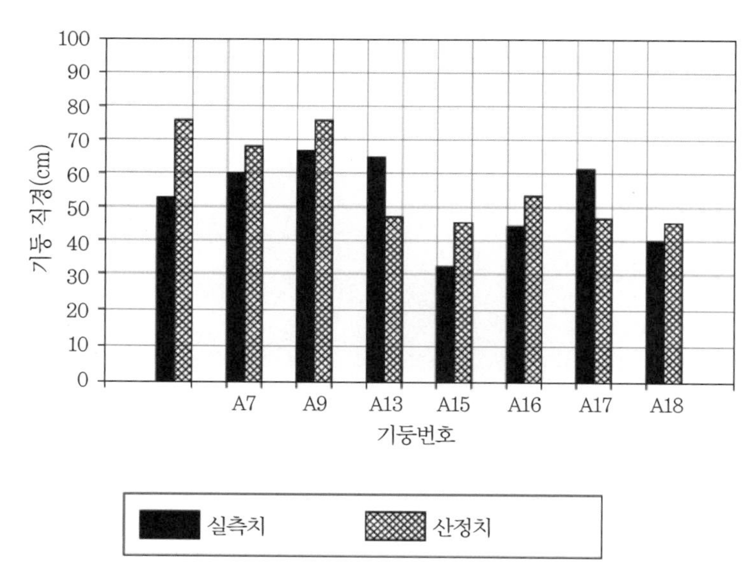

그림 9.4 개량체 직경의 실측치와 계산치의 비교(Rodio,1983)[10]

9.3 몰탈주입 그라우트파일

9.3.1 주입고결체의 형상

컴팩션그라우팅공법으로 기둥모양의 주입고결체를 지중에 조성한 말뚝을 그라우트파일이라 한다. 지중에 그라우트파일을 조성하기 위해서는 두 가지 필요한 사항이 요구된다.[5,14]

첫째는 주입시공 시 시멘트몰탈 그라우트주입재가 주입구로부터 방사방향으로 공모양의 형상으로 균일하게 주입이 되어야 한다.

둘째는 과도한 주입압이나 주입속도로 토괴 속에 균열이나 수압파쇄(hydraulic fracturing)가 발생하지 않아야 한다. 작업 중 수압파쇄가 발생하면 얇은 렌즈모양의 주입체가 지중에 형성되어 말뚝모양 형성의 품질을 떨어뜨리게 된다.

이러한 말뚝모양의 주입고결체 형성의 우수성을 나타내는 척도로 그라우트재의 유동지수(Travel Index) TI를 사용한다.[14] 이 유동지수 TI는 그라우트재가 주입구로부터 흘러간 최대 유동거리를 그라우트파일의 최소반경으로 나눈 값이다. TI가 낮으면(3 이하) 주입 그라우트체는 비교적 축대칭의 형상을 의미하며 그라우팅 작업 중 수압파쇄의 영향이 없었음을 의미한다. 통상적으로 수압파쇄는 TI가 5 이상일 때 발생한다.

Brown & Warner(1973)는 100개 이상의 시험 그라우트 주입고결체를 굴착 관찰하여 처음으로 그라우트파일의 형상을 보고한 바 있다.[7] 이 시험에서는 12%의 물시멘트비로 가는 모래의 매우 견고한 몰탈을 조성하였을 때 최대그라우트양이 주입되었고 최대밀도도 얻을 수 있었다. 또한 느린 펌핑율을 도입할 경우 매우 높은 질의 그라우팅을 실시할 수 있었다고 하였다.

Warner et al.(1992)는 1991년과 1994년의 두 차례에 걸친 컴팩션그라우팅 시연을 통해 축대칭 기둥모양을 주입고결체를 조성하기 위해서는 그라우트골재 속 점토나 벤트나이트와 같은 세립분 성분의 영향이 매우 큼을 피력하였다.[16] 세립 성분이 많으면 수압파쇄가 발생하기 쉽고 그로 인하여 그라우트기둥에 날개모양의 주입체가 생김을 보여주었다.

그 밖에 남아프리카와 한국에서의 컴팩션그라우팅 적용 사례에서는 사진 9.2에서 보는 바와 같이 거의 완벽한 말뚝모양의 주입고결체를 보여주고 있다.

(a) 남아프리카 적용 사례

(b) 한국 적용 사례

사진 9.2 말뚝모양의 주입고결체

우선 남아프리카 사례에서는 다이아몬드광산에 있는 공장건물의 침하를 보강하기 위해 컴팩션그라우팅을 적용하였다. 건물은 6% 정도의 자갈을 포함한 모래질 실트의 광산폐기물로

매립한 부지에 건축되었고 그라우트는 매우 된 반죽의 골재를 사용하였다.[14]

한편 한국 사례에서는 준설토 폐기장에서 시험 주입을 지상 및 해저에서 실시하였다. 그라우트는 전형적으로 Warner and Brown(1974)[15]가 보고한 그라우트와 유사하게 매우 된 반죽이었고 주입속도는 0.06m^3/min였다. 해저에서 조성된 말뚝모양의 그라우트체를 굴착하여 확인한 결과 직경이 거의 1m되는 그라우트파일이 사진 9.2(b)와 같이 조성되었다.

9.3.2 컴팩션그라우팅 시공법

컴팩션그라우팅 시공법은 공사 시의 주변 구조물의 안전성과 수명을 고려하여 역타공법(top-down), 순타공법(bottom-up) 또는 병행공법(combination)이 적용될 수 있다. 그림 9.5는 순타공법과 역타공법의 시공과정을 도시한 그림이다.

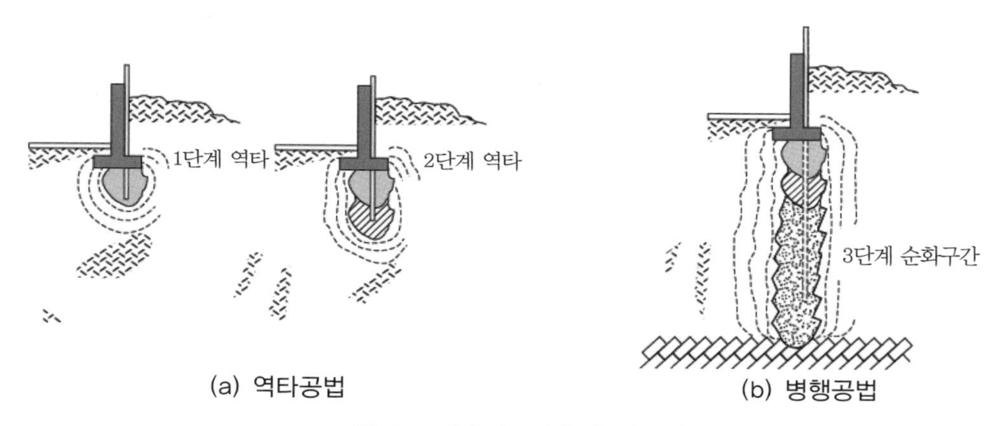

그림 9.5 컴팩션그라우팅 시공법

일반적으로 역타공법은 지표면에서부터 지중으로 컴팩션그라우팅주 입을 시공하여 몰탈주입고결체 구근을 조성하는 공법이고 순타공법은 기반암이나 지지층으로부터 지표면 방향으로 컴팩션그라우팅주입을 시공하여 몰탈주입고결체 구근을 조성하는 공법이다. 한편 병행공법은 지표면과 기반암에 함께 몰탈주입고결체 구근을 조성하는 공법이다.

즉, 순타공법에서는 그림 9.5(a)에서 보는 바와 같이 먼저 1차 컴팩션그라우팅을 시공하고 그 아래에 2차 컴팩션그라우팅을 시공하는 방식으로 지표면에서 깊이방향으로 순차적으로 컴팩션그라우팅 구근을 조성하도록 시공한다. 역타공법은 얕은 지역이나 지표면의 평탄화 작업에 적용되는 전형적인 방법이고 순타공법은 최단시간 내 안정화시켜야 되는 지역에 적용할 수 있다.

한편 병행공법은 그림 9.5(b)에 도시된 바와 같이 역타공법으로 지표부에서 먼저 컴팩션그라우팅주입을 시공하면 이 역타단계에서 조성된 지중 그라우트체의 하중이 연약지반에 작용하여 침하가 발생될 것이 우려되는 현장의 경우에 적용한다. 이 경우 깊은기초를 안정화시키기 위해서 기반암이나 지지층으로부터 어느 정도 길이의 그라우트 고결체가 조성되도록 순타공법으로 먼저 컴팩션그라우팅주입을 시공하고 깊이방향으로 일정 간격을 떨어지게 지표부에서 컴팩션그라우팅주입을 역타공법으로 시공하여 주입고결체를 조성하고 순타공법으로 시공한 주입고결체와 연결시키는 방법이다.

9.3.3 이론 고찰

Al-Alusi(1997)는 균질, 등방 지반 속에 컴팩션그라우팅에 의해 증가되는 주변토괴의 밀도 증분을 구하는 이론해석을 제시하였다.[4] 균질, 등방 물체인 지반 속에 주입된 그라우트압은 주입관의 선단을 중심으로 한 구의 외각경계면 위치에서 소멸된다. 이 경계면에서 그라우트 주입압으로 인하여 발생되는 응력과 변형률은 0이 된다. 이 경계면을 중립경계면이라 칭한다.

그라우트 주입 시의 지중응력상태는 그림 9.6과 같다. 그라우트 주입 시 주입압이 P_g이면 주입구에서 그라우트재 내의 응력상태는 등방압이 되므로 그림 9.6에 도시된 바와 같이 $\sigma_x = \sigma_y = \sigma_z = P_g$가 되고 지반 속 응력상태는 중립경계면에서 $\sigma_x = \sigma_y = \sigma_z = 0$이 된다.

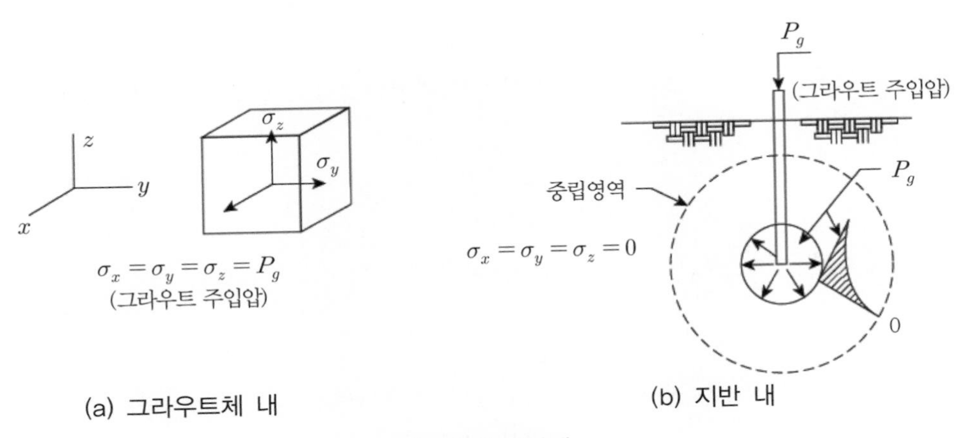

그림 9.6 응력상태

한편 지반 속의 변형률상태는 그림 9.7과 같이 나타낼 수 있다. 지반이 균질, 선형, 탄성, 등방체로 가정하면 지반의 체적변형률 ϵ_v는 그라우트체적을 중립경계면 내의 전체 흙체적으로 나눠 식 (9.19)와 같이 구한다.

$$\epsilon_v = \frac{V_g}{V_{nb}} \tag{9.19}$$

여기서, V_g : 그라우트체적

V_{nb} : 중립경계면 내의 전체 흙체적

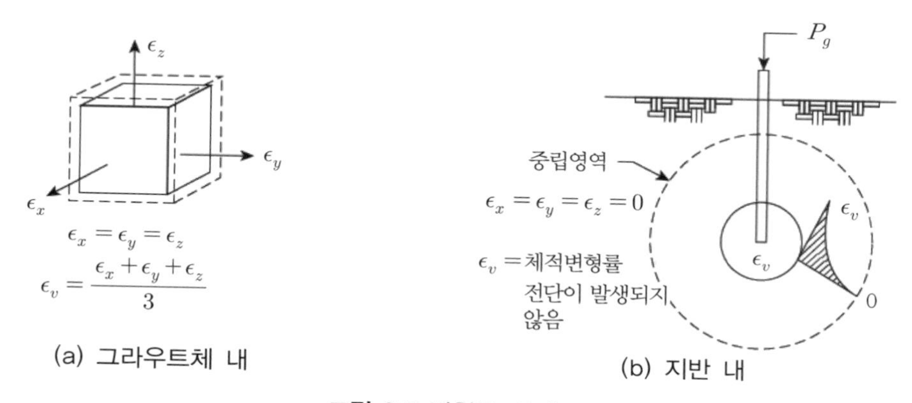

그림 9.7 변형률 상태

지반의 체적계수 E_b는 그라우트 주입압 P_g와 체적변형률 ϵ_v로부터 식 (9.20)과 같이 정의할 수 있다.

$$E_b = \frac{P_g}{\epsilon_v} \text{ 또는 } \epsilon_v = \frac{P_g}{E_b} \tag{9.20}$$

식 (9.19)를 식 (9.20)에 대입하면 식 (9.21)이 구해진다.

$$\frac{V_g}{V_{nb}} = \frac{P_g}{E_b} \tag{9.21}$$

중립경계면 내 지반의 밀도증분 $\Delta\gamma$(%)는 식 (9.22)와 같이 표현된다.

$$\Delta\gamma = \frac{\Delta m}{V_{nb}} \tag{9.22}$$

여기서, Δm : 지반 속 '질량증분'

식 (9.21)의 V_{nb}를 식 (9.22)에 대입하면 식 (9.23)이 구해진다.

$$\Delta\gamma = \frac{\Delta m}{V_g}\frac{P_g}{E_b} \tag{9.23}$$

'질량증분' Δm은 주입된 그라우트체의 질량이 아니다. 체적 V_{nb} 내에서 흙의 밀도를 효과적으로 증가시킬 수 있는 체적 V_{nb} 속의 질량덩어리는 주입된 그라우트 체적 V_g에 흙의 밀도를 곱한 값이다[식 (9.24) 참조]. 이 질량덩어리의 효과를 잘 이해하기 위해 풍선 내에 그라우트를 주입하는 경우를 생각해본다. 다만 그라우트 대신 공기가 사용되었다고 하자.

공기와 풍선을 변형시키는 질량증분 Δm은 그라우트의 체적 V_g와 흙의 밀도 γ_s를 가지는 덩어리일 것이다. 만약 극히 고밀도($\gamma_s = \infty$와 같은)의 그라우트를 주입하면 지반 속에 그라우트가 주입되는 효과는 주입그라우트의 체적에 흙의 밀도를 곱한 분량과 관련이 있을 것이다. 따라서 그라우트밀도의 효과와는 관련이 없게 된다.

$$\Delta m = V_g \gamma_s \tag{9.24}$$

여기서, γ_s : 주입구에서의 흙의 단위중량

따라서 밀도증분 $\Delta\gamma$(%)는 식 (9.24)를 식 (9.23)에 대입하면 식 (9.25)가 구해진다.

$$\Delta\gamma = \gamma_s \frac{P_g}{E_b} \text{ 또는 } E_b = \gamma_s \frac{P_g}{\Delta\gamma} \tag{9.25}$$

실용적인 측면에서 γ_s는 변화폭이 적으므로 일정하다고 하면 지반의 특성을 나타내는 지반의 체적계수E_b는 그라우트의 체적과 압력의 관계로 구할 수 있다.

9.3.4 배합설계

컴팩션그라우트의 배합설계 시에는 그라우트의 레오로지특성을 고려해야 한다. 이 특성은 내부마찰각과 응력해방 사이의 복잡한 관계에 의해 그라우트 특성을 조절할 수 있게 한다. 이 레오로지 특성으로 골제 입도, 실트 크기(시멘트 입자크기포함), 물의 양을 규정할 수 있다. 특히 #200번체(0.074mm)보다 작은 세립자의 분량은 배합설계 시의 가장 중요한 다음의 두 가지 사항에 영향을 많이 미친다.

① 그라우트의 펌핑 용이성
② 간극수가 그라우트주입관으로부터 배출되도록 하는 침투 가능성

그라우트의 레오로지특성에 의해 그라우팅이 계속될 수 있는가 여부가 정해진다.

컴팩션그라우팅 재료의 배합설계는 그림 9.8에 도시된 바와 같이 초창기의 배합설계기준과 현재의 배합설계기준으로 구분된다. Warner and Brown(1974)[15]은 이 그림에 도시된 배합설계기준을 적용할 때 다음과 같은 두 가지 사항의 설명을 첨부하였다.

① 초기의 0.074mm(#200) 배합설계는 당시의 펌핑 장비를 사용할 때에 해당된다.
② 조립자분량에 대한 현재의 권장폭은 오늘날의 운반시스템으로 운반 가능한 크기인 50mm(2인치) 선으로 한정한다.

먼저 초창기 배합설계에서는 컴팩션그라우팅 재료 입자규격을 그림 9.8에서 보는 바와 같이 #4번체(4.76mm)를 100% 통과하는 좁은 폭의 범위로 규정하였다.[15] 그러나 현재의 펌핑 장비를 사용하는 현재의 배합설계에서는 사용 가능한 체의 크기한계를 상당히 크게 향상시켰다.

큰 골재입자의 사용으로 인하여 0.074mm(#200번체) 이하 입자의 분량도 좀 늘릴 수 있게 되었다. 그러나 시험 결과 그라우트를 지반에 주입 시 점토성분으로 인하여 그라우트 주입제어작업이 불가능하게 되었다. 이는 #200번체 이하 입자는 비소성이기 때문임을 잘 입증하고

있다.[9,13]

실트성분은 걸러내기도 어렵고 다량의 수분을 함유하고 있기 때문에 다음 사항을 유의해야 한다.

① 재료품질관리 : 흙이나 서리 덩어리를 제거하는 것을 포함한다. 흙이나 서리 덩어리는 그라우트배합을 균일하지 못하게 하고 그라우트관을 막히게 한다.
② 배합효과기능 : 그라우트의 레오로지특성을 일정하게 유지하기 위해 배합수를 적절히 조절하는 기능을 가지고 있다.

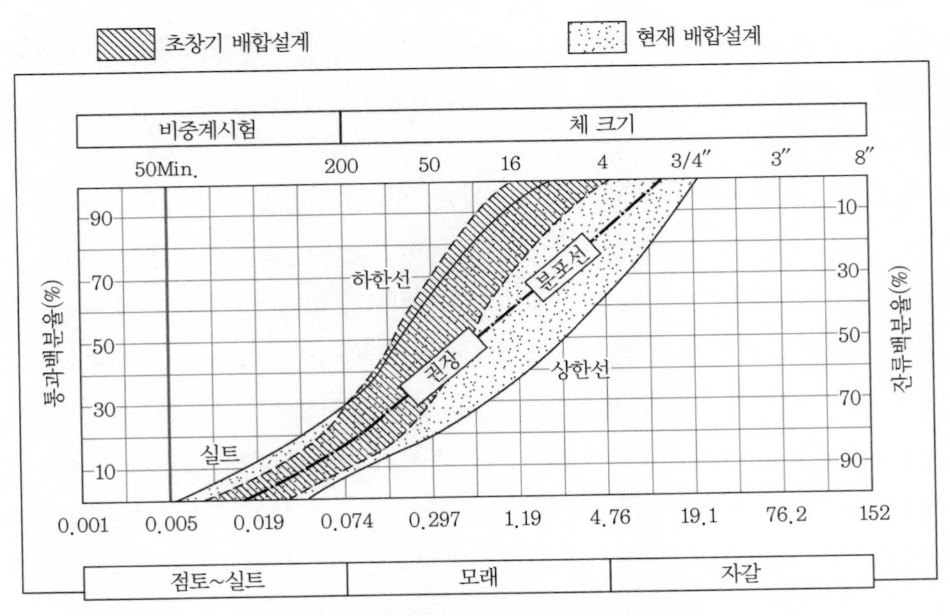

그림 9.8 컴팩트그라우팅 배합설계기준

석회암 골재를 사용 시에는 다른 광물의 골재보다 배합 시 실트성분을 더욱 줄여야 한다. 석회암 골재는 그라우트의 강도를 크게 하고 현장 제어가 더욱 용이하게 하는 경향이 있다.

배합 시 시멘트양은 소요 강도와 관련이 있다. 지반개량 시 컴팩션그라우트는 흙을 조밀화시키는 방법으로만 사용하므로 그라우트의 강도는 문제되지 않는다. 이런 그라우팅은 사실상 그라우트배합 시 시멘트가 전혀 사용되지 않는다. 그러나 만약 그라우트파일이 구조물요소나 지반의 보강재로 사용되면 그라우트의 강도가 필요하게 되는데 21MPa 이상의 강도가 요구되는 경우가 많다.

9.4 시공 사례

9.4.1 고압분사주입공법 시공 사례

국내외에서 3중관 분사방식의 고압분사주입공법이 적용된 시공 사례는 주로 자립식 흙막이 벽체나 차수벽 시공 목적으로 적용된 사례가 대부분이다.[17,19] 예를 들면, 기존구조물을 제거하고 지반을 굴착하여 지지말뚝을 관입한 후 차수벽(지중연속벽)을 포함한 새로운 저장시설을 건설한 굴착공사를 들 수 있다. 새로운 저장시설 시공현장 주변에는 전력구, 카퍼댐 등과 같은 중요한 구조물이 인접해 있어 지중연속벽의 변형을 억제하기 위한 대책공으로 고압분사주입공법에 의한 자립식 벽체를 시공하였다.[17,19]

국내에서도 일산 신도시 지역 일산선 전철 장항 정차장 건설을 위한 지반굴작현장 부근에 고압분사주입공법이 적용되었다.[3] 본 현장에는 지하수위가 GL-1.0m~GL-4.0m로 매우 높다. 굴착 시 보일링 문제가 발생될 것이 예측되어 굴착도중 엄지말뚝 흙막이벽 배면에 SGR차수용 그라우팅을 2열 실시하고 굴토작업을 실시하였으나 4.0m 굴착 시까지 차수효과를 얻을 수 없었다. 다시 흙막이벽 외측부에서 2.5~3.5m 떨어진 위치에 차수목적으로 직경 55cm의 SCW(Soil Cement Wall)의 차수벽을 중첩 시공하였다. 그러나 지하굴토심도가 깊어짐에 따라 보일링이 심하게 발생하여 굴착을 계속할 수 없었다. 이런 상황에서 사력층, 풍화암층 및 연암층의 일부까지를 포함한 전 지층에 걸쳐 차수효과를 얻기 위해 흙막이벽 배면에 다시 고압분사주입공법을 적용하여 차수공을 시공한 후 굴착공사를 완료할 수 있었다.

그러나 1980년대 초반 Shibazaki 연구팀[8,11,12]은 일본 동경공항의 부대시설 확장 및 새로운 터미널을 건설하기 위해 비행기 활주로 아래 비행기 수송시설을 위한 굴착공사에 고압분사주입공법을 적용하였다. 이 공사에서는 굴착공사 시 지하수위 저하방지 및 말뚝의 지지력을 증가시켜 활주로를 보호하기 위한 대책공으로 고압분사주입공법을 사용하였으며 개량단면도는 그림 9.9와 같다.

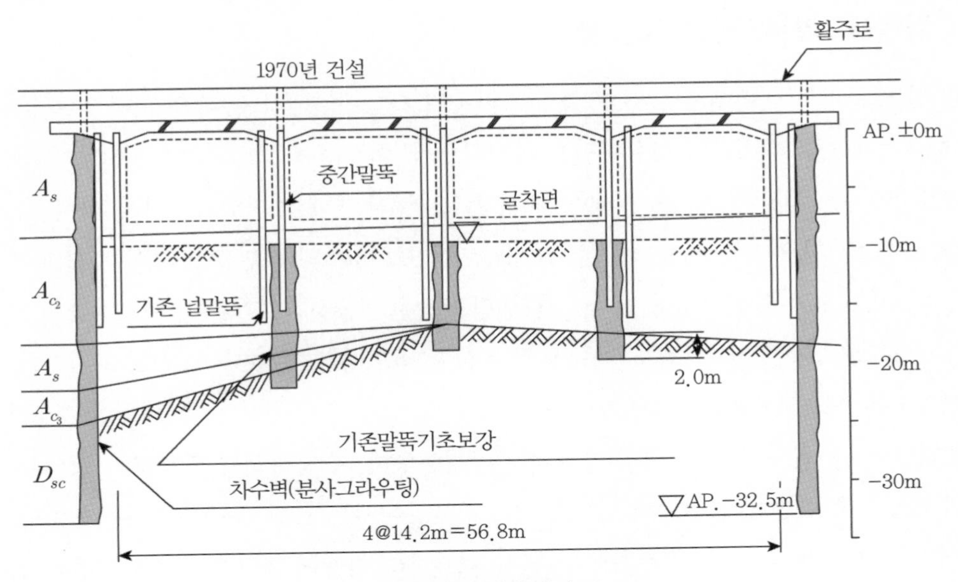

그림 9.9 개량단면도

활주로 슬래브의 기초보강을 위해 설치한 기초보강말뚝에 필요한 최대하중(비행기 자중포함)은 말뚝 1본당 대략 2.7MN이며 충적층에 위치한 15m 길이의 중간말뚝의 지지력은 약 1MN이다. 개량체가 지지말뚝으로서 기능을 발휘할 수 있도록 지지층까지 말뚝을 넓은 범위에 걸쳐 깊게 설치하여 지반을 개량하였다. 기초보강말뚝의 배치도는 그림 9.10과 같다.

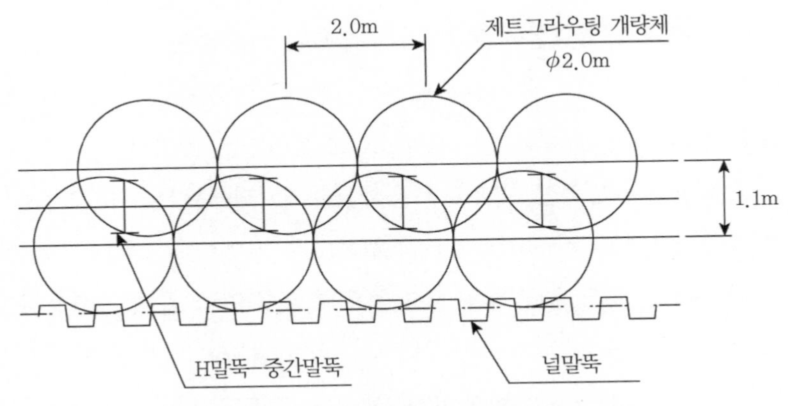

그림 9.10 기초보강을 위한 개량체의 배치도

9.4.2 컴팩션그라우팅공법 시공 사례

1990년 콜로라도 덴버에서 열린 10회의 그라우트 시험주입에서 두 개의 그라우트를 A와 B로 정하여 컴팩션그라우트의 시험주입을 실시하였다.(14)

B혼합체에는 모래중량의 5%에 해당하는 벤트나이트가 첨가되었다. 그라우트는 ASTM C-143 슬럼프시험으로 1, 2, 3, 4인치(25, 51, 76, 102 mm)의 슬럼프를 갖게 하였고 주입속도는 0.04m^3/min로 일정하게 하였다. 시험현장지반은 견고한~조밀한 점토질 실트와 모래의 층상 구조로 분포되어 있다. 침하 가능성은 무시할 정도이다. 보통의 기초를 지지하기 위해 컴팩션그라우팅을 적용하기로 하였다.

그러나 몇몇 주입에서 지반 내 수압파쇄가 발생하였다. 수압파쇄의 발생률과 범위는 그라우트의 레오로지 특성에 관련되어 있었다. B그라우트에서는 모두 수압파쇄가 발생하였고 TI값이 매우 컸다. 결과적으로 벤트나이트가 첨가된 경우 지중에 수압파쇄가 발생하여 컴팩션그라우팅의 품질을 떨어뜨렸다.

한편 1991년 켈리포니아 센디에고에서도 컴팩션그라우팅 시험시연이 실시되었다.(16) 이 시험에서는 세 개의 그라우트반죽으로 18회의 그라우트가 실시되었으며 연경도와 주입속도를 다르게 하여 주입시험을 실시하였다.

시험위치지반은 가는~중간 정도 입도의 모래(200번채(0.074mm) 통과율이 20% 정도)이고 200번채를 통과한 토사는 70%가 실트이고 30%가 낮은 소성의 점토였다. 이 지반은 퇴적매립층이며 밀도가 최대건조밀도의 79%에서 96% 정도였다(ASTM D 1557).

입도 분포가 다른 골재 A, B, C 세 종류의 그라우트를 사용하였다. A와 B그라우트는 동일한 토취장에서 도입하였고 가는 골재는 동일하며 7%의 점토성분이 포함되어 있다. 40번채(0.4mm)를 통과하는 부분의 액성한계는 35%이고 소성지수는 10이다.

B그라우트는 토취장에서 도입한 그대로 사용하였고 A그라우트는 토취장에서 도입한 재료에 자갈을 첨가하여 3/4인치(19mm)체 통과량을 30%로 하였다. C그라우트는 Warner and Brown(1974)(15)이 추천한 입도 분포에 근접한 입도 분포를 가진 골재를 사용하였다. 다만 C그라우트는 비소성의 특성을 가지는 4%의 점토성분을 함유하고 있는 점이 차이가 있다.

골재의 입도 분포, 특히 점토 함유량에 따라 세 가지 형태의 다른 그라우트형상을 보이고 있다. 첫째는 사진 9.3(a)에서와 같이 축대칭의 기둥모양을 하고 있으며 두 번째는 사진 9.3(b)에서와 같이 천공축 속의 기둥체에서 180도 정도의 간격으로 네 개의 수직날개가 보인다. 마지막으로는 사진 9.3(c)에서보는 바와 같이 수압파쇄 결과 생긴 두 개의 날개가 초기 그라우트기둥에 붙어 조성되어 있다.

이 실험 결과로부터 그라우트골재 속의 점토성분의 효과를 명백히 알 수 있다. 즉, 점토함량이 7%인 토취장 도입 골재를 그대로 사용한 B골재의 경우 수압파쇄에 의한 2~4개의 수직 날개가 생겼음을 알 수 있다.

그러나 점토 함량이 4%인 C골재의 경우는 수압파쇄도 발생하지 않았고 축대칭모양의 그라우트형상을 보이고 있다. 또한 토취장 도입골재에 자갈을 추가한 A골재의 경우도 TI값이 작게 발생하였다.

결론적으로 점토성분의 함량이 적은 골재일수록 컴팩션그라우팅의 효과가 양호하다고 할 수 있다.

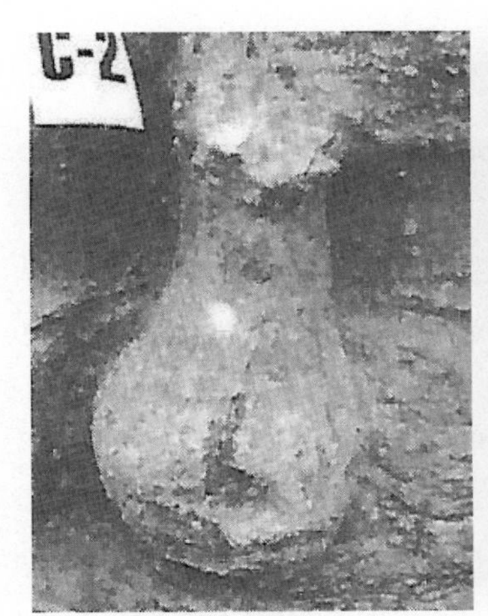

(a) 축대칭 형상

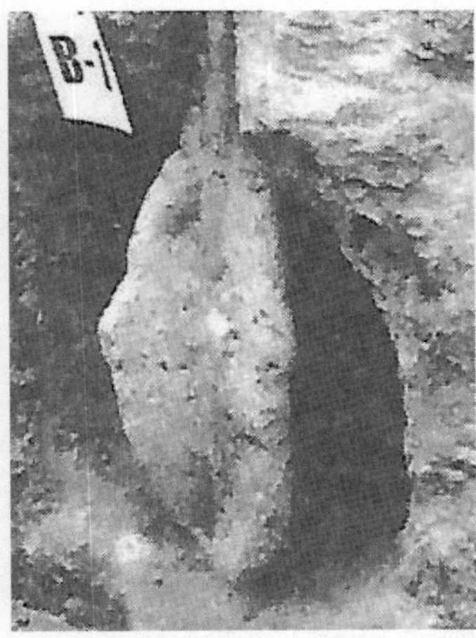

(b) 네 개의 수직날개 형상

(c) 두 개의 날개 형상

사진 9.3 개량체 형상

또한 1991년 샌디에이고 시험에 이어 1994년에는 11개의 추가 그라우팅시험을 실시하였다.[16] 이 추가 그라우팅 시험에서는 벤트나이트를 각각 0%, 1% 및 4.5% 첨가하였으며 벤트나이트 함량이 클수록 수압파쇄가 많이 발생하여 개량체의 형상이 축대칭의 형상보다 날개가 부착된 형상이 많이 나타남을 알 수 있었다.

참고문헌

1) 홍원표(1994), "고압분사주입공법(SIG)에 의한 지반개량체의 특성에 관한 연구 보고서", 중앙대학교.
2) 홍원표(1995), 주입공법, 중앙대학교 출판부.
3) 홍원표 · 임수빈 · 김홍택(1992), "일산전철 장항정차장구간의 굴토공사에 따른 안정성 검토 연구 보고서", 대한토목학회.
4) Al-Alusi, H.R.(1997), "Compaction grouting : from Practice to theory", Grouting, Geotechnical Special Publication No.66, pp.43~53.
5) Bandimere, S.W.(1997), "Compaction grouting-State of the Practice 1997", Grouting, Geotechnical Special Publication No.66, pp.18~31.
6) Berry, R.M. and Grice, H.(1989), "Compaction grouting as an aid to construction", Foundation Engineering Proceeding, Congress, ASCE, CO Div., Evanston, III, pp.328~341.
7) Brown, D.R. and Warner, J.(1973), "Compaction grouting", Jour., SMFD, ASCE, Vol.99, No.SM8, paper No. 9908.
8) Ichihashi, Y. et al.(1985), "Jet grouting in airport construction", Grouting, Soil Improvement and Geosynthetics, Edited by R.H. Borden, R.D. Holtz and I. Juran, ASCE, Vol.1, pp.182~193.
9) Lamb, R. and Hourihan, D.T.(1995), "Compaction grouting in a canyon fill", ASCE papers Verification of Geotechnical Grouting Engineering Division, Special Publication, No.57, pp.127~141.
10) Rodio, C.S.P.A,(1983), "Jet grouting yesy results at Varallo Pomia rodinjet trial field", Rodio Internal Report, No. L3052 and No.1982.
11) Shibazaki, M. and Otha, S.(1983), "A unique underpinning of soil solidification utilizing super-high pressure liquid jet", Proc., The Conference on Grouting in Geotechnical Engineering, ASCE, pp.685~689.
12) Shibazaki, M., Otha, S. and Kubo, H.(1983), Jet Grouting Method, Kajima Publisher, pp.63~65.
13) Warner, J.(1992). "Compaction Grouting: Rheo;ogy vs. Effectiveness", ASCE Proc., Grouting, Soil Improvment and Geosynthetics, New Orleans, LA, pp.694~707.
14) Warner, J.(1997), "Compaction grouting mechanism-What do we know?", Grouting, Geotechnical Special Publication No.66, pp.1~17.
15) Warner, J. and Brown, D.(1974), "Planning and performing compaction grouting",

Jour., GED, ASCE, Vol.100, No.GT6, pp.653~666.
16) Warner, J., et al.(1992), "Recent advances in compaction grouting technology", Proc., Grouting, Soil Improvement and Geosynthetics, ASCE, New Orleans, Geotechnical Special Publication No.30.
17) 久保弘明(1990), "ジェットグラウト工法による止水工法設計·施工とその効果", 基礎工, Vol.18, No.8, pp.82~89.
18) 日本建設機械化協會(1991), "最新の軟弱地盤工法と施工例ー ジェットグラウト", pp.548~566.
19) 苗村正三·小野等誠一(1990), "止水工法現況ー注入工法, 地盤改良工法", 基礎工, Vol.18, No.8, pp.42~47.

CHAPTER

10

마이크로파일

CHAPTER

10 마이크로파일

연직하중말뚝

통상적으로 말뚝의 직경이 10cm≤d≤30cm의 작은 직경으로 설치되는 말뚝을 마이크로파일이라고 하며, 이 마이크로파일공법은 고강도 철근의 강성에 의해 높은 축하중을 지지하면서 천공직경을 최소화한 말뚝공법이다. 또한 지지기반에 근입되어 시멘트 그라우트체와 천공벽면과의 마찰력으로 지지력을 산정하므로 선단지지효과도 얻을 수 있어 확실한 지반의 지지력을 확보할 수 있다. 더욱이 소구경 천공에 의해 시공되므로 어떤 지질조건이나 작업조건에도 관계없이 용이하게 설치할 수 있는 유리한 점이 있다.

10.1 마이크로파일의 종류 및 시공방법

마이크로파일은 1950년대 초 이태리에서 'Pali redice croot piles'로 개발된 이래 주로 건물의 유지, 보수, 확장 및 증축을 위한 기초 보강공법의 하나로 많이 적용되었다.

국내에서는 울진 원자력 발전소 터빈실 기초, 극동방송국 기초보강, 영등포역사 등에 이미 적용된 사례가 있다.[1-5]

독일표준시방서(DIN-4218)[19]에서는 마이크로파일의 정의를 'Small Diameter Injection Piles(Cast-in-place concrete piles and Composite piles)'로 직역하면 '현장주입 콘크리트(혹은 몰탈)소구경말뚝'이라 할 수 있다. 마이크로파일의 가장 일반적인 직경은 120~250mm이며 깊이는 수직 또는 수평 방향으로 5~6m부터 수십m에 이른다.

Tomlimson(1977)은 현재 사용되고 있는 마이크로파일의 시공법은 다음과 같은 방법 중 하나로 설치한다고 설명하였다.[26]

① 소구경 강튜브를 관입후 튜브를 제거하면서 또는 남겨둔 상태에서 그라우트를 주입하는 방법
② 콘크리트로 속채움을 한 강제 또는 철근콘크리트제 얇은 관을 관입하는 방법
③ 로타리 오거 또는 퍼커슨 장비로 천공한 후 통상적인 매입말뚝 건설방법과 유사한 방법으로 보강케이지와 현장콘크리트를 치는 방법
④ 강관, 강제박스단면 또는 프리케스트콘크리트단면을 지중으로 압입하고 슬리브나 듀벨로 단면을 연결시키는 방법이다.

용도와 시공방법에 따라 마이크로파일은 Root-pile, Tubfix-micropile, Pali redice croot pile, Needle-pile 또는 GEWI-pile 등으로 다양하게 불린다.

일반적인 시공방법은 직경 250mm 이하의 굴착공 내에 철근, 강봉이나 강관을 삽입하고 시멘트몰탈로 중력식 그라우트 주입 후 12시간 전에 그라우팅관을 통해 재차 압력그라우팅을 실시하여 주변 지반토사를 시멘트몰탈 그라우트압력으로 압밀시켜 일반적인 매입말뚝보다 큰 주면마찰력을 얻는 데 그 목적이 있다.

마이크로파일은 말뚝직경에 비해 공사비가 비싼 게 흠이지만 아래와 같은 조건을 만족시킬 수 있어 그 채택 범위가 넓어진다.

- 건설장비 규모가 작아 협소한 현장에서의 시공이 용이하다.
- 소음이나 진동의 우려가 없다.
- 직경이 작아 어떤 종류의 토사지반이나 암반에서도 드릴 작업이 가능하다.
- 수직에서 수평에 이르기까지 어느 각도로나 시공 가능하다.
- 시멘트몰탈의 압력에 의해 주변지반과 부착력이 커 침하량이 적다(마찰말뚝).
- 부등침하 등을 해결할 수 있는 부분 보강이 용이하다.
- 소구경이라 말뚝간의 간격을 좁힐 수 있어 무리말뚝의 지지력 감소와 부마찰력(Negative skin friction) 문제를 최소화할 수 있다.

그림 10.1은 여러 가지 종류의 마이크로파일의 시공순서를 도시한 그림이다. 즉, (a)는 GEWI 타입 마이크로파일의 시공순서, (b)는 현장타설 콘크리트 마이크로파일의 시공순서, (c)는 앵카타입 고압식 주입 마이크로파일의 시공순서, (d)는 Tubfix 마이크로파일의 시공순서이다.

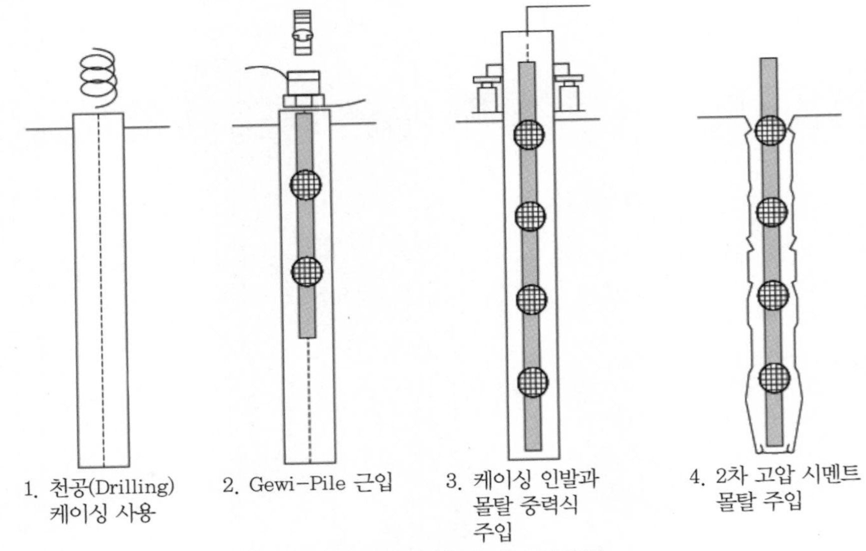

(a) GEWI-타입 마이크로파일

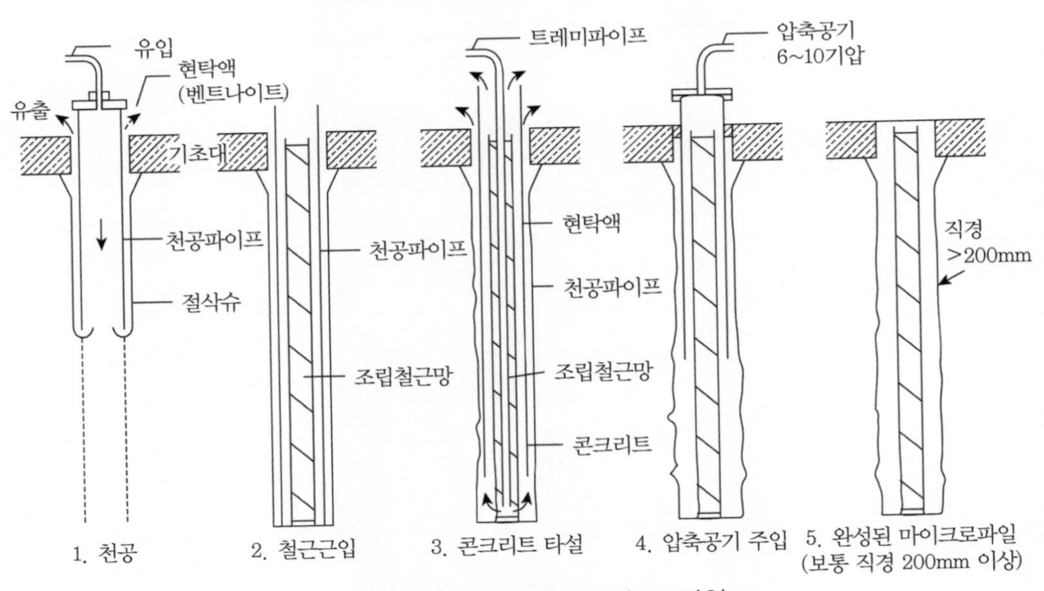

(b) 현장타설 콘크리트 마이크로파일

그림 10.1 각종 마이크로파일의 시공순서도

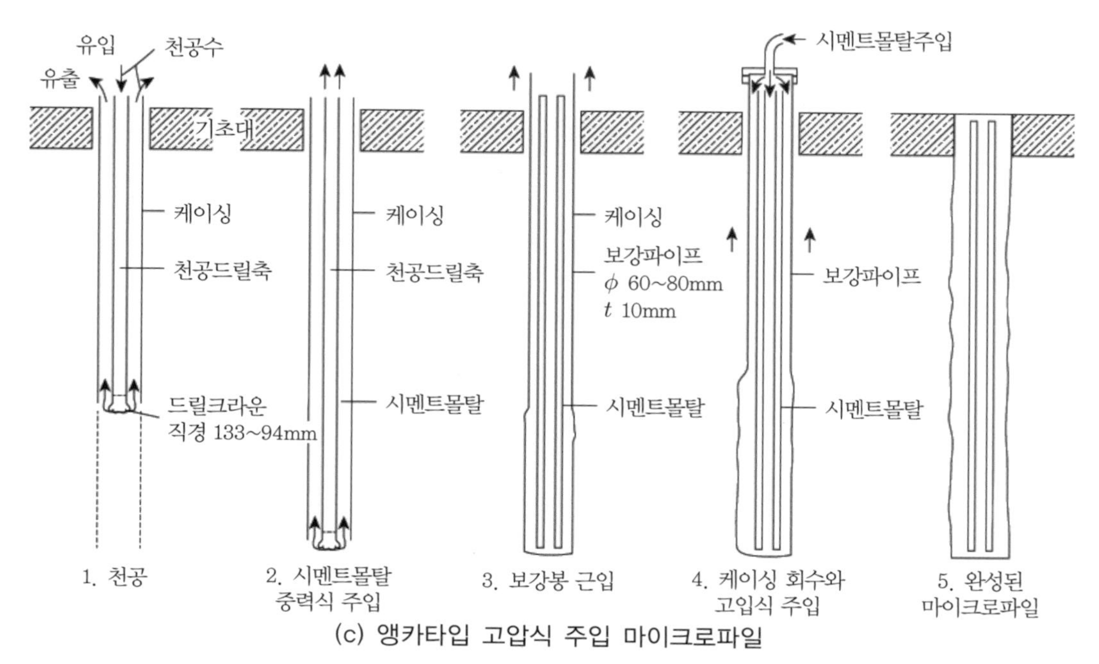

(c) 앵카타입 고압식 주입 마이크로파일

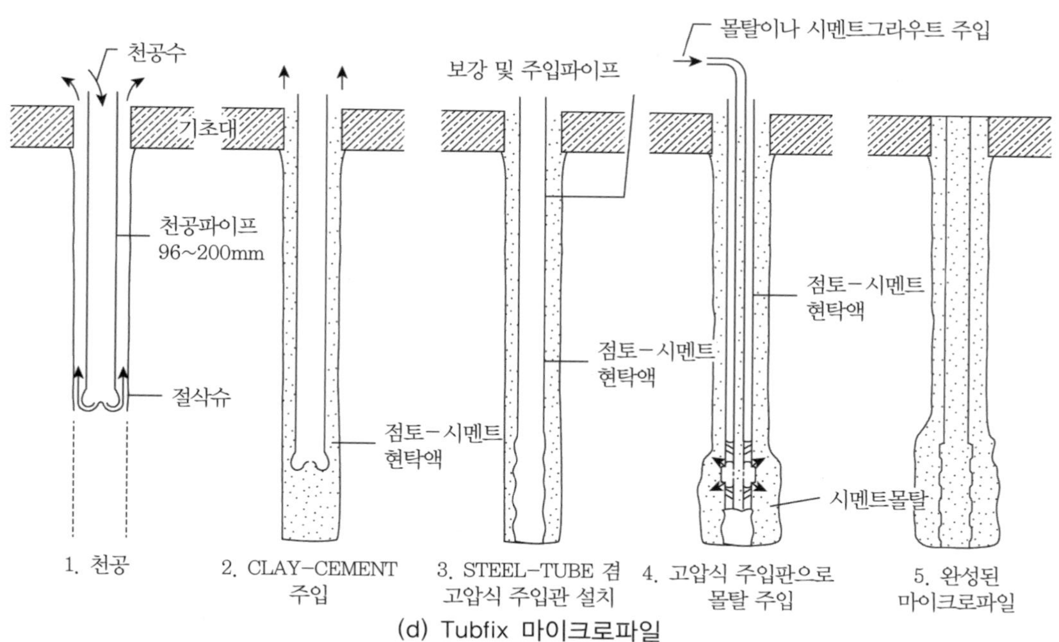

(d) Tubfix 마이크로파일

그림 10.1 각종 마이크로파일의 시공순서도(계속)

(1) GEWI타입 마이크로파일

GEWI타입 마이크로파일의 시공순서는 그림 10.1(a)에 도시된 바와 같으며 다음과 같이 요약할 수 있다.

① 케이싱을 사용하고 케이싱 내부의 천공작업(드릴)을 수행한다.
② 천공한 내부 공간에 GEWI말뚝을 삽입한다.
③ 케이싱을 인발하면서 몰탈을 중력식으로 압입·주입한다.
④ 2차 고압 시멘트몰탈을 주입시킨다.

(2) 현장타설 콘크리트 마이크로파일

현장타설 콘크리트 마이크로파일의 시공순서는 그림 10.1(b)에 도시된 바와 같으며 다음과 같이 요약할 수 있다.

① 천공장비를 사용하여 천공을 실시한다. 180mm 직경의 드릴 파이프 선단에 부착된 슈로 천공한다.
② 천공한 내부 공간에 철근망을 삽입한다.
③ 콘크리트를 타설한다.
④ 콘크리트가 구석구석까지 잘 다져지도록 압축공기를 주입시킨다.
⑤ 완성된 마이크로파일의 직경은 보통 200mm 이상이 되도록 시공한다.

(3) 앵카타입 고압식 주입 마이크로파일

앵카타입 마이크로파일의 시공순서는 그림 10.1(c)에 도시된 바와 같으며 다음과 같이 요약할 수 있다.

① 우선 케이싱을 사용하여 천공한다. 천공드릴축(drilling stem) 선단에 133~194mm 크기의 드릴크라운(drilling crown)으로 천공한다.
② 천공한 내부 공간에 시멘트몰탈을 중력식으로 주입한다.
③ 강봉을 삽입한다.

④ 케이싱을 회수하고 몰탈을 고압으로 주입한다.
⑤ 마이크로파일을 완성시킨다.

(4) Tubfix 마이크로파일

Tubfix 마이크로파일의 시공순서는 그림 10.1(d)에 도시된 바와 같으며 다음과 같이 요약할 수 있다.

① 먼저 케이싱을 사용하여 천공을 실시한다. 천공외경은 96~200mm이며 드릴 파이프 선단에 절삭커팅 슈가 부착되어 있다.
② 천공한 내부 공간에 점토 시멘트 현탁액를 주입한다.
③ 강튜브 겸 고압식 주입관을 설치한다. 보강 파이프 및 주입 파이프는 외경 14mm(내경 7.9mm)~외경 48mm(내경 38mm)
④ 고압식 주입관으로 몰탈을 주입한다.
⑤ Tubfix 마이크로파일을 완성시킨다.

10.2 압축마이크로파일

그림 10.2는 마이크로파일의 단면도와 평면도의 일예이다.[3,5] 즉, 160~200mm 직경의 천공을 하여 $\phi 141.3 \times t9.53$의 강관(고압송유관 API 5LX-X42, 인장강도=42.2kg/mm^2, 항복강도=29.5kg/mm^2)을 천공한 지중공간에 삽입하고 강관 내에 4개의 D-32 철근을 넣은 후 그라우트주입으로 마이크로파일을 설치하였다.

제10.2절에서는 그림 10.2에 도시한 마이크로파일의 한 사례를 대상으로 구조해석을 수행하도록 한다. 구조해석에서는 마이크로파일의 구성재료의 제반 강도와 지지력과 침하량도 함께 검토한다. 또한 마이크로파일의 좌굴에 대하여도 검토한다.

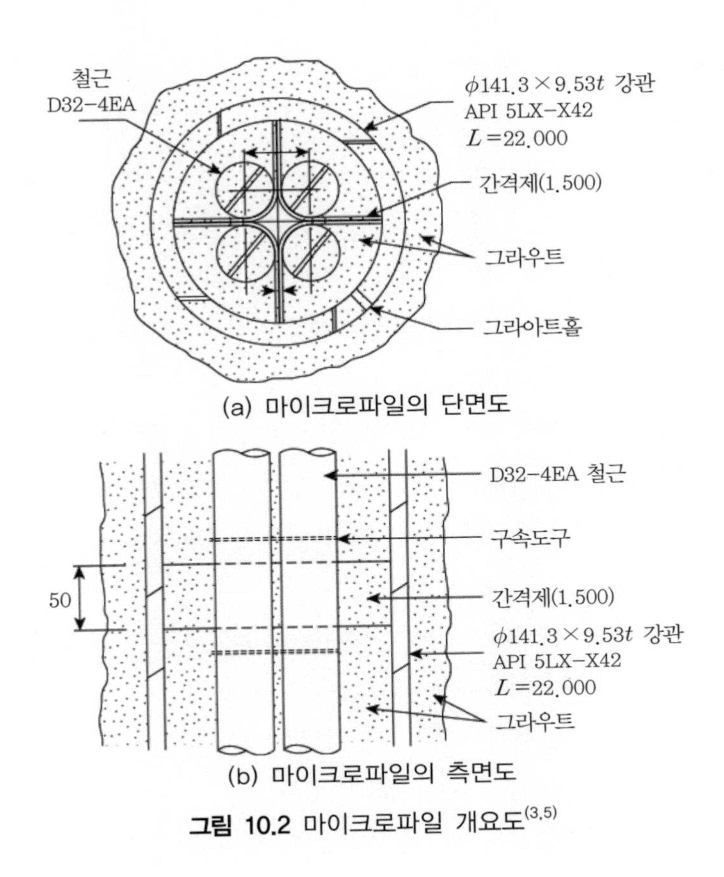

(a) 마이크로파일의 단면도

(b) 마이크로파일의 측면도

그림 10.2 마이크로파일 개요도(3,5)

10.2.1 마이크로파일의 설계이론

소구경 말뚝인 마이크로파일은 마찰면적이 말뚝 단면적보다 보통 100배 이상이 됨으로 압축응력이 말뚝의 지지력 결정에 지배적 요인이 되기 쉽다. 특히 상대적으로 적은 콘크리트 단면적에 비해 철근의 이음부는 최대 설계 철근량보다 커질 가능성도 있다.

가장 중요한 지지력 요소인 말뚝과 지반 사이의 마찰력은 일반적인 대구경 현장타설말뚝보다 상당히 커지는데 그 증가 요인은 아래와 같다.

① 2차 고압식 시멘트-몰탈 주입으로 말뚝직경이 증가한다(DIN 4128 기준으로 최소 몰탈 피복두께 20mm 이상이 필요).

② 고압 몰탈그라우팅으로 주변 지반이 다져지며 압밀효과로 토질 강도와 정지토압 이상의 토압이 작용한다.

③ 특히 모래·자갈이나 풍화암 이상의 지반에서는 고압 몰탈주입이 주변지반과 일체시키

는 작용을 함으로써 주변지반 보강효과가 크다.

좌굴 검토는 토질조건과 지층의 영향을 받을 수 있어 Euler 공식과 Winkler 모델(수평지반 반력계수)이 일반적으로 사용된다. 주변지반이 연약점토이거나 안정액으로 채워져 토질의 수평지반반력계수 E_s =50 100t/m 이하인 지반에서만 좌굴문제의 가능성이 있다.

가장 일반적이고 정확한 마이크로파일의 설계지침은 현장 말뚝재하시험 후 극한지지력과 허용지지력을 구하는 방법이다.

말뚝직경이 적어 현장 말뚝재하시험이 용이하고 말뚝직경에 비해 깊이가 상대적으로 크기 때문에 일반 현장타설말뚝의 지지력 해법으로는 타당하지 않을뿐더러 부착력만 작용하는 그라우트앵카의 일반적 부착력을 적용하기에는 여러 가지 상이한 조건이 고려되어야 하기 때문이다.

그러므로 실험한 데이터를 이용하는 경험적 설계지침이 독일표준시방서(DIN-4128)[19] ‘Small Diameter Injection Pile’에 자세히 소개되어 있다.

시공상의 부착응력에 대한 문제점을 고려하여 현장타설말뚝의 공식을 적용하여 말뚝의 허용지지력도 산출하여 참고로 비교 검토할 필요가 있다.

실험에 의거하지 않고 마이크로파일의 설계하중을 결정하는 방법으로는 ‘지반의 파괴’와 ‘말뚝의 파괴’의 두 가지 측면에서 생각할 수 있다. 즉, 지반의 파괴는 말뚝과 지반 사이의 상호작용에 의한 지지력을 들 수 있고 말뚝의 파괴로는 말뚝의 재료 강도에 의한 검토를 의미하게 된다. 그 밖에도 마이크로파일의 경우는 좌굴에 대한 검토도 실시되어야 할 것이며 침하량도 허용범위 내에 있게 하여야 한다.

10.2.2 재료압축강도

그림 10.2에 도시한 마이크로파일은 몰탈, 철근 및 강관으로 구성된 합성말뚝(composite pile)이므로 이 말뚝의 압축강도는 세 재료의 강도를 모두 고려하여 검토해야 한다.

여기서 몰탈의 강도 σ_{ck}는 DIN 4128에 의하면 최소한도 200kg/cm^2 이상이 되어야 한다 하였으므로 σ_{ck}는 200kg/cm^{2}으로 하였고 철근은 SBD40 ϕ32를 사용하고 항복강도 σ_y는 4,000kg/cm^{2}로 하였다. 한편 강관에 대하여는 고압 송유관 API5LX-X42를 사용하기로 하고 항복강도 σ_y는 2,950kg/cm^{2}로 정한다.

마이크로파일의 허용압축력은 다음 두 가지 방법으로 검토하고자 한다. 즉, 강관주위의 그라우트 부분의 강도를 무시하는 경우와 고려하는 경우로 검토하면 다음과 같다.

(1) 강관 밖의 그라우트를 고려하지 않을 경우

허용압축력 R_d는 식 (10.1)과 같다.

$$R_d = \sigma_{ap}A_{sp} + \sigma_{ab}A_{sb} + \sigma_{am}A_m \tag{10.1}$$

여기서, σ_{ap} : 강관의 허용압축응력

σ_{ab} : 철근의 허용압축응력

σ_{am} : 시멘트몰탈의 허용압축응력

A_{sp} : 강관의 단면적(=39.45cm^2)

A_{sb} : 철근의 단면적(=31.77cm^2)

A_m : 시맨트몰탈의 단면적(=85.59cm^2)

허용압축응력 σ_{ap}, σ_{ab}, σ_{am}은 각각 식 (10.2a), 식 (10.2b), 식 (10.2c)와 같이 산정된다.

$$\sigma_{ap} = 0.4\sigma_y = 0.4 \times 2{,}950 = 1{,}180\text{kg/cm}^2 = 1.18\text{t/cm}^2 \tag{10.2a}$$

$$\sigma_{ab} = 0.4\sigma_y = 0.4 \times 4{,}000 = 1{,}600\text{kg/cm}^2 = 1.6\text{t/cm}^2 \tag{10.2b}$$

$$\sigma_{am} = 0.25\sigma_{ck} = 0.25 \times 200 = 50\text{kg/cm}^2 = 0.05\text{t/cm}^2 \tag{10.2c}$$

식 (10.2a, b, c)에서 산정된 허용압축응력 σ_{ap}, σ_{ab}, σ_{am}를 식 (10.1)에 대입하면 허용압축력 R_d는 식 (10.3)과 같이 구해진다.

$$R_d = 1.18 \times 39.45 + 1.6 \times 31.77 + 0.05 \times 85.59 = 101.66\text{ton} \tag{10.3}$$

(2) 강관 밖의 그라우트를 고려할 경우

강관 밖의 그라우트 피복 두께가 20mm일 때 그라우트 면적 A_{mg}는 식 (10.4)와 같다.

$$A_{mg} = \frac{\pi \times 18.13^2}{4} - \frac{\pi \times 14.13^2}{4} = 101.35\text{cm}^2 \tag{10.4}$$

따라서 시멘트몰탈의 단면적 A_m은 식 (10.5)로 정한다.

$$A_m = 85.59 + 101.35 = 186.94\text{cm}^2 \tag{10.5}$$

이 수정단면적을 적용하여 허용압축력 R_d를 구하면 식 (10.6)과 같다.

$$R_d = 1.18 \times 39.45 + 1.6 \times 31.77 + 0.05 \times 186.94 = 106.73\text{ton} \tag{10.6}$$

결국 본 사례의 마이크로파일의 재료허용압축력은 식 (10.3)과 식 (10.6)으로부터 101~106t 정도로 생각할 수 있다.

10.2.3 지지력

마이크로파일의 지지력 산정법으로는 두 가지의 경험법을 생각할 수 있다. 하나는 Meyerhof법[22]이고 다른 하나는 DIN 4128법[19]이다. Meyerhof법은 현장타설말뚝의 지지력 산정에 적용되는 방법이고 DIN 4128법은 DIN시방서에 의거하여 Injection grouting의 시공이 확실하게 실시된 경우 적용될 수 있다.

마이크로파일의 지지력은 강관 밖의 그라우팅 피복 부분을 고려하지 않는 경우와 고려하는 경우로 구분한다. 한편 무리말뚝효과에 대하여는 마이크로파일의 경우 말뚝직경에 비해 간격이 크므로 무리말뚝효율은 거의 1이 되어 단일말뚝으로만 취급한다.

(1) Meyerhof법

Meyerhof(1976)는 현장타설말뚝의 허용지지력 R_a을 식 (10.7)과 같이 산정하였다.[22]

$$R_a = R_{pa} + R_{sa} = 4NA_p + \frac{N}{10}A_s + 7.5A_{wr}(\mathrm{t/m^2}) \tag{10.7}$$

여기서, A_p : 말뚝선단의 단면적

A_s : 모래 또는 점토층 속의 말뚝표면적

A_{wr} : 풍화암 이하 지층 속의 말뚝표면적

N : 해당지층의 평균 N값

결국 식 (10.7)로부터 알 수 있는 바와 같이 허용선단지지력과 허용단위마찰력은 다음과 같이 정한 셈이다.

허용선단지지력 $R_{pa} = (12/3)N(\mathrm{t/m^2})$

허용단위마찰력 $f_s = N/10$: 모래 또는 점토층

$f_s = 7.5(\mathrm{t/m^2})$: 풍화암층

(2) DIN 4128법

DIN 4128 설계기준에서는 말뚝이 설치된 지층에 따라 말뚝의 한계표면마찰력을 표 10.1과 같이 정한다.[19] 안전율은 DIN 1054기준에 따라 2로 하여 허용지지력을 산정한다. 연암층의 경우는 사력층보다 크게 25.5t/m^{2}로 정하여 사용한다.

표 10.1 DIN 4128설계기준에 의한 말뚝의 한계표면마찰력[19]

지층	한계표면마찰력(t/m^2)	안전율
중간~굵은 자갈	20.4	2
모래 및 모래자갈	15.3	
점성토	10.2	
연암	25.5	

예제 10-1

P1 마이크로파일을 예제 그림 10.1에 도시된 지반에 설치하였을 때 지지력을 산정하시오.

단 P1 마이크로파일의 단면은 그림 10.2에 도시된 바와 같다고 한다. 이 P1 마이크로파일의 길이는 22m이고 연암층까지 근입하도록 하였다. 지반은 기초저면아래 6.55m 깊이까지 충적층(점토, 사력)이 분포되어 있고 그 아래는 풍화암, 연암 순으로 분포되어 있다.

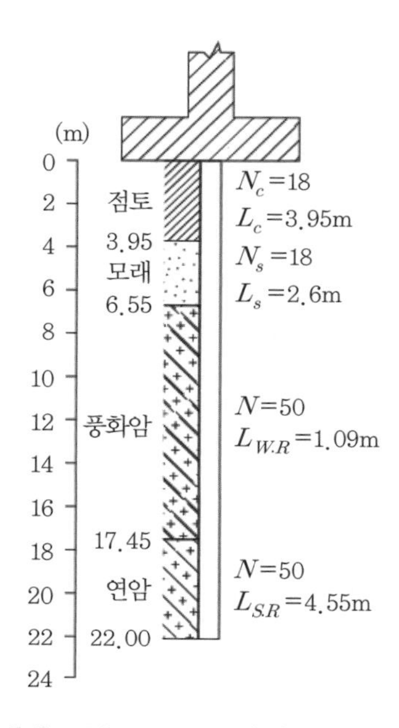

예제 그림 10.1 P1 마이크로파일

풀이

점토층과 사력층의 N값을 Terzaghi-Peck방법[9]에 의하여 보정하면 다음과 같다.

보정식 : $N = 15 + 1/2(N' - 15)$ ($N' > 15$일 때)

이 보정식을 적용하면

점토층 : $N_c = 15 + 1/2(21 - 15) = 18$

사력층 : $N_s = 15 + 1/2(21 - 15) = 18$

(1) 그라우팅 피복을 무시했을 경우

① Meyerhof(1976)의 허용지지력 산정식 식 (10.7)을 적용하면

$$R_a = R_{pa} + R_{sa} = 4NA_p + \frac{N}{10}A_s + 7.5A_{wr}(\mathrm{t/m^2})$$

우선 허용선단지지력 R_{pa}는

$$R_{pa} = 4 \times 50 \times \frac{\pi \times 0.1413^2}{4} = 3.14\,t$$

다음으로 주면마찰력 R_{sa}는 다음과 같다.

$$R_{sa} = (N/10)A_s + 7.5A_{wr}$$

이 식에서 N값은 풍화암을 제외한 지반의 N값이므로 점토층과 사력층의 N값을 각 깊이에 따라 평균하여 사용한다.

$$N = \frac{3.95 \times 18 + 2.6 \times 18}{3.95 + 2.6} = 18$$

따라서 주면마찰력 R_{sa}는

$$R_{sa} = (18/10)\pi \times 0.1413 \times (3.95 + 2.6) + 7.5 \times \pi \times 0.1413 \times 15.45 = 56.67\,t$$

그러므로 전체 허용응력 R_a는

$$R_a = R_{pa} + R_{sa} = 3.14 + 56.67 = 59.81t$$

② DIN 4128 설계기준을 적용한 경우 한계표면마찰력을 적용하면 표 10.1에 의해

$$점토층 : R_{sc} = \pi \times 0.1413 \times 3.95 \times 10.2 = 17.89t$$

$$사력층 : R_{ss} = \pi \times 0.1413 \times 2.6 \times 15.3 = 17.66t$$

$$풍화암층 : R_{s(wr)} = \pi \times 0.1413 \times 10.9 \times 20.4 = 98.71t$$

$$연암층 : R_{s(sr)} = \pi \times 0.1413 \times 4.55 \times 25.5 = 51.50t$$

$$R_{su} = R_{sc} + R_{ss} + R_{s(wr)} + R_{s(sr)} = 185.76t$$

안전율을 2로 하면 허용주면마찰력 R_{sa}는

$$R_{sa} = R_{su}/2 = 92.88t$$

선단지지력 R_{pa}는 Meyerhof법을 적용하면

$$R_{pa} = 4 \times 50 \times \frac{\pi \times 0.1413^2}{4} = 3.14t$$

따라서 전체 허용지지력 R_a는

$$R_a = R_{pa} + R_{sa} = 96.02t$$

(2) 그라우팅 피복 20mm를 고려할 경우

이 경우는 강관외부의 그라우트 피복을 무시하였을 경우보다 직경이 0.04m 더 커져서 주면장이나 단면적이 달라지는 사항이외는 (1)의 경우와 동일하다.

① Meyerhof(1976)의 허용지지력 산정식 식 (10.7)을 적용하면
허용선단지지력 R_{pa}는

$$R_{pa} = 4 \times 50 \times \frac{\pi \times 0.1813^2}{4} = 5.16t$$

다음으로 주면마찰력 R_{sa}는

$$\begin{aligned} R_{sa} &= (N/10)A_s + 7.5\,A_{wr} \\ &= (18/10) \times \pi \times 0.1813 \times (3.95 + 2.6) + 7.5 \times 0.1813 \times 15.45 \\ &= 72.71t \end{aligned}$$

허용지지력 R_a는

$$R_a = 5.16 + 72.71 = 77.87t$$

② DIN 4128설계기준을 적용한 경우 한계표면마찰력을 적용하면 표 10.1에 의해

점토층 : $R_{sc} = \pi \times 0.1813 \times 3.95 \times 10.2 = 22.95t$

사력층 : $R_{ss} = \pi \times 0.1813 \times 2.6 \times 15.3 = 22.66t$

풍화암층 : $R_{s(wr)} = \pi \times 0.1813 \times 10.9 \times 20.4 = 126.65t$

연암층 : $R_{s(sr)} = \pi \times 0.1813 \times 4.55 \times 25.5 = 66.08t$

$$R_{su} = R_{sc} + R_{ss} + R_{s(wr)} + R_{s(sr)} = 238.34t$$

안전율을 2로 하면 허용주면마찰력 R_{sa}는

$$R_{sa} = R_{su}/2 = 119.17t$$

선단지지력 R_{pa}는 Meyerhof법을 적용하면

$$R_{pa} = 4 \times 50 \times \frac{\pi \times 0.1813^2}{4} = 5.16t$$

따라서 전체 허용지지력 R_a는

$$R_a = R_{pa} + R_{sa} = 124.33t$$

예제 10-2

P2 마이크로파일을 예제 그림 10.2에 도시된 지반에 설치하였을 때 지지력을 산정하시오. 단 P2 마이크로파일의 단면은 그림 10.2에 도시된 바와 같다고 한다. P2 마이크로파일의 전체 길이는 23.8m이고 경암층까지 근입하도록 하였다. 지반은 기초저면아래 1.3m 깊이까지는 매립토층이고 10.8m 깊이까지 충적층(점토, 사력)이 분포되어 있고 그 아래는 풍화암, 연암, 경암 순으로 분포되어 있다. 매립토층과 점토층의 N값은 12이고 사력층의 N값은 19이며 풍화암층 아래의 N값은 50으로 정하였다.

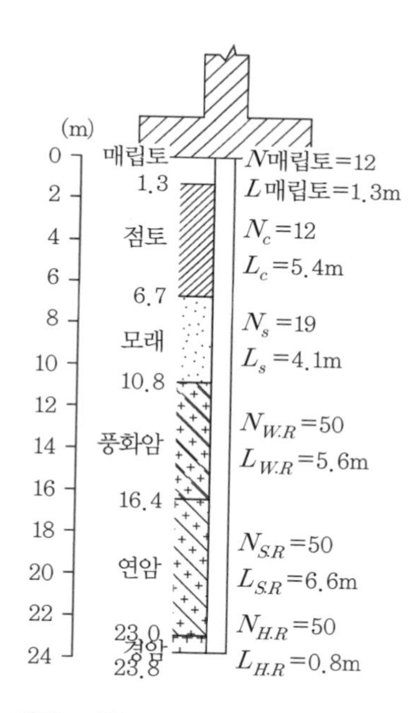

예제 그림 10.2 P2 마이크로파일

풀이

매립층과 점토층의 N값은 15 이하이므로 보정할 필요가 없다 그러나 사력층의 N값은 15 이상이므로 Terzaghi-Peck 방법[9,14]에 의하여 보정하면 다음과 같다.

사력층 : $N_s = 15 + 1/2(23 - 15) = 19$

(1) 그라우팅 피복을 무시했을 경우

① Meyerhof(1976)의 허용지지력 산정식 식 (10.7)을 적용하면

$$R_a = R_{pa} + R_{sa} = 4NA_p + \frac{N}{10}A_s + 7.5\,A_{wr}(\mathrm{t/m^2})$$

우선 허용선단지지력 R_{pa}는

$$R_{pa} = 4 \times 50 \times \frac{\pi \times 0.1413^2}{4} = 3.14t$$

다음으로 주면마찰력 R_{sa}는

$$R_{sa} = (N/10)A_s + 7.5A_{wr}$$

이 식에서 N값은 풍화암을 제외한 지반의 N값이므로 점토층과 사력층의 N값을 각 깊이에 따라 평균하여 사용한다.

$$N = \frac{1.3 \times 12 + 5.4 \times 12 + 4.1 \times 19}{1.3 + 5.4 + 4.1} = 14$$

따라서 주면마찰력 R_{sa}는

$$R_{sa} = (14/10)\pi \times 0.1413 \times (1.3 + 5.4 + 4.1) + 7.5 \times \pi \times 0.1413 \times 13 = 50.19t$$

그러므로 전체 허용응력 R_a는

$$R_a = R_{pa} + R_{sa} = 3.14 + 50.19 = 53.33t$$

② DIN 4128설계기준을 적용한 경우 한계표면마찰력을 적용하면 표 10.1에 의해

점토층 : $R_{sc} = \pi \times 0.1413 \times 5.4 \times 10.2 = 24.45t$

사력층 : $R_{ss} = \pi \times 0.1413 \times 5.4 \times 15.3 = 36.68t$

풍화암층 : $R_{s(wr)} = \pi \times 0.1413 \times 5.6 \times 20.4 = 50.71t$

연암층 : $R_{s(sr)} = \pi \times 0.1413 \times 7.4 \times 25.5 = 83.77t$

$$R_{su} = R_{sc} + R_{ss} + R_{s(wr)} + R_{s(sr)} = 198.61t$$

안전율을 2로 하면 허용주면마찰력 R_{sa}는

$$R_{sa} = R_{su}/2 = 97.80t$$

선단지지력R_{pa}는 Meyerhof법을 적용하면

$$R_{pa} = 4 \times 50 \times \frac{\pi \times 0.1413^2}{4} = 3.14t$$

따라서 전체 허용지지력 R_a는

$$R_a = R_{pa} + R_{sa} = 100.9t$$

(2) 그라우팅 피복 20mm를 고려할 경우

이 경우는 강관외부의 그라우트 피복을 무시하였을 경우보다 직경이 0.04m 더 커져서 주면장이나 단면적이 달라지는 사항이외는 (1)의 경우와 동일하다.

① Meyerhof(1976)의 허용지지력 산정식 식 (10.7)을 적용하면

허용선단지지력 R_{pa}는

$$R_{pa} = 4 \times 50 \times \frac{\pi \times 0.1813^2}{4} = 5.16t$$

다음으로 주면마찰력 R_{sa}는

$$\begin{aligned} R_{sa} &= (N/10)A_s + 7.5A_{wr} \\ &= (18/10) \times \pi \times 0.1813 \times (1.3 + 5.4 + 4.1) + 7.5 \times 0.1813 \times 13 \\ &= 64.15t \end{aligned}$$

허용지지력 R_a는

$$R_a = 5.16 + 64.15 = 69.31t$$

② DIN 4128설계기준을 적용한 경우 한계표면마찰력을 적용하면 표 10.1에 의해

점토층 : $R_{sc} = \pi \times 0.1813 \times 5.4 \times 10.2 = 31.37t$

사력층 : $R_{ss} = \pi \times 0.1813 \times 5.4 \times 15.3 = 47.06t$

풍화암층 : $R_{s(wr)} = \pi \times 0.1813 \times 5.6 \times 20.4 = 65.07t$

연암층 : $R_{s(sr)} = \pi \times 0.1813 \times 7.4 \times 25.5 = 107.48t$

$$R_{su} = R_{sc} + R_{ss} + R_{s(wr)} + R_{s(sr)} = 250.98t$$

안전율을 2로 하면 허용주면마찰력 R_{sa}는

$$R_{sa} = R_{su}/2 = 125.49t$$

선단지지력 R_{pa}는 Meyerhof법을 적용하면

$$R_{pa} = 4 \times 50 \times \frac{\pi \times 0.1813^2}{4} = 5.16t$$

따라서 전체 허용지지력 R_a는

$$R_a = R_{pa} + R_{sa} = 130.65t$$

10.2.4 좌굴하중

좌굴 검토 시의 말뚝길이, 즉 좌굴장에 대하여는 그림 10.3과 같이 말뚝머리에서 풍화암까지의 말뚝길이만을 생각한다. 이는 풍화암에서는 수평방향에 대한 수평지반 반력계수가 대단히 크므로 풍화암 아래 부분에 대하여는 좌굴이 발생하지 않을 것이 예상되기 때문이다.

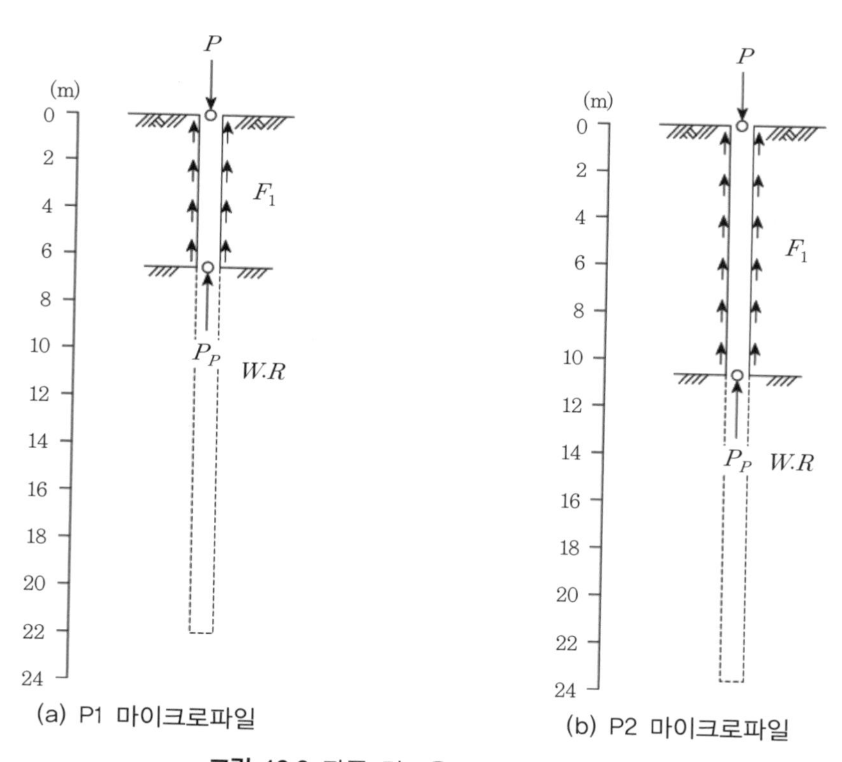

그림 10.3 좌굴 검토용 좌굴장 개략도

예제 10.1과 예제 10.2에서의 지반에 설치된 마이크로파일 P1과 P2를 대상으로 좌굴을 검토할 경우 좌굴장은 그림 10.3(a) 및 (b)와 같이 되며 말뚝머리와 풍화암 경계면에 말뚝의 가상 지지점이 있는 것으로 생각한다.

(1) 마이크로파일의 강성

좌굴하중 산정 시 말뚝의 강성은 몰탈의 강성을 무시하고 강관과 철근의 강성만을 고려하도록 한다.[2,3,5] 이는 좌굴 시 인장응력이 발생되나 몰탈은 인장에 약하므로 인장응력을 모두 철근과 강관이 담당하도록 한다.

마이크로파일의 강성을 나타내는 특성치로는 단면2차모멘트와 탄성계수를 사용한다. 우선 마이크로파일의 단면2차모멘트는 다음과 같이 구한다. 즉, 그림 10.4는 마이크로파일 단면을 도시한 그림으로 강관과 철근 단면을 분리하여 단면2차모멘트를 산정한다. 그림 10.4(a)의 마이크로파일의 단면2차모멘트 I_p는 그림 10.4(b)의 강관의 단면2차모멘트 I_{p1}과 그림 10.4(c)의 철근의 단면2차모멘트 I_{p2}의 합으로 구한다.

마이크로파일의 강성을 나타내는 또 하나의 특성치인 탄성계수 E_p는 일반 강재의 탄성계수와 동일하게 생각하여 식 (10.8)과 같이 정할 수 있다.

$$E_p = 2.04 \times 10^6 \, kg/cm^2 \tag{10.8}$$

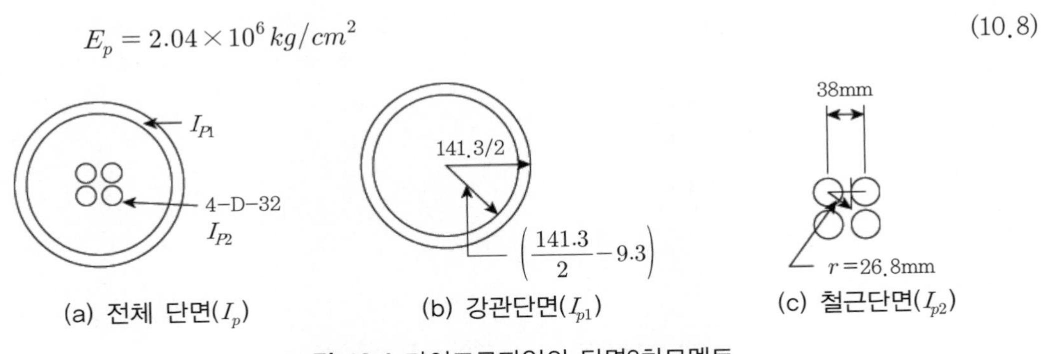

그림 10.4 마이크로파일의 단면2차모멘트

예제 10-3

강관과 철근으로 구성된 그림 10.2(a)의 마이크로파일의 단면2차모멘트 I_p를 구하시오.

풀이

마이크로파일 단면을 그림 10.4(b)의 강관의 단면과 그림 10.4(c)의 철근의 단면으로 구분하여 단면2차모멘트를 구한다.

먼저 강관의 단면2차모멘트 I_{p1}은 다음과 같이 산정한다.

$$I_{p1} = I_x + I_y = \frac{\pi}{64}(d_o^4 - d_i^4) = \frac{\pi}{64}(14.13^4 - 12.224^4) = 860.73\text{cm}^4$$

여기서, d_o : 강관의 외경

d_i : 강관의 내경

다음으로 철근의 단면2차모멘트 I_{p2}는 다음과 같다.

D-32 철근의 공칭단면적은 $A = 7.942\text{cm}^2$이므로 극관성모멘트 I_ρ는

$$I_\rho = Ar^2 4 = 7.942 \times 2.68^2 \times 4 = 228.17\text{cm}^4$$

철근의 단면2차모멘트 I_{p2}는

$$I_{p2} = I_x + I_y = I_\rho / 2 = 114.09\text{cm}^4$$

따라서 전체 단면2차모멘트 I_p 는 다음과 같다.

$$I_p = I_{p1} + I_{p2} = 860.73 + 114.09 = 974.82\text{cm}^4$$

(2) 수평지반반력계수

수평지반반력계수 k_h는 식 (10.9)와 같이 추정할 수 있다.[9,23]

$$k_h = 1/1.5d(\overline{k_{s1}}) \tag{10.9}$$

여기서, d : 말뚝의 직경(ft 단위)

$\overline{k_{s1}}$: 견고한 점토의 대푯값으로 100t/ft^{3}를 채택한다.

식 (10.9)를 kg−cm 단위로 환산하면

$k_h = 30/1.5d(\overline{k_{s1}})$: 이 식에서 d는 cm 단위

여기서, $\overline{k_{s1}}$ =100t/ft^3=3.52kg/cm^{3}이므로 수평지반반력계수 k_h는 식 (10.10)과 같이 산정된다.

$$k_h = 30/1.5d(\overline{k_{s1}}) = (30/1.5 \times 14.13) \times 3.52 = 4.98\text{kg/cm}^3 \tag{10.10}$$

(3) 마이크로파일의 좌굴하중

마이크로파일의 좌굴하중 산정은 크게 두 가지로 구분한다. 하나는 말뚝주변에 마찰이 전달되지 않는 경우로 생각하고 다른 하나는 말뚝 주변에 마찰저항이 있는 경우이다. 전자의 경우에는 Timoshenko식, Davisson식 및 Francis et al.식을 사용하며 후지의 경우에는 Reddy & Vaisangka 식을 사용한다.[24]

① Timoshenko식

Timoshenko는 마이크로파일의 좌굴하중 P_{cr}을 식 (10.11)로 산정하였다.

$$P_{cr} = 2(E_p I_p k_h d)^{1/2} \tag{10.11}$$

여기서, E_p : 마이크로파일의 탄성계수(kg/cm^2)

I_p : 마이크로파일의 단면2차모멘트(cm^4)

k_h : 수평지반반력계수(kg/cm^3)

d : 말뚝의 직경(cm)

식 (10.11)에서 보는 바와 같이 Timoshenko식은 마이크로파일의 길이에 무관하게 산정하도록 되어 있다.

② Davisson식

Davisson(1963)은 말뚝의 구속조건을 고려하여 $I_{\max}$와 U_{cr} 사이의 관계도를 그림 10.5와 같이 제시하였다. 이 그림 속에 표시된 구속조건은 두부구속조건을 먼저 열거하고 있으며 f는 자유조건을 의미하고 p는 힌지조건, ft는 고정조건을 의미한다.

$I_{\max}$는 식 (10.12)와 같이 정한다.

$$I_{\max} = L/R \tag{10.12}$$

여기서, L : 좌굴장

R : 상대강성계수$\left(= \sqrt[4]{\dfrac{E_p I_p}{k_h d}}\right)$

한편 U_{cr}은 식 (10.13)과 같이 정한다.

$$U_{cr} = \frac{P_{cr} R^2}{E_p I_p} \tag{10.13}$$

여기서, P_{cr} : 좌굴하중

식 (10.13)으로부터 좌굴하중 P_{cr}을 구하면 식 (10.14)와 같다.

$$P_{cr} = \frac{U_{cr} E_p I_p}{R^2} \tag{10.14}$$

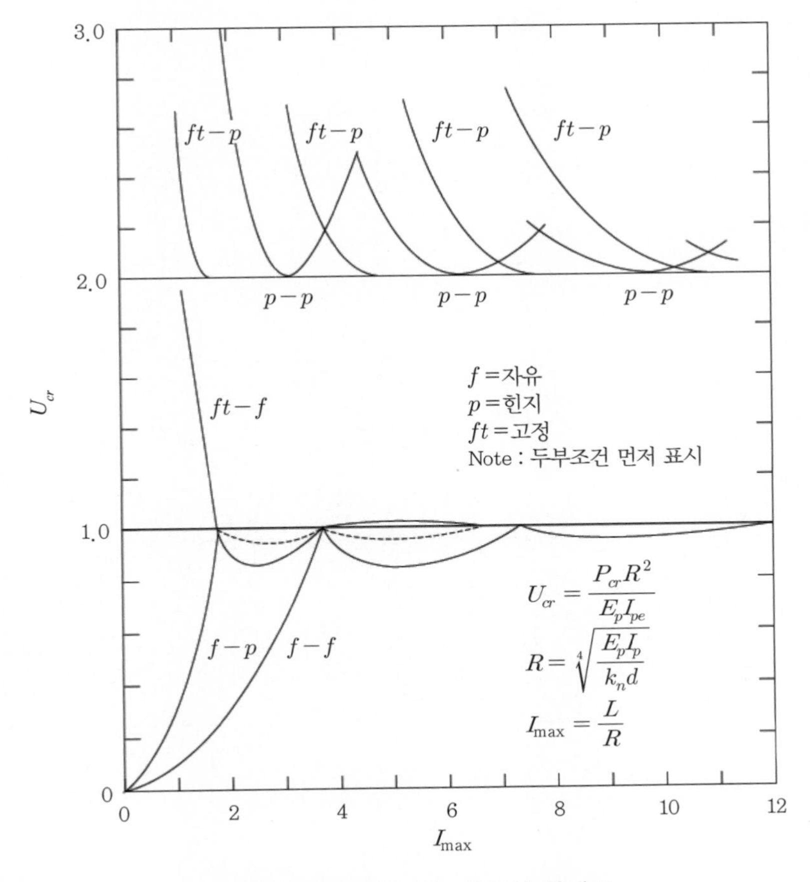

그림 10.5 I_{max}와 U_{cr} 사이의 관계도

③ Francis et al.식

Francis et al.은 마이크로파일의 좌굴하중 P_{cr}을 식 (10.15)로 산정하였다.

$$P_{cr} = \frac{\pi^2 E_p I_p}{I_e^2} \tag{10.15}$$

이 식 중 I_e는 그림 10.6을 활용하여 구속조건을 고려하여 구한다.

우선 I'을 식 (10.16)으로 산정한다.

$$I' = \sqrt[4]{\frac{\pi^4 E_p I_p}{k_h d}} = \pi R \tag{10.16}$$

이 I'를 이용하여 L/I' 및 그림 10.6으로부터 I_e/I'를 구한 후 I_e를 산정한다. 이 I_e를 식 (10.15)에 대입하여 좌굴하중 P_{cr}을 구한다.

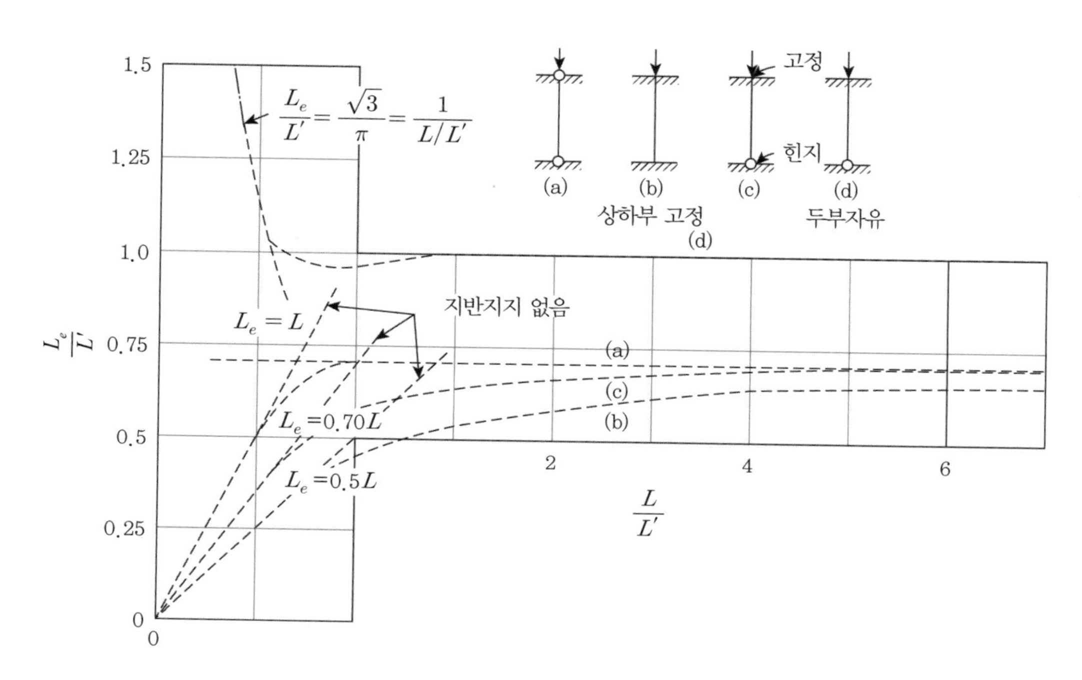

그림 10.6 구속조건에 따른 I_e 산정도

예제 10-4

앞의 예제에서 설명한 마이크로파일 P1 및 P2에 대하여 그림 10.3의 상태에서의 좌굴하중을 산정하시오. 단 이들 마이크로파일의 단면은 그림 10.2와 같다고 하고 지반조건은 예제 그림 10.1 및 예제 그림 10.2와 같다고 한다.

풀이

Timoshenko식 식 (10.11)을 적용한 경우

$$P_{cr} = 2(E_p I_p k_h d)^{1/2} = 2 \times (204000 \times 974.82 \times 4.98 \times 14.13)^{1/2}$$
$$= 7.481 \times 10^5 \text{kg} = 748\text{t}$$

Davisson 방법을 적용한 경우

P1 마이크로파일의 경우

$$E_p = 2040000 \text{kg/cm}^2$$
$$I_p = 974.82 \text{cm}^4$$
$$R = \sqrt[4]{\frac{2040000 \times 974.82}{4.98 \times 14.13}} = 72.91 \text{cm}$$
$$I_{\max} = \frac{6.55 \times 10^2}{72.91} = 8.98$$

그림 10.5에서 $I_{\max}$값과 상부고정 하부힌지 구속조건($ft-p$)하에서 U_{cr}은 2.15가 된다. 따라서 식 (10.14)로부터 좌굴하중 P_{cr}를 구하면

$$P_{cr} = \frac{U_{cr} E_p I_p}{R^2} = \frac{2.15 \times 2040000 \times 974.82}{72.91^2} = 8.043 \times 10^5 \text{kg} = 804\text{t}$$

P2 마이크로파일의 경우

$$E_p = 2040000 \text{kg/cm}^2$$
$$I_p = 974.82 \text{cm}^4$$
$$R = \sqrt[4]{\frac{2040000 \times 974.82}{4.98 \times 14.13}} = 72.91 \text{cm}$$
$$I_{\max} = \frac{10.8 \times 10^2}{72.91} = 14.8$$

그러나 그림 10.5는 $I_{\max}$가 12밖에 제시되어 있지 않아 U_{cr}을 구하기가 용이하지 않다.

끝으로 Francis et al. 방법을 적용한 경우

P1 마이크로파일의 경우

$$E_p = 2040000\text{kg/cm}^2$$

$$I_p = 974.82\text{cm}^4$$

식 (10.16)으로 I'을 구하면

$$I' = \sqrt[4]{\frac{\pi^4 E_p I_p}{k_h d}} = 229.03\text{cm} = 2.29\text{m}$$

$L/I' = 6.55 \times 2.20 = 2.86$이므로 그림 10.6에서 상부 구속 및 하부힌지의 조건으로 I_e/I'는 0.70이 구해진다. 따라서

$$I_e = 0.70 \times 2.29 = 1.60\text{m}$$

그러므로 식 (10.15)에서 좌굴하중 P_{cr}를 구하면

$$P_{cr} = \frac{\pi^2 E_p I_p}{I_e^2} = \frac{\pi^2 \times 2040000 \times 974.82}{(1.6 \times 100)^2} = 7.67 \times 10^5\text{kg} = 767\text{t}$$

P2 마이크로파일의 경우

$$E_p = 2040000\text{kg/cm}^2$$

$$I_p = 974.82\text{cm}^4$$

$$I' = \sqrt[4]{\frac{\pi^4 E_p I_p}{k_h d}} = 229.03\text{cm} = 2.29\text{m}$$

$$L/I' = 10.8 \times 2.20 = 4.72$$

그림 10.6에서 상부 구속 및 하부힌지의 조건으로 I_e/I'는 0.71이 구해진다. 따라서

$$I_e = 0.71 \times 2.29 = 1.626\text{m}$$

그러므로 식 (10.15)에서 좌굴하중 P_{cr}를 구하면 다음과 같다.

$$P_{cr} = \frac{\pi^2 E_p I_p}{I_e^2} = \frac{\pi^2 \times 2040000 \times 974.82}{(1.626 \times 100)^2} = 7.42 \times 10^5\text{kg} = 742\text{t}$$

이상의 결과를 정리하면 예제 표 10.1과 같다. 이 표에서 보는 바와 같이 현재 좌굴하중은 750t 정도로서 좌굴에 대한 안전율을 3으로 생각하면 좌굴에 대하여 안전한 하중은 250t이 된다.

예제 표 10.1 좌굴하중 P_{cr}(t) 산정 결과

적용식	마이크로파일 P1	마이크로파일 P2
Timoshenko식	748t	748t
Davisson식	804t	–
Francis et al.식	767t	742t

이는 좌굴 검토 대상 말뚝길이에 마찰전달이 없다고 가정한 경우에 해당하므로 마찰 전달이 있는 경우는 이보다 큰 하중에 대하여도 안전할 것으로 예상된다.

10.2.5 침하량

말뚝의 수직하중 하에서의 총 침하량 S_t는 식 (10.17)로 산정한다.

$$S_t = S_p + S_e + S_c \tag{10.17}$$

여기서, S_p : 말뚝의 탄성변형량

S_e : 말뚝선단의 지반침하량

S_c : 말뚝기둥으로 전달되는 말뚝침하량

탄성변형량 S_p는 식 (10.18)로 산정된다.

$$S_p = \frac{(R_{pa} + \alpha R_{sa})L}{A_p E_p} \tag{10.18}$$

여기서, R_{pa} : 말뚝선단 작용하중

R_{sa} : 말뚝주면 마찰하중

α : 계수(실험), 마찰력의 균일 분포로 가정 $\alpha = 0.5$로 한다.

A_p : 마찰단면적(강말뚝만 고려)

지반침하량 S_e는 식 (10.19)로 산정된다.

$$S_e = \frac{q_e d}{E_s}(1 - \mu_s^2) I_p \tag{10.19}$$

여기서, q_e : 단위면적당 선단응력

μ_s : 포아슨비($=0.25$)

E_s : 지반의 탄성계수

I_p : 영향계수

말뚝침하량 S_c는 식 (10.20)으로 산정된다.

$$S_c = \frac{R_a}{UL}\frac{d}{E_s}(1 - \mu_s^2) I_s \tag{10.20}$$

여기서, U : 말뚝주면장

d : 말뚝직경

식 (10.20) 중의 I_s는 식 (10.21)로 산정한다.

$$I_s = 2 + 0.35(L/d)^{1/2} \tag{10.21}$$

예제 10-5

앞의 예제에서 취급한 마이크로파일 P2의 침하량을 산정하시오. 단 제반 조건은 앞에서 설명한 사항을 참고하도록 한다.

풀이

말뚝의 탄성변형량 S_p는 식 (10.18)로부터

$$S_p \frac{(3.14 + 0.50 \times 97.8) \times 23.8}{(39.45 + 31.77) \times 2.04 \times 10^6 \times 10^{-3}} = 8.52 \times 10^{-3}\text{m} = 8.52\text{mm}$$

지반침하량 S_e는 식 (10.19)로부터

$$S_e = \frac{20.03 \times 141.3}{10000}(1 - 0.25^2) \times 1 = 0.265\text{mm}$$

단, q_e는

$$q_e = \frac{3.14 \times 10^3}{(\pi/4) \times 14.13^2} = 20.03\text{kg/cm}^2$$

말뚝침하량 S_c는 식 (10.20)으로부터

$$S_c = \frac{100 \times 10^2 \times 141.3}{0.44 \times 23.8 \times 10^4 \times 10000}(1 - 0.25^2) \times 6.55 = 0.083\text{mm}$$

단, I_s는 식 (10.21)로부터

$$I_s = 2 + 0.35(23.8/0.141)^{1/2} = 6.55$$

전체침하량 S_t는

$$S_t = S_p + S_e + S_c = 8.52 + 0.235 + 0.083 = 8.87\text{mm}$$

10.3 인발마이크로파일

10.3.1 인발의 개념

송전탑, 높은 굴뚝, 해상구조물 등에 사용되는 기초말뚝은 압축하중과 수평하중뿐만 아니라 인발하중도 받게 된다. 말뚝이 압축하중을 받을 때는 말뚝의 지지력으로 선단지지력과 주면마찰저항력을 모두 고려하게 되지만 인발하중을 받을 때는 선단지지력은 발휘되지 않게 된다. 따라서 인발저항력의 크기가 압축저항력의 크기에 비해 비슷하거나 약간 작은 경우라도 기초의 크기와 형태를 결정하는 요인은 인발력이 될 것이다. 이러한 말뚝의 인발저항은 지하수위가 높은 곳에 설치되는 기초말뚝의 부력저항 설계에도 유익하게 활용될 수 있을 것이다.

최근 마이크로파일이 여러 가지 목적으로 사용될 수 있어 활용도가 증대되고 있으므로 인발저항말뚝으로도 사용할 수 있다.[7,8] 마이크로파일은 원래 압축력을 지지하는 데 주로 사용된다. 그러나 마이크로파일은 직경이 작고 길이가 긴 구조체로 세장비가 크므로 압축력을 받을 경우는 좌굴에 대하여 불안한 구조로 되기 때문에 구조적인 특징으로 보아서 마이크로파일은 압축력보다는 오히려 인장력에 더 효과적일 것으로 생각된다.

이와 같이 마이크로파일을 인발말뚝으로 활용하면 매우 효과적인 인발말뚝으로 작용할 수 있을 것이고 여기에 인발저항력을 더 증대시킬 수 있는 방안을 고안한다면 더욱 효과적인 인발말뚝으로 활용할 수 있을 것이다.

일반적으로 말뚝의 인발저항력을 구하는 방법으로는 인발저항력 산정공식에 의한 방법과 직접 인발실험에 의한 방법으로 구분된다.

홍원표 연구팀에서는 실내 모형실험을 실시하여 사질토 지반에서의 마이크로파일의 인발력과 변위량 사이 관계를 관찰하고 마이크로파일 주변에 발달하는 파괴면의 형상을 파악하여 새로운 인발저항력 산정식을 유도·제안하였다.[6,12,20] 이번 절에서는 이 새로운 산정식의 신뢰성을 입증하기 위해 기존의 예측치 및 실험치와 비교·분석한 결과를 자세히 설명한다.

마이크로파일의 인발저항력을 평가하는 방법으로는 두 가지 접근법이 있다. 하나는 말뚝과 지반 사이의 마찰력에 근거한 방법이고(Meyerhof, 1973[21]; Das, 1983[13]) 또 하나는 말뚝 주변 지반에 발생되는 파괴면에 발달하는 저항력의 개념에 근거한 방법이다(Chattopadhyay and Pise, 1986[10]; Shanker et al., 2007[25]).

이들 방법에 대한 자세한 설명은 이미 현장타설말뚝의 제7.3절에서 인발저항력 산정 시 설명하였으므로 그곳을 참조하기로 하고 자세한 설명은 생략하고 이들 두 방법의 마찰저항력과 파괴면 개념에 대하여 개략적으로 설명하면 다음과 같다.

(1) 마찰저항력

Meyerhof(1973)의 한계마찰이론에 의하여 모래지반 내에서의 말뚝의 인발저항력은 말뚝 표면과 지반 사이의 마찰력에 의존한다는 '마찰저항력 접근법'을 처음으로 제시하였다.[21] 즉, 말뚝의 인발저항력은 말뚝주면에서 발달하는 마찰저항력에 의하여 발휘된다고 하였다.

여기서 말뚝의 단위마찰력은 말뚝의 관입깊이가 증가함에 따라 선형적으로 증가하는 것으로 표현된다. 그러나 이 접근법을 사용하려면 지반과 말뚝사이의 마찰각과 인발계수를 정확히 산정해야만 한다.

Meyerhof(1973)는 그림 7.16과 같이 원형 말뚝에 대한 $K_u-\phi$의 관계도를 제시하여 인발저항력을 산정하도록 제시하였다. 말뚝의 인발계수 K_u는 그림 7.16에서 보는 바와 같이 지반의 내부마찰각 ϕ가 증가할수록 증가하는 거동을 보이고 있다.

또한 Das et al(1977)[17]은 지반 내 말뚝이 인발력을 받을 때 지표면으로부터 어느 깊이까지는 말뚝주면에 발생하는 단위마찰력이 Meyerhof(1973)이론과 동일하게 선형적으로 증가한다고 하였다. 그러나 이 단위마찰력은 Das & Seeley(1975)[15,16]의 실험에 의하면 말뚝의 관입비가 증가할수록 선형적으로 증가하다가 어느 한계깊이 이상에서는 일정한 값에 도달한다고 하였고 이 단위마찰력이 일정한 값에 도달하는 한계관입비(=말뚝길이/말뚝직경)는 지반의 상대밀도에 따라 정해진다고 하였다(Das, 1983).[13] 또한 말뚝과 지반사이의 마찰각도 지반의 상대밀도와 내부마찰각에 의존하며 상대밀도가 약 80%가 되면 지반의 내부마찰각과 동일해진다.

이와 같이 Das & Seeley(1975)[15]의 실험식은 기본적으로 Meyerhof(1973)의 이론식과 같다. 즉, 인발저항력은 한계관입비보다 얕은 경우는 Meyerhof(1973)[21]의 이론식과 같아지며 한계관입비보다 깊은 경우는 Meyerhof(1973)의 예측치보다 다소 작게 산정된다.

(2) 파괴면가정

한편, Chattopadhyay & Pise(1986)[10]는 말뚝주변 지반 내의 파괴면을 고려한 파괴면 접근법에 의거 말뚝의 인발저항력을 산정하였다. 즉, 말뚝 인발 시 말뚝주위 지반 내에 발생하는 파괴면을 그림 7.17과 같이 가정하고 그 파괴면에서 극한평형상태를 고려하여 인발저항력을 산정하였다.

한편 Shanker et al.(2007)[25]은 파괴면을 말뚝선단에서 연직축과 $\phi/4$ 각도를 가지는 원추로 가정하였다. 그러나 Chattopadhyay & Pise(1986)는 관입비가 20 이상인 경우 파괴면은 75% 깊이에서 말뚝선단까지 사이에서는 접선방향(90° 각도)으로 가정하였다.

사질토지반에서 지반아칭현상으로 인하여 단위마찰력은 어느 깊이에서 한계값에 도달하나 일반적으로는 관입비에 따라 선형적으로 증가한다. 인발계수 K_u는 대략 말뚝의 관입비가 말뚝직경의 11.5배 이상이 되면 일정하게 된다고 하였다.

그 밖에도 Chaudhury & Symons(1983)[11]는 말뚝의 표면처리 및 모형지반 형성방법은 Das & Seeley(1975)의 실험방법[15]과 동일하게 하고 인발실험장치 및 모형말뚝의 치수를 변화시켜 실험을 수행하였다.

10.3.2 마이크로파일 주변 파괴면

(1) 파괴면의 형상

Hong & Chim(2015)은 마이크로파일의 인발하중 모형실험을 실시하여 그림 10.7과 같이 마이크로파일 주변 지중에 발생하는 파괴면을 관찰하였다.[20] 이 모형실험에서는 마이크로파일이 설치된 지반 속의 3차원 인발거동을 간략화하기 위해 말뚝 대신 패널을 사용하여 패널에 인발력을 가하여 패널을 들어 올릴 때 주변지반 속의 2차원 변형거동을 관찰하였다.

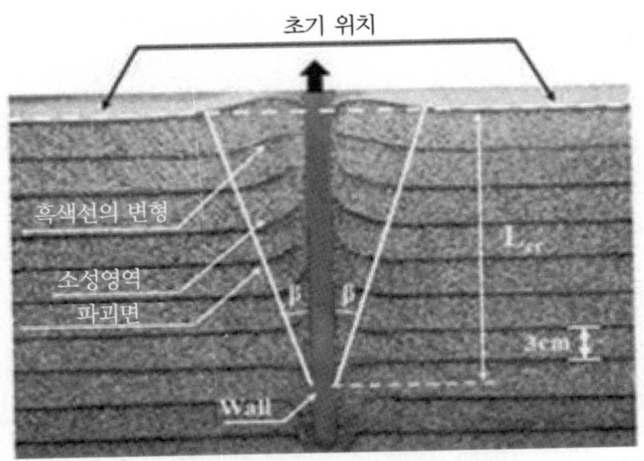

(a) 느슨한 모래(D_r =40%)

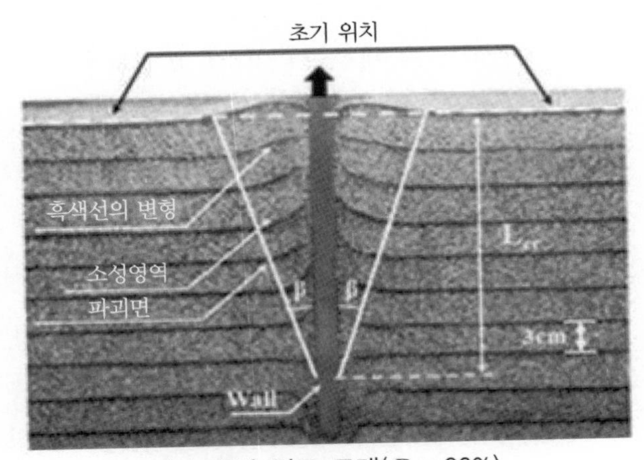

(b) 중간 밀도 모래(D_r =60%)

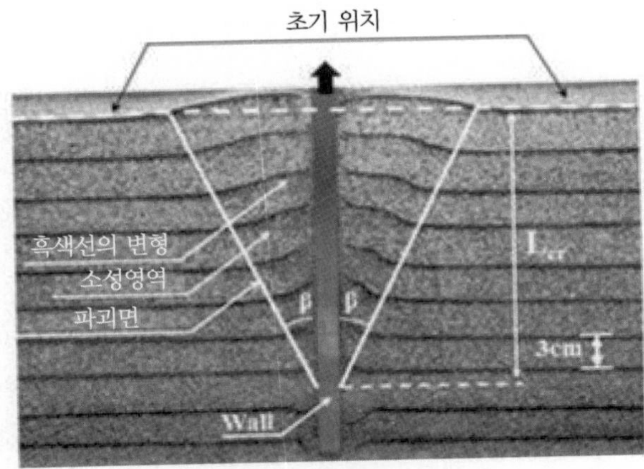

(c) 조밀한 모래(D_r =80%)

그림 10.7 인발실험 시 관찰된 지반변형[20]

지중에 발생하는 파괴면의 형상은 인발하중이 가해질 때 지반의 변형을 조사하여 파악하였다. 즉, 패널 주변의 지반 속에 발달하는 변형은 지반 조성 시 지중에 미리 마련해둔 검은 모래의 수평 띠의 이동 거동을 초기 위치로부터 관찰하여 파악할 수 있었다.

모형지반은 세 종류의 밀도, 즉 느슨한 밀도(상대밀도 $D_r=40\%$), 중간 밀도(상대밀도 $D_r=60\%$), 조밀한 밀도(상대밀도 $D_r=80\%$)의 모래지반을 대상으로 하였다. 그림 10.7로부터 알 수 있는 바와 같이 지반 속에 발생하는 파괴면은 지반 속의 검은색 모래의 수평띠가 변형되는 시점을 연결함으로써 파악할 수 있었다. 이 파괴면의 내부 모래는 인발 시 마이크로파일의 인발과 함께 지반이 위로 부풀어 오르는 거동을 보인 지반의 소성변형이 발생한 영역이다. 즉, 이 파괴면은 지반의 소성변형영역의 경계면이라 생각할 수 있다. 그림 10.7에 표시한 바와 같이 이 파괴면은 연직축과 β의 각도를 이루고 있다.

최상부 지표면의 검은 모래 띠의 원래 위치는 이 그림 속에 흰색 파선으로 도시하였다. 인발력이 가하여 질 때 패널 근처의 검은 모래 띠의 패널 주위의 일부분은 위로 부풀어 오르고 나머지 부분은 변함없이 유지되었다. 따라서 수평방향으로 조성된 각 검은 모래 띠에는 각각의 변곡점이 존재하였다. 지표면에서는 이 변곡점이 패널에서 비교적 멀리 떨어져서 발생하였으나 깊이 방향으로 이 거리가 점차 가까워졌고 종국에는 깊이방향으로 패널의 어느 한 지점에 도달하였다. 이 깊이를 한계근입깊이 L_{cr}이라 부른다. 결국 지중파괴면은 패널의 선단에서부터 지표면까지 각 검은 모래 띠에서 이들 변곡점을 연결하면 구할 수 있다.

이 파괴면은 지반 속의 탄성상태 지반과 소성상태 지반을 구분하는 경계라고 할 수 있다. 파괴면에서부터 패널면까지의 지반은 변형이 크게 발생한 소성 상태에 있다. 그러나 이 파괴면 배면, 즉 파괴면을 벗어난 지반은 지반변형이 발생하지 않은 탄성상태로 유지되었다.

(2) 파괴면의 기하학적 형상

최종파괴면은 지반의 전단저항과 마이크로파일의 주면마찰력에 의거하여 결정되고 모형실험으로 검증할 수 있다. 일찍이 Meyerhof(1973)[21]와 Das(1983)[13]는 말뚝의 인발지지력은 말뚝주면에서 발휘되는 마찰력에만 의존한다고 하였다. 그러나 최근에는 인발말뚝의 저항력은 말뚝선단 하부에서의 말뚝주면 저항력과 상부에서의 지중파괴면에서의 전단저항력의 합으로 구성되어 있다고 한다(Chattopadhyay and Pise, 1986; Shanker et al., 2007).[10,25]

지중 파괴면의 각도 β는 그림 10.7의 모형실험 결과로부터 알 수 있다. 이때 지중의 파괴면 각도는 그림 10.7(a)~(c)에서 보는 바와 같이 지반의 상대밀도가 증가할수록 파괴면의 각도

β가 커짐을 알 수 있다.

그림 10.8은 모형실험으로 구한 파괴각도 β와 모래의 내부마찰각 ϕ 사이의 관계를 도시한 결과이다. 파괴각도 β는 모형실험에서 패널의 양쪽에서 측정을 할 수 있다. 그림 10.8로부터 모형실험에서 측정한 파괴각도 β는 모래의 내부마찰각과 $\beta=\phi/1.5$과 $\beta=\phi/2.5$의 두 선 사이에 존재함을 알 수 있다. 따라서 이 두 경계선의 평균치인 $\beta=\phi/2$를 파괴각도 β와 모래의 내부마찰각 ϕ 사이의 관계식으로 정할 수 있다.

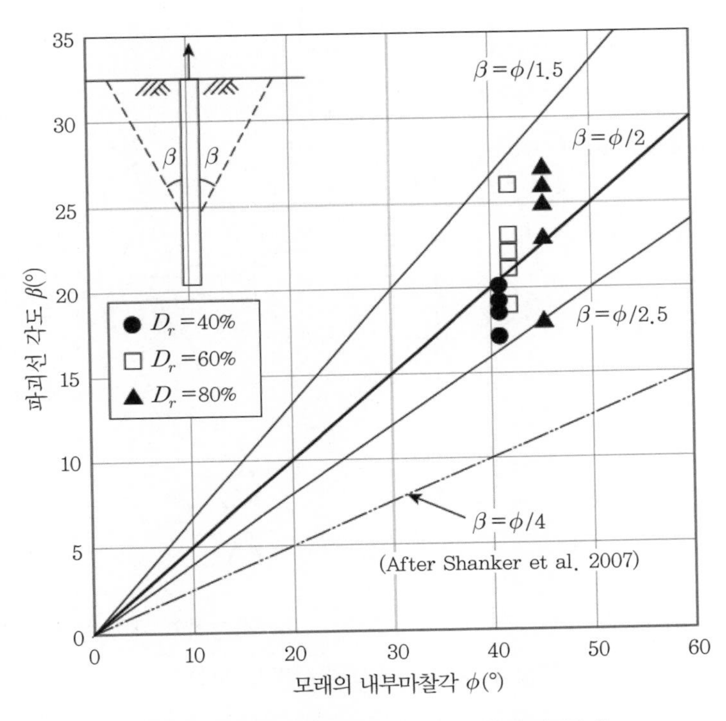

그림 10.8 파괴면각도와 내부마찰각의 관계

한편 Shanker et al.(2007)는 이론고찰을 통해 시행착오법으로 파괴면의 각도를 $\phi/4$로 제안한 바 있다.[25] 그러나 그림 10.8에서 비교한 바와 같이 모형실험 결과에 의하면 Shanker et al.(2007)의 제안 각도는 파괴면을 과소 산정하고 있다.

그림 10.8에 의하면 모형실험 결과는 파괴면의 각도 β가 $\phi/2$로 정함이 합리적임을 보여주고 있다. 따라서 마이크로파일 주변 지중 파괴면은 한계근입깊이에서 연직축과 $\beta=\phi/2$의 각도로 지표면까지 작도하여 기하학적 형상으로 정의한다. 이로서 지중파괴면의 형상은 원추형

상이 되고 이 원추 표면적에서 발휘되는 전단저항으로 인발력을 평가할 수 있을 것이다.

(3) 파괴면상의 토압계수

이상의 모형실험 결과의 고찰로부터 마이크로파일의 주변 지반 속에 발생하는 파괴면의 상세도는 그림 10.9(a)와 같이 도시할 수 있다. 이 마이크로파일이 인발력을 받으면 마이크로파일 주변 지반소성영역 내의 지반요소 A(실선으로 도시한)는 인발력의 영향으로 인하여 점선으로 도시한 궤적으로 변형한다.

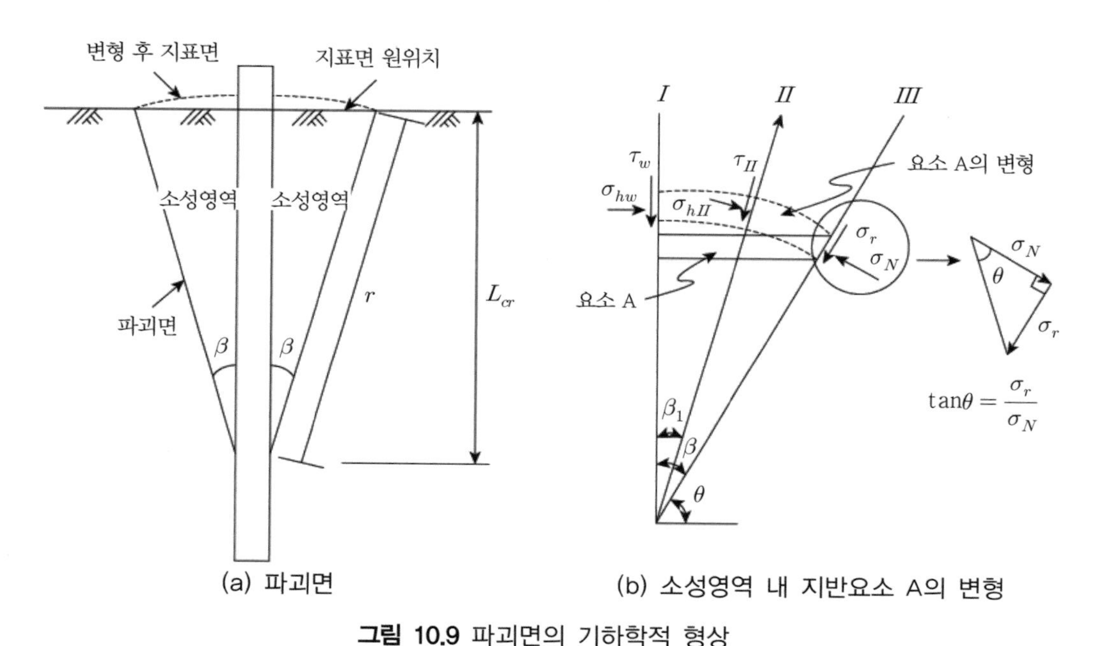

그림 10.9 파괴면의 기하학적 형상

이 소성영역 내의 세 단면에서의 응력을 고려해본다.

① 마이크로파일과 지반 사이의 접촉면 I

② 마이크로파일과 파괴면의 중간 가상파괴면 위치 II

③ 인발 마이크로파일 주변 지반 내 파괴면 위치 III

변형궤적은 그림 10.7에서 관찰한 검은 모래 띠의 변형을 관찰하여 알 수 있는 바와 같다.

즉, 이 검은 모래 띠는 초기에는 수평하게 파선으로 도시된 선에 평행하게 조성되어 있었다.

결국 지반요소 A의 초기 위치는 그림 10.9(b)에 수평실선으로 표시된 위치이다. 이 지반요소 A는 인발력의 작용으로 인하여 그림 10.9(b)의 파선으로 도시한 위치로 이동한다. 즉, 수평요소 A는 수평실선의 위치에서 아치모양의 파선위치로 변형한다. 미소변형상태에서는 변형요소 내의 세 단면에 작용하는 수직응력 σ_{hw}, σ_{hII}, σ_N은 σ_h와 같다고 가정할 수 있다.

그림 10.9(b)에서 단면 I은 마이크로파일과 지반의 경계면이다. 극한인발력이 작용할 때 지반요소 A의 단면 I에는 전단응력 τ_w와 수직응력 σ_{hw}가 작용한다. 해석을 간편하게 하기 위해 점착력은 파괴면에만 작용한다고 생각한다. 주동상태에서 전단응력 τ_w와 수직응력 σ_{hw} 사이의 관계는 식 (10.22)와 같이 정할 수 있다.

$$\tau_w = \sigma_{hw}\tan\delta \tag{10.22}$$

또한 수직응력 σ_{hw}는 연직응력 σ_v와 식 (10.23)의 관계를 가진다.

$$\sigma_{hw} = k_a\sigma_v \tag{10.23}$$

여기서, k_a는 주동토압계수이다.

소성영역 내의 변형된 지반 속의 응력상태는 주동응력상태도 수동응력상태도 아니고 아마 중간 정도의 응력상태에 있을 것이다. 그러나 여기서는 주동응력상태로 가정한다. 왜냐하면 인발력이 작용하여 마이크로파일이 들어 올리는 동안 마이크로파일 주변 지반은 팽창하기 때문이다.

다음으로 그림 10.9(b)에 도시된 단면 II의 가상파괴면에 대하여 고찰해보면 이 단면 내에는 전단 시 전단력이 발달할 것이다. 이때 마찰각은 지반의 내부마찰각이 될 것이다. 즉, 단면 I에서 마이크로파일과 지반 사이의 마찰각 δ는 단면 II에서는 $\delta=\phi$가 되므로 전단응력 τ_{II}는 식 (10.24)와 같이 된다.

$$\tau_{II} = \sigma_{hw}\tan\phi \tag{10.24}$$

마지막으로 그림 10.9(b)에 도시된 단면 III은 파괴면이다. 지반요소 A의 단면 III 상에는 전단응력 σ_T와 수직응력 σ_N이 작용한다. 이 두 응력은 $\tan\theta = \sigma_T/\sigma_N$의 관계를 가진다. 미소 변형 조건하에서 전단응력 σ_T는 단면 II에 작용하는 전단응력 τ_{II}와 동일하다. 따라서 식 (10.25)가 성립한다.

$$\sigma_T = \sigma_{hw}\tan\phi \tag{10.25}$$

단면 III에 작용하는 수직응력 σ_N은 σ_h와 같다고 가정하였으므로 식 (10.26)을 구할 수 있다.

$$\sigma_N = \sigma_h = \frac{\tau_{II}}{\tan\theta} = k_a\frac{\tan\phi}{\tan\theta}\sigma_v \tag{10.26}$$

식 (10.26)에서 연직응력 σ_v와 수평응력 σ_h의 비가 토압계수이므로 파괴면상의 토압계수 k는 식 (10.27)과 같이 구한다.

$$k = \frac{\sigma_h}{\sigma_v} = k_a\frac{\tan\phi}{\tan\theta} = \frac{(1-\sin\phi)\tan\phi}{(1+\sin\phi)\tan\theta} \tag{10.27}$$

파괴면이 수평선과 이루는 파괴각 θ는 $\theta = \pi/2 - \beta$이다. 모형실험 결과 그림 10.8에서 보는 바와 같이 파괴각 β는 $\phi/2$로 정함이 합리적이었으므로 결국 파괴면이 수평선과 이루는 파괴각 θ는 $\theta = (\pi - \phi)/2$가 된다.

10.3.3 마이크로파일의 인발저항력

(1) 마이크로파일의 인발거동

Hong and Chim(2015)은 다양한 범위의 밀도를 가지는 모래지반 속에 설치된 마이크로파일의 인발모형실험으로부터 인발력과 인발변위의 거동을 그림 10.10과 같이 관찰하였다.[20] 모형실험 결과 모래의 상대밀도는 달라도 인발력의 거동은 모두 유사함을 알 수 있다. 즉, 인발력은 인발변위와 함께 증가하다가 어느 한계에서부터는 인발력이 감소한 후 대변위가 발생할 때는 잔류 인발력을 유지하는 거동을 볼 수 있다. 이러한 마이크로파일의 인발거동은 탄성거동, 소성거동 및 소성연화거동의 세 영역으로 크게 구분할 수 있다. 지반의 밀도가 높을수록 인발지지력과 첨두인발력에서의 인발변위가 크게 발생하였다.

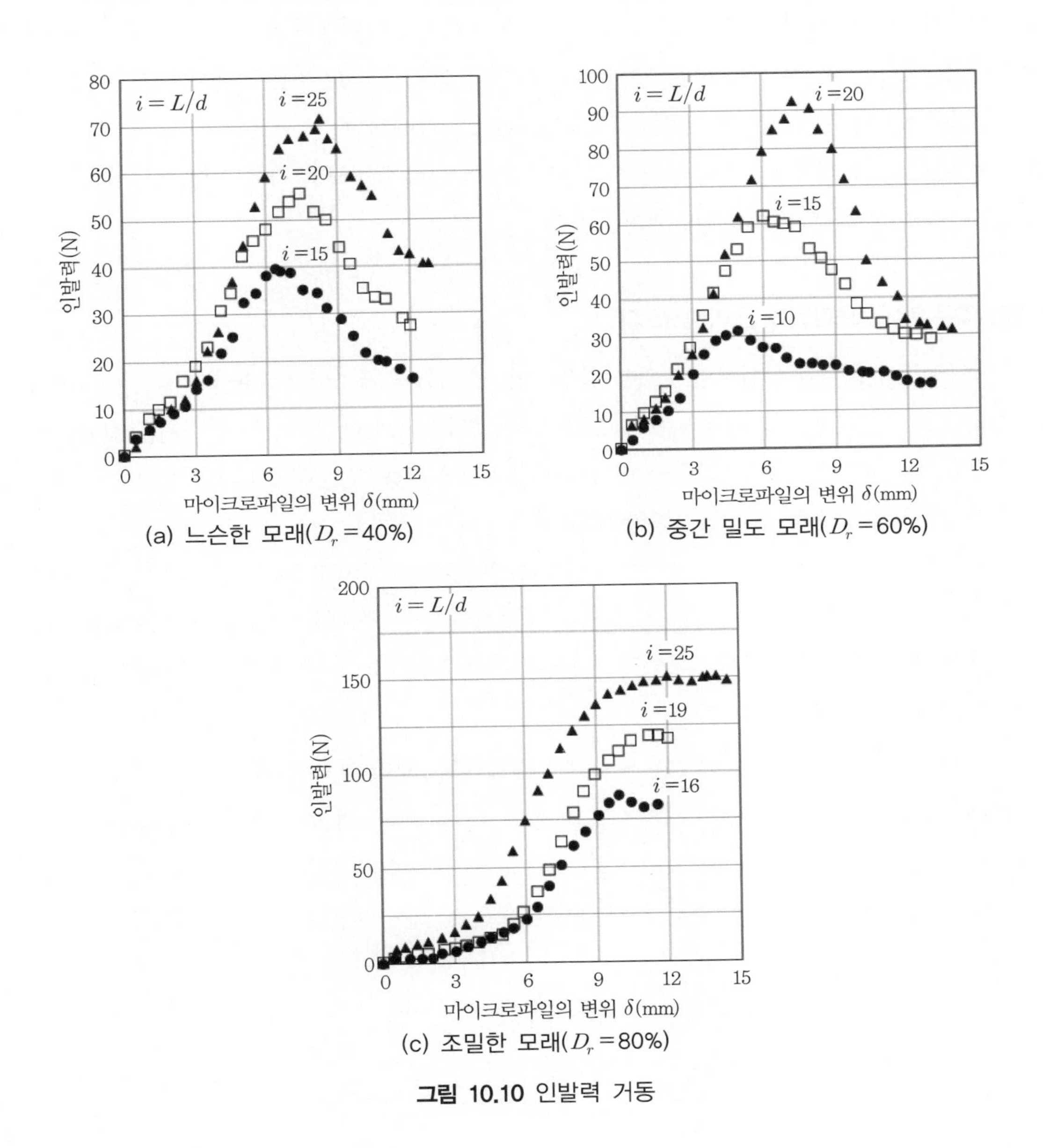

(a) 느슨한 모래($D_r = 40\%$)

(b) 중간 밀도 모래($D_r = 60\%$)

(c) 조밀한 모래($D_r = 80\%$)

그림 10.10 인발력 거동

우선 그림 10.10(a)는 느슨한 모래지반($D_r = 40\%$)에 마이크로파일의 근입비(=말뚝길이/직경)가 15, 20 및 25인 경우의 모형실험 결과이다. 마이크로파일의 인발변위가 낮은 단계에서는 탄성거동을 보이는데 이 탄성거동범위는 근입비가 증가할수록 증가하였다. 즉, 근입비가 15, 20, 25일 때 탄성의 한계변위는 각각 3mm, 4mm, 5mm였다. 인발력과 인발변위의 관계는 첨두점까지 계속되었고 그 후 소성거동을 보였으며 최종적으로 변위량이 큰 영역에서는 소성연화 거동을 보였다. 이들 세 근입비의 모래지반 모형실험에서 최대인발력 또는 인발지지력은 각각 $40N$, $55N$, $70N$으로 나타났다. 한편 중간밀도($D_r=60\%$)에서의 거동은 그림 10.10(b)에서와 같이 느슨한 모래에서의 거동과 매우 유사하다.

그러나 조밀한 모래($D_r=80\%$)의 경우는 그림 10.10(c)에서 보는 바와 같이 첨두점 이후의 소성연화 현상을 충분히 관찰할 수가 없다.

(2) 짧은 마이크로파일과 긴 마이크로파일

마이크로파일이 깊이 설치되어 있을 경우 인발 시 파괴면은 마이크로파일의 선단부터 발생하지 않고 마이크로파일의 어느 한정된 깊이에서부터 발생한다. 이 한정된 깊이를 한계근입깊이라 정의한다. 이 한계근입깊이는 원추 모양의 마이크로파일 주변 파괴면 형상에서 인발저항이 최대로 발생할 수 있는 깊이에 해당된다.

따라서 마이크로파일은 근입깊이에 따라 그림 10.11(a) 및 (b)에 도시된 바와 같이 짧은 마이크로파일과 긴 마이크로파일의 두 종류로 구분한다. 이 두 마이크로파일을 구분하는 기준은 마이크로파일의 길이인데, 그 한계길이를 한계근입깊이 L_{cr}이라 하며 이 한계근입깊이는 한계근입비 $\lambda_{cr}(=L_{cr}/d)$로 산정한다.

따라서 마이크로파일의 길이 L이 이 한계근입깊이 L_{cr}보다 짧으면 그림 10.11(a)에서 보는 바와 같이 짧은 마이크로파일로 설계하고 길면 그림 10.11(b)에서 보는 바와 같이 긴 마이크로파일로 설계한다. 여기서 한계근입비 $\lambda_{cr}(=L_{cr}/d)$은 실험이나 경험으로 결정한다. Das(1983)는 한계근입비를 상대밀도의 함수로 식 (10.28)과 같이 제안하였다.[13]

$$\lambda_{cr}=(L/d)_{cr}=0.156D_r+3.58 \quad (D_r\le 70\%\text{인 경우}) \tag{10.28a}$$

$$\lambda_{cr}=(L/d)_{cr}=14.5 \quad (D_r>70\%\text{인 경우}) \tag{10.28b}$$

짧은 마이크로파일의 인발저항력은 그림 10.11(a)에서 보는 바와 같이 마이크로파일 주변 지반 속에 발생하는 원추 형상의 파괴면에서 발휘되는 전단저항으로 산정한다. 반면에 긴 마이크로파일의 인발저항력은 그림 10.11(b)에서 보는 바와 같이 지반 속의 전단저항력과 마이크로파일의 주면마찰저항력으로 산정한다.

즉, 한계근입깊이보다 아래 부분에서는 마이크로파일과 지반 사이의 경계면에서 주면마찰저항력이 발휘된다. 이때 마이크로파일과 지반 사이의 마찰각은 마이크로파일에 작용하는 측방토압과 함께 마이크로파일의 주면마찰저항력을 산정하는 데 중요한 요소가 된다. 그리고 한계근입깊이보다 위 부분에서는 짧은 마이크로파일과 동일한 방법으로 인발저항력을 산정한 후 한계근입깊이 위·아래 부분의 인발저항력을 합쳐 전체 인발저항력을 산정한다.

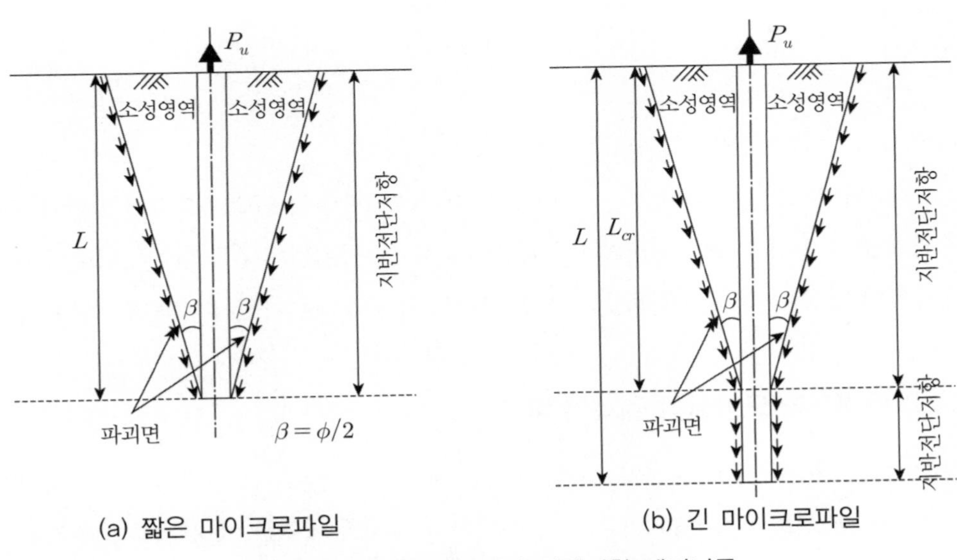

그림 10.11 마이크로파일의 전단저항 메커니즘

(3) 인발저항력

Hong and Chim(2015)은 마이크로파일의 인발저항력 산정식을 짧은 마이크로파일과 긴 마이크로파일을 대상으로 각각 식 (10.29) 및 식 (10.30)과 같이 유도 제안하였다.[20]

먼저 짧은 마이크로파일의 인발저항력 P_u는 식 (10.29)로 산정할 수 있다.

$$P_u = \pi\gamma(K_m + \cot\theta)\left(\frac{L^3}{6}\cot\theta + \frac{dL^2}{4}\right) - \gamma\pi\left(\frac{dL^2}{2}\cot\theta + \frac{d^2L}{4}\right) + \pi c(L^2\cot\theta + dL) + W_p \tag{10.29}$$

여기서, $K_m = (\cos\theta + k\sin\theta)\tan\phi$이고 k는 식 (10.27)로 산정되는 토압계수, θ는 파괴면의 각도(수평과 이루는 각), γ는 지반의 단위체적중량, ϕ와 c는 지반의 내부마찰각과 점착력, L은 마이크로파일의 근입깊이, d는 직경, W_p는 마이크로파일의 중량이다.

한편 긴 마이크로파일의 인발저항력P_u는 식 (10.30)으로 산정할 수 있다.

$$P_u = \pi\gamma(K_m + \cot\theta)\left(\frac{L_{cr}^3}{6}\cot\theta + \frac{dL_{cr}^2}{4}\right) - \gamma\pi\left(\frac{dL_{cr}^2}{2}\cot\theta + \frac{d^2L_{cr}}{4}\right) \qquad (10.30)$$
$$+ \pi c(L_{cr}^2\cot\theta + dL_{cr}) + \pi d(L - L_{cr})(c + \gamma L_{cr}k_u\tan\delta) + W_p$$

여기서, L_{cr}은 한계근입깊이이다.

식 (10.29)와 식 (10.30)에서 보는 바와 같이 마이크로파일의 인발저항력은 지반과 마이크로파일에 관련된 여러 특성에 영향을 받는다. 예를 들면, 근입깊이 L과 한계근입깊이 L_{cr}, 마이크로파일의 직경 d, 마이크로파일의 표면조도 δ, 지반의 내부마찰각 ϕ와 점착력 c 등이다.

10.3.4 이론예측과 모형실험 결과의 비교

그림 10.12는 Hong and Chim(2015)이 실시한 모형실험[20]에서 측정한 마이크로파일의 인발력을 식 (10.29) 및 식 (10.30)의 이론식에 의한 예측치와 비교한 그림이다. 모형실험에 적용된 마이크로파일의 근입비는 4에서 25 사이이며 마이크로파일이 설치된 지반의 상대밀도는 40%, 60%, 80%이다. 횡축은 모형실험에서 측정한 인발저항력이고 종축은 식 (10.29)와 식 (10.30)으로 산정된 예측치이다. 짧은 마이크로파일과 긴 마이크로파일의 구분 기준은 Das(1983)의 기준[13]인 식 (10.28)을 적용하였다. 그림 10.12에서 중앙 대각선은 예측치와 실험치가 일치하는 선을 의미한다.

$100N$ 이하의 낮은 인발저항력에서는 모든 데이터가 중앙 대각선 부근에 분포하고 있어 마이크로파일의 인발저항력은 제안된 이론 산정식으로 잘 예측되고 있음을 알 수 있다. 그러나 $100N$ 이상의 높은 인발저항력에서는 이론 산정식이 마이크로파일의 인발저항력을 약간 과소산정하고 있음을 알 수 있다.

느슨한 지반 속에서는 인발저항력이 $100N$ 이하인 반면에 중간 밀도에서 조밀한 밀도의 지반 속에 긴 마이크로파일의 경우는 높은 인발저항력이 측정되었다. 따라서 중간 밀도에서 조밀한 밀도의 지반 속에는 이론 산정식이 마이크로파일의 인발저항력을 다소 과소 산정한다고 할 수 있다. 중간 밀도의 모래지반에서는 예측인발저항력이 측정치보다 10% 이내의 오차를 보이고 있으며 조밀한 모래지반에서는 20%의 오차를 보인다.

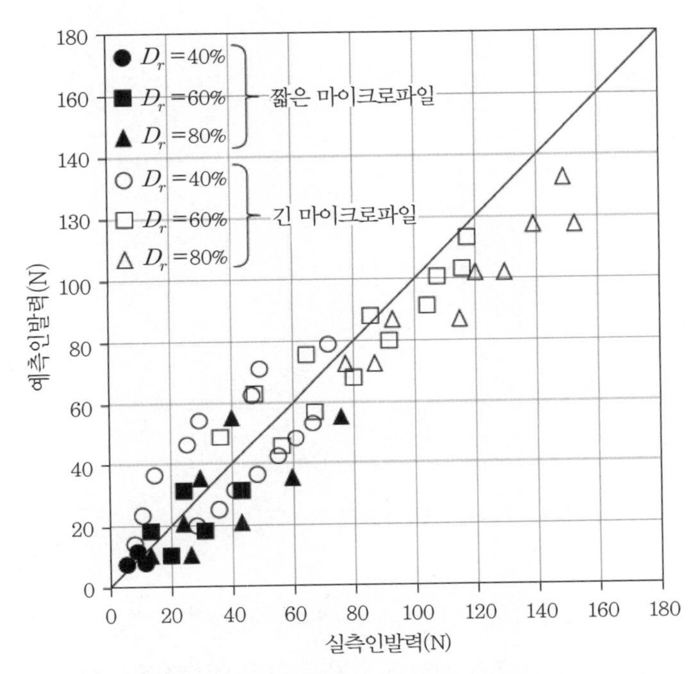

그림 10.12 이론예측 인발력과 모형실험 결과의 비교[20]

그림 10.13은 Dash and Pise(2003),[18] Shanker et al.(2007),[25] 및 Das(1983)[13]이 실시한 모형실험에서 측정한 마이크로파일의 인발력을 식 (10.29) 및 식 (10.30)의 이론식에 의한 예측치와 비교한 그림이다.

그림 10.13에서 알 수 있는 바와 같이 100N 이하의 인발저항력을 발휘하는 마이크로파일 경우는 비교적 낮은 오차로 대각선 주위에 도시되어 있어 낮은 인발저항력의 범위에서는 이론식이 실험 결과와 잘 예측하고 있다.

그러나 100N에서 400N 사이의 인발저항력을 발휘하는 마이크로파일의 경우, Das(1983)[13]와 Dash and Pise(2003)[18]의 실험 결과는 대각선 위쪽에 도시되고 있어 이론식이 실험치를 약간 과다산정하고 있다고 할 수 있다. 그러나 Shanker et al.(2007)[25]의 실험 결과는 대각선 아래쪽에 도시되고 있어 이론식이 실험 결과를 과소산정하고 있다고 할 수 있다.

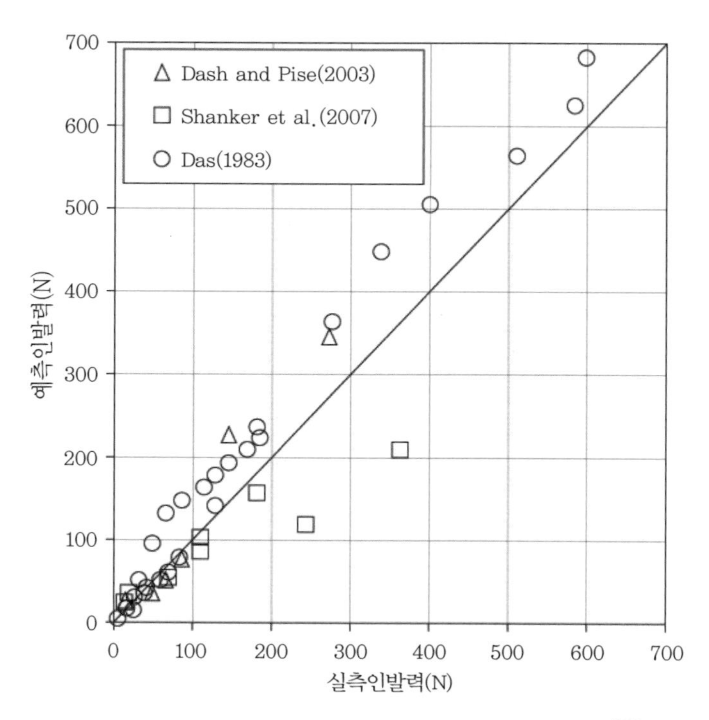

그림 10.13 이론예측 인발력과 현장실험치의 비교[20]

한편 400N 이상의 인발저항력을 발휘하는 마이크로파일의 경우는 Das(1983)의 실험만 해당하는데 모든 실험 결과가 평균 15% 이내의 오차로 이론 예측치와 차이를 보이고 있다. 따라서 높은 인발저항력 범위에서는 이론식이 실험치를 약간 과다산정하고 있다고 할 수 있다

전반적으로 그림 10.12와 그림 10.13에 의거하면 낮은 인발저항력의 범위에서는 본 이론식은 실험 결과와 잘 일치하고 있으나 본 이론식은 Das(1983)의 실험 결과를 과다산정하고 있으며 Shanker(2007)의 실험 결과를 과소산정하고 있다고 할 수 있다. 결론적으로 본 이론해석은 지중에 근입된 마이크로파일의 인발저항력을 예측하는데 실용적인 범위에서 잘 일치하고 있다고 할 수 있다.

이론치와 실험치 사이의 오차 원인은 두 가지로 생각할 수 있다. 첫 번째 오차의 원인은 본 해석법에서 마이크로파일 주변 파괴면 관찰 시 2차원으로, 즉 축대칭을 대상으로 하고 있기 때문이다. 즉, 모형실험에서는 지반변형실험이 2차원 파괴면 상태로 발생하게 수행되었기 때문이다. 그러나 마이크로파일 주변의 실제 지반에서는 파괴면이 3차원으로 발생한다.

두 번째 오차의 원인은 지반의 상대밀도가 바르게 판단되지 않았기 때문이다. 지반의 상대밀도는 모형실험 전에 미리 결정하고 모형지반을 조성하였으나 모형지반의 밀도는 지층의 두께에 따라 변화된다. 따라서 모형지반의 상대밀도는 증가될 수 있으며 지층의 두께도 더 두꺼워 진다. 그러나 이들 원인은 짧은 마이크로파일과 같이 인발저항력이 작은 범위에서는 이론 예측치와 좋은 일치를 보이게 하는데 영향이 그다지 크지 않다.

참고문헌

1) 김상규·홍원표·김학문(1988), "Micro-Pile의 설계 및 시공기술에 관한 연구 보고서", 대한토목학회.
2) 롯데영등포역사주식회사(1987), 시방서(철근콘크리트 공사, 마이크로파일 공사), 1987.11.
3) 영진지하개발주식회사(1987), 롯데영등포 백화점 및 역사 신축부지 지질조사 보고서.
4) 종합건축사사무소 협회건축(1987), 롯데영등포백화점 및 역사 신축공사 구조계산서.
5) 홍원표(1995), "사면안정용 Micro pile의 설계법에 관한 연구 보고서", 중앙대학교.
6) 홍원표·홍성원·이충민(2010), "모래지반 속 마이크로파일의 임발저항력에 관한 모형실험", 방재연구소논문집, 중앙대학교, 제2권, pp.11~26.
7) 홍원표·김해동·이준우(2011), "다양한 형태의 마이크로파일에 대한 인발저항력 평가", 방재연구소논문집, 중앙대학교, 제3권, pp.11~24.
8) 홍원표·조삼덕·최창호·이충민(2012), "인발력을 받는 팩마이크로파일의 주면마찰력", 한국지반공학회논문집, 제28권, 6호, pp.19~29.
9) Bowles, J.E.(1982), Foundation Analysis and Design, 3rd Ed., International Student Ed., McGraw-Hill, pp.97~102.
10) Chattopadhyay, B. C., and Pise, P. J.(1986), "Uplift capacity of piles in Sand", Jour. Geotech. Eng. Div., ASCE, Vol.112, No.9, pp.888~904.
11) Chaudhury, K. P. R., and Symons, M. V.(1983), "Uplift resistance of model single piles", Proc. of Conf. Geot. Practice in Offshore Eng., Sponsored by Geotech. End., Div., ASCE, Austine, Texas, pp.335~355.
12) Chim N.(2013), Prediction of uplift capacity of a micropile embadded in soil, Master's Thesis, The Graduate School, Chung-Ang University.
13) Das, B.M.(1983), "A procedure for estimation of uplift capacity of rough piles", Soils and Foundations, Vol.23, No.3, pp.122~126.
14) Das, B.M.(2002), Principles of Foundation Engineering, Brooks/Cole Publishing Company, 4th ed., pp.375~278.
15) Das, B. M and Seeley, G. R.(1975), "Uplift capacity of buried model pile in sand", Jour. Geotech. Eng. Div., ASCE, Vol.101, No.GT10, Technical Note 11604, pp.1091~1094.
16) Das, B.M. and Seeley, G.R.(1977), "Uplift capacity of shallow inclined anchors", Proc., 9th ICSMFE, Tokyo, Vol.1, pp.463~466.
17) Das, B.M., Seeley, G.R. and Pfeifle, T.W.(1977), "Pullout resistance of rough rigid piles in granular soil", Soils and Foundations, Vol.17, No.3, pp.72~77.

18) Dash, B.K. and Pise P.J.(2003). "Effect of compressive load on uplift capacity of model pile", J Geotech Geoenv Eng, ASCE, Vol.129, No.11, pp.987~992.
19) DIN(1983), Small Diameter Injection Piles(Cast–in–Place Concrete Piles and Composite Piles), DIN 4128 Engl., pp.2~7.
20) Hong, W.P. and Chim, N.(2015), "Prediction of uplift capacity of a micro embedded in soil", KSCE Journal Civil Engineering, Vol.19, No.1, pp.116~126.
21) Myerhof, G.G.(1973), "Uplift resistance of inclined anchors and piles", Proc., 8th ICSMFE, Vol.2, pp.167~172.
22) Meyerhof, G.G.(1976), "Bearing capacity and settlement of pile foundation", ASCE, Vol.102, No.GT3, pp.197~228.
23) Poulos, H.G. and Davis, E.H.(1980), Pile Foundation Analysis and Design, John Wiley & Sons, pp.172~175.
24) *Ibid*, pp.323~335.
25) Shanker, K., Basudhar, P.K. and Patra, N.R.(2007), "Uplift capacity of single pile: prediction and performance", Geotech Geo Eng, Vol.25, pp.151~161.
26) Tomlinson, M.J.(1977), Pile Design and Construction Practice, Fourth Ed., E & FN Spon, Lomdon, p.48.

CHAPTER 11

말뚝재하시험 – 두부재하시험

CHAPTER 11

연직하중말뚝

말뚝재하시험-두부재하시험

11.1 서 론

말뚝의 지지력을 결정하는 방법으로는 정역학적 지지력 결정법, 동역학적 지지력 결정법 및 말뚝재하시험에 의한 지지력 결정법의 세 가지가 있다. 정역학적 지지력 결정법은 지반의 토질역학적인 전단특성을 고려하여 말뚝에 가해지는 하중과 지반의 전단저항력의 정적 평형 조건으로부터 말뚝의 지지력을 결정하는 방법인 반면에 동역학적 지지력 결정법은 항타 시 말뚝에 가해지는 동적에너지와 말뚝의 관입에 따른 일량 사이의 동적 평형조건으로부터 말뚝의 지지력을 결정하는 방법이다. 한편 말뚝재하시험은 말뚝에 직접 하중을 재하하여 말뚝의 지지력을 조사하는 방법이다.

이들 방법 중 말뚝재하시험에 의한 지지력 결정법은 각 현장조건에 잘 맞는 지지력을 직접 조사 결정할 수 있는 이점을 가지고 있어 많이 사용된다. 원래 말뚝재하시험은 말뚝설계에 앞서 우선적으로 실제와 동일한 현장, 재료, 크기, 조건 등으로 시험을 실시하여 그 결과를 설계에 반영할 수 있게 하는 것이 합리적이다.

또한 말뚝재하시험은 본 공사 시공 중에 말뚝설계의 적정 여부를 판단하기 위해 실시하기도 한다. 그러나 일반적으로 말뚝재하시험에는 많은 시간과 비용이 수반되기 때문에 시공 시에만 설계에 적용된 말뚝의 지지력 및 설계된 재료의 적정 여부를 확인하는 정도로 본 공사의 일부인 시공관리 측면에서만 실시하는 경우가 많다.

말뚝재하시험에는 압축시험, 인발시험 및 수평하중시험이 있다. 그러나 통상적으로 특별한 언급을 하지 않는 한 말뚝재하시험은 연직압축시험을 의미한다. 또한 연직압축시험의 말뚝재하시험도 하중을 말뚝의 어느 부위에서 가하는가에 따라 크게 두 가지로 구분한다. 하나는 말뚝두부에서 하중을 가하는 방법이고 다른 하나는 말뚝의 선단에서 하중을 가하는 방법이다. 말뚝두부에서 하중을 가하는 방법은 통상적인 말뚝재하시험에 적용하는 재하방법이며 말뚝 선단에서 하중을 가하는 시험은 최근에 사용빈도가 늘어나고 있는 양방향재하시험이라 부른다. 제11장에서는 두부제하 말뚝재하시험에 대해서 설명하고 제13장에서는 선단재하 말뚝재하시험인 양방향재하시험에 대하여 설명한다.

일반적으로 두부재하 말뚝재하시험방법은 하중재하장치와 하중재하방식의 두 가지 측면으로 설명할 수 있다. 먼저 하중재하장치는 말뚝에 하중이 작용할 수 있게 하는 장치를 의미한다. 말뚝재하시험의 두부재하장치는 크게 실하중재하장치과 반력재하장치를 들 수 있다. 실하중재하장치는 말뚝에 실제 크기의 하중을 재하할 수 있는 재하장치이다. 실하중재하방법은 말뚝두부에 실제 하중을 직접 재하할 수 있어 가장 확실한 재하방법이다. 그러나 말뚝과 하중의 크기가 커지면 재하하중이 커지므로 재하장치의 규모도 커지고 편심이 발생하지 않도록 주의해야 하는 어려움이 있다.

다음으로 실하중을 재하하는 대신 시험말뚝두부 위에 하중재하장치를 설치하고 이 장치와 말뚝두부 사이에 유압잭를 삽입하고 이 유압잭으로 하중을 가하는 방법이다. 이때 하중재하장치로부터 반력을 얻어 말뚝에 하중이 작용하게 하는 원리이며 하중재하장치의 반력은 시험말뚝 주변에 설치된 앵커나 반력말뚝(대개 4개)의 지지력으로 발휘되게 하는 방법이다.

이에 비하여 선단재하 양방향재하장치는 말뚝의 선단 부근에 유압잭을 설치하고 이 유압잭에 압력을 가하여 말뚝에 하중을 가하는 방법이다. 유압잭에 압력을 가하면 이 유압잭은 상하로 하중을 가하게 되는데 상방향 압력은 말뚝에 상방향으로 하중을 가하는 효과를 발휘하게 하고 하방향은 말뚝에 하방향으로 하중을 가하는 효과를 발휘하게 하는 재하방법이다. 양방향재하시험에 대하여는 제13장에서 자세히 설명한다.

마지막으로 동일한 하중이더라도 말뚝에 하중을 가하는 방법도 다양하게 정할 수 있다. 이는 말뚝에 하중을 재하하는 속도, 회수, 침하율 등으로 조절함을 의미한다. 즉, 말뚝에 하중을 가하는 방법으로는 크게 지속하중시험법(maintained load test), 등속도관입시험법(constant rate of penetration test), 하중평형시험법(method of equilibrium test)을 들 수 있다.

우선 지속하중시험법은 말뚝에 가할 하중을 단계별로 구분하여 재하하는 방법으로 각 하중단계의 지속상태를 결정하는 요인이 말뚝의 침하량인가 시간인가에 따라 급속재하시험과 완속재하시험의 두 가지로 구분한다. 다음으로 등속도관입시험법은 말뚝을 일정한 속도로 침하시키면서 매 침하량에 대한 하중을 측정하는 방법이다. 마지막으로 하중평형시험법은 각 단계하중을 요구되는 하중보다 약간 큰 하중을 가한 후 원하는 하중까지 하중을 감소시키는 방법이다. 제11장에서는 이들 말뚝재하시험방법에 대하여 체계적으로 설명한다.

말뚝재하시험 결과를 정리·분석하는 과정에서도 기존 방법에 의해서 말뚝의 항복하중이나 극한하중을 결정하기가 명쾌하지 못한 경우가 종종 발생한다. 말뚝재하시험에서 측정한 하중-시간-침하량으로부터 항복하중과 극한하중을 분석한다. 이들 분석법은 크게 항복하중 분석법과 극한하중 분석법으로 구분할 수 있다. 제11장에서는 이들 말뚝재하시험 결과 분석법에 대하여도 상세히 설명한다.

11.2 말뚝재하시험방법

11.2.1 하중재하장치

말뚝의 재하시험에는 설계하중의 2~3배에 달하는 재하하중이 필요하다.[31] 이러한 하중을 재하하는 하중재하장치에는 사하중을 말뚝두부에 직접 재하하는 실하중재하방법도 있지만 일반적으로 유압잭을 통하여 원하는 하중을 말뚝에 전달하는 반력재하방법이 사용되고 있다. 이러한 하중재하장치를 활용하여 시험말뚝두부에 단계별 하중을 가하여 시간별 침하량을 측정한다.[1,23,44,47]

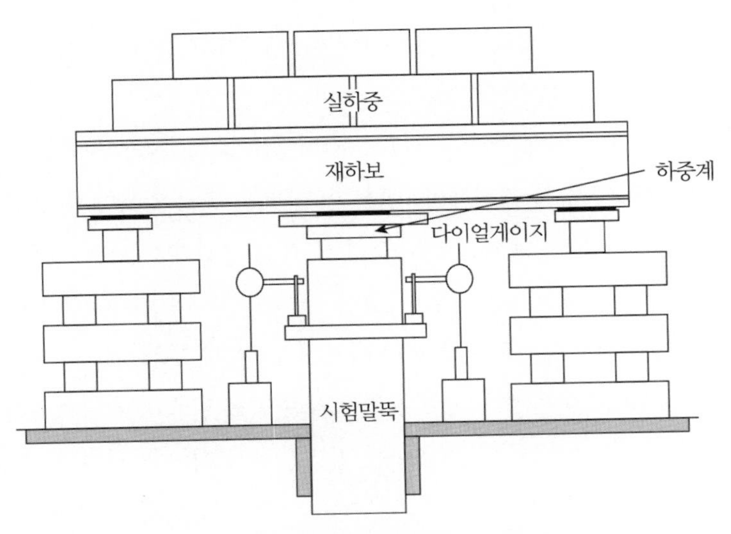

그림 11.1 실하중재하장치 개요도

(1) 실하중재하장치

그림 11.1은 실하중 재하장치의 개략도이다. 시험말뚝두부에 재하보 또는 재하대를 설치한 뒤 재하대 위에 실 중량물(철근, 콘크리트블록, 석재 등)을 적재하여 그 중량물의 무게를 이용하여 재하하는 방법이다. 단일말뚝을 시공한 후 지지력 측정에 유리하다. 그러나 설계하중의 200~300% 정도의 하중을 적재해야 하므로 설계하중이 큰 경우는 하중의 적재와 해체 시 상당한 시간과 인력을 필요로 한다. 그리고 재하하중의 중심과 재하대의 중심을 일치시켜 시험 중 재하대의 전도가 발생되지 않도록 안전사고에 특히 유의해야 한다.

(2) 반력재하장치

실하중을 재하하는 대신 시험말뚝두부 위에 하중재하대를 설치하고 이 재하대와 말뚝두부 사이에 유압잭을 삽입하고 이 유압잭을 통하여 하중을 가할 수도 있다. 이는 하중재하대로부터 반력을 얻어 말뚝에 하중이 작용하게 하는 원리이며 하중장치의 반력은 시험말뚝 주변에 설치된 앵커나 반력말뚝(대개 4개)의 인발저항력으로 발휘되게 하는 방법이다.

그림 11.2와 그림 11.3은 유압잭을 통하여 원하는 하중을 말뚝에 전달하는 반력재하장치의 개요도이다. 먼저 그림 11.2는 시험말뚝 주변에 설치한 앵커의 저항력으로 유압잭의 반력을 가할 수 있는 장치이고 그림 11.3은 시험말뚝 주변에 설치한 말뚝의 지지반력으로 유압잭의 반력을 가할 수 있는 장치이다.

우선 앵커의 인발저항력을 활용하는 반력재하장치는 그림 11.2에서 보는 바와 같이 시험말뚝 주변에 일정한 간격으로 지반을 천공한 후 앵커를 설치하고 앵커반력을 이용하여 시험말뚝두부에 하중이 가해지도록 하는 시험방법으로서 비교적 큰 설계하중의 말뚝지지력 측정에 유리하다. 이 반력재하장치는 설계하중의 200~300% 정도의 하중을 이용할 수 있도록 앵커의 천공길이 및 수량을 적합하게 잘 계획해야 한다. 이 방법은 모든 말뚝재하시험에 적용할 수 있으나 지반조건에 영향을 받으며 앵커를 천공한 후 정착장 구간에서 시멘트 양생기간을 고려하여야 하므로 시험기간이 길어진다는 단점이 있다. 시험말뚝에 미치는 앵커의 영향을 배제시키기 위해서는 앵커는 시험말뚝으로부터 최소 말뚝직경의 5배 또는 2m 이상 이격시켜 설치해야 한다. 그림 11.3은 주변말뚝을 이용하여 유압잭의 반력을 활용하는 반력재하장치의 개요도이다. 시험말뚝 주변에 시공된 말뚝을 이용하는 방법으로서 재하대 설치 및 실험에 있어서 시간과 비용을 줄일 수 있는 장점이 있으나 주변말뚝이 예상시험하중 이하에서 먼저 인발될 수 있다. 따라서 규격화된 주변말뚝의 배치가 요구되는 단점이 있다.

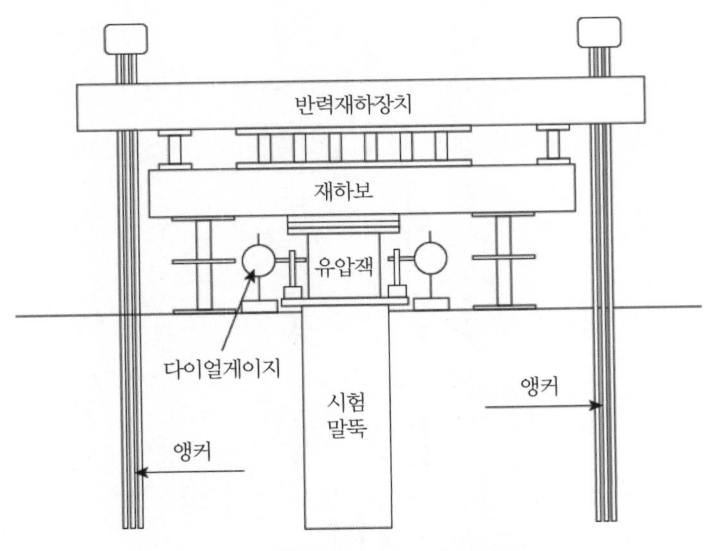

그림 11.2 앵커지지 반력재하장치

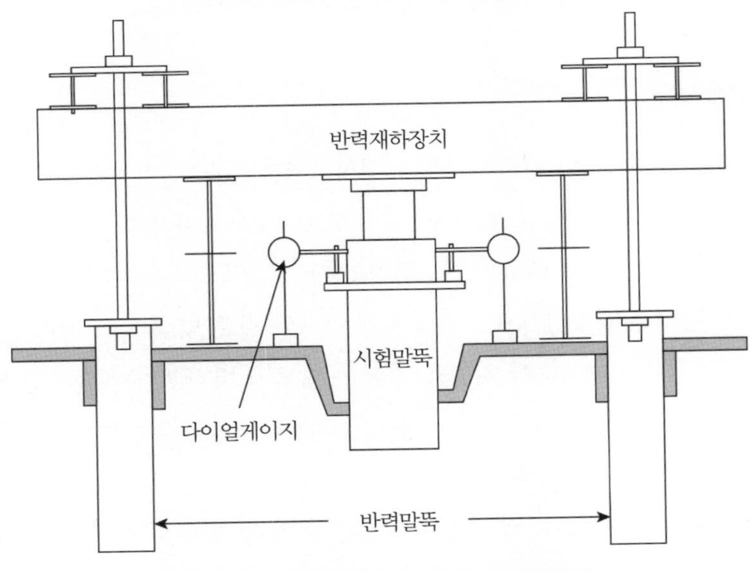

그림 11.3 주변말뚝을 이용한 반력재하장치

(3) 양방향선단재하장치

양방향선단재하시험은 그림 11.4의 시험장치 개략도에서 보는 바와 같이 시험말뚝의 선단부에 유압잭을 설치하여 하중을 가하면 상향 및 하향으로 동시에 재하가 되어 선단지지력과 주면마찰력을 동시에 분리하여 측정할 수 있는 시험으로 말뚝두부 정재하시험의 재하용량 한계성을 극복할 수 있으며 대구경 현장타설말뚝의 지지능력을 최대한 확인할 수 있는 시험장치이다. 이 시험은 오스터버그셀(Osterberg셀) 시험이라고도 불린다.[28,33]

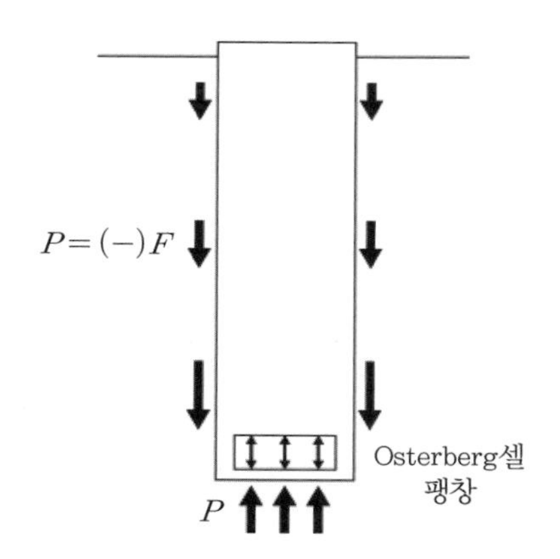

그림 11.4 양방향선단재하시험 시험원리[26]

11.2.2 하중재하방법

각국마다 규정을 정하여 말뚝재하시험을 실시하고 있다. 즉, 우리나라는 구조물기초설계기준,[1] 영국의 British Code of Practice CP 2004, 일본토질공학회[44] 및 미국의 ASTM D-1143[10]과 Boston Building Code 등이 그 예이다.[2,29,30] 그러나 이들 규정에 사용된 말뚝에 하중을 가하는 방법은 기능상으로 구분해보면 아래와 같은 몇 가지로 정리 분류할 수 있다.

말뚝에 하중재하방법, 즉 말뚝에 하중을 가하는 방법에 따라 하중지속시험법(maintained load test), 등속도관입시험법(constant rate of penetration test), 하중평형시험법(method of equilibrium test)을 들 수 있다.

이들 시험법에서 재하하중은 그림 11.5에 도시된 바와 같이 대부분 단계분할하중으로 가한다. 즉, 일반적으로 하중단계는 8단계로 설계하중의 25%, 50%, 75%, 100%, 125%, 150%, 175% 및 200%를 단계적으로 분할 다 사이클로 재하한다.

즉, 다단계 방식에 의한 반복재하시험방법(Cyclic Loading Test)에서는 그림 11.5에서 보는 바와 같이 재하하중 단계가 설계하중의 50%, 100% 및 150%에 도달하는 재하 사이클에서는 재하하중을 각각 1시간 동안 유지시키고 나머지 하중단계에서는 20분 간격을 유지시킨다.

각 재하 사이클에서 정해진 하중이 완전히 재하되면 설계하중의 50%씩을 단계적으로 제하하고 20분씩을 유지한 후 다음 단계 재하 사이클을 실시한다. 종료하중은 설계하중의 200%

인 시험하중에서 침하율이 시간당 0.25mm 이하인 경우는 12시간 그 이상인 경우는 24시간 동안 하중을 유지시킨 후 제하한다.

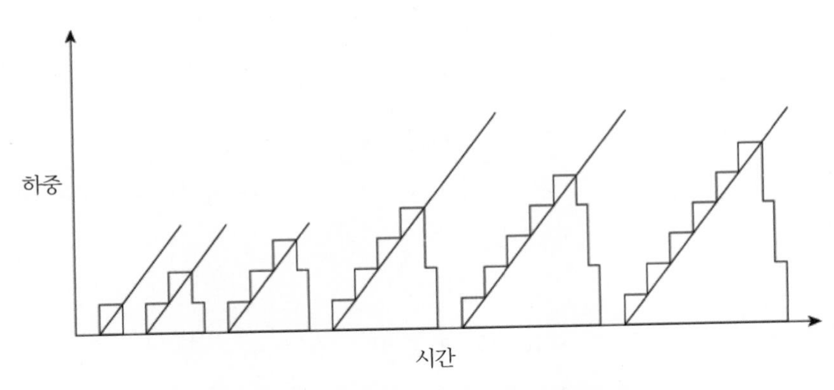

그림 11.5 다단계 방식에 의한 반복재하시험방법의 개략도

(1) 하중지속시험법(Maintained Load Test)

이 방법은 말뚝에 가할 하중을 다단계 분할재하 방식으로 각 하중단계의 지속상태를 설정하는 요인이 말뚝의 침하량인가 시간인가에 따라 완속재하시험 및 급속재하시험의 두 가지로 구분된다.

(가) 완속재하시험

완속재하시험(Slow Maintained Load Test)은 ASTM 표준재하시험(Standard Loading Procedure)으로 널리 알려진 ASTM D1143-81시험법[10]이다. 시험하중은 설계하중의 200%까지로 정하고 이 시험하중을 설계하중의 25%, 50%, 75%, 100%, 125%, 150%, 175%, 200%의 8단계로 나누어 단계별로 분할 재하한다. 재하시간은 각 하중단계에서의 말뚝두부의 침하율이 0.01in/hr(0.25mm/hr) 이하가 될 때까지 하중재하를 유지한다(단, 2시간을 넘지 않는다).

완속재하시험방법은 다음 단계의 하중을 가하기 전에 현 단계에서 소요의 침하량을 얻을 때까지 일정한 하중을 재하하는 방법이다. 이때 다음 단계하중으로 가기까지의 기준침하량은 제안자 또는 각국의 규정마다 상의하다. 즉, Civil Engineering Code of Practice No.4(1985)에서는 침하량이 1시간에 0.012inch(0.305mm/hr)이고 Cooling and Park Shaw(1950)는 1시간당 0.003inch(0.084mm/hr)를 권장하고 있으며 ASTM-D1143-81에서는 Civil Engineering

Code of Practice No.4와 같은 0.012inch/hr(0.305mm/hr) 이하이거나 재하 후 대략적으로 압밀침하가 끝나는 2시간이 경과하여야 한다고 하였다.

그러나 일반적으로 적용되는 기준은 실하중의 200%인 재하단계에서 하중을 유지하나 시간당 침하량이 0.01 in(0.25mm) 이하일 경우 12시간을 유지하며 그렇지 않을 경우 24시간 동안 유지한다.

시험하중을 설계하중의 25%씩 각 하중단계별로 1시간씩 재하하며 시험도중 말뚝의 파괴가 발생한 경우 전체침하량이 말뚝두부직경의 15%에 도달할 때까지 재하를 계속한다.

완속재하시험법의 시험순서를 정리하면 다음과 같다.

① 시험하중은 설계하중의 200%로 하고 이를 8단계로 나눠 분할 재하한다.
② 각 단계하중은 침하율이 0.01in/hr(0.25mm/hr) 이하가 될 때까지 하중재하를 유지한 후 다음 단계하중을 재하한다(그러나 2시간을 넘지 않는다).
③ 설계하중의 200% 하중단계에서는 24시간 재하상태를 유지한다.
④ 하중제하단계에서는 설계하중의 25%씩을 지속시간 1시간씩 유지하면서 제하한다.
⑤ 이와 같이 재하, 제하 후 재재하한다. 재재하 시에는 설계하중의 50%씩을 증가시키면서 각 하중단계에서 재하지속시간은 20분으로 한다.

(나) 급속재하시험

급속재하시험방법은 각 하중단계의 지속시간을 1시간 또는 2시간으로 정하여 그 시간 후의 침하량을 측정한 후 다음 단계의 하중을 가하는 방식이며 대개 설계하중의 3배까지 20단계로 재하한다. 이 방법을 사용하면 대략 2~5시간 이내에 시험이 종료될 수 있다.

재하하중단계를 설계하중의 10% 내지 15%로 정하고 각 하중단계의 재하간격을 2.5분 내지 15분으로 하여 재하한다. ASTM에서는 재하간격을 2.5분으로 규정하고 있으나 대체로 5분 간격으로 하는 것이 실효성이 있는 것으로 본다. 각 하중 단계마다 2~4차례(예: 재하간격이 5분일 경우 0, 2.5, 4 및 5분 경과 시) 침하량을 읽어 기록한다.

재하하중을 계속 증가시켜 말뚝의 극한하중에 이를 때까지 또는 재하장치의 재하용량이 허용되는 범위까지 재하한 후 최종하중단계에서 2.5분 내지 15분간 하중을 유지시킨 후 제하한다. 제하는 전체하중을 4단계로 분할 제하한다. 각 제하단계는 5분 간격으로 실시한다.

이 방법은 'New York State Department of Transportation', 'Fedral Highway Administration'

및 'ASTM D1143-81(optional)'에서 추천하고 있는 방법이다.

이 급속재하시험방법은 빠르고 경제적인 방법이다. 또한 이 방법은 빠르게 실시되는 관계로 비배수상태에서 시험이 수행되므로 침하량산정에는 활용될 수 없다.

(2) 등속도관입시험법(Constant Rate of Penetration Test)

이 방법은 CRP시험이라고도 불리며 말뚝의 극한하중을 신속히 결정하기 위한 목적으로 Whitaker 연구팀[41-43]이 개발 제안한 방법으로 말뚝을 일정한 속도로 침하시키면서 각각의 침하에 대한 하중을 구하는 방법으로 'Swedish Pile Commission', 'New York State Department of Transportation' 및 'ASTM D 1143-81(Optional)'[10]에 의해 권장되고 있는 시험이다. 그림 11.6은 등속도관입시험방법에 의한 하중-침하량 측정 결과를 도시한 것으로 (a) 마찰말뚝, (b) 선단지지말뚝의 경우이다.

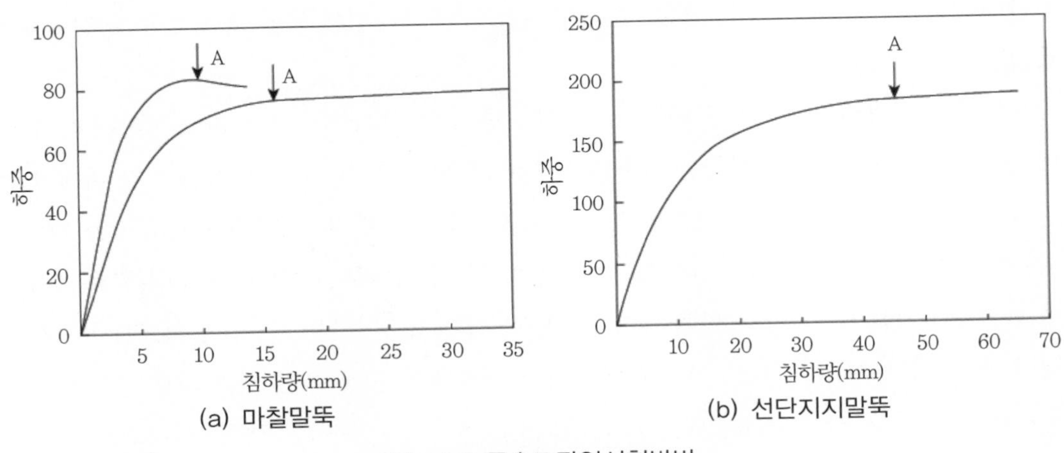

(a) 마찰말뚝 (b) 선단지지말뚝

그림 11.6 등속도관입시험방법

이 시험은 지반의 압밀침하가 발생할 시간적 여유를 주지 않고 재하하는 관계로 말뚝의 침하예측 목적으로는 사용되지 않으며 주로 극한하중을 결정하는 데 사용된다. 그림 중 A점은 각각의 극한하중으로 곡선이 직전으로 변하거나 대체적으로 직선적으로 보이는 곳을 말한다.

일반적으로 관입속도는 통상 0.01inch/min 내지 0.1inch/min(평균 0.05inch/min 혹은 1.25mm/min)이 되도록 재하하중을 조절하면서 매 2분마다 하중과 침하량을 기록한다. Whitaker는 마찰말뚝에 대해서는 0.75mm/min를 선단지지말뚝에 대해서는 1.5mm/min을 제안하였고 사질토인 경우 0.75~2.50mm/min을 제안하였다.

제하하중을 증가시켜 말뚝의 총침하량이 2~3inch(50~75mm)에 달할 때까지 또는 최대시험하중에 도달할 때까지 시험을 계속한다. ASTM에서는 총침하량이 말뚝머리의 직경 또는 대각선길이의 15%에 달할 때까지 계속할 것을 규정하고 있다. 총 시험시간은 2~3시간이 소요된다.

CRP시험방법은 급속재하방법에서보다 더 나은 하중-침하량 곡선을 얻을 수 있는 장점이 있으며 특히 점성토의 마찰말뚝에 대해 잘 적용된다. 그러나 단단한 지지층이 있는 선단지지말뚝에는 부적합하다.

(3) 하중평형시험방법(Method of Equilibrium)

이 방법은 1967년 Mohan et al.[27]에 의해 제안된 방법으로 표준재하방법을 개선한 방법으로서 설계에 앞서 극한하중을 결정하기 위해 제안된 방법이다. 표준재하방법에 비해 총소요시간을 1/3가량 단축시킬 수 있으며 시험 결과는 표준재하방법에 의한 것과 잘 부합되는 것으로 잘 알려져 있다.

재하의 각 단계마다 소요하중보다 약간 큰 하중을 가한 후 원하는 하중까지 제하를 하며 이때 침하비율은 지속적으로 하중을 가하는 것보다 더 빨리 감소하게 되어 빠른 시간 내에 평형상태에 도달하게 된다. 시험방법은 각 단계에서 3~5분 사이에 예상극한하중의 1/10을 가하고 5분 동안 지속한 후 제하한다. 이때 몇 분 이내에 하중과 침하량은 평형상태에 이른다. 계속하여 하중을 증가하면서 시험을 반복한다. 큰 하중에서는 지속시간을 10~15분 정도를 유지하는 것이 좋다. 다 사이클 재하로 말뚝두부에서 탄성 반발량을 측정하여 마찰지지력 성분과 선단지지력성분을 분리시킬 수 있었다. Mohan et al.(1987)[27]은 수많은 시험을 실시하고 시험 결과를 하중지속시험법의 결과와 비교하여 극한하중뿐만 아니라 하중-침하량거동도 서로 매우 잘 일치함을 보여주었다.

11.3 말뚝재하시험 결과 분석법

11.3.1 항복하중분석법

말뚝재하시험 결과로부터 얻어지는 극한하중은 말뚝이 설치된 지반에서 말뚝과 지반 중 어느 하나가 파괴되었을 때의 하중이라 할 수 있다. 이것은 말뚝 자체의 재료강도가 말뚝주변지반 파괴 시의 강도보다 작으면 말뚝의 극한지지력은 말뚝 자체의 재료강도에 의해 결정된다. 그러나 실제 현장재하시험에서는 안전 등의 이유로 극한상태까지 재하할 수 없을 뿐 아니라 재하시험의 최대상재하중을 결정할 때 이미 재료의 허용강도를 고려하여 재하시험을 계획한다.

현재는 이러한 극한상태에 도달하기 이전의(설계하중의 200% 범위) 하중단계까지만 하중을 재하하여 극한하중 및 항복하중을 판정하려하고 있다. 이러한 분석법 및 기준은 현재 세계적으로 수십 종에 달하고 있으나 실용적으로 극한하중을 판정하기는 많은 문제점을 내포하고 있는 실정이다.

이들 판정법은 ① 하중－침하량($P-S$)거동으로부터 분석하는 방법 ② 하중－시간－침하량($P-t-S$)거동으로부터 분석하는 방법으로 크게 두 가지로 구분할 수 있다. 첫 번째 방법에서는 하중－침하량 거동으로부터 직접 극한하중을 분석하는 방법과 하중 및 침하량의 좌표를 변환시켜 극한하중을 분석하는 방법으로 다시 구분할 수 있다. 전자의 경우는 DIN 1054, British CP 2004, Schenck법, Buttler & Hoy법, 일본토질공학회[44] 등이 이에 속한다. 이 외에도 Housel(1966)이 제안한 offset법,[20] Fuller & Hay(1970)가 제안한 Slope Criteria법[18] 등이 있다. 한편 후자의 경우는 Van der Veen(1965)[38]의 $S-\log(1-P/P_{\max})$, $\log P-\log S$, $S-\log P$법 등이 있다.

다음으로 하중－시간－침하량($P-t-S$)거동으로부터 분석하는 방법으로는 $S-\log t$, $\Delta S/\log\Delta t-P$법 등이 있다. 즉, 이 방법에서는 하중과 침하량의 거동에 시간 또는 침하속도를 도입하여 상관관계에 변화가 발생하는 하중을 조사한다. 따라서 이 방법은 하중과 침하량의 관계가 변화되기 시작하는 하중을 구하는 방법으로 극한하중이라기보다는 항복되기 시작하는 하중, 즉 항복하중 분석법이라 함이 타당할 것이다.[6]

말뚝재하시험에서 측정한 결과를 하중－시간－침하량－하중의 개략도로 도시하면 그림 11.7과 같다. (a) 그림은 하중지속시험 결과이고 (b) 그림은 등속도관입시험 결과이다. 이들 그림에는 하중－탄성침하량 거동, 시간－하중 거동 및 시간－침하량 거동을 한 번에 알아볼 수 있게 정리되어 있다. 그 밖에도 다 사이클시험인 경우는 하중－탄성침하량 거동도, 하중－

잔류침하량 거동도를 작성하여 지지력을 판정한다.

말뚝재하시험 결과로부터 극한하중 및 항복하중을 결정하는 가장 근본적인 요인은 하중-침하량관계 및 지반의 파괴상태이다.

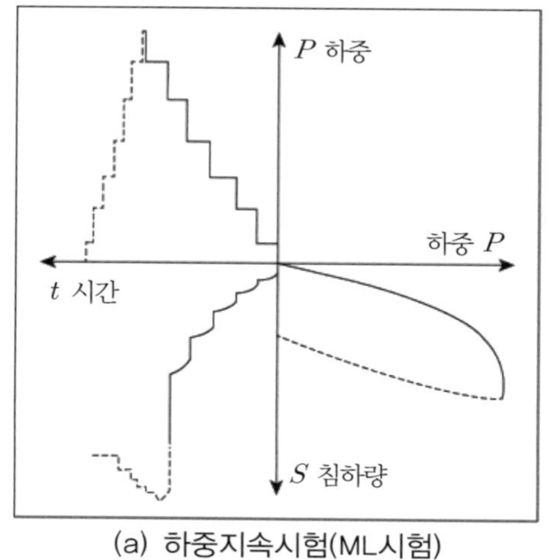

(a) 하중지속시험(ML시험)

(b) 등속도관입시험(CRP시험)

그림 11.7 말뚝재하시험($P-t-S$개략도)

일반적으로 말뚝을 지지하는 말뚝주변부 및 선단부 지반의 파괴상태는 그림 11.8에 도시한 하중-침하량 곡선의 형태에서 보는 바와 같이 전면파괴(general failure)와 국부파괴(local failure)의 두 종류로 구분된다.

전면파괴는 밀도가 큰 사질토지반에서 많이 발생하며 국부파괴는 연약한 점성토와 사질토 지반에서 발생하기 쉽다.[5,40] 또한 타격에 의해 관입된 말뚝은 원 지반을 교란시키는 경향이 있으므로 국부파괴를 나타내는 경향이 크다.

그림 11.8에 도시된 두 개의 하중-침하량 곡선에서 보는 바와 같이 Y_1 및 Y_2 점을 지나면 하중증분에 대한 침하량 증가의 비율은 증가하게 된다. 이들 두 점은 말뚝재하시험에 있어서 말뚝의 하중-침하량 관계가 항복상태에 도달하였다고 생각하여 Y_1 및 Y_2 점에 도달한 하중을 항복하중으로 취급한다.

한편 U_1 및 U_2 점을 초과하면 작은 하중에도 침하량이 극히 크게 발생하므로 말뚝을 지지하는 지반이 파괴되었다고 생각하여 U_1 및 U_2 점에 도달한 하중을 극한하중으로 취급한다.

그림 11.8에서 항복하중을 결정한다는 것은 고도의 숙련된 기능을 요하게 된다. 종래에는

다음에 설명하는 여러 가지 방법이 사용되고 있다. 그러나 이들 방법에 의해서도 좀처럼 항복하중이 결정되지 못하는 경우도 많다.[6,7]

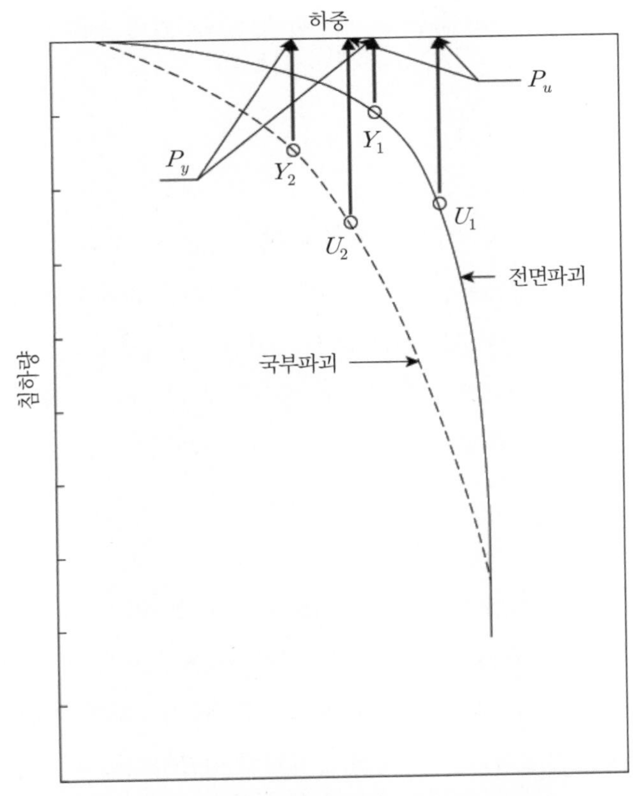

그림 11.8 말뚝재하시험 결과(항복하중과 극한하중)

그림 11.9에서는 항복하중을 말뚝재하시험 결과를 분석하여 구하는 방법을 도시 설명하고 있다.

(1) $\log P - \log S$

우선 그림 11.9(a)는 하중 P와 말뚝두부의 침하량 S의 관계를 양면대수지에 정리한 결과이다. 이 그림에서 말뚝재하시험 결과는 두 개의 직선 성분으로 나타났으며 이 두 직선의 교차점을 항복하중으로 정한다. 즉, 하중 P와 말뚝두부의 침하량 S의 대수관계선의 변곡점을 항복점으로 정한다.

(2) $\Delta S/\log\Delta t - P$법

그림 11.9(b)는 시간에 따른 침하량의 증분을 하중과 대비시킨 도면이다. 각 하중단계에 있는 Δt시간(10분 이상) 내의 침하량증분을 ΔS로 하고 대수침하속도 $\Delta S/\log\Delta t$, 즉 $S-\log\Delta t$ 곡선의 경사를 구하고 하중 P와의 관계를 도시하여 구한 미분의 변곡점을 항복하중으로 정한다.

(3) $S-\log t$법

그림 11.9(c)는 침하량 S와 시간 t의 관계를 반대수지상에 정리한 그림이다. 즉, 각 하중단계에서 측정한 침하량 S를 정규눈금으로 표시하고 침하량을 측정할 때의 시간 t를 대수눈금으로 표시하면 그림 11.9(c)에서 보는 바와 같이 $S-\log t$ 관계선이 낮은 하중단계에서는 직선으로 도시되고 높은 하중단계에서는 직선으로 도시되지 않는다. 따라서 직선으로 표시되는 하중단계와 그렇지 못한 하중단계의 경계 하중단계를 항복하중으로 정한다.

(4) $P-\log S$법[7]

한편 그림 11.9(d)는 $P-\log S$ 도면으로 정리한 하중-침하량 거동이다. 즉, 횡축을 정규눈금의 하중 P로 표시하고 종축은 대수눈금의 침하량 $\log S$로 표시한 $P-\log S$ 도면이다. 이 그림을 관찰해보면 초기 재하단계의 $P-\log S$ 곡선은 위로 오목한 형태로 나타나고 있으나 어느 지점의 하중단계에 이르러서는 이 곡선의 곡률이 지금까지의 곡선경향에서 이탈되어 곡선이 아래로 오목한 형태로 되어가고 있음을 알 수 있다. 곡선의 경향이 변하는 변곡점까지의 곡선은 대개 동일한 곡률반경을 가지고 있음을 알 수 있다. 따라서 이 변곡점은 하중과 침하량 사이의 거동에 변화가 발생하기 시작한 점을 의미한다.

(5) $P-S$법

위에 열거·설명한 분석법 이외에 하중과 침하량 거동 결과로부터 항복하중을 판정하는 방법으로 $P-S$법과 $P-\Delta S$법의 두 가지를 더 고려할 수 있다. 먼저 $P-S$법은 그림 11.10(a)에 도시된 바와 같이 하중과 침하량을 각각 정규눈금으로 표시 분석하여 항복하중을 판정하는 방법이다. 이 분석법은 초기재하부분의 하중-침하량 관계곡선에서 두 접선의 교차점에 해당하는 부분이 최대변곡점이 되므로 이 교점으로부터 항복하중을 정하는 방법이다. 이 교차점

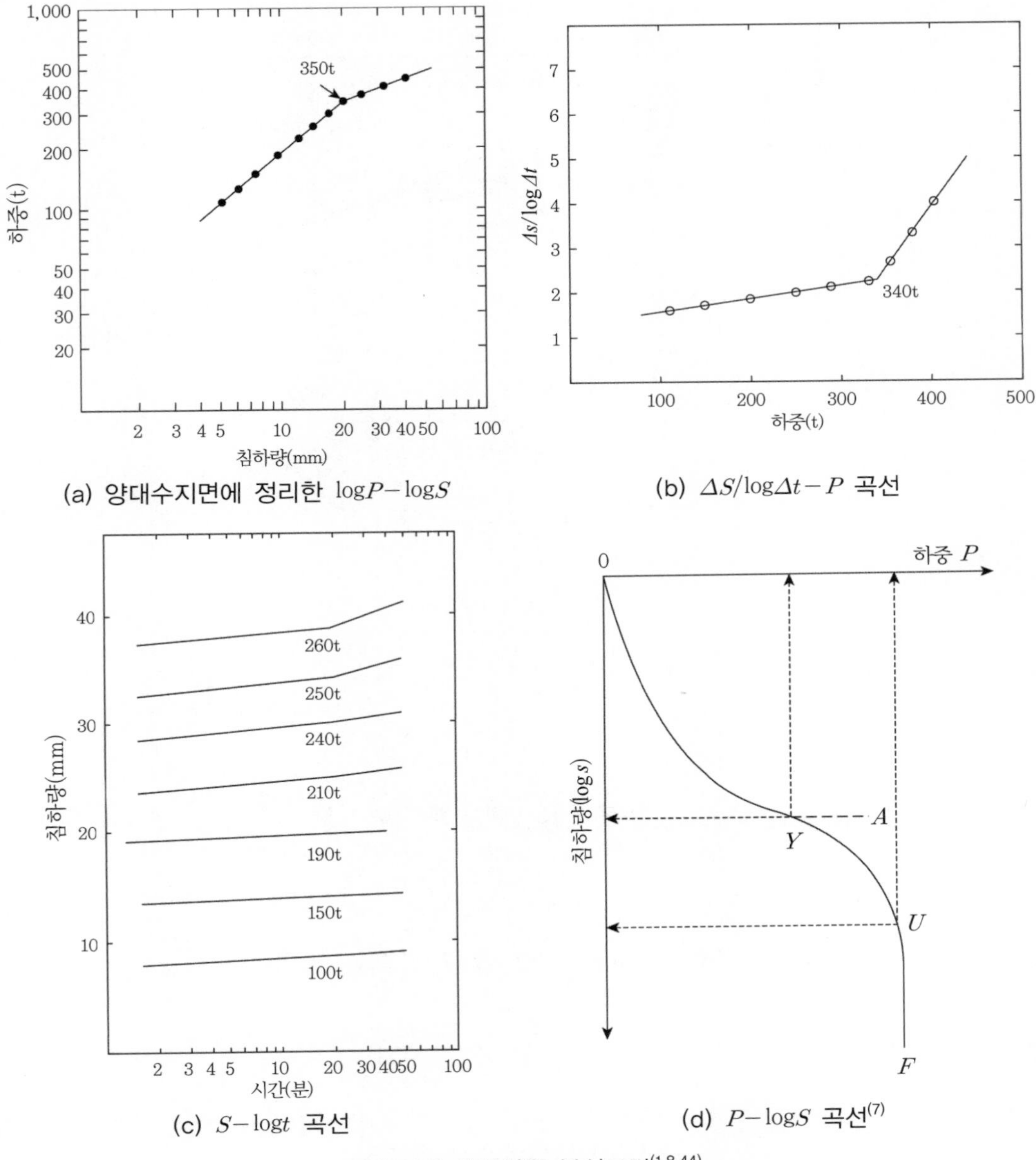

(a) 양대수지면에 정리한 $\log P - \log S$

(b) $\Delta S/\log\Delta t - P$ 곡선

(c) $S - \log t$ 곡선

(d) $P - \log S$ 곡선[7]

그림 11.9 항복하중 분석도면[1,8,44]

이 반복재하시험 결과 말뚝이 설치된 지반이 탄성상태에서 소성상태로 변하는 지점에 해당되므로 이 최대변곡점을 항복하중으로 정한다.

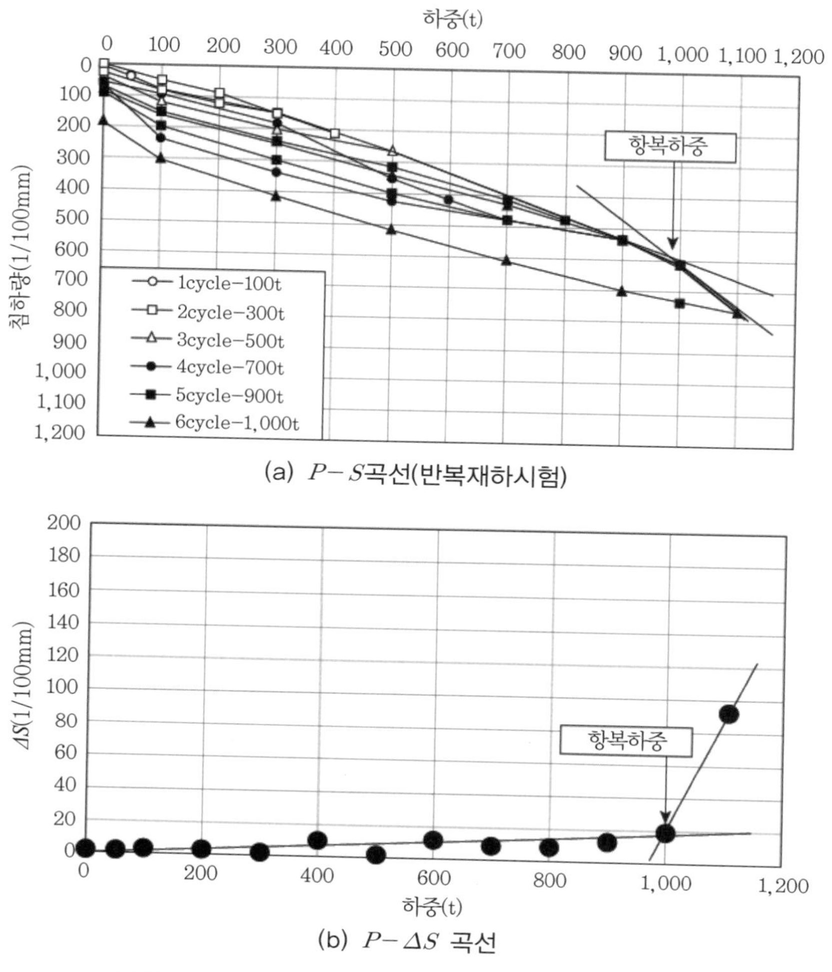

(a) $P-S$곡선(반복재하시험)

(b) $P-\Delta S$ 곡선

그림 11.10 항복하중 기타분석법($P-S$법과 $P-\Delta S$법)

(6) $P-\Delta S$법

다음으로 $P-\Delta S$법은 그림 11.10(b)에 도시된 바와 같이 각 하중단계에서의 하중P를 횡축으로 표시하고 각 하중단계 사이에 발생한 침하량 증가량(ΔS)을 종축으로 표시하고 말뚝재하시험에서 측정한 결과를 표시하고 분석하는 방법이다. 이 분석법은 각 하중단계에서 발생한 침하량의 변화량을 관찰하여 그림 11.10(b)에서 보는 바와 같이 침하량의 변화증가율이 급격히 변하는 단계를 항복상태로 규정하는 방법이다.

11.3.2 극한하중분석법

말뚝재하시험 결과로부터 극한하중을 결정하는 방법에는 Chin의 분석법(Chin, 1971),[13] Mazurkiewicz의 분석법(Mazurkiewicz, 1972)[25] 및 Brinch Hansen의 분석법(Brinch Hansen, 1961)[19]을 들 수 있다.

(1) Chin의 분석법[13]

이 방법은 하중-침하량 관계가 쌍곡선의 거동을 보이는 것으로 가정하여 식 (11.1)과 같이 침하량 S를 하중 P로 나눈 값(S/P)를 종축에 침하량을 횡축에 표시하여 이때 얻어지는 직선의 기울기의 역수로부터 극한하중으로 평가하는 방법이다.

즉, 하중-침하량 곡선을 쌍곡선 식으로 나타내면 식 (11.1)과 같이 된다.

$$P = \frac{S}{a+bS} \tag{11.1}$$

여기서, a와 b는 경험이나 실험으로 구해지는 정수이다.

하중 P의 극한값 P_u를 구하면 다음과 같이 된다.

$$P_u = \lim_{S\to\infty}\frac{S}{a+bS} = \lim_{S\to\infty}\frac{1}{\frac{a}{S}+b} = \frac{1}{b} \tag{11.2}$$

그림 11.11의 사례에 표시한 것과 같이 P_u는 쌍곡선의 점근선에 대응하는 하중이다. 식 (11.1)을 변형하면 식 (11.3)과 같이 된다.

$$\frac{S}{P} = a+bS \tag{11.3}$$

식 (11.3)을 보면 (S/P)와 S의 관계는 직선으로 되며 이 직선의 기울기의 역수($1/b$)가 극한하중이 된다. 그러나 본 분석법은 과대평가할 우려가 있으므로 설계를 위한 극한하중의 판정은 Chin의 분석법(Chin, 1971)[13]에 따라 구한 값의 75% 정도를 사용할 것을 추천하였다.

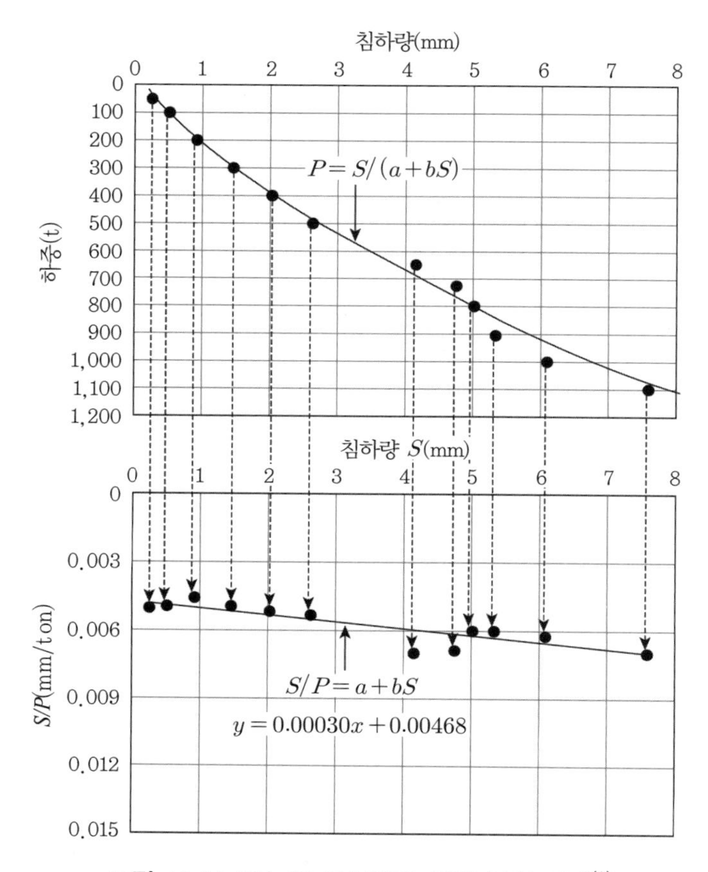

그림 11.11 Chin의 분석법에 의한 분석 사례[3]

(2) Mazurkiewicz의 분석법[25]

이 방법은 말뚝을 지지하고 있는 지반의 파괴에 이를 때까지의 하중-침하량 곡선이 포물선으로 거동한다고 가정하여 파괴하중을 추정하는 방법이다.

Mazurkiewicz의 분석법[25]은 도해적으로 극한하중을 구하면 Brinch Hansen의 분석법[19]에 의해 구한 극한하중과 거의 일치하는 것으로 알려져 있다.

이 도해법에서는 먼저 말뚝의 하중-침하량 곡선을 그림 11.12와 같이 도시하고 말뚝두부의 변위, 즉 침하량을 임의의 간격으로 선택하여 하중-침하량 곡선에서의 각 침하량에 대응하는 하중을 이 점에서 연직선을 그리고 하중축과 교차하는 점들을 정한다. 그리고 각 하중교차점에서 다음 하중선과 45°로 교차하게 직선을 그린 후 이들 교차점들을 연결하면 거의 직선이 된다. 이 선의 연장선과 횡축의 교차점이 극한하중이 된다.

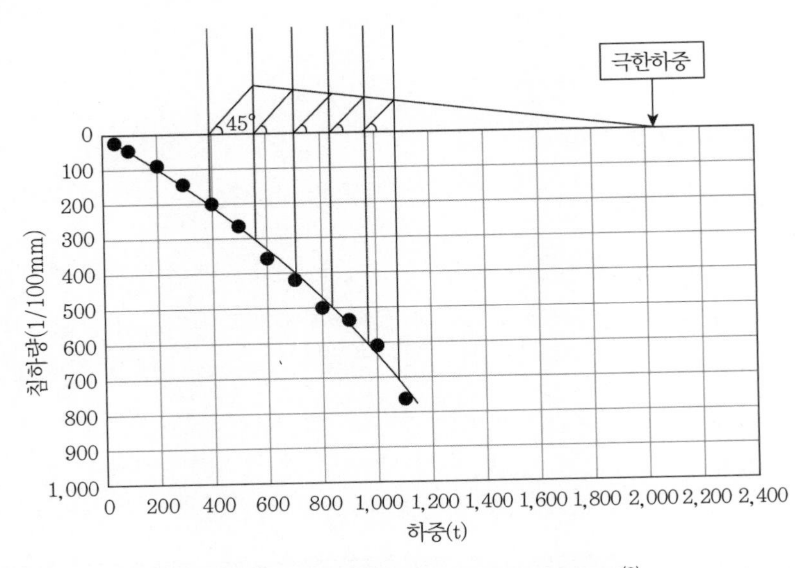

그림 11.12 Mazurkiewicz의 분석법 사례[3]

(3) Brinch Hansen의 분석법

Brinch Hansen의 분석법[19]은 임의의 하중(보통 최대시험하중을 선택)의 90%에 해당하는 하중에 대응하는 침하량의 2배가 되는 침하량에 대응하는 하중을 극한하중으로 추정하는 방법이다. 스웨덴의 항타 및 말뚝재하시험 기준과 국재토질기초공학회(ISSMFE)에서는 이 방법

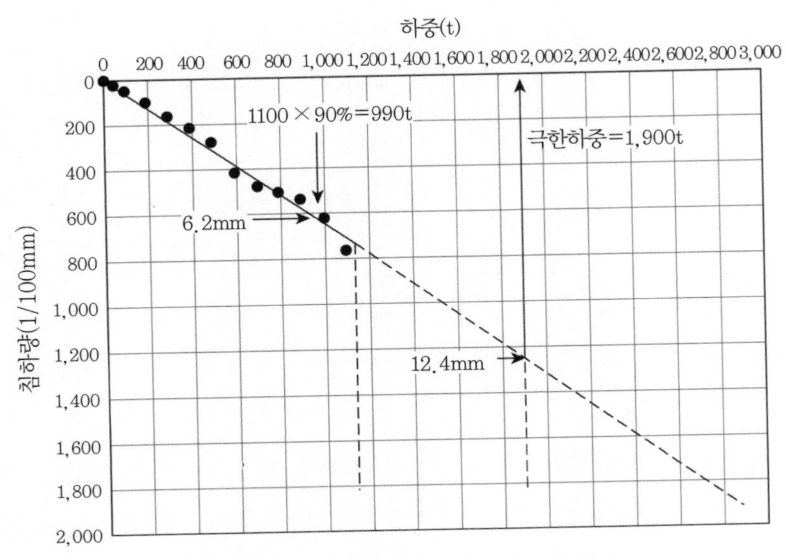

그림 11.13 Brinch Hansen의 분석법 사례[3]

을 채택하고 있다.

11.3.3 침하량에 의한 분석법

(1) 전체침하량에 의한 분석법

전체침하량으로 말뚝의 극한하중을 결정하는 기준은 표 11.1에 정리한 바와 같이 전체침하량의 크기 자체로 정하는 기준, 말뚝직경과 대비하여 침하량을 정하는 기준 및 단위하중당 침하량의 증분으로 정하는 기준의 세 가지가 있다. 이중 단위하중당 침하량의 증분이란 재하중에 대한 침하량의 증가속도의 개념으로 정한 기준을 의미한다.

표 11.1 전체침하량 기준

구분	제안자	기준
전체침하량	IS 2911(2010)[22]	12mm
	Germany; France; Belgium; Muns(1959)	20mm
	Austria; Holland; New York City; Terzaghi & Peck(1967)[34]; Touma & Reese(1974)[36]	25.4mm
	Woodward(1972)	12.7~25.4mm
	홍원표(2018)*	13mm
말뚝직경(d)과의 관계	Roscoe(1957)[32]; De Beer(1964)[15]; BS 8004(1986)[15]; JSF 1811(1993)[21]; Tomlinson & Woodward(2014)[35]	$0.1d$
	De Beer(1964)[15]	$0.3d$
	Van Impe(1988)[39]	$0.05d$
	홍원표(2018)*	$0.01d$
침하량증분/단위하중	California; Chicago	0.254mm/t
	Ohio	0.762mm/t
	Raymond International	1.27mm/t
	홍원표(2018)*	0.01mm/t

d : 말뚝직경
* : 암반 근입 현장타설말뚝에 적용(제7장 참조)

먼저 전체침하량의 크기 자체로 기준을 정하는 방법은 표 11.1에서 보는 바와 같이 여러 나라에서 단순한 설계기준으로 많이 적용되어왔다. 가장 많이 적용된 기준은 1inch(25.4mm)이다. 그러나 이들 기준은 관입 기성말뚝에 적합한 기준이다. 따라서 최근 많이 사용하는 암반근입 현장타설말뚝의 경우에 이 기준을 적용하면 제7장에서 검토한 바와 같이 과다설계가 되거나 적용 불능 상태가 된다. 따라서 필자는 국내에서 시공된 암반 근입 현장타설말뚝의 말뚝재하시험에서의 계측자료 검토를 통해 1/2inch에 해당하는 13mm가 적합한 기준으로 제7장에서 제안하였다.[7,8]

다음으로 많이 적용된 기준은 전체침하량의 크기를 말뚝직경과 연결시켜 마련한 기준이다. 이 기준으로 가장 많이 적용된 기준은 말뚝직경의 10%인 $0.1d$이다. Van Impe(1988)는 이 기준을 반으로 줄여 말뚝직경의 5%를 침하량 기준으로 제안하였고 암반근입 현장타설말뚝의 경우는 말뚝직경의 1% 침하량을 기준으로 사용하도록 하였다.[7,39]

마지막으로는 단위하중당 침하량의 증분으로 마련한 기준으로 0.254mm/t와 1.27mm/t 사이의 기준이 적용되었다. 이 기준 역시 암반근입 현장타설말뚝에 적용하기에는 과대하여 0.01mm/t을 제7장에서 새롭게 제안하였다.

(2) 잔류침하량에 의한 분석법

잔류침하량으로 말뚝의 극한하중을 결정하는 기준은 전체침하량의 경우와 동일하게 잔류침하량의 크기 자체로 정하는 기준, 말뚝직경과 대비하여 침하량을 정하는 기준 및 단위하중당 침하량의 증분으로 정하는 기준의 세 가지가 있다. 이 중 단위하중당 침하량의 증분이란 재하중에 대한 침하량의 증가속도의 개념으로 정한 기준을 의미한다.

표 11.2는 여러 기관 및 학자들에 의해 제안·적용되고 있는 잔류침하량 기준이다. 잔류침하량으로 말뚝의 극한하중을 결정하는 기준이다.

먼저 잔류침하량의 크기 자체로 기준을 정하는 방법은 표 11.2에서 보는 바와 같이 여러 나라에서 단순한 설계기준으로 많이 적용되어왔다. 가장 많이 적용된 기준은 6.4mm이다. Boston Building Code에서는 1/2inch(12.7mm)를 적용하는가 하면 Canada나 Denmark에서는 각각 25mm와 38.1mm의 큰 값을 적용하고 있다. 이는 각국의 지반특성이 다른 점도 원인이지만 대략 관입기성말뚝을 대상으로 한 기준이기 때문으로 추측된다.

따라서 최근 많이 사용하는 암반근입 현장타설말뚝의 경우에 이 기준을 적용하면 제7장에서 검토한 바와 같이 과다설계가 되거나 적용불능 상태가 된다.

따라서 필자는 국내에서 시공된 암반근입 현장타설말뚝의 말뚝재하시험에서의 계측자료 검토를 통해 3mm가 적합한 기준으로 제7장에서 제안하였다.

표 11.2 잔류침하량 기준

구분	제안자	기준
잔류침하량	IS 2911(2010)[22]	6mm
	AASHTO[9]; New York City; Louisiana; US Army Corps of Engineers; Mansur & Kaufman(1958)[24]	6.4mm
	Magnel(1948)	8mm
	Boston Building Code; Woodward(1972)	12.7mm
	Canada(2006)[12]	25mm
	Christiani & Nielson of Denmark	38.1mm
	홍원표(2018)*	3mm
말뚝직경(d)과의 관계	DIN 4026(1975)[16]	$0.025d$
	DS 415(1998)[17]	$0.1d$
	홍원표(2018)*	$0.003d$
침하량증분/단위하중	New York City; Uniform Building Code(1982)[21]	0.254mm/t
	Raymond International	0.0762mm/t
	홍원표(2018)*	0.003mm/t

d : 말뚝직경
* : 암반 근입 현장타설말뚝에 적용(제7장 참조)

다음으로 많이 적용된 기준은 잔류침하량의 크기를 말뚝직경과 연결시켜 마련한 기준이다. 이 기준으로 가장 많이 적용된 기준은 말뚝직경의 10%인 $0.1d$나 $0.025d$이다. 암반근입 현장타설말뚝의 경우는 말뚝직경의 0.3% 침하량을 기준으로 사용하도록 제7장에서 제안하였다.

마지막으로는 단위하중당 침하량의 증분으로 마련한 기준으로 0.254mm/t과 0.0762mm/t 의 기준이 적용되었다. 이 기준 역시 암반근입 현장타설말뚝에 적용하기에는 과대하여 0.003mm/t을 제7장에서 새롭게 제안하였다.

(3) 탄성침하량에 의한 분석법(Davisson의 분석법)[14,37]

전체침하량과 잔류침하량으로부터 극한하중을 결정하는 방법 이외에도 탄성침하량을 고려하여 항복하중이나 극한하중을 정할 수 있는 방법도 제안된 바 있다. 우선 제7장에서는 탄성침하량이 말뚝지지력 및 재하시험 결과에 미치는 영향에 대하여 검토· 설명한 바 있다.

한편 Davisson(1972)은 말뚝의 탄성압축변형선을 임의의 거리만큼 평행이동시키면 하중-침하량관계곡선과 교차점이 발생하며 이 교차점에 대응하는 하중을 극한하중(파괴하중)이라고 하였다.[14] Daivisson의 분석법은 말뚝의 전체침하량과 말뚝직경(d), 단면적(A), 탄성계수(E), 말뚝길이(L) 및 하중(P)를 복합적으로 고려하여 말뚝기초의 허용하중을 결정하는 방법이다.

그림 11.14는 Davisson의 분석법에 의해 파괴하중을 결정하는 작도법을 도시한 그림이다. 우선 말뚝의 탄성압축변형량($\Delta = PL/AE$)을 각 하중단계별 재하하중에 대하여 계산하여 하중-침하량 곡선에 탄성침하량선을 표시한다. 탄성침하량선에 평행하게 Davisson Offset Line인 $(0.15 + d/120) \times 25.4$mm만큼 평행이동시킨 선을 표시하여 하중-침하량 곡선과의 교차점 C에서의 하중을 파괴하중으로 정한다. 결국 파괴하중 P_u에서의 전체침하량 S는 식(11.4)와 같다.

$$S(\text{mm}) = P_u L/AE + (0.15 + d/120) \times 25.4 \tag{11.4}$$

이 식에서 우변의 첫 번째 항은 말뚝이 압축하중을 받을 때의 탄성압축변형량이고 두 번째 항의 0.15(inch)는 최대주면마찰력이 발휘될 때의 말뚝과 지반 사이의 상대변위를 의미하며 세 번째 항의 d/120(inch)는 선단지지력이 최대로 발휘될 때의 선단침하량에 해당한다.

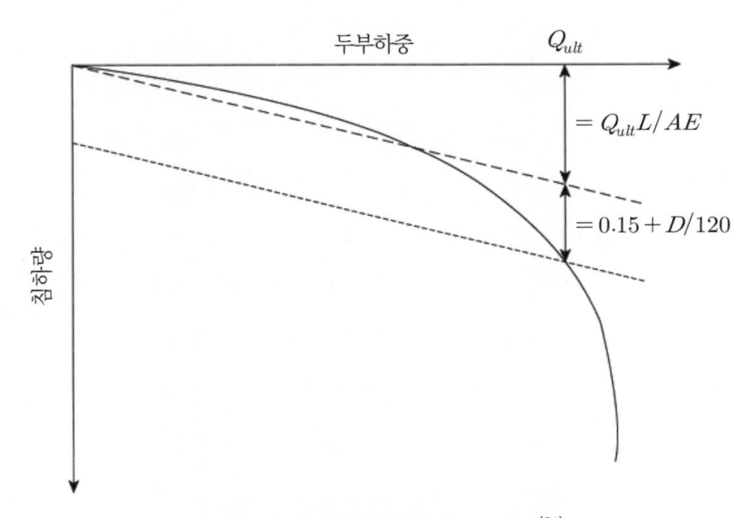

그림 11.14 Davisson의 분석법[31]

Davisson의 분석법은 국내의 항복하중기준과 DIN 4026의 말뚝직경의 2.5%의 잔류침하량 기준과 잘 일치하는 것으로도 알려져 있다.

그러나 여규권(2004)[3]은 Davisson의 분석법은 연암에 근입된 현장타설말뚝에 적용할 경우 단계별 하중에 의한 탄성압축침하량이 작으므로 Davisson Offset Line과 하중-침하량 곡선의 교차점이 발생하지 않아 파괴하중의 확인이 불가능하다고 하였다.[3] 결국 Davisson의 분석법은 현장타설말뚝보다는 항타말뚝의 지지력 판정에 적합하고 다른 판정기준보다 낮은 허용하중을 나타낸다고 할 수 있다.

11.4 말뚝재하시험 결과 분석 사례

홍원표 외 4인(1989)은 우리나라 서해안과 남해안 지역의 6개 현장에서 실시된 말뚝재하시험 결과[4]를 이용하여 말뚝의 항복하중과 극한하중을 판정한 바 있다.[7]

말뚝재하시험을 실시하는 목적으로는 ① 설계하중 작용 전 말뚝의 비파괴 확인, ② 극한지지력의 결정, ③ 하중과 침하량의 거동조사, ④ 말뚝의 구조적안전성 검토 등을 들 수 있다.

말뚝재하시험 결과로부터 얻어지는 극한하중은 말뚝이 설치된 지반에서 말뚝과 지반 중 어느 하나가 파괴에 도달하였을 때의 하중이라 할 수 있다. 이것은 말뚝 자체의 재료강도가 말뚝 주변지반 파괴 시의 상재하중보다 작으면 말뚝의 극한지지력은 말뚝 자체의 재료강도에 의해 결정된다는 것이다. 그러나 실제 현장재하시험에서는 안전 등의 이유로 이러한 극한상태까지 재하할 수 없을 뿐만 아니라 재하시험의 최대상재하중을 결정할 때 이미 재료의 허용강도를 고려하여 재하시험을 계획하여야 할 것이다. 따라서 현재는 이러한 극한상태에 도달하기 이전의 하중단계까지만 재하를 실시하여 극한하중 및 항복하중을 판정하고 있다.

이상의 상태에서 항복하중과 극한하중을 판정하는 기존의 방법에 대하여는 위에서 설명하였다. 그러나 상기의 방법 중에는 명백하게 항복하중이나 극한하중을 판정하기가 용이하지 않은 경우가 많으며 이들 방법에 의하여 판정된 값은 서로 판이하게 다른 경우가 많다.[6-8] 경우에 따라서는 뚜렷한 변곡점을 찾을 수 없는 경우도 많아 보다 합리적이고 간편한 방법이 요구되고 있다.

11.4.1 사용자료

홍원표 외 4인(1989)은 우리나라 서해안과 남해안지역의 6개 건설현장에서 실시된 42회의 말뚝재하시험 결과를 사용하여 항복하중과 극한하중을 판정하였다.(7)

제1현장에서 제3현장까지 에서는 30개의 강관말뚝이 말뚝재하시험에 사용되었고 제4현장에서 제6현장에서는 8개의 PC말뚝이 사용되었다. 재하시험방법은 제1현장에서는 유압잭을 사용한 반력말뚝 실하중 병용방식을 채택하여 다 사이클 재하방법을 적용하였으며 설계하중의 2배 정도의 최대재하하중을 8단계로 나누어 재하 8단계 감하 4단계로 실시하였다. 제2, 4, 5 및 6현장에서도 역시 최대재하하중을 설계하중의 2배로 하였다. 제2현장에서는 6-8단계 재하 및 감하방식을, 제4현장에서는 6-9단계 재하 4단계 감하방식을, 제5현장 및 제6현장에서는 8단계 재하방식을 적용하였다. 또한 제3현장에서는 ASTM D1143-81의 다 사이클 재하방식을 적용하여 6단계의 재하와 6단계의 감하로 실시하였다.

제1현장 지반은 상층부, 중부층, 하부층 및 기반암의 4개 층으로 구분된 퇴적지반이다. 상부층은 주로 모래 또는 실트질 모래로 구성되어 있으며 간간이 점성토가 끼여 있다. 중부층은 실트질 점토와 점토질 실트로 구성되어 있으며 약간의 모래가 끼여 있다. 하부층은 모래와 모래질자갈 또는 전석으로 구성되어 있으며 국부적으로 점토층이 끼여 있다.

제2현장은 실트질 모래의 해성토를 준설 매립하여 형성된 지반으로 프리로딩공법을 적용하여 연약지반을 개량한 곳이다. 제3현장은 화물의 적재를 위해 건설한 항만구조물 축조현장으로 해저 바닥 부분의 지층 구성은 대략적으로 점착력을 판단하기 어려운 중간 밀도의 사질토 지반으로 표층은 15~16m 사이에 실트와 모래가 혼합된 층을 이루고 있으며 그 밑에는 약간 단단한 점토층이 2~5m 정도로 pocket 형태를 이루고 있고 이어서 자갈층과 풍화토가 형성되어 있다.

그리고 제4현장은 상부층이 양질의 흙으로 매립된 지층이며, 매립심도는 약 98m 정도로 타 지역보다 비교적 높은 N값(20 정도)을 나타내고 있다. 매립 전 원지반은 우리나라 서해안지방에 많이 분포되어 있는 실트질 모래층과 약간의 자갈층으로 혼합되어 있고, 이 구간의 N값은 50 정도의 값을 가진다.

제5현장은 인근해역의 간사지를 준설 매립하여 조성한 지역이며 지층구조는 실트질 모래와 점토모래층으로 구성된 매립층이 평균 4m의 심도를 갖고 있으며 원래의 토층인 퇴적층은 주로 무기질 점토층으로 심도는 2m 정도로 얕은 편이다. 지지층인 기반암까지는 지표면에서 평균 8m 정도 깊이에 형성되어 있다. 제6현장은 야산지대이므로 지층조건은 양호한 편으로 평균 6m 깊이에 있는 기반암까지 주로 자갈 및 자갈질 흙으로 구성되어 있으며 N치는 평균 50을 상회하고 있다.

11.4.2 항복하중 판정

본 말뚝재하시험 결과에 대하여 제11.3.1절에서 설명한 기존의 항복하중 판정법 중 $P-\log S$법을 제외한 모든 방법을 적용하였을 때 항복하중을 판정하기가 용이하지 못하였다.[6,7] 이에 $P-\log S$법을 적용하여 항복하중을 판정해본다.

그림 11.15는 $P-\log S$ 도면으로 정리한 하중-침하량 거동의 대표적 유형이다. 이들 그림을 관찰해보면 초기 재하단계의 $P-\log S$ 곡선은 위로 오목한 형태로 나타나고 있으나 어느 지점의 하중단계에 이르러서는 이 곡선의 곡률이 지금까지의 곡률경향에서 이탈되어 곡선이 아래로 오목한 형태로 되어가고 있음을 알 수 있다.

곡선의 경향이 변하는 변곡점까지의 곡선은 대개 동일한 곡률반경을 가지고 있음을 볼 수 있다. 따라서 이 변곡점은 하중과 침하량 사이의 거동에 변화가 발생하기 시작한 점을 의미한다.

이들 하중과 침하량 거동을 정규눈금의 $P-S$ 곡선으로 그려 보면 그림 11.16과 같다. 그림 중 화살표는 그림 11.15에서 구한 변곡점을 표시한 것이다.

이 그림에 의하면 초기하중단계의 불안전함을 제외하면 변곡점까지의 하중과 침하량의 관계는 대략 선형적임을 알 수 있다.

따라서 변곡점까지의 하중과 침하량의 관계는 탄성적 거동이 지배적임을 보이고 있으며 변곡점 이후에는 소성변형이 발생한다고 생각된다.

그러므로 이 변곡점은 말뚝재하 거동곡선의 항복하중이라 생각할 수 있으며 이때의 하중을 항복하중이라 할 수 있을 것이다.

그림 11.15의 결과를 종합 정리해보면 그림 11.17의 개략도와 같이 도시할 수 있다. 즉, 변곡점 Y까지는 동일곡률반경을 가지는 원호로 표시되고 변곡점 Y를 지난 후 곡선은 A, B, C의 세 가지 형태로 구분할 수 있다.

우선 A곡선의 경우는 변곡하중 이후 응력의 증가에 비하여 침하량의 증가가 비교적 커서 극한상태까지 이르게 되는 거동을 나타내고 B곡선의 경우는 항복하중 이후 갑자기 침하가 발생한 후 서서히 침하상태가 안정되어가는 경우의 거동이며, C곡선의 경우는 변곡하중 이후 P와 $\log S$가 직선적 거동을 보이는 경우이다.

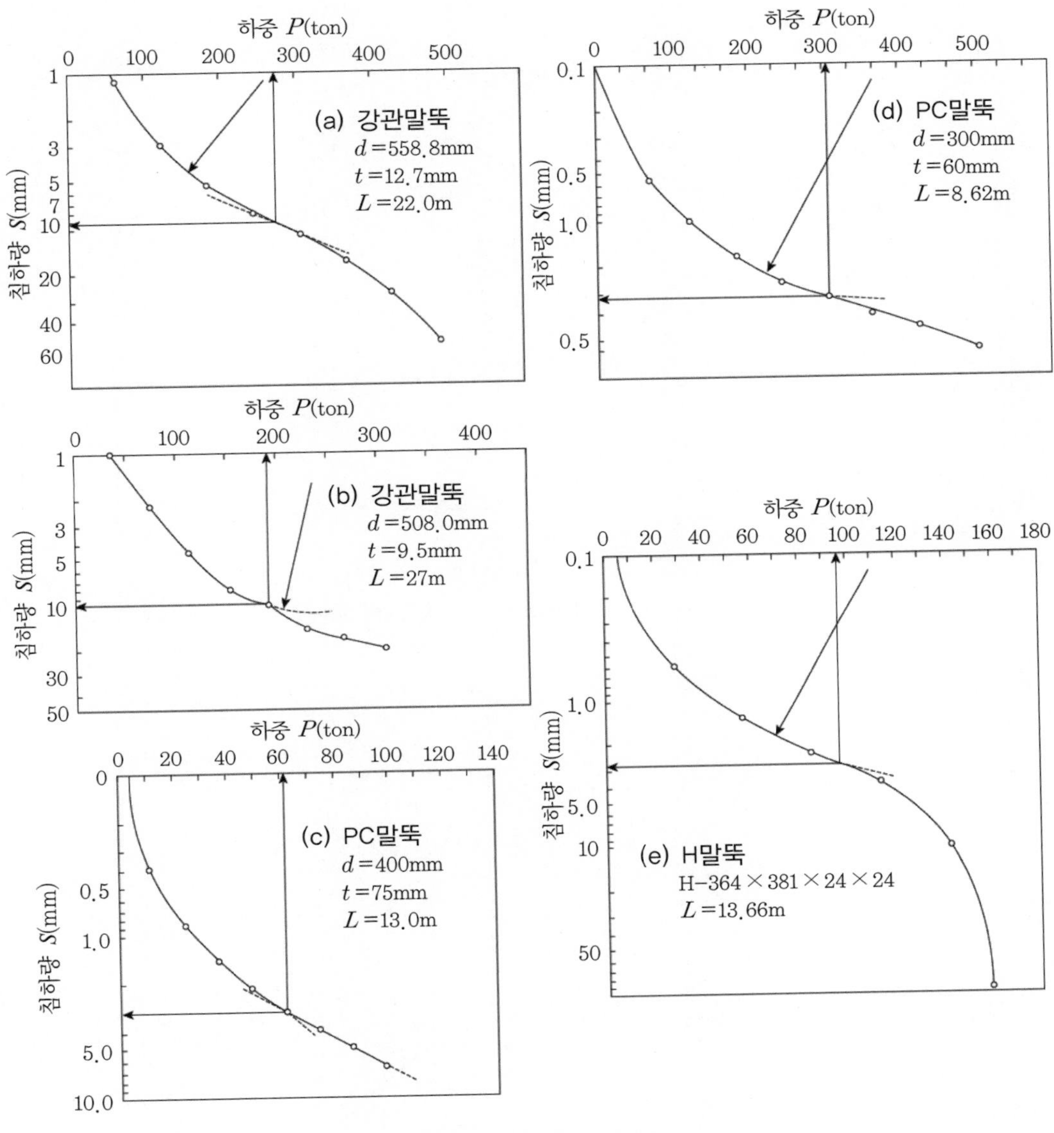

그림 11.15 $P-\log S$ 곡선

마찰말뚝이나 암반이 아닌 사질토지반에 지지된 선단지지말뚝의 경우는 A곡선의 거동을 보이기 쉽고 암반에 지지된 선단지지말뚝의 경우는 B곡선이나 C곡선의 거동을 보여 침하가 그다지 크게 발생하지 않고 있다.

어느 경우이든지 Y점에서 지금까지의 곡선 경향에 변화가 발생하므로 이 점을 항복하중으로 규정할 수 있다.

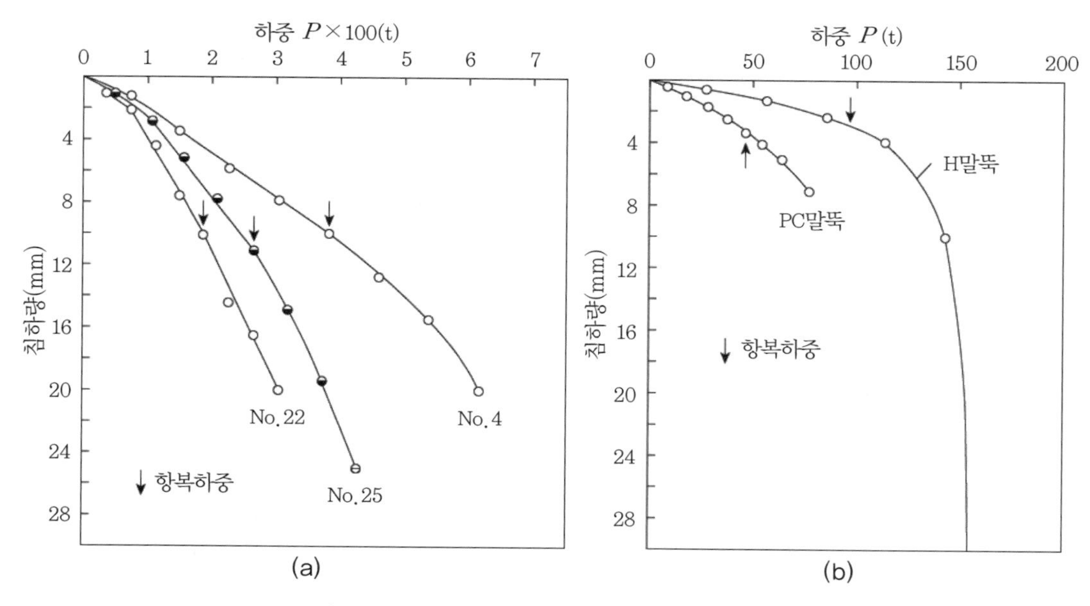

그림 11.16 하중－침하량($P-S$) 곡선(정규눈금)

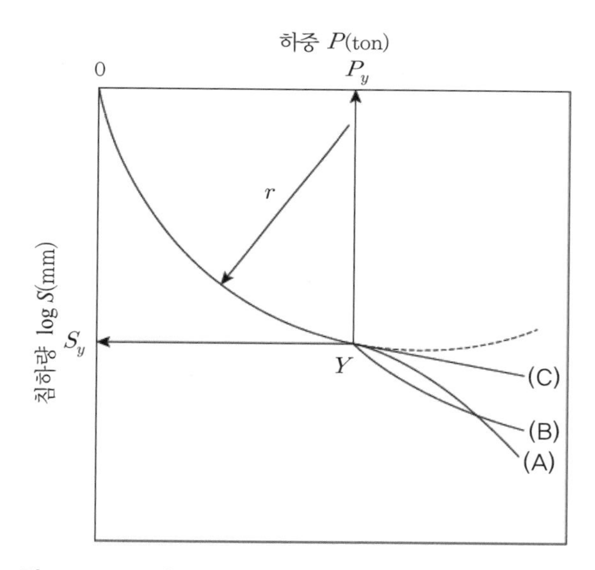

그림 11.17 $P-\log S$도 정리한 하중－침하량 거동개략도

11.4.3 극한하중 판정

말뚝재하시험 결과를 이용한 극한하중 판정법은 다양하다. 가장 일반적인 방법은 New York Code 기준[34,36]인 말뚝머리에서의 침하량이 25.4mm에 도달하였을 때의 하중을 채택하였고

이때의 침하량을 극한침하량으로 정하였다. 그러나 최대재하하중을 가하여도 침하량이 25.4mm에 도달하지 않은 경우는 마지막 하중을 극한하중으로 취급하였다.

New York Code 기준은 기타 규정의 극한하중 판정법보다 극한하중이 작게 결정되는 관계로 설계하중의 입장에서 고려해볼 때 안전설계에 가깝게 된다. 이 방법은 말뚝의 과다한 침하는 구조물의 안전에 지대한 영향을 미치게 된다는 것을 감안할 때 침하량 규제로 설계를 하게 되면 실용상의 이점을 가지게 된다.

11.4.4 항복하중과 극한하중의 관계

앞에서 설명한 방법으로 결정된 항복하중과 극한하중의 관계를 조사해보면 그림 11.18과 같다. 그림 중 검은 색이 들어 있는 표시는 말뚝의 최종 침하량이 25.4mm에 도달하기 이전에

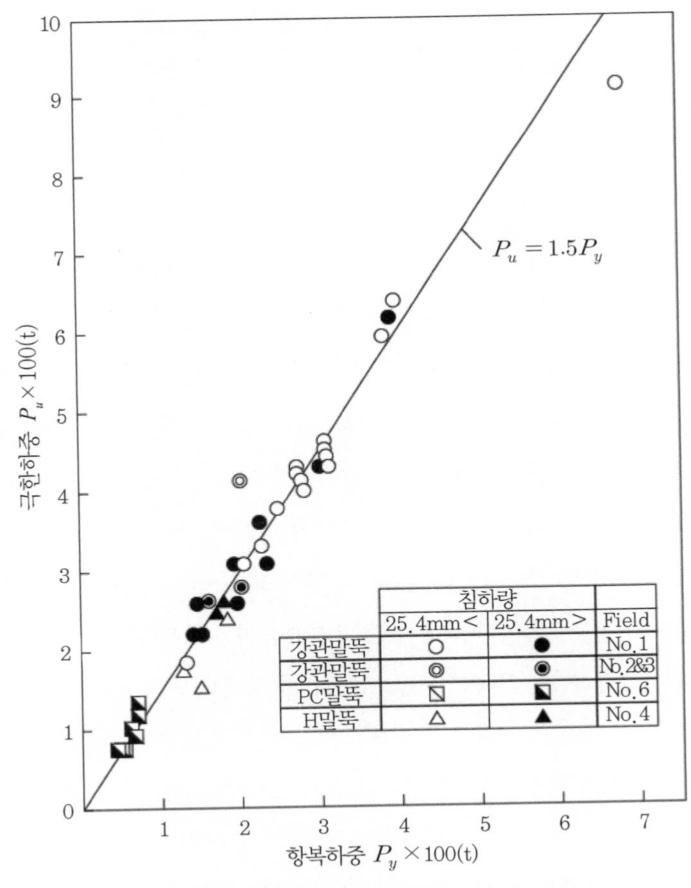

그림 11.18 항복하중과 극한하중의 관계

말뚝재하시험이 종료된 경우를 나타내고 있으며, 나머지 경우는 말뚝의 최종침하량이 25.4mm 이상의 상태까지 말뚝재하시험이 실시된 경우를 나타네고 있다.

이 그림에 의하면 항복하중 P_y와 극한하중 P_u 사이에는 선형적 상관관계를 가지고 있음을 알 수 있다. 그림 중 실선으로 표시한 상관식은 식 (11.5)와 같다.

$$P_u = 1.5P_y \tag{11.5}$$

즉, 말뚝이 25.4mm 침하 시의 극한하중은 항복하중의 1,5배에 해당함을 알 수 있다. Buttler & Morton(1970)[11]은 소성파괴가 시작되는 하중의 극한하중에 대한 임계하중비를 0.7로 제시한 바 있는데, 그림 11.18의 항복하중과 극한하중의 비 (P_y/P_u)는 0.67이 되어 임계하중비보다 약간 작으나 거의 비슷한 값을 보이고 있다. 따라서 앞에서 구한 항복하중은 탄성범위에 대한 임계하중을 의미한다고 생각할 수 있다.

한편 항복하중 P_y와 허용하중 P_a의 관계는 $P_a = P_y/F_s$의 관계와 식 (11.5)로부터 식 (11.6)가 구해진다.

$$P_a = 1.5\frac{P_y}{F_s} \tag{11.6}$$

여기서, F_s는 극한하중으로부터 허용하중을 결정할 경우의 안전율이다. 말뚝재하시험으로부터 얻은 극한하중으로부터 허용하중을 결정할 경우 통상적으로 안전율을 단기안정에 대하여는 2로 하고 장기안정에 대하여는 3을 사용한다.[48] 이 값을 식 (11.6)에 대입하면 단기허용하중은 항복하중의 75%가 되며 장기허용하중은 항복하중의 50%가 된다. 이는 항복하중으로부터 단기허용하중을 결정할 경우는 안전율이 4/3가 되고 장기허용하중을 결정할 경우의 안전율은 2가 됨을 의미한다. 이 항복하중에 대한 장기허용하중의 안전율 2는 일본토잘공학회[45,46]의 값과도 일치한다. 일본토질공학회에서는 장기허용지지력을 구할 경우 항복하중에 대하여는 2로 하고 극한하중에 대하여는 3으로 하여 그중 작은 값으로 결정하고 있다. 앞에서 설명한 방법으로 항복하중과 극한하중을 구하고 각 하중에 대한 장기안전율을 2 및 3으로 하면, 항복하중과 극한하중으로 구한 장기허용지지력은 결국 일치하게 된다. 이러한 결과는 재하시험으로부터 말뚝의 항복하중을 결정하고 이를 활용하는 것도 여러 가지 유리한 점이 있음을 의미하게 된다. 즉, 말뚝재하시험 시 하중을 증가시킬 때마다 $P-\log S$ 도면에 하중과 침하량을 표시해가면 시험 중에도 항복하중에 도달하였는가 여부를 판단할 수 있어 편리하며 항복하중 후의 극한하중을 대략적으로 예측할 수도 있어 장차 도달하게 될 극한하중에 대비할 수 있는 이점도 있다. 또한 경우에 따라서는 말뚝의 재하시험을 항복하중이 약간 지난 시기까지만 실시함으로써 극한하중 도달시기까지 재하하중을 실시함에 따라 발생될지도 모를 사고를 미연에 방지할 수도 있고 그에 따르는 경비와 시간을 절약할 수 있을 것이다.

11.4.5 항복하중과 침하량의 관계

그림 11.19는 항복하중과 이에 대응하는 항복침하량(total yield settlement)의 관계를 나타낸 그림이다. 그림에서 보는 바와 같이 항복침하량은 항복하중의 증가에 따라서 선형적으로 증가하고 있다. 또한 PC말뚝이나 H말뚝의 항복침하량은 약 2~5mm 사이에서 발생되고 있다.

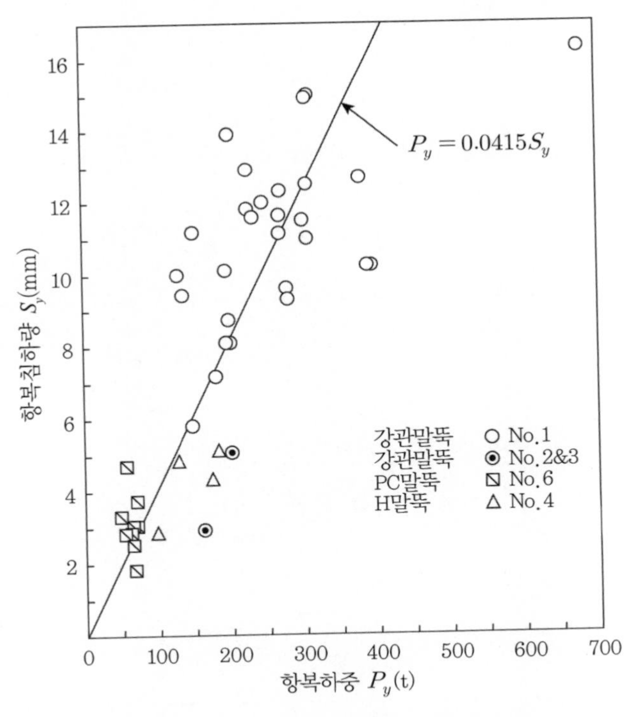

그림 11.19 항복하중과 항복침하량의 관계

즉, 항복하중이 100ton 미만인 경우는 항복침하량이 5mm 이하로 발생되고 100ton 이상인 경우는 5~17mm 사이에서 발생하고 있음을 의미한다. 이것은 식 (11.5)에 비추어볼 때 극한하중이 150ton(항복하중은 100ton)일 때를 기준으로 그 이하의 낮은 지지력을 가지는 말뚝에 대한 항복상태의 침하량은 5mm 이하임을 의미하고 극한하중이 150ton 이상의 큰 지지력을 갖는 말뚝에서는 최고 17mm 정도의 항복침하량을 가지고 있음을 의미한다. 藤田[47]는 강말뚝의 항복침하량은 12~18mm 범위에서 발생된다고 하였는데 본 재하시험에서 볼 때 藤田의 항복침하량범위는 항복하중이 적어도 200ton 이상 되는, 즉 극한하중이 200ton 이상이 되는 큰 지지력을 갖는 강관말뚝에 해당됨을 알 수 있다.

항복하중과 항복침하량 사이의 관계를 선형회귀분석해보면 그림 속에 표기한 바와 같이 식 (11.7)의 관계가 있음을 알 수 있다.

$$S_y = 0.04P_y \tag{11.7}$$

여기서, S_y : 항복침하량(mm)

P_y : 항복하중(ton)

한편 항복침하량 중에서 탄성침하량(elastic settlement)을 제외한 소성침하량(plastic settlement)은 그림 11.20과 같다.

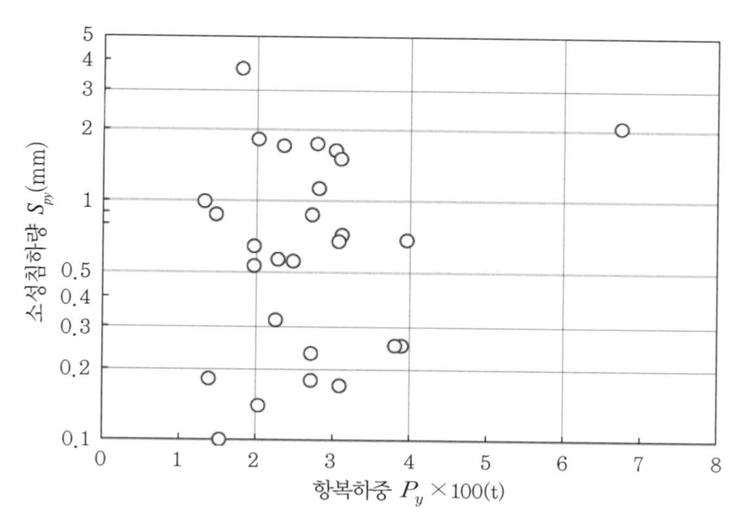

그림 11.20 항복하중과 항복소성침하량의 관계

소성침하량은 전침하량과 달리 재하시험방식을 다사이클 방식으로 실시했을 때만 판정가능하다. 항복 시의 소성침하량은 그림 11.20으로 미루어 보아 대부분 2mm 이하로 발생되었다. 이것은 말뚝의 항복지지력에 무관하게 항복소성침하량이 매우 적게 발생함을 의미한다. 그러므로 본 재하시험 결과로 판단한 항복하중은 하중과 침하량의 관계에 있어서 탄성한계(elastic lomit)에 속하는 하중이라 짐작할 수 있다.

11.4.6 항복하중과 정역학적 지지력의 비교

그림 11.21은 정역학적 지지력 공식 중 Meyerhof 공식[26]인 식 (4.23)과 일본건축학회공식[49]인 식 (4.24)에 의한 정적지지력 P_{us}와 말뚝재하시험으로 결정된 항복하중 P_y와의 관계를 조사한 그림이다. 즉, 그림 11.21(a)는 Meyerhof 공식으로 산정한 정적지지력과 항복하중의 관

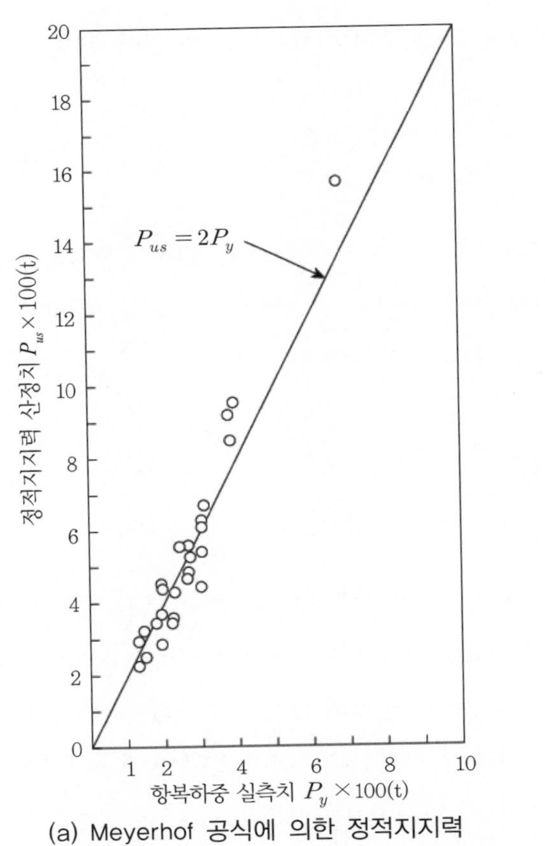

(a) Meyerhof 공식에 의한 정적지지력

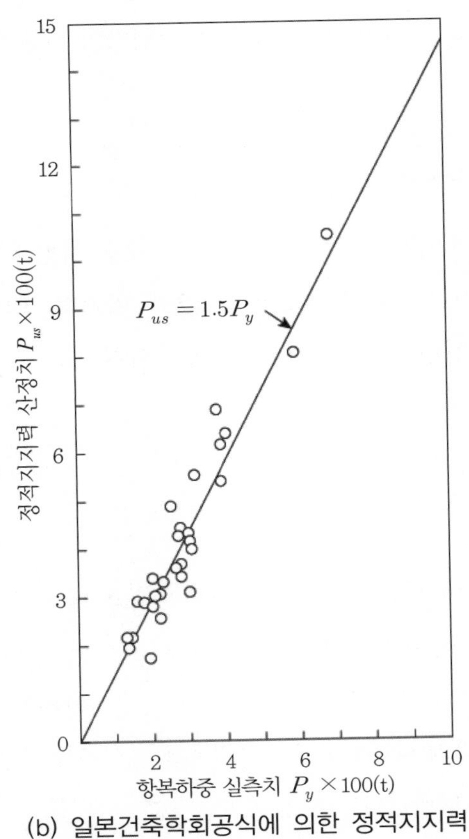

(b) 일본건축학회공식에 의한 정적지지력

그림 11.21 항복하중과 정적지지력의 비교

계를 나타내고 그림 11.21(b)는 일본건축학회공식으로 산정한 정적지지력과 항복하중의 관계를 나타내고 있다. 그림 속에 표시한 각 각의 상관관계식은 식 (11.8) 및 식 (11.9)와 같다.

$$P_{us} = 2P_y \quad \text{(Meyerhof 공식 적용 시)} \tag{11.8}$$

$$P_{us} = 1.5P_y \quad \text{(일본건축학회공식 적용 시)} \tag{11.9}$$

식 (11.8)과 식 (11.9)를 일반적인 형태로 표시하면 식 (11.10)과 같다.

$$P_{us} = aP_y \tag{11.10}$$

여기서, a는 정역학적공식에 의한 정적지지력과 말뚝재하시험에 의한 항복하중 사이의 관계에서 식 (11.8), 식 (11.9)와 같이 결정되는 계수이다.

식 (11.10)에 식 (11.6)을 대입하여 허용지지력 P_a를 구하면 식 (11.11)과 같이 된다.

$$P_a = P_{us}/(2aF_s/3) \tag{11.11}$$

여기서, F_s는 재하시험에서 구한 극한하중으로부터 허용하중을 구할 경우 적용되는 안전율이므로 결국 분모는 정역학적 지지력 공식에 의한 정적지지력으로부터 허용지지력을 산출할 경우의 안전율 $(F_s)_{sta}$에 해당하므로 식 (11.12)와 같이 나타낼 수 있다.

$$(F_s)_{sta} = \frac{2}{3}aF_s \tag{11.12}$$

재하시험에 의한 극한하중에 대한 단기안전율 F_s를 2로 하면 $(F_s)_{sta}$는 $4a/3$가 되며 각 산정식에 대한 a값을 대입하여 안전율을 산출하면 표 11.3과 같다. 이 표에 의하면 산정식으로 예측된 정역학적 지지력에 대한 단기안전율은 Meyerhof공식의 현재 사용안전율은 3보다 약간 작게 나타났고 일본건축학회공식의 경우는 현재 사용안전율이 3인데 반하여 산출안전율은 2로 나타났다.

따라서 이 식에 대하여는 안전율이 약간 크게 적용되고 있음을 알 수 있다. 그러나 재하시험에 대한 장기안전율 F_s가 3인 경우는 Meyerhof 공식과 일본건축학회공식의 산출안전율은 각각 4와 3으로 된다. 따라서 현재 적용되는 안전율은 Meyerhof 공식은 단기안전율에 적합하며 일본건축학회공식은 장기안전율에 적합하다고 할 수 있다.

표 11.3 안전율 $(F_s)_{sta}$

정역학적 공식	현재 사용 안전율	산출안전율	
		단기안정	장기안정
Meyerhof	3	2.7	4.0
일본건축학회	3	2.0	3.0

참고문헌

1) 대한토질공학회(1986), 구조물기초설계해설.
2) 이재현(1987), "재하시험방법, 응용 및 그 해설".
3) 여규권(2004), 장대교량 하부기초 설계인자에 관한 연구, 중앙대학교대학원 공학박사논문.
4) 포항종합제철주식회사(1984), 광양제철소 기초항항타 및 재하시험보고서.
5) 홍원표(1999), 기초공학특론(I) 얕은기초, 중앙대학교 출판부, pp.140~143.
6) 홍원표(1988), "선단지지말뚝의 연직지지력에 관한 연구", 광양공업단지 소성에 관한 토목공학 심포지움, 포항공과대학, 대한토목학회, pp.159~179.
7) 홍원표 외 4인(1989), "관입말뚝에 대한 연직재하시험 시 항복하중의 판정법", 대한토질공학회 논문집, 제5권, 제1호, pp.7~18.
8) 홍원표·여규권·이재호(2005), "대구경 현장타설말뚝의 주면 마찰력 평가, 한국지반공학회논문집, 제21권, 제1호, pp.93~103.
9) American Association of State Highway and Transportation(AASHTO)(1983), "Standard Specifications for Highway Bridges".
10) ASTM D1143-81(1986), Method of testing piles under static axial compressive loads. In Annual book of ASTM standards, 04.08, Soil and rock, building stones. Philadelphia, PA, pp.239~254.
11) Butter, F.G. and Morton, K.(1970), "Specification and performans of test piles in clay", Behavior of Piles, ICE, pp.17~26.
12) Canadian Geotechnical Society (2006), "Canadian foundation engineering manual (4thEd.)", Canadian Geotechnical Society, Toronto, Ontario, Canada.
13) Chin, F.K.(1971), "Discussion Pile tests-Arkansas River Project", Jour., SMFED, ASCE, Vol.97, No.SM6, pp.930~932.
14) Davisson, M.T.(1972), "High capacity piles", Proc., Lecture Series Innovations in Foundation Construction, ASCE, Illinois Section, Chicago, p.52.
15) De Beer, E.E.(1964), "Some considerations concerning the point bearing capacity of bored piles", Proc., Symp. Bearing Capacity of Piles, Roorkee, India.
16) DIN 4026(1975), "Driven piles, manufacture, dimensioning and permissible loading", German code, Berlin: Beuth Verlag.
17) DS 415(1998), "Norm for fundering", Code of Practice for Foundation Engineering. Dansk Standard(in Danish).
18) Fuller, F.M. and Hay, H.E.(1970), "Pile load test including quick-load tesy method, conventional method and interpretation", Highway Research Record, No.333,

Transportation Research Board, Washington, pp.74~86.

19) Hansen, J.B.(1961), "The ultimate resistance of rigid piles against transversal forces", Danish Geotechnical Institute(Geoteknisk Institut), Bull. No.12, Copenhagen, pp.5~9.
20) Housel, W.S.(1966), "Pile load capacity-Estimates and test results", Jour., SMFD, ASCE, Vol.92, No.SM4, pp.1~29.
21) International Conference of Building Officials (1982), "Uniform Building Code", Whittier, CA, USA.
22) IS 2911 (2010), "Design and construction of pile foundations-code of practice part 1 concrete piles", Indian Standards, India.
23) JSF 1811(1993), "Standards for vertical load test of piles", Japanese Society of Soil Mechanics on Foundation, Tokyo, Japan.
24) Mansur, C.I., and Kaufman, R.I.(1958), "Pile tests, low-steel structure, Old River, Louisiana", Transactions, ASCE, 123, pp.715~743.
25) Mazurkiewicz, B.K.(1972), "Test loading of piles according to polish regulations", Royal Swedish Academy of Engineering Science Commission on Pile research Record, No.35, Stockholm, p.20.
26) Meyerhof, G.G.(1976), "Bearing capacity and settlement of pile foundation", J. GED, ASCE, Vol.102, No.GT3, pp.197~228.
27) Mohan, D., Jain, G.S. and Jain, M.P.(1967), "A new approach to load tests", Geotechnique, Vol.17, pp.274~283.
28) Osterberg, J.(1998), "The Osterberg Load Test methods for bored and driven piles the first ten years". Proc., the 7th International Conference on Piling and Deep Foundations, Deep Foundations Institute, Vienna, Austria, pp.1~17.
29) Poulos, H.G. and Davis, E.H.(1980), Pile Foundation Analysis and Design, John Wiley & Sons, pp.354~365.
30) Prakash, S. and Sharma, H.D.(1990), Pile Foundations in Engineering Practice, John Wiley & Sons, Inc., pp.634~676.
31) Reese, L.C., Isenhower, W.M. and Wang, S.T.(2006), "Analysis and Design of Shallow and Deep Foundations", John Wiley & Sons, Inc., pp.270~322.
32) Roscoe, K.H.(1957), "A comparison of tied and free pier foundation", Proc., 4th ICSMFE, London, UK.
33) Schmertmann, J.H. and Hayers, J.A.(1997), "Osterberg Cell and bored pile testing", Proc., 3rd International Geotechnical Engineering Conference, Cairo University,

Cairo, Egypt, pp.139~166.
34) Terzaghi, K., and Peck, R.B.(1967), Soil Mechanics in Engineering Practice 3rd Ed.,NewYork, John Wiley & Sons, p.592.
35) Tomlinson, M. and Woodward, J.(2014), Pile Design and Construction Practice, 6th Ed.,, CRC Press, London and NewYork, p.608.
36) Touma,F.T. and Reese, L.C.(1974)."Behavior of bored piles in sand", Jour., GED, ASCE, Vol.100, No.GT7, pp.749~761.
37) U.S. FHWA(1996), "Design and construction of driven pile foundations", Vol.I, pp.9~7.
38) Van der Veen, C.(1965), "Loading test on an unorthodox concrete cuff pile", Proc., 6th ICSMFE, Vol.2, pp.333~337.
39) Van Impe, W.F.(1988), "Considerations on the auger pile design", In Van Impe(ed.), Proceedings of the 1st International Seminar on Deep Foundationson Board and Auger Piles(BAPI,Ghent), pp.193~218.
40) Vesic, A.S.(1973), "Analysis of ultimate loads of shallow foundation", Jour., SMFED, ASCE, Vol.99, No.SM1, pp.45~73.
41) Whitaker, T.(1957), "Experiments with model piles in groups", Geotechnique, Vol.7, pp.147~167.
42) Whitaker, T. and Cooke, R.W.(1961), "A new approach to pile testing", Proc., 5th ICSMFE, Vol.2, pp.171~176.
43) Whitaker, T.(1963), "The constant rate of penetration test for the determination of the ultimate bearing capacity of a pile", Porc., Instn. Civil Engrs, Vol.26, pp.119~123.
44) 日本土質工學會, 杭基礎の設計法との解說.
45) 日本土質工學會(1978), クイ基礎の調査·設計から施工まで, pp.324~333.
46) 日本土質工學會(1979), クイの鉛直載荷試驗基準·同解說.
47) 藤田圭一(1976), くい打ち技術ノート, 日刊工業新聞社.
48) 村山朔郎, 大崎順彦(1964), 基礎工學ハンドブック, 朝倉書店, pp.434~478.
49) 横山幸滿(1977), くい構造物の設計法と計算例, 山海堂, pp.141~145.

CHAPTER

12

말뚝재하시험-하중전이시험

CHAPTER 12

연직하중말뚝

말뚝재하시험-하중전이시험

말뚝재하시험에서는 종종 말뚝에 응력계나 변형률계를 부착하여 말뚝에 작용하는 하중이 지반에 전이되는 거동을 조사한다.[4] 제12장에서는 이들 말뚝의 하중전이현상에 관련된 사항, 즉 말뚝의 하중전이 개념, 하중전이해석 및 하중전이함수, 하중전이시험 및 말뚝주면마찰력을 설명한다.

말뚝에 하중이 가해지면 이 하중은 말뚝주면에서의 마찰력과 선단에서의 저항력으로 지지된다. 이 과정에서 말뚝에 가하여진 하중은 말뚝주면과 선단을 통하여 지반에 전이된다. 결국 이러한 하중전이현상에 의해 말뚝은 상부구조물의 하중을 지지할 수 있게 된다. 특히 최근 대구경 현장타설말뚝의 사용빈도가 점차 늘어나고 있어 이 하중전이 현상에 대한 파악과 해석의 필요성이 많이 요구된다.

Poulos & Davis(1980)는 말뚝의 침하량과 지중하중을 예측하는 해석법을 ① 하중전이법, ② 탄성해석법, ③ 수치해석법의 세 그룹으로 분류하였다.[20] 우선 하중전이법은 말뚝 길이방향의 여러 위치에서 측정한 말뚝의 저항력과 변위량 사이의 관계를 활용하는 해석법이고, 탄성해석법은 지반을 반무한탄성체로 가정하고 Mindlin(1936) 해석 결과를 적용하는 해석법이다.[17] 마지막으로 수치해석법으로는 유한차분법 또는 유한요소법을 대표적으로 들 수 있다.

첫 번째 방법인 하중전이법은 말뚝 속에 응력계나 변형률계를 부착한 말뚝재하시험을 수행한 결과를 대상으로 말뚝의 각 길이에서의 축하중 변화가 지반에 전이된다는 원리에 입각하여 하중전이거동을 해석한다. 따라서 이 방법은 말뚝의 축하중 측정이 반드시 실시되어야 한다. 그러나 최근에는 이전의 많은 현장 경험으로 하중전이함수를 정립하여 말뚝재하시험 없이도 말뚝의 하중전이거동을 예측할 수 있다. 다만 하중전이함수가 적용 가능하게 올바른지는 현장실험 결과로 확인해야 한다. 따라서 하중전이해석법은 실험적인 방법과 병행하지 않고도 말뚝의 거동을 예측할 수 있다.

말뚝과 주변 지반 사이에 발달하는 마찰력은 응력-변위-시간의 특성, 말뚝-지반 시스템 내에 있는 모든 요소의 파괴 특성, 그리고 말뚝의 설치방법 등에 영향을 받는다.

이러한 기존의 여러 분류법을 참고로 저자는 말뚝의 하중전이거동을 파악하여 말뚝의 주면 마찰력을 산정하는 방법을 크게 다음 네 가지 그룹으로 구분하고자 한다.

① 실험적인 방법(experimental approach)
② 하중전이함수해석법(load transfer function approach)
③ 탄성해석법(Elastic analysis approach)
③ 수치해석법(numerical analysis approach)

우선 ① 실험적인 방법은 말뚝 속에 응력계나 변형률계를 부착한 말뚝재하시험으로 말뚝길이별 축하중을 측정하여 각 말뚝길이방향 위치에서의 하중전이값을 산정하는 방법이다. 다음으로 ② 하중전이함수해석법은 여러 학자들에 의해 제안된 하중전이함수를 적용하여 말뚝의 침하량이나 주면마찰력을 산정하는 방법이다. 한편 ③ 탄성해석법은 지반을 반무한탄성체로 가정하고 이 반무한탄성체 지반 위의 한 지표면에 하중이 작용할 경우 그 하중으로 인하여 발생하는 탄성변형거동을 해석한 Mindlin(1936) 해석 결과를 적용하는 해석법이다. 마지막으로 수치해석법은 유한요소법을 비롯한 각종 수치해석법을 적용하는 해석법이다.

12.1 하중전이 개념

말뚝의 지지력은 말뚝에 작용하는 상부구조물의 하중이 지반으로 전달되는 능력이라 정의할 수 있으며 말뚝과 지반의 상호작용 및 말뚝이 근입된 지반의 특성에 따라 다르게 작용한다. 즉, 말뚝에 작용하는 상부구조물의 하중으로 인해서 말뚝과 주변지반 사이에 상대침하가 발생하며 이 과정에서 점진적으로 발달하는 주면마찰력과 선단지지력에 의해서 말뚝의 지지력이 발휘된다. 현장타설말뚝을 예로 들면 극한지지력 이내의 하중상태에서는 주면마찰력에 의해서 대부분의 하중이 지지되고 하중이 점차 증가하여 커지면 점진적으로 말뚝선단에서의 하중분담 현상이 나타나게 된다.

Coyle & Reese(1966)는 점성토지반에 근입된 말뚝에 대한 연구를 통해서 말뚝의 하중전이 현상을 규명하였다.[10] 말뚝재하시험 시 말뚝에 작용하는 축하중을 심도별로 측정하여 지반에 발생하는 하중전이 특성을 파악하여 전단강도에 대한 하중전이비가 말뚝의 변위와 심도의 함수임을 제시하였다.

말뚝에 작용하는 하중이 주변지반으로 전이되는 발생기구는 매우 복잡하다. 이 복잡한 현상에 영향을 미치는 요소는 지반의 종류, 말뚝시공방법, 말뚝-지반 시스템에 있어서의 응력-변형률-시간 특성과 파괴특성 등이 있다.

지표면에서 말뚝에 작용하는 하중이 0으로부터 임의의 하중 P까지 증가하면, 이 하중은 그림 12.1의 개략도에 도시한 바와 같이 말뚝의 주면을 따라 발휘되는 주면마찰력 P_s와 선단지지력 P_p로 지지된다.

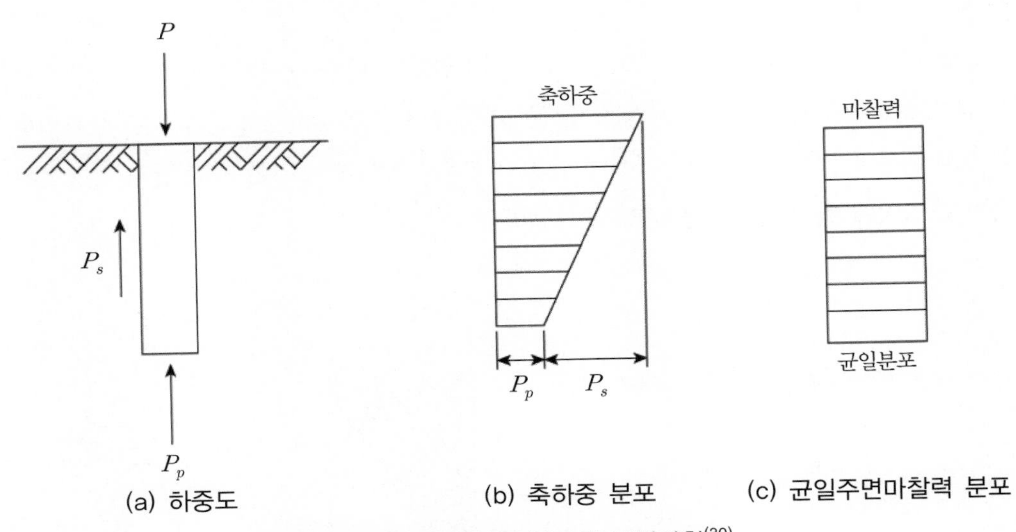

그림 12.1 말뚝의 축하중 분포와 주면마찰[30]

제4.1절에서 설명한 말뚝의 정적지지력에서 설명한 바와 같이 말뚝에 작용하는 하중 P는 식 (12.1)과 같다.

$$P = P_s + P_p = f_s \cdot A_s + q_p \cdot A_p \tag{12.1}$$

여기서, f_s는 말뚝의 표면적A_s에 작용하는 단위주면마찰력이며, q_p는 말뚝선단단면적 A_p에 작용하는 단위선단지지력이다.

그림 12.1은 단일말뚝에 축하중 P가 작용하는 경우 말뚝과 지반의 하중전이현상의 개략도이다(U.S. FHWA, 1996).[(30)] 여기서 말뚝의 축하중 및 주면마찰력 분포는 대상 말뚝 깊이별로 변형률게이지(혹은 응력계) 등의 계측기를 부착하고 말뚝재하시험을 실시하여 얻을 수 있다.

말뚝의 하중전이거동을 파악하기 위한 방법은 앞에서 설명한 대로 실험적인 방법, 하중전이함수를 이용한 해석방법, 탄성해석법, 수치해석방법의 네 가지로 크게 구분할 수 있다. 이 중 말뚝재하시험은 실제 말뚝을 대상으로서 시험하는 방법으로서 가장 신뢰성이 높은 방법으로 알려져 있다.

이 하중전이 메커니즘에 영향을 미치는 몇몇 매개변수는 수치로 나타내기가 어렵다. 그러나 말뚝기초의 침하량 계산과 합리적인 설계를 위해서는 말뚝－지반 시스템의 하중전이 특성이 반드시 이해되어야 한다.

그림 12.2는 하중전이개념을 보다 자세히 설명한 그림이다. 우선 그림 12.2(a)에서 보는 바와 같이 말뚝머리에 수직하중 P가 작용하는 지름 d인 말뚝이 길이 L만큼 지중에 근입된 경우를 고려해본다. 말뚝의 길이에 따른 하중전이개념을 이해하기 위한 가장 간편한 방법은 말뚝 축방향 길이에 걸쳐 축하중을 측정하는 방법이다.

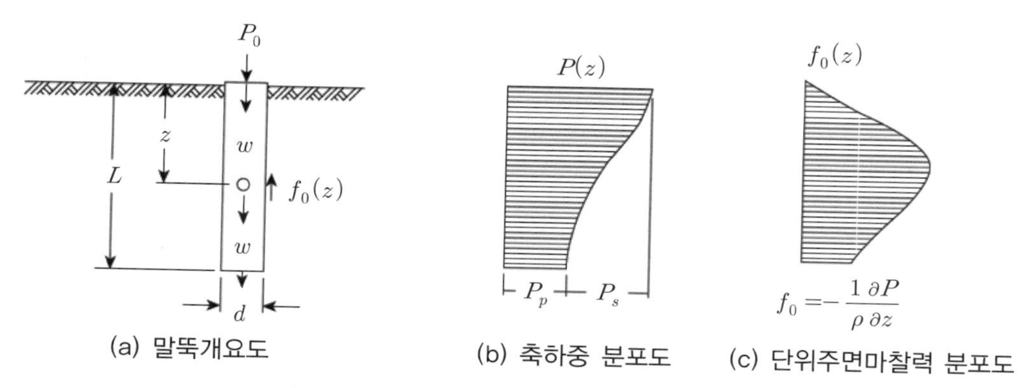

그림 12.2 말뚝으로부터의 하중전이 개념도

깊이 z에서의 말뚝의 축하중 분포는 그림 12.2(b)에서와 같이 나타낼 수 있으며 $P(z)$는 말뚝주면을 따라 분포되는 하중전이함수이다. 그림 12.2(b)에 도시된 축하중 분포 곡선 $P(z)$에서 보는 바와 같이 $z = L$위치에서의 축하중 P_p는 말뚝선단에 작용하는 축하중을 나타내며

$P-P_p=P_s$는 지반에 근입된 말뚝주면을 따라 주변지반으로 전이된 마찰력을 나타낸다. 축하중변화량 $\Delta P(z)$를 말뚝주면장 $p(=\pi d)$와 말뚝의 미소길이 Δz에 의한 미소 표면적 $p\Delta z$로 나눠 말뚝주면을 따라 분포되는 단위주면마찰력 $f(z)$는 식 (12.2)와 같이 구할 수 있다. 여기서 단위주면마찰력 $f(z)$의 분포는 그림 12.2(c)와 같이 된다.

$$f(z)=\frac{\Delta P(z)}{p\Delta z} \tag{12.2}$$

축하중 $P(z)$가 그림 12.2(b)에서 보는 바와 같이 깊이 z에 따라 감소하면 함수 $f(z)$는 그림 12.2(c)에서 보는 바와 같이 양의 값으로 나타난다. 여러 가지 간단한 축하중 $P(z)$의 분포 형태와 그에 따른 단위주면마찰저항력 $f(z)$의 분포 형태에 대한 예를 그림 12.3에 정리하였다.[32] 특히 그림 12.3(e)는 부주면마찰력이 발생할 경우의 분포이다.

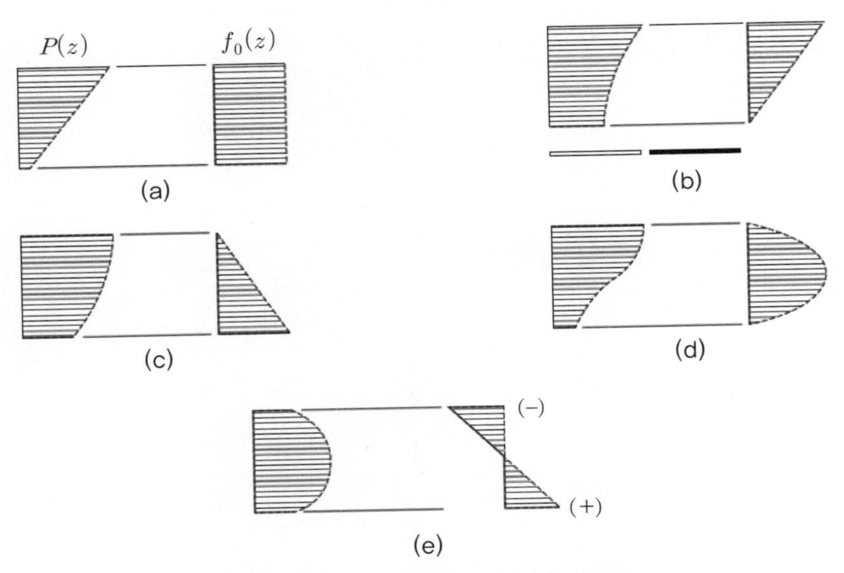

그림12.3 축방향하중과 단위주면마찰저항력의 분포[32]

하중전이시험에서 측정된 축하중곡선 $P(z)$로부터 지표면 하부 임의의 깊이 z에 위치하는 말뚝의 수직변위 $w(z)$는 그림 12.2(a)에서 보는 바와 같이 식 (12.3)으로 구할 수 있다. 여기서 말뚝단면적 A_p와 말뚝변형계수 E_p는 말뚝의 형상과 재료특성으로 정해지고 말뚝머리의 수직변위 w_0는 하중재하시험으로부터 측정된다.

말뚝축을 따라 단면적과 변형계수 A_p와 E_p가 일정하다면 하중재하시험에서 측정된 말뚝머리의 수직변위 w_0와 탄성재료강도로부터 지표면 하부 임의의 깊이 z에 위치하는 말뚝의 수직변위 $w(z)$는 식 (12.3)과 같이 나타낼 수 있다.

$$w(z) = w_0 - \frac{1}{A_p E_p}\int_0^z P(z)dz \tag{12.3}$$

12.2 하중전이 해석

그림 12.4는 말뚝의 하중전이기구를 도시한 그림이다. 말뚝의 주면마찰력은 말뚝과 지반 사이의 상대변위에 따라 발생하게 된다. 따라서 말뚝의 주면마찰력 특성을 평가함에 있어 말뚝 자체의 탄성압축량, 말뚝-지반의 상대변위량 그리고 말뚝선단 지반의 침하량을 파악하는 것이 매우 중요하다.[16,25]

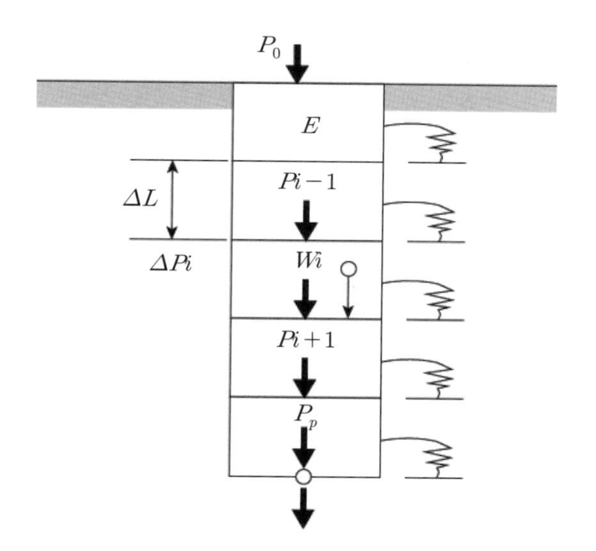

그림 12.4 하중전이해석도

말뚝 내 설치된 스트레인게이지 또는 콘크리트응력계의 계측 결과를 이용하여 말뚝의 깊이별 변형특성을 분석할 수 있다. 즉, 말뚝의 전체침하량(S)은 말뚝의 탄성압축량 S_{pile}과 말뚝선단지반의 침하량 S_{soil}의 합으로 식 (12.4)와 같이 표현할 수 있다. 이 중 말뚝의 탄성압축량은 탄성거동이 예상되는 경우 식 (12.5)에 따라 구할 수 있다.[27]

$$S = S_{pile} + S_{soil} \tag{12.4}$$

$$S_{pile} = \int_L^0 \left(\frac{P_p + \xi P_f}{A_p E_p} \right) dl \tag{12.5}$$

여기서, S_{pile} : 말뚝의 탄성침하량

S_{soil} : 말뚝선단지반의 침하량

P_p : 말뚝의 선단하중

P_s : 말뚝에 작용하는 주면마찰력

A_p : 말뚝의 단면적

E_p : 말뚝의 탄성계수

L : 말뚝의 근입깊이(GL(−)m)

ξ : 말뚝의 단위주면마찰력 분포 형태에 따라 결정되는 형상계수

형상계수 ξ는 그림 12.5에 도시된 바와 같이 직사각형이나 포물선 분포인 경우 0.5의 값을 가지며 삼각형 분포인 경우 0.67의 값을 갖는다.[34]

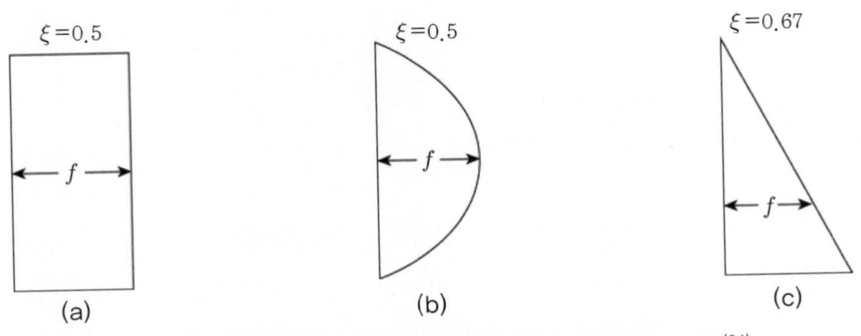

그림 12.5 단위주면마찰력 분포 형태에 따른 ξ값의 적용[34]

12.3 하중전이함수

식 (12.2)로 구해지는 단위주면마찰력 $f(z)$는 원래 말뚝재하시험으로부터 파악되는 함수이지만 지금까지 수많은 현장 데이터나 경험에 근거하여 파악된 경험식이 많이 제안되었다. 이 단위주면마찰력 $f(z)$는 식 (12.3)에서 알 수 있는 바와 같이 말뚝의 임의의 깊이 z에 위치하는 말뚝의 수직변위 $w(z)$와 관련이 있다. 즉, 말뚝의 단위주면마찰력은 말뚝변위에 의존하여 점진적으로 발달하게 된다. 주로 단위주면마찰력 $f(z)$는 말뚝의 수직변위 $w(z)$와 선형 또는 비선형적 관계를 보인다. 따라서 말뚝의 하중전이함수는 $f(z)$와 $w(z)$의 선형적 또는 비선형적 관계를 함수 형태로 표현할 수 있다. 이에 지금까지 많은 하중전이함수가 표 12.1과 같이 제안되었다.

여기서 말뚝의 하중전이함수는 말뚝의 변위와 말뚝의 단위주면마찰력과의 관계를 나타내는 주면하중전이함수(f-w curve)[31]와 말뚝선단의 변위와 단위선단지지력과의 관계를 나타내는 선단하중전이함수(q-w curve)의 둘로 나눌 수 있다. 예를 들면, 노영수(2007)는 이들 여러 주면하중전이곡선식을 표로 정리한 바 있다.[2]

표 12.1 기타 하중전이함수

제안자	하중전이함수
Kedzi(1957)[14]	$f(z) = K_0 \gamma z \tan 1 - \exp[-kw(z)/(w(0) - w(z))]$
Coyle & Reese(1966)[10]	이론 하중-침하 곡선
Reese, et al.(1969)[22]	$f(z) = K\left(2\sqrt{\frac{w(z)}{w(0)}} - \frac{w(z)}{w(0)}\right)$
Holloway, et al.(1975)[13]	$f(z) = K\gamma w(z)(\sigma/P)^n w(z)[1 - R_f/(\sigma\tan\delta)]^2$
Kraft, et al.(1981)[15]	$f(z) = \frac{f(z) r_0}{G_i} \ln\left[\left(\frac{r}{r_0} - f(z) R_f/f_{\max}\right)/(1 - f(z) R_f/f_{\max})\right]$
O'Neill(1983)[18]	$f(z)/f_{\max} = \sin\frac{\pi w(z)}{2w(0)} - 0.0025\sin\frac{2\pi w(z)}{w(0)} \quad (w(z) < w(0))$
平山英喜(1988)[2]	$f(z) = z/(a_f + b_f z)$

최근에는 말뚝의 하중-침하거동을 탄소성 형태로 고려한 하중전이함수가 많이 제안 사용되고 있다. 이 하중전이함수는 주면하중전이함수와 선단전이하중함수 모두에 적용되며 주면마찰력 또는 선단지지력이 극한값에 이르기까지는 탄소성거동을 하는 것으로 취급하며 극한

값에 도달한 후에는 완전소성거동을 하는 것으로 취급하였다. 이 하중전이곡선의 형태를 결정하는 매개변수로는 한계변위량, 지반의 탄성계수, 포아송비, 말뚝의 길이 및 직경 등을 들 수 있다.

극한값에 도달하기까지의 탄성영역 내에서 주면마찰력 또는 선단지지력은 말뚝변위의 함수로 선형함수 또는 비선형함수로 표현된다. 현재 많이 적용되고 있는 하중전이함수는 쌍곡선함수, Bi-liner함수, 비선형 탄소성함수의 세 가지로 크게 구분 설명할 수 있다. 이들 하중전이함수는 식 중의 말뚝의 수직변위 $w(z)$와 말뚝선단에서의 수직변위 $w(b)$를 구분하여 적용한다면 주면하중전이함수(f-w curve)와 선단하중전이함수(q-w curve) 모두에 적용할 수 있다.

12.3.1 쌍곡선함수

그림 12.6(a)와 (b)는 각각 쌍곡선으로 도시한 탄소성거동의 주면하중전이곡선과 선단하중전이곡선을 도시한 그림이다. Castelli, et al.(1992)은 쌍곡선식을 이용하여 말뚝의 변위와 말뚝의 단위주면마찰력 간의 비선형거동[그림 12.6(a)] 및 말뚝의 선단변위와 선단지지력 간의 비선형거동[그림 12.6(b)]을 고려한 하중전이곡선식을 제안하였다.(9) 쌍곡선함수의 곡선형태는 초기접선기울기와 극한주면저항력 또는 극한선단저항력에 의하여 결정된다. 이와 같이 쌍곡선함수로 표현함으로써 지반의 연화특성을 고려하였다.

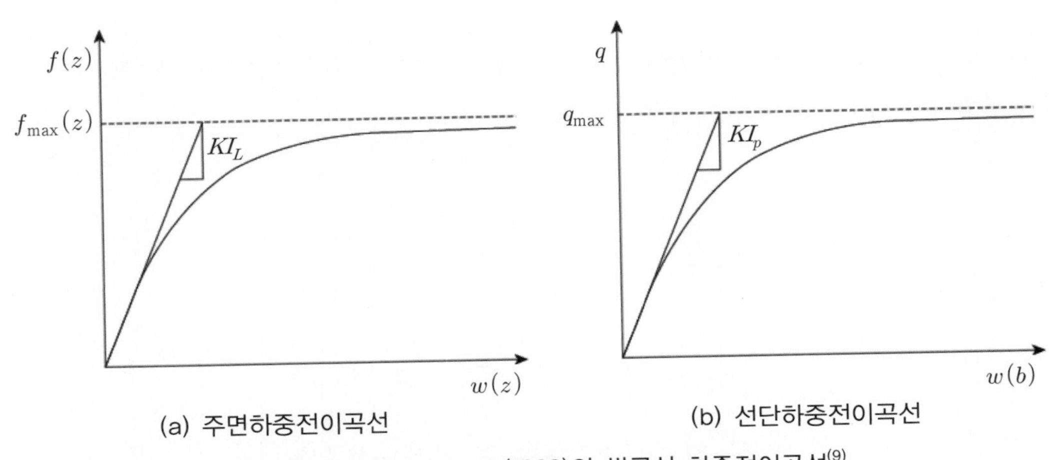

(a) 주면하중전이곡선 (b) 선단하중전이곡선

그림 12.6 Castelli, et al(1992)의 쌍곡선 하중전이곡선(9)

Castelli, et al.(1992)은 우선 말뚝과 주면 지반 사이의 비선형거동을 고려한 주면하중전이 곡선식을 식 (12.6)과 같이 제안되었다.

$$f(z) = \frac{w(z)}{\dfrac{1}{KI_L} + \dfrac{w(z)}{f_{\max}(z)}} \tag{12.6}$$

여기서, KI_L은 주면하중전이곡선의 초기접선기울기로서 Randolph & Wroth(1978)는 식 (12.7)과 같이 제안하였다.[21]

$$KI_L = \frac{G_s}{r_0 \ln \dfrac{R}{r_0}} \tag{12.7}$$

여기서, R : $2.5\,L(1-\nu)$

L : 말뚝 길이

r_0 : 말뚝 반경

G_s : 초기전단탄성계수

ν : 포아슨비

O'Neill & Hassan(1994)은 암반에 근입된 현장타설말뚝의 주면하중전이함수에도 쌍곡선식을 도입하여 식 (12.8)과 같이 제안하였다.[19]

$$f(z) = \frac{w(z)}{\dfrac{2.5D}{E_{mass}} + \dfrac{w(z)}{f_{\max}(z)}} \tag{12.8}$$

여기서, E_{mass}는 암반의 유효탄성계수이다.

한편 Castelli, et al.(1992)[9]은 선단하중전이곡선을 그림 12.6(b)에 도시된 바와 같이 주면하중전이곡선과 유사한 쌍곡선 형태로 도시하였고 선단하중전이곡선식을 식 (12.9)와 같이 제안하였다. 그림 12.6(b)에서 보는 바와 같이 말뚝의 선단변위량 $w(b)$가 증가함에 따라 선단지지력 q가 증가하여 극한단위선단저항력 q_{max}에 접근한다.

$$q = \frac{w(b)}{\dfrac{1}{KI_p} + \dfrac{w(b)}{q_{max}}} \tag{12.9}$$

여기서, q_{max} : 극한단위선단저항력

$w(b)$: 말뚝선단변위량

식 (12.9)의 KI_p는 선단하중전이곡선의 초기접선기울기로서 Randolph & Wroth(1978)는 식 (12.10)과 같이 제안하였다.[21]

$$KI_p = \frac{G_s}{r_0 \ln \dfrac{R'}{r_0}} \tag{12.10}$$

여기서, R' : $2.5L\rho(1-\nu)$: 반무한지반의 경우

$2L\rho(1-\nu)$: $2.5L$ 깊이에 단단한 지지층이 존재할 경우

L : 말뚝 길이

r_o : 말뚝 반경

ρ : 지반의 불균일성을 나타내는 지수($= G(L/2)/G(L)$)

$G(L/2)$, $G(L)$: 말뚝의 중간 깊이와 말뚝선단에서의 지반전단탄성계수

G_s : 초기전단탄성계수

ν : 포아슨비

12.3.2 Bi-linear 함수

Baquelin et al.(1982)[7]은 공내재하시험과 유한요소해석을 통하여 주면하중전이 또는 선단 거동을 완전탄성-완전소성으로 규정한 Bi-linear 형태의 모델을 제안하였다. 즉, 주면하중전이곡선과 선단하중전이곡선을 각각 그림 12.7(a) 및 (b)와 같이 도시하였다.

극한주면마찰력 및 극한선단지지력에 도달하기까지의 탄성영역에서는 선형탄성거동을 보이고 극한저항력에 도달한 이후는 완전소성의 거동을 보이는 것으로 표현하였다. 따라서 선형탄성을 나타내는 직선과 완전소성을 나타내는 직선의 두 개의 직선으로 구성된 Bi-linear 거동을 표현하였다.

Baquelin et al.(1982)은 우선 말뚝과 주면 지반 사이의 거동을 고려한 주면하중전이곡선식은 말뚝변위량 $w(z)$의 크기에 따라 식 12.11(a)와 같이 제안하였다.[7]

$$f(z) = \frac{E_{SB}}{2r_0(1+\nu)\left[1+\ln\left(\frac{L}{2r_0}\right)\right]} \quad [w(z) \le w_{\max}(z)] \tag{12.11a}$$

$$f(z) = f_{\max}(z) \quad [w(z) > w_{\max}(z)] \tag{12.11b}$$

여기서, E_{SB} : 지반의 탄성계수

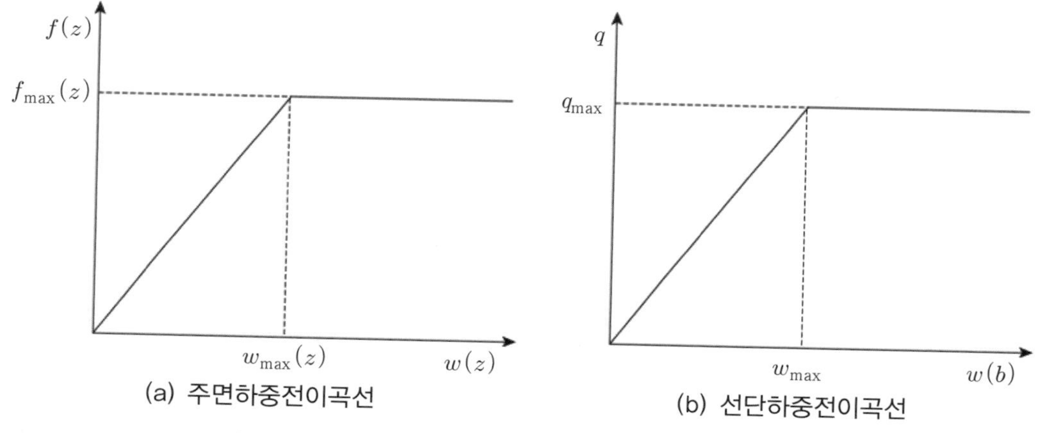

그림 12.7 Baquelin et al.(1982)의 Bi-linear 하중전이곡선[7]

한편 Baquelin et al.(1982)은 Timoshenko & Goodier의 탄성해를 기초로 하여 선단하중전이곡선을 제안하였다. 이 모델에서 말뚝선단의 하중전이거동을 완전탄성-완전소성으로 규정하여 그림 12.7(b)와 같이 하중전이곡선을 Bi-linear 형태로 표현하였으며 선단하중전이 함수는 말뚝선단변위량 $w(b)$의 크기에 따라 식 (12.12)와 같이 제안하였다.

$$q = \frac{4E_s}{\pi(1-\nu_s^2)d} w(b) \quad [w(b) \le w_{\max}(b)] \tag{12.12a}$$

$$q = q_{\max} \quad [w(b) > w_{\max}(b)] \tag{12.12b}$$

여기서, E_s : 선단지반의 탄성계수

$w_{\max}(b)$: 말뚝선단의 한계변위량

ν_s : 포아슨비

d : 말뚝직경

12.3.3 비선형 탄소성함수

Vijayvergiya(1997)는 점성토와 사질토에 모두 적용 가능한 선단하중전이곡선을 그림 12.8과 같이 제안하였다.[33] 이 모델은 그림 12.8에서 보는 바와 같이 선단전이하중 q가 극한단위 선단지지력 $q_{\max}$에 도달하기까지는 비선형탄소성거동을 하며 극한단위선단지지력 $q_{\max}$에 도달한 이후에는 완전소성거동을 보이는 형태이다. 이를 식으로 표현하면 식 (12.13)과 같다.

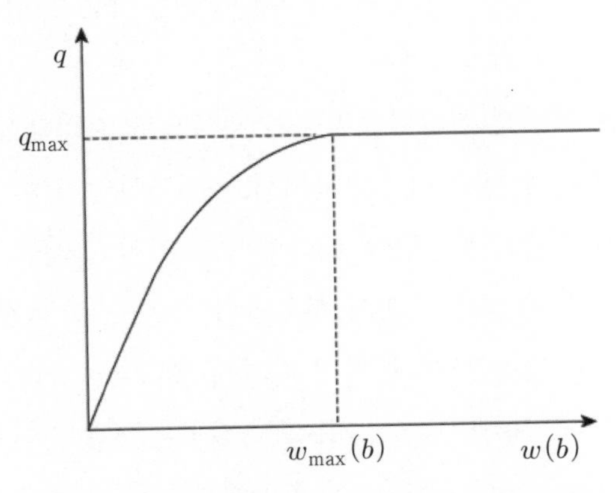

그림 12.8 Vijayvergiya(1997)의 비선형탄소성 하중전이곡선[33]

$$q = \left(\frac{w(b)}{w_{\max}(b)}\right)^{1/3} q_{\max} \ : [w(b) \le w_{\max}(b)] \tag{12.13a}$$

$$q = q_{\max} \ : [w(b) > w_{\max}(b)] \tag{12.13b}$$

여기서, q : 말뚝의 선단전이하중

$q_{\max}$: 말뚝의 극한단위선단지지력

$w(b)$: 말뚝의 선단변위량

$w_{\max}(b)$: 말뚝선단에서의 한계변위량

12.4 하중전이시험 사례

말뚝의 주면마찰저항력 거동특성을 평가하기 위해서는 말뚝의 축방향에 따라 임의의 위치에 응력계 또는 변형률계를 설치하여 말뚝두부에 작용하는 하중에서부터 말뚝 축방향의 축하중을 측정하여 주변지반에 전이된 축하중을 산정할 수 있는 하중전이시험을 수반한 말뚝(정)재하시험을 수행한다.

말뚝의 주면마찰력은 말뚝과 지반의 상대변위에 의해 발휘된다. 즉, 말뚝의 변형이 지반 속에서 발생해야 주면마찰력이 발생하게 된다. 여기서 말뚝의 변형은 말뚝본체부의 탄성변형과 말뚝선단부에서의 침하량의 항으로 구성되어 있다. 또한 말뚝의 축방향 위치별 변형량을 측정하여 주면마찰력과 비교해봄으로써 말뚝 심도별로 발달하는 주면마찰력의 특성을 조사할 수 있다.

홍원표 연구팀(2005)은 대구경 현장타설말뚝을 대상으로 지지특성, 침하특성 및 주변지반의 하중전이특성을 평가하기 위하여 하중전이시험을 수행하였다.[3,5]

제12.4절에서는 대구경 현장타설말뚝에 대하여 하중전이 측정을 수반한 말뚝재하시험을 수행하여 파악한 주면마찰력 특성에 대하여 설명한다.[5] 대구경 현장타설말뚝의 주면마찰력 거동특성을 평가하기 위하여 말뚝 내부 임의의 위치에 응력계를 설치하여 말뚝두부에 작용하는 하중으로부터 주변지반에 전이되는 축하중을 측정하는 하중전이시험을 수반한 연직말뚝재하시험을 수행한다.[3]

12.4.1 하중전이시험

(1) 시험 및 현장 개요

서울시의 한 교량건설현장의 대구경 현장타설말뚝을 대상으로 지지특성, 침하특성 및 주변

지반의 하중전이특성을 평가하기 위하여 하중전이시험을 수반한 정재하시험과 동재하시험을 수행하였다.[8] 정재하시험방법은 ASTM D1143-81(1986)의 완속재하방법(SM Test)으로 수행되었으며 하중재하방식으로는 어스앵커 반력을 이용하였다.[6,28] 하중의 재하(loading)와 제하(unloading)는 단계별 재하방법인 다사이클 재하방식을 채택하였다.

본시험말뚝은 시험 후 본구조물기초로 사용할 예정이다. 최대재하하중은 1860t이며 말뚝 직경이 1.8m이고 말뚝길이가 19.7m이다. 그리고 연직방향의 축하중을 측정하기 위하여 GL-6.0m부터 하부로 2.0m 간격마다 콘크리트 응력계를 매설하였다.

본 지역에서 실시한 시추조사 결과에 의하면 상부로부터 모래층, 모래질자갈층, 자갈층, 풍화암층 및 연암층의 순으로 분포하고 있으며 본 시험말뚝은 연암에 2.7m 관입되어 있다. 설계 시 조사된 시추주상도와 말뚝시공현황은 그림 12.9와 같다.

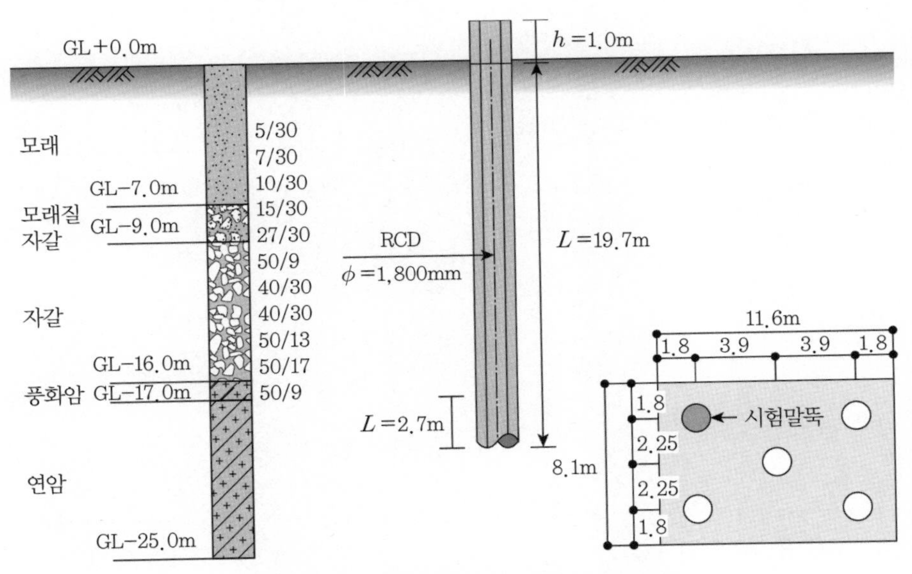

그림 12.9 시추주상도 및 말뚝시공 현황

말뚝지지층인 연암은 화강암질 편마암으로 조사되었고 풍화 정도는 심한풍화에서 보통풍화 상태이며 세편 및 단주상의 코어를 회수하였다. 연암층 구간 중 심도 16.9~17.5m 구간에서는 TCR이 21%, RQD가 0%이고 심도 17.5~19.0m 구간에서는 TCR이 94%, RQD 0%로 절리 및 파쇄대가 심하게 발달되어 있다. 절리와 파쇄가 심하여 압축시험을 위한 공시체를 확보하지 못하였다.

현장타설말뚝 시공 시 모래자갈층과 자갈층에 대한 공벽붕괴를 방지하기 위하여 케이싱을 설치하였으며, 상부토층 및 풍화암층은 해머그레브를 이용하여 굴삭하고 나머지 연암구간은 RCD공법으로 시공하였다.

(2) 말뚝재하시험 결과

그림 12.10은 그림 12.9의 시험말뚝에 실시한 동재하시험과 정재하시험 결과로 얻은 하중-침하관계를 도시한 것이다. 동재하시험은 램중량이 20ton인 드롭해머를 사용하여 실시하였다. 우선 동재하시험에서 얻은 하중-침하량 관계는 그림 12.10(a)에 도시하였다. 동재하시험에서는 심도별 주면마찰력과 선단지지력의 분리측정이 가능하므로, CAPWAP 프로그램[8]을 사용하여 말뚝 선단부에서의 지지력을 분석한 결과 총 2,422t의 전체지지력 중 주면마찰력은 1,186t이고 선단지지력은 1,236t으로 나타났다.

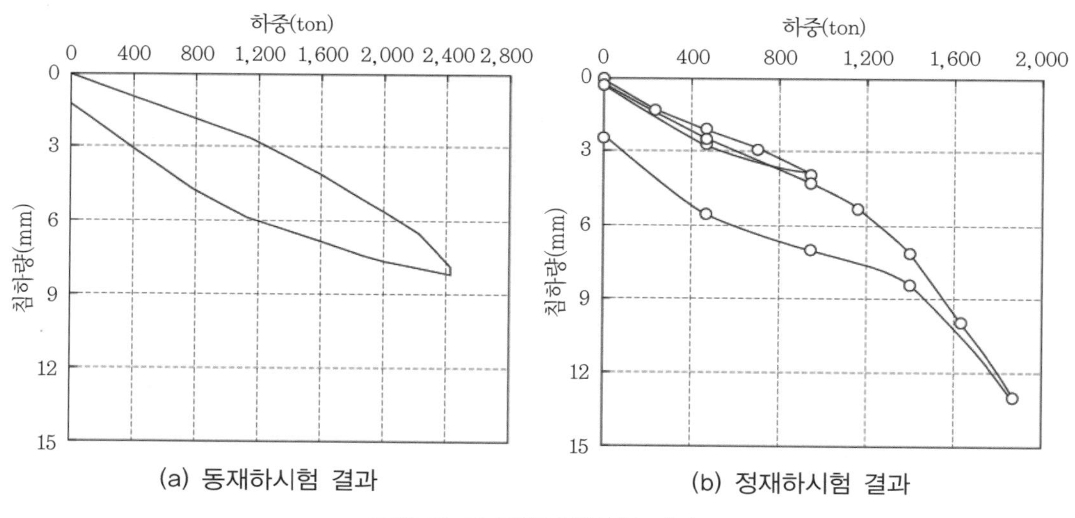

(a) 동재하시험 결과

(b) 정재하시험 결과

그림 12.10 말뚝재하시험 결과

한편 그림 12.10(b)는 동재하시험이 실시된 시험말뚝에 대하여 동재하시험 실시 후 7일 경과한 시기에 실시한 정재하시험의 결과이다. 재하방식은 두 사이클에 걸쳐 하중을 단계별로 재하하였다. 우선 첫 번째 사이클에서는 재하하중을 233t, 465t, 698t, 940t, 465t, 0t의 6단계로 재하(loading)와 제하(unloading)를 나누어 실시하고 두 번째 사이클에서는 하중을 465t, 940t, 1,163t, 1,395t, 1,628t, 1,860t, 1,395t, 930t, 465t, 0t의 10단계로 나누어 재하(loading)과 제하(unloading)을 반복하여 실시하였다. 말뚝두부는 재하하중을 균등하게 전달시켜 국부적인 파손이나 변형 등이 발생하지 않도록 하기 위해 무수축시멘트로 말뚝두부 면을 정리하였으며 타설 후 3일간 양생하였다.

그리고 말뚝두부 상단에는 플레이트를 설치한 후 그 위에 잭을 넣었다. 말뚝두부에는 재하하중을 측정하기 위해서는 하중계를 사용하였고 말뚝변위를 측정하기 위해서는 LVDT를 4개소에 대칭되게 설치하였다. 재하시험 결과에 의하면 최대재하하중 1,860t에 대한 전체침하량은 13.0mm 발생하였다. 이 중 잔류침하량은 2.4mm이고 탄성침하량은 10.6mm였다. 그러나 항복하중 판정법, 극한하중 판정법 및 전침하량기준(25.4mm)과 잔류침하량기준(6.3mm)으로 판단하였을 경우 항복지지력에 도달하지 않은 것으로 평가되었다.

(3) 하중전이시험 결과

Reese et al.(1976)은 현장타설말뚝의 말뚝재하시험 결과 그림 12.11에서 보는 바와 같이 대부분의 하중이 주면마찰력에 의해 지반에 전달된다는 의견을 제시하였다.[(23)] 그림 12.11은 직경이 76cm이고, 말뚝길이가 7.04m인 현장타설말뚝에 대하여 실시한 말뚝재하시험 결과로

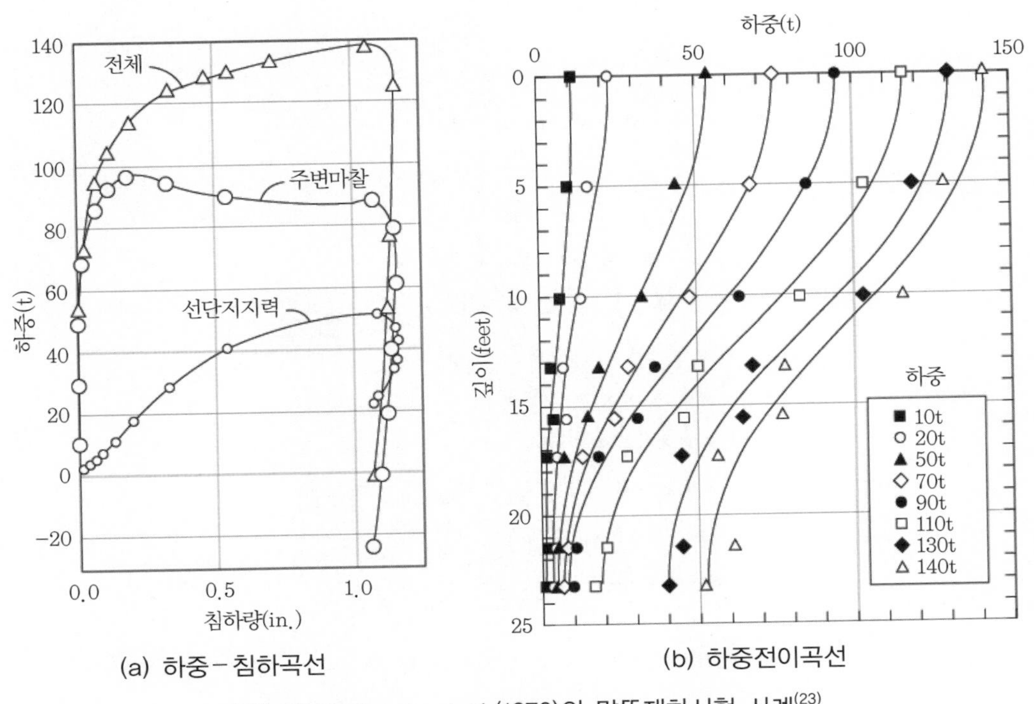

(a) 하중−침하곡선 (b) 하중전이곡선

그림 12.11 Reese et al.(1976)의 말뚝재하시험 사례[(23)]

서 전체지지력 중 주면마찰력이 약 63%를 차지하고 있음을 나타내고 있다.

한편 그림 12.12는 그림 12.9에서 설명한 현장타설말뚝의 하중전이거동을 규명하기 위하여 실시한 정재하시험 시 콘크리트 응력계에 의하여 측정된 축하중 분포도이다. 이 그림에서 각 재하하중의 크기가 작은 하중단계의 경우 하중전이량은 미소하였으나 재하하중이 증가할수록 측정되는 하중전이량이 증가하였다. 특히 하중전이 양상은 모래자갈층을 지나 자갈층에서 가장 급격하게 증가하였다.

또한 그림 12.12의 현장타설말뚝 하중전이거동은 Reese et al.(1976)이 실시하여 제시한 그림 12.11의 하중전이거동과 비슷함을 알 수 있다. 즉, 초기재하 시에는 깊이에 따라 지반에 전이되는 하중의 분포가 선형적이지만 하중의 크기가 커지면 점차 지표면에서의 하중전이량이 커지고 깊이별로 곡선 분포를 이루고 있음을 볼 수 있다.

또한 전 시험과정 중 측정된 응력은 콘크리트 재료의 허용응력 범위 내에 존재하고 있었다. 즉, 시험 중 측정된 최대응력은 최대재하하중 1,860t 재하 시 말뚝의 GL-6.0m 지점에서 68kg/cm^2(전이하중은 1,722t임)가 발생하였으나 철근콘크리트 말뚝 재료의 허용압축하중인 300kg/cm^2 범위 내에 존재하고 있음을 확인할 수 있었다. 따라서 말뚝재하시험 중 말뚝의 재료상 파손은 발생하지 않았다.

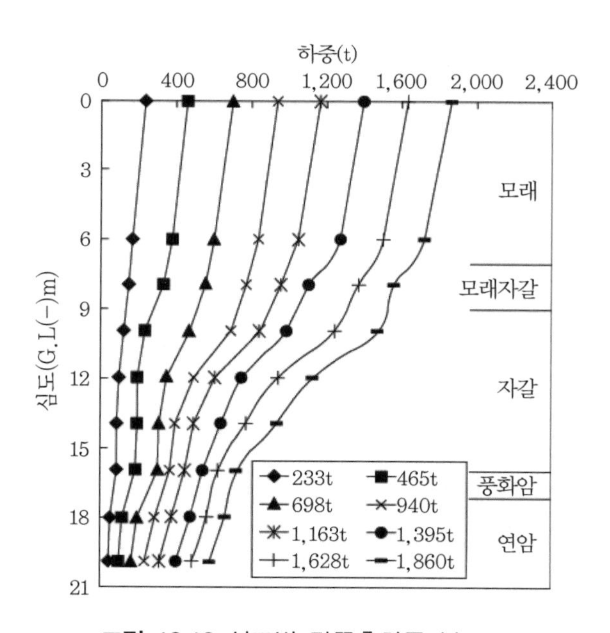

그림 12.12 심도별 말뚝축하중 분포도

한편 그림 12.13은 각 단계별 재하하중에 대한 말뚝의 선단지지력과 주면마찰력의 변화상태 및 분담률을 도시한 그림이다. 즉, 이 하중전이시험에 의하면 그림 12.13(a)에서 보는 바와 같이 선단지지력과 주면마찰력은 재하하중 증가와 함께 선형적으로 증가하였음을 알 수 있다. 그러나 그림 12.13(b)에서 보는 바와 같이 선단지지력과 주면마찰력의 분담비율은 재하하중 단계에 따라 변화되고 있다. 즉, 선단지지력은 낮은 재하하중 단계에서는 18% 정도의 분담률을 보였으나 재하하중이 증가할수록 선단지지력의 분담이 늘어나 최종재하단계에서는 31%까지 증대되었음을 보여주고 있다. 따라서 초기재하 시에는 대부분의 하중이 말뚝주면부에서 지반으로 하중이 전이되다가 점차 말뚝선단 지반에서 하중이 전이되어 짐을 알 수 있다.

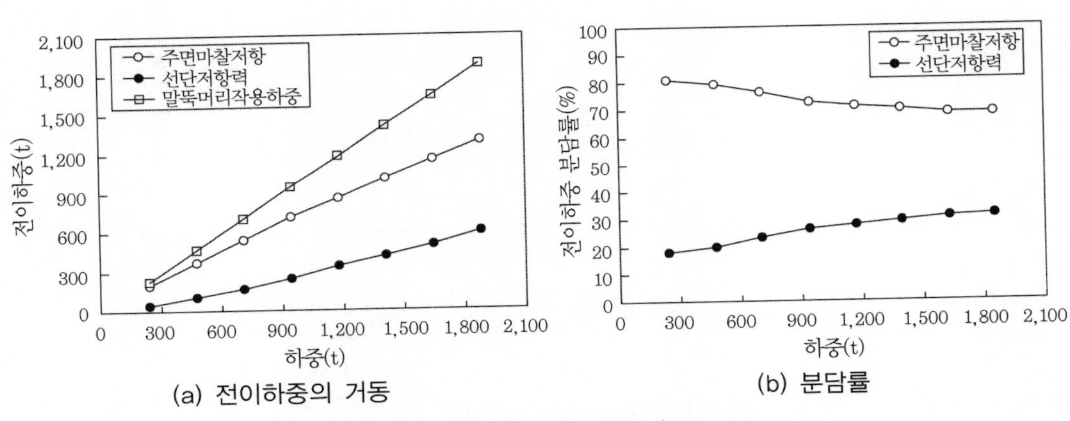

(a) 전이하중의 거동 (b) 분담률

그림 12.13 주면마찰력과 선단지지력의 분담률

(4) 말뚝주변지반의 변형해석

말뚝 주변지반의 변형과 응력을 해석하기 위해 유한차분해석 프로그램인 FLAC(Fast Lagrangian Analysis of Continua)[12]을 사용하여 거동해석을 실시하였다. 거동해석 시 말뚝 주변 지반은 Mohr-Coulomb 탄소성모델을 적용하였으며 말뚝과 지반의 수평 및 수직 방향의 역학적 거동특성은 점착력성분, 마찰력성분 및 스프링상수 등을 이용하여 고려하였다.

그림 12.14는 1m를 단위로 조성한 해석지반 요소망을 나타내고 있으며 해석 시 경계조건으로는 지반의 좌우측 경계면요소의 절점은 수평방향으로 변위를 구속하였으며 하부경계면은 수평방향과 연직방향의 변위를 모두 구속하였다. 표 12.2는 수치해석에 적용된 말뚝과 지반의 물성치이다.

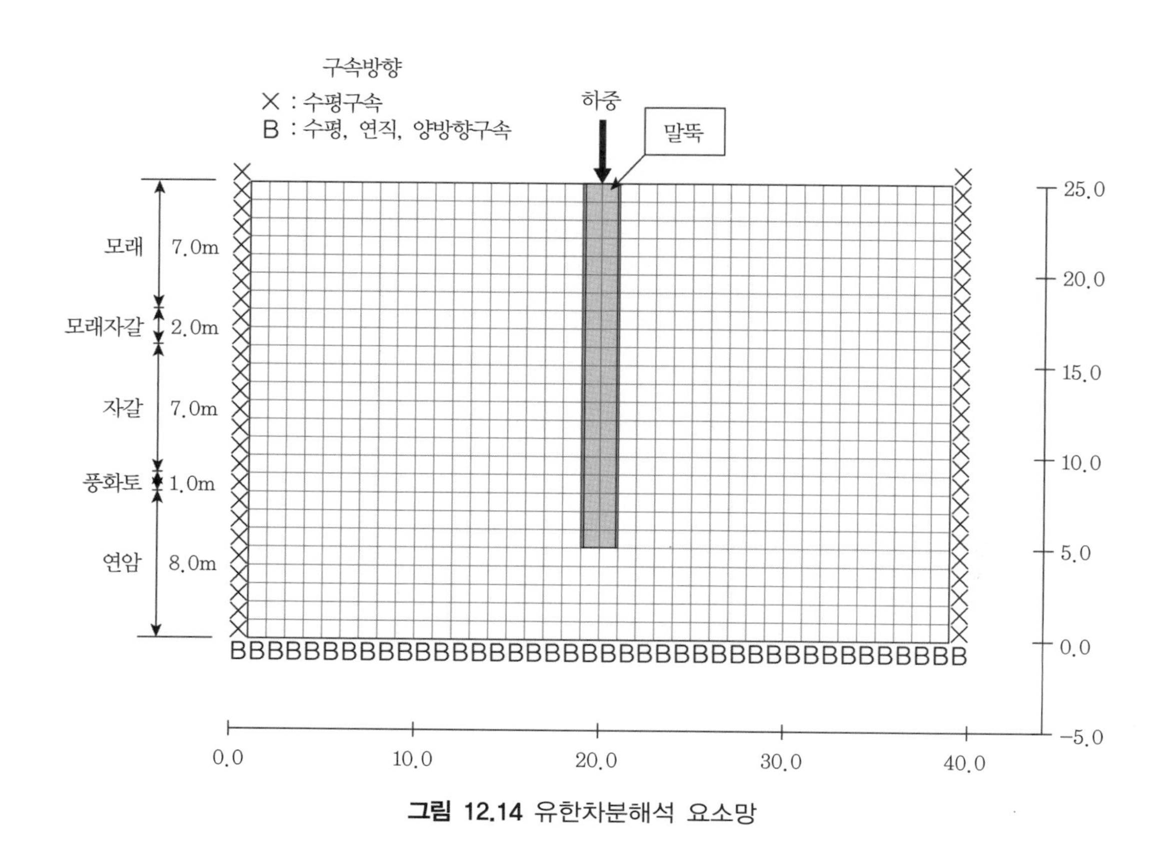

그림 12.14 유한차분해석 요소망

표 12.2 수치해석에 적용된 지반 및 말뚝 물성치

구분	점착력 (kN/m²)	탄성계수 (kN/m²)	포아슨비	단위중량 (kN/m³)	내부마찰각
말뚝(L=19.7m)		2.5×10^7	0.15	2.4	
모래층(GL(−)0~7m)	0	5.0×10^4	0.35	1.8	31
모래질자갈층(GL(−)7~9m)	0	2.0×10^5	0.3	1.9	34
자갈층(GL(−)9~16m)	0	4.0×10^5	0.3	2.0	35
풍화암(GL(−)16~17m)	50	1.0×10^6	0.25	2.1	40
연암(GL(−)17m~)	500	5.0×10^6	0.2	2.5	45

암반에 근입된 대구경 현장타설말뚝에 대한 수치해석으로 말뚝두부에서의 하중−침하 곡선을 구하고 시험 결과와 함께 비교도시하면 그림 12.15와 같다. 즉, 최대재하하중 1,860t의 경우 재하시험 결과 말뚝두부 침하량은 12.98mm였으나 수치해석 결과로는 13.9mm의 침하량이 발생되었다. 즉, 수치해석 결과를 재하시험 결과와 비교하면 말뚝두부에서의 침하량은

최대하중재하 시 0.92mm 정도 크게 나타났다. 그러나 하중-침하량 곡선에서 단계별 하중재하 시 곡률의 변화양상이 재하시험 결과와 거의 유사하다. 따라서 본 수치해석을 이용하면 단계별 재하하중에 따른 심도별 말뚝주면지반의 변위 및 응력 특성을 산정할 수 있을 것이다.

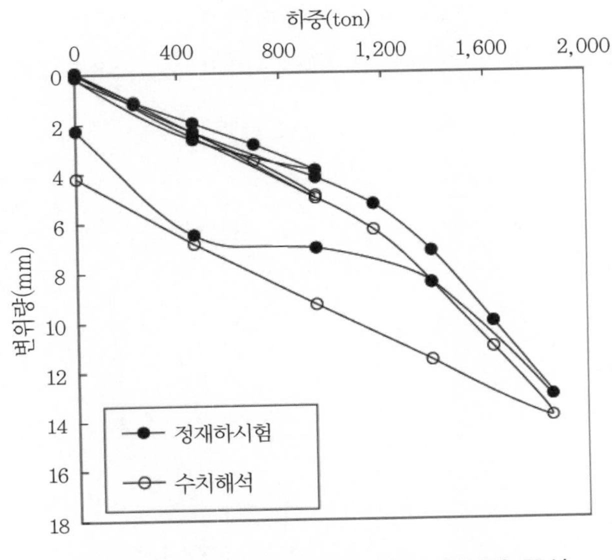

그림 12.15 말뚝두부에서의 하중-침하량 곡선

12.4.2 주면마찰력 거동 분석

(1) 말뚝의 변형특성

그림 12.16은 콘크리트 응력계 측정치를 탄성이론에 대입하여 말뚝의 심도별 압축변위량을 도시한 그림이다. 그림 12.16에서 말뚝의 탄성압축량은 말뚝두부에서부터 말뚝선단부까지 거의 선형적으로 감소하고 있으나 상부구간인 모래층에서 좀 더 두드러지게 발생되고 있다. 그러나 하중단계가 가장 높은 1,860t에서도 지표면 부위에서 말뚝의 최대압축량이 5mm 미만으로 나타나 비교적 작은 수치를 보이고 있다.

말뚝의 탄성압축량은 깊이에 따라 누적되어 나타나지만, 말뚝의 선단침하량은 사실상 선단지반의 침하이므로 말뚝 깊이와는 무관한 것으로 생각할 수 있다. 즉, 하중단계별 말뚝두부에서의 전체침하량은 재하시험을 통해 구한 기지의 값이며, 탄성압축량 또한 그림 12.16에서 구하였으므로, 식 (12.4)에 의거하여 두 값의 차이로 말뚝의 선단에서의 지반침하량을 구할 수 있다. 말뚝재하시험 시 측정된 최대침하량이 13mm였던 것을 감안하면 말뚝선단에서의 지반 침하는 8mm가 된다. 이 결과는 말뚝의 탄성침하량보다는 말뚝선단에서의 지반침하가 더 큰 부분을 차지하는 것을 의미한다.

그림 12.17은 말뚝의 심도별 전체침하량 즉, 말뚝과 주변지반의 상대변위를 재하단계에 따라 심도별로 도시한 그림이다. 이 그림에서 전체적인 말뚝-지반의 상대변위가 말뚝 자체의 탄성변위보다는 선단부에서의 침하량이 큰 부분을 차지하고 있음을 확인할 수 있다.

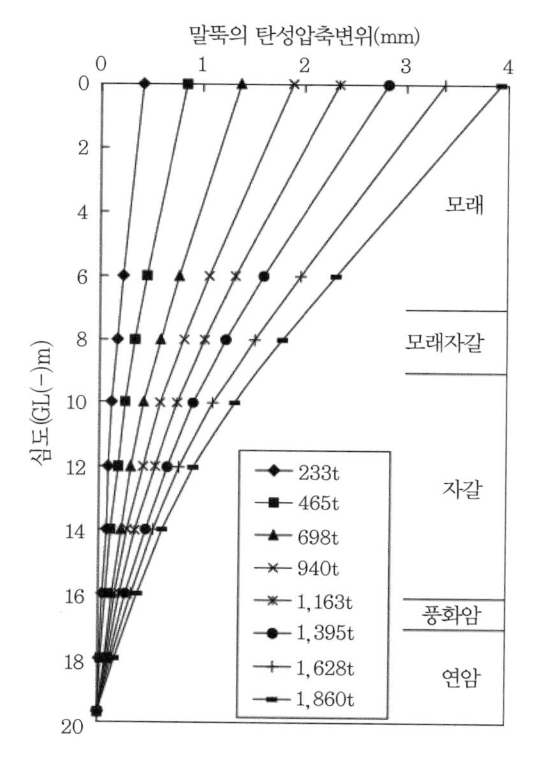

그림 12.16 말뚝의 심도별 탄성압축변위

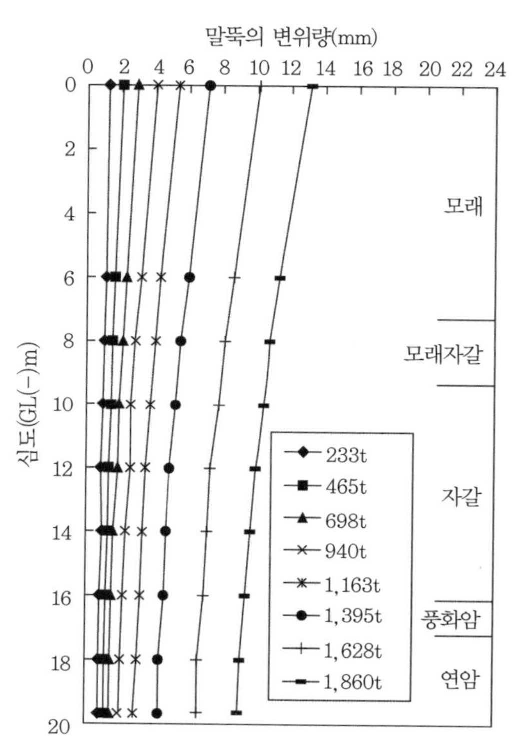

그림 12.17 말뚝과 지반의 심도별 상대변위

(2) 주면마찰력 분포

말뚝내부에서 측정한 축방향 하중으로부터 말뚝주면에 발휘되는 누적주면마찰력을 산정하면 그림 12.18과 같다. 그림에서 233t의 낮은 하중단계에서는 심도별 주면마찰력 분포가 선형을 나타내고 있으나 재하중이 증가함에 따라 주면마찰력이 S자 형태의 곡선 분포를 나타내고 있다.

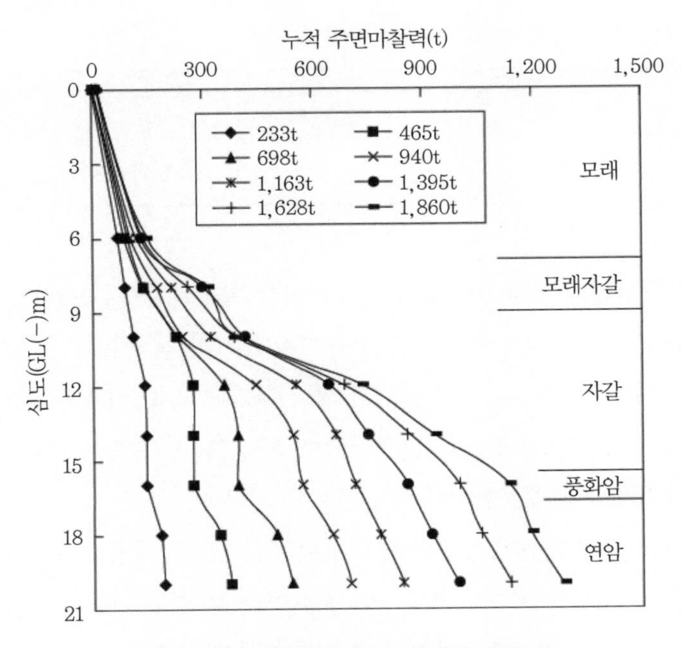

그림 12.18 재하하중별 주면마찰력 분포도

즉, 모래층인 GL(−) 6m 지점까지는 주면마찰력이 그다지 크게 발달하지 않고 있다가 모래자갈층부터 풍화암층까지 주면마찰력이 급격하게 증가하였으며, 축하중의 대부분을 상부 양질의 지층에서 주면마찰력으로 지지되므로 연암에 전이되는 축하중이 적어 주면마찰력 증가가 완화되는 경향을 보이고 있다.

또한 주면마찰력 값으로부터 식 (12.14)에 의거 단위주면마찰력 $f(z)$를 산정하였다.

$$f(z) = \frac{\Delta P_s(z)}{p \cdot \Delta z}(\mathrm{t/m^2}) \tag{12.14}$$

여기서, $\Delta P_s(z)$는 대상구간에서 발휘된 주면마찰력(t)이며, p는 말뚝단면 둘레(m), Δz는 대상구간 말뚝 길이(m)를 나타낸다.

표 12.3은 모래자갈층 및 자갈층에서의 최대주면마찰력으로 여러 학자나 학회에서 제안 또는 제정된 참고 값이다. 즉, Touma & Reese(1974)[(29)]는 24t/m^{2}로 Reese & O'Neill(1988)[(24)]는 19t/m^{2}로 제안하였고 건설교통부(1996)[(1)]는 $0.5N(\leq 20)$로 최대 20t/m^{2}로 한정하였다.

표 12.3 모래질자갈층 및 자갈층의 최대주면마찰력

구분	Touma & Reese (1974)[29]	Reese & O'Neill (1988)[24]	건설교통부 (1996)[1]	비고
최대단위 주면마찰력(t/m^2)	24	19	0.5N(≤20)	N: SPT 시험치

그림 12.19는 하중단계에 대한 심도별 단위주면마찰력의 분포를 도시한 그림이다. 초기 하중단계에서는 불규칙성을 보이다가 재하중이 증가함에 따라 점차 포물선(선단에서 0이 아닌 포물선)의 형상을 보이고 있다. 이 현장에서의 실험 결과 말뚝의 최대단위주면마찰력은 자갈층 구간에서 나타났으며 24.0t/m^{2}으로 산정되었다. 이는 표 12.3에서 보는 바와 같이 기존에 제시된 최대단위주면마찰력의 상한치에 해당하는 값이다.

일반적으로 암반에 근입된 현장타설말뚝의 주면마찰력은 토사층보다 암층에 근입된 구간에서 대부분 발휘되는 것으로 설계를 하고 있다. 그러나 본 연구 결과에서는 현장타설말뚝이 연암층에 근입되어 있지만, 최대주면마찰력이 중간 깊이인 모래자갈층 및 자갈층에서 발휘되고 있으므로 상대적으로 하부 기반암층에서 분담해야 하는 하중이 작게 됨을 알 수 있다.

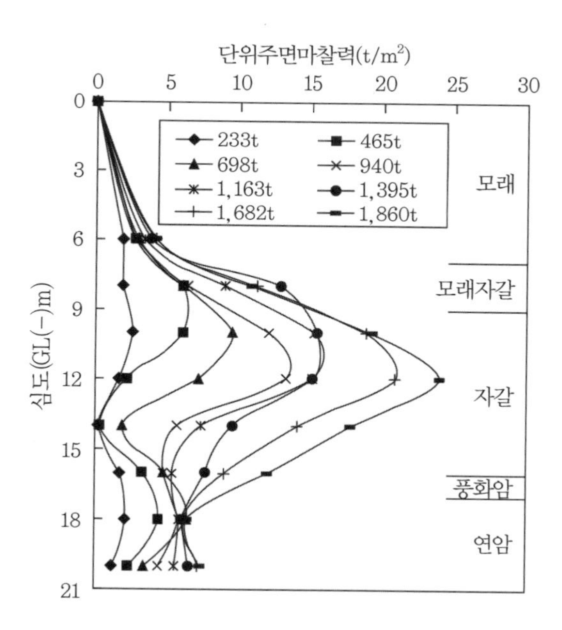

그림 12.19 심도별 단위주면마찰저항력 분포도

따라서 연암층 심도가 깊은 경우, 연암층에 근입시키기 위하여 장대말뚝이 되는 경우가 많으나 상부에 모래자갈층이나 자갈층 같은 양질의 지지층이 존재할 경우 각 지층에 대한 마찰 저항 특성을 적극적으로 고려하는 설계접근이 필요할 것으로 판단된다.

(3) 말뚝의 하중전이거동

말뚝과 지반 사이의 상대변위에 따른 주면마찰 특성을 평가하기 위하여 그림 12.20에 이들 관계를 도시하였다. 전반적으로 상대변위가 증가함에 따라 주면마찰력도 점차 커지는 경향을 나타내고 있다. 그러나 강성이 낮은 지반에서는 일정 변위가 발생된 이후로는 주면마찰력이 증가하지 않는 반면, 강성이 높은 자갈층 및 암반에서는 상대변위에 따라 주면마찰력이 계속해서 증가하는 경향을 보인다.

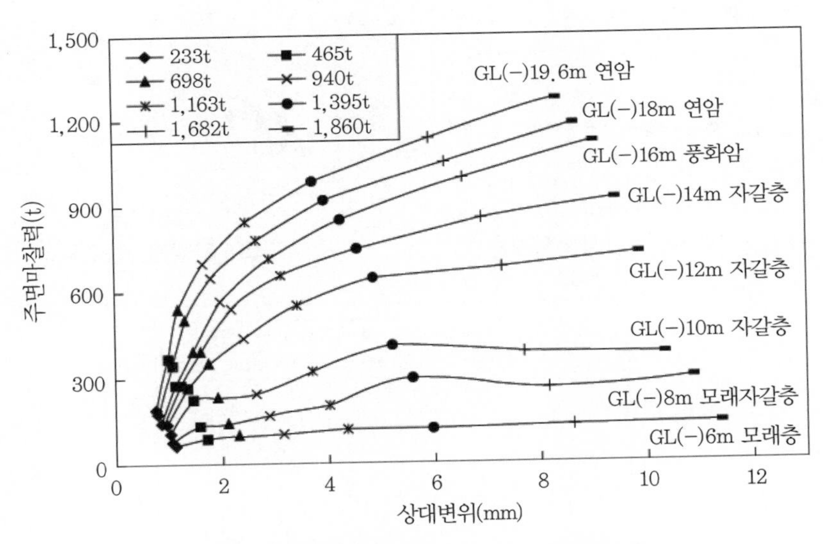

그림 12.20 말뚝변위에 따른 주면마찰력 거동

즉, 상대적으로 강성이 낮은 모래층의 경우 상대변위량 4mm를 전후하여 주면마찰력이 수렴된 상태이며, 모래자갈층 및 자갈층 상부에서는 각각 5.5mm, 5.2mm의 상대변위에서 주면마찰력이 최대로 발휘된 후, 감소하거나 미소하게 증가하는 경향을 나타내고 있다.

그러나 풍화암, 연암 구간의 경우는 초기상대변위량이 2mm 미만일 경우 주면마찰력이 급격히 증가되며, 이후 변위부터는 주면마찰력 증가가 둔화되고는 있지만 계속 증가하는 추세이며, 수렴 여부는 확인되지 않고 있다.

또한 자갈층에 해당하는 구간에서는 모래자갈층과 암층의 중간거동을 보인다. 즉, 하부 자갈층 구간에서는 암반의 거동과 유사하게, 그리고 상부 자갈층 구간에서는 모래자갈층의 거동과 유사한 양상을 보이고 있다.

그림 12.21는 말뚝-지반의 상대변위에 따른 단위주면마찰력(t/m^2)의 관계를 도시한 그림이다. 그림 7.28에서 언급하였듯이 GL(-)12m의 자갈층 구간에서 가장 큰 단위주면마찰력이 나타났으며, 최상부층인 모래구간에서는 단위주면마찰력이 $4t/m^2$으로 가장 작게 나타났다.

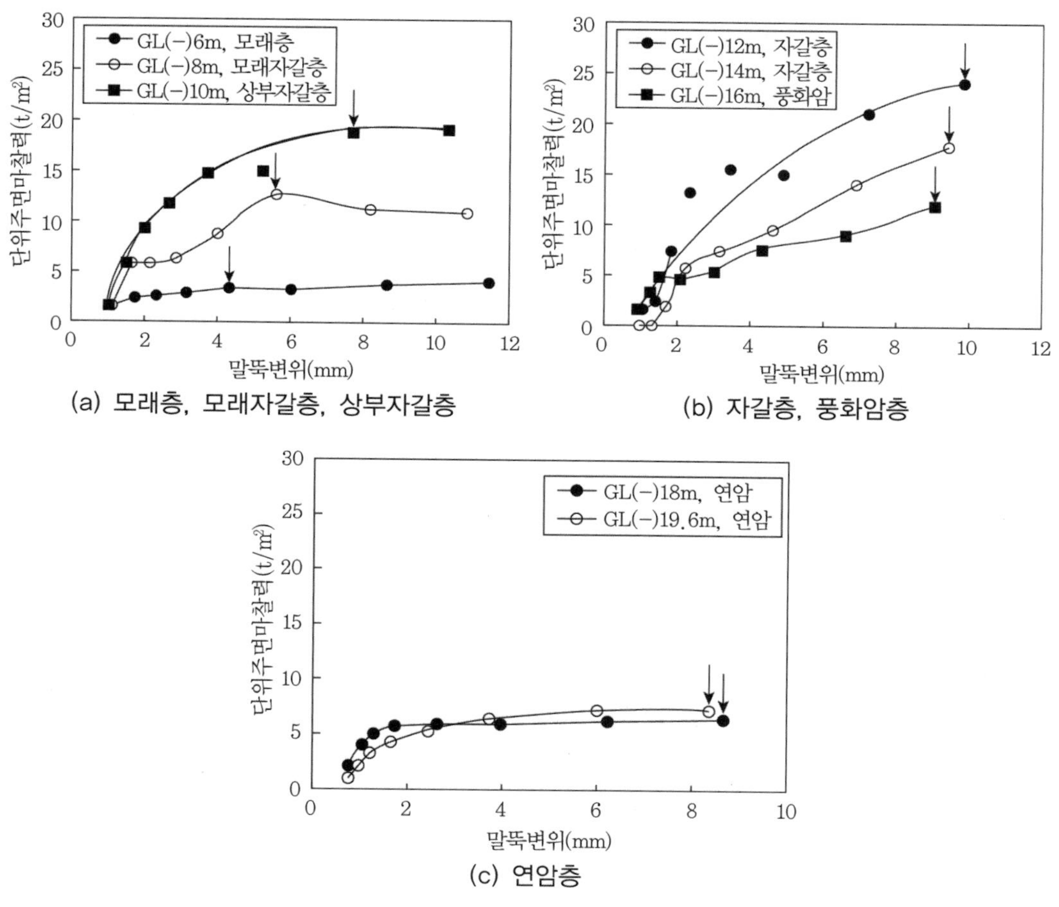

그림 12.21 지층별 말뚝의 단위주면마찰력 거동

그림 12.21에서 상대변위가 증가함에 따라 단위주면마찰력이 전반적으로 증가하는 추세를 나타내고 있으나 모래층, 모래자갈층, 상부자갈층(GL(−)10.0m)에서는 임의의 변위가 발생된 이후로는 단위주면마찰력이 일정하거나 감소하는 경향을 나타내고 있다.

특히 그림 12.21(a)에서 GL(−)6~10m까지의 모래층, 모래자갈층 및 상부자갈층 구간에서 말뚝변위와 단위주면마찰력의 관계를 살펴보면, 극한단위주면마찰력이 발달하는 메커니즘을 확인할 수 있다.

즉, 그림 12.21(a)에 의하면 모래층에서는 1,163t 재하 시 말뚝변위가 4.2mm 발생된 이후부터 단위주면마찰력이 거의 일정하게 수렴하였고 모래지길층에서는 1,395t 재하 시 말뚝변위가 5.5mm 발생된 시기에 최대주면마찰력이 발달하였고 그 이후부터 단위주면마찰력은 다소 감소하였다.

그리고 상부자갈층에서는 1,628t 재하 시 말뚝변위가 8.0mm 발생된 이후부터 단위주면마찰력은 증가하지 않고 일정하게 수렴하는 값을 보이고 있다. 이러한 결과는 재하하중의 증가에 의하여 모래층, 모래자갈층 및 상부자갈층에서 말뚝주면에서 발달하는 주면마찰력이 극한상태에 도달된 것을 의미한다.

그러나 그림 12.21(b)에서 GL(−)12m, GL(−)14m인 자갈층과 GL(−)16m인 풍화암층에서의 최종하중인 1,860t까지도 단위주면마찰력이 계속 증가하고 있으므로 최종재하하중단계에서도 말뚝주면에 발달하는 주면마찰력은 아직 극한상태에 도달하지 않은 것으로 판단된다.

한편 그림 12.21(c)는 GL(−)18m과 GL(−)20m 지점의 연암층에서 발달된 말뚝주면마찰력의 변화를 나타내고 있다. 그림 7.20에서 나타낸 심도별 말뚝 축하중 분포도에 의하면 연암에 전달되는 축하중의 크기가 작고 또한 재하하중의 증가에 따른 축하중의 변화도 작은 것으로 나타났다. 이는 말뚝상부의 양호한 토층에서 말뚝재하하중의 대부분을 지지하므로 상대적으로 연암구간에서 분담해야 될 축하중의 크기가 작아서 주면마찰력의 증가가 발생하지 않았기 때문이다.

극한단위주면마찰력이 발생할 때의 말뚝변위량은 지표면 부근의 모래층에서는 4.2mm, 그 하부층인 모래자갈층에서는 5.5mm, 상부자갈층의 경우 8mm이다. 이러한 결과는 Sharma and Joshi(1988)[26]가 모래지반에 설치된 말뚝의 재하시험을 통해서 전체침하량이 약 7mm 발생할 경우 극한주면마찰력이 발휘된다고 보고한 결과와 Das(1998)[11]가 말뚝의 직경과 길이에 관계없이 흙과 말뚝 사이의 상대변위가 5~10mm 발생할 경우 극한주면마찰력이 발생된다고 제시한 결과와 일치하고 있다.

그러나 본 실험에서 말뚝두부에서의 총 침하량이 13mm 발생되었더라도 실제 말뚝의 심도별 상대변위는 이보다 작은 것으로 나타났으며, 지층강성이 상대적으로 작고 상대변위가 큰 상부 지층구간에서만 극한단위주면마찰력이 관찰되었다. 즉, 연암구간에서는 말뚝의 축하중이 작아 말뚝주면에 발달한 단위주면마찰력도 크지 않았다.

(4) 말뚝주변지반의 거동

그림 12.22은 단계별 하중재하 시 수치해석으로 얻어진 지반변위를 심도에 따라 나타낸 그림이다. 여기서 말뚝두부재하하중에 따른 심도별 지반변위량은 1,163t까지는 깊이에 따라 지반의 변위량이 선형적으로 감소하나 재하하중이 1,395t 이상으로 증가할 경우에는 모래자갈층과 자갈층 상부 GL(-)10.0m에서 지반변위량이 증가되고 다시 GL(-)12m 지점부터는 주변지반변위량이 감소하는 것으로 나타났다.

이는 말뚝두부에 작용하는 하중에 의해서 변위가 하부지반보다 상부지반에서 크게 나타나며, 또한 재하하중이 증가함에 따라 모래자갈층 및 자갈층 상부에서 주면마찰력이 크게 작용함에 따라 이 구간에서의 지반변위량도 크게 나타났기 때문으로 생각된다.

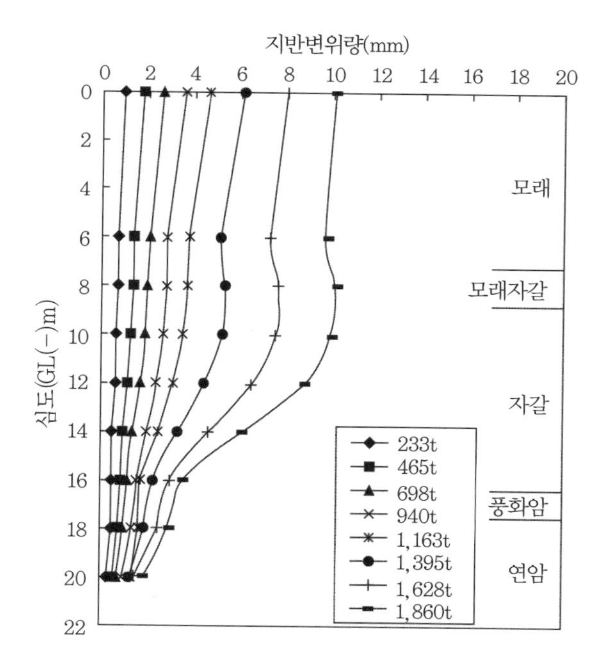

그림 12.22 수치해석에 의한 심도별 지반변위

그림 12.23은 수치해석 결과 말뚝두부에 재하된 하중에 의하여 주변지반으로 전달되는 응력상태를 각각 토사층과 암반층으로 구분하여 $p-q$도로 도시한 결과이다. 전반적으로 주변지반에 존재하는 평균주응력 ($p=(\sigma_1+\sigma_3)/2$)과 주응력차 ($q=(\sigma_1-\sigma_3)/2$)의 관계가 선형적 관계를 보이고 있으나 그림 12.23(a)의 GL(-)8m 지점과 GL(-)10m 지점에서는 응력상태가 반전되는 경향을 보이고 있다. 즉, p축은 감소하고 q축은 다소 증가하는 경향을 보이고 있는데 이는 주변지반 속에 작용하는 수평방향응력(σ_3)의 감소로 인한 것으로 생각된다.

주변지반의 수평응력 감소는 말뚝의 단위주면마찰력 감소와 관련지어 생각할 수 있다. 즉, 그림 12.23의 말뚝변위와 단위주면마찰력 관계를 보면 모래자갈층 및 상부자갈층에서 단위주면마찰력이 변위가 증가함에 따라 최대치에 도달한 후 다소 감소하는 경향을 보이고 있는데 이 같은 현상이 주변지반의 수평방향 응력감소와 관련된 것으로 판단된다.

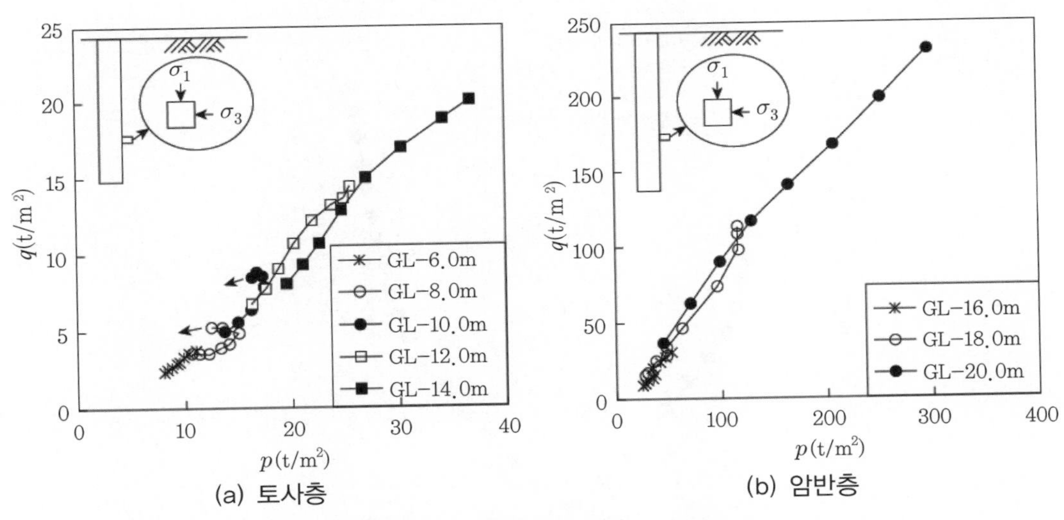

(a) 토사층 (b) 암반층

그림 12.23 수치해석 결과 말뚝주면지반에 작용하는 응력상태

(5) 지지력 특성 분석

그림 12.24는 동재하시험 결과와 정재하시험 중 하중단계가 가장 큰 1,860t에서의 시험 결과를 함께 도시한 그림이다. 동재하시험의 경우 CAPWAP 분석을 실시한 결과 2,422t의 전체 지지력을 얻었으나 말뚝의 극한하중까지 도달하지는 않은 것으로 나타났다. 정재하시험에서는 하중을 재하한 범위 내에서만 거동이 측정되므로 동재하시험과 지지력에서 차이를 보이고

있다.

그러나 두 시험 모두 심도가 깊어짐에 따라 말뚝 선단저항력이 분담하는 크기는 감소하고, 주면마찰저항력의 분담하는 하중이 증가하는 것으로 조사되었다. 특히 말뚝두부에서 모래자갈층인 GL-9.0m까지의 주면마찰저항력의 증가는 미소하였으나, 자갈층 하부에서부터는 급격히 증가하는 것을 알 수 있다. 그러나 동재하시험에서는 주면마찰력은 지층의 종류에 상관없이 거의 일정하게 증가하는 것으로 예측하고 있는 반면 실제 하중전이시험에서는 그 증가경향이 일정하지 않았으며 특히 자갈층 지점부터 주면마찰력이 크게 발휘되는 것으로 나타났다. 또한 동재하시험은 연암구간에서 주면마찰력의 급격한 증가를 예측하고 있으나 실제 하중전이 측정을 통해서는 연암구간에서 주면마찰력의 증가가 미소한 것으로 나타났다.

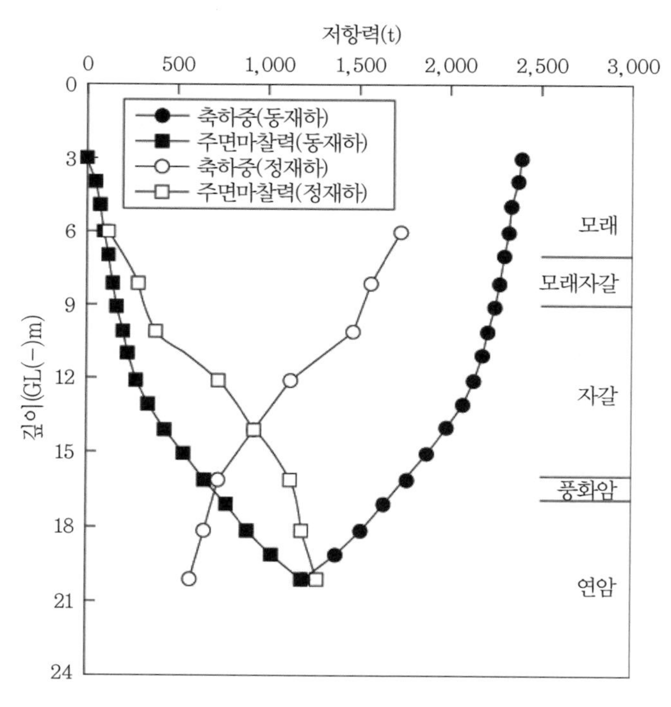

그림 12.24 말뚝재하시험에 따른 말뚝 축하중과 주면마찰력 비교

각 시험에서 나타난 선단지지력과 축하중의 비율을 살펴보면 정재하시험의 경우 최대재하하중 1,860t 중에서 주면마찰저항력이 69%를 차지하며 선단저항력이 31%가 되는 것으로 나타났다. 그러나 동재하시험의 경우는 극한지지력 2,422t에 대하여 주면마찰저항력이 49%,

선단저항력이 51%인 것으로 나타났다.

하중재하 방식에 따라 지지거동 특성이 다르게 나타날 수 있다. 특히 동재하시험에서는 CAPWAP 분석 시 입력되는 Damping 값이나 Quake 상수 등이 실제 지반과 얼마나 일치하느냐에 따라 정확도가 결정된다. 따라서 동재하시험과 정재하시험에서 주면마찰저항력의 분포특성 차이는 동재하시험에서 적용되는 입력상수 값의 차이에 의하여 발생될 수 있으며, 실제로는 변위를 발생시켜 하중전이를 측정한 정재하시험 결과가 실제 거동과 부합될 것으로 판단된다. 따라서 동재하시험 결과로 대구경 현장타설말뚝의 주면마찰저항 거동특성을 논의하기 위해서는 좀 더 많은 자료수집과 연구과정이 필요할 것으로 판단된다.

참고문헌

1) 건설교통부(1996), "도로교 표준시방서", 대한토목학회발간.
2) 노영수(2007), 암반에 근입된 현장타설말뚝의 양방향재하시험을 통한 주변마찰력의 특성 분석, 중앙대학교대학원, 공학석사학위논문.
3) 여규권(2004), 장대교량 하부기초 설계인자에 관한 연구, 중앙대학교대학원 공학박사논문.
4) 한국지반공학회(1997), "지반공학시리즈4 깊은기초, 구미서관, pp.125~130.
5) 홍원표·여규권·이재호(2005), "대구경 현장타설말뚝의 주면 마찰력 평가", 한국지반공학회논문집, 제21권, 제1호, pp.93~103.
6) ASTM D1143-81(1986), "Method of testing piles under static axial compressive loads. In Annual book of ASTM standards, 04.08, Soil and rock, building stones. Philadelphia, PA, pp.239~254.
7) Baquelin, F., Frand, R. and Jezequel, J.F.(1982), "Prameters for friction piles in marin soils", 2nd IC in Numerical Methods for offshore Ouking, Austin, Texas.
8) CAPWAP Program.
9) Castelli, F., Maugeri, M. and Motta, E.(1992), "Analisi non linear del cedimento di un palo singlo", Rivista Italiana di Geotechnica, Vol.26, No.2, pp.115~135.
10) Colye, H.H. and Reese, L.C.(1966), "Load transfer for axially loaded piles in clay", J., SMFD, ASCE, Vol.92, No.CSM2, pp.1~26.
11) Das, B.M.(1998), Principles of Foundation Engineering, 4th Edition, Brooks/Cole Publishing Company, pp.578~581.
12) FLAC(Fast Lagrangian Analysis of Continua) Program.
13) Holloway, P.M., Clough, G.W. and Vesic, A.S.(1975), "The mechanics of pile-soil interaction in cohesionless soils", Duke University, School of Eng., Soil Mechanics series, No.39.
14) Kezdi, A.(1957), "The bearing capacity of piles and pile groups", Proc., 4th ICSMFE, Vol.2, pp.46~51.
15) Kraft, L.M., Jr., Ray, R.P. and Kagawa, T.(1981), "Theoretical t-z curves", J., GED, ASCE Vol.107, No.GT11, pp.1543~1561.
16) Mansur, C.I., and Kaufman, R.I.(1958), "Pile tests, low-steel structure, Old River, Louisiana", Transactions, ASCE, 123, pp.715~743.
17) Mindlin, R.D.(1936), "Force at a point in the interior of a semi-infinite solid", Physics, Vil.7, p.195.
18) O'Neill, M.W.(1983), "Group action in offshore piles", Proc., Conference on

Geotechnical Practice in offshore Engineeering, ASCE, Unversity of Texas at Austin, pp.25~64.

19) O'Neill, M.W. and Hassan, K.M.(1994), "Drilled shaft: Effects of construcrion on performance and design criteria", Proc., International Conference on Design and Construction of Deep Foundation, Vol.1, pp.137~187, Fedral Highways Administartion, Washington, DC.
20) Poulos, H.G. and Davis, E.H.(1980), Pile Foundation Analysis and Design, John Wiley & Sons, pp.71~108.
21) Randolph, M.F. and Wroth, C.P.(1978), "Analysis of deformation of vertically loaded piles", J., GED, ASCE, Vol.104, No.GT12, pp.1465~1488.
22) Reese, L.C., Hudson, B.S. and Vijayvergija, B.S.(1969), "An investigation of the interaction between bored piles ans soil", Proc., 7th ICSMFE, Vol.2, pp.211~215.
23) Reese, L.C, Touma, F.T. and O'Neill, M.W.(1976), "Brhavior of drilled piers under axial loading", J., GED, ASCE, Vol.102, No.GT5, pp.493~510.
24) Reese, L.C. and O'Neill, M.W.(1988), Drilled Shafts : Construction Procedures and Design Methods, U.S. Department of Transportation, Fedral Highway Administration, Office of Implementation, McLean, VA.
25) Reese, L.C., Isenhower, W.M. and Wang, S.T.(2006), Analysis and Design of Shallow and Deep Foundations, John Wiley & Sons, Inc., pp.270~322.
26) Sharma H.D. and Joshi R,B.(1988), "Drilled pile behavior in granular deposit", Canadian Geotechnical Journal, Vol.25, No.2, pp.222~232.
27) Terzaghi, K., and Peck, R.B.(1967), Soil Mechanics in Engineering Practice 3rd Ed.,NewYork, John Wiley & Sons, p.592.
28) Tomlinson, M. and Woodward, J.(2014), Pile Design and Construction Practice, 6th Ed.,, CRC Press, London and NewYork, p.608.
29) Touma,F.T. and Reese, L.C.(1974)."Behavior of bored piles in sand", Jour., GED, ASCE, Vol.100, No.GT7, pp.749~761.
30) U.S. FHWA(1996), "Design and construction of driven pile foundations", Vol.I, pp.9~7.
31) Van der Veen, C.(1965), "Loading test on an unorthodox concrete cuff pile", Proc., 6th ICSMFE, Vol.2, pp.333~337.
32) Vesic, A.S.(1977), Design of pile foundations, NCHRP Synthesis 42, Transportation Research Board, Washinton, pp.8~22.
33) Vijayvergiya, V.N.(1997), "Load movement characteristics of piles", Proc., ASCE port'77 Conference, Long Beach, CA., pp.269~264.

34) Whitaker, T.(1963), "The constant rate of penetration test for the determination of the ultimate bearing capacity of a pile", Porc., Instn. Civil Engrs, Vol.26, pp.119~123.

CHAPTER

13

양방향재하시험–선단재하시험

CHAPTER

연직하중말뚝

13 양방향재하시험–선단재하시험

양방향재하시험은 말뚝의 선단부에 복수의 유압잭을 이용한 재하장치를 설치하고 유압을 이용하여 선단부에서 상향 및 하향으로 동시에 하중을 가하여 재하하는 말뚝재하시험방법이다. 제11장에서 설명한 두부재하 말뚝재하시험과 구분하기 위해 선단재하시험이라 칭한다.

하중이 상향 및 하향으로 동시에 전달되므로 선단지지력과 주면마찰력을 분리하여 측정할 수 있는 장점을 가지는 시험이다. 그러나 선단지지층이 연암층과 같이 충분한 지지층을 가지지 못하면 재하시험 시 과도한 변위가 발생되어 선단재하시험이 불가능한 단점도 있다.

또한 양방향재하시험은 하중전이시험을 병행함으로써 말뚝의 축하중과 단위주면마찰력을 파악할 수 있다. 제13장에서는 하중전이시험을 병행하는 양방향재하시험에 대하여 설명한다. 즉, 제13장에서는 양방향재하시험으로 파악되는 주면마찰력과 변위량 특성, 기준침하량, 안전율, 연직지지력이 설명된다.

특히 제13장에서는 한 건축현장에서 시공된 대구경현장타설말뚝을 대상으로 하중전이시험을 병행한 양방향재하시험을 실시한 사례[2]를 중심으로 하중지지특성을 조사하여 주면마찰력과 변위량, 안전율, 연직지지력을 평가한다.

13.1 양방향선단재하시험의 원리 및 특성

13.1.1 양방향선단재하장치

양방향선단재하시험은 그림 13.1의 시험장치 개략도에서 보는 바와 같이 시험말뚝의 선단부에 유압잭을 설치하여 하중을 가하면 상향 및 하향으로 동시에 재하가 되어 선단지지력과 주면마찰력을 동시에 분리하여 측정할 수 있는 시험으로 말뚝두부 정재하시험의 재하용량 한계성을 극복할 수 있으며 대구경 현장타설말뚝의 지지능력을 최대한 확인할 수 있는 시험장치이다. 이 시험은 오스터버그셀 시험이라고도 불린다.[20,26]

이 시험법의 특징은 선단지지력 P_p와 주면마찰력 P_s가 서로의 반력으로 작용하는 것으로 정재하시험과 같이 별도의 사하중이나 반력이 필요하지 않다. 그러나 선단지지력과 주면마찰력 둘 중 하나가 극한에 도달하거나 셀의 최대용량에 도달하면 시험을 종료해야 하는 한계가 있다. 또한 선단지지층이 연암층 등과 같이 충분한 강도를 가지지 못하면 지지력 산정이 어렵고 선단지지력은 주면마찰력을 초과할 수 없는 한계도 있다.

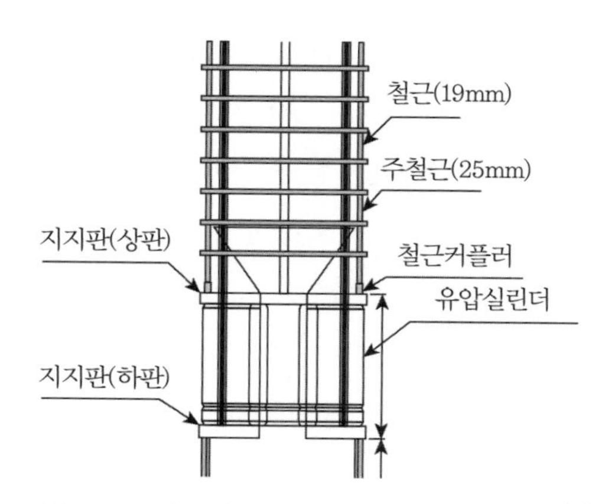

그림 13.1 양방향선단재하시험 장치 개략도[20]

일반적으로 외국에서 사용하는 오스터버그셀 시험은 급속재하시험 방법에 따라 수행하나 다른 방법으로 시험도 가능하다.[21] 따라서 양방향선단재하시험에서는 ASTM(1986)에서 규정하고 있는 완속 표준재하시험 방법과 반복재하방법을 혼합한 형태로 실시한다.[8]

양방향재하장치는 유압실린더, 유압호스, 지지판 그리고 변위봉(telltale guage)으로 구성되는데 그중 지지판은 유압실린더의 유압에 의해 하중을 상향과 하향으로 가하는 역할을 한다. 이 재하장치는 말뚝의 직경, 재하한계 및 말뚝길이에 따라서 그 용량을 조정하여 사용한다.

양방향재하시험의 시험순서는 다음과 같다.

① 하중가압장치 및 선단거동 측정장치가 설치된 말뚝두부 양옆에 충분한 거리를 갖는 고정보(reference beam)를 설치한다.

② 말뚝두부 거동을 측정할 LVDT를 설치한다.

③ 말뚝두부 및 선단의 변위를 측정하기 위한 변위봉(telltale guage)을 설치하고 이것의 거동을 측정할 LVDT를 설치한다.

④ 말뚝선단에 작용되는 하중측정압력계(pressure transducer)를 연결한다.

⑤ 자동 및 수동 유압펌프를 설치한다.

⑥ 말뚝의 선단 및 두부의 변위에 따라 정해진 주기로 하중을 가한다.

13.1.2 양방향선단재하시험의 특징

양방향선단재하시험은 Barrette Pile, 케이슨기초, 드릴피어 등의 대규모 말뚝에서 극한하중까지의 시험이 가능하다. 말뚝 선단에 상하 플레이트 사이에 유압실린더 및 LVDT를 설치하여 실린더의 스트로크를 측정하고 플레이트 및 말뚝두부의 거동을 telltale gauge 및 LVDT로 측정하여 말뚝주면의 저항과 선단지지력을 동시에 측정한다.

본 시험방법은 미국 Northwestern 대학의 명예교수였던 Jorj O. Osterberg 박사가 창안한 바에 따라 발명되었으며 1984년 Osterberg 박사와 Case Foundation 주식회사에서 최초로 시험이 실시되었다.

그 후 American Equipment and Fabrication Corp(AEFC)의 Charles Guild가 개량한 선단재하장치를 사용하였으며 일반 유압잭은 밀어 올리는 데 비해 선단재하장치는 밀어내리는 구조이다.

Haley and Aldrich, Inc(H & A)의 기술자들은 1987년 직경 457mm의 선단재하장치를 강관말뚝에 적용하였다. 이 말뚝은 Massachusetts Saugus의 Saugus강에 설치된 교량하부에 시공되었으며, 이 말뚝에는 디젤해머 Delmag사 D62-22를 사용하여 최종관입량이 1.3mm로 극한주면마찰력은 128.6t으로 나타났다. 이후 1996년 9월까지 미국 및 남아공에서 200여 회의 시험이 이뤄졌다.

국내에서는 2002년 부산시 수영 3호교에서 처음 실시되었으며 그 후 남항대교, 거금도 연육교 등에 적용되었고 해외에서의 시험방법과는 달리 유압셀을 사용하여 하중전이를 분석하도록 설계되었고, 시험 후 선단 그라우팅이 가능한 구조로 철근 정착구를 이용해 철근망과 조립하고 콘크리트의 타설이 용이하도록 트레미관에 가이드를 설치하였다.

일반적인 두부재하시험방법과 비교할 때 본 시험방법은 다음과 같은 특징이 있다.

① 경제성이 우수하다.
② 대규모하중의 재하가 가능하다.
③ 주면마찰력과 선단지지력의 동시 측정이 가능하다.
④ 시험기간 중 안정성 확보가 가능하다.
⑤ 말뚝 선단부 암의 극한지지력을 알 수 있다.
⑥ 작업공간이 작다.
⑦ 정적 크리프나 setup 효과가 있다.
⑧ 장기시험이 가능하다.

우선 선단재하시험방법은 일반적인 두부재하시험방법에 비해 재하장치의 설치 및 해체 과정과 재하대 설치공간이 불필요하다. 재하하중에 대하여 재하대의 안정성 검토 등이 필요 없는 경제적인 시험방법으로 시험하중이 클수록 유리하다. 선단재하시험방법의 시험비용은 일반적인 두부재하시험방법의 1/3~2/3 정도의 비용이 소요되는 경제적인 시험방법이다.

시공기록에 의하면 재하하중이 5,000~7,000t인 대규모 하중의 재하시험도 가능하였다. 시험과정이 모두 지중에서 이루어지므로 안정적으로 장기간에 걸쳐 실시할 수 있다. 작업공간은 3m 이내의 공간에서 시험이 가능하다. 또한 선단재하시험은 정하중으로 진행되는 시험으로 ASTM D 4719의 Pressurement 시험과 유사하다. 따라서 정적 크리프 특성이나 setup 효과를 관찰할 수 있다. 현재 지반의 극한지지력을 확인할 수 있는 유일한 대안으로 대구경 말뚝에 중점적으로 적용되고 있다.

그러나 선단재하시험은 주면마찰력과 선단지지력의 크기가 어느 정도 균형을 이루고 있어야 한다는 제약사항이 있다. 또한 말뚝의 두부구간에서 하중과 침하곡선의 변곡점이 발생되지 않을 수 있다. 특정 말뚝인 H말뚝이나 널말뚝 같이 선단지지가 극히 취약한 주면지지말뚝이나 끝이 뾰족한 말뚝과 나무말뚝 등에 적용이 어렵다.

13.1.3 선단재하시험 결과 양상

하중전이시험을 수반한 선단재하시험에 의해 선단재하시험에서 측정된 결과를 이용하여 대구경 현장타설말뚝의 지지거동특성을 분석할 경우 선단지지력과 주면마찰력의 크기에 따라 말뚝의 변위 거동은 보통 세 가지 양상으로 나타난다.

그림 13.2~그림 13.4는 선단재하시험 시 말뚝선단부에 설치된 유압 셀에 의하여 단계별 재

하하중을 가하면서 발생되는 셀 상부 플레이트의 상향변위와 셀 하부 플레이트의 하향변위를 측정한 결과로부터 재하하중과 플레이트의 변위와의 관계를 도시한 그림이다.

선단재하시험 결과는 다음 세 가지 양상으로 나타난다.[1]

① 선단지지력과 주면마찰력의 크기가 비슷한 경우
② 선단지지력에 비해 주면마찰력이 상당히 큰 경우
③ 주면마찰력에 비해 선단지지력이 상당히 큰 경우

우선 그림 13.2는 재하하중의 증가에 따른 셀 상부 플레이트의 상향변위와 셀 하부 플레이트의 하향변위가 비슷한 변위를 보이는 경우의 거동 양상이다. 이러한 상태는 선단지지력과 주면마찰력이 아직 극한상태에 도달하지 않은 경우에 해당한다.

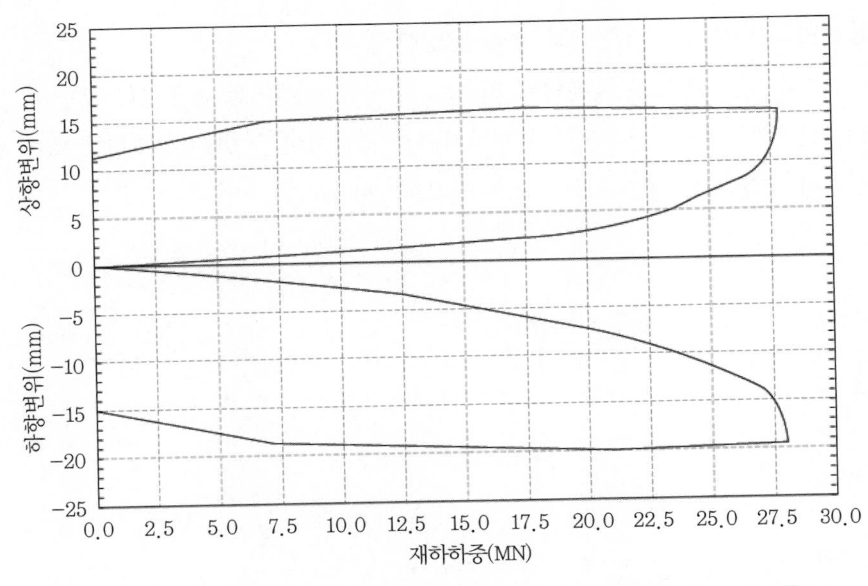

그림 13.2 선단지지력과 주면마찰력의 크기가 비슷한 시험 결과[1]

다음으로 그림 13.3은 셀 상부 플레이트 변위가 셀 하부 플레이트 변위보다 상당히 작은 경우를 나타내고 있다. 이는 말뚝의 길이가 길어서 주면마찰력이 크게 발휘되거나 말뚝 선단부 지지층의 강성이 상대적으로 약한 지층이 분포되어 있을 경우에 해당한다.

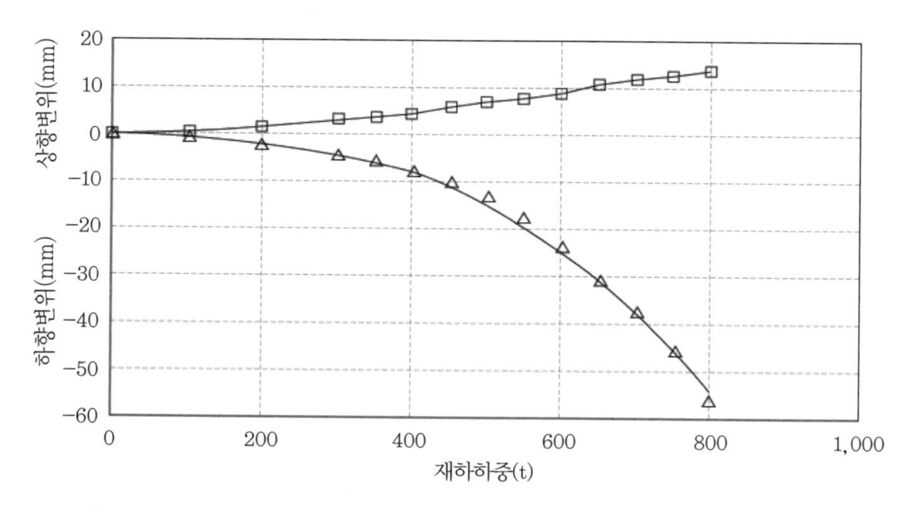

그림 13.3 선단지지력에 비해 주면마찰력이 상당히 큰 경우의 실험 결과[1]

말뚝 선단부 지지층의 강성이 약하기 때문에 선단지지력이 주면마찰력보다 약하게 되어서 셀 하부 플레이트 변위는 상대적으로 크게 발생하게 된다.

끝으로 그림 13.4는 셀 하부 플레이트 변위가 셀 상부 플레이트 변위보다 상당히 작은 경우를 나타내고 있다. 이는 말뚝 하부인 선단부 지지층에 강성이 큰 암이 분포하고 있는 경우이거나 말뚝의 길이가 짧아 주면마찰력이 작은 경우에 해당한다.

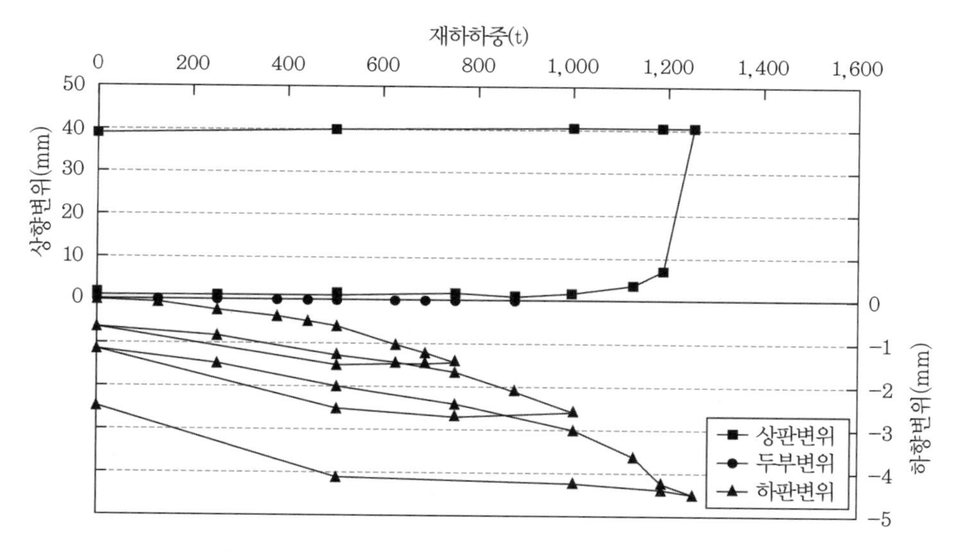

그림 13.4 주면마찰력에 비해 선단지지력이 상당히 큰 경우의 실험 결과[1]

13.1.4 등가하중－침하량 곡선

양방향재하시험은 선단지지력과 주면마찰력이 상호 간에 반력으로 작용하여 동시에 측정된다. 그러므로 여기서 얻은 두 개의 하중－변위 곡선(선단지지력－변위 곡선, 주면마찰력－변위 곡선)을 이용하여 등가하중－침하량 곡선을 그릴 수 있다.

등가하중－침하량 곡선은 하중이 두부에 작용할 때의 하중－침하량 관계를 주면마찰력－상향변위 곡선과 선단지지력－하향변위 곡선으로부터 추정·도시한 곡선으로 말뚝 몸체가 변형이 없는 강체라면 말뚝두부와 선단에서의 변위는 같다는 가정하에서 시작된 원리다.

따라서 같은 변위에서의 선단지지력과 주면마찰력을 합하면 하중－침하량 곡선상에 하나의 점으로 표시할 수 있고 각각의 변위에서 같은 방법으로 점을 찍어 연결하면 등가하중－침하량 곡선을 얻을 수 있다.

등가하중－침하량곡선은 다음과 같은 가정하에서 결정된다.

① 양방향재하시험 장치에서 셀 상부 플레이트의 상향변위에 의한 주면마찰력－변위곡선은 종래의 말뚝 정재하시험에서의 하향 주면마찰력－변위곡선과 같다. 이때 셀재하시험의 주면마찰력－상향변위 곡선에 변환계수 F를 곱한다. (단, 암반층, 점토층일 때 : $F=1.00$, 사질토층일 때 : $F=0.95$)

② 양방향재하시험 장치에서 셀 하부 플레이트의 하향변위에 의한 선단지지력－변위곡선은 종래의 정재하시험에서의 선단지지력－변위 곡선과 같다.

③ 압축에 의한 말뚝 몸체의 변위는 무시할 수 있을 정도이므로 말뚝은 강체로 가정한다. 일반적인 현장타설말뚝의 압축량은 1~3mm이다.[26]

양방향재하시험은 선단지지력이나 주면마찰력 중 하나가 극한에 도달하거나 유압잭의 용량이 한계에 이르면 시험을 종료하게 된다. 양방향재하시험에서 선단지지력과 주면마찰력 중 어느 한쪽이 극한에 도달하면 더 이상 시험을 진행할 수 없으므로 등가하중－침하량 곡선에서 극한지지력이 분명하게 판별되지 않는 경우 외삽법에 의한 추정 곡선을 사용한다.

선단지지력과 주면마찰력 중 어느 한쪽이 극한에 도달했을 경우, 다른 한쪽을 추정하는 방법에는 두 가지가 있다. 첫 번째는 매우 보수적인 방법으로 다른 한쪽도 극한에 도달하여 침하에 대한 하중의 증가가 더 이상 없다고 가정하는 방법이고 두 번째는 보다 합리적인 방법으로 한쪽은 극한에 도달하지 않았다고 보고 외삽법에 의해 추정하는 방법이다.

Osterberg(1998)는 두 번째 방법인 외삽법에 의해 추정하기 위해 등가하중의 개념을 도입하여 하중-침하량의 관계를 추정하였다.[20] 그림 13.5는 일반적인 경우의 양방향재하시험 결과와 등가하중을 도시한 예이다. 그림 13.5(a)에서 양방향재하장치의 작용하중은 양방향으로 각각 24MN씩 가해졌고 주면마찰력이 먼저 극한상태에 도달한 경우이다. 이때 재하 5단계에서의 상향변위는 약 0.6mm이고 작용한 주면마찰력은 약 14MN이다.

그리고 선단지지력-변위곡선에서 같은 크기의 하향변위를 보이는 재하 5단계에서 작용된 선단지지력은 24MN임을 알 수 있다. 따라서 이 두 하중을 합하면 재하 5단계에서의 변위는 0.6mm가 되고 말뚝머리에 작용된 등가하중은 38MN으로 계산된다.

이런 방식으로 각각의 변위에 상응하는 등가하중들을 구하고 이들을 도시하면 그림 13.5(b)와 같은 등가하중-침하량 곡선을 구할 수 있다. 그림 13.5(b)에서 보듯이 재하 5단계까지는 측정된 결과를 이용하여 구한 등가하중-침하량 곡선이고 그 이상의 점들에 대하여는 외삽법을 이용하여 추정한 곡선이다.

그림 13.5(a)에 도시된 하향변위에 대응하는 선단지지력의 거동을 외삽법으로 구할 때는 상향변위-마찰지지력 곡선을 활용하여 구한다. 즉, 상향변위-주면마찰력 곡선에서 5번 이후의 상향변위의 변화에 대응한 주면마찰력의 증분을 하향변위의 변화와 선단지지력의 증분과 동일하게 간주하여 구한다. 예를 들면, 상향변위-주면마찰력 곡선에서 5번과 6번 사이의 상향변위의 증분과 마찰력 증분의 크기를 그대로 하향변위의 증분과 선단지지력의 증분으로 적용하여 하향변-선단지지력 곡선상의 6번을 추정한다. 이 후 동일한 작업을 반복하여 하향변위-선단지지력 곡선을 추정한다. 이렇게 구한 하향변위-선단지지력 곡선과 측정된 상향변위-주면마찰력 곡선으로부터 그림 13.5(b)와 같은 등가하중-침하량 곡선을 추정한다.

13.1.5 두부재하시험과 선단재하시험 결과의 비교

일반적인 말뚝재하시험에서는 제11장에서 설명한 바와 같이 말뚝두부에 정하중을 가하여 재하시험을 실시하므로 모두 두부재하시험에 해당한다. 이 두부재하시험으로 측정되는 하향주면마찰력은 일반 구조물을 지지하는 말뚝주면에서 발달하는 주면마찰력과 동일하여 많이 활용되어 오고 있다.

그러나 양방향재하시험은 말뚝의 선단에서 하중을 가하여 말뚝변위가 상향으로 발달하게 하므로 이러한 재하방식의 시험을 선단재하시험으로 분류한다. 따라서 이 시험에 의한 상향 주면마찰력이 두부재하시험에 의한 하향변위에 의한 주면마찰력과 동일한가를 검토해보아야 한다.

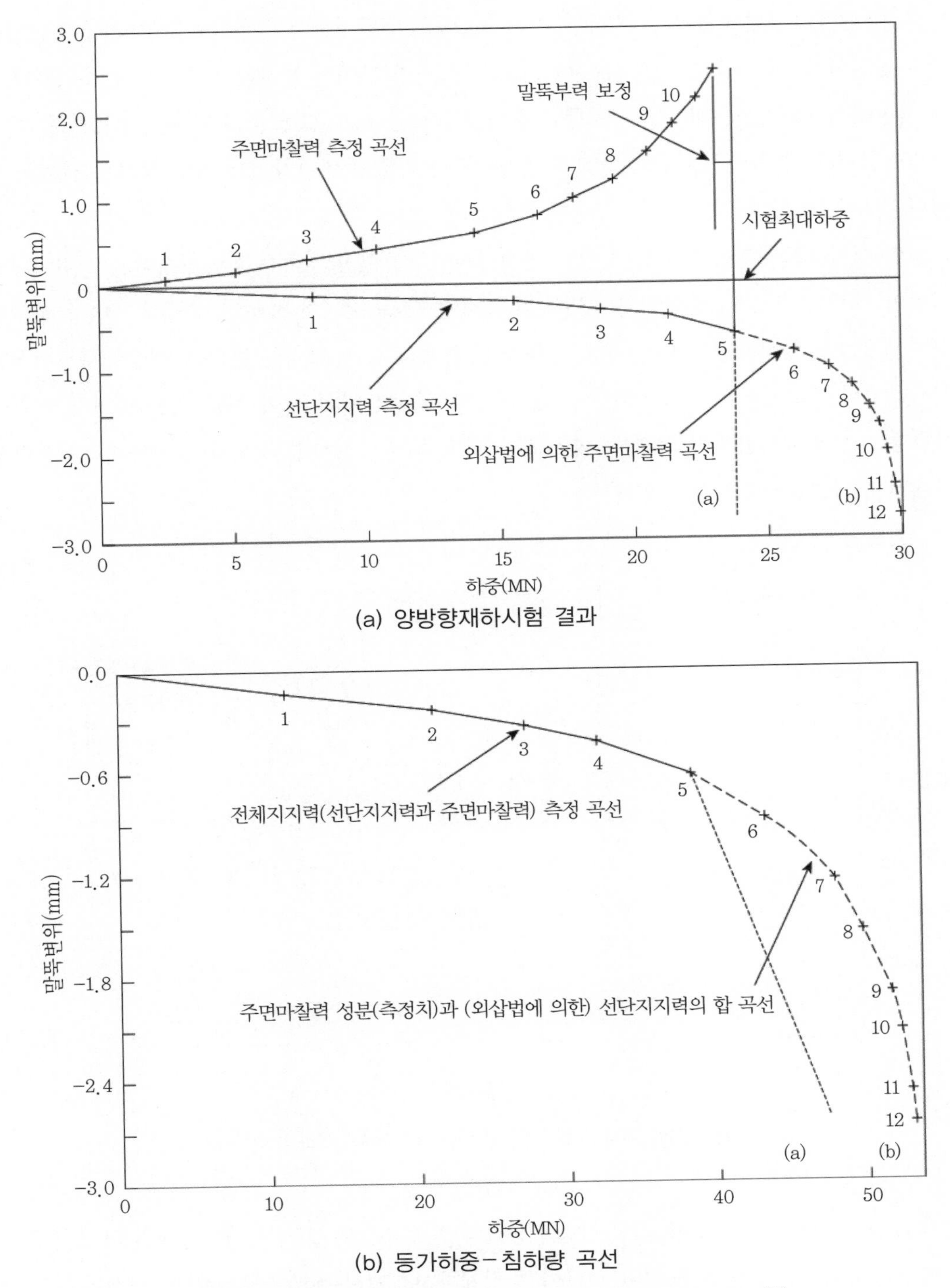

(a) 양방향재하시험 결과

(b) 등가하중-침하량 곡선

그림 13.5 등가하중-침하량 곡선 예(Osterberg, J., 1998)[20]

즉, 선단재하시험에서의 상향 극한 주면마찰력은 두부재하시험에서의 하향 극한 주면마찰력과 동일한가? 이에 대한 타당성은 Ogura(1996)가 일본에서 실시된 시험으로 입증되었다.[4] 이 시험에서는 양방향재하시험장치를 이용하여 말뚝을 위로 밀어 올릴 때와 아래로 누를 때의 주면마찰력을 각각 측정하였고 상향 주면마찰력과 하향 주면마찰력은 서로 같다는 결론을 얻었다.

또한 싱가포르에서는 사하중에 의한 정재하시험과 양방향재하시험을 직접적으로 비교하는 시험이 실시되었다. 이 시험에서는 말뚝의 직경이 1.2m 길이가 32m인 말뚝에 사하중에 의한 정재하시험을 실시하였고 10m 정도 떨어진 지점에서 같은 재원의 말뚝에 양방향재하시험을 실시하였다. Penget et al(1999)는 그림 13.6에 도시한 바와 같이 이들 시험 결과에 대하여 사하중 두부재하시험의 말뚝재하시험에서 구해진 하중-침하량 곡선과 양방향재하시험에서 구해진 등가하중-침하량 곡선을 비교하였다.[4]

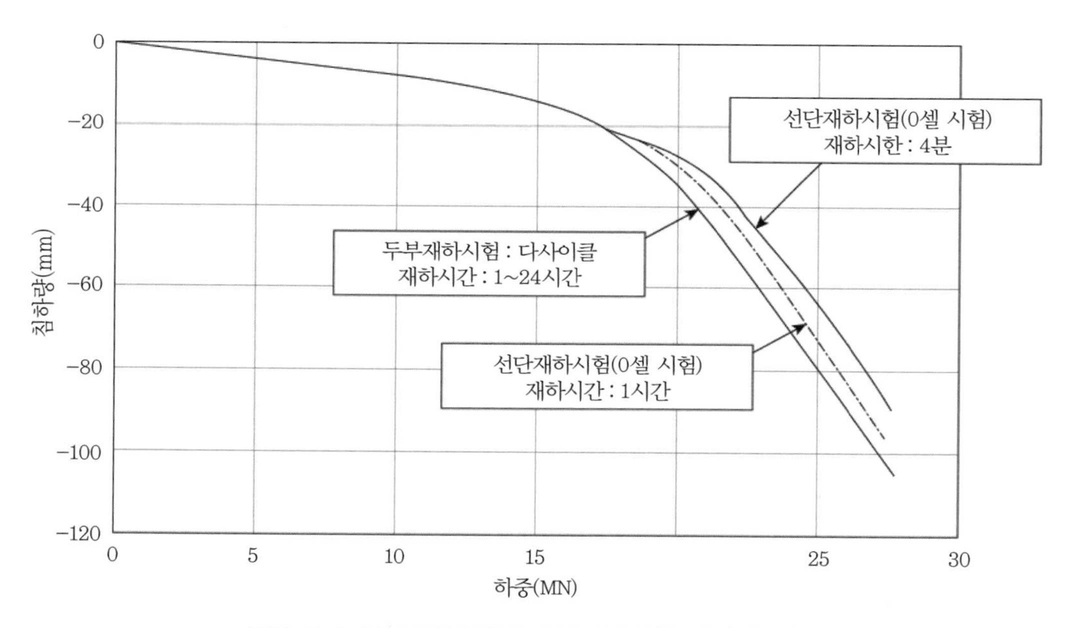

그림 13.6 두부재하시험과 선단재하시험 결과의 비교

이 그림으로부터 두 시험에 의한 하중-침하량 거동곡선은 실용적으로 잘 일치하고 있음을 보여주고 있다. 이 그림에 도시된 다사이클 정재하시험에서는 재하시간을 1~24시간으로 하였으며 오스터버그셀 시험에서는 등가하중을 구하여 등가하중-침하량 곡선을 도시하였다.

오스터버그셀의 선단재하시험에서는 재하시간을 4분으로 한 경우와 1시간으로 한 두 경우의 시험 결과를 함께 도시하였다. 이 그림에 의하면 선단재하시험의 경우 각 하중의 재하시간이 길수록 동일한 재하하중에서의 침하량이 크게 발생하였고 두부재하시험에서는 침하량이 제일 크게 발생하였음을 알 수 있다. 따라서 두부재하의 경우가 선단재하에 비하여 동일한 하중하에서 침하량이 크게 발생함을 알 수 있다.

13.1.6 극한하중 실측치와 예측치의 비교

Schmertmann은 오스터버그셀 시험으로부터 결정된 지지력의 크기는 현장타설말뚝 주변 지반과 암반의 강도로부터 산정된 지지력을 초과한다고 하였다. 또한 밀뚝 주변 지반과 암반의 강도가 증가할수록 오스터버그셀 시험으로부터 결정된 지지력의 크기가 실내에서 구한 값보다 상대적으로 증가한다고 하였다.

Loadtest Inc.에서 시험한 결과 선단의 지반종류에 따라 그림 13.7과 같은 결과를 얻었다. 현장타설말뚝 주변지층의 강도특성에 관한 충분한 자료가 있는 25개의 시험말뚝을 선정하여 지지력 실측치를 산정된 예측치와 비교하면, 주변지반의 강도가 클수록 계산에 의한 예측치와 실측치의 비율이 더 크다는 것을 그림 13.7로부터 알 수 있다.

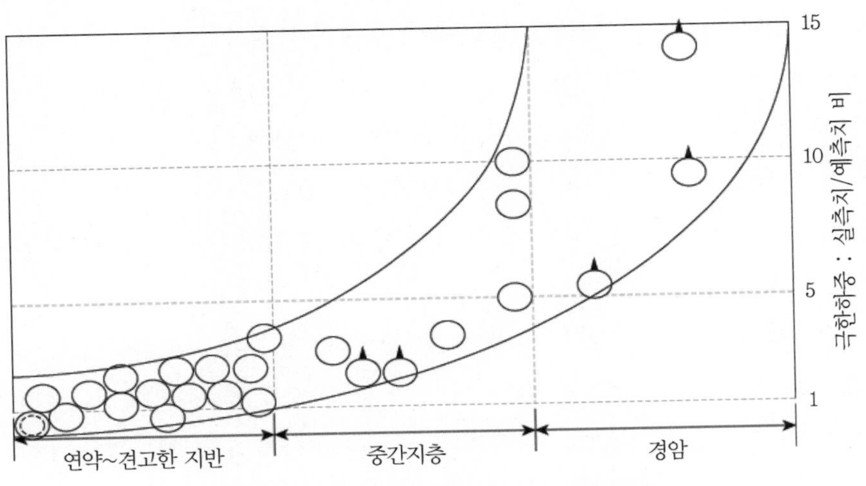

그림 13.7 극한하중 실측치와 예측치의 비율

즉, 그림 13.7에서 연약한 지반에서 단단한 지반에 대한 지지력의 실측치/예측치 비율이 0.7~3.0이고, 지반과 암반의 중간인 지층의 경우, 즉 조립질 모래, 조밀한 실트, 빙적토 그리고 풍화암과 같은 지층에서는 지지력의 실측치/예측치의 비율이 3.0~5.0로 증가하였다. 더욱이 경암에서는 지지력의 실측치/예측치의 비율이 5.0~15.0으로 극단적으로 크게 나타났다. 결국 이상의 결과에서 보는 바와 같이 현장타설말뚝의 주변지층이 양호할수록 현장타설말뚝의 지지력은 과소하게 예측될 수 있음을 의미한다.

13.2 하중지지특성

13.2.1 양방향재하시험

(1) 시험 사례 현장

양방향재하시험을 실시한 한 현장타설말뚝의 직경과 길이는 각각 2m와 42.4m이었으며 최대재하하중은 5,600t이었다. 시험에 사용된 양방향재하장치는 최대용량이 2,000t인 실린더 3개를 사용하였고 유압잭을 철근망 최하부에 고정시키고 말뚝의 변위(상방향은 융기량이고 하방향은 침하량)는 선단 유압잭의 상·하단에 부착되어 있는 상판과 하판에 변위봉을 각각 2개씩 설치하여 상판 및 하판의 변위를 LVDT를 이용하여 측정하였다.

현장타설말뚝 한 단면에 콘크리트 센서를 90° 간격으로 4개를 설치하였으며 본 현장의 지질주상도를 참고로 하여 각 지층의 변화구간, N치가 급격하게 변하는 구간, 각 지층별로 두 개 단면 이상 위치에 센서를 설치하여 축하중을 측정하였다.

축방향 압축재하시험 시 축하중 측정용 센서를 이용하여 각 지층에서 발생되는 주면마찰력을 산정하도록 한다.

재하방식은 3사이클에 걸쳐 단개별로 반복재하하였다. 첫 번째 사이클에서는 450t, 900t, 1,350t, 1800t의 4단계로 재하한 후 900t, 0t 순의 두 단계로 제하하였다. 두 번째 사이클에서는 900t, 1,800t, 2,250t, 2,700t, 3,150t, 3,600t의 6단계로 재하한 후 2,700t, 1,800t, 900t, 0t 순의 4단계로 제하하였다. 세 번째 사이클에서는 1,800t, 3,600t, 4,050t, 4,500t, 4,950t, 5,400t, 5,600t의 7단계로 재하한 후 4,500t, 3,600t, 2,700t, 1,800t, 0t 순의 5 단계로 제하하였다.

본 현장의 지층은 상부로부터 매립층, 풍화토층, 풍화암층, 연암층으로 구성되어 있다. 지표면에서 21.7m까지는 매립층이 분포되어 있으며 풍화암층은 21.7~33.5m 사이에 분포되어 있다. 또한 연암층은 33.5m 깊이 이하에 분포되어 있다.

(2) 재하시험 결과

그림 13.8은 양방향재하시험의 하중단계별 재하시험 결과를 도시한 그림이다. 그림 13.8(a)는 3 사이클의 재하 및 제하 시 측정된 하중과 변위량이고 그림 13.8(b)는 매 사이클에서 계측된 최대하중과 변위량의 관계를 나타내고 있다.

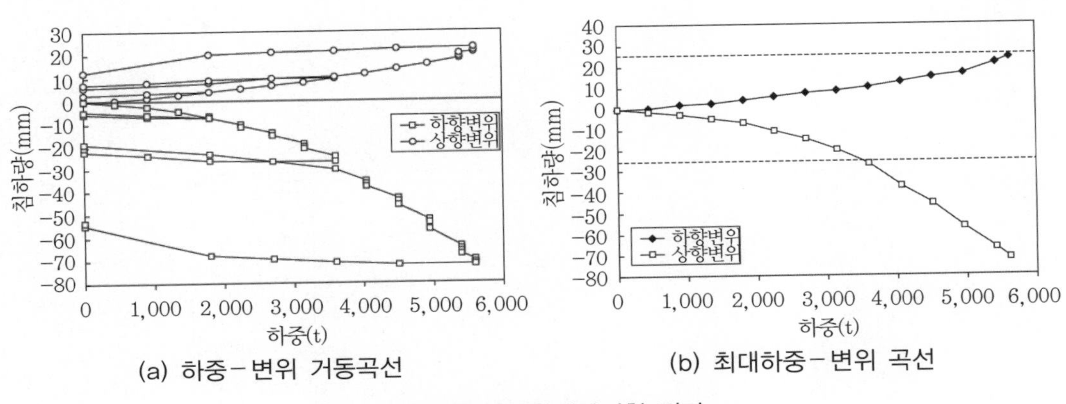

(a) 하중-변위 거동곡선

(b) 최대하중-변위 곡선

그림 13.8 양방향재하시험 결과

본 시험에서는 시험최대하중인 5,600t에서 하판의 변위량이 72.52mm로 크게 발생하였고 상판의 변위는 22.78mm로 나타났다.

그림 13.8(b) 중 상향변위 및 하향변위에 침하량 기준으로 많이 적용되고 있는 25.4mm 선을 표시하였다. 상판변위는 시험최대하중 5,600t에서 22.78mm의 변위량을 보이고 있으며 시험하중 4,950t에서 항복하중이 나타나는 경향을 보이고 있다. 한편 하판변위는 5,600t에서 72.52mm의 변위를 나타내고 있어 침하량 기준의 제안값 25.4mm[28]를 시험하중 3,472.6t에서 초과하였다.

13.2.2 축하중 특성

양방향재하시험 시 측정한 축하중자료를 활용하여 말뚝 깊이별로 전이된 축하중으로부터 각 재하하중단계에서 심도별 하중전이량을 산정하고 그 특성을 분석하고자 한다.

우선 그림 13.9는 양방향재하시험 결과 측정된 심도별 축하중 분포를 도시한 결과이다. 하중은 450t에서 5,600t까지 재하하였으며 가장 낮은 하중인 450t에서는 연암층에서만 450t의 축하중을 나타내었으며 가장 큰 하중단계인 5,600t의 하중에서는 연암층에서 5,600t의 축하중이 측정되었다.

본 시험에서는 연암 및 풍화암층에서만 하중전이 분석을 수행하였으며 연암층에서 하중의 대부분을 분담한 결과 풍화암층으로의 하중전이는 크게 감소하는 경향을 나타내었다.

재하하중이 가장 낮은 단계에서는 심도별 축하중 분포가 상부로 진행될수록 지층별로 평균 25%씩 감소하는 경향을 보였으며 재하하중이 가장 높은 단계에서는 평균 16%씩 감소하는 경향을 보였다.

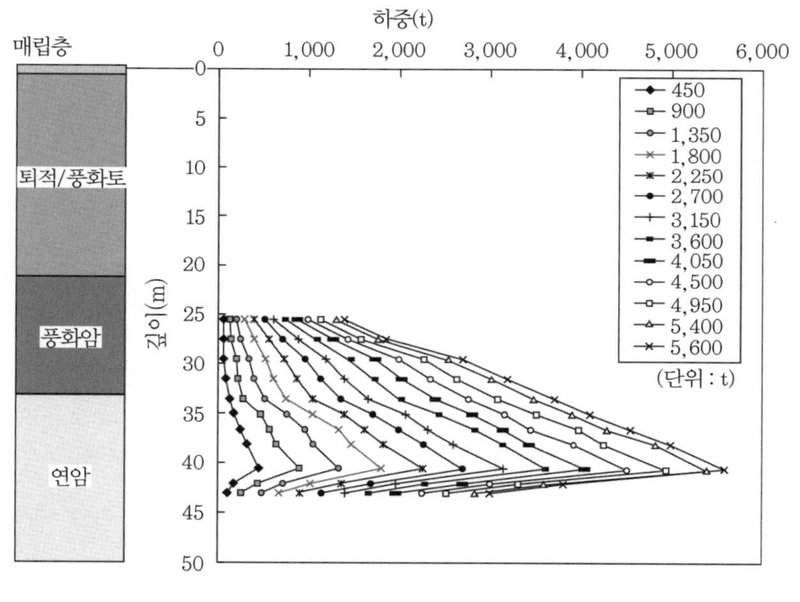

그림 13.9 심도별 축하중 분포

선단재하 시의 축하중 특성을 살펴보면 두부재하 방식의 재하시험 시의 축하중 특성과는 달리 대부분의 하중이 연암층에서 발휘되고 있으며 상부지층으로 갈수록 작아지고 있다. 하중이 낮은 단계에서는 지층별 부담률의 변화가 작아 그래프가 거의 직선의 형태를 보이지만 하중이 증가할수록 연암층에서 상부층으로 올라갈수록 하중분담률이 급격하게 줄어드는 것을 볼 수 있다. 이는 두부재하 시의 축하중이 중간층에서 대부분 발휘되는 것과 다른 특성을 보이고 있다. 즉, 선단재하시험에서는 연암층에서 하중의 대부분을 부담하기 때문에 중간지층의 하중분담능력을 확인하기에는 어렵다.

따라서 우리나라와 같이 암층이 깊지 않은 지층에서는 연암층에 말뚝을 지지시키는 경우 전체지지력을 판단하는 데 양방향재하시험이 유용할 것으로 판단된다.

13.2.3 두부재하와 선단재하 시의 축하중 특성 비교

그림 12.11(b)는 Reese et al.(1976)이 실시한 두부재하 시의 축하중 분포이다.[22] 그림 12.12 역시 두부재하 시의 축하중 분포를 나타내고 있다. 한편 그림 13.9는 선단재하를 하는 양방향재하 시의 축하중 분포도이다. 이들을 함께 비교하면 그림 13.10과 같다.

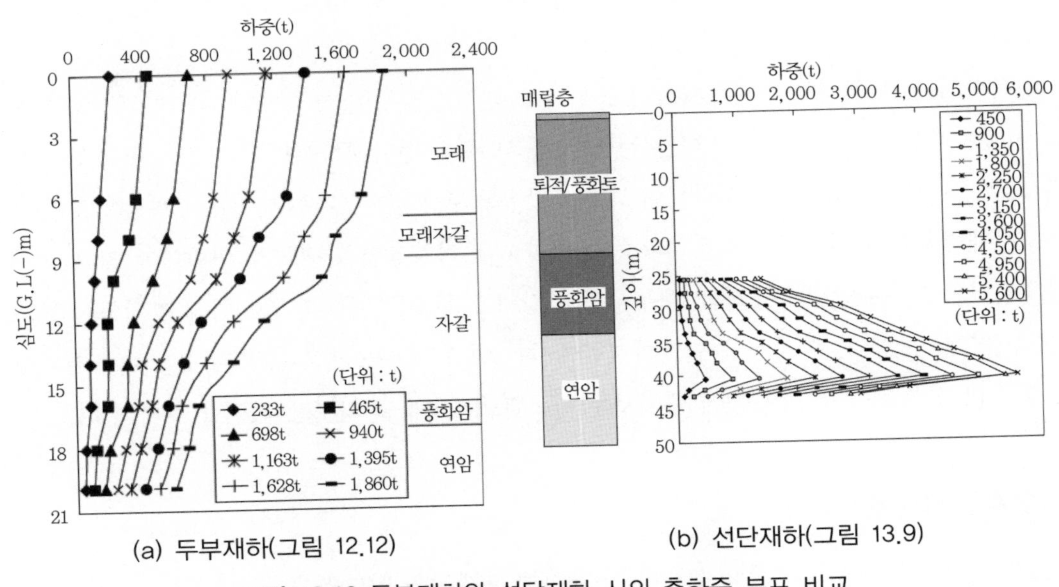

(a) 두부재하(그림 12.12)

(b) 선단재하(그림 13.9)

그림 13.10 두부재하와 선단재하 시의 축하중 분포 비교

일반적인 설계에서 암반에 근입된 현장타설말뚝의 주면마찰력은 암반층에서 대부분 발휘되는 것으로 설계하고 있으나 두부재하 시 그림 13.10(a)에서 알 수 있는 바와 같이 중간층까지의 지층에서 대부분의 주면마찰력이 발휘되고 있으며 암층으로 내려갈수록 부담하는 마찰력의 크기는 적어지는 것을 알 수 있다. 따라서 두부재하시험으로는 암반층에서의 주면마찰

력을 파악하기가 어렵다.

그러나 선단재하를 할 경우는 그림 13.10(b)에서 보는 바와 같이 주면마찰력의 대부분이 연암 및 풍화암층에서 발휘되고 있으며 풍화토층 이상부터는 그 부담률이 급격하게 감소하고 있다. 일반적으로 선단재하 시 암층의 주면마찰력 부담능력이 전체 주면마찰력의 82.5%로 대부분을 차지함으로 볼 때 암층의 주면마찰력 부담능력을 확인 할 수 있다.

이와 같이 주면마찰력의 발휘지층은 재하방식에 따라 크게 차이가 있다. 결론적으로 지표층에서 중간층까지의 주면마찰력의 발휘능력을 파악하려면 두부재하시험을 수행하여야 하며 암반층에서의 주면마찰력 발휘능력을 파악하려면 선단재하시험을 수행해야 하는 것이 바람직하다.

두부재하 시의 주면마찰력은 주면마찰력의 대부분이 중간깊이의 모래지갈층에서 발휘되고 있고 상대적으로 하부기반암층에서 분담해야 하는 하중이 작게 나타난다.[3] 그러나 암반에 근입된 현장타설말뚝의 선단재하시험의 경우 암층에서 먼저 주면마찰력을 부담하는 것으로 분석된다.

축하중의 분포 역시 두부재하시험의 경우 재하하중을 말뚝이 상부에서 대부분 부담하고 심도가 깊어질수록 그 부담률이 낮아지는 특성을 보이나, 선단재하시험의 경우는 하중의 대부분을 암반이 근입된 암층에서 부담하며 상부로 갈수록 부담률이 급격히 낮아지는 특성을 보인다.

두부재하시험에서는 상부에서 하부로의 축하중 전이양상이 급격하게 변화하지 않으나 선단재하시험에서는 암층에서 거의 대부분을 부담하고 상부로 갈수록 급격하게 부담률이 감소하는 경향을 보인다. 따라서 선단재하시험에서는 암층의 하중분담 특성은 정확하게 확인할 수 있으나 상부지층 및 중간층에 대해서는 하중분담특성을 정확하게 확인할 수가 없다.

13.2.4 단위주면마찰력

그림 13.11은 시험최대하중인 5,600t이 재하될 때까지의 심도별 평균단위주면마찰력 분포를 도시한 그림이다. 풍화암에서는 시험최대하중 5,600t에 대하여 최대 45t/m^{2}의 평균단위마찰력을 나타냈으며 연암층에서는 최대 129t/m^{2}의 평균단위마찰력을 나타냈다.

각 지층별 주면마찰력 현황을 심도별로 상세하게 나타내면 표 13.1과 같다. 단위주면마찰력의 부담률은 연암층이 68.53%, 풍화암층이 31.47%로 나타나고 있다. 즉, 대부분의 선단재하하중이 연암과 풍화암의 암반층에서의 주면마찰력에 의해 하중전이가 발생되었음을 의미한다.

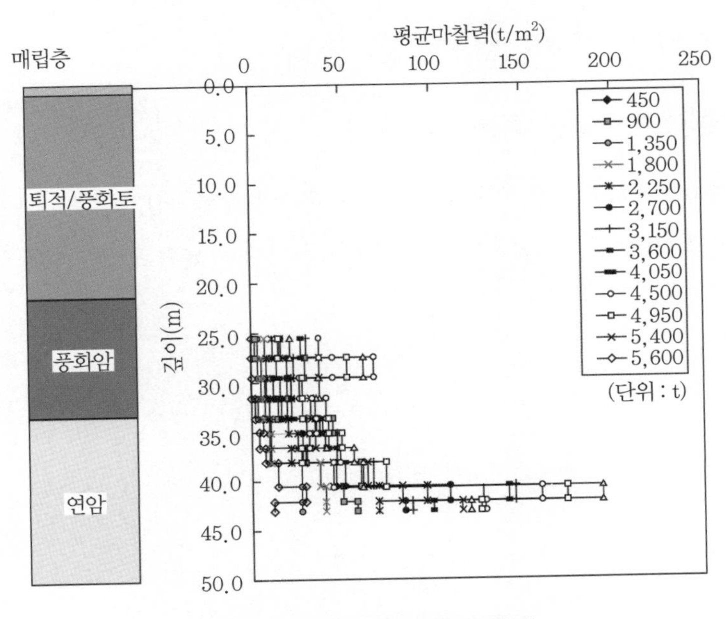

그림 13.11 심도별 평균마찰력

표 13.1 심도별 평균단위마찰력

지층	심도(m)	평균단위주면마찰력(t/m²)	부담비율(%)
풍화암층	25.5~27.5	38	31.47
	27.5~29.5	68	
	29.5~31.5	39	
	31.5~33.5	41	
	33.5~35.0	45	
연암층	35.0~36.5	51	68.53
	36.5~38.0	57	
	38.0~40.5	74	
	40.5~42.0	192	
	42.0~43.0	129	

퇴적토층과 매립층 등 기타 상부 지반에 대해서는 하중전이시험을 수행하지 않아 그 분담크기를 확인할 수 없었으나 연암층 하부에서부터 풍화암층 상부까지의 주면마찰력 전이경향을 보면 상부지층에서의 분담크기는 상당히 작음을 미루어 짐작할 수 있다고 판단된다.

13.3 시험 결과 분석 및 고찰

13.3.1 주면마찰력과 변위량 특성(t-z 곡선)

풍화암층과 연암층에서의 단위주면마찰력과 변위량의 관계곡선, 즉 주면하중전이함수 t-z 곡선(t-z curve)를 도시하면 그림 13.12와 같다. (a) 그림은 풍화암층의 결과이고 (b) 그림은 연암층의 결과이다.

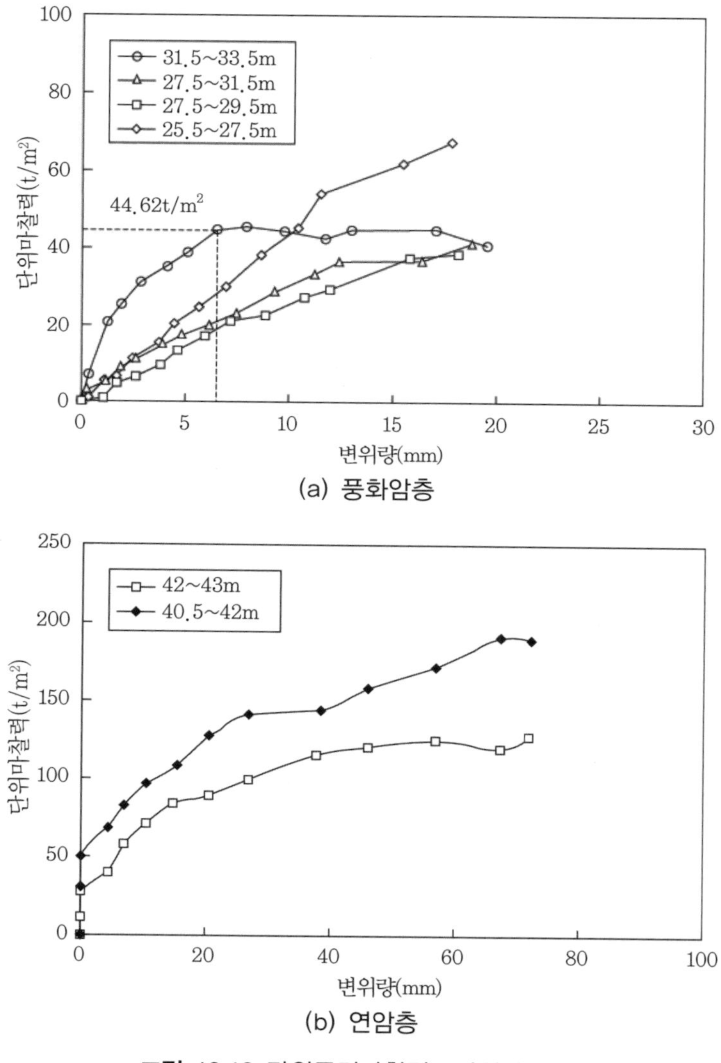

(a) 풍화암층

(b) 연암층

그림 13.12 단위주면마찰력 – 변위량 곡선

그림 13.12(a)는 풍화암층의 t-z 곡선을 도시한 결과 풍화암층이 극한상태에 도달한 것으로 판단된 재하장치 하부의 하중전이 결과로 풍화암층의 최대단위주면마찰력을 산정하였다.

지층별 단위마찰력과 변위량의 특성을 살펴보면 풍화암층에서 상부풍화암층의 최대변위는 17.74mm이고 그때의 단위마찰력은 67.82t/m^{2}이며 하부풍화암층의 최대변위는 19.49mm이고 그때의 단위주면마찰력은 41.14t/m^{2}로 나타났다. 그러나 하중재하위치에서 가까운 지층인 하부풍화암은 변위량 6.48mm에서 극한하중에 도달하였으며 이때의 단위주면마찰력은 44.62t/m^{2}으로 분석되었다.

한편 연암층의 t-z 곡선 산정 결과 연암층의 극한상태에 도달한 것으로 판단된 재하장치 하부의 하중전이 결과로 연암층의 최대단위마찰력을 산정하였다. 그림 13.12(b)에서 지층별 단위주면마찰력과 변위량의 특성을 살펴보면 연암층에서 상부연암층의 최대변위는 71.81mm이고 그때의 단위주면마찰력은 190.4t/m^{2}이며, 하부연암층의 최대변위는 71.46mm이고 그때의 단위주면마찰력은 129.1t/m^{2}로 나타났다. 그러나 가장 먼저 수렴하는 경향을 보이는 것은 하부연암층이며 상부연암층에서 더 큰 변위가 발생한 후 수렴하는 경향을 보이는 것을 볼 수 있다. 하중이 직접 작용하는 상부연암층보다 하부연암층에서 먼저 수렴하는 경향을 보인 것은 지층의 특성이 반영된 것으로 보인다.

13.3.2 기준침하량 검토

이광기(2011)는 암반에 근입된 대구경 현장타설말뚝에 수행된 32회의 양방향재하시험 자료를 대상으로 현재 기준침하량으로 제시된 기준인 전체침하량 25.4mm과 현장타설말뚝의 지지력을 평가하기에 적합한 새로운 기준침하량을 검토하였다.[4]

이들 현장계측자료의 침하량 분포 특성을 살펴보면 말뚝 선단부는 25.4mm 이상인 경우와 13mm 이하인 경우의 두 그룹으로 분포되지만 주면부에서는 대부분 13mm 이하로 발생되었다.[4] 이 검토 결과 극한침하량의 기준으로 적용되는 25.4mm의 절반에 해당하는 13mm을 항복하중에 대응하는 침하량으로 규정하는 것이 합리적이라 하였다. 이 13mm는 홍원표 등(2005)이 국내 암반에 근입된 두부재하 정재하시험 결과 제시한 기준과도 일치하는 결과이다.[5] 한편 잔류침하량 기준에 대하여도 홍원표 등(2005)이 제안한 3mm를 항복하중으로 적용할 수 있다고 하였다.[5]

그림 13.13은 침하량 기준으로 판정한 선단지지력을 서로 비교한 결과이다. 먼저 그림 13.13(a)는 전체침하량을 25.4mm 기준으로 판정한 선단지지력 $P_{25.4}$을 전체침하량 13mm로

판정한 경우의 선단지지력 P_{13}과 비교한 결과이다. 그림 13.13(a)에서 보는 바와 같이 $P_{25.4}$와 P_{13} 사이에는 $P_{25.4}=1.5P_{13}$의 높은 상관성을 보인다. 이는 양방향재하시험을 이용하여 허용지지력을 결정하는 방법으로 '극한하중=1.5 × 항복하중'과 일치하는 것으로 25.4mm의 전체침하량으로 판정되는 하중은 극한하중에 해당하므로 전체침하량 13mm는 항복하중으로

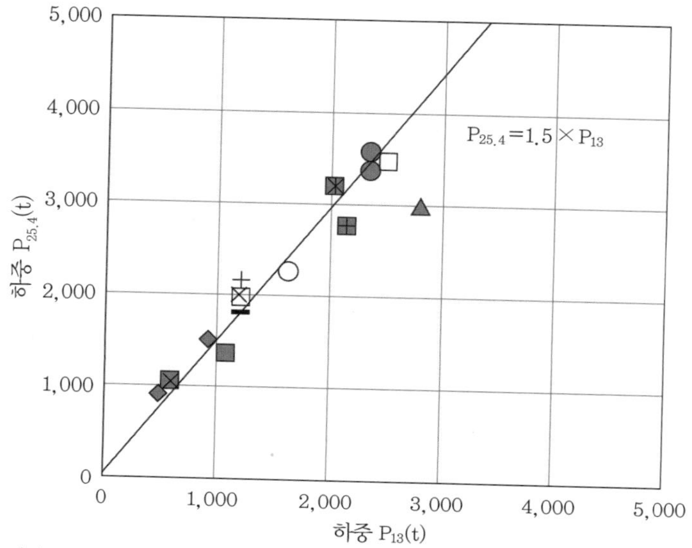

(a) 25.4mm(전체침하량)와 13mm(전체침하량)인 경우의 비교

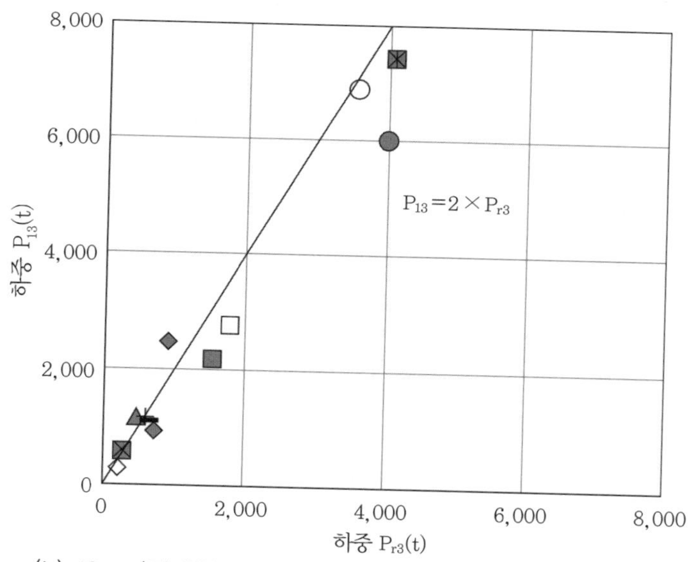

(b) 13mm(전체침하량)와 3mm(잔류침하량)인 경우의 비교

그림 13.13 선단지지력 판정 기준침하량[4]

평가할 수 있음을 의미한다. 이는 이미 제7.2절에서 제안·설명한 암반근입 현장타설말뚝의 지지력판단 전체침하량기준과도 일치한다. 다만 제7장의 기준은 두부재하 현장타설말뚝을 대상으로 하였는데, 그림 13.13(a)는 선단재하 현장타설말뚝을 대상으로 한 경우이므로 결론적으로 전체침하량 13mm는 두부재하 및 선단제하 모두의 말뚝재하시험에 적용할 수 있는 전체침하량 기준이라 할 수 있다.

한편 그림 13.13(b)는 전체침하량 13mm를 기준으로 판정한 선단지지력 P_{13}을 잔류침하량 3mm를 기준으로 판정한 경우의 선단지지력 P_{r3}와 비교한 결과이다. 즉, 그림 13.13(b)는 전체침하량 13mm 기준으로 판정한 선단지지력 P_{13}을 잔류침하량 3mm 기준으로 판정한 경우의 선단지지력 P_{r3}와 비교해본 그림이다. 이 그림 역시 P_{13}와 P_{r3} 사이에는 $P_{13}=2.0P_{r3}$의 높은 상관성을 보이고 있다. 이는 양방향재하시험을 이용하여 항복하중 P_{13}는 잔류침하량으로 판정된 P_{r3}의 두 배에 해당함을 의미한다. 만약 전체침하량 13mm 기준으로 판정한 선단지지력 P_{13}를 항복지지력으로 정의하면 잔류침하량으로 판정된 P_{r3}는 허용지지력으로 정의할 수 있을 것이다.

13.3.3 안전율과 선단지지력

이광기(2011)는 기준침하량별 상관성 분석 결과 선단부에서는 상관성이 확인되지만 주면부에서는 지료 부족으로 상관성 확인이 다소 부족하여 더 조사가 필요하다고 하였다.[(4)]

위에서 검토한 선단지지력에 대한 내용을 요약하면 다음과 같이 안전율과 극한지지력, 항복지지력 및 허용지지력을 정의할 수 있다.

① 말뚝재하시험으로 말뚝의 허용지지력을 판정할 때 Ⓐ 극한하중×1/3, Ⓑ 항복하중×1/2을 적용하여 결정하는데, $P_{25.4}=1.5P_{13}$이므로 전체침하량을 13mm 기준으로 판정한 선단지지력 P_{13}을 항복하중으로 평가할 수 있고 안전율은 2로 적용하여 허용지지력을 결정할 수 있다.

② 전체침하량 25.4mm와 전체침하량 13mm에 대한 잔류침하량 3mm의 상관성이 $P_{25.4}=3P_{r3}$, $P_{13}=2.0P_{r3}$의 관계가 있으므로 두 관계식을 합하면 P_{r3}는 허용지지력으로 정할 수 있다.

③ 위의 ①과 ②의 내용으로부터 전체침하량 25.4mm는 극한하중 판정기준으로, 13mm는

항복하중 판정기준으로, 잔류침하량 3mm는 허용하중 판정기준으로 표현하면 식 (13.1)과 같은 관계식으로 허용지지력을 표현할 수 있다.

$$\text{허용지지력} = \frac{P_{25.4}}{3} = \frac{P_{13}}{2} = P_{r3} \tag{13.1}$$

13.4 말뚝재하시험에 의한 주면마찰력 평가

대구경 현장타설말뚝은 본당 지지해야 하는 하중이 커서 말뚝이나 지반이 파괴되거나 과다침하가 발생할 수 있으므로 기초말뚝이 안전하게 상부구조물을 지지할 수 있는지에 대한 직접적인 확인이 필요하다. 이런 문제를 해결하기 위해 일반적으로 말뚝두부에 하중을 가하는 두부 정재하말뚝재하시험이 적용되어지고 있다. 그러나 말뚝재하시험은 하중 재하를 위한 사하중 또는 가압 및 반력 시스템의 종류와 설치방법, 넓은 설치공간, 고비용과 시험의 복잡성 그리고 재하능력의 한계 등의 문제로 양방향으로 하중을 가하는 양방향재하시험(Osterberg-cell test)이 빈번하게 적용되고 있다.[4]

또한 해안이나 교각공사 등으로 인해 부력이 발생하여 말뚝의 인발하중이 발생, 설계에 고려해야 하는 추세로 말뚝인발시험도 실제 현장에서 적용되고 있다.

이와 같이 인발력에 의한 주면마찰력의 발생은 마찰말뚝의 설계에 큰 영향을 주고 있으나 현실은 주면마찰력을 고려하지 않고 선단지지력형식으로만 설계하고 있다.

암반층에 근입된 현장타설말뚝의 주면마찰력을 산정하는 방법은 세계 각국의 연구자들이 말뚝재하시험 결과와 암석의 일축압축강도를 분석하여 제안한 경험식을 사용하고 있으며 대부분 주면저항계수, 경험상수를 사용한 $f = \alpha q_u^{\beta}$의 형태이고 제안자들에 따라 큰 차이가 있다. 일부 연구자들은 굴착된 공벽의 거칠기 등에 따라 지지력에 차이가 발생하는 것에 착안하여 이와 같은 식에 계수를 추가하거나 수정하여 제안하기도 한다(Williams, et al., 1980).[30]

특히 현장타설말뚝을 암반에 소켓 형태로 근입 설치하였을 경우 암반에 근입된 부위에서의 말뚝과 암반 사이에 발휘되는 주면마찰력은 최근 말뚝설계에 최대 관심사로 여러 연구가 이루어 진행되고 있다.[16,18-19,22-24,27,29]

일축압축강도에 기초한 경험적인 제안식들에 의한 결과는 상호 큰 편차를 보이고 있으며 이는 암반의 물성치, 거칠기, 직경 등의 요인들이 일축압축강도에 영향을 미치고 있으므로 일축압축강도만으로 주면마찰력을 추정하는 방법은 근본적으로 한계가 있는 것으로 생각된다.

13.4.1 각 지층 속 주면마찰력

홍원표 외 2인(2005)는 대구경 현장타설말뚝에 두부재하말뚝시험으로 모래층, 모래자갈층, 지갈층의 주면마찰력을 분석하였다. 두부재하시험을 실시함으로써 지반 상부층에서의 말뚝주면마찰력을 관찰할 수 있었다.[5]

한편 홍진기(2013)는 암반에 근입된 대구경 현장타설말뚝에 양방향재하시험과 말뚝인발시험을 실시한 시험자료를 분석하여 사암, 풍화암, 연암, 경암과 같은 하부 암반층에서의 현장타설말뚝주면 마찰력을 분석하였다.[6]

이들 두 연구를 종합 정리하여 상하부 지층의 주면마찰력을 정리하면 그림 13.14와 같다. 일반적으로 현장타설말뚝의 주면마찰력은 각 암반층의 일축압축강도와 비례관계에 있다. 또한 그림 13.14에서 각 지층의 최대주면마찰력은 10mm의 상대변위 전후에서 발휘되어 수렴함

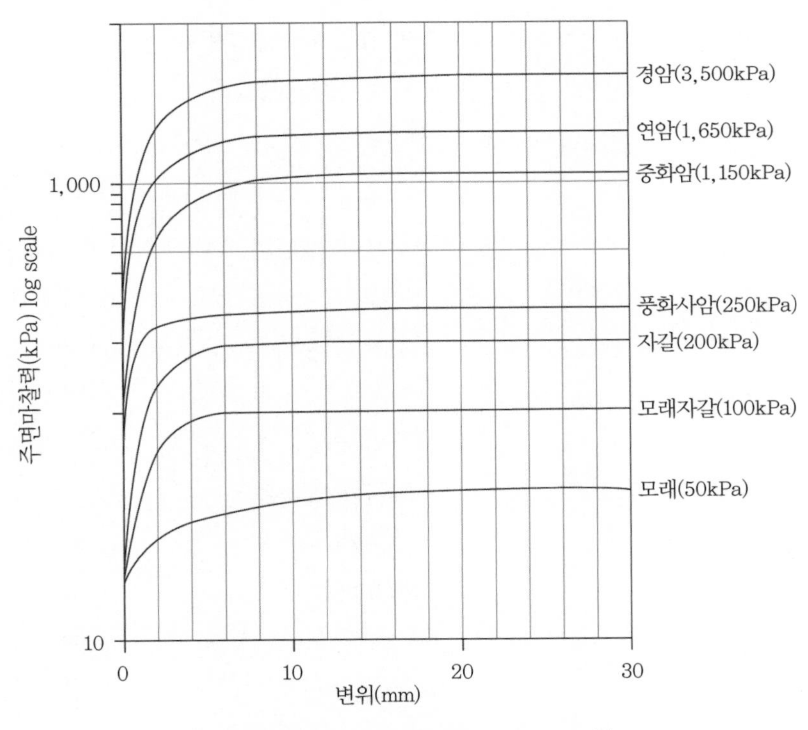

그림 13.14 각 지층의 주면마찰력[6]

을 알 수 있다. 이 그림에 의거하여 각 지층에 발생될 수 있는 주면마찰력의 최대치는 표 13.2와 같다.

표 13.2 지층별 최대주면마찰력[6]

지층	주면마찰력(kPa)
모래	50
모래자갈	100
자갈	200
풍화사암	250
풍화암	1150
연암	1650
경암	3500

13.4.2 주면마찰력 평가기준

(1) AASHTO 기준

AASHTO(American Association of State Highway and Transfortation Officials, 1996) 기준[7]은 RQD에 따른 암반 탄성계수의 경험적인 감소계수를 사용하여 암석 강도를 저감시킴으로써 안전측 설계를 유도하였으나 보수적으로 평가되는 Horvath et al.(1983)의 도표[14]를 이용하고 이에 감소계수를 반영함으로써 주면마찰력으로 더욱 보수적으로 평가하는 경향이 있다.[6]

AASHTO(1996)에서도 허용응력설계법을 근간으로 제안하고 있으며 국내의 경우도 이 방법을 채택하고 있다. 설계하중의 지지거동은 침하량 0.4inch까지 주면마찰력에 의해 발휘되고 극한주면마찰력의 발현(암반과 콘크리트 사이에서 슬라이딩) 후의 추가적인 하중은 선단에 의해 지지되는 것으로 설명하고 있다.

현장타설말뚝의 극한주면마찰력은 식 (13.2)에서와 같이 일축압축강도를 이용하도록 규정하고 있으며 이는 기본적으로 Horvath et al.(1983)의 도표[14]를 더욱 보수적으로 평가한 것으로 판단된다.[6]

$$P_{sr} = \pi B_r D_r q_{sr} \tag{13.2}$$

여기서, P_{sr} : 암반 근입부의 극한 주면마찰력(psi)

B_r : 암반근입부의 직경(ft)

D_r : 암반근입부의 길이(ft)

q_{sr} : 말뚝과 암반 접촉면에서의 극한주면마찰력(psi)

q_{sr}는 암반의 일축압축강도(C_m)와 콘크리트 일축압축강도 중 작은 것을 기초로 하여 q_{sr}을 Horvath et al.(1983)의 도표[14]에서 선택한다.

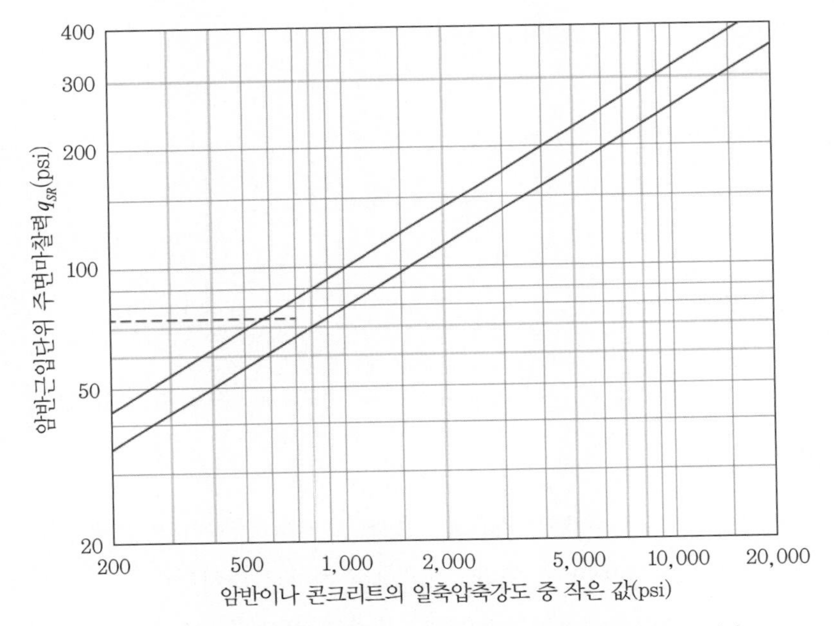

그림 13.15 일축압축강도에 따른 말뚝의 극한주면마찰력[14]

암반의 일축압축강도를 구하기 위해 식 (13.3)과 같이 암석의 일축압축강도(C_0)에 감소계수 α_E를 적용하도록 제안하고 있다. 감소계수는 RQD를 이용하되 감소계수를 0.15 이상으로 제한하고 있는데, 이 값은 RQD 64 이상의 값을 요구하는 것에 해당하므로 절리가 많은 암반에는 적용하기 어려운 면이 있다.

$$C_m = \alpha_E C_0 \tag{13.3}$$

여기서, C_m : 암반의 일축압축강도(ksf)

C_0 : 암석의 일축압축강도(ksf)

$\alpha_E = 0.0231(RQD) - 1.32 \geq 0.15$

(2) NAVFAC 기준

NAVFAC DM-7.2(Department of the Navy, 1982)[17]에서 극한주면마찰력은 Horvath & Kenny(1979)의 자료[13]를 바탕으로 식 (13.4)와 같이 제안된 식을 이용하여 산정할 수 있다. 본 기준은 주면마찰력을 구하는 데 있어 말뚝의 직경이 작을수록 큰 주면마찰력을 채택하고 있어 말뚝의 치수효과가 고려된 것이 특징이다.

$$f_s = (6.0 \sim 7.9) f'^{0.5}_w \quad (\text{말뚝직경} > 400\text{mm}) \tag{13.4a}$$

$$f_s = (7.9 \sim 10.5) f'^{0.5}_w \quad (\text{말뚝직경} < 400\text{mm}) \tag{13.4b}$$

여기서, f_s : 주면마찰력

f'_w : 암석과 콘크리트의 일축압축강도 중 작은 값

(3) FHWA 기준

FHWA(Fedral Highway Administration, 1998)[11]에서 제안하는 설계절차는 Kulhawy (1983)[15]가 제안한 방법을 채택하고 있다. 여기서는 계산된 침하량이 0.4inch보다 작을 경우, 말뚝의 지지력은 주면마찰에 의해 지배되며 계산된 침하량이 0.4inch보다 클 경우 근입부의 저항력은 파괴될 수 있으므로 주로 선단지지력에 의해 지배되는 것으로 가정한다.

주면마찰력은 식 (13.5)에 의해 산정된다.

$$f_s = 0.15 q_u \quad (q_{u \leq 280\psi}) \quad (\text{Carter \& Kulhawy, 1988})^{(10)} \tag{13.5a}$$

$$f_s = 2.5 q_u^{0.5} \quad (q_{u > 280\psi}) \quad (\text{Horvath \& Kenny(1979})^{(13)} \tag{13.5b}$$

여기서, f_s : 극한주면마찰력

q_u : 암반과 콘크리트의 일축압축강도 중 작은 값

주면마찰력은 식 (13.5)에서 보는 바와 같이 암석 또는 콘크리트의 일축압축강도 280psi를 기준으로 하여 큰 경우는 Horvath & Kenny(1979)[13]의 식을, 작은 경우는 Carter & Kulhawy (1987)[10]의 식을 적용하도록 규정하고 있다. 이는 암석의 강도가 클수록 작은 주면마찰력 값을 취하기 위한 보수적인 관점이라 볼 수 있다.

Kulhawy(1983)[15]는 설계가정을 위해 개략적인 하중전이상태를 이용한 것으로 제안했지만 FHWA에서는 실용상 0.4inch를 기준으로 마찰말뚝과 선단지지말뚝을 선택하도록 채택하였다. 이 개념은 주면마찰력과 선단지지력이 동시에 발현되지 않는다는 것을 가정한 것이므로 보수적이고 실용적인 관점에서 채택된 것으로 판단된다.

(4) Canadian Foundation Engineering manual 기준

Canadian Foundation Engineering manual(2006)[9]에서는 지지력 식들을 적용하는 방법에 대해 분명한 조건을 설정하고 있다. 즉, 지지하고자 하는 저항력에 따라 설계개념을 마찰력, 선단지지력을 적용할 경우는 반드시 재하시험 등 확인과정을 거치도록 제안하고 있다.

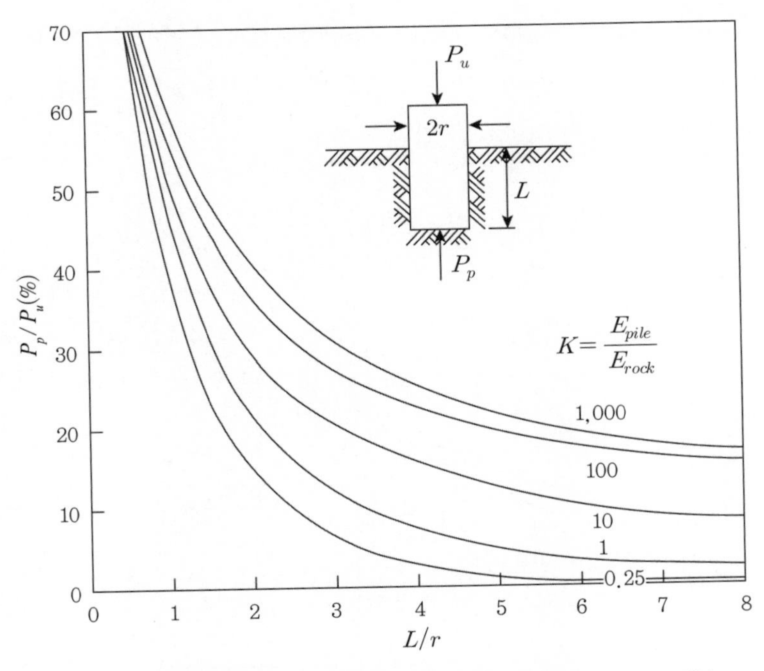

그림 13.16 암반 근입 시 하중분배(Pells & Turner, 1979)[21]

전체지지력을 이용하는 방법들 중 FHWA(1992)에서는 Pells & Turner(1979)[21]가 탄성해에 근거하여 제안한 암반에 근입된 현장타설말뚝의 지지력 분담률(=선단지지력/주면마찰력)을 이용하고 있다. 암반에 근입된 현장타설말뚝의 주면마찰력은 식 (13.3)과 같은 암석의 일축압축강도를 이용하는 전통적인 방법에 근거하고 있으며 Rowe & Amitage(1987),[25] Carter & Kulhawy(1988)[10]의 방법을 참조하고 있다.

$$\frac{f_s}{p_a} = 1.0 \times \sqrt{\frac{q_u}{2p_a}} \tag{13.6}$$

여기서, f_s : 극한주면마찰력(MPa)

q_u : 암석의 일축압축강도(MPa)

p_a : 대기압(MPa)

(5) Geotechnical Engineering Office(GEO) 기준

홍콩의 Pile Design and Construction(Geo, 1996)에서는 주면마찰력을 위주로 설계할 것을 권장한다.[12] 즉, 전체지지력을 이용하는 방법은 말뚝의 허용침하량이 비교적 큰 구조물 설계에서만 적용하도록 신중하게 제안하고 있다.

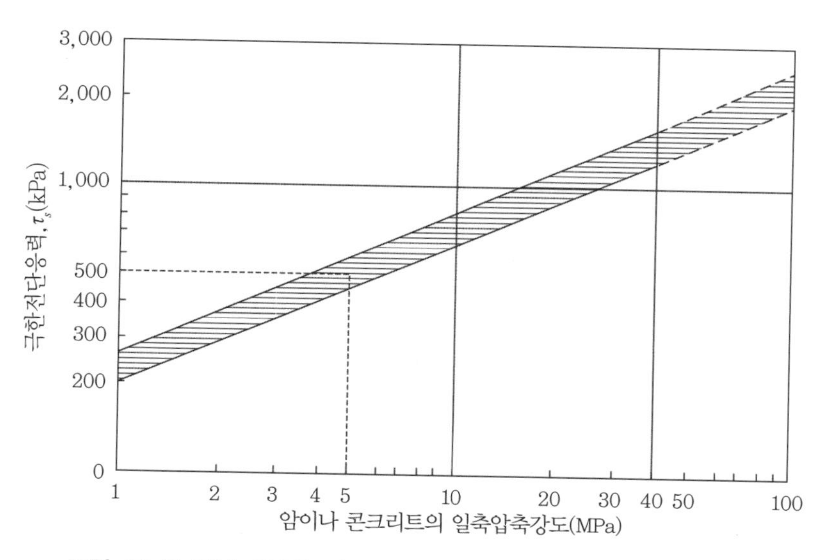

그림 13.17 암반 근입부의 극한주면마찰력의 평가(GEO, 1996)[12]

Pile Design and Construction(Geo, 1996)는 암반에 근입된 현장타설말뚝의 주면마찰력 산정을 위해 그림 13.17과 같은 암석의 일축압축강도를 이용하는 전통적인 방법을 이용하고 있다. 여기서 일축압축강도와 근입부의 주면마찰력은 Horvath et al.(1983)[14]의 방법을 참고하고 있다. 그림 13.17에는 실제시험을 수행한 두 사례의 자료를 함께 도시하고 있으며 실제시험에 의하면 이들 값은 설계범위의 상한 값을 보이고 있다.

13.4.3 암반에 근입된 피어기초의 주면마찰력

홍진기(2013)[6]는 암반에 근입된 피어기초의 주면마찰력을 예측할 수 있는 제안식을 표 13.3과 같이 정리하였다. 일반적으로 기초암반 또는 암반 속으로 근입 설치한 피어는 대규모 시설 등 큰 하중을 받는 경우에 보편적이고 효과적인 기초형식이다.

표 13.3 암반에 근입된 피어기초의 주면마찰력 산정식(단위: tf/m^2)[6]

제안자	제안식
Williams et al.(1980)[30]	$f_s = 4.405 q_u^{0.367}$
Rowe and Armitage(1987)[25]	$f_s = 4.757\sqrt{q_u}$ $f_s = 6.365\sqrt{q_u}$
Horvath and Kenney(1979)[13]	$f_s = 2.198\sqrt{q_u}$
Carter and Kulhawy(1988)[10]	$f_s = 2.067\sqrt{q_u}$
Ronalds and Kaaderbek(1987)	$f_s = 0.3 q_u$
Gupton and Logan(1984)	$f_s = 0.2 q_u$
Reese and O'Neill(1988)[23]	$f_s = 0.15 q_u$
Rosenberg and Journaeaux(1976)	$f_s = 3.729 q_u^{0.51}$

∴ q_u : 암석의 일축압축강도

그러나 현재까지는 암반 위에 설치된 피어의 설계를 위한 주면마찰력의 기준은 없는 실정이다. 따라서 현재 국내에서 간단히 설계되어지고 있는 피어의 극한지지력은 일축압축강도를 토대로 제안된 경험식을 적용하여 지지력을 산정한다.

참고문헌

1) 김희선(2008), 선단재하시험에 의한 대구경현장타설말뚝의 지지거동에 관한 사례연구, 중앙대학교건설대학원, 공학석사학위논문.
2) 노영수(2007), 암반에 근입된 현장타설말뚝의 양방향재하시험을 통한 주변마찰력의 특성 분석, 중앙대학교건설대학원, 공학석사학위논문.
3) 여규권(2004), 장대교량 하부기초 설계인자에 관한 연구, 중앙대학교대학원 공학박사논문.
4) 이광기(2011), 암반에 근입된 대구경 현장타설말뚝의 양방향재하시험에 의한 연직지지력 평가, 중앙대학교건설대학원, 공학석사학위논문.
5) 홍원표·여규권·이재호(2005), "대구경 현장타설말뚝의 주면 마찰력 평가", 한국지반공학회논문집, 제21권, 제1호, pp.93~103.
6) 홍진기(2013), 암반에 근입된 현장타설말뚝의 주면마찰력 평가, 중앙대학교대학원 공학석사논문.
7) American Association of State Highway and Transportation(AASHTO)(1996). "Standard Specifications for Highway Bridges".
8) ASTM D1143-81(1986), "Method of testing piles under static axial compressive loads. In Annual book of ASTM standards", 04.08, Soil and rock, building stones, Philadelphia, PA, pp.239~254.
9) Canadian Geotechnical Society (2006), "Canadian foundation engineering manual (4th ed.)", Canadian Geotechnical Society, Toronto, Ontario, Canada.
10) Carter, J.P. and Kulhawy, F.H.(1988), "Analysis and design of drilled shaft foundations socked into rock", Final Report, Project 1493-4, EPRI EL-5918, Cornell University, Ithaca, NY.
11) FHWA(1996), "Design and construction of driven pile foundations", Vol.I, pp.9~7.
12) GEO(1996), Pile Design and Construction.
13) Horvath, R.G. and Kenney, T.C.(1979), "Shaft resistance of rock socketed drilled piers", Proc., Symposium on Deep Foundations, ASCE, New York, N.Y., p.182.
14) Horvath, R.G., Kenney, T.C. and Kozicki, P.(1983), "Methods of improving the performance of drilled piers in weak rock", Canadian Geotechnical Journal, Vol.20, No.4, pp.758~772.
15) Kulhawy F.H.(1983), "Transmission line structures foundations for uplift-compression loading", Geotechnical Group. Cornell University , Report No. EL-2870, Report to Electrical Power Research Institute, Geotechnical Group, Cornell University, Ithaca, NY.
16) Kulhawy, F.H., Prakosa, W.A. and Akbas, S.O.(2005), "Evaluation of capacity of rock

foundation sockets", Alaska Rocks, Procd., 40th US Symposium on Rock Mechanics, eds. by G. Chen, S. Huang, W. Zhou and J. Timucci, Anchorage, Alaska, 8 June 2005.
17) NAVFAC-DM7.2(1982), Design Manual for Soil Mechanics, Dept. of the Navy, Naval Facilities Engineering Command.
18) Ng, T.-T, and Meyers, R.(2015), "Side resistance of drilled shafts in granular soils investigated by DEM", Computers and Geotechnics, Vol.68, pp.161~168.
19) O'Neill, M.W. and Hassan, K.M.(1994), "Drilled shaft: Effects of construction on performance and design criteria", Proc., International Conference on Design and Construction of Deep Foundation, Vol.1, pp.137~187, Fedral Highway Administration, Washington, D.C.
20) Osterberg, J.(1998), "The Osterberg load test methods for bored and driven piles the first ten years". Proc., the 7th International Conference on Piling and Deep Foundations, Deep Foundations Institute, Vienna, Austria, pp.1~17.
21) Pells, P.J.N. and Turner, R.M.(1979), "Elastic solutions for the design analsis of rock-sockected piles", Canadian Geotechnical Journal, Vol.16, No.3, pp.481~487.
22) Reese, L.C., Touma, F.T. and O'Neill, M.W.(1976), "Behavior of drilled piers under axial loading", Journal of Geotechnical Engineering Division, ASCE, Vol.102, No.GT 5, pp.493~510.
23) Reese, L.C. and O'Neill, M.W.(1988), Drilled Shafts: Construction Procedures and Design Methods, U.S. Department of Transportation, Fedral Highway Administration, Office of Implementation, McLean, VA.
24) Rollins, K.M., Clayton, R.J., Mikesell, R.C., and Blaise, B.C.(2005), "Drilled shaft side friction in gravelly soils", Journal of Geotechnical and Geoenvironmental Engineering, Vol.131, No.8, pp.987~1003.
25) Rowe, R.K. and Armitage, H.H.(1987), "Design method for drilled piers in soft rock", Canadian Geotechnical Journal, Vol.24, pp.126~142.
26) Schmertmann, J.H. and Hayers, J.A.(1997), "Osterberg Cell and bored pile testing", Proc., 3rd International Geotechnical Engineering Conference, Cairo University, Cairo, Egypt, pp.139~166.
27) Sharma H.D. and Joshi R,B.(1988), "Drilled pile behavior in granular deposit", Canadian Geotechnical Journal, Vol.25, No.2, pp.222~232.
28) Touma, F.T. and Reese, L.C.(1974)."Behavior of bored piles in sand", Jour., GED, ASCE, Vol.100, No.GT7, pp.749~761.

29) Turner, J.P., and Kulhawy, F.H.(1994), "Physical modeling of drilled shaft side resistance in sand", Geotechnical Testing Journal, Vol.17, No.3, pp.282~290.
30) Williams, A.F., Donald, I.B. and Chiu, H.K.(1980), "Stress distributions in rock sockected piles", Proc., IC on Structural Foundations on Rock, Sydney, Balkema: Rotterdam.

CHAPTER

14

말뚝기초의 금후 연구과제

CHAPTER 연직하중말뚝

14 말뚝기초의 금후 연구과제

14.1 무리말뚝의 설계

14.1.1 무리말뚝의 지지력

말뚝은 통상 간격이 직경의 3~4배가 되도록 무리말뚝의 형태로 설치한다. 그러나 말뚝의 설계에 있어서는 이 무리말뚝의 무리효과를 정확히 고려하기가 쉽지 않다. 일반적으로 마찰말뚝의 경우는 무리말뚝의 거동이 단일말뚝의 거동과 크게 다르다. 그러나 지지말뚝의 경우는 그 차이가 크지 않다. 또한 지반특성에 따라서도 그 차이가 현저히 차이가 있다.

무리말뚝은 말뚝캡이 지표면과 접촉해 있느냐 여부에 따라 자립무리말뚝(free-standing group)과 말뚝지지기초(piled foundation)의 두 가지로 구분한다. 즉, 자립무리말뚝은 말뚝캡이 지표면과 접촉해 있지 않은 기초로 말뚝캡과 지표면 사이에 공간이 존재하는 형태의 무리말뚝이다. 반면에 말뚝지지기초(piled foundation)는 말뚝캡이 지반과 접해 있어 말뚝캡으로 전달되는 상부하중을 말뚝과 지반의 저항력으로 함께 지지하는 형태의 무리말뚝이다.

또한 개개 말뚝의 지지기능이 마찰말뚝인지 지지말뚝인지에 따라 무리말뚝의 지지력에 대한 무리효과가 다르다. 예를 들면, 점토지반에 마찰말뚝으로 설치된 자립무리말뚝의 경우 말뚝간격이 줄어들면 무리말뚝효율이 1 이하로 감소하지만 선단지지말뚝의 경우는 말뚝간격에 관계없이 항상 1이다.

여기에 더해 말뚝을 설치할 지반의 종류에 따라서도 무리말뚝효율은 달라질 수 있다. 앞에서 설명한 바와 같이 점토지반에서는 무리말뚝효율이 1 이하로 나타나지만 모래지반에서는 1 이상이 될 때도 있다. 모형실험이나 현장실험에서 밝혀진 바에 의하면 모래지반밀도가 매우 조밀하고 말뚝간격이 극단적으로 넓지 않으면 모래지반에서 무리말뚝효율은 일반적으로 1 이상이 된다. 일반적으로 모래지반에서 말뚝간격이 말뚝직경의 2~3배인 경우 최대무리말뚝효율은 1.3에서 2 사이로 나타난다.

이와 같이 무리말뚝효율은 무리말뚝의 형태, 말뚝의 지지기능, 말뚝 설치 지반의 특성 등에 영향을 받고 있으므로 무리말뚝의 지지력효율을 간단히 결정하기가 용이하지 않다.

14.1.2 무리말뚝의 침하

그림 14.1은 지금까지 여러 학자들에 의해 가정·제안된 단일말뚝의 파괴 형태이다. 이들 파괴 형태에서 보는 바와 같이 모든 경우의 파괴 형태에서 말뚝의 하중지지기능은 말뚝선단 아래 작은 범위에 걸쳐있다.

전형적으로 지지말뚝은 양질의 지지층에 얕은 깊이로 근입되어 있고 말뚝선단에서의 작은 압력구근 내 지반에서만 말뚝을 통해 하중이 전이된다(그림 14.2(a) 참조). 말뚝이 근입되어 있는 지층과 그 아래 지층이 충분한 지지력을 갖는다면 무리말뚝 내 각 말뚝들은 단일말뚝의 지지력과 동일한 크기의 하중을 전달할 수 있다.

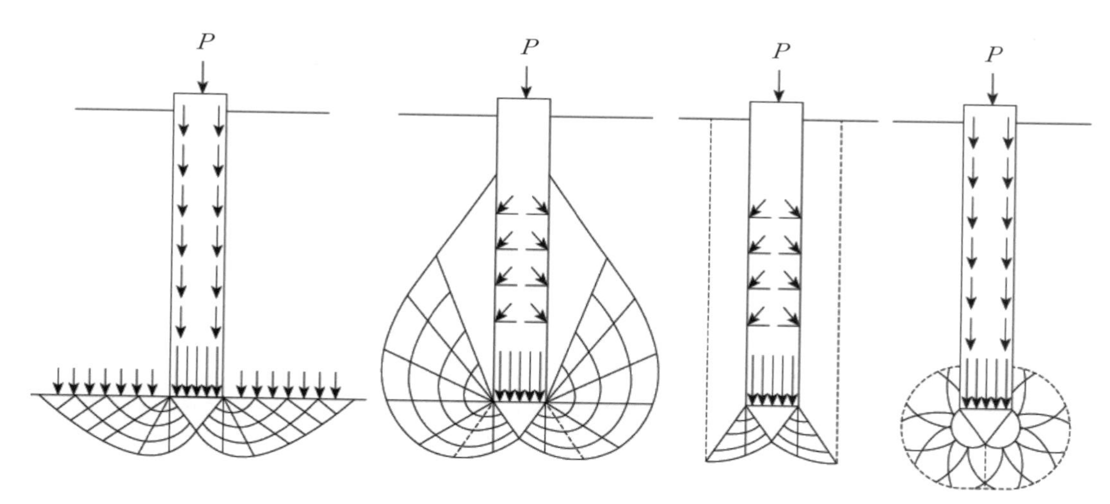

그림 14.1 말뚝기초의 파괴 형태[24]

만약 말뚝선단 아래 지층에 압축지반층이 존재한다면 무리말뚝의 침하는 지지력이 허용지지력보다 작더라도 지지말뚝들 아래 응력 증가 분포 지역이 겹치기 때문에 단일말뚝의 침하량보다 크게 발생한다. 즉, 무리말뚝이 한 덩어리가 되어 작용하게 된다(그림 14.2(b) 참조).

그림 14.2(b)에 무리말뚝 선단에 도시된 굵은 지중응력분표는 단일말뚝아래 응력 분포보다 여러 배 크게 발생한다. 이와 같이 무리말뚝의 유효폭은 단일말뚝의 유효폭보다 상당히 크다. 그러나 지지층이 비압축성지반이고 연약지반층이 없다면 지지말뚝으로 구성된 무리말뚝의 침하량은 개개말뚝에 대한 재하시험 값과 동일하게 발생한다.

이와 같이 무리말뚝의 침하는 지층의 구조, 말뚝의 강성, 말뚝 설치 간격 등에 따라 다르게 나타남으로 그 영향을 단순히 고려하기가 용이하지 않다.

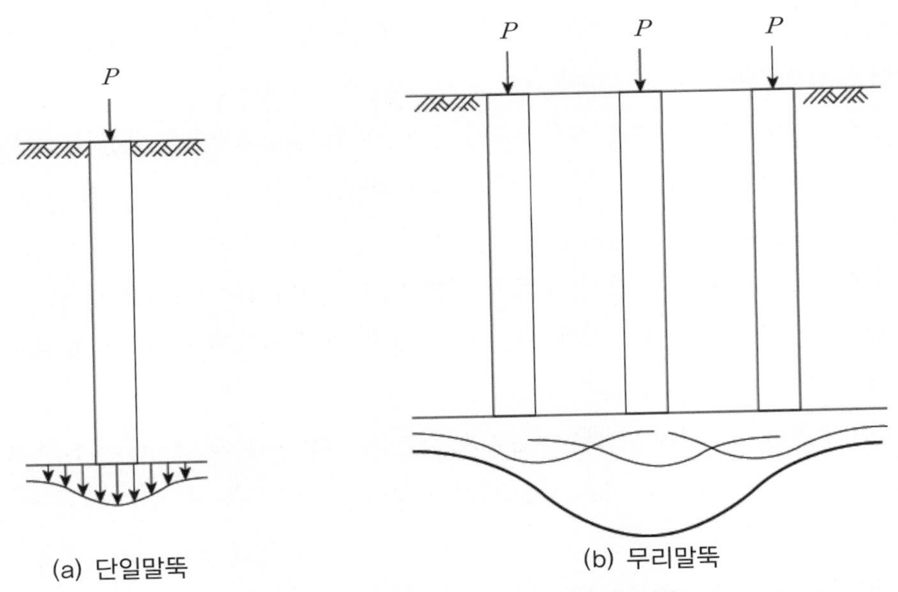

그림 14.2 말뚝선단 하부 지중응력 분포[19]

14.2 연약지반변형이 말뚝기초에 미치는 영향

해안을 매립하여 공업단지, 주택단지 등을 조성하게 됨에 따라 연약지반을 기초지반으로 이용하는 경우가 최근에 부쩍 증가하고 있다. 구조물의 자중이 비교적 가벼운 경우는 간단한 연약지반개량공법으로 지반의 강도를 증가시킨 후 직접기초 위에 구조물을 축조할 수 있다. 그러나 구조물의 자중이 무겁고 중요한 경우는 대부분 연약지반을 기초지반으로 사용하기보다는 말뚝, 케이슨, 피아 등의 매개체를 사용하여 지상의 구조물을 연약지반 하부의 암반이나 견고한 층에 연결시켜 상부의 하중을 직접 전달시키는 깊은기초 형태를 채택하게 된다.

고전 토질역학 및 기초공학에서 취급하는 깊은기초의 설계에서는 지반은 움직이지 않는다는 가정하에 모든 설계가 실시되었다. 즉, 지반은 움직이지 않고 지중에 설치된 말뚝, 케이슨, 피아 등의 하중지지 매개체가 움직이려 할 때 지반으로부터 지지저항이 발휘되는 구조에 근거하였다. 이러한 가정은 일반적인 양질의 지반에서는 충분히 통용될 수 있다.

그러나 대부분의 연약지반은 기초가 설치된 후에도 장시간에 걸쳐 여러 가지 원인에 의하여 여러 가지 형태로 지반이 변형하게 된다. 예를 들면, 매립 시의 상재하중으로 인하여 연약지반에 압밀침하가 발생하기도 하고, 팽창성이 큰 지반에서는 지하수위의 상승에 따라 지반융기가 발생하기도 한다. 또한 연약지반 근처에 도로, 철도, 댐 등의 성토하중으로 인하여 연약지반이 측방으로 이동하기도 한다.

이와 같이 지반이 변형할 경우 지반과 깊은기초 사이에는 상호작용이 발생하여 깊은기초는 지반으로부터 영향을 받게 되고 이 영향은 대부분의 경우 바람직하지 않은 힘(혹은 하중)을 기초 매개체에 가하게 된다.

최근에 이와 같은 현상으로 인한 구조물 피해는 점차 많아지고 있는 실정이다.[8,9] 따라서 금후의 연약지반 속 깊은기초 설계에서는 구조물 축조 후 일어나게 될지도 모를 지반의 변형에 대해서도 충분히 고려해야 할 것이다.

연약지반의 변형으로 인해 피해를 받은 말뚝기초구조물의 예를 연약지반의 변형 형태에 따른 말뚝의 영향 특성으로 구분·분석하면 다음과 같다.

14.2.1 연약지반의 변형 형태

연약점토지반 속에서 발생하는 지반의 변형은 대체적으로 그림 14.3에 도시된 것과 같이 침하, 융기, 측방유동의 세 가지 현상으로 구분된다. 먼저 침하는 그림 14.3(a)에서 보는 것과 같이 연직하방향으로 발생하는 지반변형으로 연약지반을 매립하였을 경우 상부 매립토의 자중으로 인한 연약지반의 압밀 결과 발생하는 현상이다. 매립 이외에도 압밀 유인으로는 지하수위의 강하, 말뚝의 관입효과 등을 들 수 있다.

한편, 융기는 그림 14.3(b)에서 보는 것과 같이 몬모릴로나이트(Montmorillonite) 점토광물과 같은 팽창성 점토광물을 함유한 연약지반에서 연직상방향으로 발생하는 지반변형으로 지하수위의 상승 등에 따라 지반의 체적이 증대되어 발생하는 현상이다. 지반의 팽창현상은 흙 속의 함수비 변화가 직접적 유인이 된다.

마지막으로 측방유동은 그림 14.3(c)에서 보는 것과 같이 지반의 수평방향변형으로 압밀이

될 수 있는 충분한 시간적 여유도 없이 급격한 성토가 연약지반 상에 실시될 경우 지반이 수평방향으로 유동하게 되는 현상이다.

이와 같은 변형이 진행되고 있는 연약지반 속에 말뚝이 설치되어 있으면 말뚝과 지반 사이의 상호작용에 의하여 지반이동방향으로 발생한 힘이 말뚝에 작용한다. 즉, 압밀침하지반 속의 말뚝은 그림 14.3(a)에서 보는 것과 같이 지반의 압밀 진행 시 부마찰력을 받으며, 융기지반 속의 말뚝은 그림 14.3(b)에서 보는 것과 같이 인발력을 받고, 측방유동지반 속의 말뚝은 그림 14.3(c)에서 보는 것과 같이 측방토압을 받는다.

그러나 대부분의 이들 힘은 말뚝에 바람직하지 않은 응력을 유발시켜 말뚝이 이동하거나 파괴되는 경우까지 발생한다. 이러한 말뚝의 예로는 각종 건물의 기초말뚝, 교량 및 교대의 기초말뚝, 부두하역시설의 횡잔교 등을 들 수 있다.

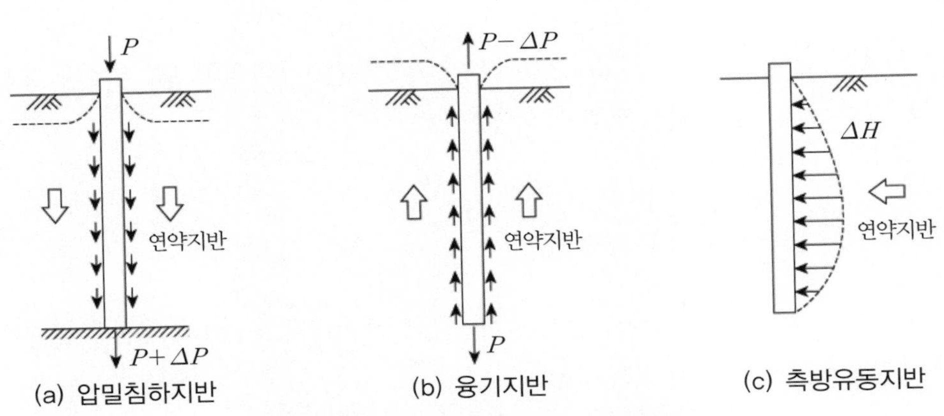

그림 14.3 연약지반 변형 속의 말뚝[8,9,13,20]

14.2.2 지반침하의 영향

선단지지말뚝이 연약지반을 관통하여 설치되어 있는 경우 지반의 압밀침하가 진행되면 지반이 연직하방향으로 이동하면서 그림 14.3(a)와 같이 말뚝에 하방향의 마찰력이 작용한다. 이 하방향 마찰력을 부마찰력(negative friction)이라 하며 이 부마찰력은 말뚝의 장기안정에 크게 영향을 미친다.

원래 연약지반에 설치된 선단지지말뚝의 설계 시에는 상부의 설계하중 P를 선단의 지지력으로 견뎌낼 수 있게 말뚝의 치수와 강성을 결정하고 있다. 그러나 지반이 압밀되면 부마찰력에 의한 하방력 ΔP가 추가적으로 더 작용하게 되어 결국 말뚝이 받는 하중은 초기의 설계하중 P와 부마찰력에 의한 추가하중 ΔP가 함께 작용하게 되어 P만에 대하여 설계된 말뚝은 ΔP의 추가하중으로 대단히 불안전한 상태에 이른다. 경우에 따라서는 ΔP가 설계하중을 훨씬 초과하여 말뚝을 과도하게 침하시키거나 파괴시키는 경우가 생긴다. 이러한 부마찰력은 말뚝의 특성(말뚝 형태, 설치방법, 길이, 단면형상, 표면처리상태), 지반의 특성(형태, 강도, 압축성, 층의 두께, 지지층의 강성), 지반 이동 요인, 말뚝 설치 후 경과시간 등에 주로 영향을 받는다.

부마찰력을 산정하는 가장 보편적인 방법은 Terzaghi & Peck[21]에 의하여 제안되었다. 즉, 최대부마찰력은 말뚝주면의 전단력의 합으로 생각하여 다음과 같이 구한다.

$$\Delta P = \int_0^z \tau_a A_p dz \tag{14.1}$$

A_p는 말뚝의 둘레이고 τ_a는 지반과 말뚝 사이의 한계전단응력으로 배수상태의 강도이며 Coulomb 기준에 의거하여 다음과 같이 표시된다.

$$\tau_a = c_a' + K_s \sigma_v' \tan\phi_a' \tag{14.2}$$

여기서, c_a'는 배수상태의 지반과 말뚝 사이의 부착력, K_s는 토압계수, σ_v'는 연직유효응력, ϕ_a'는 말뚝과 지반 사이의 배수마찰각이다.

최근에는 탄성론에 의거하여 부마찰력을 산정하는 방법이 Poulos & Mattes[17]에 의하여 연구되었고 Walker & Darvall[23]은 유한요소해석을 실시하기도 하였다.

이러한 부마찰력에 의한 말뚝기초의 피해를 방지하기 위해서는 연약지반에 압밀침하가 발생하여도 부마찰력이 말뚝에 작용하지 않게 하여야 할 것이다. 말뚝의 부마찰력을 감소시키기 위해서는 말뚝표면을 bitumen이나 asphalt로 피복시키는 방법과 전기침투(electro- osmosis)법이 사용되고 있다.[13,14,15]

14.2.3 지반융기의 영향

몬모릴로나이트 점토광물을 함유한 점토지반은 흙 속의 함수비 변화에 따라 체적변화가 심하다. 이러한 지역에서는 지하수위의 상승 등과 같은 원인에 의하여 흙 속의 함수비가 증가하면 체적이 상당히 팽창 증대되어 지반이 융기하는 현상이 초래된다.

이와 같은 지반 속에 말뚝이 존재하게 되면 그림 14.3(b)와 같이 지반의 상방향 융기와 함께 말뚝 표면에 상방향의 마찰력이 작용하여 말뚝을 위로 인발시키려는 경향이 있다.

지하수위가 낮은 설계 초기에는 말뚝의 설계하중 P가 하방향으로 작용한다. 그러나 지하수위의 상승과 함께 부착력이 말뚝 표면에 작용하면 ΔT의 상방향력이 작용하여 결국 말뚝에는 $V-\Delta T$의 하중이 작용하게 될 것이다. ΔT가 설계하중보다 클 경우 말뚝은 결국 위로 뽑히는 결과가 될 것이다.

따라서 이러한 지반 속에 설치된 말뚝은 지반이 팽창하기 이전에는 설계하중을 충분히 지지할 수 있어야 함은 물론이고, 말뚝에 작용하는 인발력에 의하여 발생하는 인장응력에 대하여 충분히 안전하게 설계되어야 한다. 그 밖에도 이 인발력과 설계하중에 의한 말뚝의 변위량은 기준치 이내가 되도록 설계되어야 한다.

지반융기에 따라 말뚝에 작용하게 될 최대인발력 ΔT는 부마찰력 산출식인 식 (14.1)과 동일하게 계산하여 산출될 수 있다. 따라서 융기지반 속의 말뚝에 작용하는 연직방향력 V_T는 다음과 같다.

$$P_T = P - \Delta T = P - \int_0^z \tau_a A_p dz \tag{14.3}$$

융기지반 속에 발생하는 말뚝의 피해를 방지하기 위해서는 말뚝표면에 bitumen이나 asphalt 등의 역청제를 피복하여 인발력을 감소시키는 방법과 말뚝선단을 확대시켜 비팽창성 지반에 고정시킴으로써 인발력에 저항하게 하는 방법(그림 14.4 참조)을 사용할 수 있다. 특

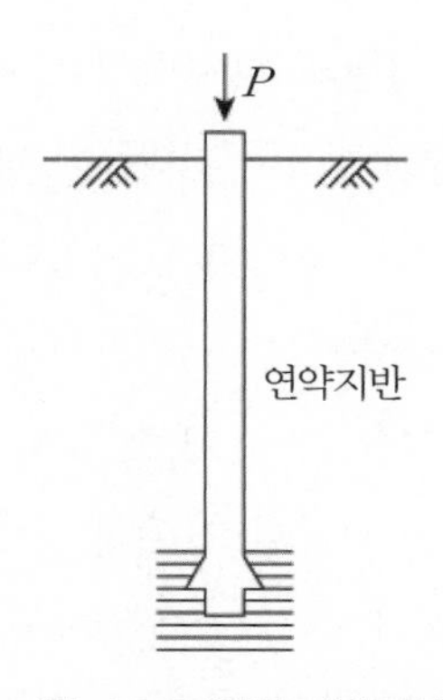

그림 14.4 인발저항말뚝

히 지반의 융기가 극심할 것으로 예상되는 지역에서 구조물을 축조할 경우는 후자의 방법에 의거하여 말뚝을 적극적으로 채택 사용하여 구조물의 붕괴나 전도에 대비할 수 있다.

14.2.4 측방유동의 영향

측방으로 유동하는 연약지반 속에 말뚝이 설치되어 있으면 그림 14.3(c)에 도시한 것과 같이 유동지반과 말뚝 사이의 상호작용에 의하여 측방토압이 말뚝에 작용한다. 이러한 말뚝은 수평력을 받는 말뚝 중 '수동말뚝(passive pile)'이라 하여 최근에 관심을 갖고 연구하는 분야 중에 하나이다.[5~7] 이 수동말뚝에 대하여는 다음 절에서 자세히 설명한다.

이러한 수동말뚝의 전형적인 예로는 성토, 광석의 야적 등에 의하여 측방변형이 발생하는 연약지반 속의 구조물기초말뚝, 뒤채움하중에 의하여 측방변형이 발생하는 교대의 기초말뚝 등을 들 수 있다.[16]

이러한 예의 말뚝을 설계할 때 지금까지는 말뚝머리에 작용하는 축하중과 모멘트하중에 대해서만 고려하였으나 지반의 측방유동에 의한 측방토압이 말뚝측면에 작용하게 되므로 말뚝에는 결국 휨응력이 예측보다 훨씬 증가하게 된다. 따라서 말뚝의 안정검토에는 이 측방토압을 고려해주어야 한다. 그러나 이 측방토압은 말뚝과 지반 사이의 상호작용에 관한 여러 가지 요소에 영향을 받는다. 이와 같은 말뚝의 설계 시에는 이 측방토압을 정확하게 산정할 수 있어야 한다.

14.3 PC말뚝 사용상 개선점

직접기초로 구조물을 설치할 경우 지반의 지지력이 부족하면 깊은 기초를 채택하여 구조물의 하부구조를 조성하는 것이 이젠 상식화되어 있다. 이 경우 PC말뚝을 사용한 말뚝기초로 깊은 기초를 시공하는 경우가 최근 상당히 빈번하게 되었다.

기성말뚝을 타설공법에 의하여 시공하는 기초말뚝 시공법의 기원은 지금으로부터 2,000년 전 이상으로 거슬러 올라가게 된다. 예를 들어, B.C. 200년~A.D. 200년 사이의 중국 한나라 시절에는 교량의 기초를 나무말뚝으로 시공한 기록이 남아 있으며,[22] 로마나 영국과 같은 유럽 국가에서도 이러한 기록이나 유적이 남아 있어[19] 나무말뚝이긴 하나 기성말뚝을 사용한 역사는 상당히 오래되었음을 알 수 있다.

이러한 나무말뚝은 가벼운 중량, 내구성, 취급과 가공의 간편성 등으로 최근까지도 많이 사용돼 오고 있다. 그러나 최근에는 토목, 건축 구조물이 대형화 중량화되면서 나무말뚝의 압축강도, 휨강성 및 인장강도의 역학적 특성을 개선시켜야 할 필요성이 발생되어 콘크리트말뚝과 강말뚝이 나무말뚝에 대신하여 사용되게 되었다. 특히 관입장비의 성능이 향상되면서부터 고강도의 말뚝이 사용될 수 있게 되어 이들 말뚝의 사용은 더욱 증대될 전망이다.

초기의 콘크리트말뚝으로는 철근콘크리트말뚝(RC말뚝)이 사용되었으며, RC말뚝의 성능을 계속 향상시키면서 프리스트레스드콘크리트말뚝(PC말뚝)의 사용시대를 거쳐 현재는 고강도프리스트레스드콘크리트말뚝(PHC 말뚝)이 토목건축공사 현장에서 기초말뚝으로 주로 사용되고 있는 상태이다.

그러나 PC말뚝의 사용빈도가 증대함과 동시에 PC말뚝기초 상에 설치된 구조물의 변형 사례도 적지 않게 발생되고 있다. 예를 들어, PC말뚝기초를 가지는 구조물이 완성된 후 연직 또는 수평으로 부등변형이 발생되어 구조물의 안정에 중대한 영향을 미치는 경우가 보고된 바 있다.(1) 이러한 변형은 PC말뚝 활용 시에 여러 가지 실수가 있었음을 의미한다.

이는 결국 현재 PC말뚝을 사용함에 있어 여러 가지 개선점이 있음을 의미한다. 따라서 PC말뚝의 설계·시공상의 개선점을 면밀히 열거 검토해보고자 한다.

PC말뚝의 조사계획에서 시공에 이르는 과정, 즉 조사계획, 지반조사, 기초의 설계, 시공계획, 말뚝시공 및 시공관리에서 발생되고 또는 발생될 수 있는 제반 문제점을 검토함으로써 PC말뚝의 성능을 보다 효율적으로 활용할 수 있는 개선방법을 마련하는 계기로 삼고자 한다. 이들 개선점을 설계상 개선점, 시공상 개선점, 말뚝재하시험의 개선점, 말뚝품질 개선점의 4가지로 크게 구분 검토한다.(11,12)

14.3.1 PC말뚝의 변천

(1) 콘크리트말뚝의 변천

현재까지 사용된 기성 콘크리트말뚝은 그림 14.5와 같이 분류·정리될 수 있다. 이 그림에서 RC말뚝은 철근콘크리트말뚝의 약칭이며, PC말뚝은 프리스트레스드콘크리트 말뚝의 약칭이다. 또한 PHC말뚝은 Pretension 방식에 의한 고강도 프리스트레스드콘크리트말뚝이다.

우선 콘크리트말뚝은 원심력을 활용하여 제작하는가 여부에 따라 원심력 성형말뚝과 비원심력 성형말뚝의 두 가지로 대별된다. 비원심력 성형말뚝으로는 진동채움 말뚝을 들 수 있다.

그러나 현재는 거의 모든 콘크리트말뚝이 원심력의 원리를 활용하여 제작되고 있다. 이 원심력 성형말뚝은 프리스트레스를 도입하는가 여부에 따라 RC말뚝과 PC말뚝으로 구분된다. 이들 말뚝은 말뚝단면 형상에 따라 중공원통형이 일반적으로 제작되고 있다.

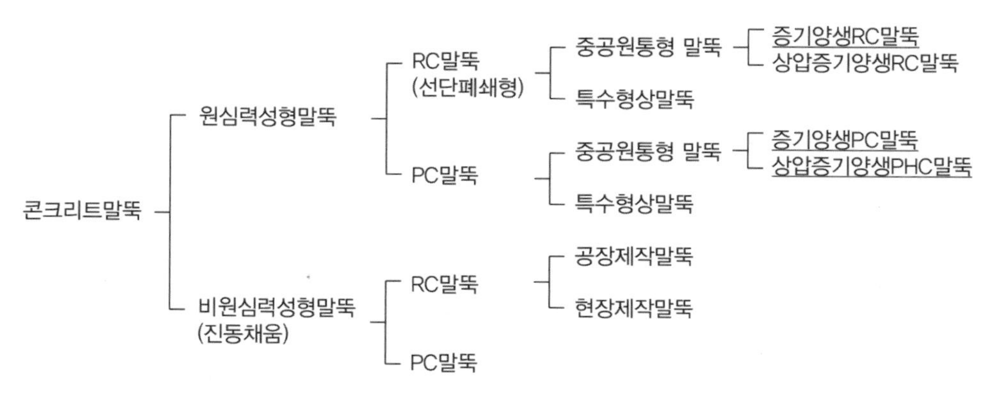

그림 14.5 기성콘크리트말뚝의 분류

양생방법으로는 보통의 증기양생과 상압증기양생의 두 가지 방법에 의하여 제작된다. 상압증기양생은 압력을 가한 상태에서 양생하는 방법이다. RC말뚝은 압력이 적용되지 않은 상태에서의 증기양생으로 제작된 것이 일반적으로 사용되고 있다. 한편 PC말뚝 중에 10kg/cm^{2}의 압력하에서 180°C의 온도에서 증기양생을 하여 제작된 PC말뚝을 특히 PHC말뚝이라 한다.

현재 통상 많이 사용되는 콘크리트말뚝은 원심력을 적용하여 제작된 RC말뚝, PC말뚝 및 PHC말뚝의 세 가지를 들 수 있다(그림 14.5 중에 밑금으로 표시되어 있음). 이들 세 말뚝은 최초에 RC말뚝이 개발된 이후 개량 변천되어 PHC말뚝의 사용에까지 이르게 되었다. 즉, 원래 콘크리트말뚝은 RC말뚝이 처음 제작·사용되었다. 그러나 RC말뚝은 운반 중 또는 시공 중에 균열이 발생하기 쉬운 결점이 있다. 이점을 프리스트레스를 도입하여 개량한 말뚝이 PC말뚝이다. 더욱이 구조물의 하중이 커짐에 따라 PC말뚝의 압축강도를 500kg/cm^{2}에서 800kg/cm^{2}까지 증대시킨 PHC말뚝을 개발 사용하게 되었다. 이와 같이 압축강도를 증대시킨 PHC말뚝을 사용하게 되면서 점차 PC말뚝은 PHC말뚝으로 대체되어 사용되고 있다. 현재 PC말뚝에 의한 규정은 폐지되고 대신 PHC말뚝의 규정이 PC말뚝을 대신하여 가는 경향을 보이고 있다.[27]

(2) PC말뚝의 지지력 고찰

PC말뚝의 지지력을 산정함에 있어 먼저 PC말뚝기초의 파괴에 대하여 생각해보아야 할 것이다. 일반적으로 말뚝기초는 허용침하량 이내에서 말뚝 자체의 파손됨이 없이 상부구조물의 하중을 안전하게 지지하여야 할 것이다. 이는 PC말뚝의 파괴 형태를 '말뚝의 파괴'와 '지반의 파괴'의 두 가지로 구분될 수 있음을 의미한다. 우선 '말뚝의 파괴'는 상부구조물 하중이 말뚝에 작용할 때 말뚝에 발생되는 압축응력이나 인장응력 및 휨응력이 말뚝의 재료강도를 넘게 될 경우에 해당된다. PC말뚝은 강말뚝과 비교하여 강도가 상대적으로 낮아 이러한 '말뚝의 파괴' 형태가 쉽게 발생될 수 있다.

한편, '지반의 파괴'는 말뚝에 발생되는 응력이 재료의 허용강도 이내가 되는 경우에 말뚝이 일체가 되어 연직하방향으로 강체운동을 하려 할 때 지반과 말뚝 사이의 경계면에서 전단 미끄러짐이 발생되어 말뚝이 과잉침하하게 되는 경우이다. 따라서 이 경우의 파괴 형태는 말뚝과 지반 사이의 상호작용에 의한 결과라고 할 수 있다. PC말뚝이 소정의 사용 목적을 달성하기 위해서는 '말뚝의 파괴'나 '지반의 파괴'의 어느 경우도 발생됨이 없어야 할 것이다.

최근에 말뚝의 강성이 향상됨에 따라 '말뚝의 파괴' 형태는 점차 감소하고 있다. 따라서 말뚝의 지지력이라 함은 일반적으로 '지반의 파괴'에 대한 파괴 형태에 해당되는 경우가 많다.

즉, 지반과 말뚝의 경계접촉면에서의 저항력으로부터 말뚝의 지지력을 결정하게 된다. 이 경우 말뚝의 지지력을 표현하는 데는 몇 가지 용어가 혼돈되어 사용되는 경우가 종종 발생된다. 따라서 여기서 이들 지지력에 대한 용어를 검토해보기로 한다.

그림 14.6은 말뚝재하시험의 한 결과를 표시한 그림으로 말뚝에 가하여진 하중과 말뚝의 침하량 사이의 관계곡선을 보이고 있다.[(3)] 이 그림에서 일반적으로 P_3로 표시된 C점의 하중을 극한지지력 P_u로 정의되고 있다. 즉, 하중의 추가적 증가 없이 말뚝이 계속 침하하게 되는 경우의 하중을 그 지반의 극한지지력이라 한다. 이 극한상태는 말뚝과 지반 사이에 발생된 전단응력이 이들 사이의 전단강도에 도달한 경우를 의미한다.

한편 P_1으로 표시된 A점의 하중은 말뚝의 항복지지력 P_y로 정의되고 있다. 즉, 하중과 침하량의 관계가 초기에 선형적 관계를 유지하다가 비선형 거동단계에 들어가려고 할 때의 하중을 항복지지력이라 한다.

이들 극한지지력과 항복지지력에 소정의 안전율을 고려하여 설계상에 활용하게 되는 지지력을 허용지지력 P_a라 한다. 그러나 그림 14.6에 도시된 결과는 마찰말뚝의 경우에 해당하게 된다. 지지말뚝의 경우는 선단에서의 말뚝침하가 단단한 지지층에 억제되어 있는 관계로 그림 14.6과 같은 상태의 극한하중이 발생되기가 그다지 용이하지 않다. 따라서 이런 경우 극한지지력이나 항복지지력을 명확하게 구하기가 어렵다.

특히 PC말뚝의 경우는 극한하중에 도달하기 전에 '말뚝의 파괴'가 종종 발생하게 된다. 이와 같은 경우는 극한하중은 구할 수 없고 파괴하중 P_f가 구해지게 된다. 결국 정확한 허용지지력을 구하기도 어렵게 된다.

따라서 이 경우는 말뚝침하량의 최대허용치 S_0를 정하여 그 허용치가 구해질 때의 하중 P_2를 기준지지력 P_d로 활용할 수 있다.

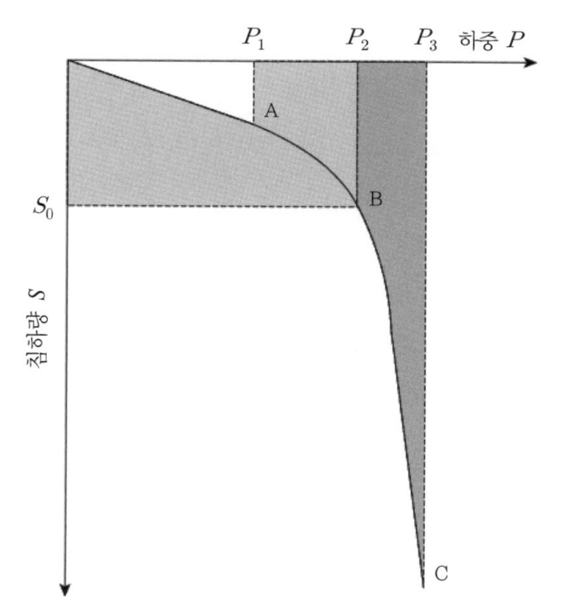

그림 14.6 말뚝의 하중과 침하량 사이의 관계곡선

(3) PC말뚝기초 구조물의 변형

최근 PC말뚝기초 위에 축조한 아파트가 입주 후 건물구조체에 과도한 균열이 발생하거나 문이나 창문이 닫히지 않는 경우가 발생하여 입주민의 불만을 사는 경우가 적지 않게 보고되고 있다.(1) 이는 대부분이 PC말뚝기초가 제 기능을 충분히 발휘할 수 없는 상태에 놓여 있게 되므로 인하여 발생된 현상이라 할 수 있다.

PC말뚝의 설계·시공상에 결함이 있게 되면 PC말뚝기초구조물은 연직방향 및 수평방향으로 바람직하지 않은 변형이 발생하게 되어 구조물 자체의 안정성에 막대한 영향을 미치게 된다. 대부분의 이러한 변형은 위치에 따라 일정하지 않은 부등변형의 형태로 나타나므로 구조물에 과도한 균열을 유발시키게 된다.

상부구조물에 이상변형이 발생한 경우 그 원인이 PC말뚝기초의 결함이라고 판명되는 사례가 증가하게 되므로 PC말뚝 사용상에 특별히 주의해야 할 점이 있음을 인식하고 그 진상을 파악하고 동시에 그에 대한 대책을 마련해야 할 것이다.

일반적으로 PC말뚝기초 구조물에 이상변형이 발생된 경우는 다음 두 가지의 경우가 대부분이다.

① PC말뚝에 손상이 있는 경우
② 지반의 지지력이 부족한 경우

먼저 PC말뚝을 타설하는 과정에서 항타장비가 부적합하거나 지중에 장애물이 있는 경우는 PC말뚝이 손상되기 쉬우며 이러한 손상이 발생되었음을 모르거나 알고도 무시한 채 그대로 상부구조물을 축조하게 되면 구조물 완공 후 하중이 가해졌을 때 말뚝이 설계상에 추정된 지지력을 발휘하지 못하게 된다. 현재 우리나라 PC말뚝항타 현장에서는 이와 같이 파손된 말뚝의 상태를 적지 않게 볼 수 있다.

두 번째로 지반의 지지력이 부족한 경우도 많이 밝혀지고 있다. 이는 설계상의 결함 또는 시공상의 결함에 의하여서도 발생될 수 있다. 즉, 설계상에서 지반의 지지력을 설계보다 과다 산정된 경우와 설계상에 예정된 지지층까지 말뚝이 관입되지 못한 경우에 발생되는 결함이다. 즉, 설계상의 결함은 실제 지반에 대한 지지능력을 충분히 파악하지 못하고 실시된 설계의 경우 발생된다. 특히 이와 같은 피해는 부지조성단계에서 절토구간보다는 성토구간에서 많이 발생된다. 일반적으로 성토 시 절토구간의 토사를 활용하게 되는데, 이 토질은 사전 지반조사에서 알 수가 없는 관계로 대부분이 추정에 의하여 설계를 하게 된다.

그러나 이 토사에는 사석이나 전석이 마구 섞여 있다. 때로는 큰 바위 덩어리도 그대로 성토재료로 쓰인 현장도 있다. 결국 이러한 장애물은 PC말뚝항타를 어렵게 하여 PC말뚝항타 시공 중 지지층 도달 여부의 판단을 흐리게 한다.

특히 소규모 수로가 존재하던 계곡을 매립한 경우는 이러한 현상이 현저하다. 즉, 원래 존재하는 퇴적층은 대부분이 연약한데 그 위에 성토되는 매립토에 사석과 전석이 혼재되어 있을 경우 PC말뚝의 관입 시 이 매립층을 관통하지 못하고 시공이 완료되면 완공 후 매립층의 침하와 동시에 원래의 연약한 퇴적층도 침하하게 된다. 이러한 침하는 설계 시에 예측되지 못한 침하이며, 결국 PC말뚝기초구조물의 변형을 유발시킨다.

14.3.2 설계상 개선점

PC말뚝기초에 이상이 발생되는 것은 통상 시공 중이나 구조물완성 후이다. 그러나 그 원인을 찾아보면 설계단계에서의 미비점에 기인한 경우도 상당히 발견된다. 현재 설계단계에서 보인 미비점의 원인이 될 수 있는 사항은 다음과 같은 4가지를 들 수 있다.

① 불충분한 지반조사
② PC말뚝 지지기능의 불충분한 검토
③ PC말뚝 설치공법 선정의 부적합
④ 설계자의 안이한 자세

이들 사항에 대하여 항목별로 고찰해보면 다음과 같다.

(1) 불충분한 지반조사

PC말뚝의 시공이 설계대로 충실히 수행되었음에도 불구하고 구조물에 이상이 발생되었다면, 이는 설계에 미비점이 있었음을 의미한다. 이러한 경우의 대부분은 설계의 기본이 되는 지반조사가 불충분한 경우를 들 수 있다. 불충분한 지반조사에 해당되는 주요 사항을 열거하면 다음과 같다.

(가) PC말뚝 지지층 선정의 오류

우선 지지층 선정이 부적당하게 될 가능성이 있는 경우로는 크게 세 가지를 들 수 있다.

① 지지층의 급격한 변화나 요철이 지반조사 단계에서 충분히 파악되지 못한 경우
② 중간층의 두께 및 단단함에 대하여 지반조사 시 충분히 인식되지 못한 경우
③ 경험이 부족한 기술자에 의하여 지지층판정실수가 발생된 경우

이들 세 가지 경우에 해당되는 지반조사에 의거하여 마련된 설계대로 시공을 할 경우 PC말뚝이 설계위치에 관입되기 전에 말뚝 관입이 불가능하거나 말뚝손상으로 좌굴되기도 하고 말뚝선단에 손상이 발생하게 된다.

(나) 지중장애물의 파악 불충분

지중장애물은 전석, 호박돌 등과 같은 자연적 장애물과 기와, 버럭, 구조물잔해 등과 같은 인위적 장애물의 두 가지로 구분된다. 즉, 지반조사 결과에는 표현되지 않은 큰 직경의 자갈, 전석 등이 존재하는 경우이다. 이는 지반조사 그 자체에 문제가 있거나 현 단계에서의 지반조사에 한계가 있는 경우가 있다.

즉, 지반조사 위치수가 지나치게 적거나 조사 위치가 부적절하여 지반상태를 정확히 파악할 수 없는 조사계획에 의하여 실시된 지반조사에서는 지중장애물의 존재가 파악되지 못하게 된다. 또한 사력층에서 보링을 실시할 때는 자갈을 지상에 배출시키기 곤란함으로 관입시험 시 붕괴된 사력 등이 천공 내부 바닥에 싸여 남은 자갈을 자연퇴적지반으로 오인하여 자갈층을 실재보다 두껍게 오인되는 경우도 있다.

한편 지중에 존재하는 자갈의 직경을 표시할 경우도 자갈직경이 클수록 지반조사의 정도가 떨어지게 된다. 실제 보링공이 클수록 자갈직경이 크게 조사되는 경향이 있다. 따라서 최대자갈직경을 구하려면 수 10cm 직경의 보링을 할 필요가 있으나 이는 경제적 이유 등으로 현재로서는 지반조사의 한계로 취급된다.

(다) N값에 과잉의존

말뚝의 지지력 산정 시 표준관입시험에 의한 N값으로 추정하는 Meyerhof 공식 등이 너무 많이 신뢰되고 있다. 현재 말뚝설계뿐만 아니라 지반 관련 모든 설계에서도 N값은 지나칠 정도로 많이 활용되고 있다.

표준관입시험은 매우 단순한 시험법으로 지반의 강도정보와 교란시료가 얻어질 수 있으며, 거의 모든 지반에 실시될 수 있고 그동안의 많은 경험이 축적되어 있다는 이점은 있다. 그러나 이 시험법은 결코 만능시험이 될 수 없으며, 정도상이나 적용상에 여러 가지 문제가 있다.

(2) PC말뚝 지지기능의 불충분한 검토

현재 PC말뚝뿐만 아니라 말뚝기초설계에 있어서는 거의 모두 N값 50 이상의 지지층에 선단지지시키는 경향이 있다. 실제 지층의 특성을 잘만 활용하면 직접기초나 마찰말뚝기초로 설계를 하여도 무방한 경우도 상당히 존재하고 있는 실정이다.

즉, 표토층의 지지력과 침하량에 따라서는 직접기초나 지하층의 깊이에 따라서는 보상기초(compensated foundation)로도 실시할 수 있다. 또한 지반이 다소의 전단저항을 가지고 있는 경우는, 짧은 마찰말뚝으로도 충분히 상부구조물의 하중을 지지시킬 수 있으므로 이에 대한 검토가 필요하다.

물론 이러한 기초로의 설계 변경 시에는 구조물의 용도와 허용침하량 등을 고려하여 결정하여야 할 것이다. 무조건 말뚝은 선단지지말뚝으로 설치하여야 한다는 고정관념을 개선하여 다른 기초 형태로 검토 결정함으로써 중간층이 다소 단단한 경우나 지지층으로 활용하여도 무방한 얇은 사력층을 무리하게 관통시키려고 쓸데없는 노력을 하여 오히려 PC말뚝의 손상을 초래하고 그로 인한 구조물변형의 원인이 되게 하는 일은 없도록 하여야 한다.

즉, 다른 형태의 기초나 마찰말뚝기초로 설치하였을 경우 지반의 소요지지력을 확보할 수 있고 이 한계하중에서의 침하량을 추정하여 허용될 수 있는가 여부를 판단만 한다면, 굳이 선단지지말뚝만이 능사라는 생각은 하지 않을 수도 있다.

(3) PC말뚝 설치공법 선정의 부적합

PC말뚝을 사용한 설계 시에 충분히 검토되어야 할 사항 중에 또 하나는 말뚝 설치 공법이다. 지반에 전석, 호박돌 등의 장애물이 있거나 단단한 중간층이나 잔류토층을 통과해야 할 경우는 무조건 항타공법을 선정하여 말뚝에 손상을 유발시키거나 관입불능상태에서 설계 변경을 할 것이 아니라, 처음부터 이에 대한 대처방법으로 매입공법을 선정할 수 있다.

경우에 따라서는 현장타설말뚝공법과도 비교 검토하여 보다 안전하고 충분한 지지성능을 기대할 수 있는 공법을 최종 선정하여야 한다. 이러한 비교검토에 있어서는 지반조건이나 시공조건에 적합한 공법을 선택하여야 한다.

(4) 설계자의 안이한 자세

현행 말뚝설계는 지반조사자가 설계자와 상의 없이 독자적으로 실시하여 건네준 지반조사

보고서에 입각하여 주로 N값의 분포에만 의거하여 실시됨이 통상적이다. 따라서 시공자가 설계 결과에 따라 시공할 경우 문제가 발생될 소지가 많이 있다. 시공성이 결여된 결과, 시공 중 공법을 변경하여야 하는 경우도 많이 발생되고 있다.

이러한 현행 설계관행상에 있어서의 개선점을 열거하면 다음과 같다.

① 지반조사의 중요성 인식 부족
② 설계자의 현장답사 필요성 인식 부족
③ 지반조사자, 설계자 및 시공자의 협력 부족

우선 설계자는 지반조사가 설계의 가장 중요한 근거가 됨을 인식하여 되도록 현장의 상황에 근접한 지반정보를 얻을 수 있도록 최대한의 노력을 기울여야 한다.

따라서 지반조사계획 입안을 설계자가 직접 해야 하며 설계자가 현장답사를 직접 하여야 함은 당연하다. 또한 조사 도중 경과를 보면서 필요에 따라 조사위치, 조사심도, 시료재취심도 등을 변경 조정하여야 한다. 이와 같이 지반조사를 실시하여야 만이 설계상에 유익한 지반정보가 제대로 얻어질 수 있다.

설계 및 시공상 필요한 정보가 무엇인가를 충분히 고려하고 신뢰할 수 있는 지반조사회사에 조사를 의뢰하는 것이 중요하다. 그리고 설계자의 의도가 충분히 인식되어 기초계획상의 검토나 고찰이 충분히 보고서에 포함되도록 요구하여야 함과 동시에 설계 이후 단계의 협력자인 시공자와도 긴밀한 의견교환이 있어야 한다. 그럼으로써 시공성이 없는 설계를 하는 실수를 방지할 수 있으며, 시공 중 설계변경을 하지 않게 될 수 있다.

14.3.3 시공상 개선점

PC말뚝을 항타공법에 의하여 시공하는 현장에서 많이 발생하는 주요 피해사항과 개선점을 열거하면 다음과 같다.

① 말뚝의 파손
② 말뚝두부 정리 부실
③ 관입 불능
④ 지반 및 인접구조물에의 피해

⑤ 말뚝의 경사 및 편심

⑥ 소음·진동의 공해

상기 개선점 중 ① 말뚝의 파손과 ② 말뚝두부 정리 부실에 관하여 먼저 상세히 설명하기로 한다. 그 후 나머지 피해사항 ③~⑥에 대해 일괄적으로 설명한다.

(1) 말뚝의 파손

PC말뚝의 파손은 PC말뚝의 두부, 중간부 및 선단부에서 발생된다. 이 중 말뚝두부의 파손은 육안으로 확인할 수 있으나 중간부와 선단부의 파손은 직접 확인이 불가능하다. 그러나 말뚝공 내 내시경 관찰로 가능한 경우도 있다.

PC말뚝 타설 시 발생될 수 있는 여러 가지 말뚝 파손상태를 말뚝의 두부, 중간부, 선단부의 세 부분에 걸쳐 개략적으로 도시하면 그림 14.7과 같다. 즉, 말뚝의 파손상태를 말뚝두부에서의 압축파손과 전단파손, 말뚝중간부에서의 횡방향 또는 종방향 균열파손, 말뚝선단부의 파손으로 구분할 수 있다.

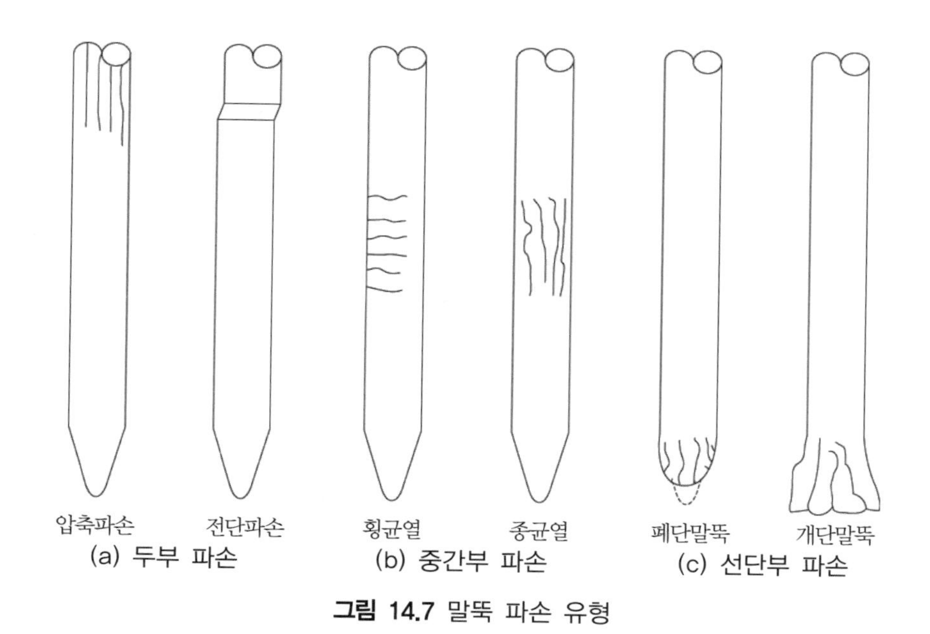

그림 14.7 말뚝 파손 유형

(가) 말뚝두부파손

말뚝두부파손 형태는 말뚝파손 사례 중 가장 많이 발생되는 파손 형태로 말뚝항타현장에서 자주 목격할 수 있다. 그림 14.7(a)에 도시되어 있는 PC말뚝두부파손 형태에는 과다한 타격력에 의한 압축응력 및 전단응력이 PC말뚝의 재료강도를 넘게 되어 발생되는 파손 형태이다. 압축응력에 의해 말뚝두부가 파손되었을 때는 종방향 균열이 많이 발생하고 과도한 전단력이 발생하면 전단파손 형태로 PC말뚝이 파괴된다. 사진 14.1은 말뚝두부가 파손된 사례 사진을 보여주고 있다. 종종 말뚝두부에서의 종방향 균열이 상당깊이까지 진전된다.

사진 14.1 말뚝두부 파손

이러한 PC말뚝두부 파손의 주요 원인으로는 다음 사항을 열거할 수 있다.

① 타격에너지의 부적합
② 말뚝캡 및 쿠션의 부적합
③ 편타
④ 말뚝품질 불량

먼저 타격에너지에 관하여는 해머의 중량이나 낙하고가 부적합한 경우 과다한 응력이 두부에 충격력으로 가해지므로 재료강도 파손이 발생됨을 의미한다.

두 번째로 말뚝 캡과 쿠션에 관하여는 현장에서 전혀 사용하고 있지 않은 경우도 종종 볼 수 있으며, 사용한다 하여도 거의 형식적으로(가마니 등을 덮어) 사용하는 사례가 많다. 이는 아무리 지반조사와 설계가 잘 되어 있더라도 현장에서 말뚝의 지지성능을 얻을 수 없게 한다.

세 번째로 편타는 말뚝의 직경이 항타해머의 치수에 비하여 상당히 크거나 말뚝이 연직이 되지 못한 경우 많이 발생될 수 있다.

마지막으로 말뚝품질 또한 말뚝의 지지력에 영향을 미치는 중요한 요소이다, 현재 우리나라에서 생산되고 있는 PC말뚝의 품질에 관하여는 제14.3.5절에서 설명할 예정이다.

(나) 말뚝중간부 파손

지상에 말뚝을 세우고 말뚝에 타격에너지가 가하여 지면 말뚝내부에 인장응력과 휨응력이 발생하게 되어 이로 인한 균열이 발생되기 쉽다. 또한 연약지반에 말뚝을 항타할 때 말뚝에 인장응력이 작용한다.

말뚝이 지중에 관입되는 초기단계에서는 말뚝이 선단과 두부에서만 지지되고 측면에서는 지지가 되지 않은 상태에 놓이게 되며 이런 상태에서 말뚝에 축하중 타격력이 작용하면 좌굴이나 휨에 의한 휨응력이 발생되게 된다. 휨응력 중 인장 측의 응력이 커지면 이 인장응력도 말뚝에 횡방향균열을 유발시킬 수 있다.

이러한 인장응력이나 휨응력은 주로 말뚝의 중간부에 제일 크게 발생되므로 이러한 응력에 의한 균열 내지 파손은 말뚝의 중간부위에서 발생되기가 쉽다.

말뚝중간부에서의 파손은 그림 14.7의 (b)에서 보는 바와 같이 횡방향균열 또는 종방향균열의 형태로 나타난다.

이러한 중간부 균열이 발생되기 쉬운 지반은 다음과 같다.

① 표토층에 장애물이 많이 혼재되어 있는 지반
② 매립층 하부 연약지반이 존재
③ 단단한 지반

먼저 전석이나 호박돌 등 말뚝 관입에 장애가 될 수 있는 물질이 표토층에 존재하게 되면 말뚝이 초기단계에서 약간 관입된 후 곧 관입이 어려워진다. 이러한 상태에서 계속 항타를 하게 되면 말뚝 내에 전달되는 종파에 의하여 발생되는 축방향 인장력과 타격력에 의한 휨인장응력이 말뚝에 발생된다. 결국 이 인장응력이 크면 말뚝중간부에 횡방향균열이 발생된다.

두 번째로 말뚝두부에 타격에너지를 가하면 응력이 말뚝을 따라 전파하여 말뚝선단에 도달한 후 반사하게 된다. 이 반사응력이 말뚝 중간부에 도달할 때 이 응력은 선단부지반의 강도에 따라 압축응력이 되는 경우도 있고 인장응력이 되는 경우도 있다. 즉, 만약 말뚝선단부 지반이 단단한 경우는 전달응력과 동일한 압축력이 반사응력이 되나 연약할 경우, 즉 선단의 저항이 적으면 인장응력이 발달한다.

따라서 비교적 단단한 매립층을 관통한 후 연약지반층에 말뚝이 항타관입되는 단계에서 말뚝에 인장응력이 발생하기 쉽다. 이때 말뚝에는 횡방향균열이 발생되기 쉽다.

다음으로 단단한 지반에 말뚝항타 시 말뚝직경이 크면 해머의 충격에너지가 말뚝두부에 균일하게 분산되기 어렵다. 결국 이로 인하여 말뚝에는 편타가 작용하게 되고 이 편타에 의한 말뚝응력의 증대는 과도한 횡방향변형률이 발생하고 이로 인하여 말뚝 중간부에는 그림 14.7(b)에서 보는 바와 같이 종방향 균열이 발생된다.

이러한 파손을 방지 개선하기 위해서는 다음과 같은 노력이 필요하다.

① 파동방정식에 의한 해석 실시 : 이 해석으로 말뚝종류와 항타장비의 적절성을 사전 평가할 수 있다.
② 표토부의 지중 장애물 제거 : 표토층의 두께가 얇은 경우는 전석이나 호박돌과 같은 장애물을 되도록 제거시킨 후 말뚝을 관입시켜야 한다.
③ 타격에너지 조절 : 해머의 선정 및 낙하고를 조절함으로써 축방향응력을 적절히 조절한다.
④ 쿠션의 중첩사용 : 쿠션을 중첩 사용하면 인장응력을 상당히 감소시킬 수 있다.
⑤ 말뚝제원 조절 : 말뚝의 길이를 짧게 할수록 유리하며 프리스트레스가 큰 고강도 PHC말뚝을 사용하면 효과적이다.

(다) 말뚝선단부 파손

그림 14.7(c)는 PC말뚝 선단부의 파손 형태를 개략적으로 도시한 그림이다. 즉, 우측 그림은 개단 PC말뚝이 파손된 형태이며 좌측 그림은 폐단 PC말뚝이 파손된 형태이다.

사진 14.2는 해안매립지반에 설치된 PC말뚝이 지반 속 말뚝부위(중간부 또는 선단부)에서 파손이 발생하여 PC말뚝의 가운데 중공부로 지하수가 배수되어 채워져 있는 상태를 보여주고 있다.

사진 14.2 지중 말뚝파손에 의한 말뚝 내 배수 상황

말뚝선단부 파손의 원인으로는 다음 사항을 열거할 수 있다.

① 말뚝슈의 파손
② 지지층의 경사로 인한 선단부의 활동
③ 과잉타격

이러한 파손은 주로 지중장애물이나 단단한 중간층 및 선단지지층에 말뚝이 도달하였을 때 무리한 타격에너지가 가하여 지게 되면 발생되기 쉽다.

(2) 말뚝두부 정리 부실

PC말뚝의 성능을 격감시키는 또 하나의 원인은 말뚝두부 정리 시의 시공부실을 들 수 있다. 그림 14.7(a)와 같이 두부가 심하게 손상된 경우는 아무리 두부정리를 정교하게 한다 하여도 말뚝 자체에 발생된 균열은 PC말뚝의 성능을 상당부분 감소시킬 것이다.

두부정리를 정밀하게 하여도 PC말뚝은 두부가 절단되면 PC강재가 절단되게 되어 프리스트레스가 상당량 감소하게 된다.

(가) 프리스트레스의 감소

PC말뚝을 절단하게 되면 절단위치로부터 어느 구간에 걸쳐 프리스트레스가 감소하게 된다. 그림 14.8은 말뚝두부를 절단한 경우의 프리스트레스의 감소 상태를 조사한 한 실험 예이다.[29] 이 그림에서 보는 바와 같이 프리스트레스의 감소 범위는 PC 강선직경의 20~30배 정도가 된다. 현재 일본의 원심력 프리스트레스 콘크리트 말뚝설계지침[28]에서는 프리스트레스의 감소범위를 PC강재의 종류, 시공상태 등에 따라 다르나 일반적으로 PC강재직경의 50배 범위로 하고 있다.

이와 같이 말뚝두부절단에 의한 두부 부근의 프리스트레스가 감소한다고 하는 것은 이 감소 범위 내에서는 PC말뚝으로서의 기능을 상실하고 RC말뚝의 기능밖에 지닐 수 없음을 의미한다. 따라서 PC말뚝은 되도록 절단을 하지 않고 후팅에 삽입 결합시키는 것이 바람직하다.

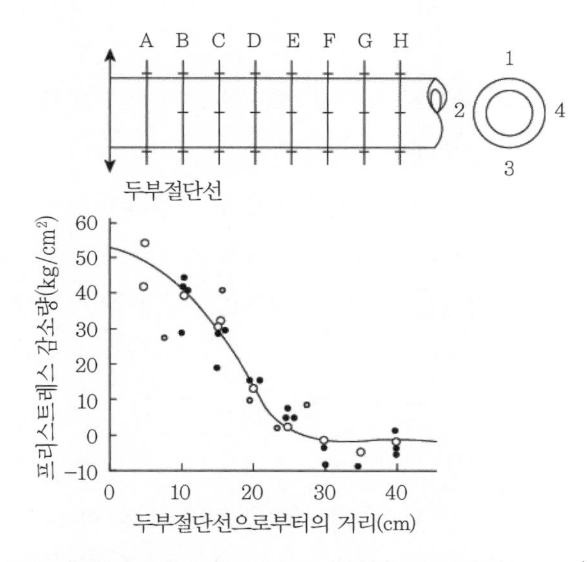

그림 14.8 PC말뚝두부 절단에 의한 프리스트레스 감소[29]

(나) 두부절단 PC말뚝의 말뚝재하시험

두부를 절단한 PC말뚝에 대하여 현재 말뚝재하시험을 많이 실시하고 있다. 그러나 이 말뚝재하시험은 PC말뚝에 대한 재하시험이라 하기가 곤란하다. 왜냐하면 위에서 설명한 바와 같이 두부를 절단하면 PC말뚝은 절단부에서 RC말뚝으로 강도가 떨어지게 되기 때문이다.

따라서 대부분의 말뚝재하시험은 말뚝의 지지능력을 평가하기 이전에 말뚝두부(절단부)의 RC강도 부분에서 재료강도파괴가 발생하게 되어 PC말뚝의 지지력을 상당히 과소평가하게 되는 결과가 된다.

(다) 두부절단방식

사진 14.2는 다이아몬드 방식으로 정교하게 PC말뚝두부를 절단한 사진이다. 현재 우리나라에서는 PC말뚝의 두부를 해머로 조심스럽게 두부를 절단한다. 그러나 이러한 절단방식은 말뚝에 상당한 추가적 손상을 유발시킬 가능성이 크다.

올바른 두부절단방식으로는 외압방식, 내압방식 및 다이아몬드방식의 세 가지가 있다.(26) 외국에서는 일반적으로 외압방식이 많이 활용되고 있다.

두부절단 작업을 주의하지 않으면 절단부에 커다란 종방향 균열이 발생할 수 있다. 이 종방향 균열을 최대한 방지하기 위해서는 다음과 같은 요령으로 작업을 실시한다.

① 말뚝절단 위치에 소정의 밴드를 채우고 PC강재의 위치를 피해 말뚝에 구멍을 뚫는다. 이 구멍의 수는 가능한 많게 한다.
② 가벼운 해머(한손으로 작업이 가능할 정도의 중량)로 가볍게 두드리면서 말뚝을 절단한다.
③ 끝마감용 해머는 소형 해머를 사용하며, 이때도 소정의 벤드를 풀지 않는다.
④ 전 절단작업 과정 중 PC강재는 두드리지 않으며, PC강재를 남겨둔 채 말뚝의 절단부를 넘어뜨려서는 안 된다.

(3) 기타 사항

앞에서 열거한 6개의 시공상 개선점 중 ① 말뚝의 파손과 ② 말뚝두부정리 부실 이외의 개선점 ③~⑥에 대하여 설명하면 다음과 같다.

먼저 ③ 관입불능현상은 설계상에 표시된 지지층심도까지 도달하기 전에 PC말뚝의 관입이 불가능해지는 현상으로 이는 지중장애물 및 지층 판단 착오에 의한 경우가 대부분이다. 이는 지반조사 단계에서의 불충분한 조사 결과로 초래되는 피해사항으로 시공 이전 단계에서의 개선점으로 취급할 수 있다.

또한 ③ 관입불능현상은 말뚝항타에 의하여 지반특성 특히 사질토지반특성이 변화됨으로 인해서도 발생될 수 있다. 즉, 사질토지반에 말뚝을 항타하면 지반의 밀도가 증가되어 나중에 항타되는 말뚝은 관입이 불가능하게 된다.

이와 같은 경우 설령 관입이 된다하여도 말뚝 관입으로 인하여 ④ 지반과 인접구조물 또는 인접말뚝에 변위를 발생시키는 피해를 초래한다. 경우에 따라서는 먼저 관입된 말뚝이 인접 지역에 말뚝을 항타관입시킬 때 뽑히는 경우도 발생한다.

다음으로 ⑤ 말뚝의 경사 및 편심 현상은 전석 등의 지중장애물에 의한 경우나 시공관리 부족으로 인하여 발생된다. 이는 시공 중 측량으로 이상 여부를 관찰하여 방지해야 한다.

끝으로 ⑥ 소음 및 진동과 같은 공해는 지역주민들의 쾌적한 주거생활 보호측면에서 나날이 엄격하게 규제되어가고 있다. 지역주민과의 대화로 어느 정도의 양해를 구할 수는 있으나 동시에 소음을 적게 하고 방음커버공법 등 저소음 내지 무소음 공법 도입도 적극적으로 고려해야 한다.

14.3.4 말뚝재하시험의 개선점

말뚝의 지지력은 통상적으로 말뚝과 지반 사이의 전단강도를 고려한 힘의 평형조건으로부터 유도된 정역학적 지지력 공식에 의하여 산정될 수 있다. 또한 말뚝의 지지력은 말뚝의 항타 시 소요되는 타격에너지와 말뚝의 관입에 의한 일량 사이의 평형조건으로부터 유도된 동역학적지지력 공식에 의하여서도 산정될 수 있다.

이와 같이 산정된 지지력에는 말뚝의 침하량에 관한 정보를 얻을 수가 없다. 그러나 말뚝에 하중이 작용하면 말뚝의 지지력을 변위량과의 관계로 파악할 필요가 있다. 또한 지지력 산정 공식의 신뢰성은 지반의 복잡 다양성으로 인하여 아직 확실하게 정립되지 못한 실정이다. 그러므로 중요한 구조물 기초용 말뚝의 설계하중을 결정하기 위해서는 실제지반에 설치된 말뚝에 직접하중을 가하는 말뚝재하시험을 실시할 필요가 있다.

이와 같은 의미에서 말뚝재하시험은 설계에 앞서 실시하는 것이 바람직하다. 그러나 현재는 말뚝재하시험을 일반적으로 본 공사의 일부로 설계 지지력의 확인용으로 실시하는 경우가 많다.

현재 실시되는 말뚝재하시험의 주요 목적으로는 다음 4가지 사항을 들 수 있다.[18]

① 설계하중 작용 전 말뚝의 비파괴 확인

② 극한지지력의 결정

③ 하중과 침하량의 거동조사

④ 말뚝의 구조적인 안정성 검토

현재 말뚝재하시험을 활용함에 있어서 다음과 같은 여러 가지 개선점이 지적되고 있다.

(1) 말뚝재하시험 활용 규정

(가) 시방서 규정

현행 건설관행상 설계와 시공이 별개로 실시되고 있다. 물론 설계·시공 일괄입찰의 경우는 예외이나, 일반적으로는 설계자와 시공자 사이의 협의나 토의는 거의 없다.

따라서 설계가 먼저 발주되어 완료된 후 공사시공이 발주된다. 이때 말뚝재하시험은 본 공사의 일부로 취급 실시되고 있다. 즉, 공사 시행에 앞서 시험시공을 실시하고 이때 설치된 PC말뚝에 말뚝재하시험을 실시하여 설계지지력을 확인하고 있다.

그러나 이 확인까지의 과정에서 만약 말뚝의 지지력이 설계지지력보다 충분한 여유를 가지고 있을 경우 말뚝재하시험 결과를 설계에 재반영하는 일이 거의 시행되고 있지 않다. 이 점은 말뚝의 지지능력을 보다 효율적으로 활용하기 위하여 말뚝재하시험의 결과가 설계에 재반영되어 설계의 수정도 가능하도록 마련함이 바람직하다.

(나) 현행 재하시험법

KSF 2445로 규정된 현행 말뚝재하시험법에서는 재하시험의 최대하중을 설계하중의 2배까지로 규정하고 있다. 그러나 이 하중 범위에서는 극한하중은 말할 것도 없고 항복하중도 나타나지 않은 상태에서 재하시험이 끝나는 경우가 많다.

예를 들어, 이명환(1994)은 국내의 202개 말뚝재하시험 결과를 분석하여 58%가 최대하중(통상적으로 설계하중의 2배)까지 항복하중이 확인되지 않은 채 시험이 종결되었다고 보고한 바 있다.[(4)]

이는 설계하중의 산정이 너무 과소평가된 점에도 기인한다. 이러한 말뚝재하시험의 결과는 설계지지력이 안전하다고 하는 확인 이외에는 말뚝의 지지성능을 충분히 조사하기가 부족하다. 따라서 말뚝의 지지성능을 충분히 조사하기 위해서는 이 최대하중을 보다 크게 규정할 필요가 있다.

(다) 말뚝파괴 경우의 허용지지력

그림 14.9는 한 PC말뚝의 말뚝재하시험으로 얻은 하중-침하량 사이의 관계곡선을 예시한 결과이다. 이 시험 중에 극한하중에 도달하기 전에 말뚝파괴가 먼저 발생되었다. 이런 경우의 허용하중 또는 허용지지력을 어떻게 결정할 것인가 명확하지 않다.

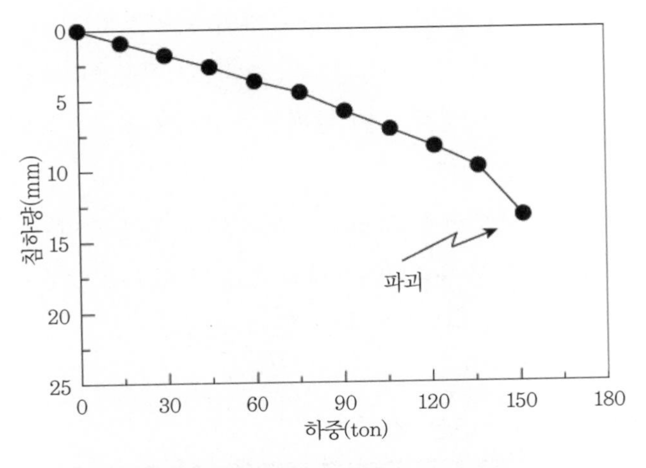

그림 14.9 PC말뚝재하시험 결과

(2) 말뚝 재료의 허용응력도 기준

기성 콘크리트말뚝의 허용응력도에 대한 시방서나 설계기준으로는 콘크리트표준시방서[2]와 건교부제정 구조물기초이론 설계기준[3]을 참조하면 다음과 같다.

콘크리트표준 시방서[2]

$$\sigma_{ca} = 0.25\sigma_{ck} \tag{14.4}$$

여기서, σ_{ca} : 허용응력도

σ_{ck} : 설계기준강도

구조물 기초이론 설계기준(건교부 제정)[3]

$$\sigma_{ca} = 0.25\,\sigma_{ck} < 75\text{kg/cm}^2 \tag{14.5}$$

즉, 허용응력도는 설계기준강도의 25%면서 75kg/cm^2 이내로 규정되고 있음을 알 수 있다. 그러나 이 기준에는 대상 말뚝이 어떤 종류의 콘크리트말뚝인지 설명되어 있지 않다. 즉, PC

말뚝이나 PHC말뚝에 이 규정이 적용될 수 있는지 밝힐 필요가 있다.

참고로 일본건축학회서 규정된 콘크리트말뚝의 강도 및 허용응력도를 보면 표 14.1과 같다.(25) 이 기준에 보면 RC말뚝, PC말뚝, PHC말뚝의 콘크리트강도와 허용응력도가 모두 다르게 구분 규정되어 있음을 알 수 있다.

표 14.1과 식 (14.5)를 비교해보면 우리나라 구조물기초이론 설계기준은 RC말뚝에 대한 사항에 해당됨을 알 수 있다. 따라서 우리나라에서도 PC말뚝 및 PHC말뚝에 대한 콘크리트강도 및 장단기 허용응력도에 대한 기준을 설정해둘 필요가 있다.

표 14.1 콘크리트말뚝의 강도 및 허용응력도(25)

<table>
<tr><th colspan="2" rowspan="2">말뚝 종류</th><th rowspan="2">콘크리트 강도</th><th colspan="2">허용응력도</th></tr>
<tr><th>장기허용응력도</th><th>단기허용응력도</th></tr>
<tr><td colspan="2">원심력 RC말뚝</td><td>400kg/cm² 이상</td><td>75kg/cm² 이하</td><td></td></tr>
<tr><td rowspan="3">원심력
PC말뚝</td><td>A종</td><td rowspan="3">500kg/cm² 이상</td><td>105kg/cm² 이하</td><td rowspan="4">장기응력에 대한
허용응력도의 2배</td></tr>
<tr><td>B종</td><td>100kg/cm² 이하</td></tr>
<tr><td>C종</td><td>95kg/cm² 이하</td></tr>
<tr><td colspan="2">프리텐숀 방식
원심력 PHC말뚝</td><td>800kg/cm² 이상</td><td>165kg/cm² 이하</td></tr>
</table>

(3) 허용지지력 판정법

말뚝재하시험 결과로부터 PC말뚝의 허용지지력은 다음사항 중 최소치로 결정된다.

① 말뚝단면의 허용응력도 이하

② 극한하중 또는 항복하중을 안전율로 나눈 값 이하(안전율은 통상 극한하중의 경우 3 항복하중의 경우 2)

③ 상부구조물의 허용침하량에 대응하는 하중 이하

그림 14.10은 각종 관입말뚝의 말뚝재하시험 결과 얻어진 항복하중과 기준하중의 관계를 도시한 결과이다.(10) 그림 중 기준하중은 건축구조물의 허용침하량 25.4mm를 참고로 결정된 기준지지력이다. 이 결과에 의하면 기준하중은 항복하중의 1.5배에 해당됨을 보이고 있다.

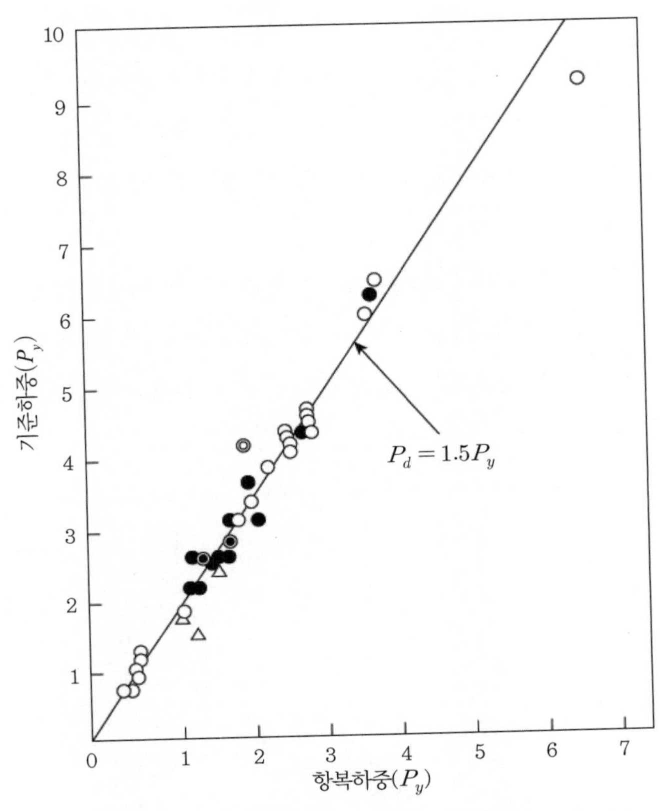

그림 14.10 4mm 침하 시의 하중과 항복하중의 관계[10]

한편 그림 14.11도 각종 관입말뚝의 말뚝재하시험의 항복하중과 기준하중의 관계로 도시한 결과이다.[26] 다만 이 그림 중의 기준하중은 말뚝의 침하량이 말뚝직경의 10%에 도달하였을 때의 하중으로 결정하였다.

이 그림에서도 역시 기준하중은 항복하중의 1.5배에 해당됨을 보여주고 있다. 따라서 이 그림 14.6에서 설명된 극한하중(지지력)이 구해지지 못하는 경우 기준침하량으로 기준하중을 결정하여 기준지지력으로 결정하는 것도 합리적일 것으로 생각된다.

(4) 말뚝재하시험의 개선점

이상의 검토에서 밝혀진 문제점의 개선방안은 다음과 같다.

① 재하시험의 최대하중은 장기허용지지력의 3배까지 또는 극한하중까지 실시함을 원칙으

로 한다.

② 선단지지말뚝에서와 같이 극한하중까지 하중재하가 불가능한 경우는 기준침하량(전침하량 또는 잔류침하량)에 의한 기준하중으로 극한하중을 결정한다.

③ 선단지지말뚝의 경우, 항복하중을 지난 후 말뚝파괴가 발생하면, 항복하중의 1/2을 허용지지력으로 한다,

④ PC말뚝의 두부를 절단하지 말고 말뚝재하시험을 실시한다, 부득이 절단할 경우는 절단선아래 50ϕ(ϕ는 PC강재의 직경) 범위를 철판으로 보강 후 재하시험을 실시한다. 그럼으로써 프리스트레스가 감소되어 PC말뚝의 두부에서 파손이 발생됨을 방지해야 한다.

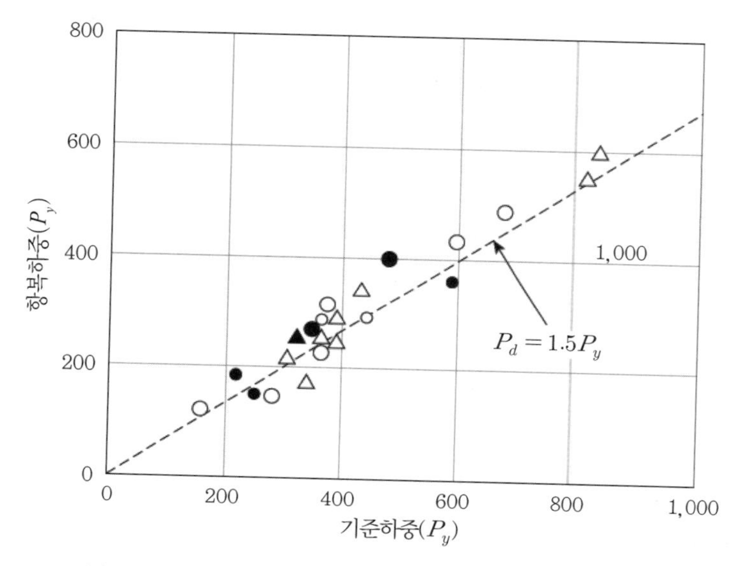

그림 14.11 0.1d 침하량 시의 하중과 항복하중의 관계[26]

14.3.5 말뚝품질 개선점

PC말뚝의 품질은 양생에 의하여 크게 좌우된다. 따라서 PC말뚝의 양생시간에 대한 KS의 규정을 조사해보고 국내PC말뚝 생산업체의 양생실태를 검토해본다.

(1) 양생시간규정

(가) KSF4303의 증기양생규정

이 규정에 의하면 양생실 온도를 서서히 증가(20°C/시간)시키고 외부온도와 같을 때까지 서서히 감소시킨 후 꺼낸다. 콘크리트를 비벼서 2시간 경과 후 증기양생을 하고 증기양생 후 3일간 수중양생하도록 규정되어 있다.

(나) KSF4303 규정의 미비점

이 규정에는 가장 중요한 총양생시간이 명시되어 있지 않으므로 대부분의 업체가 4~6시간씩만 양생하고 있는 실정이다. 이는 일본규정이나 "최신콘크리트공학"(콘크리트협회) 등 관련 자료에 의한 총양생시간 18시간과 비교할 때 매우 낮은 수준이 된다.

(2) 국내 업체의 양생 실태

우리나라 전국 37개 KS표시허가업체의 양생실태조사 결과는 다음과 같다.

① 대부분 업체의 양생시간은 4~6시간이고 전업체가 수중양생을 실시하고 있지 않다.
② PC말뚝의 입출고 시 온도 조정 불량으로 온도응력에 의한 잠재 균열이 많을 가능성이 크다.
③ KSF 규정에 명기된 말뚝의 제조일자가 제조월만 명기되어 있고 제조일이 명기되어 있지 않다.

따라서 공기 중 양생이 어느 정도 되어 있는지 알 수가 없다. 이는 공기 중 양생도 미흡한 상태의 말뚝이 반입 사용될 소지가 있음을 의미한다.

참고문헌

1) 대한건축학회(1993), 광주하남아파트 안전진단 보고서.
2) 대한토목학회, 콘크리트 표준시방서 해설.
3) 대한토질공학회(1986), 건설부제정 구조물기초설계기준해설, p.195.
4) 이명환(1994), "밀뚝기초의 현황", 한국지반공학발자취, pp.394~397.
5) 홍원표(1983), "수평력을 받는 말뚝", 대한토목학회지, 제31권, 제5호, pp.32~36.
6) 홍원표(1984), "측방변형지반 속의 줄말뚝에 작용하는 토압", 대한토목학회논문집, 제4권, 제1호, pp.59~68.
7) 홍원표(1984), "수동말뚝에 작용하는 측방토압", 대한토목학회논문집, 제4권, 제2호, pp.77~88.
8) 홍원표(1987), "연약지반 속의 깊은 기초", 대한토목학회지, 제35권, 제6호, pp.11~14.
9) 홍원표(1991), "연약지반 속 말뚝기초의 안정에 관한 문제점", 토지개발기술, 제14호, 한국토지개발공사, pp.34~42.
10) 홍원표 외 4인(1989), "관입말뚝에 대한 연직재하시험 시 항복하중의 판정법", 대한토질공학회지, 제5권, 제1호, pp.7~18.
11) 홍원표, 최기출(1996), "PC말뚝의 설계·시공상 문제점(1)", 대한토목학회, 제44권, 제3호, pp.31~37.
12) 홍원표, 최기출(1996); "PC말뚝의 설계·시공상 문제점(2)", 대한토목학회, 제44권, 제4호, pp.87~95.
13) Bjerrum, L., Johannesson, L.J. and Eide, O.(1969), "Reduction of skin friction on steel piles to rock", Proc., 7th ICSMFE, Vol.2, pp.27~34.
14) Claessen, A.I.M. and Horvat, E.(1974), "Reducing negative friction with bitumen slip layers", Jour., GED, ASCE, Vol.100, No.GT8, pp.925~944.
15) Koerner, R.M. and Muknopadhyay, C.(1972), "Behavior of negative skin friction on model piles in medium-plasticity silt", Highway Research Record, No.405, pp.34~44.
16) Marche, R. and Lacroix, Y.(1972). "Stabilite des culées de ponts établies sur des pieux travesant une couche molle", Canadian Geotechnical Journal, Vol.9, No.1, pp.1~24. (in French)
17) Poulos, H.G. and Mattes, N.S.(1969), "The analysis of downdrag in end-bearing piles due to negative friction", Proc., 7th ICSMFE, Vol.2, pp.204~209.
18) Poulos, H.G. and Davis, E.H.(1980), Pile Foundation Analysis and Design, John Wiley and Sons, New York, pp.354~365.
19) Prakash, S. and Sharma, H.(1990), Pile Foundations in Engineering Practice, John Wiley & Sons, A Wiley-International Publication, pp.1~34.
20) Ibid, pp.322~474.

21) Terzaghi, K. and Peck, R.B.(1967), Soil Mechanics in Engineering Practice, New York, Wiley.
22) Tomlinson, M.J.(1977), Pile Design and Construction Practice, 4th ed., E & FN Spon, Tokyo, pp.1~6.
23) Walker, L.K. and Darvall, P. Le P. "Dragdown on coated and uncoated piles", Proc., 8th ICSMFE, Vol.2, No.1, pp.257~262.
24) Vesic, A.(1967), "Ultimate loads and settlement of deep foundations in sand", Proc., Symposium on Bearing Capacity and Settlement of Foundation, Duke University, Durham NC, p.53.
25) 日本建築學會(1974), 建築基礎構造設計基準·同解說.
26) 日本土質工學會(1983), 杭基礎の調査·設計から施工まで, 第1會改訂版.
27) 日本道路協會(1985), 杭基礎設計便覽, pp.343~359.
28) 日本土木學會(1972), 遠心力大徑 プレストレストコンクリート杭設計施工指針.
29) PCパイルハンドブック 편집위원회(1970), PCパイルハンドブック.

#「말뚝공학편」을 마치면서

2015년 8월 말 34년간 몸담고 연구와 교육에 전념하였던 정들었던 중앙대학교를 떠날 때의 마음을 지금 돌이켜보면 한없이 우울한 일이다. 표정과 말로는 명랑하고 미래에 대한 계획과 기대로 부풀어 있었지만 마음 한구석이 허전하였던 것은 부인할 수 없는 사실이었다.

그나마 퇴임 시 공언하였던 지반공학 분야 전문서적 집필 작업이 없었다면 은퇴 후의 지금까지의 나의 생활은 참으로 견디기 어려운 시기였다고 말하는 것이 솔직한 내 심정이다. 내 자신의 생활이 해이해지고 집필 결심이 작심삼일로 끝날 것이 두려워 만인 앞에 공언하기를 참으로 잘한 일이라고 수없이 되새기면서 지낸 어려운 시기였다.

퇴임 전에 선배 교수님들의 조언도 많이 들어 각오는 하고 있었지만 '퇴임이 곧 이 사회에서 소외되는 것'이란 느낌을 확인이라도 하듯이 수많은 제자들과 지인들과의 연락도 자연스럽게 줄어들고, 나날의 생활도 자연 한가롭게 되니 우울한 마음이 들기에 아주 적합한 시기였다.

우리나라의 자살률이 OECD 국가 중 최고라고, 특히 노인 자살률이 특히 심하다고 하는 우울한 통계를 실감할 수 있는 시기였다. 이런 시기에 집필이란 목표는 나를 붙잡아준 아주 큰 동아줄이었다. 역시 인생에 있어서는 방향이 가장 중요한 요소라고 말할 수 있겠다.

우리가 청춘(靑春)을 '푸른 봄'에 비유하면 노년을 '붉은 가을'의 적추(赤秋)라 한다. 그래서 요즘 인간은 오십이 되면 늙고 육십이 되면 지치고, 칠십이 되면 죽음을 준비한다고 한다. 하지만 나는 이 말에 절대로 동의할 수 없다. 원래 인간은 백이십 살까지 건강하게 자신을 가꾸며 살아갔던 종족이다. 언제부터인가 우리 인간은 노년에 꿈을 꾸지 않고 있다. 결국 꿈이 없는 노년을 맞게 되면서 인간에게 조로현상이 나타났다고 생각한다. 어쩌다 우리 인간이 꿈을 꾸지 않게 되었는지 모르겠다. 꿈은 희망을 버리지 않는 사람에겐 항상 선물로 주어진다. 그리고 그 꿈은 나이에 무관하게 꾸어야 한다.

그간 스스로 만든 속박(?) 속에서 '홍원표의 지반공학강좌'의 첫 번째 시리즈 주제인 「말뚝공학편」을 마치게 된 기쁨을 한없이 만끽하고 싶다. 지금 이 순간 내가 드디어 중간 기착지에 도달하였다는 기쁨과 동시에 그간의 힘든 순간순간에서의 고통의 추억이 함께 밀려들어 환희의 눈물이 나올 지경이다. 운 좋은 사람들의 공통점 중에 하나는 묵묵히 열심히 일하는 사람이라고 한다. 그야말로 일하느라 바쁘게 보내 무엇이 운 좋은 일인지 모른다는 말이 실감난다.

사실 필자도 운이 몹시 좋은 사람임에 틀림없다. 우리나라 통계에 의하면 남녀 평균 기대수명이 80세를 약간 넘지만 건강수명은 65세 전후라고 한다. 즉, 건강수명은 기대수명보다 15년 정도 차이가 있다는 통계이다. 따라서 우리나라 사람들은 65세 건강수명 이후 여러 질병에 15년 정도 시달리다 죽음을 맞게 된다. 꿈이 없는 사람들에겐 아주 우울한 이야기가 된다.

필자는 이미 건강수명을 넘은 사람에 속한다. 그럼에도 불구하고 건강에 혜택을 입어 아직도 매일 어느 직장과 같이 출퇴근 시간을 정해 퇴근 시까지 글쓰기와 컴퓨터 자판을 두드리며 집필활동을 계속하고 있다.

그러나 운이 좋다고 마냥 기뻐만 할 상황도 아닌 듯하다. 요즘 처음 계획한 80세까지 건강이 허락될지도 모르기 때문에 지금도 한눈을 팔 수 없는 상황이다, 따라서 될 수 있는 한 계획한 분량의 작업을 서두르기로 하였다. 예정하였던 시리즈 집필을 계속해서 서둘러 집필하기로 하였다. 갑자기 일모도원(日暮途遠)의 기분이 들기 때문이다.

「말뚝공학편」 시리즈의 집필 이전에 과연 어떤 콘텐츠를 포함시킬 것인가? 많은 생각을 하였다. 그 결과 수평하중말뚝에서 출발하여 산사태억지말뚝, 흙막이말뚝, 성토지지말뚝을 거쳐 연직하중말뚝으로 마무리 짓기로 하였다. 이들 모두의 서적은 제목에서도 느낄 수 있듯이 필자가 말뚝과 유난히 인연이 많았음을 느끼게 하는 작품들이다. 부디 이들 경험이 수많은 학자와 실무자에게 유익한 징검다리가 될 수 있기를 고대한다.

「말뚝공학편」에는 수많은 제자들과의 공동연구 결과가 많이 인용되었다. 그들의 유익한 도움이 없었다면 이 시리즈는 세상의 빛을 볼 수 없었을 것이다. 이 자리를 빌려 다시 한번 감사의 뜻을 표한다.

또한 「말뚝공학편」은 도서출판 씨아이알의 도움이 절대적이었음도 빼놓을 수 없다. 특히 김성배 사장님과 박영지 편집장님을 비롯한 출판부 일동에게도 지면으로 감사드립니다.

그리고 오늘도 변함없이 집필을 즐길 수 있게 건강을 허락해주신 하나님께 감사드립니다.

계속하여 여러 시리즈의 서적을 집필 출판하게 해주시기를 바라는 바이다. 언제부터인가 신림동의 작은 내 사무실 문을 걸고 퇴근할 때는 내일 내가 없더라도 지장이 없도록 주변 정리를 항상 해두는 것이 습관이 되었다. 이제 오늘의 작업을 마무리하고 퇴근해야 할 시기인 것 같다.

2019년 2월 '홍원표지반연구소'에서

저자 **홍원표**

찾아보기

[ㄴ]

[ㄷ]

[ㅁ]

[ㅂ]

[ㅇ]

[ㅈ]

[ㅌ]

[ㅍ]

[ㅎ]

[A]

[B]

[C]

[Q]

[R]

[S]

[T]

[W]

[기타]

저자 소개

홍원표

(현)중앙대학교 공과대학 명예교수
중앙대학교 학생처장, 건설대학원장, 대외협력본부장(부총장)
서울시 토목상 대상
과학기술 우수 논문상(한국과학기술단체 총연합회)
대한토목학회 논문상
한국지반공학회 논문상·공로상
UCLA, 존스홉킨스 대학, 오사카 대학 객원연구원
KAIST 토목공학과 교수
국립건설시험소 토질과 전문교수
중앙대학교 공과대학 교수
오사카 대학 대학원 공학석·박사
한양대학교 공과대학 토목공학과 졸업

연직하중말뚝

초판인쇄 2019년 2월 21일
초판발행 2019년 2월 28일

저 자 홍원표
펴 낸 이 김성배
펴 낸 곳 도서출판 씨아이알

책임편집 박영지
디 자 인 윤지환, 박영지
제작책임 김문갑

등록번호 제2-3285호
등 록 일 2001년 3월 19일
주 소 (04626) 서울특별시 중구 필동로8길 43(예장동 1-151)
전화번호 02-2275-8603(대표)
팩스번호 02-2265-9394
홈페이지 www.circom.co.kr

I S B N 979-11-5610-321-9 (94530)
979-11-5610-316-5 (세트)
정 가 28,000원